乳牛学

（第5版）

主　编　孙少华　李胜利

科学技术文献出版社
SCIENTIFIC AND TECHNICAL DOCUMENTATION PRESS

·北京·

图书在版编目（CIP）数据

乳牛学 / 孙少华，李胜利主编. -- 5 版. -- 北京：科学技术文献出版社，2025.7. -- ISBN 978-7-5235-2542-5

Ⅰ．S823.9

中国国家版本馆 CIP 数据核字第 202532CQ93 号

乳牛学（第 5 版）

策划编辑：张雪峰　责任编辑：张雪峰　张　睿　责任校对：彭　玉　责任出版：张志平

出 版 者	科学技术文献出版社
地　　址	北京市复兴路 15 号　邮编 100038
编 务 部	（010）58882938，58882087（传真）
发 行 部	（010）58882868，58882870（传真）
邮 购 部	（010）58882873
官 方 网 址	www.stdp.com.cn
发 行 者	科学技术文献出版社发行　全国各地新华书店经销
印 刷 者	北京虎彩文化传媒有限公司
版　　次	2025 年 7 月第 5 版　2025 年 7 月第 1 次印刷
开　　本	889×1194　1/16
字　　数	505 千
印　　张	22.25　彩插 4 面
书　　号	ISBN 978-7-5235-2542-5
定　　价	68.00 元

版权所有　违法必究

购买本社图书，凡字迹不清、缺页、倒页、脱页者，本社发行部负责调换

乳牛学（第5版）
编者排名

主　编　孙少华　李胜利
副主编　王雅春　高腾云　曹志军　麻　柱
编　者　（按姓氏拼音排序）

- 曹志军　中国农业大学
- 高腾云　河南农业大学
- 李建斌　山东农业科学院
- 李胜利　中国农业大学
- 李相运　河北农业大学
- 李艳玲　北京农学院
- 林雪彦　山东农业大学
- 麻　柱　北京三元种业科技有限公司
- 马　翀　中国农业大学
- 孙少华　河北农业大学
- 王富伟　北京首农畜牧发展有限公司
- 王　杰　四川农业大学
- 王雅春　中国农业大学
- 杨润军　吉林大学
- 赵静雯　扬州大学

主编简介

孙少华

中国农业大学博士，河北农业大学牛生产学教授、博士研究生导师，动物遗传育种与繁殖学科带头人，并领导创建博士学位授权点和省重点学科。河北省畜牧兽医学会养牛学分会副会长，中国奶业协会育种专业委员会专家顾问，中国畜牧经济学会常务理事，国家科学技术奖评审专家，《中国牛业科学》编委；培养毕业的研究生中有2人科研项目被中央电视台"焦点访谈"和"经济半小时"荣誉报道，另2人分别在国际顶级期刊 *science* 和 *nature* 以第一作者发表论文；荣获河北省科学技术突出贡献奖、省科学技术进步奖一等奖等16项；发表论文（含SCI收录论文）130余篇；主编《乳牛学》等著作10余部；荣获"河北省优秀教师""全省高校优秀共产党员""河北省出国优秀专家""河北省畜牧兽医科技创新领军人物"等称号。

李胜利

中国农业大学二级教授，博士研究生导师，享受国务院政府特殊津贴专家，从事反刍动物营养与饲料研究。现任现代农业产业技术体系首席科学家、中国畜牧兽医学会养牛学分会理事长等职。致力于乳牛营养与饲料的研究，在"奶牛饲料高效利用及精准饲养技术体系创建"方面取得了创新性成果，获国家科学技术进步奖二等奖、教育部科学技术进步奖等多项奖项，为我国乳牛养殖向质量效益型转变提供了重要理论和技术支撑，推动了我国乳牛营养科学的进步和乳牛产业的发展。

副主编简介

王雅春

　　加拿大圭尔夫大学动物遗传育种专业博士，中国农业大学教授、博士研究生导师。现任国家奶牛产业技术体系遗传改良研究室主任、岗位科学家，全国奶牛遗传改良计划专家委员会主任，中国奶业协会育种专业委员会常务副主任，国家畜禽遗传资源委员会牛专业委员会副组长。擅长牛的育种规划及核心群建立、功能性状遗传基础解析及育种新性状的研发与应用。

高腾云

　　西北农业大学（现西北农业科技大学）硕士，河南农业大学二级教授、博士研究生导师，国家奶牛产业技术体系岗位科学家，兼任中国畜牧兽医学会家畜生态学分会理事长。长期从事"养牛学""家畜生态学"等课程的教学工作，研究领域为乳牛集约化饲养。获国家级教学成果奖1项、国家科学技术进步奖二等奖2项，发表学术论文200余篇，被评为"全国优秀奶业工作者（功勋人物）"。

曹志军

　　博士，中国农业大学领军教授，北京农学院副校长，全国新农科建设中心秘书处秘书长，中国牛精英创新创业教育联盟秘书长，教育部人才项目特聘教授，首都劳动奖章获得者。2011年创立牛精英计划，获高等教育国家级教学成果一等奖1项、二等奖1项。2015年首次提出奶牛母子一体化养殖理念与关键技术，牵头成立国际后备牛培育协作创新平台，主办4届国际后备牛大会，成果入选农业农村部农业主推技术4项，获国家科学技术进步奖二等奖1项，教育部科学技术进步奖一等奖2项。

麻　柱

　　博士，正高级畜牧师，北京三元种业科技有限公司副总经理，北京奶牛中心主任。兼任国家畜禽遗传资源委员会牛专业委员会委员，中国奶业协会育种专业委员会主任，国家奶牛胚胎工程技术研究中心主任，北京市奶业协会副会长。入选北京市科技新星、北京市委优秀人才、青年北京学者、全国农业农村系统先进个人。

编者简介

林雪彦

博士，山东农业大学教授。山东省牛产业技术体系首席专家，泰安市先进工作者，中国畜牧兽医学会养牛学分会理事，山东省畜牧协会奶业分会副会长。先后参与并完成国家重点研发计划、国家自然科学基金、山东省重点研发计划、国家高技术研究发展计划（863计划）、山东省自然科学基金和山东省农业重大应用技术创新等多项课题。获山东省科学技术进步奖一等奖、二等奖、三等奖，教育部科学技术进步奖（推广类）一等奖，中华农业科技奖一等奖。发表SCI收录论文70余篇，参编教材4部。

李相运

博士，河北农业大学教授、博士研究生导师。西北农业大学（现西北农林科技大学）动物遗传育种与繁殖专业博士，北京大学博士后，2007年2月—2009年9月在加拿大卡尔加里大学从事胚胎学研究。建立了简便高效的小鼠胚胎干细胞分离、四倍体胚胎补偿及非手术胚胎移植等技术，优化了绵山羊超数排卵和定时输精方案等。

李建斌

动物遗传育种与繁殖专业博士，山东省农业科学院三级研究员、国家奶牛产业技术体系岗位科学家，全国奶牛遗传改良计划（2021—2035年）专家组成员，山东省高层次人才，中国农业大学博士研究生导师。获省部级科技奖励5项，其中省科学技术进步奖一等奖、二等奖各1项。

李艳玲

博士后，北京农学院教授。现任中国肉牛产业发展协同创新平台专家委员会副主任，全国动物营养指导委员会肉牛分会委员，第四届全国饲料评审委员会委员。先后主持、参加并完成国家级、省部级科研项目20余项；发表SCI收录论文、中文科技论文共70余篇；获发明专利1项、省部级科技奖励2项；主编、参编科技著作11部。

马 翀

临床兽医学博士，博士研究生导师，高级兽医师。中国农业大学动物医学院临床兽医学系副系主任、大动物临床医学中心牛病临床诊疗团队主任，主要从事牛群健康管理的研究工作。曾就职于北京首农畜牧发展有限公司，任技术场长、分公司副经理、兽医和牛奶质量总监、总兽医师等职。

王富伟

动物营养学硕士，在读博士。担任北京首农畜牧发展有限公司邢台分公司经理，河北省奶业协会副会长，所负责管理的牧场截至2023年保持连续五年成年母牛年单产超13吨，并于2021年在行业内首次突破成年母牛年单产14吨；多次获得北京首农食品集团综合管理奖、高产奖等，并先后两次获得北京首农食品集团总裁特别奖。

王 杰

博士，四川农业大学副教授，硕士研究生导师，美国佛罗里达大学访问学者，四川省畜禽遗传资源委员会委员。获四川省科学技术进步奖二等奖2项；发表科研论文50余篇，其中SCI收录论文30余篇；获发明专利3项，实用新型专利50余项；主编专著1部。

杨润军

吉林大学"唐敖庆学者"领军教授、博士研究生导师。首批国家涉农领域重大人才——"神农青年英才"、全国肉牛遗传改良计划专家委员会委员、全国畜禽遗传资源普查技术专家组。兼任中国畜牧兽医学会养牛学分会理事和Animals、《中国牛业科学》编委。主持并完成国家自然科学基金等项目8项；发表研究论文64篇；参编《中国黄牛学》《养牛学》等著作5部；获发明专利14项；获中国牛业青年科技奖。

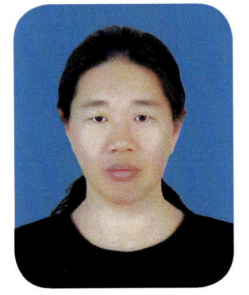

赵静雯

博士，扬州大学动物科学与技术学院副教授、硕士研究生导师。发表论文25篇；主编著作2部；主持国家、省级项目5项；获发明专利1项和实用新型专利3项。指导研究生获得江苏省实践创新项目1项，获中国研究生乡村振兴科技强农+创新实践大赛奶牛组一等奖和"强国杯"第五届牛精英挑战赛优秀指导教师荣誉称号。

内容简介

《乳牛学（第5版）》由来自全国十多所主要高等农业院校和科研、生产单位的长期从事乳牛教学、科研和生产，并具有丰富理论和实践经验的教授、研究员，以及来自乳牛场生产第一线的博士场长、经理和高级兽医师、正高级畜牧师等合作编写而成。首先介绍了当前国内外乳牛业发展概况和发展趋势，从乳牛生产技术所需的优良品种、体型鉴定与生产性能测定、乳牛平衡育种、高效繁殖、乳牛营养代谢调控与饲料高效利用、乳牛的现代智能化饲养管理与行为学的应用、高效挤乳与鲜乳质量安全管控，以及乳牛场健康指标的监控和预警管理、种牛站建设与冻精生产、绿色生态乳牛场的建设和乳牛场信息智能化经营管理［含岗位关键绩效指标（key performance index，KPI）］及各生产环节技术的数字化、标准化的精准操作［含技术标准操作规程（standard operating procedure，SOP）］等方面进行了系统、翔实的阐述；然后介绍了国内外乳牛业最新的科技成果和先进的信息化智能管理经验。本书理论与实践紧密结合，既有理论的前瞻性，又有牧场应用的实用性、先进性和可操作性。内容新颖丰富，图文并茂，是目前非常实用的乳牛生产技术培训和高等农业院校畜牧专业教学指导用书。

本书适用于农业院校师生、乳牛业科研人员、乳牛场技术管理人员和广大乳牛养殖者参考使用。

序

就大食物观而论，现代畜牧业作为农业中重要的支柱产业之一，不仅有利于提高农牧民收入、增加畜产品供给、调整和改善国民膳食结构，而且有力地推动了农村产业结构的调整，带动了食品工业、饲料工业等诸多相关产业的快速发展。进入21世纪以来，我国奶业步入了快速发展期，成效显著。乳牛养殖的集约化、智能化、标准化程度越来越高。

近年来，在国家政策、技术创新等多重因素加持下，我国奶业综合素质跨上新高度。奶业技术创新不断加强，不仅在遗传改良、精准饲养、疾病防控等方面取得重要进展，还在国产乳制品开发与自动化、智能化等前沿技术方面进行了探索、研发和应用，以支撑产业高质量发展。

当前，我国奶业要想在发展中占据更有利地位，更富有竞争力，就必须对奶业科学基础有深刻、透彻的理解，并努力探索与实践奶业科学在我国的应用之道。我们面临着乳牛科学迅速扩展，多学科的新理论、新技术不断地渗入，如何整合各学科的新知识、新方法，创建现代乳牛科学新领域和奶业发展与管理决策新思维，就显得十分重要了。新时期，我国奶业正经历着继承与发展的挑战，创新是产业发展的重要动力。

《乳牛学（第5版）》从普及新技术、新知识的角度，更新观念、开拓思路、改革创新、务实进取，为当前我国奶业解困增效，做出了积极的贡献。该书由孙少华教授、李胜利教授主编，全国主要教学科研单位从事奶业科学的学者与部分大型乳牛养殖企业生产经营第一线的主要技术管理人员参与编写。编者专业权威性强，理论基础扎实，掌握国际奶业发展动态前沿，且具有丰富的牧场实践经验。

该书在第4版的基础上，介绍了世界上近年来乳牛业最新科学技术成果和发展趋势，突出了当前乳牛业技术的先进性和实用性，既有系统的理论知识、新颖前瞻的学术观点，又有现代的集约化、智能化、标准化乳牛场的管理技术，以及技术数字化的可操作规程。全书内容丰富新颖、图文并茂、文字简明、通俗易懂，将乳牛生产的多项新理论、新知识、新技术展现给广大读者。相信该书的面世，将对进一步提高我国乳牛业从业人员知识水平和专业素养，指导我国乳牛生产健康、持续、稳步发展，起到重要指导作用。

作为一名从业多年的乳牛科技工作者，我荣幸地成为《乳牛学（第5版）》的第一名读者，并热忱地将该书推荐给从事乳牛科学的教学、科研和生产的广大读者，让我们共同为中国奶业持续健康的发展贡献自己的一份力量。

2024年10月29日于北京

前言

《乳牛学》的编写出版最早（1986年）由北京、天津、上海三市的农学院联合会议发起，作为畜牧专业本科教材，至今已历时39年，出版了4版。第1版（1988年）、第2版（1993年）、第3版（2004年）、第4版（2010年）均由王福兆教授担任主编。其编者：第1版为王福兆、高国梁、耿世祥、王煜、海淑萍、韩惠英、张学炜；第2版为王福兆、高国梁、耿世祥、张学炜；第3版为王福兆、耿世祥、高国梁、孙少华、张金钟、赵智华、张英汉、南庆贤、刘会平、龚振明；第4版为王福兆、孙少华（任主编）、李胜利、张永根、张胜利、张英汉、张柏林、潘玉春、郭宏、鲁琳、洪中山、赵智华、韩兆玉、王雅春。这些编者为《乳牛学》的出版做出了重要贡献，在此表示衷心的感谢！特别是《乳牛学（第5版）》是王福兆教授最后的心愿，直到他老人家逝世前一直关心着、盼望着此书的早日出版。为此，将《乳牛学（第5版）》献给最敬爱的先生——王福兆教授，以作纪念。

自2010年《乳牛学（第4版）》出版以来，我国乳牛业快速发展，国内外乳牛科学技术也形成很多先进、成熟的新成果。为了把先进的科学技术及时编著于书中，丰富其知识内容，同时，对第4版使用过程中反映出的问题及时进行修正，我们在第4版基础上编写了第5版。《乳牛学（第5版）》的指导思想是紧紧围绕发展乳牛业健康、优质、高效、生态、安全这个中心，按照现代化、规模化、标准化的养殖要求，吸收国内外乳牛科研和实践的最新成果，结合我国乳牛业现行技术水平和存在的问题，提出有针对性的改进措施。本书注重前瞻性、现实性、实用性和可操作性，特别突出信息化、智能化技术管理和数字化操作，以满足教学、科研、生产和技术推广不断发展的需求。

《乳牛学（第5版）》进行了去旧纳新、取其精华的修订。在重视乳牛健康、终生效益和乳品生产质量安全的基础上，新增加了近年来乳牛业科技领域涌现的新技术、新理论。例如，平衡育种，基因组选择，母牛等级分群育种，不同冻精类型的牧场育种应用；同期发情定时配种，胚胎体外生产技术（in vitro embryo production，IVP）；美国国家科学院、工程院和医学院（National Academies of Sciences, Engineering, and Medicine, NASEM）（2021）营养需要，日粮碳水化合物的平衡，乳牛营养代谢与调控，优质青贮饲料的制作与评价；犊牛初乳的灌服和自动化饲喂，成年乳牛围产期营养代谢调控，乳牛应激饲养管理，乳牛饲养管理效果评价（如乳牛体况评分、舒适度评价、粪便评定、运动评分）等，并把乳牛行为信号学应用于乳牛的生产管理；特别是从乳牛场生产实际出发，把信息智能化管理和数字化操作应用于乳牛场的发情检测、精准饲喂、环境控制、健康管理、远程诊断与监测预警，以及乳牛场岗位关键绩效指标和员工技术标准操作规程等饲养管理的多个方面。

为了提高编写水平，以及考虑到乳牛生产理论的前瞻性、技术的实用性、管理的智能性，本书的编者为来自全国主要高等农业院校和科研、生产单位的长期从事乳牛学教学、科研和生产的具有丰富理论和实践经验的教授、研究员，以及在乳牛场生产第一线的博士场长和高级兽医师、正高级畜牧师，他们将理论联系实际，并应用于牧场实践。《乳牛学（第5版）》根据每位作者的特长来分工：第一章由李胜利教授负责编修；第二章由王雅春教授负责编修；第三章由杨润军教授和李建斌研究员负责编修；第四章由孙少华教授、王雅春教授负责编修；第五章由李相运教授负责编修；第六章由李胜利教授、林雪彦教授负责编修；第七章由李艳玲教授、曹志军教授、孙少华教授和林雪彦教授负责编修；第八章由王杰副教授负责编修；第九章由赵静雯副教授负责编修；第十章由马翀博士、高级兽医师负责编修；第十一章由麻柱博士、正高级畜牧师、北京奶牛中心主任负责编修；第十二章由高腾云教授负责编修；第十三章由王富伟博士、经理负责编修。中国农业科学院的赵学明研究员、河北省廊坊市农业农村局的徐华正高级畜牧师和中国农业大学的高健副教授分别对本书的第五章和第十章做了审订，在此表示衷心的感谢！本书最后由孙少华教授和李胜利教授负责统稿。所以，《乳牛学（第5版）》是集体智慧的结晶，团结合作的硕果。我们相信《乳牛学（第5版）》一定会在乳牛学教学、科研、生产和技术推广中发挥重要作用，为我国乳业持续健康发展做出贡献。

在本书的修订过程中，得到了河北农业大学、中国农业大学、北京首农畜牧发展有限公司、君乐宝乳业集团股份有限公司、天津嘉立荷牧业集团有限公司的大力支持，以及科学技术文献出版社各位编辑对于本书出版工作的付出，特别是得到中国畜牧兽医学会原副理事长、中国畜牧兽医学会养牛学分会理事长张沅为本书作序，给编者以很大的鼓舞，在此深表衷心的感谢！

本书受编者水平所限，不足之处在所难免，殷切希望得到广大读者的批评指正。

编者

目 录

第一章 绪 论 ………………………………… 1
 第一节 世界乳牛业发展概况 ………………… 1
  一、国外乳牛业发展概况 ………………… 1
  二、世界乳牛业发展趋势 ………………… 4
 第二节 我国乳牛业发展概况 ………………… 6
  一、发展现状 ……………………………… 6
  二、未来发展趋势 ………………………… 8
第二章 牛种及乳牛品种 …………………………11
 第一节 牛在动物分类学上的地位 ……………11
  一、普通牛 …………………………………11
  二、瘤牛 ……………………………………11
  三、牦牛 ……………………………………12
  四、水牛 ……………………………………12
 第二节 我国引进的乳牛及乳肉兼用牛品种 …………………………………13
  一、乳用型牛品种 …………………………13
  二、乳肉兼用型牛品种 ……………………19
 第三节 我国培育的乳用及兼用牛品种 ………22
  一、中国荷斯坦牛 …………………………22
  二、中国西门塔尔牛 ………………………24
  三、三河牛 …………………………………25
  四、中国草原红牛 …………………………26
  五、新疆褐牛 ………………………………27
  六、蜀宣花牛 ………………………………28
 第四节 乳用水牛品种 …………………………29
  一、国外乳用水牛品种 ……………………29
  二、中国水牛 ………………………………31
第三章 乳牛体型外貌与生产性能测定 …………34
 第一节 乳牛及兼用牛的体型外貌特征与测定 …………………………………34
  一、乳牛体型外貌及其各部位特征 ………34
  二、兼用牛的体型外貌特点 ………………39
  三、乳牛的体尺测量 ………………………39
  四、乳牛的体重测定 ………………………40
 第二节 乳牛体型线性鉴定 ……………………41
  一、体型线性鉴定的个体条件及要求 ………………………………42
  二、中国荷斯坦牛体型线性鉴定的评分标准及具体方法 ……………42
  三、线性评分与功能分的转换 ……………56
  四、计算各部位性状得分及体型外貌总分 ………………………………56
  五、乳牛等级评定 …………………………58
 第三节 乳牛产乳性能及其评定方法 …………59
  一、影响乳牛产乳性能的因素 ……………59
  二、产乳性能的测定与计算 ………………62
  三、DHI报告及其分析应用 ………………68
第四章 乳牛育种 …………………………………75
 第一节 乳牛育种的基础工作 …………………75
  一、个体编号与标识 ………………………75
  二、育种记录及信息统计 …………………76
 第二节 乳牛的选种 ……………………………78
  一、确定乳牛育种目标及改良性状 ………………………………78
  二、乳牛种用价值的遗传评定 ……………81
  三、种公牛、种母牛的选择 ………………89
  四、乳牛选种的遗传进展预估 ……………96
 第三节 乳牛的选配 ……………………………98
  一、选配的意义和原则 ……………………98
  二、选配方式 ………………………………98
  三、主力种公牛（冻精）的选择 …………99
  四、选配方案与计划 ……………………101
 第四节 乳牛育种方法及杂交生产 …………102
  一、乳牛品系繁育 ………………………102
  二、乳牛杂交繁育 ………………………102
  三、乳牛育种方案的制定 ………………103
  四、利用杂交繁育方式提高乳牛的养殖效益 …………………………104

第五节　乳牛育种的组织措施………… 107
　　一、制定乳业区域发展规划………… 107
　　二、建立全国性的协作育种机构…… 107
　　三、制定乳牛群体遗传改良计划…… 108
　　四、建立乳牛繁育体系……………… 109
　　五、品种登记与良种登记…………… 110
　　六、乳牛鉴定工作制度化…………… 110
　　七、举办赛牛展示会………………… 110

第五章　乳牛繁殖技术………………………… 113
　第一节　繁殖技术管理目标………………… 113
　第二节　母牛初配年龄与发情鉴定………… 114
　　一、初配年龄………………………… 114
　　二、发情……………………………… 114
　　三、发情鉴定………………………… 115
　　四、同期发情………………………… 116
　　五、诱发发情………………………… 117
　第三节　母牛配种…………………………… 117
　　一、适时配种………………………… 117
　　二、配种方法………………………… 118
　第四节　妊娠与分娩………………………… 119
　　一、妊娠诊断………………………… 119
　　二、分娩与接产……………………… 120
　第五节　胚胎移植与性别控制……………… 121
　　一、胚胎移植………………………… 121
　　二、胚胎体外生产…………………… 124
　　三、性别控制………………………… 124
　第六节　提高乳牛繁殖力的途径…………… 126
　　一、影响乳牛繁殖力的因素………… 126
　　二、提高乳牛繁殖力的措施………… 127

第六章　乳牛营养需要与饲料供给…………… 130
　第一节　乳牛消化生理……………………… 130
　　一、口腔……………………………… 130
　　二、咽及食管………………………… 131
　　三、胃………………………………… 131
　　四、肠道……………………………… 132
　第二节　乳牛营养需要……………………… 133
　　一、水………………………………… 133
　　二、干物质…………………………… 134
　　三、能量……………………………… 135
　　四、蛋白质…………………………… 139
　　五、碳水化合物……………………… 142
　　六、脂肪……………………………… 145

　　七、矿物质…………………………… 146
　　八、维生素…………………………… 150
　第三节　乳牛营养代谢与调控……………… 151
　　一、提高乳牛干物质摄入量的
　　　　营养调控………………………… 151
　　二、提高乳牛饲料转化率的营养
　　　　调控……………………………… 152
　　三、提高乳牛乳脂率的营养调控…… 153
　　四、提高乳牛乳蛋白率的营养
　　　　调控……………………………… 154
　　五、降低乳牛碳、氮排放的营养
　　　　调控……………………………… 155
　第四节　乳牛饲料的选择与利用…………… 155
　　一、粗饲料…………………………… 156
　　二、精料……………………………… 159
　　三、乳牛饲料添加剂………………… 165
　　四、全年各类饲料需要量…………… 168
　　五、饲料资源的开发与利用………… 168
　第五节　饲料加工调制与贮存……………… 169
　　一、青干草制作……………………… 169
　　二、青贮制作及品质鉴定…………… 171
　　三、半干青贮制作…………………… 174
　　四、秸秆加工与利用………………… 176
　　五、青绿及根菜类饲料……………… 177
　　六、精饲料加工及贮存……………… 177
　第六节　乳牛日粮配合……………………… 178
　　一、乳牛饲养标准…………………… 178
　　二、日粮配合的原则及方法………… 178
　　三、典型日粮配方实例……………… 182

第七章　乳牛的饲养管理……………………… 186
　第一节　后备母牛培育目标………………… 186
　　一、体格与体型……………………… 186
　　二、培育成本的控制………………… 186
　第二节　犊牛饲养管理……………………… 187
　　一、犊牛的消化特点………………… 187
　　二、犊牛的饲养管理………………… 188
　第三节　育成牛饲养管理…………………… 194
　　一、性成熟期特点及饲养管理……… 195
　　二、体成熟期特点及饲养管理……… 195
　第四节　青年牛饲养管理…………………… 197
　　一、青年牛的特点…………………… 197
　　二、青年牛的饲养…………………… 197

三、青年牛的管理 ………………… 198
第五节 乳公牛的肉用生产 …………… 198
　一、生产小白牛肉的犊牛饲养
　　　管理 ……………………………… 198
　二、肉用乳公犊的肥育饲养管理 …… 199
第六节 成乳牛饲养管理 ……………… 201
　一、干奶期特点及饲养管理 ………… 202
　二、围产期特点及饲养管理 ………… 203
　三、泌乳盛期特点及饲养管理 ……… 207
　四、泌乳中后期特点及饲养管理 …… 208
　五、乳牛应激的饲养管理 …………… 209
第七节 TMR饲养技术 ………………… 213
　一、TMR的分群管理 ………………… 214
　二、TMR的制作 ……………………… 215
　三、TMR饲喂管理技术 ……………… 216
　四、TMR质量控制与检测 …………… 216
第八节 乳牛饲养管理效果评价 ……… 217
　一、牛体体况评分 …………………… 217
　二、繁殖效果评估 …………………… 219
　三、产乳效果分析 …………………… 220
　四、生长状况评价 …………………… 220
　五、日粮营养水平评价 ……………… 221
　六、粗饲料采食量的评定及反刍
　　　情况 ……………………………… 221
　七、生理指标评价 …………………… 221
　八、粪便评定 ………………………… 224
　九、舒适度评估 ……………………… 224

第八章 乳牛的行为信号与生产管理
　　　应用 ……………………………… 230
第一节 乳牛一般行为与信号 ………… 230
　一、乳牛的一般习性与行为 ………… 230
　二、乳牛的群居行为与联络信号 …… 232
第二节 乳牛的生理行为与异常行为 … 233
　一、乳牛的生理行为 ………………… 233
　二、乳牛的异常行为及其预防 ……… 235
第三节 乳牛的行为信号与管理应用 … 236
　一、乳牛行为与集约化生产 ………… 236
　二、乳牛的应激反应与管理 ………… 237

第九章 挤乳与牛乳的初步处理 ……… 240
第一节 乳牛乳房结构与泌乳生理 …… 240
　一、乳房结构 ………………………… 240
　二、乳腺发育 ………………………… 241
　三、乳的生成与排出 ………………… 242

第二节 挤乳 …………………………… 243
　一、挤乳次数和方式 ………………… 243
　二、手工挤乳 ………………………… 244
　三、机器挤乳 ………………………… 245
　四、挤乳设备清洗消毒 ……………… 248
第三节 生鲜乳的初步处理与管理 …… 248
　一、过滤 ……………………………… 248
　二、冷却 ……………………………… 249
　三、贮存与运输 ……………………… 249
　四、生鲜乳的分类收集与分级
　　　使用 ……………………………… 250
第四节 生鲜乳的质量安全与关键点
　　　控制 ……………………………… 251
　一、生鲜乳质量标准 ………………… 251
　二、生鲜乳按质论价 ………………… 253
　三、生产优质牛乳的关键点控制 …… 254

第十章 乳牛群的健康管理 …………… 258
第一节 健康管理的内容与目标 ……… 258
　一、健康管理内容 …………………… 258
　二、健康管理目标 …………………… 264
第二节 乳房健康管理 ………………… 267
　一、乳房相关评分方法及结果
　　　分析 ……………………………… 267
　二、乳房炎的预防 …………………… 272
　三、干奶期乳房炎的防治 …………… 275
第三节 肢蹄护理 ……………………… 276
　一、步态评分方法及结果分析 ……… 276
　二、影响肢蹄健康的管理因素 ……… 278
　三、修蹄 ……………………………… 278
　四、蹄浴 ……………………………… 280
第四节 繁殖疾病的预防 ……………… 281
　一、保持良好体况 …………………… 281
　二、体况和干奶期饲养 ……………… 282
　三、配种卫生操作和产房管理 ……… 282
　四、母牛产后监控 …………………… 283
　五、建立繁殖记录体系及数据
　　　分析 ……………………………… 285
第五节 瘤胃健康及营养代谢病的
　　　监控 ……………………………… 286
　一、酮病 ……………………………… 287
　二、低血钙 …………………………… 287
　三、瘤胃酸中毒 ……………………… 288
　四、真胃移位 ………………………… 289

第六节 免疫接种及其程序	290
第十一章 种公牛站建设与冻精生产	**292**
第一节 种公牛站建设	292
一、种公牛站的职能	292
二、种公牛站的建设	293
第二节 种公牛饲养管理	294
一、种公牛引进原则	294
二、引进种公牛的隔离饲养管理	294
三、种公牛的饲养	295
四、种公牛TMR饲喂技术	297
五、种公牛饲养管理制度	297
六、种公牛站保健体系的建立	299
第三节 采精及精液质量检查	300
一、采精	300
二、精液质量检查	300
第四节 冷冻精液制作	301
一、冷冻精液制作原理	301
二、冷冻精液制作过程	302
三、牛性控冷冻精液	303
四、冻精质量保证体系	304
第五节 种公牛非传染性繁殖障碍与防治	304
一、睾丸炎	305
二、阴茎炎	305
三、精囊腺炎	305
四、龟头包皮炎	306
第十二章 绿色生态乳牛场建设	**308**
第一节 乳牛福利	308
一、乳牛福利的概述	308
二、改善乳牛福利的措施	308
第二节 乳牛场的环境控制参数	310
一、温度	310
二、相对湿度	310
三、气流	311
四、光照	311
五、空气环境质量	311
第三节 场址选择与规划布局	311
一、场址选择	311
二、规划布局	312
第四节 牛舍设计与建筑	313
一、乳牛饲养工艺模式	313
二、牛舍的基本要求	313
三、成年母牛牛舍	314
四、育成牛舍和分娩牛舍	315
五、犊牛舍	315
第五节 牛场设施	316
一、舍内设施	316
二、舍外设施	317
第六节 乳牛场环境污染治理及绿色生态循环	318
一、乳牛的产排污情况	318
二、牛粪处理	319
三、污水收集与处理	320
四、病死牛无害化处理	321
五、种养结合与绿色生态循环	321
第七节 乳牛场智能化	323
一、乳牛发情智能化监测系统	324
二、乳牛场自动化精准环境控制系统	324
三、乳牛场数字化精准饲喂系统	325
四、远程诊断监测预警系统	326
五、智慧牧场管理系统	327
第十三章 乳牛场经营管理	**329**
第一节 生产管理	329
一、健全组织机构与制度建设	329
二、实行岗位责任制,制定关键绩效指标	331
三、制定SOP	333
四、数字化智能管理	334
第二节 生产计划管理	335
一、牛群结构计划	336
二、饲料计划	336
三、繁殖计划	336
四、产乳计划	336
五、人力资源计划	337
六、财务预算	338
七、牧场工作排期	338
第三节 提高乳牛场经济效益的措施	339
一、乳牛群的遗传改良	339
二、加强牛群繁殖管理	340
三、重视牛群健康管理	340
四、提质增效、综合利用	341
五、控制经营费用	341
六、重视记录与记账工作	341

第一章

绪 论

第一节 世界乳牛业发展概况

2021年世界乳牛存栏2.77亿头，牛乳产量7.46亿吨，乳牛的单产仅2.69吨，另外还有0.71亿头乳用水牛，水牛乳产量1.38亿吨，全球乳牛业的发展水平差距很大，模式多种多样，见表1-1。其中，西方奶业发达国家经过100多年的发展已经建立了稳定的产业模式和组织架构，美国的大牧场模式与我国非常类似，欧盟依托家庭牧场和合作社模式在国际市场建立了较强的产业竞争力，新西兰采用低投入、低成本的放牧和合作社模式成为世界上最大的乳制品净出口国。近年来，美国和欧盟在乳牛育种、饲料营养、智能化养殖等方面取得较大科技进展，值得我国学习借鉴。

一、国外乳牛业发展概况

（一）西方典型国家乳牛业发展情况

乳业发达国家的一个典型特征是依靠提高单产实现牛乳产量增长，乳牛存栏保持稳定或持续下降，这得益于乳业科技贡献率的提高。欧盟的成年乳牛存栏从2000年的2572.96万头下降到2021年的2020.43万头，下降了21.47%，同期牛乳产量却从1.35亿吨上涨到1.54亿吨，累计增长14.19%，这是由于乳牛单产水平从5.24吨上升到7.63吨，上升了45.42%（图1-1）。

欧盟乳牛养殖的品种以荷斯坦为主，但也有大量的兼用乳牛品种。德国2021年乳牛存栏383万头，其中德系西门塔尔（弗莱维赫）牛存栏约120万头，主要分布在德国南部的巴伐利亚州；法国乳牛存栏332.2万头，其中乳肉兼用型蒙贝

表1-1 2021年主要典型乳业国家乳牛养殖情况

国家	成年母牛存栏/万头	牛乳产量/万吨	成年母牛单产/（kg/年）	乳牛场户/个	平均饲养规模/头
美国	944.2	10 262.9	10 869	29 858	316
加拿大	98.1	946.6	9647	9952	98
德国	383.3	3250.7	8481	54 787	70
荷兰	155.4	1421.7	9149	15 251	103
爱尔兰	150.5	904.0	6006	16 146	93
新西兰	480.5	2188.6	4555	11 034	444
澳大利亚	138.4	885.8	6400	4618	300
以色列	12.0	152.8	12 736	686	173
日本	84.9	759.2	8939	13 900	98
印度	5760	10 830	1880	28 800 000	2

来源：FAO. FAOSTAT [EB/OL]. [2024-10-25]. https://www.fao.org/fao.org/faostat/en/#data/qcl.

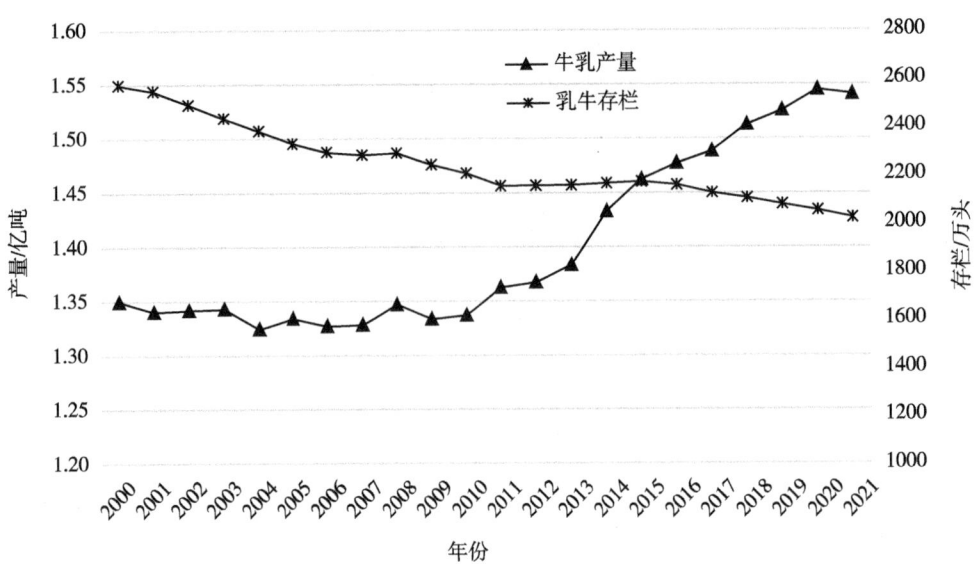

图1-1 欧盟2000—2021年乳牛存栏和牛乳产量变化
（来源：FAO. FAOSTAT [EB/OL]. [2024-10-25]. https://www.fao.org/faostat/en/#data/qcl.）

利亚牛存栏约61万头。欧盟国家普遍采用半放牧饲养模式，如荷兰超过八成的牧场采用全放牧或半放牧的养殖方式，放牧季节在每年的4—10月，奶农在放牧的土地上混播多种禾本科、豆科的牧草，供乳牛自由采食，提供少量精饲料补充饲喂，冬季的11月至次年3月采用全舍饲方式饲养乳牛。

在产业组织上，欧盟大部分家庭牧场以合作社的形式与乳品企业实现了利益联结，雀巢、阿尔乐、菲仕兰、索地雅等均是合作社制的乳品企业。例如，索地雅是完全属于法国奶农并由奶农独立运作的私有公司，集牧场生产、乳品加工、市场运作于一体。截至2016年底，索地雅拥有2万个成员，1.25万个家庭牧场，位列欧盟第五大原乳供应商。2019年，荷兰有25家规模化乳品公司，其中有5家是合作社形式的公司，拥有27座加工厂（其他20家非合作社性质的乳品加工公司拥有26座加工厂），最大的菲仕兰公司2019年的会员奶农交奶量达到1002万吨，占全国加工原奶总量的70.41%。

近20年来，美国的奶业发展情况与欧盟类似但略有不同，乳牛存栏基本稳定，主要依靠单产提升实现了牛乳产量的大幅增长。乳牛存栏从2000年的919.90万头增长到2022年的940.40万头，增长了2.23%，单产从8.25吨提高到了10.92吨，增长了32.34%，推动牛乳产量增长35.29%，从2000年的7592.82万吨增长到2022年的1.03亿吨（图1-2）。美国乳牛品种主要为荷斯坦乳牛，占比约80%，其次是娟姗牛，占比约8%，还有少量的瑞士褐牛、更赛牛、爱尔夏牛和杂交牛。原料乳平均乳脂率为3.87%，乳蛋白率为3.1%。

（二）西方国家乳牛业重要科技进展

1. 基因组选择技术 基因组选择（genomic selection，GS），即全基因组范围的标记辅助选择（marker assisted selection，MAS），指通过检测覆盖全基因组的分子标记，利用基因组水平的遗传信息对个体进行遗传评估。该技术提高了育种值估计的准确度，缩短了世代间隔，加速了遗传进展，且能鉴定选择特定功能基因。2009年基因组选择技术开始在乳业商业化应用，乳牛的育种进程得以加速。在公牛育种方面，父系选育时间从7～8年减少至2～3年，母系选育时间从5年减少至2～3年。在母牛育种方面，父系选育时间从7～8年减少至5年，母系选育时间从4年多减少至3年。

在过去的十年里，基因组选择技术在乳牛育种领域产生了重大影响。德国荷斯坦及红荷斯坦基因组估计育种值于2010年8月在德国首次正式发布，标志着国际公牛组织对德国基因组评估体系的认可。德国作为最早开展基因技术研究的国家之一，经过多年的发展，基因技术的可靠性已达到70%。德国、法国、荷兰和北欧合作建立了欧洲乳牛基因组选择参考群体数据库（1.6万头左右验证公牛）。2009—2017年，美国有超过200万头乳牛参与基因组检测，约占基因组市

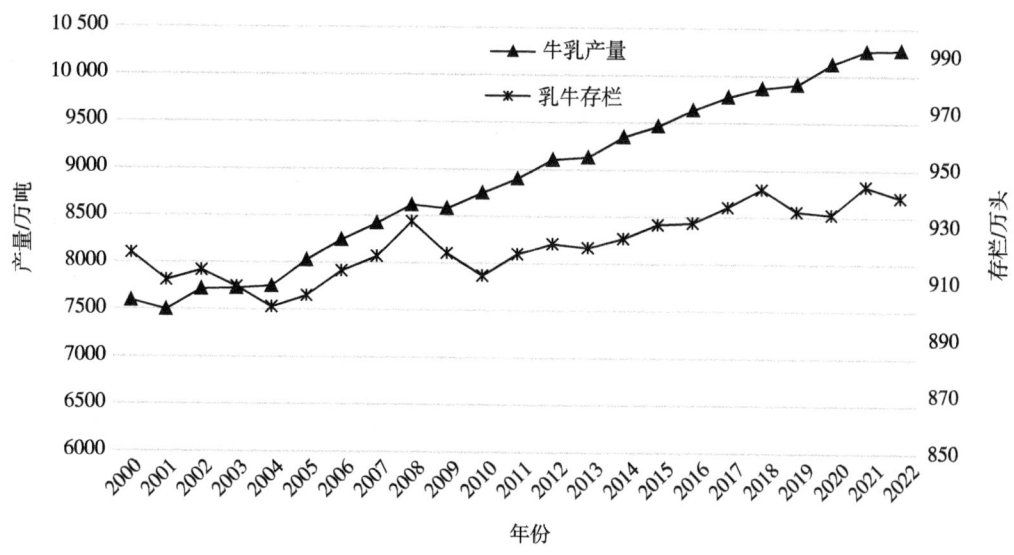

图 1-2 美国 2000—2022 年乳牛存栏和牛乳产量变化
（来源：FAO. FAOSTAT［EB/OL］.［2024-10-25］. https://www.fao.org/faostat/en/#data/qcl.）

场的 20%；2019 年 3 月，基因组测定已达到 300 多万次。在市场上可利用的公牛遗传物质方面，基因组检测公牛的占比从 2009 年的 20% 增加至 2019 年的近 75%。

2. 繁殖技术进展　近年来繁殖技术进展包括性控冻精技术、依托 B 超或妊娠糖蛋白检测的妊娠早期诊断技术、依托传感器的发情监测技术、同期发情技术和胚胎移植技术的迭代等。同期发情技术起源于 20 世纪 70 年代，同期排卵技术起源于 20 世纪 90 年代。同期发情技术的理论基础是典型卵泡发育模式。在乳牛为期 21 天的发情周期内，一般会出现 2 个或 3 个卵泡发育波。每个卵泡波都会形成一个优势卵泡，其会抑制其他卵泡的发育，并持续到下一次卵泡波。卵泡从出现至第 4 天生长比较缓慢，之后会有短期的线性增长阶段，然后会出现闭锁。通常情况下，第二次卵泡波会在发情周期的第 10 天左右出现。根据该规律，结合促性腺激素释放激素（gonadotropin releasing hormone，GnRH）和前列腺素 $F_{2\alpha}$（prostaglandin $F_{2\alpha}$，$PGF_{2\alpha}$），统一乳牛的发情、排卵和参配，在牧场规模越来越大的今天，大规模应用同期发情定时输精技术可以实现高效的繁殖管理。

20 世纪 70 年代以来，家畜胚胎移植技术在畜牧业中得到了迅速的发展和广泛的应用，现在乳牛的胚胎体外生产已经是一个相当成熟而且效率极高的技术，大大提高了美国种公牛的培育效率。胚胎生产主要有超数排卵胚胎移植技术和活体采卵（ovum pick-up，OPU）胚胎体外生产（OPU-IVP）两种方式。其中，超数排卵胚胎移植技术是通过促进乳牛超数排卵和人工授精来生产胚胎，曾是主流的生产方式。但如今，活体采卵体外生产胚胎是主导方式，其使用超声波引导针管直接从供体卵巢中吸取卵子，然后在试管中授精，灵活性更强。国际胚胎移植协会报告显示，2013 年有近 34 万枚牛胚胎被移植。

3. 全混合日粮质量控制　全混合日粮（total mixed ration，TMR）的起源已经超过 70 年。近年来 TMR 混合车样式更加丰富，在 TMR 质量控制方面出现了一些新的进展，对颗粒度、水分含量、原料分离及原料添加顺序、混合批次、混合时间等都有了更详细的规定。宾夕法尼亚州立大学 1996 年发明了 TMR 宾州筛，并在 2002 年和 2013 年分别进行了升级改进，用于确定合适的 TMR 切割长度，既能实现日粮的充分混合又不引起乳牛的消化障碍和乳脂抑制。对 TMR 中的水分含量也更加重视，因其可以影响最佳的干物质摄入量（dry matter intake，DMI）和原料分层，研究指出日粮中适宜的干物质含量应大于 45%，小于 60%。

4. 饲料快速检测技术　在过去的十年里，近红外光谱法（near infrared spectrometry，NIRS）检测技术已经从实验室研发走向市场应用。NIRS 的工作原理是基于不同营养成分对近红外波长进行选择性吸收和反射从而形成不同的光谱。如果样品的组成成分相同，则其光谱也相同，反之亦然。与实验室检测相比，NIRS 确实有一些优势，包括检测结果迅速，检测成本大幅下降，便于应用于管理策略。还可以增加检测的样品数，以取得更有代表性的数据，也可以评估饲料质量的变异程度，以及根据历史结果趋势变化做出相关决策。但该检测的结果可能不如实验室检测的结果准确，且以实验室检测数据库为校正标准。现在，市场上相关的几种设备根据检测饲料原料的不同，设置了不同的独立校正程序，以提高检测结果的准确性。NIRS 的大规模应用推动了乳牛粗饲料质量提升和精准营养的进步。

5. 机器人挤乳技术　1995 年以后，挤乳机器人的引入成为欧洲乳牛养殖业最引人注目的技术革新。1999 年，大约有 500 台挤乳机器人在欧洲应用，其中在荷兰的有 250 台。到了 2019 年，荷兰采用机器人挤乳的农场由 2005 年的 3% 飞速增加到了 26.6%。法国越来越多的乳牛场选择挤乳机器人，2000 年仅有 94 个农场使用挤乳机器人，2018 年使用挤乳机器人的牧场达到 9.8%。该技术的引进大大降低了家庭牧场的劳动强度，提高了工作效率和管理水平，促进了养殖规模的扩大。

6. 乳牛福利　近 30 年来关于乳牛福利和行为的研究急剧增加。福利的概念涉及动物的生物学功能、自然行为和情感状态 3 个领域，最佳的管理将解决这 3 个关注的领域。福利往往强调动物的情感状态（包括消极经历，如恐惧、疼痛和饥饿），导致疼痛的因素包括去角、断尾，以及跛行、受伤和难产等。行为研究在福利研究中发挥了关键作用，良好的健康一直被认为是良好福利的一个重要因素，其他与福利有关的因素还包括饲养环境、养殖密度、应激等，未来仍要加强乳牛福利的研究，达成产业共识和技术规范。

二、世界乳牛业发展趋势

（一）产业模式

乳牛养殖业有较强的规模效应，适度的规模化和集约化饲养有利于形成规模效应，又有利于技术推广与应用，因此，不论是欧盟家庭牧场还是美国的大牧场模式，都呈现出单体养殖规模越来越大的趋势。欧盟乳牛养殖业以规模化家庭牧场为主，平均养殖规模不大，但家庭牧场的规模也在不断扩大，如荷兰的平均养殖规模由 2000 年的 51 头成年母牛提高到 2022 年的 107 头。美国乳牛业的家庭牧场和大牧场并存，2019 年全美有 3.4 万座乳牛场，牧场平均规模达到 277 头成年母牛，养殖规模明显高于欧盟，美国的大牧场模式与我国更为类似。2007 年美国 1000 头以上牧场饲养乳牛数量占全国的 40%，2017 年则提高到了 54.2%，超过一半的乳牛被饲养在 1000 头以上规模的牧场，34.9% 的乳牛被饲养在 2500 头以上规模的大牧场。未来发达国家乳牛场的平均养殖规模仍将持续扩大。

（二）育种与繁殖

1. 基因组选择技术与平衡育种　乳牛育种领域中最大的热点是基因组选择技术。该技术可以对后备种公牛进行早期选择，提高选择准确性和选择强度，降低后裔测定规模和数量，提高育种和选择效率。由于乳牛基因组选择技术的出现，每年后备青年公牛选择范围可比后裔测定选育技术扩大 10 倍，选育的时间间隔也大大缩短，由 6 年降到 1 年，提高了选择强度，极大地加速了乳牛遗传进展。

基于家系的育种模型已经让位于全基因组预测，并且逐渐引入了贝叶斯预测模型和用于实现多层人工神经网络的深度机器学习算法。未来全基因组检测会完全取代后裔测定吗？从冻精销售数据可知，来源于未经后裔测定的公牛的冻精比例在增加，从 2008 年的 10% 增加至 2018 年的 60%。但是与年轻公牛相比，经后裔测定的公牛的精液仍然深受欢迎。此外，通过后裔测定产生性状选择的临界数据量，促进了继续广泛使用所必需的准确评估。如产乳量性状，新生犊牛若仅依据父母遗传信息来进行预测的可信度只有 42%，仅依据基因组检测进行预测的可信度为 65%，但依据基因组检测加后裔测定公牛的信息进行预测的可信度高达 96%。未来育种已经转向更加平衡的育种目标，选择指数已经纳入了长寿性、繁殖力、难产率、健康和行为特征，今后可能会进一步考虑乳牛体型、健康和福利，以及牛乳质量和环境可持续性等性能指标。

2. 乳牛配种肉牛冻精　西方发达国家乳制品消费基本稳定，对牛群存栏的需求量是下降的。现代化的生产技术可以实现乳牛群 3%～7% 的自然增长率，为了控制牛群增速，将低产乳牛群配种肉牛冻精是一个不错的选择。2018 年，艾奥瓦州立大学调查了威斯康星州、密歇根州和艾奥瓦州共69个乳牛场，结果发现近80%的乳牛场都会采用肉牛冻精，其中80%的乳牛场成年母牛使用肉牛冻精参配的比例超过10%。乳牛业贡献牛肉的比例也从2002年的18%增加至2018年的24%。在肉牛冻精新增销售份额方面，安格斯牛、西门塔尔牛和利木赞牛是主要的受益群体，占比分别为45%、13%和16%。西方国家的大规模乳牛场适当配种肉牛冻精仍将是一个持续的趋势，并且在我国乳业发展到成熟阶段甚至特定阶段时也将会适用。

（三）营养与低碳

农业温室气体排放与其他部门不同，其能源燃烧的排放份额低，排放主要来源是甲烷（CH_4）。主要来自动物（肠胃发酵）排放，每头乳牛每年释放5.2吨CO_2e（二氧化碳当量），以及甲烷和氮产品转化产生的N_2O。法国农业领域温室气体排放量自2000年之后逐年下降。2017年与1999年相比，农业领域温室气体排放量降低了7.5%（76.2 vs. 82.3百万吨CO_2e，除去能源使用外），其中甲烷排放减少9%（38.5 vs. 42.3百万吨CO_2e），N_2O排放减少6.5%（35.7 vs. 38.2百万吨CO_2e）。但1990—2019年，美国农业温室气体的排放增加了13.2%，其中动物肠道发酵排放增加了8.4%，牲畜粪便管理排放增加了60.3%，说明发达国家畜牧业温室气体减排进程并不相同。

美国承诺到2030年将温室气体排放量较2005年减少50%~52%，到2050年实现净零排放目标；2021年欧盟提出至2030年通过自然碳汇实现3.1亿吨固碳量，至2035年实现土地利用和农林业碳中和。牛的饲养甲烷排放占家畜甲烷总排放量的73%，CO_2排放占家畜总排放量的60%左右，乳牛业未来减少碳排放是助力实现碳中和目标的重要途径。碳足迹数据表明，新西兰、乌拉圭、葡萄牙、丹麦、瑞典每千克牛乳排放0.77 kg CO_2e、0.84 kg CO_2e、0.86 kg CO_2e、0.9 kg CO_2e、1.0 kg CO_2e，部分国家或地区甚至高达5 kg CO_2e。

从营养角度已经研究了多种甲烷排放缓解技术，一是植物提取物及其代谢产物，如皂苷、单宁、大蒜素等都具有降低瘤胃产甲烷菌数量的作用；二是通过添加耗氢化合物代谢消耗一部分氢气，从而减少瘤胃甲烷的产生，主要的耗氢化合物及微生物有不饱和脂肪酸、延胡索酸、硫酸盐还原菌、产乙酸菌及酵母菌等；三是使用添加剂抑制甲烷生成途径中某些酶的活性，包括2-溴乙烷磺酸钠和3-硝基氧基丙醇。2022年4月欧盟批准3-硝基氧基丙醇作为乳牛和繁殖用牛的饲料添加剂，该添加剂已经在全世界45个国家获得批准并商业化应用。但瘤胃菌群的适应能力可能导致抑制剂的效果随着时间推移而减弱。未来为了更好地实现乳牛温室气体减少10%~20%或更多的目标，还需要开发综合性的营养调控措施。

（四）智能化

西方发达国家乳牛业智能化技术进步主要体现在机器人挤乳领域，其他领域尚处于起步阶段，与国内技术差距并不大。欧美是目前全自动挤乳机器人技术最活跃、最受重视的市场。全自动挤乳机器人技术掌握在少数几个国家手中，瑞典、荷兰、美国、德国在全自动挤乳机器人领域处于领先及核心地位。专利检索表明，到2020年荷兰和瑞典申请的全自动挤乳机器人领域全球专利总件数最多，分别为2476件、2191件，其次是美国1479件、德国1219件、俄罗斯899件。主要专利权人分别是利拉伐、LELY、Technologies Holdings Corp、GEA。我国比较关注收获和采摘机器人的技术研究，挤乳机器人主要在本国申请专利，有329件，海外布局极少。

荷兰是全自动挤乳机器人技术最大输出国，其次是瑞典。根据专利受理国家/地区来反映技术的最终流入市场，发现荷兰对专利布局非常重视，有近86.5%的专利都在全球进行申请，其中在欧洲专利局申请专利最多，有888件；其次是德国，有400件。说明欧洲和德国是荷兰最重视的海外市场，其次是美国和英国。在中国布局专利较多的国家依次为瑞典、德国、荷兰、美国。可以预见，未来乳牛场的挤乳厅将是智能化和科技程度最高的生产环节，来自西方国家的机器人挤乳设备和技术将在欧美及我国逐渐推广应用，伴随着劳动力资源的短缺迎来黄金发展期。

第二节 我国乳牛业发展概况

一、发展现状

（一）近年来我国乳牛业发展

根据国家统计局公布的数据，2022年我国牛乳产量为3931.60万吨，比2000年的827.43万吨增长了3.75倍（图1-3）。其中有两个快速增长期，2000—2006年增长了255.88%，达到2944.62万吨；2007—2018年牛乳产量在3000万吨上下波动，增减不大，牛乳消费增量被进口乳制品挤占；2018—2022年又进入快速增长阶段，增长了27.88%，2023年牛奶产量4197吨，比2022年增长6.7%。

我国乳牛存栏从2000年实现快速增长后，2005—2022年一直在1100万～1200万头之间徘徊。2008年以后，我国乳业生产的变化主要体现在规模化比例持续提升，带动了现代化养殖技术的快速推广应用，进而推动了产业素质、单产和质量水平的快速提升。2002年我国100头以上乳牛规模化养殖比例只有11.9%，到2008年提高到了19.5%，到2022年则提高到了72%，带动乳牛单产从2000年的2.61吨提高到2008年的4.56吨，到2022年则提高到9.20吨（图1-4）。

根据国家乳牛产业技术体系对规模牛场的监测，2022年生鲜乳的乳脂率和乳蛋白率平均为3.89%和3.27%，比2010年分别提高4.57%和5.14%，细菌数和体细胞数（somatic cell count，SCC）分别为3.54万CFU/mL和20.5万个/mL，比2010年分别下降87.75%和43.60%。2022年中华人民共和国农业农村部对我国生鲜乳进行抽检，合格率达到100%。可以说我国生鲜乳的质量指标已经符合欧盟标准。

（二）近年来我国乳牛业科技的发展

随着规模化养殖比例的提升，乳牛养殖的饲料营养条件大幅改善，遗传改良、生物安全、机械化养殖等现代化养殖技术得到迅速推广应用。

1. 遗传改良　我国持续开展系统的乳牛群体遗传改良工作，尤其在开展后裔测定选择优秀种公牛、改进种牛遗传评定方法、选育高产核心母牛群、推广应用人工授精技术等方面进行了大量的工作。2012年我国成功构建了中国荷斯坦牛基因组选择分子育种技术平台，平台主要包括我国唯一的乳牛基因组选择参考群；研发了TA-BLUP等基因组育种值预测方法，提出了中国奶牛基因组性能指数（genomic China performance index，GCPI），并于2012年开始在全国范围内启动荷斯坦公牛基因组遗传评估工作。我国乳牛基因组选择参考群体持续扩大，截至2023年我国乳牛基因组选择参考群规模已达1.79万头，主要性状的基因组育种值估计准确性达70%。荷斯坦母牛经过严格筛选，均具备规范的系谱及生产

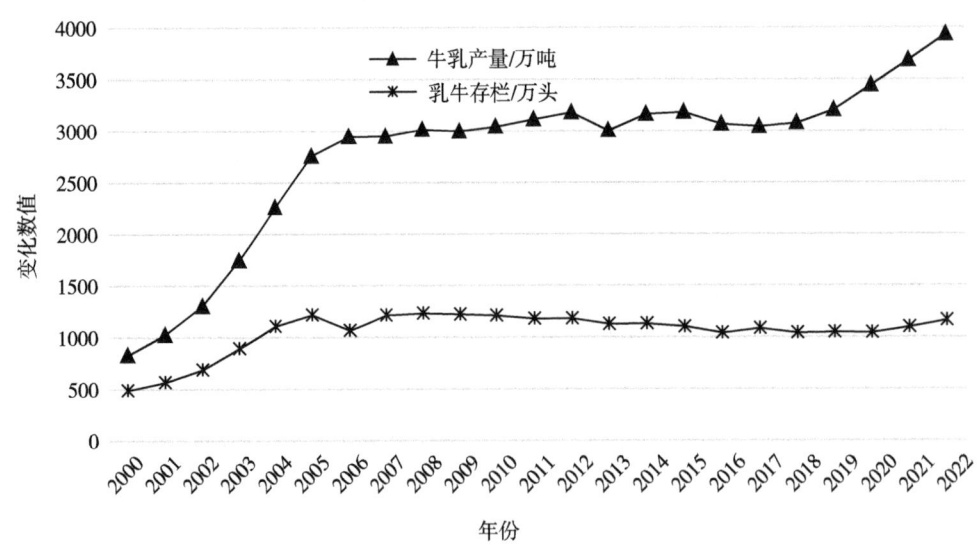

图1-3　2000—2022年我国牛乳产量和乳牛存栏变化

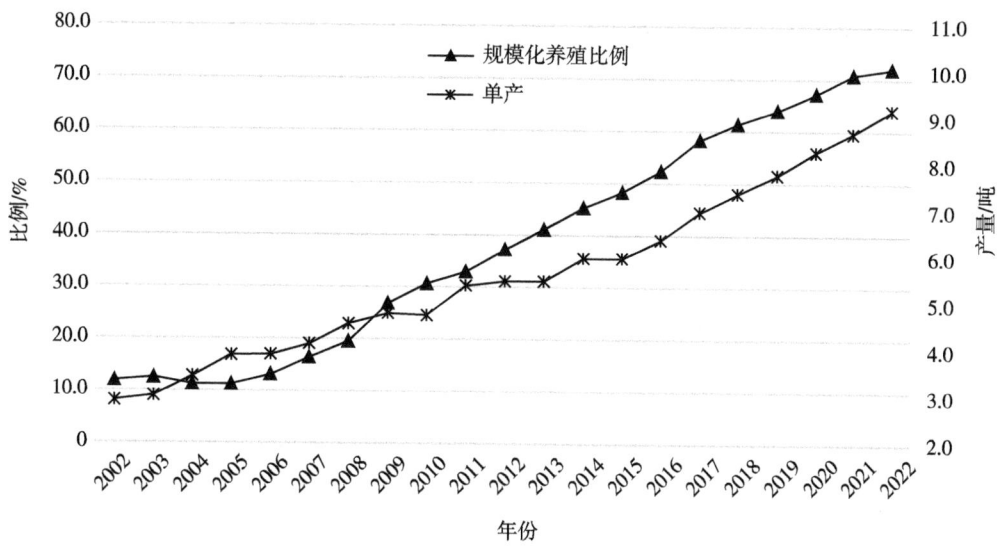

图1-4 2002—2022年我国乳牛业规模化养殖比例和单产

性能测定（dairy herd improvement，DHI）与体型数据，包括产奶、健康、体型共计35个性状；其少部分母牛具有繁殖性状表型数据；此外，参考群还包括234头验证种公牛，其个体估计育种值（estimated breeding value，EBV）可靠性不低于80%。参考群所有个体均具有全基因组SNP芯片的基因型数据（50 K、80 K或150 K）。为我国荷斯坦青年公牛基因组遗传评估提供了重要的数据支撑。

2. 饲料营养 根据国家乳牛产业技术体系的调研，2020年99.0%的牛场使用全株玉米青贮，比2007年提高50个百分点，玉米青贮的干物质含量平均为30.8%，可以说优质全株玉米青贮在规模牛场已经普及。2020年使用进口苜蓿干草的牛场占比达到74.3%，比2016年提高23.3个百分点，使用国产苜蓿干草和（或）苜蓿青贮的牛场比例达到60.7%，使用苜蓿的比例远高于2007年的35%，2022年更是超过90%的牛场使用苜蓿干草，粗饲料营养条件的进步奠定了牛乳品质提升的营养基础。此外，一系列饲料添加剂如青贮添加剂、霉菌吸附剂、过瘤胃添加剂、微生态制剂、有机微量元素也有了较高比例的应用。

近年来乳牛科研领域陆续开展了关键生理阶段营养利用和调控，胃肠道微生物与营养代谢紊乱关系及调控，后备牛营养需要参数、瘤胃发育、生长发育机制和营养调控，乳牛标准化饲养管理、福利与健康等领域的研究，开展了饲料营养价值评定和提高饲料转化率，苜蓿、燕麦、玉米青贮优质粗饲料本地化生产与利用，非常规饲料资源开发与利用研究，开发了配套技术，支撑了国内乳牛营养领域的技术进步。

3. 乳牛生物安全 疫病是制约世界各国乳牛养殖业健康发展的主要障碍之一，乳牛重要疫病有30余种，并且由于养殖密度大、人畜流动量大、混合感染多，发病情况复杂。近年来我国成功开发或引进了多种疫苗并应用于乳牛养殖，包括口蹄疫、布鲁氏菌病、病毒性腹泻、巴氏杆菌病、牛传染性鼻气管炎、梭菌等疫苗，使乳牛的重大传染病得到有效控制。尤其是口蹄疫，2015年以前口蹄疫疫情在我国呈阶段性、地区性多发状态，防疫形势严峻，严重影响生鲜乳生产。得益于一年两次口蹄疫苗免疫制度的推广，目前口蹄疫基本呈零星散发状态，对乳牛养殖不构成实质性的威胁，2018年1月农业农村部公告宣布口蹄疫亚洲Ⅰ型正式退出免疫。此外，国家层面已建立乳牛重大传染病参考实验室，建设了部分乳牛疾病防控专业实验室，部分大型牧场已建设自己的诊断实验室，可以开展基础的病原诊断；在乳牛疾病防控和风险物质的快检技术方面也取得一些进展，开发了试剂盒和试纸条，服务于乳牛养殖生物安全。

4. 养殖机械化 经过近20年的发展，乳牛养殖的机械化水平大幅提高。2014年我国规模牛场就已经100%实现了机械化挤乳，近年来挤乳设备也发生了积极变化。2020年奶厅式挤乳基本普及，占比96.2%，比2016年提高15.4%，其中更为先进的转盘式奶厅占比达到25.5%，提高16.1%，机器人挤乳和转盘机器人已经在国内个别牛场尝试应用；得益于TMR饲喂技术的推广，2020年TMR饲喂技术应用比例接近100%，已经普及；2020年粪污处理设施如固液分离、污水氧化塘、堆肥发酵和沼气设备配套比例大幅提高，分别达到75.4%、52.9%、42.9%和17.8%；清粪方式方面，拖拉机或铲车清粪占比为34.2%，刮粪板和吸粪车占比分别为33.8%和24.3%，人工清粪比例比2016年大幅下降了21.8%，达到4.4%；乳牛福利方面，牛场配套风扇、喷淋等降温设施的比例达到96.3%。

养殖设施设备的进步推动了劳动生产效率的提高，代表指标牛人比2020年平均为35.6头/人，比2016年调研数据的33.3头/人略有提高，比2011年调研的30.2头/人有一定提高，现代化万头牧场更是达到50～60头/人，但与发达国家相比仍有较大差距，反映了我国乳牛场在自动化、机械化装备水平和管理效率方面仍有较大进步空间。

二、未来发展趋势

（一）产业模式

2008年以后，随着乳牛散养和养殖小区的消失，乳牛养殖规模化比例逐渐提升。占主体的乳牛散养在2007—2009年的调整阶段基本转型为养殖小区或退出行业，而养殖小区作为一个过渡形态，在2015—2018年的调整阶段再转型为规模牛场或被迫退出，2022年修订通过的《中华人民共和国畜牧法》已经删除了养殖小区的相关表述。规模牛场已经成为我国商品化生鲜乳生产的绝对主体，乳牛场呈现大型化、集团化发展趋势。根据统计，2023年1000头以下小牛场存栏乳牛占比16.8%，比2019年下降14.1%；2023年存栏5000头以上的大型牧场乳牛存栏占比41.2%，比2019年提高13.9%（图1-5）。根据荷斯坦杂志社统计，2023年我国万头牧场有165个，存栏乳牛约200万头。我国大牧业集团迅速发展壮大，2022年存栏排名前40位的养殖集团存栏乳牛为260.9万头，每天生鲜乳产量为3.92万吨，几乎占商品化生鲜乳产能的一半，存栏和产量分别比2015年提高89.7%和136.1%。

在产业链一体化方面，我国已经不具备西方国家通过奶农组建乳品加工厂完成产业链一体化的土壤和历史机遇，而是探索建立了具有自己特色的5种产业链一体化模式。第一种也是最主要的模式，即下游加工企业向上游新建和并购乳牛场，如近年来龙头乳企基本并购或控股了国内大型的私有化的乳牛养殖集团；第二种模式是近年来较为流行和具备前景的模式，即牧业和龙头乳企采取交叉持股模式新建乳牛场和乳品厂，以及"以租代建"模式新建乳牛场，实现利益联结的部分绑定，如宁夏、河北的乳牛养殖集团实现了与乳企合作建设乳牛场和乳品厂；第三种是乳企之间的横向并购，从而带动奶源基地并购整合；第四种是奶农和养殖集团自建加工厂，但面临着激烈的销售市场竞争；最后，针对生存能力较弱的中小乳牛场的利益联结一体化尚难破冰的

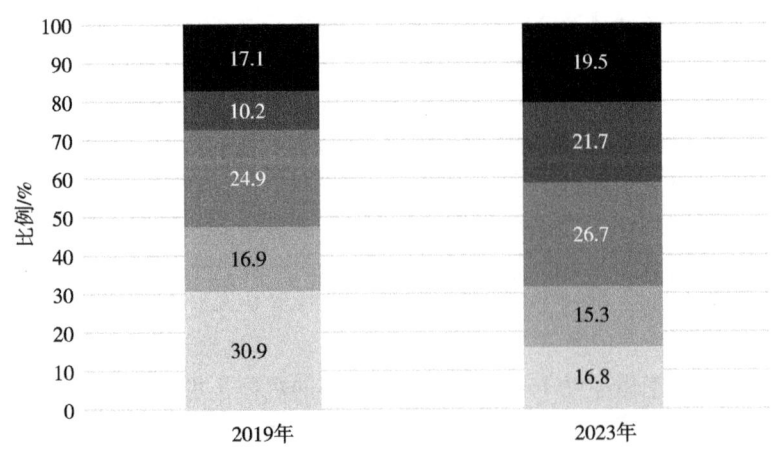

图1-5 我国规模乳牛场存栏结构变化

（来源：国家奶牛产业技术体系调研结果）

局面，近年来初具雏形的大牧业集团输出技术、人才优势的托管模式可能是一个有前景的发展途径，以及签订5～8年的长期稳定生鲜乳购销合同等其他途径。

（二）区域布局

在2019—2022年的乳牛养殖景气周期内，荷斯坦乳牛存栏扩张较快的省份包括内蒙古、宁夏、河北、山东、新疆和甘肃等，荷斯坦乳牛存栏增量总计达到170万头左右，部分西部省份乳牛养殖基地扩张过快，到2023年已经出现了养殖密度大、粗饲料成本高、奶价低、乳牛场负债率高等产业不稳定因素，在2023年之后的产业调整期退养风险也较大。

影响乳牛养殖发展布局的因素包括地方产业扶持和补贴政策、饲料种植的土地资源，以及与消费市场的距离等。未来10年我国乳牛养殖布局的方向：一是沿着胡焕庸线两侧布局，可以兼顾消费市场和土地资源；二是布局于抵近南方消费市场同时有丰富土地资源的华北、华中和华东部分省份；三是布局于南方土地资源相对较多的省份，缓解"北奶南运"的供需矛盾。例如，2023年10月云南省推出了《云南省推进奶业振兴若干政策措施》，支持乳业发展。在人口少、距离消费市场遥远、水和粗饲料资源紧缺的部分西部省份，应放缓或暂停乳牛扩张和布局。

（三）智能化

与发达国家相比，我国乳牛业在智能化养殖设备开发方面还处于起步阶段，在某些领域具备弯道超车的机遇。养殖智能化建设是指借助新一代物联网和移动互联技术，对生产过程进行在线监管服务，实现养殖业的资源整合、数据共享和业务协同，从而推动现代奶业转型升级。未来的智能化技术大致包括生产感知和预警系列技术、自动化饲喂技术、机器人挤乳技术、智能环境控制和管理技术，以及信息化和大数据的开发技术。智能化对乳业的推动作用主要体现在劳动强度降低、生产效率提高、养殖成本降低及问题提前预判等方面。智能化是精准畜牧业发展的关键，对其可持续发展有重要意义，应在此领域加大研发力度和生产投入，促进智能化畜牧业的健康、快速、可持续发展。

（四）低排放与生态安全

由于我国未设立乳牛场建设的土地配套准入门槛，乳牛场的种养结合比例仍处在较低水平，根据调研，2020年只有50%左右。种养结合不足带来的问题包括粗饲料成本上涨和质量波动，以及粪污消纳困难等，这些问题推动了生鲜乳成本上涨。根据乳牛体系测算，未来中国规模乳牛场存栏会发展到800万头，保障优质粗饲料基本自给需要的耕地面积占18亿亩耕地的1.2%，可以认为占比并不高。因此，未来可通过产业链一体化带来的利益反哺和政策推动等途径承担乳牛场土地流转、租赁的部分成本，推动种养结合持续提升。进一步通过研究乳牛场饲料投入，牛乳、牛粪、污水的产出，和乳牛饲养量、日粮结构与碳、氮、磷等养分转化分配关系，依据乳牛养分摄入量和泌乳性能，建立养殖场粪污中碳、氮、磷排放量预测模型；研究土地中的氮、磷含量及玉米青贮和苜蓿草的氮、磷需要量，制定乳牛存栏与土地配备的比例关系，实现粪污还田和种养结合，达到乳牛养殖的系统化低排放和零排放模式。

我国提出2030年实现CO_2的"碳达峰"，2060年实现"碳中和"，2020年我国牛乳碳排放量为1.53 kg CO_2e/1 kg标准乳，高于同样环节下欧洲国家原奶生产的排放量0.93～1.4 kg CO_2e/1 kg标准乳。针对乳牛养殖温室气体排放造成全球气候变暖的压力，未来可开发乳牛日粮碳氮高效利用和精准饲喂技术，开发基于植物提取物、益生菌等的甲烷减排饲料添加剂，建立养殖企业乳牛胃肠道甲烷排放估算技术，明确胃肠道甲烷减排潜力与效益，开发乳牛粪尿储藏-处理-施用过程的温室气体协同减排技术，饲草种植过程低碳减排技术，结合饲喂源头减排、粪污过程低碳技术、农田循环与土壤固碳技术与装备，集成区域综合技术模式，形成甲烷减排技术体系和评价标准。

◇ 思考题

1. 我国乳牛业发展应参考借鉴哪些西方奶业发达国家的经验模式，有哪些成功的发展经验？
2. 我国乳牛业未来发展路径是什么？

如何优化产业布局和产业模式？

3. 如何提高我国乳牛业的科技研发水平和技术原创能力？

4. 致力于乳牛业科学研究的学生，可以从哪个技术领域或待解决问题中设计课题研究方向？

参考文献

[1] 王福兆，孙少华. 乳牛学［M］. 4版. 北京：科学技术文献出版社，2010.

[2] 李胜利，魏宏阳. 世界奶业发展报告［M］. 2版. 北京：中国农业大学出版社，2022.

[3] 夏建民，李胜利，王蔚，等. 2020年中国规模奶牛场产业素质研究报告［J］. 中国畜牧杂志，2021，57（9）：267-271.

[4] 孙东晓，张胜利，张勤，等. 我国奶牛基因组选择技术应用进展［J］. 畜牧兽医学报，2023，54（10）：4028-4039.

[5] 夏建民，魏勇，王蔚，等. 中国奶牛周期的初步探索［J］. 中国乳业，2023，256（4）：34-40.

[6] 丁芳，赵慧敏，陈慧君，等. 全球全自动挤奶机器人领域专利申请地域趋势分析［J］. 中国奶牛，2022，（2）：42-48.

[7] SCHINGOETHE D J. A 100-Year Review: total mixed ration feeding of dairy cows［J］. Journal of Dairy Science, 2017, 100（12）: 10143-10150.

[8] WEIGEL K A, VANRADEN P M, NORMAN H D, et al. A 100-Year Review: methods and impact of genetic selection in dairy cattle—From daughter-dam comparisons to deep learning algorithms［J］. Journal of Dairy Science, 2017, 100（12）: 10234-10250.

[9] MIGLIOR F, FLEMING A, MALCHIODI F, et al. A 100-Year Review: identification and genetic selection of economically important traits in dairy cattle［J］. Journal of Dairy Science, 2017, 100（12）: 10251-10271.

[10] STEVENSON J S, BRITT J H. A 100-Year Review: practical female reproductive management［J］. Journal of Dairy Science, 2017, 100（12）: 10292-10313.

[11] KEYSERLINGK M A G, WEARY D M. A 100-Year Review: animal welfare in the Journal of Dairy Science—The first 100 years［J］. Journal of Dairy Science, 2017, 100（12）: 10432-10444.

[12] HRISTOV A N. Perspective: could dairy cow nutrition meaningfully reduce the carbon footprint of milk production?［J］. Journal of Dairy Science, 2023, 106（11）: 7336-7340.

本章编者：李胜利；审订：孙少华

第二章

牛种及乳牛品种

我国是拥有牛种和乳牛品种最多的国家,这些宝贵的遗传资源是我国发展乳牛业的基石。通过学习和研究各乳用及乳肉兼用牛品种的生物学特性、遗传特性和生产性能,为有效地建立繁育体系、改良与提高其生产性能奠定基础,从而高效生产优质牛乳、牛肉等产品。

第一节 牛在动物分类学上的地位

按动物分类学,牛属于:脊索动物门(*Chordata*)、脊椎动物亚门(*Vertebrata*)、哺乳动物纲(*Mammalia*)、偶蹄目(*Artiodactila*)、反刍亚目(*Ruminantia*)、牛科(*Bovinae*)。

牛亚科下又分为牛属(*Bos*)和水牛属(*Bubalus*)。牛属动物包括家牛、牦牛、亚洲野牛、欧洲野牛、美洲野牛;水牛属动物包括亚洲水牛和非洲水牛。

牛属和水牛属中,分布在我国的有以下几个牛种。

一、普通牛

普通牛(*Bos Taurus*)(亦称为家牛)的祖先是原牛(*Bos Premigenius*)。普通牛在世界范围内分布最广。在我国,黄牛属于普通牛,据第三次全国畜禽遗传资源普查结果,我国有57个地方黄牛品种。除此之外,中国荷斯坦牛、内蒙古三河牛、草原红牛、新疆褐牛、中国西门塔尔牛、辽育白牛、延黄牛、蜀宣花牛、云岭牛及华西牛等培育品种也属于普通牛。

二、瘤牛

瘤牛(*Bos indicus*)产于非洲、亚洲和南美洲,因其鬐甲部有一结缔组织块,隆起似瘤(大的有18 kg)而得名。著名的瘤牛品种如婆罗门牛(图2-1)等。

图2-1 著名的瘤牛品种——婆罗门牛

瘤牛头狭长,额平,耳大下垂,颈垂及脐垂特别发达,利于散热,被毛短有利于日光反射,因此耐热性强。瘤牛皮肤较普通牛更厚,且能分泌有特殊气味的皮脂,可驱虱、抗焦虫病。

瘤牛分乳用、肉用、驮用、乘用等品种,仅印度就有30个品种以上,如沙希华牛(Sahiwal)、吉尔牛(Gir)。乳用瘤牛一般年产乳量为1500～3000 kg。瘤牛与普通牛杂交,其杂种后代有生育能力。苏联用瘤牛与草原红牛杂交,其杂种后代产乳量为3000 kg,乳脂率为4%,且具有抵抗焦虫病的能力。美国利用引入的印度瘤牛与海福特牛、短角牛杂交,培育了合成系新品种(如Braford等),其肉用性能好、适应性强且抗焦虫病。巴西利用吉尔牛与荷斯坦牛杂交，培育了乳用合成系新品种吉罗兰多（Girolando），产乳量可达 3000～5000 kg。

我国云南于1983年、福建于1987年开始利用引进的婆罗门牛与当地黄牛杂交，杂种后代适应性、产肉性能良好。2015年，经国家畜禽遗传资源委员会审定，采用三元杂交模式培育的"云岭牛"成为我国肉牛新品种，其母本为云南本地黄牛，父本为婆罗门牛和莫累灰牛；因含有瘤牛血液，云岭牛对于我国南方的养殖条件有很好的适应性。

三、牦牛

在分类学上，牦牛（*Bos grunniens*）和普通牛同属牛属（*Bos*），有30对染色体（2n=60），原产于我国的青藏高原。我国现有牦牛1400多万头，占世界牦牛总数的95%以上。牦牛主要分布于以青藏高原为中心，以阿尔泰山、昆仑山、祁连山、唐古拉山、喜马拉雅山为骨架的我国西北、西南的青海、西藏、四川、甘肃、新疆、云南等省、自治区的高原地带；产区范围为北纬27°～40°，东经74°～105°，产区面积占我国总面积的1/4。除家养牦牛外，在喜马拉雅山麓及昆仑山、唐古拉山等地还有野牦牛。

野牦牛比家牦牛体型大。肩高1.6～1.8米，身长2.4～2.8米。野牦牛双角粗而弯度较大，明显地向内弯曲，而家牦牛角平直向上，野牦牛角的长度和粗度都超过家牦牛。野牦牛毛色除吻端有一块灰白色毛外，全身乌褐，夏季毛呈乌褐色，冬季褐中有黄；家牦牛则有黑、棕、黄、白等各种颜色，少量有花片。中国农业科学院兰州畜牧与兽药研究所与青海省大通种牛场共同利用野牦牛与家牦牛进行杂交，杂种后代有繁殖能力，且比家牦牛体格大、产肉性能好，于2010年育成了大通牦牛新品种；在该群体基础上，分离出无角个体，于2019年培育出世界上第一个无角牦牛品种——阿什旦牦牛。

牦牛与普通牛杂交，其杂种后代称为犏牛。公黄牛与母牦牛杂交，其杂种称"真犏牛"，公牦牛与母黄牛杂交，其杂种称"假犏牛"。无论"真""假"犏牛，一至三代杂种雄性均不育。

牦牛在我国形成了很多地方优良品种，2010年出版的《中国畜禽遗传资源志-牛志》共记载了12个牦牛地方品种，包括青海高原牦牛、西藏高山牦牛、娘亚牦牛、帕里牦牛、斯布牦牛、九龙牦牛、麦洼牦牛、木里牦牛、天祝白牦牛、甘南牦牛、巴州牦牛和中甸牦牛等。全国畜禽遗传资源普查，新发现牦牛地方品种10个，共22个。

牦牛能适应高原低氧条件，其养殖区域的人们普遍有供奉酥油灯、饮酥油茶、吃黄油的习俗/习惯，因此在母牦牛分娩后挑选温顺者少量挤奶（每天1～3 kg，称为"挤乳量"而非产乳量），在不影响哺乳犊牛生长的前提下丰富高原的生活资料。牛奶需求量较大的区域，多采用小体型的娟姗牛等与母牦牛杂交，避免难产，产生的犏牛后代产乳量高（日挤乳量5～7 kg）但乳成分略低于牦牛。

四、水牛

目前，全世界有水牛（*Bubalus*）1.7亿头（97%分布在亚洲），其中，印度数量最多，我国存栏数量2200多万头，名列第三，主要分布在黄河以南的17个省区市，集中分布在两广、两湖、云、贵、川、皖、赣和海南10个省区，据全国畜禽遗传资源普查结果，我国有27个水牛地方品种。

水牛分为沼泽型水牛与河流型水牛。前者为瓦灰色（初生时为灰色），角大，其角在前额平面向上卷起成半圆形，主要产于我国、菲律宾、印度；后者分布在印度、埃及等亚洲、非洲等地，毛色一般为黑色，角弯曲或呈镰刀状。两种类型水牛的外形、生活习性和遗传性能均有明显差别，且染色体数目不同，沼泽型水牛具有24对染色体，河流型水牛具有25对染色体。沼泽型水牛体躯偏重，身短，腹围大，为役肉兼用型；河流型水牛偏轻，面部较长，胸围较小，四肢长，为乳用型，其中著名的品种有印度的摩拉水牛、巴基斯坦的尼里-拉菲水牛（简称尼里水牛）和意大利的地中海水牛。我国的水牛多属沼泽型、役肉兼用，产乳量较低。如温州水牛，日产乳量仅为5 kg，且泌乳期短。广西、云南等地利用摩拉水牛、尼里水牛与当地水牛杂交，杂交水牛的产奶性能显著提高。另外，2000年在云南省腾冲市发现了槟榔江水牛，2008年经国家畜禽遗传资源委员会审定，属河流型水牛遗传资源，泌乳期在250天以上，产乳量可达2500 kg，为我国培育河流型奶水牛奠定了基础。

第二节 我国引进的乳牛及乳肉兼用牛品种

世界上乳牛品种很多，按其经济类型可分为专门化乳用型和乳肉兼用型。我国已经引进包括世界闻名的乳用型品种如荷斯坦牛、娟姗牛等，以及乳肉兼用型品种如西门塔尔牛、瑞士褐牛和短角牛等。

一、乳用型牛品种

（一）荷斯坦牛

荷斯坦牛（Holstein）原产于荷兰北部地区的北荷兰省和西弗里斯兰省，以及德国北部荷斯坦省，故也称荷斯坦弗里生牛（Holstein Friesian）。因其毛色为黑白花片，又称黑白花牛。荷斯坦牛于19世纪70、80年代开始从荷兰和德国输出到世界各国。荷斯坦牛风土驯化能力强，适应性广泛，分布在全世界各地，是目前全世界存栏数量最多的乳牛品种，世界荷斯坦弗里生协会（World Holstein Friesian Federation，WHFF, http://whff.info/）成立于1960年，目前有15个成员国，旨在实现各国间关于荷斯坦牛的信息沟通。据2015年统计报告，成员国存栏黑白花和红白花的荷斯坦基础母牛2875.7万头，其中登记的荷斯坦基础母牛1263.1万头，参加性能测定的荷斯坦牛1552.5万头。经过多年的培育，各国荷斯坦牛出现了一定的差异，所以有些国家的荷斯坦牛常冠以本国名称，例如，美国荷斯坦牛、英国荷斯坦牛、日本荷斯坦牛等。目前有些国家存在名为弗里生牛（Friesian）的牛群，如英国，意在区别于目前已经过高度选育的纯乳用荷斯坦牛，形容产乳量稍低且体型偏向于乳肉兼用型的黑白花牛群体。

该品种原产地（荷兰）地势低湿，全国有1/3土地低于海平面，土壤肥沃，气候温和，全年温度在2～17 ℃，雨量充沛，年降雨量为550～580 mm。荷斯坦牛的起源，有人认为是弗里生和巴塔维亚两民族在公元前由中欧往莱茵河流域迁移时引进的，带入黑牛和白牛杂交形成黑白花牛。荷斯坦牛在15世纪已享有盛誉，19世纪80年代，在荷兰成立养牛业联合会并建立良种登记簿。原产地荷斯坦牛有3个类型，即黑白花、红白花、黑色白头牛，其中以黑白花牛为数最多。

选育之初，荷斯坦弗里生牛为乳肉兼用型牛品种，体型偏小，肌肉丰满，有较好的产肉性能，头宽颈粗，故最初引入到我国时称小荷兰牛，肥育牛屠宰率可达60%（一般为50%～52%）。20世纪以来，由于重视其产奶性能的选育，同时广泛开展人工授精，重视选种选配、犊牛培育并建立了严格淘汰等制度，荷斯坦牛的产乳量和乳成分有了很大提高。1910年荷兰全国乳牛平均产乳量为2530 kg，乳脂率为3.1%；1958年平均产乳量为4110 kg，乳脂率为3.78%，其中登记牛每头产乳量为4549 kg，乳脂率为3.8%。荷兰弗里斯兰省1968—1978年，平均年产乳量从4300 kg（乳脂率为4.12%，乳蛋白率为3.35%）提高到5252 kg（乳脂率为4.21%，乳蛋白率为3.41%），而1999年荷兰全国荷斯坦牛平均单产达8016 kg，乳脂率为4.4%，乳蛋白率为3.42%。

荷斯坦牛对各国乳牛品种影响很大，在19世纪70、80年代初期输出最多。德国、法国、瑞典、比利时、英国、美国、加拿大、西班牙、南非、波兰、苏联、澳大利亚、日本及我国均有引入。现在英国、美国、加拿大、德国等的乳牛品种中以荷斯坦牛数量最多，据WHFF的2015年统计数据，存栏荷斯坦基础母牛200万头以上的国家有美国、德国和法国；WHFF的15个成员国统计，黑白花荷斯坦牛平均产乳量为9509 kg，乳脂率为3.85%，乳蛋白率为3.28%；红白花荷斯坦牛平均产乳量为8479 kg，乳脂率为4.20%，乳蛋白率为3.43%。我国引进的荷斯坦牛，前期主要来自美国、加拿大、荷兰、德国、丹麦、新西兰及日本等国，2003年以后荷斯坦牛的活牛进口主要来自澳大利亚、新西兰、乌拉圭和智利。

为便于对各国荷斯坦牛遗传水平进行比较，联合国粮农组织1974年在波兰进行荷斯坦牛对比试验。10个国家的荷斯坦牛公牛与波兰荷斯坦牛母牛杂交，对其杂交一代产乳量及乳脂率进行比较（表2-1）。

表2-1 各国荷斯坦牛公牛与波兰荷斯坦牛母牛的杂交效果

国家	头产乳量/kg	乳脂率/%
美国	4178	3.87
以色列	4097	3.94
新西兰	4018	4.03
加拿大	3979	3.92
瑞典	3860	3.98
丹麦	3726	4.01
英国	3712	3.98
德国	3625	3.97
荷兰	3625	4.04
波兰	3393	4.05

图2-2 荷斯坦牛

将各国遗传物质集中在同一个养殖环境下进行比较，可消除很多因素对各国遗传水平的影响，但这个国际性大型比较试验受限于太多因素不能频繁实施和大规模测定。1983年，成立了国际公牛组织（https://interbull.org/），1988年国际公牛组织成为国际动物记录委员会（The International Committee For Animal Recording, ICAR）的正式成员。国际公牛组织是一个非营利性机构，主要负责国际间牛的遗传评定，便于在同一个平台上比较不同国家的遗传水平。目前，国际公牛组织共有澳大利亚、比利时、加拿大等35个成员国，将来肯定会有更多的国家加入国际公牛组织。国际遗传评定将从27个会员国得到的育种值结果再次进行评估，其结果直接提供给各个成员国，各成员国以自己国家的计算单位和遗传基础计算所有参加计算公牛的育种值——对动物个体的多个性状进行跨国遗传评定（multiple across country evaluation, MACE）。MACE遗传评定结果每年分别在4月、8月和12月公布。目前国际遗传评定涉及6个品种的1 400 000多头公牛，可在中国奶业大数据平台（http://www.holstein.org.cn/）查询。

1. 美国荷斯坦牛　美国荷斯坦牛群体是在引进荷斯坦弗里生牛的基础上，经过对产乳量和体型等重要经济性状进行长期精心选育而形成的（图2-2）。近年来，美国荷斯坦母牛存栏稳定在840万头左右，占全国乳牛的93%。

美国于1621年首次引入荷兰牛，但血统等记录不详。1852—1905年，共引进荷兰黑白花牛8800头。这些引进个体及其后代对于后来的美国荷斯坦牛群体影响较大。1871年成立美国"纯种荷斯坦牛育种者协会"。1872年出版第一卷荷斯坦牛登记簿，包括128头纯种个体。1885年美国"纯种荷斯坦牛育种者协会"与"美国荷兰弗里生牛协会"合并，称"美国荷斯坦-弗里生牛协会"（Holstein-Friesian Association of America），1994年协会正式更名为美国荷斯坦牛协会（Holstein Association USA, http://www.holsteinusa.com/）。1977年协会有会员37 312名，登记牛330 615头。至2016年协会有会员28 000名，累计登记牛2200万头。目前协会有会员2万名左右，每年新增登记37万头。美国荷斯坦牛协会是全球最大的乳牛育种组织。

20世纪50年代初荷斯坦牛主要分布在纽约、威斯康星、宾夕法尼亚、密歇根等州，现在已向西部、南部推广。近几十年来，许多国家，包括荷兰都引入美国荷斯坦种牛及其冷冻精液，用以改良本国乳牛品种。

美国荷斯坦牛的特点是产乳量高、体格大，体型呈现明显的乳用特征。至今，美国已有37头年产乳量超过18 000 kg的荷斯坦牛；终生泌乳量冠军共泌乳4796天，创造共产乳189 000 kg的最高纪录。荷斯坦牛登记个体的泌乳性能进展趋势见图2-3。

2015年美国存栏900万头泌乳牛，其中94%为荷斯坦牛，荷斯坦牛登记个体平均单产12 850 kg，乳脂率为3.82%，乳蛋白率为3.12%。

美国对登记荷斯坦牛的毛色允许黑白花和红白花毛色个体，全白、全黑牛、黑尾帚、全黑腿以至蹄或黑白碎花呈灰点牛不予登记。

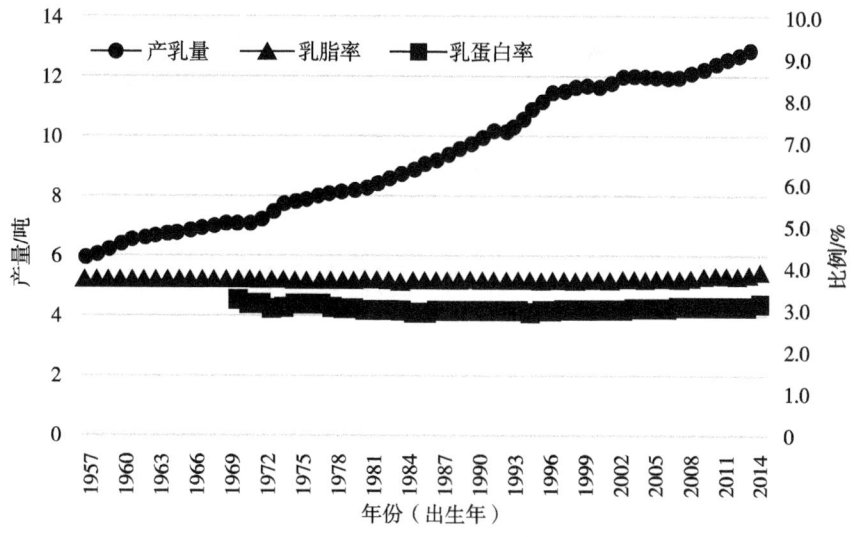

图2-3　美国荷斯坦牛登记个体泌乳性能的进展趋势

中国荷斯坦牛群体在21世纪前受美国和加拿大荷斯坦牛的影响较大。21世纪以来，更多的荷斯坦母牛来自澳大利亚和新西兰，但北美荷斯坦牛的遗传物质仍以冻精和胚胎形式影响中国荷斯坦牛群体。目前在中国经销美国荷斯坦牛遗传物质的育种公司包括环球种畜（World Wide Sires，WWS）、ABS、国际资源（Cooperative Resources International，CRI）等。

2. 加拿大荷斯坦牛　加拿大荷斯坦牛以高产和长寿而著称于世，适应性良好，在世界各地不同气候和管理条件下，均可饲养。据加拿大奶业信息网（http://www.dairyinfo.gc.ca/）统计，2015年，荷斯坦牛占加拿大乳牛群体的94%，加拿大向世界80多个国家出口10 012头乳牛、12 990枚胚胎及150万份冷冻精液。

原产于荷兰的荷斯坦牛1883年首次到达加拿大。加拿大荷斯坦牛协会（Holstein Canada，https://www.holstein.ca/）成立于1884年，1901年起成为加拿大荷斯坦牛全国唯一的登记机构，负责品种登记、体型鉴定。1973年起接受红白花荷斯坦牛的注册。加拿大荷斯坦牛选育重视泌乳性能和体型的选择。体型选择的重点有乳用性、乳房和肢蹄评分，用于量化记录乳牛的功能性状，达到平衡育种的目的。加拿大荷斯坦牛出生重41 kg，成年母牛平均活重680 kg，体高147 cm。青年母牛13月龄且体重达到360 kg时开始配种，在群时间约为6年。

1966—2015年，加拿大荷斯坦牛泌乳性能选育进展见图2-4。半个世纪的时间内，产乳量年进展92 kg，而在选择指数的综合选择之下，乳成分保持基本不变。2015年，加拿大荷斯坦牛存栏89.2万头，其中注册牛27.4万头；荷斯坦牛测定群平均单产10 257 kg（多为每天挤奶两次），乳脂率为3.90%，乳蛋白率为3.20%，淘汰率为36.1%，其中9.1%属于因低产、性情等原因主动淘汰。2016年12月由加拿大奶牛工作网（Canadian Diary Network，CDN；www.cdn.ca）公布的全群遗传评估结果中包括荷斯坦牛代谢病抗病力遗传评估结果，是继临床乳房炎、蹄部健康评估之后又一新开发性状，为逐步提高牛群健康水平提供了更多选种依据。20世纪70年代初，天津市首次引入加拿大乳牛冷冻精液。在中加奶牛育种综合项目（IDCBP，1993—2004年）促进下，加拿大乳牛育种技术体系及其遗传物质被引进且在中国广为传播。我国目前的乳牛登记、DHI测定、体型鉴定和遗传评估等技术都是在此项目基础上逐步建立的。目前在我国经销加拿大荷斯坦牛遗传物质的包括先马士（Semex）、亚达遗传（Alta Genetics）等多个育种公司。

3. 新西兰荷斯坦牛　荷斯坦牛在新西兰也称为荷斯坦-弗里生牛（Holstein-Friesian），该群体的特点是乳成分高、繁殖效率高。联合国粮农组织1974年在波兰进行10个国家乳牛乳中固体物质含量改良的对比试验，以新西兰荷斯坦牛为最高。

新西兰位于南太平洋，与其相邻的国家相距2000km以上，是一个天然免疫国。当地气候温和，水草充足，具有广阔的天然草原。乳牛终年放牧，很少舍饲。每天最少在草原上放牧4公里，故乳牛体质健壮、肢蹄健康状况良好，繁殖

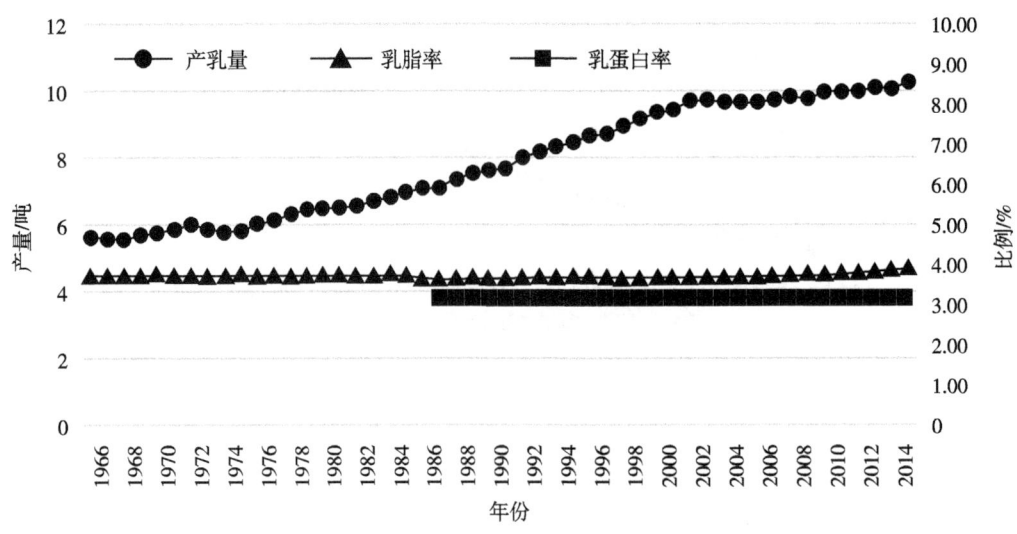

图2-4 加拿大荷斯坦牛登记个体泌乳性能的进展趋势

能力强。

据Livestock Improvement Corporation Limited（LIC）及新西兰乳业集团（The DairyNZ Group, https：//www.dairynz.co.nz/）统计，2015/2016年新西兰共有乳牛499.8万头，总产乳量2091万吨，平均单产4185 kg，其中60.6%的泌乳牛参与生产性能测定，泌乳性能进展趋势见图2-5。其乳牛群结构为荷斯坦牛占33.5%，荷斯坦与娟姗杂交牛（Kiwi-Cross）占47.2%，娟姗牛占10.1%。

新西兰荷斯坦牛是新西兰乳牛中产乳量最高的，体型中等，2015/2016年体重475 kg，产乳量为4448 kg，乳脂率为4.42%，乳蛋白率为3.72%，具有饲料转化率高、耐热等特点。新西兰采用鲜精季节性配种，全群配妊次数1.36次。Kiwi-Cross在新西兰已经成为一个新品种，2012年起超过荷斯坦牛成为新西兰第一大种群，2015/2016年体重441 kg，产乳量为3988 kg，乳脂率为4.94%，乳蛋白率为3.96%；其公牛经过后裔测定，2015/2016年用于本群体配种比例为45.1%，也广泛用于荷斯坦牛（14.0%）、娟姗牛（4.3%）等。

1980年，我国广东省从新西兰北部地区引进1238头新西兰荷斯坦牛，适应性良好且新西兰荷斯坦牛产乳量比当地荷斯坦牛高15.48%，在一个泌乳期内，新西兰荷斯坦牛泌乳高峰期后各泌乳月产乳量下降速度平稳。四川省绵阳市于1986年引进新西兰黑白花乳牛176头，跟踪调查示其适应性良好。大量进口新西兰荷斯坦母牛始于2003年，据中国奶业统计资料，仅2011—2015年就总计进口新西兰乳牛19.88万头，其中娟姗牛比例较低。目前在中国经销乳牛遗传物质

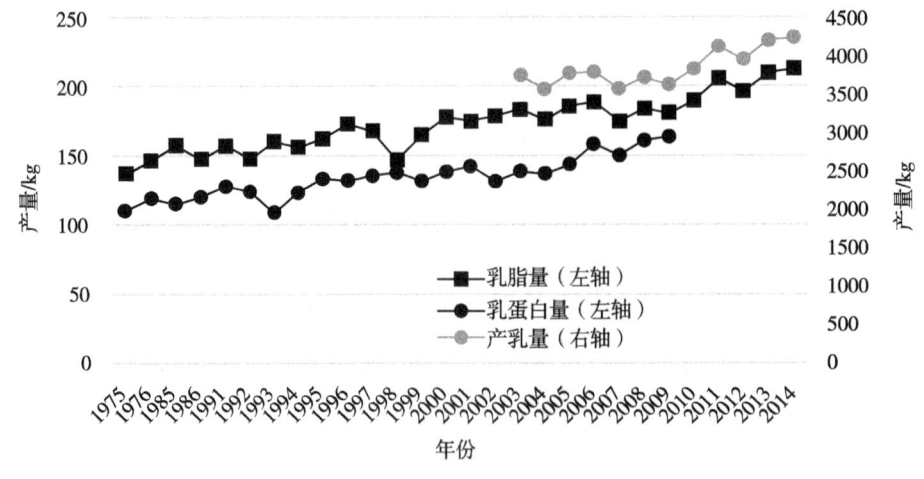

图2-5 新西兰乳牛泌乳性能的进展趋势

的新西兰乳牛育种公司为LIC。

4. 丹麦荷斯坦牛　丹麦乳牛存栏92.5万头，其中荷斯坦牛（58.4万头）比例最高，约占63.1%。丹麦是最早将临床健康记录纳入育种目标的国家。目前，北欧三国（丹麦、瑞典和芬兰）的乳牛育种体系一由Viking Genetics实施。北欧遗传评估中心（http://www.nordicebv.info/production/）公布各国不同品种乳牛评估结果。

丹麦荷斯坦牛登记牛（1976—1978年）的产乳性能为泌乳期311天，产乳量为5511 kg，乳脂率为4.12%，乳蛋白率为3.39%。2016年荷斯坦母牛存栏35.54万头，305天产乳量为10 288 kg，乳脂率为3.95%，乳蛋白率为3.16%。丹麦荷斯坦牛公牛和母牛泌乳性能遗传进展趋势见图2-6。

丹麦设有全国养牛业委员会，下属有全国和地方育种委员会、牛乳记录委员会、人工授精委员会和种牛测定站、人工授精站等。通过良种登记、产乳测定、后裔测定等措施，对种牛进行选择，合格的发给证书，作为良种繁育；不合格的逐步淘汰，使牛群质量不断提高。此外，为了提高农民对乳牛改良的积极性，每年由政府或农民协会、育种协会举办优良种牛展览会。农民选送的种牛在会上由专家鉴定，进行评比，中选的给予物质和荣誉奖励。牛乳收购时，进行取样测定，以乳脂和蛋白质含量为依据，实行优质优价。

1984年，我国黑龙江引入丹麦荷斯坦牛124头，1985年黑龙江垦区引入丹麦荷斯坦牛297头，吉林、北京、陕西、甘肃、宁夏、青海、江苏、安徽、河南、广东、贵州、内蒙古等省、市、自治区均有引入丹麦荷斯坦牛，总数达1000余头。据报道，丹麦荷斯坦牛在我国各地适应性良好，产乳量在4300～6700 kg。目前在我国销售丹麦荷斯坦牛遗传物质的育种公司为Viking Genetics。

5. 德国荷斯坦牛　德国荷斯坦牛长期坚持平衡选育理念，2015年全国存栏乳牛429万头，其中荷斯坦牛（267万头）占62.2%。共242万头黑白花和红白花荷斯坦牛参与性能测定（占85%），187.3万头黑白花和红白花荷斯坦牛为注册牛。2015年德国黑白花和红白花荷斯坦牛注册群体的主要性能统计数据见表2-2。

表2-2　2015年德国黑白花和红白花荷斯坦牛注册群体的主要性能

注册牛	产乳量/kg	乳脂率/%	乳蛋白率/%	初产月龄/月
黑白花荷斯坦牛头胎	8203	3.90	3.33	27.1
黑白花荷斯坦牛经产	9291	4.00	3.38	
红白花荷斯坦牛头胎	7527	4.04	3.39	28.1
红白花荷斯坦牛经产	8527	4.15	3.43	

来源：Deutscher Holstein Verband e.V., DHV, http://www.holstein-dhv.de

20世纪90年代初，我国安徽（79头）等地引进一批德国荷斯坦牛，据各地反映适应性良好。2006年以后随中国市场对欧洲冻精产品开

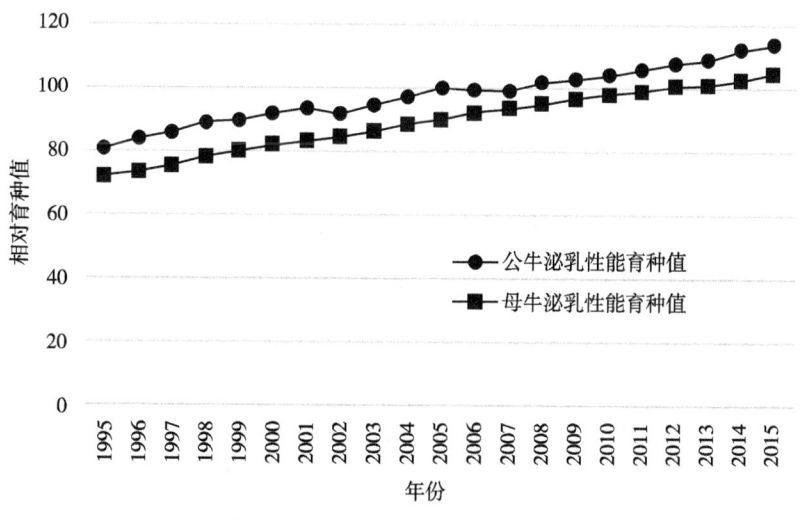

图2-6　丹麦荷斯坦牛公牛和母牛泌乳性能遗传进展趋势

放，德国荷斯坦牛冻精进口到中国。目前在中国经销德国荷斯坦牛遗传物质的育种公司有诺丁林（Masterrind GmbH）和德国国际遗传公司（German Genetics International，GGI）。

6. 日本荷斯坦牛　日本的乳牛品种以荷斯坦牛为主，主要分布于北海道和关东地区。据日本乳制品委员会（https：//www.dairy.co.jp）信息，日本乳制品加工始于1863年，日本规模化奶业始于二战之后，1975年日本乳牛存栏178万头，年产乳500万吨。据日本奶业协会信息（https：//www.j-milk.jp），2015年日本乳牛总存栏137.1万头，其中2岁以上母牛93.4万头，年产乳740万吨。

日本荷斯坦牛主要来源于美国，全面实施群体改良遗传计划后，日本成为国际公牛组织成员国，日本荷斯坦牛群体遗传水平进展很快（图2-7）。日本荷斯坦牛协会成立于1948年，负责登记并从1984年开始实施体型线性鉴定。2016年平均胎次产乳量为9261 kg，乳脂率为3.87%，乳蛋白率为3.19%。日本家畜改良中心（https：//www.nlbc.go.jp/）负责对乳牛、肉牛、猪等家畜进行遗传评估，利用各性状育种值计算日本综合指数，从1996年起向全国公布，目前种公牛评定结果每年公布2次、母牛评估结果每年公布4次。日本荷斯坦牛表型进展及遗传进展产乳量变化趋势如图2-7所示。

农林水产省是日本乳牛改良的领导机构，下设有7个畜牧试验场，曾购入待测公牛女儿，在相同的条件下进行后裔测定，从而选出优良乳用种公牛。

我国自1930年代到1980年代曾多次引入日本荷斯坦牛。后期未从日本再进口乳牛遗传物质。

（二）娟姗牛

娟姗牛（Jersey）（图2-8）是英国培育的小型乳用品种，原产于英吉利海峡南端的娟姗岛，以乳脂率高、乳房形状好且体型小而闻名。娟姗牛是数量上仅次于荷斯坦牛的专门化乳用品种。

娟姗牛体格较小，毛色深浅不一，以栗褐色毛最多。鼻镜、舌与尾帚为黑色，鼻镜上部有灰色毛圈，一般公牛毛色比母牛深。体型清秀，两眼间距宽，额部凹陷，四肢较细，蹄小，皮肤柔薄，乳房发育良好。初生重为23～27 kg，成年母牛活重为340～450 kg，公牛为540～700 kg，体高为113.5 cm。性成熟早，乳脂率为4.84%，乳蛋白率为3.95%，乳脂黄色，脂肪球大，适于制作黄油，是乳用品种中的高脂、高蛋白品种。

娟姗牛品种培育可以分为两个方面，一方面是在娟姗岛的系统选育提高，为了保持该品种牛的纯种繁育，1763年英国政府发布禁止任何其他品种牛引进娟姗岛的法令，1789年又进一步强化该法令，提出有关娟姗牛封闭培育的法案，这些法令是推动该品种最终育成的主要力量。1844年英国娟姗牛品种协会成立，标志着娟姗牛品种正式诞生。从1866年开始，英国每年出版娟姗牛良种登记册，对娟姗牛选育和生产性能的提高起到了极大的促进作用。另一方面是世界其他

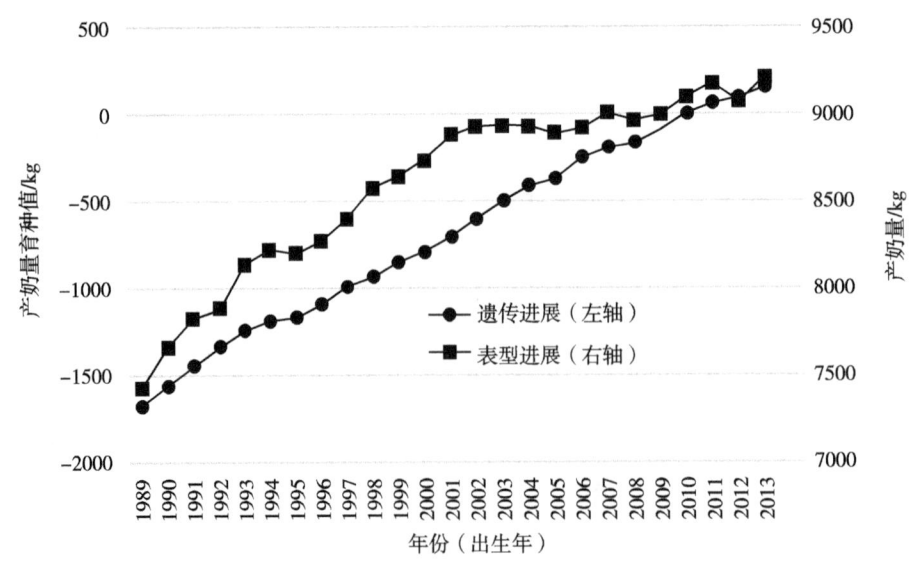

图2-7　日本荷斯坦牛表型进展遗传进展产乳量变化趋势

图2-8 娟姗牛

国家引进娟姗牛后开展的选育提高工作。19世纪末以后娟姗牛在英国以外的培育不仅使娟姗牛更适应所在国的生产条件和需求，而且使娟姗牛的生产性能得到显著提高。美国娟姗牛的选育提高就是一个典型的例子。虽然娟姗牛早在1657年就进入美国，但是直到1868年美国娟姗牛协会（American Jersey Cattle Association，AJCA，http://www.usjersey.com/）成立，娟姗牛在美国的选育才真正开始，2016年美国登记娟姗牛11.1万头。据联合国粮农组织统计，全世界82个国家饲养娟姗牛，其中在英国、美国、丹麦、肯尼亚、南非等娟姗牛养殖规模较大的23个国家存栏量53万头以上，这些国家对娟姗牛的系统选育，使得娟姗牛的乳用性能有了很大提高。世界娟姗牛协会（World Jersey Cattle Bureau，WJCB，https://www.worldjersey.com/）是根据娟姗岛皇家法院规定成立于1951年10月的世界性协会组织，有14个正式会员国及19个准会员和附属会员国。据英国娟姗牛协会（Royal Jersey Agricultural & Horticultural Society，https://royaljersey.co.uk/）2007年报道，高产个体前4个泌乳期平均单产达8286 kg，乳脂率为5.67%，乳蛋白率为4.1%。2012年，美国参与性能测定的娟姗牛23.5万头，平均单产7782 kg，乳脂率为4.76%，乳蛋白率为3.64%；2015年丹麦参与性能测定的娟姗牛6.82万头，平均单产7199 kg，乳脂率为5.87%，乳蛋白率为4.13%。阿尔巴尼亚2012年统计存栏娟姗牛2.2万头，娟姗牛杂种8.3万头，共占全国乳牛存栏的29.4%，以小规模养殖为主，平均单产3500 kg，乳脂率为5.7%，乳蛋白率为3.7%。

新西兰在1980年存栏乳牛330万头，其中娟姗牛占80%，后来大量用荷斯坦牛杂交，目前除娟姗牛存栏较稳定外，娟荷杂交育种形成了新西兰特色合成系乳牛新品种——Kiwi Cross，其性能优异、适应性强，2014年统计乳牛总存栏501万头，娟姗牛占10.4%，Kiwi Cross占45.6%。

早在19世纪中期，我国乳牛饲养刚起步时，娟姗牛就被引入中国。在1824—1891年期间，教会、洋行、侨民及驻军等带入中国的乳牛中包括娟姗牛。1921年虞振镛教授从美国选购了13头良种乳牛，包括娟姗牛。1946年联合国善后救济总署捐赠给我国的大批乳牛中包括荷斯坦牛、娟姗牛、爱尔夏牛等8个品种，其中娟姗牛主要分配给上海、南京等城市。我国过去饲养的娟姗牛，年产乳量为2500～3500 kg。由于娟姗牛具有独特的耐热性、产奶高效性及优良的乳质特性，1996年底广州市奶牛研究所从美国引进少量纯种娟姗母牛进行饲养试验；2003年广州和北京从美国引进了近200头娟姗母牛和种公牛。近年来在四川、广东、广西、山东、上海、辽宁和北京等地从新西兰等国批量引进了娟姗牛，出现了多款以"娟姗牛"命名的娟姗牛乳产品。但总体讲，我国娟姗牛群体较小（中国奶牛数据中心登记约5万头），尚未建立专门育种组织，种公牛来源主要是进口胚胎。娟姗牛具有乳用性能好、耐热性强、抗病力强、难产率低、繁殖效率高等优点，适合在我国南方地区饲养。因此，南方地区发展奶业，可有计划地引进娟姗牛进行纯繁或与当地黄牛杂交，提高当地乳牛整体生产水平和经济效益。

二、乳肉兼用型牛品种

（一）西门塔尔牛

西门塔尔牛（Simmental）又名花斑牛，原产于瑞士阿尔卑斯西北部伯尔尼地区的西门河流域，其中以西门塔尔平原牛最为著名，因此称西门塔尔牛。西门塔尔牛有广泛的适应性，目前已是仅次于荷斯坦牛的、广泛分布于世界各地的第二大牛种，由于各群体培育方向不同，形成了肉用和乳肉兼用等类型（图2-9）。

西门塔尔牛于1862年育成，1878年出版良种登记簿，1890年成立品种协会。19世纪中期，开始输入欧洲邻近国家，20世纪40—80年代，西门塔尔牛在世界范围内迅速扩散，有阿尔卑

图2-9 西门塔尔牛

斯山谷的寒冷地区，有很炎热的南美、非洲和中东地区，也有酷寒或潮湿的俄罗斯和加拿大等地区。在许多国家形成各自的地方西门塔尔牛群，其名称也因处于不同的国家和地区而不同，多数是在Simmental一词前冠以本国的国名或地区名称；在有些国家的名称虽不体现"西门塔尔牛"的字样，如德国的"Fleckvieh"、法国的"Pie Rouge""Montbeliard""Abondance"、意大利的"Pezzata Rosa"等，但都含有很高比例的西门塔尔牛血统，故均属于西门塔尔牛品种类群。西门塔尔牛占瑞士全国牛只的50%、奥地利的63%、德国的39%。西门塔尔牛在中国经历长期的杂交和系统选育，于2002年被正式命名为"中国西门塔尔牛"。

西门塔尔牛具有适应性强，耐高寒，耐粗饲，寿命长，产乳、产肉性能高等特点。1974年成立世界西门塔尔牛联合会（World Simmental Fleckvieh Federation，WSFF，https：//wsff.info/），有会员国22个，现扩大到25个会员国及5个观察员国。瑞士、德国、奥地利和法国等欧洲国家西门塔尔牛育种方向是在保持肉用性能的前提下提高乳用性能，曾引入红色荷斯坦牛等乳牛血液。目前德系西门塔尔牛和法国蒙贝利亚牛是世界上最优秀的兼用牛品种，在与荷斯坦牛进行品种间杂交形成高效杂交繁育体系中展示其遗传潜力。美国1974年已有西门塔尔登记牛15万头，美国西门塔尔协会（American Simmental Association，ASA，https：//simmental.org/）建立了全国的西门塔尔牛及相关牛种数据库。美国西门塔尔牛的育种方向是肉用，重点选育生长速度、肉质等级和胴体产肉效率并关注其他功能性状，还利用西门塔尔牛培育了西门格斯（Simangus）、辛婆罗（Simbrah）等合成系新品种。苏联是世界上西门塔尔牛存栏量最大的国家，1990年存栏1284.9万头，占苏联牛总存栏量的1/4。通过利用西门塔尔牛与本地牛杂交，曾培育了6个含西门塔尔牛血液的新品种，这些新品种耐寒且具有较高的产乳和产肉能力，2003年俄罗斯存栏西门塔尔牛297万头。

西门塔尔牛多为黄（红）白花，头、尾与四肢为白色，皮肤为粉红色。在不同国家，体型和生产性能有差异。到2000年，全世界有西门塔尔牛5000多万头。西门塔尔牛的典型特点是适应性强，耐粗放饲养管理，易放牧；不仅具有良好的肉用、乳用特性，而且挽力大，役用性能好，适于在多种不同地貌和生态环境地区饲养。2014年德系西门塔尔牛母牛成年体重750～800 kg，平均产乳量为7574 kg，乳脂率为4.14%，乳蛋白率为3.51%（德国2014年统计数据摘要）；2014年法国蒙贝利亚牛母牛成年体重700～750 kg，平均产乳量8278 kg，乳脂率为3.87%，乳蛋白率为3.31%（法国Institute Del'Elevage 2014年奶牛性能测定结果）。

西门塔尔牛产肉性能良好，犊牛在放牧肥育条件下的平均日增重可达到800 g，在舍饲条件下公牛肥育日增重1.0～1.3 kg，肥育后屠宰率为60%～63%，净肉率为55%～57%；母牛在半肥育条件下屠宰率为53%～55%。据加拿大西门塔尔牛协会（Canadian Simmental Association，CSA，https：//simmental.com/）2006年报道，肉用型西门塔尔牛出生重41.8 kg，母性优良，200天断奶重251 kg，断奶后日增重1.48 kg；成年公牛体重1000～1200 kg，成年母牛体重550～800 kg，是加拿大肉牛生产中优秀的终端父本和母本品种。

我国1957—1960年曾多次从苏联引入兼用型西门塔尔牛，1976年后从德国、瑞士、奥地利等国引进兼用型西门塔尔牛，1990年后从加拿大、美国、澳大利亚引进肉用型西门塔尔牛，2006年后再次从欧洲引入兼用型西门塔尔牛冻精。现在，该品种在我国已分布于21个省、自治区、直辖市，从北方到长江流域的四川、湖北等地，以及西藏高原均有饲养。

（二）瑞士褐牛

瑞士褐牛（Brown Swiss）原产于瑞士阿尔卑斯山东南部。瑞士褐牛是一个古老品种，体格粗壮，为乳肉兼用型牛品种（图2-10）。全身毛色为褐色，由浅褐、灰褐至深褐色，鼻、舌为黑色，在鼻镜四周有一浅色或白色带，角尖、角长中等，尾尖及蹄为黑色。

图2-10　瑞士褐牛

成年公牛和母牛体重分别为900～1000 kg和500～550 kg。成熟较晚，耐粗饲，适应性强。瑞士褐牛分布较广，1869—1906年共155头瑞士褐牛的种牛出口到美国，构成其在美国繁育的主要牛群基础。目前遍布美国、加拿大、英国、俄罗斯、德国、波兰等国，全世界约有600万头。

1911年瑞士开始出版瑞士褐牛登记簿，其品种协会（Braunvieh Schweiz, http://homepage.braunvieh.ch）是在瑞士政府资助下开展选育宣传工作的，而美国早于其20年已经发布瑞士褐牛的登记簿，且1880年建立了美国褐牛协会（The Brown Swiss Cattle Breeders' Association of the USA, BSCBA, http://www.brownswissusa.com/）。1964年，欧洲瑞士褐牛联合会（European Brown Swiss Federation, http://www.brown-swiss.org/）成立了，该组织在养殖瑞士褐牛的欧洲国家如瑞士、德国、法国、奥地利、英国等10个国家间交流信息。美国褐牛的乳用性能是最突出的，据美国褐牛协会2015年年报统计，登记牛11 497头胎次产乳量超过10吨；据2013年奥地利牛遗传评估中心（RINDERZUCHT AUSTRIA, https://www.rinderzucht.at/）性能统计，登记50 938头褐牛产乳量超过7吨。据2014年德国瑞士褐牛协会（ARGE Brown Swiss Deutschland, https://www.deutsches-braunvieh.de/）统计，纯种褐牛存栏12.02万头母牛，各国褐牛的泌乳性能如表2-3所示。

表2-3　各国褐牛的泌乳性能

品种	产乳量/kg	乳脂率/%	乳蛋白率/%
美国瑞士褐牛（1972）	5785.3	3.98	—
美国瑞士褐牛（2015）	10312	4.02	3.32
英国瑞士褐牛（2012）	7620	4.06	3.34
奥地利瑞士褐牛（2013）	7111	4.16	3.45
德国瑞士褐牛（2013）	7285	4.23	3.61

我国于20世纪初曾多次引进瑞士褐牛，在新疆伊犁、塔城等地进行纯繁和杂交改良，1949年存栏改良牛1200头。有计划大量引进良种、与本地牛杂交，以及"新疆褐牛"的培育工作是在中华人民共和国成立后才开始的，1965年共存栏杂种牛7.5万头。1977年和1980年从德国和奥地利进口3批瑞士褐牛共108头，其改良后代是后期育成的新疆褐牛新品种的主要组成部分。

（三）短角牛

短角牛（Short horn）（图2-11）原产地为英格兰东北部的达勒姆郡、约克郡等地。产区气候温和，土壤肥沃，牧草茂盛，有良好的放牧地。1580年左右，蒂斯河谷地区存在一种短角的优秀肉牛品种，这种牛的毛色很杂。1750年后开始有登记、系谱和性能记录，创建了英国最早的肉牛良种登记簿。在1730—1780年开始专注于"短角牛"品种的培育，从1822年开始以"短角牛"公开发布登记信息。短角牛目前有多种类型：无角型、乳用型、乳肉兼用型及肉用型等。

图2-11　短角牛

短角牛毛色为红色、红白花、白色或者沙色，其中沙色是短角牛独有的毛色。鼻镜呈玫瑰色，全身皮肤呈橙黄色。乳用短角牛乳房容积大，发育匀称，体型清秀，耐寒力强，适于在各种气候条件下饲养。

短角牛最主要特征是其兼用性强、性格温顺，在世界上分布较广，以美、加、澳、新西兰及英国等国最多。20世纪，短角牛在北美从最初乳肉兼用型逐步选育为"肉用"型和"乳用"型（milking Shorthorn或者dairy Shorthorn）。1872年，美国短角牛协会（American Shorthorn Association，ASA，https://shorthorn.org/）成立。1948年，美国乳用短角牛协会（American Milking Shorthorn Society，AMSS，https://milkingshorthorn.com/）成立，为区别于原协会，1969年确立乳用短角牛为乳用品种。根据美国乳牛育种委员会（Council on Dairy Cattle Breeding，CDCB，https://uscdcb.com/）统计，2022年登记短角牛平均产乳量达8683 kg，乳脂率为3.81%，乳蛋白率为3.11%。1980年左右加拿大兼用型短角牛协会改名为加拿大乳用短角牛协会（Canadian Milking Shorthorn Society，CMSS，https://milkingshorthorn.ca/），旨在积极选育短角牛的乳用性能，目前短角牛不仅保留了性格温顺、饲料转化率高、肢蹄强健和繁殖性能优异的特点，而且胎次产乳量超过9000 kg（乳脂率为3.8%，乳蛋白率为3.3%～3.5%），体细胞水平低于加拿大其他乳牛品种（数据统计源自CDN）。短角牛的肉用类型同样具备性格温顺、母性好、饲料转化率高、早熟易肥的特性。成年公牛体重1000～1200 kg，成年母牛体重630～720 kg。屠宰率为50%，育肥平均日增重1.8 kg，育肥5个月，48%的胴体达AAA级。

我国于1913年、1947年先后从新西兰、加拿大、日本引进少量乳肉兼用型短角牛。目前，短角牛杂种后裔主要分布在内蒙古、辽宁、黑龙江、吉林、新疆、陕西等地。我国进口的短角牛毛色主要为紫红色或红白花，沙毛较少。据报道，在内蒙古，短角牛发育较快，成熟较早，耐寒、抗病力较强，但个体较小、产乳量较原产地稍有降低。短角牛成年公牛体重900 kg，成年母牛550 kg，305天产乳量为3500～3800 kg，在放牧饲养条件下，产乳量为2000～2500 kg，乳脂率为4.0%～4.2%。初生公犊和母犊体重分别为34.2 kg和32.3 kg。

第三节　我国培育的乳用及兼用牛品种

我国培育的乳用和兼用牛品种包括中国荷斯坦牛、中国西门塔尔牛、三河牛、中国草原红牛、新疆褐牛和蜀宣花牛6个品种。

一、中国荷斯坦牛

中国荷斯坦牛（Chinese Holstein）是我国培育的第一个乳用型品种。在原农业部的组织协调下，由中国奶业协会、北京市奶业协会、上海奶业行业协会、黑龙江省奶业协会等单位共同培育完成，1985年通过农业部品种审定并正式命名为"中国黑白花奶牛"，1988年获国家科技进步奖一等奖。为了与国际接轨，1992年经农业部批准更名为"中国荷斯坦牛"。

据记载，早在1840年已有荷兰牛引入我国。20世纪50至80年代相继从日、美、荷兰等国家引进。各种类型荷斯坦牛在我国经过长期选育、驯化，特别是与各地黄牛进行杂交，从而逐渐形成了现代的荷斯坦牛群体。中国荷斯坦牛繁育过程，以下列示意图表示（图2-12）。

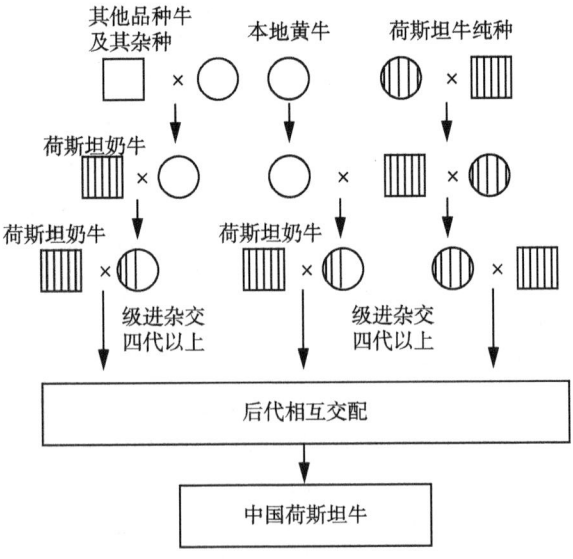

图2-12　中国荷斯坦牛繁育方法示意图

注：其他品种牛包括三河牛、爱尔夏牛、娟姗牛、更赛牛、西门塔尔牛、瑞士褐牛、短角牛、雅罗斯拉夫牛、柯斯特罗姆牛、俄国改良牛等。

中国荷斯坦牛是我国乳牛品种中数量最多的，由于各地荷斯坦公牛和本地母牛类型不同，以及饲养环境条件的差异，培育之初中国荷斯坦牛的体型不够一致，基本上可划分为大、中、小3个类型。

大型：主要采用美国荷斯坦公牛与北方母牛长期杂交和横交培育形成，成年母牛体高136 cm以上。

中型：主要采用日本、德国等体型中等的荷斯坦公牛与本地牛杂交及横交培育而来，成年母牛体高133 cm左右。

小型：主要采用荷兰等欧洲国家的荷斯坦公牛与本地牛杂交，或采用荷斯坦公牛与体型小的本地母牛杂交而形成。成年母牛体高130 cm左右。

由于冷冻精液人工授精技术的应用，以及多次从欧、美洲及澳大利亚、新西兰、日本等引进种牛和冻精（1983年引进母牛近万头，良种公牛400余头，冻精4万多支），种公牛站的建立与完善，饲养条件的不断改善，各类型之间的差异开始逐渐缩小。21世纪以来，我国从澳大利亚、新西兰及乌拉圭、智利等国引进荷斯坦牛青年母牛，从北美、欧洲引进优秀荷斯坦种公牛冻精用于母牛群体的持续选育提高。目前，中国荷斯坦牛体型外貌（图2-13）具有明显的乳用特征。毛色多呈黑白花片或白黑花片。体质细致结实，体躯结构匀称。泌乳系统发育良好，乳房附着良好，质地柔软，乳静脉明显，乳头大小、分布适中。姿势端正，蹄质坚实。

据各地大群测定，中国荷斯坦牛成年公牛体重900～1200 kg、体高150～175 cm、胸围220～235 cm，成年母牛体重590～750 kg、体高135～155 cm、胸围185～200 cm。1983年据21 905头品种登记牛的统计，305天各胎次平均产乳量为6359 kg，平均乳脂率为3.56%。全国良种登记牛平均单产乳量为7022 kg，乳脂率为3.57%。

我国从1983年开始由中国奶业协会组织开展青年公牛全国联合后裔测定工作。然而，由于全国联合后裔测定体系时效性较差，不能及时获得验证公牛，在2012年正式中止。2010年以来，为适应乳牛遗传改良需要，参照国际上乳牛联合后裔测定的经验，我国乳牛育种领域成立了多个以联合培育种公牛为目的的组织，如香山联盟、北方联盟等。这些组织的管理与运行严格遵守国家有关规定，在原农业部畜牧业司、全国畜牧总站、中国奶业协会的指导下开展后裔测定工作。

2008年发布的《中国奶牛群体遗传改良计划（2008—2020年）》及2021年发布的《农业农村部关于印发新一轮全国畜禽遗传改良计划的通知——全国奶牛遗传改良计划（2021—2035年）》，对我国乳牛群体遗传改良工作做出了明确部署，统一了选育目标和鉴定标准，对品种登记、性能测定、遗传评估等育种基础性工作继续推进，使种牛自主培育技术不断健全，乳牛群体各方面性能得到进一步提升。

截至2024年底，中国荷斯坦牛品种登记总量达到213.4万头，1393个乳牛场的234.2万头乳牛进行生产性能测定，测定记录达1263万条；参测乳牛平均305天产乳量达到11.0吨，比2023年增加0.4吨；测定日平均体细胞数为20.4万个/毫升，比2023年减少0.3万个/毫升；测定日平均乳脂率为3.98%，比2023年下降了1.0%；平均乳蛋白率为3.38%，比2023年下降了0.88%。自2018年，由中国奶业协会核准注册的中国乳牛体型鉴定员依据《中国荷斯坦牛体型鉴定技术规程》（GB/T35568）开展中国荷斯坦牛的体型线性鉴定，2024年全国共有121名持证上岗的体型鉴定员，鉴定乳牛7.02万头（累计鉴定乳牛78.3万头）。

自2007年实现中国荷斯坦牛生产性能的全国联合遗传评估，评估结果为国家良种补贴计划提供技术依据。2019年起每年发布《中国乳用种公牛遗传评估概要》（简称"《概要》"）作为乳牛养殖场科学开展选种选配的重要依据，发布内容包括利用后裔成绩评估种公牛的9个性状（泌乳性能及体型评分等）及1个综合选择指数（中国奶牛性能指数）的估计育种值，评估结果显示中

图2-13　中国荷斯坦牛

国荷斯坦牛在产乳量、乳脂量和乳蛋白量上的遗传进展变化明显。1997—2016年出生的中国荷斯坦牛公牛群体的产乳量世代平均进展89.27 kg，乳脂量为3.30 kg，乳蛋白量为3.24 kg；2002—2019年出生的中国荷斯坦牛母牛群体产乳量世代平均进展62.35 kg，乳脂量为1.62 kg，乳蛋白量为2.16 kg。

2009年基因组选择技术用于乳牛育种实践，成为世界公认的改变育种行业结构、产品结构和后裔测定格局的重大技术进步。2012年中国荷斯坦牛基因组选择技术成果通过鉴定，用于中国荷斯坦牛青年公牛的预选，大幅度提高了青年公牛选择的准确性。2024年我国乳牛基因组选择参考群体达到19 410头，各性状基因组评估准确性达到70%～80%，《概要》中公布了尚未取得后裔验证成绩的公牛基因组评估结果，为种公牛选育、牧场选择选配提供技术依据。这一技术的应用有利于建立自主选育的育种核心群，并且不断吸收国外最新育种成果，打破在乳牛领域引种-退化-再引种的恶性循环。

二、中国西门塔尔牛

中国西门塔尔牛（Chinese Simmental Cattle）（图2-14）是我国培育的乳肉兼用牛新品种，培育过程经过杂交改良、闭锁繁育、引进提高、扩繁选育等几个阶段，于2002年通过农业部品种审定，正式命名为中国西门塔尔牛。由中国农业科学院北京畜牧兽医研究所、通辽市畜牧业发展中心等20多家单位培育而成。由于杂交改良初期不同母本品种的差异及牛群所处生态和生产环境的不同，中国西门塔尔牛又分为草原、平原和山地类群，中国西门塔尔牛存栏约3万头，其各代杂交改良牛500多万头，以内蒙古、新疆、四川、吉林、山西、河北等省、自治区为主，遍布全国。

该品种的培育经历了长期的多血缘育成杂交过程。早在20世纪初就有西门塔尔牛引入；到20世纪50至70年代，又从苏联、瑞士、德国多次引入种牛；20世纪80年代，又从北美和法国大量购进种母牛和种公牛，用以大面积开展杂交，改良本地黄牛。

"六五""七五"期间（1980—1990年），培育中国西门塔尔牛新品种的科技任务，由农业部下达给中国农业科学院北京畜牧兽医研究所组织实施，"八五""九五"期间，该项目继续得到科技部、农业部等多方资助。1981年在农业部（畜牧兽医局）支持下成立了中国西门塔尔牛育种委员会，该委员会设在中国农业科学院北京畜牧兽医研究所。育种委员会吸收各地的管理与技术专家，提出统一的选育标准和种牛培育方案，定期召开大范围的经验交流会，出版技术刊物《中国西门塔尔牛》和发布"良种登记簿"（1982、1985和1991年）。根据1985年第二册良种登记簿的统计，197头母牛混合胎次平均每头产乳量为4418 kg，比五年前第一册良种登记簿中161头母牛平均高出1072 kg。

中国西门塔尔牛的培育地区广泛，按照各地生态条件和原当地牛只特点不同，在其品种群体内形成了3个类型，即中国西门塔尔牛平原型、草原型和山地型（表2-4）。中国西门塔尔牛具有国外西门塔尔牛的典型毛色特征，体躯被毛为红（黄）白花片，头部、尾梢、腹部和四肢下部为白毛；鼻镜粉红色。一般角型外展；体躯深宽，结构匀称，肌肉发育良好，乳房发育充分，质地良好。

该品种牛适应性广泛，耐粗放饲养，在我国广大地区均表现出良好的乳肉性能，出现了一批高产乳量个体和小群体，如四川宣汉地区测定725头次，按4%乳脂率标准乳计，产乳量5314～7240.8 kg的占到8.3%；新疆呼图壁种牛场西门塔尔产乳牛100多头，2001年头均产奶7154 kg，该场1994—1995年有一头900302号母牛第2胎次产乳量高达11 740 kg，创造了该品种内最高泌乳期单产纪录。

中国西门塔尔牛的肉用性能突出。据吉林白城地区查干花种畜场测定，在良好饲养条件

图2-14 中国西门塔尔牛

表2-4 中国西门塔尔牛3个类型体重、体尺比较表

类群	测定数/头	体高/cm	体长/cm	胸围/cm	管围/cm	体重/kg
平原类群	13*	146.61±20.13	191.10±13.45	235.80±20.17	26.50±4.29	1095.0±108.2
	182	131.60±11.78	157.60±12.39	186.00±15.34	20.80±2.01	562.40±39.59
草原类群	15*	150.60±24.12	178.45±19.22	233.40±21.47	25.70±3.18	994.21±50.34
	278	128.34±10.19	147.67±10.44	176.86±18.36	18.87±1.67	460.32±34.82
山地类群	5	138.21±5.80	168.82±3.25	197.90±10.10	24.12±1.90	614.47±60.20
	111	126.51±8.15	151.12±10.18	183.79±9.26	18.56±2.06	473.47±20.60

注：*种公牛站公牛的测定头数。

下，其核心群平均公母牛初生重分别为39 kg和38 kg，6月龄时为187 kg和182 kg，12月龄时为303 kg和285 kg，18月龄时为443 kg和365 kg。另据在河北省承德和石家庄地区测定，与当地黄牛相比，西杂一代公母牛初生重分别比当地牛高出50%和60%，6月龄体重高出47%和39.2%，18月龄时分别高出67.3%和41.6%，24月龄时分别高出36.8%和48.5%。其16~20.5月龄育肥牛平均日增重达1100~1252 g，屠宰率为55%以上，净肉率在45%以上，每千克增重消耗精料2.0~3.1 kg。

中国西门塔尔牛种质好，适应性强，具有优良的乳质，较高产乳量，较好肉用性能，理想的生长速度，突出的牛肉质量。在亚热带到北方寒带气候条件下都能表现良好的生产性能，尤其适合我国牧区、半农半牧区的饲养管理条件。母牛哺犊、泌乳性能好，生长发育速度快，是肉牛杂交生产过程中理想的母本；也可直接作为肉用杂交父系，如给夏杂、利杂、荷杂的后代做父系，对草原红牛、秦川牛、南阳牛及南方高峰牛都有很好的改良效果。就地理环境和管理条件而言，该品种是我国养牛业的一个理想推广品种。特别是对原奶质量要求较高的乳品加工业，如奶酪等，西门塔尔牛具有良好的发展潜力。根据2015年国家乳牛肉牛良种补贴项目信息，对内蒙古、吉林、黑龙江、安徽、江西、四川、西藏、青海、新疆及新疆生产建设兵团10个项目区乳肉兼用型西门塔尔牛补贴54.5万头母牛。2015年参与国家肉牛补贴的西门塔尔牛种公牛有404头。目前参与国家乳牛生产性能测定的乳肉兼用型西门塔尔牛的牧场较少，据新疆呼图壁种牛场、四川阳平种牛场和河北华田牧业等场记录，平均测定日产乳量为25.7±4.7 kg。借鉴国际上利用法国蒙贝利亚牛和德系西门塔尔牛与纯种荷斯坦牛进行品种间杂交，获得较高综合生产效益的技术路线，我国已有部分规模化乳牛场存栏一定规模的杂种牛群，据全国畜牧总站《兼用牛性能测定》项目不完全统计，西荷杂种牛产乳量较同场荷斯坦牛产乳量低4%~6%，但乳成分较高、健康状态较好和繁殖性状较高。

"十一五"以来，在内蒙古乌拉盖管理区，组织了西门塔尔牛肉用新品系的选育工作，从引入世界顶级遗传物质、常规肉用相关性能测定到核心群组建和高通量芯片测定，建立了肉用性能基因组选择技术体系，提出了肉用性能的全基因组综合选择指数，2021年底经国家畜禽遗传资源委员会审定，"华西牛"获得国家畜禽新品种证书。

三、三河牛

三河牛（Sanhe Cattle）（图2-15）是内蒙古地区培育的优良乳肉兼用牛品种，因较集中分布在呼伦贝尔市大兴安岭西麓的额尔古纳右旗的三河（根河、得尔布尔河、哈布尔河）地区，故得此名。现在主要分布在呼伦贝尔市，占品种牛总头数的90%以上，其次在兴安盟、通辽市和锡林郭勒盟等地也有分布。三河牛品质优良、适应性强，从产区输出的牛已达10万多头，曾出口到蒙古、越南等国。

三河牛原产地气候寒冷，冬季最低气温可达-50℃，夏季最高气温可达35℃，全年有6个月平均气温在0℃以下。枯草期长达7个月，积雪期为200天左右。夏秋季节（6—9月）气候凉爽，土壤肥沃，水草丰美。

图 2-15 三河牛

三河牛产区饲养乳牛已有100年的历史，远在1898年俄罗斯修建中东铁路时，其铁路员工已带入少量乳牛，分布在滨洲铁路沿线。1917年后，部分白俄人定居三河时，又带来不少乳牛。其品种主要是西伯利亚改良牛、西门塔尔牛、霍尔莫格尔、雅罗斯拉夫牛和瑞典牛等，这些牛均参与了当地蒙古牛的杂交改良，其中西门塔尔牛的影响最大。日伪时期，曾从日本引进一批荷斯坦牛，这些牛也参与了本地牛的杂交改良。

三河牛的系统选育工作始于20世纪50年代初。在收购离境俄侨乳牛的基础上，呼伦贝尔市建立了一批以饲养三河牛为主的国有农场，如谢尔塔拉种畜场，这些农场在三河牛品种形成过程中起了重要作用。1976年呼伦贝尔盟成立三河牛育种委员会，重新修订三河牛育种方案。三河牛于1986年9月3日通过验收，由内蒙古自治区人民政府批准并正式命名。

三河牛体躯高大，结构匀称，骨骼粗壮，体质结实，肌肉发达。头清秀，眼大明亮，角粗细适中，稍向上向前弯曲，颈窄、胸深、背腰平直，腹围圆大，体躯较长，四肢坚实，姿势端正，乳房发育良好，但乳头不够整齐。毛色以红（黄）白花为主。

2005年8月海拉尔农牧场管理局对谢尔塔拉种牛场测定结果表明，三河牛初生公犊重（43.8±2.58）kg，母犊为（38.7±5.4）kg。成年公牛体重（886±64.78）kg、体高（148.64±4.45）cm、胸围（229.27±5.94）cm，成年母牛体重（622.3±89.6）kg、体高（146.7±19.7）cm、胸围（212.7±12.7）cm。在良好的饲养管理条件下，即夏秋季在天然牧场放牧、冬春季舍饲。据1974—1984年重点场、队调查测定的7054头次产乳资料分析，每头泌乳期平均产乳量为2868 kg。2005年8月调查802头基础母牛混合胎次305天平均产乳量为5105.77 kg，乳脂率为（4.06±0.85）%，乳蛋白率为（3.19±0.39）%。2022年调查462头基础母牛混合胎次305天产乳量为（6886.7±1643.3）kg，乳脂率为（4.1±1.2）%，乳蛋白率为（3.5±0.4）%，泌乳性能进一步提升；三河牛产肉性能好，2022年普查中，在完全放牧不补饲的条件下，24月龄公牛屠宰率为49.5%，净肉率在40%以上。在肥育条件下，24月龄公牛日增重（1.12±0.13）kg；肥宰前活重（832.3±55.9）kg，屠宰率为（55.0±1.5）%，净肉率为（43.8±1.1）%，肉骨比为4.6∶1。

三河牛是我国培育的著名乳肉兼用型品种，1986年品种验收时，存栏总头数达到85 000头，但后来由于片面追求产乳量，大量用荷斯坦牛来杂交改良三河牛，致使三河牛存栏数量不断下降，到2005年存栏仅40 320头，中心产区在海拉尔农牧场管理局所属的农牧场。近年来，三河牛以其优良的乳肉兼用性能在呼伦贝尔地区广泛养殖，2014年统计三河牛存栏约15万头，基础母牛存栏约8.5万头。自2006年起，建立了自主培育乳肉兼用型三河牛的现代育种技术体系，综合应用品种登记、性能测定、兼用牛线性体型评定及遗传评估育种技术，形成了特色的登记系统、乳用和肉用性能测定体系，实现了三河牛持续选育提高。2000—2014年累计推广冻精176.6万剂，种畜10万头以上。建立了三河牛核心群育种体系，导入外血培育了乳用及肉用两个新品系，丰富了品种结构，提高了生产性能。

四、中国草原红牛

中国草原红牛（Chinese Grassland Red Cattle）（图2-16）是采用乳肉兼用型短角牛与蒙古牛杂交选育而成的，1986年被命名为中国草原红牛。在原农业部科教局组织协调下，由吉林、辽宁、内蒙古、河北四省区组成草原红牛育种协作组，1979年成立草原红牛育种委员会。草原红牛为乳肉兼用型，主要产于吉林白城地区、内蒙古赤峰市、锡林郭勒盟南部县（旗）和河北省张家口地区。草原红牛育种核心牛群，主要在吉林省通榆县三家子种牛繁育场、良井子牧场、内蒙古翁牛特旗海金山种牛场、五一种畜场、河北省沽源牧场。

图2-16 中国草原红牛

该品种培育的技术路线是用短角公牛与蒙古母牛杂交,级进二、三代后选择理想公母牛进行横交固定,自群选育而成(图2-17)。

草原红牛被毛光泽,多为深红色;有的牛腹下、乳房部有白斑,尾帚杂有白色毛。角向上方弯曲(有的无角),呈蜡黄色,角尖呈黄褐色;体躯略呈长方形,乳房发育较好。

草原红牛初生公犊牛重31.9 kg,母犊为30.2 kg;成年公牛体重825.2 kg,成年母牛体重482 kg;18个月龄的阉牛,经放牧肥育,屠宰率为50.84%,净肉率为40.95%;短期育肥牛屠宰率为58.1%,净肉率为49.5%。草原红牛肉质良好,纤维细嫩。按全挤期和青草期挤乳两种方式计算,全挤泌乳期220天,产乳量1662 kg,乳脂率为4.02%;青草期挤乳100天,产乳量849 kg,乳脂率为4.03%。

据吉林省畜牧总站"中国草原红牛遗传资源调查报告(2007.12)",草原红牛在吉林省的纯种数量为6000头,其中可繁母牛3500头,种公牛15头,省内草原红牛杂交改良牛存栏近8万头,主要集中在白城地区和通榆县。由吉林省农科院畜牧所实施的草原红牛吉林系核心群选育提高工作从2006年至今,充分证实该品种肉质优良、育肥性能好(日增重0.9～1.1 kg),眼肌面积96～102 cm^2,大理石纹丰富、纤维细致。

五、新疆褐牛

新疆褐牛(Xinjiang Brown Cattle)(图2-18)主要分布于新疆北疆的伊犁、塔城等地区,南疆也有少量分布。产区海拔2500 m,气候温和,湿润,昼夜温差大,年平均降雨量320～550 mm。冬季严寒,温度在-40 ℃,积雪20 cm以上。草原辽阔,土地肥沃,水草繁茂,当地早有饲养乳牛的习惯。1983年通过自治区畜牧厅组织的品种审定。新疆褐牛由新疆维吾尔自治区畜牧厅、新疆畜牧科学院、自治区畜禽繁育改良总站、乌鲁木齐种牛场、塔城地区种牛场、昭苏种马场、新疆农业大学等单位共同培育。

新疆褐牛育种工作早在20世纪初就已开始。1935—1936年曾引进瑞士褐牛与当地哈萨克母牛进行杂交。1951—1956年又从苏联引进阿拉塔乌牛、科斯特罗姆牛与当地黄牛杂交改良。1977年和1980年,又从德国、奥地利引进三批纯种瑞士褐牛进行杂交。多次引入瑞士褐牛血液,从而稳定了新疆褐牛的优良遗传品质,提高了产乳性

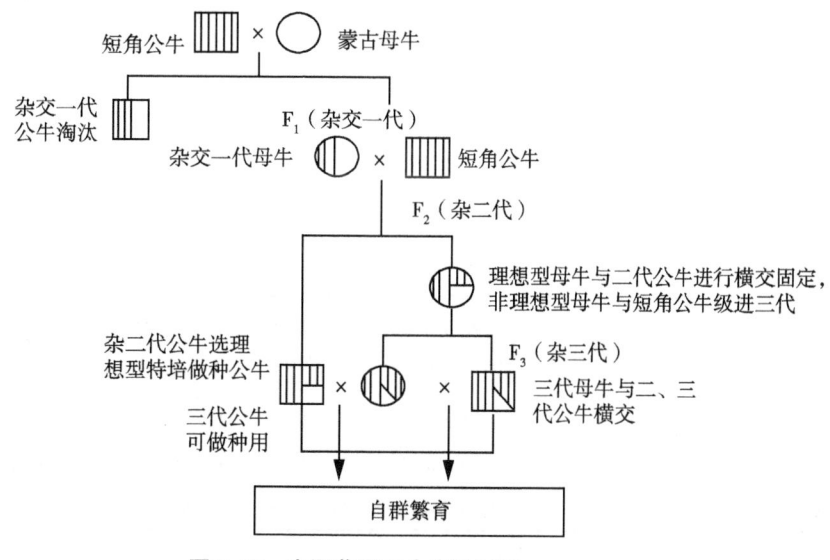

图2-17 中国草原红牛育种过程

图2-18 新疆褐牛

能。1998年以来，针对种源退化、近交等情况，新疆畜牧部门采取了很多措施，加强了对新疆褐牛的选育提高工作，2021年统计新疆褐牛存栏117万余头，能繁母牛76万头，其中核心群3000头，种公牛1.48万头。

新疆褐牛属乳肉兼用牛品种，体格中等，体质结实，结构匀称，肌肉丰满。头清秀，角中等大小，向侧前上方弯曲，呈半椭圆形，头颈适中，颈肩结合良好，背腰平直，胸较宽深，腰丰圆，尻方正，四肢较短而结实，乳房良好，毛色主要为褐色，浅褐色或白褐色为数较少。多数有白色或黄色的口轮和背线。

新疆褐牛初生公犊重30～36 kg，母犊28～35 kg；在良好的饲养条件下生长速度快，3月龄断奶体重公犊牛（115.07±10.57）kg，母犊牛（113.46±8.49）kg；成年公牛体重700～800 kg，体高（149.0±6.4）cm，胸围（211.6±6.4）cm；成年母牛体重480～580 kg，体高（138.2±6.0）cm，胸围（196.1±12.6）cm。新疆褐牛具有良好的产肉潜力，2.5岁公牛全舍饲养、未育肥条件下，宰前活重（634.3±51.4）kg，屠宰率为（59.5±1.9）%，净肉率为（49.6±2.4）%，眼肌面积（88.0±15.4）cm²，肉骨比（5.2±1.1）∶1；1.5岁公牛强度育肥日增重为（1.4±0.2）kg，宰前活重（514.5±30.4）kg。

新疆褐牛在伊犁牧区草原全年放牧饲养，产乳量受天然草场水草条件的影响，挤奶期多集中在5—9月的青草季节，而且维持时间不长，泌乳期210天产乳量（3871.0±330.4）kg，乳脂率为（5.3±0.7）%，乳蛋白率为（3.4±0.3）%。在城市郊区良好舍饲条件下新疆褐牛全年泌乳、产乳量较高。新疆褐牛的核心育种场包括乌鲁木齐种牛场有限公司、伊犁州新褐种牛场、塔城农牧科技有限公司、种马场新疆褐牛育种中心、阿勒泰市散德克库木种畜示范中心、尼勒克县牧强种畜有限公司等，每年为新疆的北疆放牧地区提供活畜补贴的种公牛1000头左右，充分体现了新疆褐牛良好的适应性和生产性能。乌鲁木齐种牛场等规模化全舍饲养殖场的核心群母牛参与国家乳牛生产性能测定，平均测定日产乳量（18.3±8.9）kg，各胎次泌乳性能见表2-5。

六、蜀宣花牛

蜀宣花牛（Shuxuan Spotted Cattle）（图2-19）是自1978年以来，在地处大巴山南麓的四川省宣汉县以西门塔尔牛为主要父本、宣汉黄牛为母本进行杂交的基础上，导入荷斯坦牛血缘，再用西门塔尔牛级进代后进行横交，经过世代选育而逐渐形成的一个具有较高乳、肉生产性能，并能有效适应四川省高温高湿和低温高湿的自然气候及农区较粗放饲养管理条件的兼用型牛群。2022年第三次全国畜禽遗传资源普查结果显示，蜀宣花牛总存栏7.36万头，其中能繁母牛4.59万头，种公牛125头；在育种地四川省宣汉县存栏7.17万头，其中能繁母牛4.49万头，种公牛37头。

蜀宣花牛的育种技术路线见图2-20。蜀宣花牛含西门塔尔牛血统的81.25%、荷斯坦牛血统的12.5%、宣汉黄牛血统的6.25%。体型中等，

表2-5 新疆褐牛各胎次泌乳性能

胎次	数量/头	泌乳天数/d	泌乳期总产乳量/kg	高峰日产乳量/kg	305天产乳量/kg	乳脂率/%	乳蛋白率/%	乳糖率/%
1胎	308	286.3±56.4	5441.1±2354.7	32.9±6.5	5129.3±1410.2	3.9±1.1	3.7±0.4	4.9±0.4
2胎	379	265.5±3.8	5376.5±2767.27	26.3±8.2	5836.0±1833.5	3.90±1.18	3.7±0.4	4.8±0.6
3胎及3胎以上	695	241.0±390	5251.4±2610.7	24.9±8.6	6129.8±1402.3	3.90±1.15	3.6±0.4	4.7±0.6

图2-19 蜀宣花牛

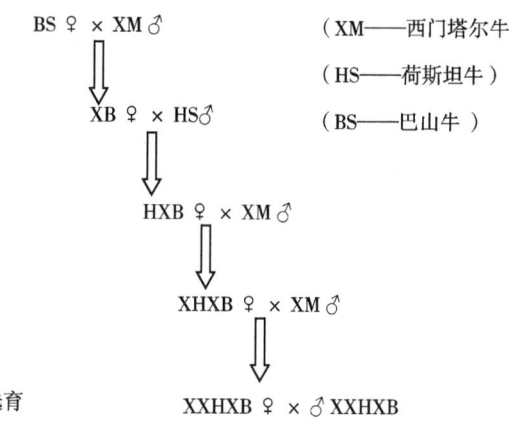

（XM：HS：BS＝81.25：12.5：6.25）

图2-20 蜀宣花牛育种技术路线

毛色为黄（红）白花；照阳角，角、蹄以蜡黄色为主，鼻镜肉色或有斑点；母牛头部清秀，乳房发育良好，结构均匀紧凑，公牛雄性特征明显，略有肩峰。

在农村（户）粗放饲养条件下，蜀宣花牛生长发育快，肉用性能好。初生公犊体重为（31.8±2.0）kg，母犊体重为（29.9±1.6）kg；成年公牛体重（793.4±28.5）kg、体高为（148.7±3.6）cm，成年母牛体重（510.5±63.8）kg、体高（132.5±4.7）cm。在中等营养水平条件下舍饲短期育肥，22月龄公牛体重达（603.8±55.8）kg，日增重（1.0±0.2）kg；屠宰率达（58.5±1.3）%，净肉率为（48.0±0.9）%，眼肌面积（130.1±17.6）cm²，肉骨比为4.7∶1。核心群平均泌乳期产乳量3810.4 kg，乳脂率为4.1%，乳蛋白率为3.3%。

蜀宣花牛作为肉用、乳用或兼用种公牛，已推广到贵州、云南、西藏、重庆、河南、福建、上海等省（自治区、直辖市），以及四川省内近20个市，截至2021年底，累计推广种牛18.76万头，犊牛33.54万头，冻精245.5万剂。选育公牛改良本地黄牛，每头平均年配种母牛数在200头左右，杂一代初生重平均22.5 kg，在4～6月龄出售时，比相同年龄的本地黄牛价格要高出500元以上，效益十分显著，深受饲养者欢迎，具有良好的发展前景。

第四节 乳用水牛品种

中国水牛经历7000多年的驯化选育、饲养管理和开发利用，表现出消化力强、耐粗饲、适应性强、分布广阔；生长缓慢，成熟较晚，性情温顺，便于管理，容易调教，役用性能好；喜欢泡水，滚泥习性普遍；放牧性好，善于寻食，抗病力强，少患疾病等生物学特性。传统上一般作为役用，在我国南方农业生产上和生活中占有重要地位。早期研究表明，中国水牛按其体型外貌、被毛特征、生物学特性、染色体数目（2n＝48）属沼泽型水牛，泌乳量很低。2008年，经国家畜禽遗传资源委员会认定，云南腾冲市的槟榔江水牛[染色体数目（2n＝50）]属河流型水牛。

为提高中国地方水牛的生产性能，一方面，我国在1957年和1974年先后引进印度的摩拉水牛和巴基斯坦的尼里-拉菲水牛，2007年又引进意大利地中海水牛，三个品种在我国境内的纯种繁育的过程中，大多保持原有的特征和特性，基本适应了我国的自然生态环境，生产性能表现良好，遗传性状稳定；另一方面用于对本地水牛进行杂交改良，对我国奶水牛产业的发展、品种结构的改变、牛群产乳量提高，都产生了不同程度的影响，促使中国水牛由单一役用转向乳、肉、役多用途方向发展，为发展地方经济再做出新的历史贡献。

一、国外乳用水牛品种

（一）摩拉水牛

产地及分布：摩拉水牛（Murrah）（图2-21）原产于印度，是著名的乳用水牛品种。在印度水牛乳占全国总乳产量的55%，而在巴基斯坦则占

图2-21 摩拉水牛

到75%。由于摩拉水牛产乳量高，除在印度西北部的大小城郊及农村饲养外，在菲律宾、印度尼西亚、巴基斯坦、马来西亚、越南等国饲养也较普遍。在南美的巴西，东欧的保加利亚、南斯拉夫，阿塞拜疆和高加索、土耳其、希腊、中国和南部非洲等国家也有少量饲养，主要是用来改良本地水牛。我国广东省在20世纪20年代曾引入过，但不能很好适应。1957年再次引进，饲养效果良好，分布区域逐渐扩大，现在已遍布南方诸省。

主要特性：摩拉水牛为河流型、乳肉兼用型，体格比我国水牛大，四肢粗壮，体型呈楔形，尻偏斜，皮肤、被毛黝黑，少数为棕色或褐灰色，尾帚为白色或黑色。头较小，角如绵羊角，呈螺旋形，耳薄下垂；母牛乳房发育良好，乳静脉弯曲明显，乳头粗长。成年公牛体重800～1000 kg，母牛550～700 kg；初生公犊体重34.8 kg，母犊体重32.0 kg。成年公牛体高（147.5±4.4）cm，成年母牛体高（140.2±4.4）cm。据2016年奶水牛登记的资源调查，登记摩拉公牛77头、摩拉母牛389头。摩拉水牛泌乳性能较高，一个泌乳期产乳量为2200～3000 kg，优选个体产乳量4300～5337 kg，乳脂率为7.6%；日产乳量可达16 kg。广西壮族自治区水牛研究所1957—2006年共840个泌乳期统计，泌乳天数（281.6±69.77）天，泌乳量（1780.8±576.34）kg，乳脂率为（6.4±1.41）%，乳蛋白率为（4.4±0.38）%，全乳干物质含量（16.4±1.34）%，乳中Ca含量（204.6±14.50）mg/100 g，P含量（129.3±7.00）mg/100 g。妊娠期为305～315天，产犊间隔为427天。公牛犊初生重36.4 kg，母牛犊初生重34.9 kg；成年公牛体重（740.6±82.50）kg，体高（145.1±5.31）cm；成年母牛体重（616.4±74.06）kg，体高（136.7±3.65）cm。

（二）尼里-拉菲水牛

产地及分布：尼里-拉菲水牛（Nili-Ravi）（图2-22），简称尼里水牛。尼里水牛产于巴基斯坦的萨特里基河沿岸，拉菲牛产于巴基斯坦的拉菲河沿岸，两种牛外貌和生产性能极为相似，由于两地相距较近，经常相互杂交，因而形成尼里-拉菲水牛。

图2-22 尼里-拉菲水牛

主要特性：尼里-拉菲水牛为河流型、乳肉兼用型，皮肤、被毛为黑色或棕色。头长，角短，角基粗，自基部向后方卷曲；少数牛有松动下悬的角。体躯深厚，前躯较窄，中躯呈桶状，后躯宽广，乳房发达、乳头长、分布均匀，乳静脉明显，体躯侧视呈楔形。尼里水牛305天泌乳期平均产乳量为2000～2700 kg，最高达3200～4000 kg，乳脂率为6.9%。我国1974年从巴基斯坦引入50头尼里水牛，现在广西、湖北两省饲养较多，广东、云南、江苏、安徽等省也有饲养。据2016年奶水牛登记的资源调查，登记尼里-拉菲公牛62头、母牛185头。据广西壮族自治区水牛研究所1957—2006年1016个泌乳期统计，泌乳期（282.0±71.13）天，泌乳量（1878.6±667.20）kg，乳脂率为（6.5±1.21）%，乳蛋白率为（4.2±0.20）%，全乳干物质比例（16.3±1.17）%，乳中Ca含量（203.7±11.64）mg/100 g，P含量（127.6±15.96）mg/100 g。尼里水牛妊娠期为305～315天，产犊间隔为398.5天。公犊牛初生体重37.8 kg，母犊牛初生体重38.4 kg；成年公牛体重（726.7±69.4）kg、体高（142.7±3.4）cm，成年母牛体重（610.8±65.0）kg、体高（135.8±4.5）cm。

（三）地中海水牛

产地及分布：地中海水牛（Mediterranean Buffalo）（图2-23）为河流型，产区位于意大利及其周边地区。地中海水牛2000年获官方品种认定，2022年存栏43.5万头（意大利家畜环境数据中心（Livestock Environment Opendata，LEO，https：//www.leo-italy.ev/en/）。

图2-23 地中海水牛

主要特性：地中海水牛毛色呈深灰色、棕色或黑色；角底部平坦，向后伸直；身躯紧凑，胸深而宽；背部与臀部较短；乳房大小适中，乳头呈圆柱形。成年母牛体重600～800 kg，体高135 cm；成年公牛体重700～900 kg，体高143 cm。母牛初生重30～40 kg，公牛初生重32～42 kg。初情期23～24月龄，平均头胎产犊月龄35.5个月。妊娠期312～320天。意大利ANASB（2022）官方数据（1万多头奶水牛）显示，地中海水牛270天产乳量为2350 kg，部分高产牛群产乳量超过5000 kg，乳脂率为7.72%，乳蛋白率为4.65%，原料奶价（1.15欧元/kg）远高于牛奶。育肥日增重800～1000 g，经中度育肥后15月龄屠宰重400～440 kg，屠宰率为52%。泌乳性能是地中海水牛的主要选育目标，过去20年中乳成分稳定但产乳量进展明显。

2007年广西从意大利引进地中海水牛冻精进行适应性和生产性能等方面的种质鉴定；湖北于2012年从澳大利亚引进45头纯种地中海水牛母牛，广西于2014年从澳大利亚引进59头地中海水牛，包括10头公牛，49头母牛。之后两省又多次从意大利引进冻精和胚胎。地中海水牛在我国南方具有良好适应性，成年母牛体高138 cm，体重608 kg。3岁种公牛平均体高139.5 cm、体重660 kg；犊牛平均初生重39 kg，体高77.1 cm。据湖北省DHI中心数据（图2-24、图2-25），湖北省引进的纯种地中海奶水牛泌乳期约为305天，37头头胎305天平均泌乳量1661.17 kg，乳脂率为7.04%，乳蛋白率为4.48%，乳糖率为4.51%。15头二胎305天平均泌乳量1677.8 kg，乳脂率为7.78%，乳蛋白率为4.23%，乳糖率为5.17%。乳中体细胞数平均小于20万个/mL。

二、中国水牛

（一）槟榔江水牛

产地及分布：槟榔江水牛（图2-26，又名嘎

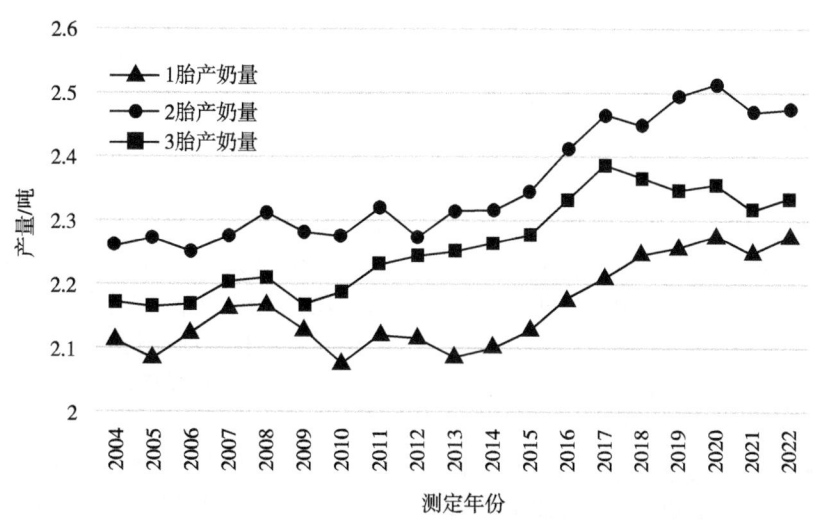

图2-24 地中海水牛各胎次产乳量

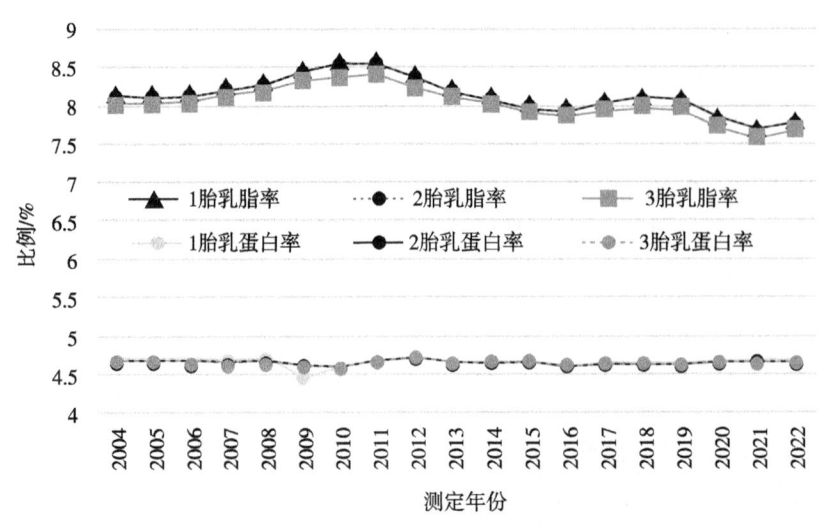

图2-25 地中海水牛各胎次乳成分

图2-26 槟榔江水牛

拉水牛),属河流型水牛。中心产区位于云南省腾冲市槟榔江上游,主要分布于猴桥、中和、荷花、明光、滇滩等乡镇,全市各乡有零星分布。腾冲市位于云南西部,与缅甸接壤,海拔930～3780.2 m,属印度洋亚热带季风气候,立体气候明显。年平均温度14.8 ℃(-4.2～30.5 ℃),无霜期234天,年均日照2176 h,年降水量1469.4 mm,年均相对湿度79%。2016年底腾冲市槟榔江水牛存栏3715头,其中能繁母牛1852头、种公牛103头;槟榔江水牛核心保种场存栏槟榔江水牛623头,其中能繁母牛352头、种公牛22头。

主要特性:槟榔江水牛属乳、肉、役兼用型。被毛稀短,皮薄油亮,皮肤黝黑,被毛以黑色为主,大腿内侧、腹下毛色淡化,未成年个体部分毛尖呈现棕褐色,约20%有"白袜子"现象,少量个体白额、白尾帚。据31头母牛105胎次测定,泌乳期(269.5±23.0)天,产乳量(2452.2±554)kg,乳脂率为(6.73±0.47)%,乳蛋白率为(4.05±0.14)%,全乳干物质(16.73±0.56)%。妊娠期310天,犊牛初生重34.57 kg。成年公牛体重(509.3±103.48)kg、体高(137.5±2.94)cm,成年母牛体重(441.2±55.97)kg、体高(130.8±5.07)cm。

槟榔江水牛是2005年认定的我国唯一河流型水牛品种,选育工作正在开展纯繁扩群、杂交改良和挤乳利用。目前种用槟榔江公牛共93头,其中腾冲市50头,湖北等省9头,保山、西双版纳等地34头。

(二)与河流型水牛杂交提高中国沼泽型水牛泌乳量

中国水牛(图2-27)分布广、头数多,仅次于印度。由于各地自然、生态条件有差异,水牛体格有较大差别。中国水牛可分为大、中、小3个类型。大型水牛如江苏的海子水牛,中型水牛如湖南的滨湖水牛和四川的德昌水牛,小型水牛有广西的西林水牛和广东的兴隆水牛。体高:大型公水牛平均在140 cm以上,母水牛在130 cm以上;中型公水牛为130 cm以上;小型公、母水牛在130 cm以下。3个类型的水牛外貌特征大致相同。在我国浙江的温州、瑞安及广东的揭西等地区,人们早有挤乳的习惯,并且利用牛乳制作奶豆腐、奶饼及炼乳等。据报道,温州水牛一个泌乳期(7～8个月)除喂犊牛外,可产乳500 kg,乳脂率为9%,全乳干物质为21.0%。总的来说我国沼泽型水牛泌乳期短(150～250

图2-27 中国水牛之涪陵水牛

天），产乳量较低（400～800 kg）。

我国自1957年起引入河流型水牛，如摩拉水牛、尼里-拉菲水牛，并与之开展多年杂交。据2016年重点区域调查，广西、云南和湖北三省目前存栏杂种水牛17.4万头。除体型改善、体重增大、役力增强外，摩拉水牛的杂种一、二代年产乳量分别为1240.5 kg和1423.3 kg，尼里-拉菲水牛和本地水牛的杂种一、二代泌乳期平均产乳量分别达到2041.2 kg和2267.6 kg；三品杂（尼里-拉菲、摩拉、本地）和三品杂互交子一代的泌乳期平均产乳量也分别达到2294.6 kg和1994.9 kg。杂种水牛奶的乳脂肪、蛋白质和干物质含量分别达到7.9%、4.5%和18.4%。由此可见，杂种牛比我国水牛产乳量有较大提高。目前广西、云南、福建、广东和湖北省奶水牛存栏7.37万头，能繁母牛约4万头，年产乳量4.54万吨，平均单产0.9～3.0吨，原料奶价格6.0～20.00元/kg（中国奶业统计资料）。

自2007年我国引进意大利地中海水牛冻精，与我国现有的摩拉水牛、尼里-拉菲水牛及本地水牛进行杂交；地中海水牛与摩拉、尼里和本地的杂种后代初生重差异不显著，随着月龄的增长，地中海水牛与摩拉、尼里杂种后代的各月龄体重增长速度比地中海-本地杂种水牛高。

12月龄杂种母水牛体重达到280～320 kg，杂种公水牛体重达到300～330 kg。对地中海与摩拉、尼里母牛的杂种后代进行泌乳性能测定，统计正常产奶、产奶天数达到200天以上的12头地中海杂交母牛第一泌乳期产奶数据，泌乳期长度215～387天，总产乳量最低为1070.5 kg，最高为2790.05 kg，平均为（2036.18±590.89）kg；乳成分测定结果显示，杂种牛乳总固形物占18.5%～19.5%，蛋白质占4.54%～5.04%，脂肪占6.97%～8.25%，乳糖占5.11%～5.27%。（黑龙江畜牧兽医，2018（21）：80-82，86，259）

思考题

1. 简述乳牛在动物分类学中的地位。
2. 引进的国外乳牛品种各有何特点，请比较说明。
3. 中国荷斯坦牛是怎样育成的？有何优缺点，提出改良的方向与提高的措施。
4. 我国乳用和兼用牛品种有多少个？主要分布于哪些地区？分布地区的气候特点是什么？

参考文献

[1] 王福兆，孙少华. 乳牛学［M］. 4版. 北京：科学技术文献出版社，2010.
[2] 中国牛品种志编写组. 中国牛品种志［M］. 上海：上海科学技术出版社，1988.
[3] 国家畜禽遗传资源委员会. 中国畜禽遗传资源志：牛志［M］. 北京：中国农业出版社，2010.
[4] 余选富，王友文，邵思远，等. 槟榔江水牛生产性能测定及其种质评价［J］. 中国奶牛，2018（3）：27-31.

本章编者：王雅春；审订：孙少华

第三章

乳牛体型外貌与生产性能测定

第一节 乳牛及兼用牛的体型外貌特征与测定

一、乳牛体型外貌及其各部位特征

外貌是体躯结构的外部表现，亦是牛品种的主要特征。体型是形态结构、生理功能、生产性能、抗病力及对外界生活条件的适应能力等协调性的综合体现。乳牛个体的体型外貌表现是其遗传基础与其所处的外界环境条件（饲养管理等）相互作用的结果。牛只的体型外貌与生产性能密切相关，不同生产类型的牛都具有与其生产性能相适应的外貌特征和体型类型。例如，肉用牛具有宽深而肌肉丰满的体躯，役用牛具有骨骼结实、肌肉发达和强壮有力的四肢，乳牛则具有发育良好的泌乳器官。体型外貌优良、泌乳系统发育良好的乳牛具有较高的产乳性能（表3-1）。

乳牛的体型外貌不仅与产乳性能相关，而且与乳牛体质健康、生产年限及其种用价值等均有密切关系。因此，在生产应用和种牛评定选育方面，体型外貌鉴定非常重要。乳牛外貌上的某些缺陷，除影响其本身外，还会遗传影响其后代，而且很难纠正。所以，乳牛的外貌鉴定技术已成为评定乳牛最普遍、最常用的一种方法。通过体型外貌鉴定可以揭示乳牛体型外貌与生产性能、健康程度之间的关系，以便于选出生产性能好、种用价值高的乳牛。美国荷斯坦牛协会于2025年最新公布的用于荷斯坦乳牛遗传评估的总性能指数（total performance index，TPI）中体型外貌性状权重占所有评定性状的25%，作为优良种用乳牛选择的重要依据。

在乳牛生产和育种进程中，体型外貌鉴定是乳牛群体改良，培育高产、高效、适应现代化、机械自动化生产牛群的一项基础性工作，也是当前国内外乳牛选种、育种工作中必须进行的基础工作。乳牛鉴定技术人员、生产人员必须熟练掌握相关知识，并应用于生产实践。

表3-1 加拿大乳牛第一泌乳期外貌评分与产乳性能的关系

第一泌乳期外貌评分	305天产乳量/kg	305天乳脂量/kg	305天乳蛋白量/kg	泌乳期总数	终生产乳量/kg
60~64	8243	313	263	1.7	14 031
65~69	8383	316	268	2.1	18 524
70~74	8482	320	272	2.3	20 774
75~79	8710	330	279	2.7	24 961
80~84	9001	342	289	3.1	30 631
85~89	9558	370	309	3.7	42 230

来源：Holstein Canada Classifiers evaluated 258,088 animals in Canada，2016（加拿大荷斯坦牛协会）。

（一）整体观察乳牛体型外貌

观察乳牛外貌前，让牛只自然站在宽阔的场地，鉴别者站在距离牛5～8 m远处环视一周，分别从前面、右侧、后面和左侧观察，了解牛的总体轮廓及外貌特点。查看牛体各部位发育是否匀称，从前面看头部及品种特征、前肢肢势、胸腹的宽度、肋骨的开张度，再从右侧看鬐甲的形态、胸的深度、尻的倾斜度、乳房发育状况、前后肢蹄及站姿、各部位结合是否良好，从后面看体躯容积、后躯发育情况，最后从左边补充观察，看左右两侧发育是否对称。

就整体而言，乳牛属"细致紧凑"的体质类型，皮薄骨细，血管显露，被毛短、细且有光泽，肌肉不发达，皮下脂肪少，全身细致、紧凑而比较清秀。泌乳系统发达，乳房体积大，前伸后延，附着良好，4个乳区发育均匀对称。4个乳头大小适中，间距较宽，乳房充盈时底线平坦，即"方圆乳房"，乳静脉弯曲明显，乳井要粗大，被毛稀疏，富有弹性，乳腺发达，腺质占75%～80%，即"腺质乳房"，忌"肉乳房"。

就体型而言，前躯发育适当，后躯发育良好，从侧望、前望、上望均呈"楔形"或三角形，即呈3个"三角形"（图3-1）。

从侧望：将背线向前延伸，再将乳房腹线连成一条长线，延长到牛头前方，而与背线的延长线相交，构成一个楔形，从这个体型可以看出乳牛的体躯是前躯浅后躯深，这表示其消化系统、泌乳系统发育良好，具有较高的产乳性能。

从前望：由鬐甲顶端为起点，分别向左右两肩下方做直线并延长，继而于胸下水平线相交，构成一个楔形。这个楔形表示鬐甲和肩胛部肌肉不多，胸廓宽阔，肺活量大。

从上望：由鬐甲分别向左右两腰角引两条直线，与两腰角的连线相交，亦构成一个楔形。这个楔形表示后躯宽大，发育良好。

但必须指出，前躯较浅、较窄的外貌，决不是浅胸、平肋的绝对孤立现象，而是指前后躯相对比较而言的。如果片面追求后躯有利于乳房发育的条件而完全忽视前躯的适当发育，必然导致胸廓狭小，心肺不发达，不仅不能提高产乳量，反而成为提高产乳量的障碍。

（二）局部观察乳牛各部位特征

学习乳牛外貌鉴定和体型评分，首先要了解乳牛体型外貌的基本特点，熟悉牛体各部位的名称及其特征（图3-2、图3-3）。

从局部观察乳牛体各部位，可将乳牛体躯分为头颈部、躯干部、乳房部和四肢部四大部分。

1. 头颈部　头颈部在躯体的最前端，它以鬐甲和肩端的连线与躯干分界，又分为头和颈两部分。

（1）头部：头部是以整个头骨为基础，并以枕骨脊为界与颈部相连的部位。头部有长短、宽窄、轻重、粗细之分，表现出明显的品种特征。乳牛头一般较清秀，呈狭长形（图3-4）。

鉴定头部要注意头的大小、形状及头部与整体的比例关系，同时要观察鼻镜、眼、角、耳、额等部位特征，母牛不得有雄相。

鼻镜：位于鼻的最前端，包括鼻孔、上下唇和口。鼻镜宜宽广，口要方正，以示其有良好的采食和呼吸能力。

眼：两眼宜明亮、灵活，温顺，以示其健康与温驯。

耳：宜大小适中，以薄为佳，耳毛细，血管明显，分泌物丰富，内侧呈橘黄色更佳。

额：宜宽阔，以示脑部发育良好。

（2）颈部：颈部是以7个颈椎为基础而形成的。颈部前承头，后接体躯，有平衡牛体重心的作用。

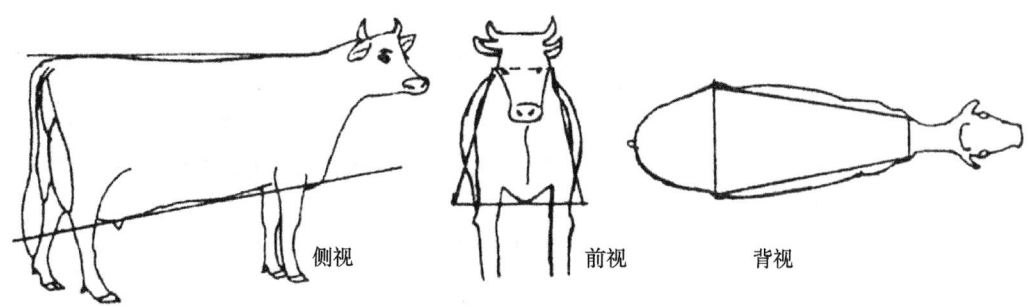

图3-1　乳牛体型特征

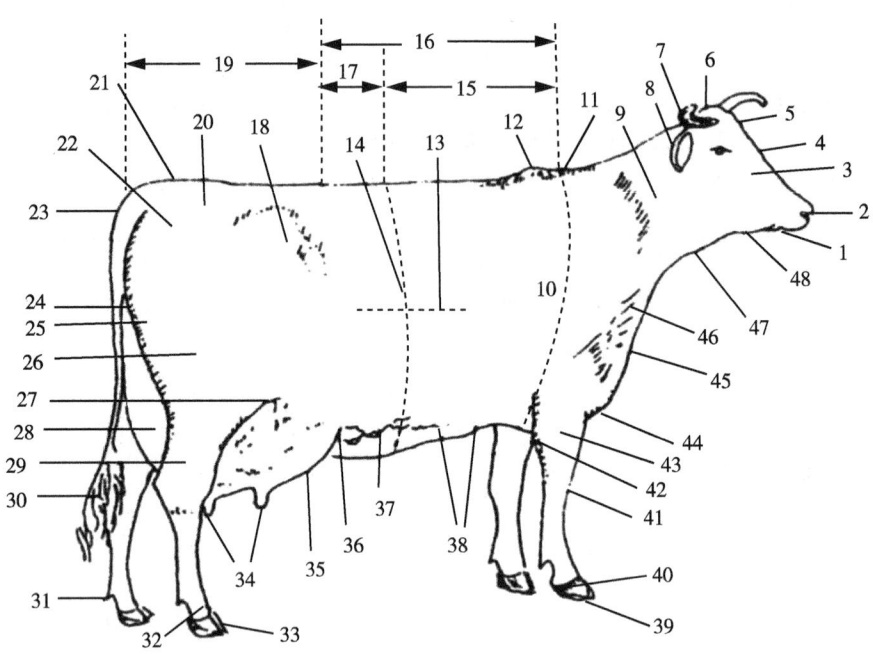

1.唇；2.鼻孔；3.脸；4.鼻梁；5.前额；6.头顶；7.角；8.耳；9.颈；10.胸围；11.鬐甲；12.肩顶；13.肋；14.腹围；15.前背部；16.背；17.腰；18.髋骨端；19.臀；20.髋；21.尾根；22.耻骨间；23.尾；24.后乳房连接部；25.大腿；26.股；27.膝关节；28.后乳房；29.踝关节；30.尾帚；31.悬蹄；32.系部；33.蹄；34.乳头；35.前乳房；36.前乳房连接部；37.乳静脉；38.乳井；39.蹄底；40.蹄踵；41.膝；42.胸底；43.肘端；44.胸前；45.垂皮；46.肩端；47.喉；48.下颚。

图3-2 乳牛各部位名称

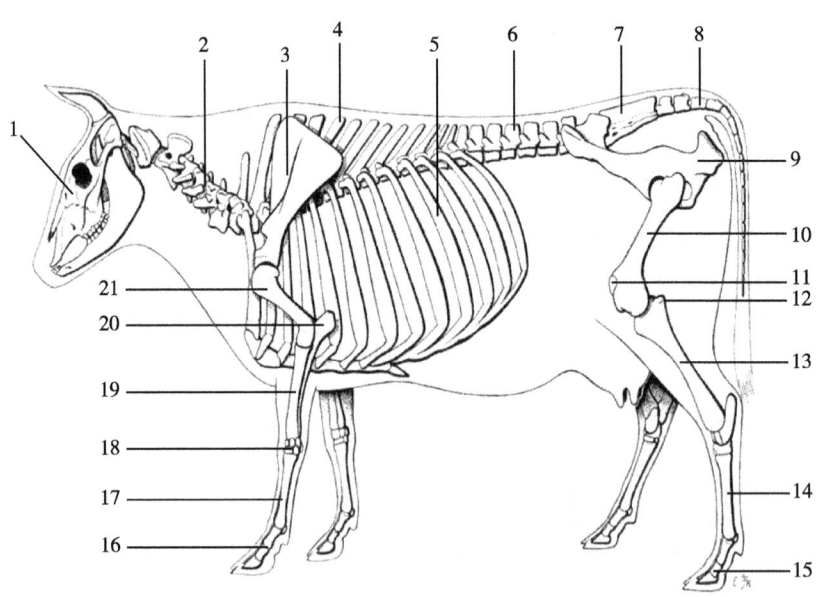

1.头骨；2.颈椎；3.肩胛骨；4.胸椎；5.胸廓；6.腰椎；7.荐骨；8.尾骨；9.骨盆；10.股骨；11.膝盖骨；12.腓骨；13.胫骨；14.跖骨；15.趾骨；16.指骨；17.掌骨；18.腕骨；19.桡骨；20.尺骨；21.肱骨。

图3-3 乳牛骨骼名称

图3-4 乳牛的头部

鉴定颈部，要注意头与颈、颈与肩的结合，结合处不宜有明显凹陷。颈有长与短，粗与细之分。乳牛颈宜薄，长而平直，两侧有较多细微皱纹。

2. 躯干部 躯干部的容积、形状和结构与内脏器官的发育和功能有密切关系。它包括鬐甲、胸部、背部、腰部、腹部、尻部和尾部。

（1）鬐甲：鬐甲是以第2至第6个背椎棘突与肩胛软骨联合而构成的，它是颈肩、前肢和体躯的连接点，也是躯体运动的一个支点。鬐甲类型有长和短、窄和宽、低和高、尖和分岔等。

通过鬐甲可以鉴定乳牛的生产性能和健康状况。乳牛鬐甲宜长平而较狭，多与背线呈水平状态。若营养不良，肌肉不发达，则会形成尖鬐甲；有时背椎棘突发育欠佳，胸部两侧韧带松弛，体躯下垂，形成双鬐甲。尖肩圆肩、双鬐甲均为胸部发育不良或过度的表现。

（2）胸部：胸位于两肢之间，其容积的大小是说明心、肺发育程度的标志。因此要特别注意胸的形状和容积，亦即胸的深度和宽度。胸要宽大，并有足够的深度。从前面看，可以看出胸的宽度和肋骨的扩张情况。肋骨扩张越好，弯曲成弓形，则胸部呈圆筒形，胸腔的容积大，因而其心、肺也较发达。由侧面看，可以看出胸的深度和长度。公牛的胸部比母牛宽而深，圆筒形更为明显。幼牛在较好的饲养条件下，特别是用富于蛋白质的日粮培育和运动充足时，则胸部宽深多。否则，体躯狭浅，胸部紧缩，形成狭胸平肋。这样的牛体质衰弱，生产力低。乳牛胸部宜深而宽（胸深应占体高1/2以上），肋间宜宽、长而开张。

（3）背部：背部是以最后第7、第8个背椎为基础而形成的。根据背部结构可以鉴定乳牛的体质强弱和生产性能。良好的背应该长、直、平、宽，与腰结合良好，由鬐甲到十字部成一水平线，不可有凹陷或拱起。背的长短，与椎体本身的长短和椎体间的间隔大小有密切关系。背椎椎体长或椎体间间隙大，易形成长背，反之，则为短背。背部宜长宽、平直，凹背和鲤鱼背均为严重缺陷。

（4）腰部：腰在背之后，十字部之前，是以6个腰椎为基础的体表部位。它因腰椎的形状和结构情况的不同而有长、短、宽、窄之分。腰椎体的长短和椎体间隙的大小，是决定腰部是否平直、健壮的主要因素。背腰和腰尻必须结合良好，背腰宜平直（图3-5）。凹腰及长狭腰均属体弱表现。

图3-5 乳牛的背部和腰部

（5）腹部：腹在背腰下方无骨部分。腹内有消化器官，故应充实，容积宜大，呈圆筒形，不应有垂腹或卷腹。腹部与生产性能有密切关系，乳牛腹部宜宽、深、大而圆，腹线与背线平直（图3-6）。卷腹及垂腹都是不良的体态。垂腹也叫"草腹"，表现为腹部左侧显得特别膨大而下垂，多为幼年期营养不良，采食大量质量低劣的粗料，瘤胃扩张，腹肌松弛的结果。垂腹多与凹背相伴随，是体质衰弱、消化力不强的标志；

图3-6 乳牛的腹部

卷腹与垂腹相反，是由于幼龄时长期采食体积小的精料，腹部两侧扁平，下侧向上收缩成犬腹状态。卷腹牛食欲低，消化器官不发达，容量小，体质弱，产乳量低，是乳牛的严重缺点。

胠：位于肋骨后、腰椎横突之下和腰角之前的部位。胠有大小、充满与凹陷、左右之分。饱食后左胠（草胠）丰满，饮水后右胠（水胠）丰满。乳牛胠部多为凹陷状态。

（6）尻部（臀）：尻部由骨盆、荐骨及第1尾椎连接而成。尻部下方有乳房和生殖器官。尻的大小和形状决定骨盆腔的容量。尻分平尻、斜尻、尖尻3类。尻部形状与生产性能、繁殖性能均有密切关系。尻部宜长、宽、平、方，并附有适量肌肉，长度为体长的1/3，两腰角距离应宽（图3-7）。尻短、窄、尖、斜均属严重缺陷。

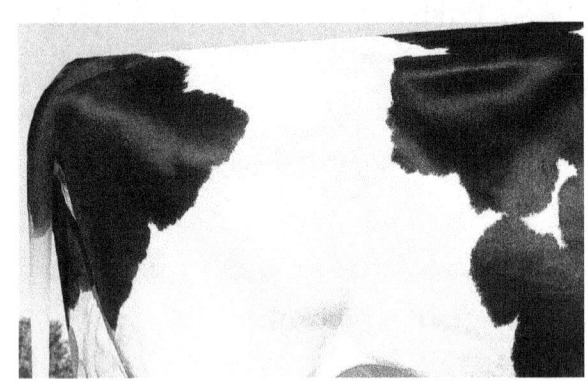

图3-7　乳牛的尻部

鉴定时要注意生殖器官发育情况，公牛的两个睾丸要对称，大小及长短要一致；附睾发育良好，包皮整洁、无缺陷。如有隐睾，则不能留作种用。母牛阴唇应发育良好，外形正常，阴户大而明显，有利于分娩。

（7）尾：位于躯干最末端，其与荐椎相连部分，称尾根。其末端的长毛，称尾帚。尾宜垂直，尾帚宜细长（超过飞节）。

3. 乳房部　乳房是母牛的主要器官之一，对乳牛而言则显得更为重要。

乳房形状的大小、固定韧带及腹壁的坚固程度不同，其位置亦不同。乳房内有一条中央悬韧带维持着乳房的位置，将乳房分为左右两半，每一半的中间又被一层薄膜隔开，再分为前后乳区。因此，乳房分为前后、左右4个乳区，每个乳区有一个乳头。侧悬韧带环绕乳房的外围在乳房底部与中央悬韧带连接支持着乳房，乳房充满时，中央悬韧带伸张，使乳头略向外伸展。

乳牛的乳房宜大，质地好、形状好、附着好，即乳房容积大、呈方圆形、底线平坦呈浴盆状。浴盆状乳房乳腺发达、柔软而有弹性、四乳区发育匀称、前伸后延、附着良好。常见的乳房有浴盆状、圆形和悬垂状。生产中以浴盆状最为理想（图3-8）。

图3-8　乳牛的浴盆状乳房

乳头：位于乳房体下方，乳头分基部、体及顶端三部分；乳头间距离应均匀，长短、粗细适中，垂直呈柱形，乳头孔应松紧适度。

乳静脉：从乳房沿下腹部，经过乳井到达胸部，汇合胸内静脉，再穿过胸壁而入心脏的静脉血管，分为左右两条，是由乳房内部向心脏输送大量血液的主要脉管。乳静脉应粗大、明显、弯曲，而且分支多（包括乳房静脉明显）。

乳井：乳井是乳静脉在第8、第9肋骨处进入胸腔所经过的孔道。乳井的粗细程度是乳静脉大小的标志。一般乳井在腹下左右两侧各一个，个别乳牛有3个或者更多。通常情况下，乳井应粗大而深。

乳镜：指乳房后面沿会阴向上夹于两后肢之间的稀毛区。乳镜宜宽大（图3-9）。

4. 四肢部　四肢部包括前肢和后肢。四肢是支撑牛体重量和运动的重要器官，鉴定时要特别注意四肢的姿势。正常的姿势是，从前面看，前肢应遮住后肢，前蹄与后蹄的连线和体躯中轴平行。从侧面看也应有类似要求。两前肢的腕关节与两后肢的跗关节均不应靠近，"X"或"O"状肢势是严重缺陷。后肢飞节内向严重的个体应予淘汰。此外，四肢的各个关节应结实、轮廓明显、结构匀称。筋腱发育良好，系部有力，蹄形正而质地坚实，蹄底呈圆形，无裂缝（图3-10）。

图 3-9　乳房的乳镜

图 3-10　乳牛的前肢和后肢

除上述内容外，在乳牛外貌鉴定时，还应考虑乳牛的皮肤及被毛等特征。全身皮肤及被毛与品种特征有关。乳牛皮肤应薄而富有弹性；被毛细、平整而具光泽；换毛宜快而匀称，病弱牛被毛则粗乱而无光泽。

二、兼用牛的体型外貌特点

兼用牛主要分乳肉兼用和肉乳兼用两种。前者以乳用为主、兼作肉用，后者则以肉用为主、兼作乳用。一般说来，兼用牛的体型结构介于乳用和肉用种之间，体躯的结构与生理功能既适合牛乳的形成，又适用于脂肪的蓄积。不像乳牛那样清秀，又不像肉牛那样肥胖。

兼用牛头部大小中等，较役用牛清秀，较乳牛宽阔，颈稍粗短，肌肉不及肉牛的肥厚丰满，鬐甲平宽，背腰平直、宽阔且较肉牛长，尻长、平而方。胸部宽深，腹部圆大。乳房发育良好，骨骼坚实而不粗大。全身肌肉发达。皮肤致密，厚度适中。体躯较肉用牛稍长，前后躯发育匀称，三角形体型不如纯乳用型表现明显。例如，西门塔尔牛、瑞士褐牛、短角牛3个品种既有乳肉兼用牛品系，又有肉乳兼用牛品系。我国的三河牛、新疆褐牛和草原红牛为乳肉兼用牛；目前中国西门塔尔牛既有乳肉兼用型，又有肉乳兼用型；我国南方地区利用尼里-拉菲水牛和摩拉水牛与当地水牛杂交改良的水牛为乳役兼用型；分布于我国横断山脉的牦牛为肉乳兼用型。在鉴定兼用牛时，应根据其主要经济用途和生产性能侧重进行，同时对其体型外貌的要求也应有所侧重。

三、乳牛的体尺测量

（一）体尺测量

体尺测量是牛业生产中测量评定牛生长发育和生产性能的重要工作之一，是计算体尺指数和估测活牛体重的基础性工作，它能准确反映牛主要部位的生长、发育情况，弥补肉眼鉴别的缺陷。

常用的测量部位如下。

1. 体高（AB）　鬐甲最高点距地面的直线距离。用测杖测量。

2. 体直长（EF）　从肩端至坐骨端后缘垂直直线的水平距离。用测杖量测量。

3. 体斜长（GH）　从肩端到坐骨端的距离。用卷尺测量。

4. 胸围　肩胛骨后缘胸部的圆周长度。用卷尺测量。

5. 胸深（JK）　沿着肩胛骨后方，从鬐甲到胸骨的直线距离。用测杖测量。

6. 胸宽（XY）　左右第6肋骨间的最大距离，即肩胛骨后缘体躯最宽处的距离。用测杖测量。

7. 尻长（LH）　从腰角前缘至臀端后缘（坐骨结节）的直线距离。用测杖或圆形测定仪测量。

8. 髋宽（OP）　髋部的最大宽度。用测杖或圆形测定仪测量。

9. 腰角宽（MN）　腰角处的最大宽度。用圆形测定仪测量。

10. 坐骨端宽（QR）　两坐骨端的距离。用圆形测定仪测量。

11. 管围（W）　左前肢管骨最细处的周径。

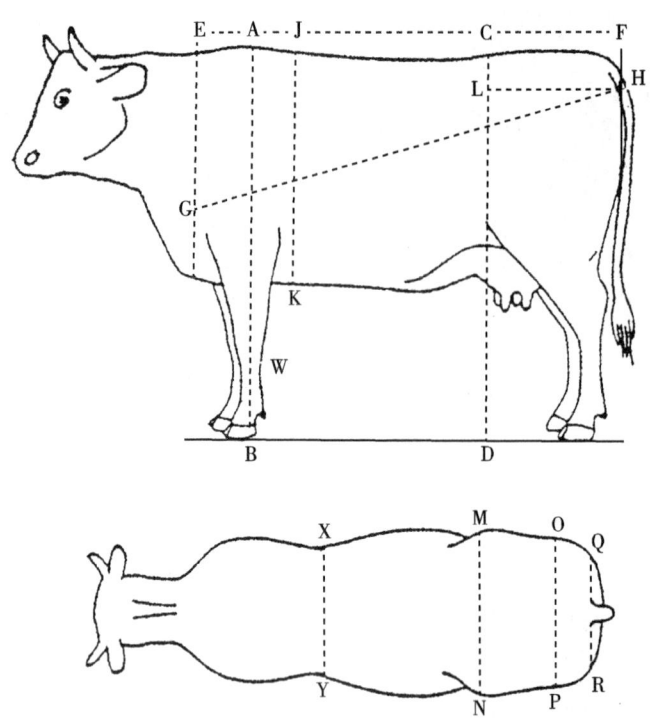

AB：体高；CD：十字部高；EF：体直长；GH：体斜长；JK：胸深；LH：尻长；XY：胸宽；MN：腰角宽；OP：髋宽；QR：坐骨端宽；W：管围。

图 3-11　乳牛体尺测量部位

（来源：内藤元男，新编家畜育种学，1970，养贤堂）

用卷尺测量。

（二）体尺指数计算

体尺指数即一种体尺对另外一种与其在生理解剖上有关的体尺的比率。可以反映牛体各部位发育的相互关系与比例，显示牛的外形特征、身体结构和发育状况。用指数鉴定外貌时，通常都是用牛体某两个部位来互相比较的，而这两个互相比较的部位应该是彼此间关系最密切，并且按其解剖构造和生理功能来说是具有一定关系的。例如，为了判断体高与体长的比例，可使用体长指数，即体斜长与鬐甲高度之比，再乘以100。为了确定家畜体格发育的情况，可使用胸围与体斜长的对比。现详细介绍生产上最常用的5种指数的计算方法。

1. 体长指数　体斜长/体高×100。胚胎期发育不全的牛，由于高度上发育不全，该指数很大，而在生长期发育不全的牛，则与此相反。

2. 体躯指数　胸围/体斜长×100。表明个体体质发育情况，乳牛的体躯指数较其他类型牛要小，原始品种的牛，该指数最小。

3. 尻宽指数　坐骨宽/腰角宽×100。这一指数在鉴别公母牛时特别重要。尻宽指数越大，表示由腰角至坐骨结节间的尻部越宽。高度培育的品种，其尻宽指数较原始品种的要大。如西门塔尔牛的尻宽指数最大，亦即这种牛的尻部较宽。中国黄牛尻宽指数较小，所以尻部狭窄，多有尖斜尻现象。

4. 胸围指数　胸围/体高×100。由这一指数可以判断出个体在体躯高度和宽度上相对发育的情况。兼用牛应用较多。

5. 管围指数　前管围/体高×100。由这一指数可判断家畜骨骼相对发育的情况，通常肉用品种牛的管围指数较乳用品种要小，而乳用品种牛的管围指数又较役用牛要小。

四、乳牛的体重测定

（一）体重实测

牛的体重测定，最好的方法是用地秤称量，获得牛的实际重量，有条件的应进行实际称重。

犊牛每月称重1次，育成牛每3个月称重1次，成年牛在放牧期前后各测1次。泌乳期乳牛在第一、第三、第五胎产后的1~2个月各测1次。测量时,应在饲喂饮水前(空腹),挤乳之后进行。连续2天在同一时间进行称重,取其平均值。

(二)体重估测

在没有称量设备的情况下,可通过测量牛的体尺,用计算公式来估计牛的体重。

原理:牛体可被视为一个近似的圆柱体,利用计算圆柱体积的公式($\pi \times r^2 \times H$)可以近似计算出牛体的体积。体积乘以牛体的比重,即为牛的体重。

(1)确定被测的牛只,了解被测牛只基本情况,如日常管理水平、是否妊娠等。

(2)在测定日的晨饲及饮水前(挤乳后),用体尺测量工具对被测牛只进行体尺的测定。

(3)为保证测定资料的准确性,每头牛最好连续2天测定,详细做好记录,计算连续2天测定结果之间的误差,如果超过3%,在第3天还应再测定1次,取2次比较接近的结果的平均值作为最终结果。

(4)根据被测牛只的经济类型、品种、年龄和膘情等具体情况,选择适当的估测公式,用所测体尺数据计算被测牛的体重,并与实际称重结果相对比,计算估测误差,一般要求误差不超过5%。

在实际工作中,不论采用哪个估重公式,都应事先进行校正,对公式中的常数(系数),要做必要的修正,以求其准确。

估测牛体重的常用公式如下。

1. 乳牛体重估测公式

6~12月龄:体重(kg)=胸围²(m)×体斜长(m)×98.7

13~18月龄:体重(kg)=胸围²(m)×体斜长(m)×87.5

初产-成年:体重(kg)=胸围²(m)×体斜长(m)×90

2. 乳肉兼用牛估测公式

体重(kg)=胸围²(m)×体斜长(m)×90

3. 肉用牛及其他牛体重估测公式

肉用牛体重估测公式:体重(kg)=[胸围²(cm)×体斜长(cm)]/10 800

水牛体重估测公式之一:体重(kg)=胸围²(m)×体直长(m)×100

水牛体重估测公式之二:体重(kg)=胸围²(m)×体斜长(m)×80+50

黄牛体重估测公式:体重(kg)=[胸围²(cm)×体斜长(cm)]/估测系数,估测系数=实际体重(kg)/[胸围²(cm)×体斜长(cm)]

估测系数是事先从同类牛群中选出有代表性的牛只,实称其重量,再与体尺测量的结果比较而得出的。

注意事项:称重前,要将牛固定好,动作要柔和,不可激怒牛,以免被牛伤害。估测体重时,要考虑牛只的经济类型、品种、年龄和膘情等具体情况。在实践中,不论采用哪个估重公式,都应事先进行校正。一般估重与实际体重相差不超过5%。

第二节 乳牛体型线性鉴定

饲养乳牛的目的是获取最高经济效益,要达到此目的,一是提高乳牛生产性能,二是提高乳牛健康水平和延长利用年限(productive life, PL)。乳牛的体型不仅决定着其本身的生产能力和生产潜力,而且与其健康水平和利用年限紧密相关。所以做好乳牛的体型外貌线性鉴定,可为评价乳牛经济价值和种用价值提供科学依据。在荷斯坦牛的发展史中,早在20世纪20年代,西方一些乳牛业比较发达的国家就开始了对乳牛体型分等级进行体型评定,后来发展为将乳牛划分为几个大的部位进行评分、定等级。为了乳牛改良的需要,20世纪60年代逐步发展为记述式评分法,一直延续到80年代,逐渐由线性鉴定替代。

体型鉴定是针对乳牛体型外貌进行数量化处理的一种鉴定方法,并针对每个性状,按生物学特性的变化范围,制定出每个性状的最大值和最小值,然后以线性的尺度进行评分。美国农业部和美国荷斯坦牛协会为了合理、有效地解决乳牛育种工作中的体型评定问题,于1976年提出乳牛体型线性鉴定的概念,继而于1980年提出乳牛体型线性鉴定方法,并于1983年正式将该方法应用于美国荷斯坦(黑白花)乳牛的体型评定。随后荷兰、日本、德国、英国、加拿大等9个国家也相继采用了线性鉴定作为荷斯坦牛体型评定的方法。

我国20世纪80年代颁布《中国黑白花乳牛品种标准》，也确定了乳牛体型外貌四大部位评分的标准。从1987年开始，引进研究乳牛体型线性鉴定并进行试验性应用。1995年，中国乳牛协会正式发布了《中国荷斯坦牛体型线性鉴定实施方案（试行）》。2003年，中国奶业协会制定了《中国荷斯坦乳牛体型外貌鉴定规程》，实行9分制评分。2008年，农业部对《中国荷斯坦牛体型鉴定规程》进行修订并于2016年年初颁布了修订后的《中国荷斯坦牛体型鉴定技术规程》。

乳牛体型线性鉴定的作用和意义主要包括如下几个方面：作为衡量乳牛生产性能的重要工具；作为评价种公牛遗传品质的工具；作为准确选种选配的依据。实践证明，具备良好体型的乳牛群体，其生产性能较高，寿命和可利用年限长，经济效益好，同时随着乳牛集约化程度的提高，越来越要求乳牛体型趋于标准化，以适应机械化挤奶和高效生产管理的需要。此外，通过体型评定可以提早选育种牛，缩短育种年限。

一、体型线性鉴定的个体条件及要求

体型线性鉴定是根据乳牛生物学特点，按照线性尺度从一个生物学极端向另一个生物学极端来鉴定乳牛体型外貌性状。一个体型外貌性状可分为两个极端：极大或极小、极长或极短等。对乳牛体型线性鉴定各性状的评分主要依赖于鉴定员对该性状的度量和观察判断。在大多数情况下，不采用量具进行测量，而是对性状在生物学状态两极端范围内所处的位置进行评分。9分制评分可把性状所表现的生物学两极端范围看作一个线段，把该线段分为1～3分、4～6分、7～9分3个部分，两个极端和中间三个区域；观察该性状所表现的状态在3个区域的哪个区域，再看其属于该区域中哪一个档次，从而确定其线性评分成绩。

例如，体高这一性状，是可以度量的，但在鉴定牛头数多的情况下，不可能逐头进行度量，鉴定员可以把自己的身体作为一把尺子，观察被鉴定牛只的体高属于高（144～150 cm）、中（138～142 cm）和低（130～136 cm）哪一个区域，再看在该区域中属于哪个分数档次。再如尻角度，尻角度是属于斜尻、适中、还是逆斜，然后再确定其程度，给一个比较恰当的观察分数。

线性鉴定分数与乳牛性状的优劣无直接关系，线性分必须转化为功能分。为便于计算、综合评价乳牛个体相关性状，可以对乳牛做出正确和详细的遗传评估预测，利于优良种牛的选择和选配。

乳牛体型线性鉴定对象及个体条件要求如下。

（1）评定对象主要为母牛，也可用于公牛。通常根据母牛评定成绩及亲缘关系来评价种公牛的性能。

（2）牛群中第一胎母牛必须进行体型鉴定，第二至第四胎母牛也可根据需求进行鉴定。

（3）理想的鉴定时间为，母牛分娩后30～150天，挤乳前进行鉴定。

（4）处于干奶期、围产期、患病期及6岁以上老龄的母牛不宜作为鉴定对象。

二、中国荷斯坦牛体型线性鉴定的评分标准及具体方法

中国荷斯坦牛体型线性鉴定部位包括体躯容量、尻部、肢蹄、泌乳系统和乳用特征五大部分。

（一）体躯容量

本部位评定包括4个描述性状和5个缺陷性状，占乳牛体型总评分的18%。

1. 体高（部位评分权重占25%）　体高是牛体骨骼的综合表现，是一个非常重要的指标。测定部位为十字部到地面的垂直高度，本性状为可度量性状，评分标准见表3-2。

体高在现代乳牛的机械化与集约化管理中起一定的作用，体高过高与过低的乳牛不适于规范化管理。通常认为，极端低与极端高的乳牛不理想，乳牛的最佳体高为142～147 cm（图3-12）。

2. 胸宽（部位评分权重占35%）　胸宽可以表现出个体是否具有高产能力和维持高产的持久力。胸部宽的个体相应的肋骨开张大，肺活量大，心力强，代谢能力强，身体健康是维持牛高产的结构基础；观察乳牛胸底部两前肢之间的内裆宽度进行评分。胸宽在37 cm以上的个体为极宽个体，评9分；胸宽为25 cm的个体，为中等个体，评5分；胸宽为13 cm的个体，为极窄个体，评1分。评分标准和评分示意图分别见表3-3、图3-13。

表3-2 体高评分标准

评分	标准/cm	功能分
1	≤130	57
2	132	64
3	135	70
4	137	75
5	140	85
6	142	90
7	145	95
8	147	100
9	≥150	95

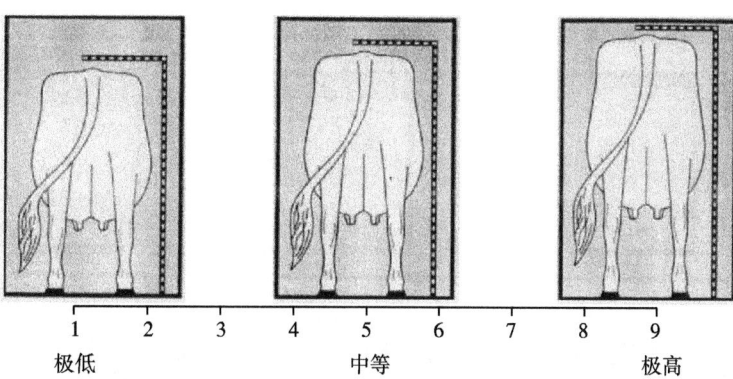

图3-12 体高评分示意图

表3-3 胸宽评分标准

评分	标准	功能分
1	极窄（13 cm）	55
2		60
3	窄（19 cm）	65
4		70
5	中等（25 cm）	75
6		80
7	宽（31 cm）	85
8		90
9	极宽（37 cm）	95

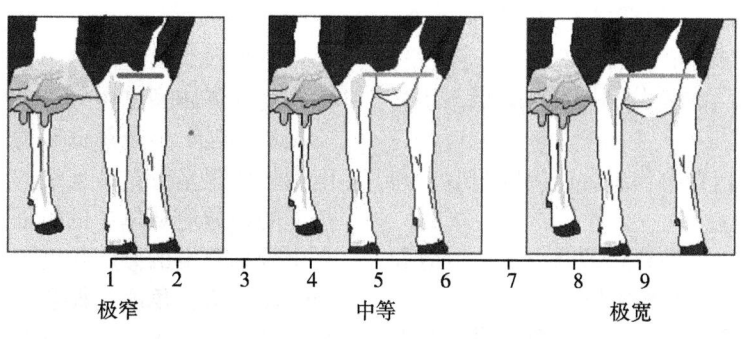

图3-13 胸宽评分示意图

3. 体深（部位评分权重占25%）乳牛大容积的体躯，体现为具有庞大的瘤胃和消化系统，采食能力强，利于胎儿发育，但不宜过深或下垂。对体深的评分是以乳牛体躯最后一根肋骨处，腹下沿的深度为评分基准。如果腹下沿很深，呈下垂状态，评9分；腹下沿比较深，但很紧凑，呈下垂状态，评7分，是比较理想的体深；中等评5分，腹深很浅，呈犬腹状态，评1分。评分标准和评分示意图分别见表3-4、图3-14。

表3-4 体深评分标准

评分	标准	功能分
1	极浅	56
2		64
3	浅	68
4		75
5	中等	80
6		90
7	深	95
8		90
9	极深（腹下垂）	85

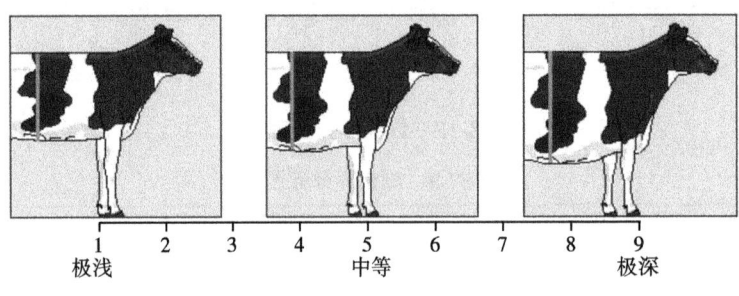

图3-14 体深评分示意图

4. 腰强度（部位评分权重占15%）腰强度主要是鉴定乳牛腰部的结实程度。腰部不结实的乳牛往往会出现子宫下沉，产道在体躯内向下方弯曲，因而影响产犊时胎儿产出的难易。同时，子宫内分泌物也不易排出，引起生殖系统疾病，而影响乳牛的配种受胎率。腰强度的评分主要是观察被鉴定牛臀部（十字部）的荐椎至腰部第1腰椎之间的连接强度和腰部之短肋的发育状态。极强的个体评9分，极弱的个体评1分，中等的评5分。评分标准及评分示意图分别见表3-5、图3-15。

5. 缺陷性状

（1）双肩峰：指鬐甲和肩后连接成凹形，即双飞翼。

（2）背腰不平：母牛背腰凹凸不平，但应和腰强度很强的腰椎微隆起相区别。

（3）整体结合不匀称：一个部分与另一个部分的结合不紧凑，整体结合不好。

（4）凹腰：腰椎和髋骨、荐椎之连接点应是高、宽、紧凑的，连接点差的呈下凹状态，但应与腰强度极弱的个体区别开。

（5）体弱：牛只体况极瘦，缺乏强壮感，缺乏支持高产的能力和应变能力。

（二）尻部

本部位评定包括2个描述性状和4个缺陷性状，占乳牛体型总评分的10%。

1. 尻角度（部位评分权重占40%）尻角度指腰角至坐骨结节连线与水平线的夹角。对尻角度的评分应从母牛的侧面观察，从腰角到臀部之坐骨结节端的倾斜角度。腰角高于坐骨结节端8cm者，其尻角度为倾斜，评9分；腰角高于坐骨结节端4cm者，其尻角度属于理想角度，评5

表3-5 腰强度评分标准

评分	标准	功能分
1	极弱	55
2		60
3	弱	65
4		70
5	中等	75
6		80
7	强	85
8		90
9	极强	95

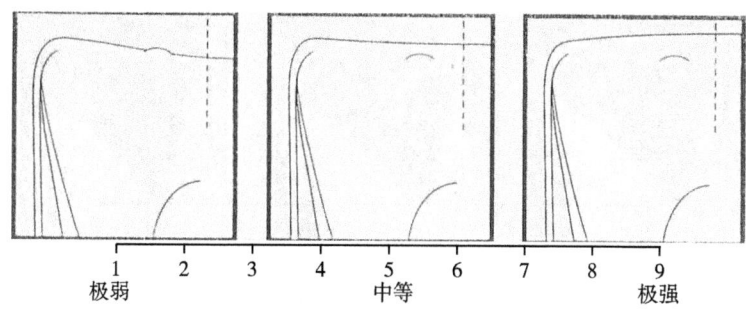

图3-15 腰强度评分示意图

分；若腰角低于坐骨结节端5cm者，为极逆斜，评1分。适当的尻角度有利于母牛生殖道中分泌物和产后恶露的排出，无论是逆斜或极斜的状态，均对生殖道内分泌物的排出有影响，直接影响乳牛的繁殖率。评分标准及评分示意图分别见表3-6、图3-16。

2. 尻宽（部位评分权重占60%） 尻宽直接关系产犊的难易程度，尻越宽的母牛产犊越容易。尻宽这一性状的评分主要是以臀端两坐骨结节的宽度进行评分。两坐骨结节间宽10cm者，为极窄个体，评1分；每增加2cm加1分，18cm为中等个体，评5分；26cm为极宽个体，评9分。评分标准及评分示意图分别见表3-7、图3-17。

3. 缺陷性状

（1）肛门前移：母牛的阴门和肛门应该呈垂直状态，若肛门在尾根部前移，其排泄物会污染母牛的生殖道，引起生殖系统疾病。

（2）尾根凹：尾根在臀部间陷入，当母牛排粪时，尾根部高度不够，尾根紧紧压在肛门上，使排泄物严重污染生殖道。

（3）尾根高：尾根位于臀骨之顶端，人工授精人员都有这一经验，这样的牛配种受胎比较困难。

（4）髋位偏后：髋部应位于腰角和臀角之间，髋位偏后的母牛会影响髋端位置和后肢结构。

（三）肢蹄

本部位评定包括5个描述性状和8个缺陷性状，占乳牛体型总评分的20%。

1. 蹄角度（部位评分权重占25%） 蹄角度指后蹄外侧蹄壁与地面所形成的夹角。蹄角度很小（15°），评1分；蹄角度为45°，评5分；蹄角度为75°，评9分。也可依蹄壁上沿的蹄线做一条延长线，看其达到乳牛前肢的部位进行评分。如延长线达到前肢的肘部，即表示蹄角度很小（15°），评1分；到达前肢膝关节处（45°）为中等，评5分；到达前肢膝关节以下（75°），评9分。夹角小的牛，蹄冠薄而使蹄壁变得长而平展，需要经常修蹄，极容易引起蹄损伤、蹄变形和蹄病。

表3-6 尻角度评分标准

评分	标准	功能分
1	−5 cm 腰角低	55
2	−3 cm	62
3	−1 cm	70
4	0 cm 前后等高	80
5	+4 cm	90
6	+5 cm	80
7	+6 cm	75
8	+7 cm	70
9	+8 cm 腰角高	65

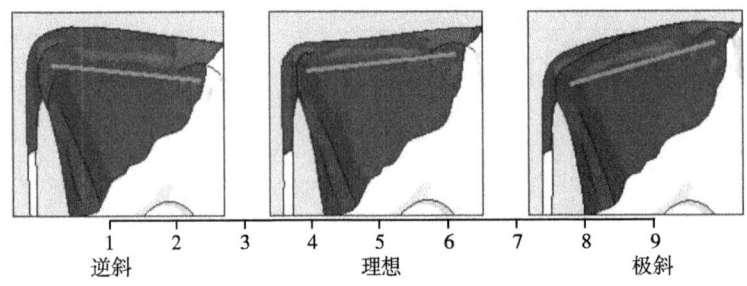

图3-16 尻角度评分示意图

表3-7 尻宽评分标准

评分	标准/cm	功能分
1	10	55
2	12	60
3	14	65
4	16	70
5	18	75
6	20	79
7	22	82
8	24	90
9	26	95

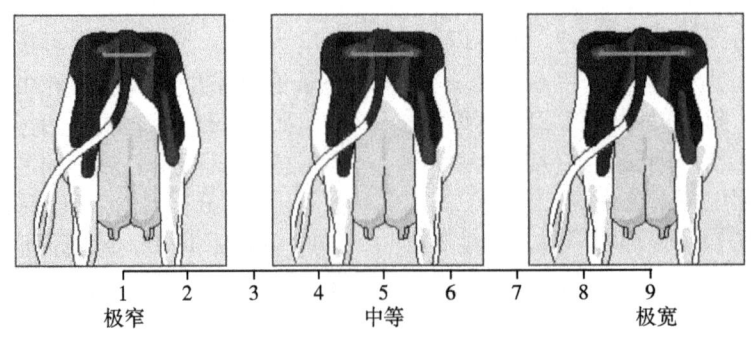

图3-17 尻宽评分示意图

注意事项：蹄的内外角度不一致时，应看外侧的角度，长蹄勿混淆，要看蹄上边侧壁形成的角度，同时以后肢的蹄角度为主。蹄形的好坏影响乳牛的运动性能和健康状态。通常认为，蹄角度极低和极高的两极端乳牛不理想，只有适当的蹄角度（45°～65°）才是当代乳牛的最佳选择。评分标准及评分示意图分别见表3-8、图3-18。

2. 蹄踵深度（部位评分权重占15%） 主要观察鉴定牛只的后蹄踵上沿与地面之间的相对高度。该性状直接关系乳牛的蹄健康，影响乳牛的运动能力。蹄踵深度在0.5 cm时，为极浅个体，评1分；每增加0.5 cm，评分增加1分，蹄踵深度在2.5 cm时，为中等，评5分；蹄踵深度在4.5 cm时，为极深个体，评9分。评分标准及评分示意图分别见表3-9、图3-19。

3. 骨质地（部位评分权重占15%） 主要观察牛只的后肢骨骼的细致程度与结实程度。骨质地的优劣关系乳牛的耐久力和灵活性。后肢骨骼粗圆、疏松者其活动的灵活性和后肢的耐久性比较差，显得无力量，评1分；后肢骨骼宽、扁平、细致，其活动性灵活，耐久性好，显得结实有力，评9分；中等者评5分。评分标准及评分示意图分别见表3-10、图3-20。

4. 后肢侧视（部位评分权重占25%） 从侧面观察被鉴定乳牛后肢飞节处的弯曲程度。测定后肢飞节处的弯曲程度，及胫骨与跗骨之间的夹角。成165°为极直，评1分；飞节弯曲度小于145°为曲飞，弯曲成125°为极曲飞，评9分；145°为最佳，评5分。且偏直一点的乳牛比弯曲一点的乳牛耐用年限长。评分标准及评分示意图分别见表3-11、图3-21。

5. 后肢后视（部位评分权重占20%） 后肢后视指后肢站立姿势及两飞节间的距离和弯曲状况。本性状是与肢蹄的耐久力有关的性状，站立姿势端正的乳牛，其底部磨损比较均匀，内、外蹄磨损也比较均匀。两飞节间的距离很宽，且两后肢呈平行状态站立的牛只，不仅其肢蹄耐久力好、蹄部磨损均匀、蹄病发病率低，而且两后裆之间空间比较大，可为具有一个宽大的后乳房提供足够的空间，因而最理想，评9分；而两飞节内向，后肢呈"X"状，后裆窄，后乳房被后裆夹得很紧的牛只，不仅肢蹄持久力差，内、外蹄磨损很不均匀，容易蹄变形，蹄病发病率高，评1分；中等状态评5分。评分标准及评分示意图分别见表3-12、图3-22。

表3-8 蹄角度评分标准

评分	标准	功能分
1	15°蹄上沿延伸线到达前肢的肘部	56
2	25°	64
3	35°	70
4	40°	76
5	45°到达前肢膝关节	81
6	55°	90
7	65°	100
8	70°	95
9	75°到达前肢膝关节以下	85

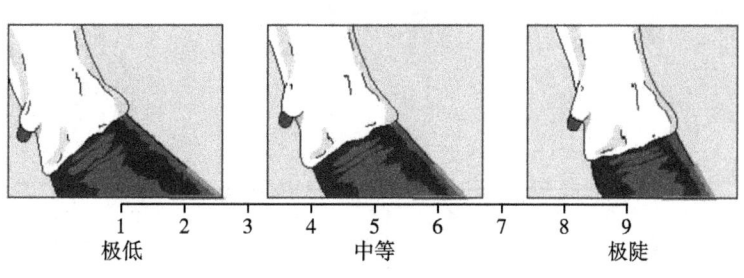

图3-18 蹄角度评分示意图

表3-9 蹄踵深度评分标准

评分	标准/cm	功能分
1	0.5	57
2		64
3	1.5	69
4		75
5	2.5	80
6		85
7	3.5	90
8		95
9	4.5	100

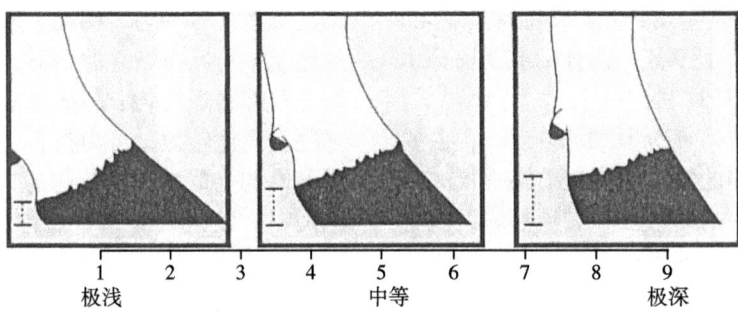

图3-19 蹄踵深度评分示意图

表3-10 骨质地评分标准

评分	标准	功能分
1	极粗、圆、疏松	57
2		64
3	粗、圆、疏松	69
4		75
5	中等	80
6		85
7	宽、扁平、细致	90
8		95
9	极宽、扁平、细致	100

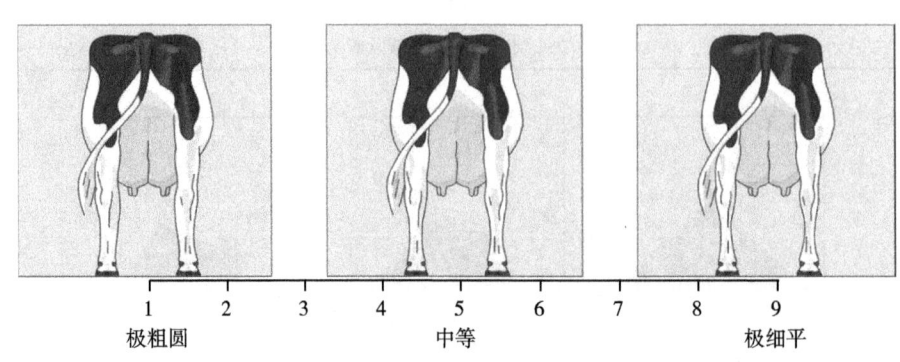

图3-20 骨质地评分示意图

表3-11 后肢侧视评分标准

评分	标准	功能分
1	165°直飞	55
2		65
3	155°较直飞	75
4		80
5	145°曲飞	95
6		80
7	135°较曲飞	75
8		65
9	125°极曲飞	55

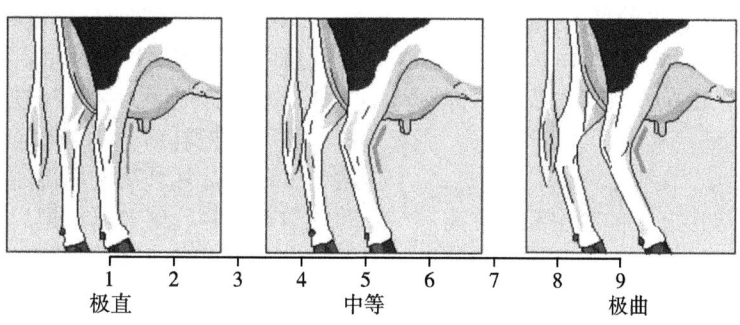

图3-21 后肢侧视评分示意图

表3-12 后肢后视评分标准

评分	标准	功能分
1	飞节内向后肢呈"X"状	57
2		64
3		69
4		74
5	中等	78
6		81
7		85
8		90
9	飞节间宽后肢平行	100

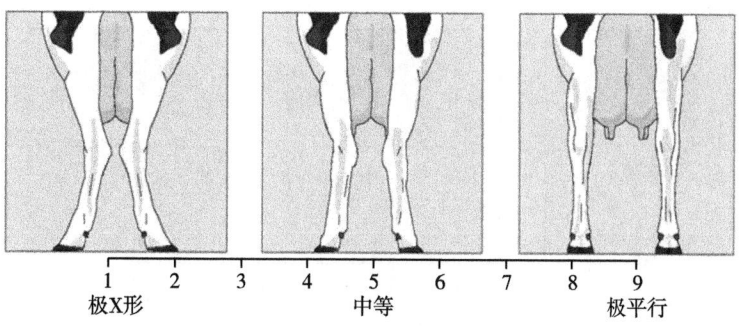

图3-22 后肢后视评分示意图

6. 缺陷形状

（1）卧系：指系部软，悬蹄接近地面，影响乳牛肢蹄的耐久力。

（2）后肢抖：后肢站立或行走时，有痉挛或发抖表现，提示关节炎或神经系统问题。

（3）飞节粗大：主要指飞节粗圆、不平滑、结实。

（4）蹄叉张开：前蹄或后蹄的两趾之间间隙较大，容易造成损伤。

（5）后肢前踏/后踏：两后肢站立时，其姿势为前踏或后踏。后肢无力，是乳牛缺钙的一种症状。

（6）过于纤细：指乳牛后肢骨骼纤细。

（7）前蹄外向：指乳牛前肢站立姿势呈八字形。

（8）蹄瓣不均衡：指左右蹄瓣大小不匀称。

（四）泌乳系统

泌乳系统包括乳房形态、前乳房和后乳房三部分性状。包括11个描述性状和6个缺陷性状，占乳牛体型总评分的42%。

1. 乳房形态　占泌乳系统20%，包括乳房深度和中央悬韧带2个描述。

（1）乳房深度（占55%）：指牛只乳房底部到飞节的距离。若乳房是倾斜状态，以乳房底部最低点到飞节的距离为准。对于一胎母牛，其乳房底部到飞节12 cm最理想，评5分；距飞节20 cm为极浅，容积小，评9分。对于三胎以上牛只，乳房底部到飞节5 cm，最理想，评5分；距飞节15 cm，则其容积小，为很浅的个体，评9分；与飞节相平，评4分；低于飞节6 cm，则其乳房深度为较深和极深，评1分。评分标准及评分示意图分别见表3-13、图3-23。

（2）中央悬韧带（占45%）：中央悬韧带也叫乳房中隔，主要以乳房底部中隔纵沟的深度及中央悬韧带的强度为衡量标准。中央悬韧带极强的个体明显把乳房分为4个区，乳中沟明显、深达5～6 cm。从乳房的后部看，后乳房也有明显的乳沟直达后乳房上端，把后乳房分为左右两个部分，这样的中央悬韧带可评9分；中等状态，

表3-13　乳房深度评分标准

评分	标准		功能分
	一胎	三胎	
1	极低飞节平	低于飞节6 cm	55
2	飞节上3 cm	飞节下4 cm	65
3	低飞节上6 cm	飞节下2 cm	75
4	飞节上8 cm	飞节平	85
5	适中飞节上12 cm	飞节上5 cm	95
6	飞节上14 cm	飞节上7 cm	85
7	高飞节上16 cm	飞节上9 cm	75
8	飞节上18 cm	飞节上12 cm	65
9	极高飞节上20 cm	飞节上15 cm	55

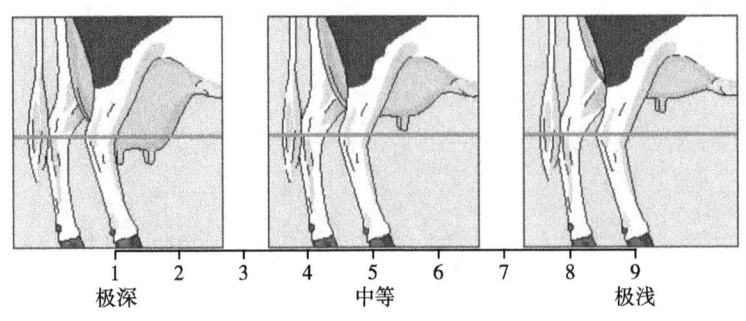

图3-23　乳房深度评分示意图

即乳中沟呈钝角，深3 cm，评5分；无乳中沟或不明显，中央悬韧带极弱者，评1分。评分标准及评分示意图分别见表3-14、图3-24。

2. 前乳房　占泌乳系统35%，前乳房附着、前乳头位置、前乳头长度和乳房深度4个描述性状。

（1）前乳房附着（占45%）：它决定前乳房的悬垂能力和可能引起的损伤，与前乳房的泌乳量和健康有直接关系。对前乳房附着的评分是从侧面观察，借助触摸进行的。附着极强的个体手很难伸入乳房的基部，而附着极弱的个体，很容易伸入腹壁与前乳房之间。连接附着极度松弛者（角度小于90°）评1分；连接附着中等者（角度约110°），评5分；连接附着极强者（角度大于130°），评9分。评分标准及评分示意图分别见表3-15、图3-25。

（2）前乳头位置（占25%）：以乳牛前乳头在乳房基部的生长位置进行评分。乳头位置直接关系挤奶的难易，无论是手工挤奶还是机器挤奶，乳头的位置极度向外或极度向内，均给挤奶带来困难。乳头极外的个体，易造成乳头损伤。乳头极内的个体，评9分；极外的个体，评1分；理想位置是生长在中间微偏内，评6分。评分标准及评分示意图分别见表3-16、图3-26。

（3）前乳头长度（占18%）：以乳牛前乳头的长度进行评分，乳头过长或过短均不理想。乳头长度5 cm，无论是手工挤奶还是机器挤奶，都比较好，评5分；乳头长度达10 cm，评9分；极短的2.5 cm，评1分。评分标准及评分示意图分别见表3-17、图3-27。

（4）乳房深度（占12%）：内容详见后乳房形态中的"乳房深度"。

3. 后乳房　占泌乳系统45%，后乳房附着高度、后乳房附着宽度、后乳头位置、乳房深度和中央悬韧带5个描述性状。

（1）后乳房附着高度（占30%）：后乳房乳腺之最上缘与阴门基底部之间的距离。后乳房的高度是乳房容量的重要指标，后乳房附着高度越高，说明乳房发育越好，对后乳房附着高度的评分，乳腺上缘距阴门之间的距离越近越好，距阴门基部的距离小于或等于16 cm，评9分；距离在24 cm为中等，评5分；距离大于或等于32 cm，评1分。评分标准及评分示意图分别见表3-18、图3-28。

表3-14　中央悬韧带评分标准

评分	标准	功能分
1	乳中沟极浅0 cm	55
2	0.6 cm	60
3	浅1.5 cm	65
4	2.1 cm	70
5	中等3 cm	75
6	3.7 cm	80
7	深4.5 cm	85
8	5.2 cm	90
9	乳中沟极深6 cm	95

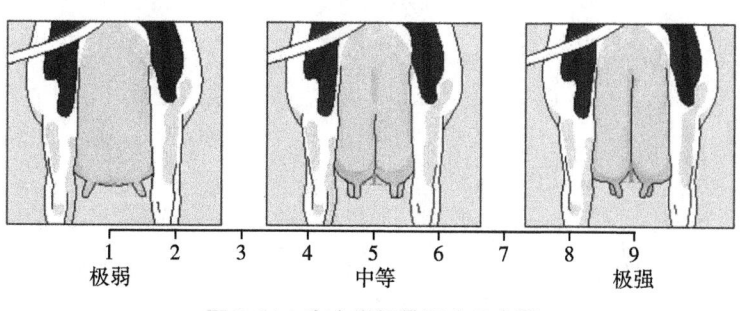

图3-24　中央悬韧带评分示意图

表3-15 前乳房附着评分标准

评分	标准	功能分
1	极弱	55
2		60
3	弱	65
4		70
5	中等	75
6		80
7	强	85
8		90
9	极强	95

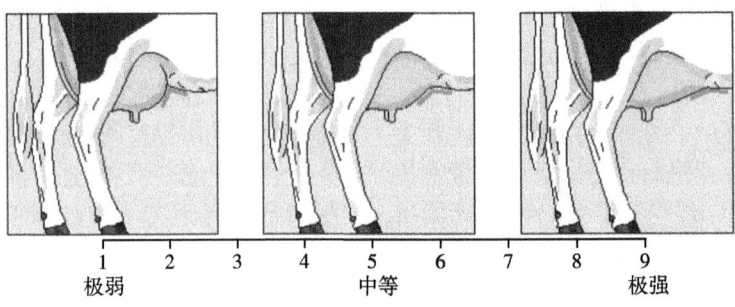

图3-25 前乳房附着评分示意图

表3-16 前乳头位置评分标准

评分	标准	功能分
1	极外	57
2		65
3	偏外	75
4		80
5	中间	85
6		90
7	偏内	85
8		80
9	极内	75

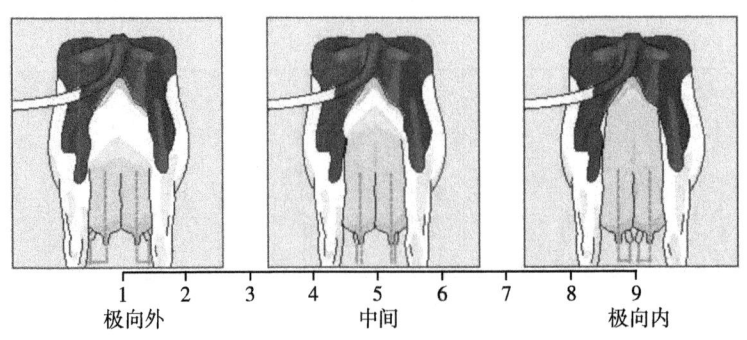

图3-26 前乳头位置评分示意图

表3-17 乳头长度评分标准

评分	标准	功能分
1	极短2.5 cm	55
2		60
3	短4 cm	65
4		75
5	适中5 cm	80
6		75
7	长7.5 cm	70
8		65
9	极长10 cm	55

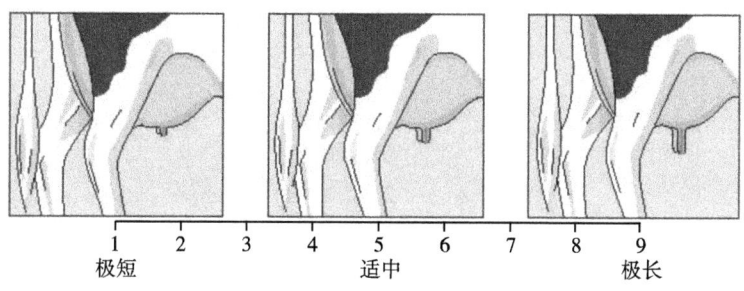

图3-27 乳头长度评分示意图

表3-18 后乳房附着高度评分标准

评分	标准	功能分
1	极低32 cm	55
2		65
3	低28 cm	70
4		75
5	中等24 cm	80
6		85
7	高20 cm	90
8		95
9	极高16 cm	100

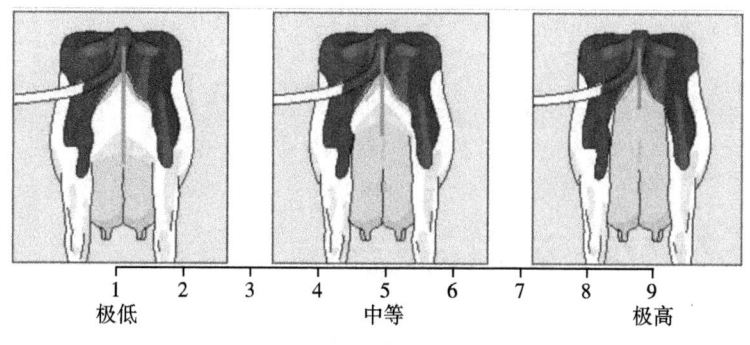

图3-28 后乳房附着高度评分示意图

（2）后乳房附着宽度（占30%）：后乳房乳腺组织的最上缘在后裆间的附着宽度。后乳房的宽度是乳房容量的重要指标，与乳牛潜在的泌乳能力有关。附着宽度大于或等于23 cm为极宽，评9分；宽度为15 cm为中等，评5分；宽度小于或等于7 cm为极窄，评1分。评分标准及评分示意图分别见表3-19、图3-29。

（3）后乳头位置（占14%）：以后乳头在乳房基部的生长位置为标准进行评分。评分方法与前乳头位置基本一致，前乳头最佳评分为6分，而后乳头最佳评分为5分。评分标准及评分示意图分别见表3-20、图3-30。

（4）乳房深度（占12%）：内容详见后乳房形态中的"乳房深度评分"。

（5）中央悬韧带（占14%）：内容详见后乳房形态中的"中央悬韧带评分"。

4. 缺陷性状

（1）乳房不均衡：前后乳房左右两个乳区大

表3-19 后乳房附着宽度评分标准

评分	标准	功能分
1	极窄7 cm	55
2		65
3	窄11 cm	70
4		75
5	中等15 cm	80
6		85
7	宽19 cm	90
8		95
9	极宽23 cm	100

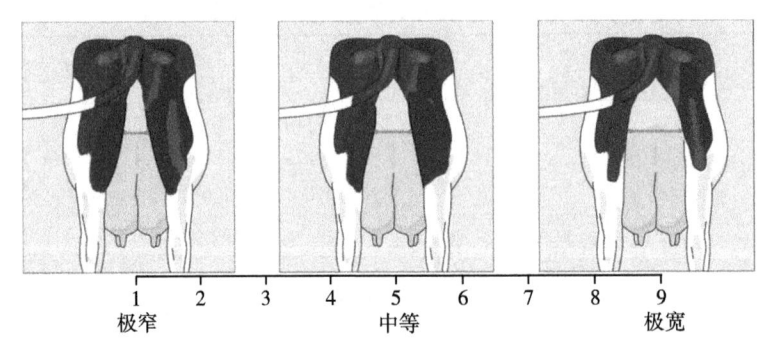

图3-29 后乳房附着宽度评分示意图

表3-20 后乳头位置评分标准

评分	标准	功能分
1	极外	55
2		60
3	偏外	65
4		75
5	中间	80
6		75
7	偏内	70
8		65
9	极内	55

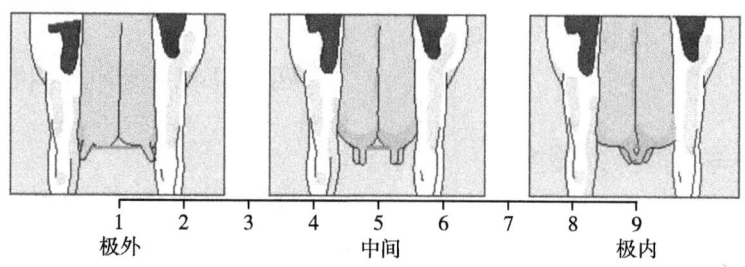

图 3-30　后乳头位置评分示意图

小不一致,即偏乳房。

（2）乳房形状差：乳房形状如袋状或山羊乳状。

（3）前乳房短：乳房向前延伸很差,没有足够长度,容积小。

（4）后乳房短：后乳房发育向后延伸不够,很浅,乳房容积小。

（5）乳头不垂直：主要指前、后乳头向外或向内倾斜。

（6）有瞎乳区：主要指非乳房炎造成的乳区发育不全而产奶极少或无奶的个体。

（五）乳用特征

本部位评分鉴定有棱角性和骨质地2个性状,占乳牛外貌总评分的10%。

1. 棱角性（占80%）　棱角性是一个十分重要的性状,与产乳量的相关系数高达0.6,是乳牛泌乳能力的一个指示性性状。对棱角性的评分主要是观察乳牛整体乳用特点是否明显,3个三角形（背部、侧面和正面）是否明显,骨骼轮廓是否明显、清秀、结实,肋骨的开张程度和肋间距的大小,尾巴的粗细,股部大腿肌肉丰满和凹凸程度,以及颈长、鬐甲棘突的高低、皮肤的薄厚等。3个三角形极其明显,整体匀称的牛评9分；中等程度的评5分；表现极差的牛评1分。评定时可用最后两根肋骨的间距衡量开张程度。两指半宽为中等,三指宽为较好。评分标准及评分示意图分别见表3-21、图3-31。

表 3-21　棱角性评分标准

评分	标准	功能分
1	极差	57
2		64
3	差	69
4		74
5	中等	78
6		81
7	明显	85
8		90
9	极明显	95

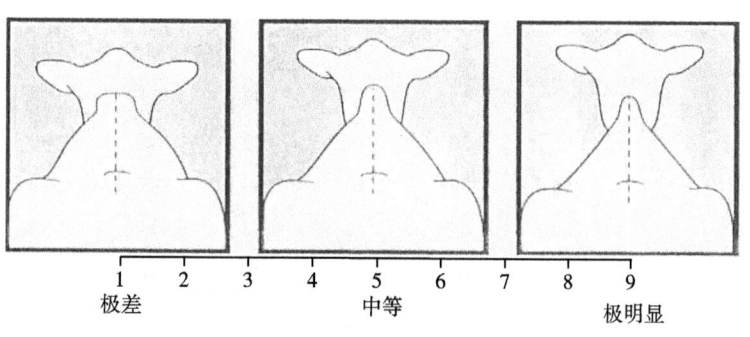

图 3-31　棱角性评分示意图

2. 骨质地（占20%） 见肢蹄鉴定中的"骨质地"内容。

三、线性评分与功能分的转换

线性评分是用1～9分来描述体型性状从一个极端到另一个极端不同程度的表现状态。这种线性评分的大小仅是代表性状表现的程度，不能直接用其数值大小说明性状的优劣，因为有些性状以处在极端为佳，而另外一些性状则以处在中间状态为最好。因此还需将线性评分转化为功能分，功能分为百分制（表3-22）。

四、计算各部位性状得分及体型外貌总分

根据线性分与功能分转换表，查得被鉴定乳牛各项功能分，乘以各项的权重，计算出加权分，其各部位合计值减去缺陷性状扣分，即部位评分=∑（功能分×权重）-∑（缺陷性状扣分）或=∑加权分-∑（缺陷性状扣分）。最后将各部位评分乘以各自加权值，计算总分（表3-23）。

表3-22 体型性状线性评分与功能分转换表

体型性状	功能分								
	线性评分								
	1	2	3	4	5	6	7	8	9
1. 体高	57	64	70	75	85	90	95	100	95
2. 体躯大小	55	60	65	75	80	85	90	95	100
3. 胸宽	55	60	65	70	75	80	85	90	95
4. 体深	56	64	68	75	80	90	95	90	85
5. 腰强度	55	60	65	70	75	80	85	90	95
6. 尻角度	55	62	70	80	90	80	75	70	65
7. 尻宽	55	60	65	70	75	79	82	90	95
8. 蹄角度	56	64	70	76	81	90	100	95	85
9. 蹄踵深度	57	64	69	75	80	85	90	95	100
10. 骨质地	57	64	69	75	80	85	90	95	100
11. 后肢侧视	55	65	75	80	95	80	75	65	55
12. 后肢后视	57	64	69	74	78	81	85	90	100
13. 乳房深度	55	65	75	85	95	85	75	65	55
14. 乳房质地	55	60	65	70	75	80	85	90	95
15. 中央悬韧带	55	60	65	70	75	80	85	90	95
16. 前乳房附着	55	60	65	70	75	80	85	90	95
17. 前乳头位置	57	65	75	80	85	90	85	80	75
18. 前乳头长度	55	60	65	75	80	75	70	65	55
19. 后乳房附着高度	55	65	70	75	80	85	90	95	100
20. 后乳房附着宽度	55	65	70	75	80	85	90	95	100
21. 后乳头位置	55	60	65	75	80	75	70	65	55
22. 棱角性	57	64	69	74	78	81	85	90	95

表3-23 各部加权得分及体型外貌总分表

1. 体躯结构/容量

体型性状	体高	胸宽	体深	腰强度	合计
权重/%	25	35	25	15	100
线性评分					
功能分					
加权分					

2. 尻部

体型性状	尻角度	尻宽	腰强度	合计
权重/%	40	45	15	100
线性评分				
功能分				
加权分				

3. 肢蹄

体型性状	蹄角度	蹄踵深度	骨质地	后肢侧视	后肢后视	合计
权重/%	25	15	15	25	20	100
线性评分						
功能分						
加权分						

4.1 前乳房

体型性状	前乳房附着	前乳头位置	前乳头长度	乳房深度	合计
权重/%	45	25	18	12	100
线性评分					
功能分					
加权分					

4.2 后乳房

体型性状	后乳房附着高度	后乳房附着宽度	后乳头位置	乳房深度	中央悬韧带	合计
权重/%	30	30	14	12	14	100
线性评分						
功能分						
加权分						

4.3 乳房形态

体型性状	乳房深度	中央悬韧带	合计
权重/%	55	45	100
线性评分			
功能分			
加权分			

5. 乳用特征

体型性状	棱角性	骨质地	合计
权重/%	80	20	100
线性评分			
功能分			
加权分			

（一）功能分

体型线性评分所表现的生物学状态之功能评分，功能分最高的体型线性评分为该性状的最佳评分。

（二）加权分

线性评分的功能分乘以该性状在部位评分中的权重，即为该性状在所属部位的权重分数。如体高，某一头牛线性评分为6分，其功能分为90分，体高在躯体结构/容量评分中的权重为15%，那么，它的加权分即为90分×15% = 13.5分；所有加权分均这样计算。

（三）部位评分

乳牛体型线性鉴定评分分为五大部分，各部位分数的计算公式同上。

（四）乳牛体型评分总分的计算

部位计算所得分数乘以在体型外貌总分中的权重，为该部位计算体型外貌总分的加权分，各部位加权分相加，为该牛的体型外貌总分。

（1）五大部位在计算体型外貌总分时的权重见表3-24。

（2）体型外貌总分 = ∑（部位评分×权重）= ∑（各部位加权分）。

（3）某号乳牛的体型各部位评分与权重、加权分见表3-25。

表3-24 五大部位在计算体型外貌总分时所占权重

部位	权重/%	各部得分	加权分
体型结构/容量	18		
尻部	10		
肢蹄	20		
泌乳系统	42		
乳用特征	10		

表3-25 某号乳牛的体型各部位评分与权重、加权分

部位	权重/%	各部得分	加权分
体型结构/容量	18		
尻部	10		
肢蹄	20		
泌乳系统	42		
乳用特征	10		

五、乳牛等级评定

体型外貌的划分是依据乳牛体型线性鉴定结果计算出的体型外貌总分来进行的，等级说明一头乳牛外貌的完美程度，共分为优、良、佳、好、中、差6个等级，等级划分标准如下。

1. 90～100分，优（EX，excellent）。
2. 85～89分，良（VG，very good）。
3. 80～84分，佳（G+，good plus）。
4. 75～79分，好（G，good）。

5. 65～74分，中（F，fair）。

6. 51～64分，差（P，poor）。

第三节 乳牛产乳性能及其评定方法

乳牛产乳性能主要指乳牛产乳量、乳脂率、乳蛋白率、排乳速度和饲料转化率等。它是衡量乳牛优劣的主要指标，是牛群遗传改良的基础，是实施牛群选育、公牛后裔测定、乳房炎防治、改进饲养管理、提高产乳性能等关键技术措施的主要依据。

一、影响乳牛产乳性能的因素

影响乳牛产乳性能的因素归纳起来有三方面，即遗传因素、环境因素和生理因素。乳的产量和组成是乳牛的遗传基础与外界环境相互作用的结果。内因是变化的根据，外因是变化的条件，外因通过内因起作用。乳牛产乳量的高低是受其遗传基础，即品种的制约，品种的育种工作是创造高产乳牛的前提，而饲养管理和后备牛培育等技术又是发挥乳牛品种产乳能力的关键，两者相辅相成，缺一不可。若没有正确的饲养管理及良好的环境条件，品种再好，也不能充分发挥其固有的产乳潜力。因此，两者必须有机地结合起来，才能达到高产、稳产的目的。

（一）遗传因素

1. 品种 品种不同，产乳量和奶的组成也不同，这是各品种的特征。如荷斯坦牛产乳量高，但乳脂率低，而娟姗牛恰好相反。在各品种间乳的组成上，差异最大的是乳脂肪，其次是乳蛋白质和非脂固形物，而矿物质和乳糖的差异最小，见表3-26。

2. 个体 同一品种内，不同群体或个体间，由于遗传基础的差异，其产乳量、乳脂率、乳蛋白率也不一致。例如，荷斯坦牛产乳量高的个体产量在11 000 kg，而产乳量低的个体产量在7000 kg，乳脂率变异范围在2.6%～6%。这种个体间的差异，给选择育种提供了基础。

3. 体型大小 同一品种、年龄的乳牛，一般而言，体型较大的牛，消化器官容积相对较大，采食量也多，因而产乳量也高，即体型与产乳量有正相关的趋势，但超过750 kg体重的乳牛，产乳量不再随体型增加而增长。且体型大的乳牛，维持需要也多，经济上不一定划算。根据国内外经验，荷斯坦牛体重以600～700 kg为宜。

4. 排乳速度 排乳速度与品种、个体有关，遗传力为0.3～0.4。例如，西门塔尔牛的排乳速度高于荷斯坦牛；美国荷斯坦牛每分钟为3.61 kg，德国荷斯坦牛为2.50 kg。排乳速度与产乳量呈正相关，排乳速度快的牛有利于机械化挤

表3-26 美国主要乳用品种的产乳量和乳成分

品种	DHI测定类别	牛群数/场	母牛数/头	产乳量/kg	乳脂率/%	乳蛋白率/%
爱尔夏	官方	32	1541	7202.1	4.08	3.19
	全部	36	1662	6962.6	4.07	3.18
瑞士褐牛	官方	102	8648	9203.8	4.23	3.44
	全部	106	8827	9187.0	4.23	3.44
更赛牛	官方	51	3101	7300.1	4.73	3.4
	全部	56	3291	7232.5	4.72	3.4
荷斯坦牛	官方	6404	2767 930	12 106.8	3.91	3.17
	全部	9385	3170 706	11 976.6	3.92	3.16
娟姗牛	官方	575	309 122	8491.2	4.86	3.72
	全部	680	325 928	8423.2	4.86	3.72
乳用短角牛	官方	14	515	6816.6	3.68	3.14
	全部	16	636	6687.3	3.68	3.13

来源：美国CDCB（2021 Averages of DH cow herds by breed and test-plan category）。

乳和劳动效率的提高。

（二）环境因素

母牛产乳量的遗传力较低，为0.25～0.30，外界环境因素影响较大，可占70%～75%。在环境因素中，饲养管理又是影响乳牛生产能力最重要的因素，特别是饲料条件对提高母牛产乳量和奶成分起着决定性作用。

1. 饲料营养及饲养管理　牛奶中的各种成分是由饲料中的营养物质转化而来的。长期饲料不足，营养不全，不仅影响产乳量，也影响奶成分。①数量变化：如某牛场荷斯坦牛平均日产乳量是10.7 kg，由于把带穗玉米青贮料由32.8%提高到57.1%，精料中蛋白质含量由6.7%提高到15.06%，所以奶日产量增加到了18.78 kg，提高了75.5%。可见饲料条件对奶产量影响之大，尤其是蛋白质饲料和多汁饲料对乳牛产乳量的提高具有重要作用。②质量变化：在饲料配合不恰当与给量不足时，都会引起乳产量与牛乳质量下降，特别是对非脂固体的影响更为明显。在采用精料比例过高，粗料不足或谷类饲料加工过度粉碎或不恰当地进行蒸煮后，经瘤胃发酵，促使低级脂肪酸中的乙酸与丙酸的比例发生变化，当下降到2:1以下时，牛奶中含脂率就显著下降。在饲料配合中，能量饲料不足时，非脂固体与乳蛋白就会下降，配合饲料中可消化蛋白质不足时对牛奶产量影响较大，对非脂固体影响不大，相反过多时产乳量及非脂固体都不能提高。

饲喂碳酸氢钠、碳酸镁、氧化镁、氢氧化钙和部分脱糖乳清也可提高乳脂率。所以在泌乳期，必须根据体重、产乳量、乳脂率及体况进行合理全价饲养。

在管理方面：合理的喂饲方法，适当的运动、刷拭、修蹄能促进血液循环，有利于健康和产乳量的提高。

2. 产犊季节及外界温度

（1）产犊季节：产犊季节和月份对泌乳量有一定的影响。在我国目前条件下，母牛最适宜的产犊季节是冬季和春季。因为母牛分娩后的泌乳盛期，恰好处于青绿饲料丰富和气候温和的季节，此期母牛体内催乳素分泌旺盛，又无蚊蝇侵袭，有利于产乳量的提高。产乳量最高是在冬季和早春（12、1、2、3月），其次是春季和秋季（4、5、6、9、10、11月），最低是夏季（7、8月），因为夏季虽然饲料条件好，但气候闷热，母牛食欲缺乏，影响泌乳量，所以在夏季要采取防暑降温措施。并使产犊尽量错开7—8月，即10—11月少配种或不配种。

（2）外界温度：荷斯坦成年牛对温度的适应范围是0～20 ℃，最适宜气温是10～16 ℃。外界温度升到27 ℃时，乳牛则呼吸频率加快，产乳量开始下降，升到41.5 ℃时，呼吸频率加快5倍，且采食停止，高产乳牛泌乳盛期则更明显。实际上食欲下降是产乳量减少的主要原因，所以夏季要设法使牛只多采食饲料，如增加早、晚两班的饲喂。在冬季，荷斯坦牛在-13 ℃时产乳量开始下降，荷斯坦牛耐寒而不耐热。因此，要注意夏季的防暑降温，北方冬季注意保暖御寒。

另外，空气相对湿度以50%～70%为宜，夏季湿度超过75%时，产乳量明显下降；冬季风力达到5级以上，产乳量则下降明显。

外界温度对乳品质也有影响，乳中脂肪和非脂固体在冬季含量最高，夏季含量最低。在秋、冬产犊的母牛比在春、夏产犊的母牛所产的乳中含有较多的脂肪和非脂固体物。当气温在30 ℃以上时，产乳量常比产脂量减少的比例多，以致乳中脂肪率可能略有增加、乳中氯的含量增加，而乳糖和乳蛋白含量则有所下降。当温度降到23 ℃以下时，乳脂肪和非脂固体的百分率又开始增加。

3. 噪声与突发事件受惊　相同间隔时间，夜间比白天产乳多，因为夜间安静。例如，某乳牛场300米外有一摩托竞赛场，竞赛日产乳量下降15%～20%，噪声到达68～74 dB时，减产885 g/（头·d）。因此，牛场选址应避开工厂和喧闹的机场等地。但在挤奶厅播放轻音乐能增加产乳量。

（三）生理因素

1. 年龄与胎次　乳牛产乳能力随年龄和胎次增加而发生规律性变化。因为乳牛的产乳量总是随着有机体生长发育程度，特别是随乳腺的发育程度而增长的。当产乳量达到最高峰时，机体开始衰老，产乳量开始下降。据统计荷斯坦牛以7岁五胎产乳量最高，一胎为68%～75%，二胎为81%～85%，三胎为88%～90%，四胎为95%以上。但早熟的娟姗牛到第四胎（5～6岁）时产乳量最高。牛的乳脂肪和非脂固体的含量，似有随年龄增长而略有降低的趋势。在第一至第五个泌乳期,乳脂肪和非脂固体物分别减少0.2%和0.4%,此后则无多少变化,乳糖占减少的非脂固体的大部分。因此,根据年龄和胎次,在牛群组成上应合理安排,使第三、四胎泌乳牛占大多数,六、七胎后多淘汰。

2. **初次产犊年龄** 育成年母牛初次产犊年龄的迟早,对产乳量也有影响。第一次产犊年龄过早,除影响乳腺组织和身体发育及产乳量外,也不利于身体健康;相反,第一次产犊年龄过晚,则减少了终生产犊次数和终生产乳量。初次适宜产犊年龄应根据乳牛品种和当地饲料条件而定。一般荷斯坦牛年龄达13~14月龄,体重达到成年牛体重的70%(380~420 kg)即可配种,这样在22~24月龄时可首次产犊。如在合理的饲养条件下,育成年母牛发育正常,凡达到370~380 kg体重的牛也可提前配种,到24月龄或更早时间产犊。这样不但不会影响牛体的正常生长发育,而且对其产乳量和繁殖力有良好的影响,并且还能增加终生的产乳量,比晚期产犊的母牛可多获得1~2头犊牛。

3. **产犊间隔** 母牛的平均孕期是282天(约9个月),一年中泌乳10个月,干乳2个月,使之一年一产是最理想的。这样需要在产后45~90天抓紧配种。如果久配不孕或不及时配种,使产犊间隔超过400天,不仅使年产乳量大大降低,而且母牛不能每年产一犊,降低了繁殖率,同时容易造成不孕症。Spicher研究证明,14个月间隔比12个月的少产乳511 kg,每延长1天间隔减少6.49 kg奶,产犊间隔12个月终生可达4.9胎,而15个月间隔仅3.8胎。

4. **泌乳期各阶段** 母牛从产犊后开始泌乳,到下次分娩前停止泌乳,这段时间称为泌乳期。产犊后前21天为泌乳初期(也称围产后期),产后第21~100天称为泌乳盛期,产后101~200天称为泌乳中期,产后201天到停奶为泌乳后期。

(1)量的变化:低产牛在产后20~30天,高产牛在产后40~50天产乳量达到高峰,高峰期一般维持20~60天,以后便开始下降。下降速度依母牛营养状况、饲养水平、妊娠期、品种及其生产性能而不同,高产品种每月下降4%~5%,低产品种下降8%~10%。最初几个月下降速度较慢,到泌乳末期(妊娠5个月以后)由于胎儿的迅速发育,胎盘激素和黄体激素分泌加强,抑制脑垂体分泌催乳素,因此泌乳量迅速下降。表现出明显的曲线变化,称为泌乳曲线,见表3-27。

表3-27 泌乳期各月产乳量变化表

泌乳月/月	比例/%
1	11.58
2	12.78
3	11.96
4	11.18
5	10.43
6	9.79
7	9.12
8	8.56
9	7.80
10	6.80

(2)质的变化:乳牛在泌乳期中,乳脂肪与产乳量成反比,即在泌乳前2~3个月,产乳量增高,乳脂率略有下降,随泌乳期进展,产乳量下降,含脂率则逐渐升高;乳蛋白含量也随着泌乳期的进展逐步增加;乳糖和矿物质一般比较稳定,到泌乳后期氯的含量显著增加。

5. **干奶期长短** 母牛在妊娠期最后的2个月内,胎儿生长非常迅速,乳腺的结构和功能也发生很大变化,产乳量下降,低产牛到此甚至自动停止泌乳,高产牛则一直到分娩前仍产乳,但是为胎儿的营养需要,使乳腺组织获得休息和整复,并使母牛在体内蓄积必要的营养物质,在干奶期休养中,使尚未成熟的体格发育得到补偿和下胎泌乳极为有利。头胎牛干奶期的重要性超过经产牛,其次干奶期长短与下一泌乳期产乳量密切相关,见表3-28。

表3-28 干奶期长短对下一泌乳期产乳量的影响

干奶天数/d	头胎牛经干奶后于二胎时增长/%	经产牛经干奶后于下胎时增长/%
25	21.8	11.8
45	33.0	18.5
55	37.6	21.1
65	41.3	23.3
75	44.3	25.2
95	48.9	28.1
115	52.2	30.0

由上表可看出，干奶期过短，则影响乳腺组织恢复和胎儿的营养供给，导致下一泌乳期产乳量下降；但干奶期过长，会由于该泌乳期缩短，而减少该泌乳期产乳量。但对特高产乳个体牛，如产乳量超过12吨的牛，应适当延长干奶期。适宜的干奶期为45～75天，平均60天。

6. **挤乳与乳房按摩** 正确的挤乳和乳房按摩是提高产乳能力的重要条件之一。因为，挤乳是在神经系统和内分泌的共同作用下完成排乳的。挤乳前用热水擦洗乳房，能引起血管反射性扩张，使血液流向乳房的数量增加，能增加乳脂的合成。有关资料证明，挤奶前按摩乳牛乳房，不仅能提高产乳量10%～20%，而且可使乳脂率增高0.2%～0.4%。试验证明，在挤乳前不按摩乳房或按摩不充分，乳腺泡内的乳只有10%～25%进入乳池；较长时间按摩乳房，进入乳池的乳腺泡乳可达70%～90%。试验还表明，在母牛乳房乳池中的乳脂肪含量为0.8%～1.2%，输乳管的乳脂含量为1.0%～1.8%，而乳腺泡中乳脂肪的含量则为10%～12%。因此，每次挤乳前充分按摩乳房，挤得很干净，使乳腺泡中的乳全部排出，无疑能增加乳牛泌乳量和乳脂率。先进的挤乳机均具有仿生按摩作用，可促进牛乳的分泌。

7. **挤乳次数** 生产中适当缩短挤乳间隔时间，增加挤乳次数，可加速乳的形成和分泌。因为，乳腺中乳的合成和分泌与乳房内压成反比。乳在乳腺中积存的越多，乳房内压越高，乳的分泌速度就越慢，及时将乳房内的乳挤出来，降低乳房内压，可促进乳的合成与分泌。研究表明，高产牛每天挤3次比2次可增加奶产量10%～20%，4次比3次可提高5%～15%。产乳量15 kg的牛每天可挤2次，产乳量15 kg以上者每天应挤3次。但挤乳次数过度频繁，会减少母牛的休息时间，导致产乳量下降。

8. **激素** 激素是牛体内产生的，通过体液和细胞外液送到特定作用部位，从而调节控制各种物质代谢或生理功能的微量有机化合物。

影响乳牛乳腺发育和泌乳的激素很多，主要有雌激素、孕酮、催乳素、生长激素、甲状腺素、肾上腺素及胎盘激素等。雌激素能促进乳腺导管系统的生长，孕酮与雌激素协同作用能促进乳腺泡的生长和发育，同时孕酮对增加每单位体积的分泌上皮表面积起着重要作用。垂体前叶分泌的催乳素，能发动泌乳，使母牛分娩后乳腺内形成大量乳汁。人工诱导泌乳就是用利血平促使催乳素分泌；生长激素促进乳腺的生长发育；甲状腺和肾上腺分泌的激素能促使物质代谢和营养转化，以提高产乳量；胎盘激素内含生乳素，有类似垂体前叶激素的作用。此外，催产素作用于乳腺，能使腺泡肌上皮细胞收缩，有排乳之功能。总之，脑垂体前叶在内分泌中起主导作用，更直接或间接控制以上诸激素的分泌，脑垂体又受大脑皮层的支配。所以泌乳是神经和体液共同作用的结果。

9. **疾病与药物** 乳牛在患病期间，其生理功能受到损害，因而影响乳的形成，产乳量随之下降，乳成分亦发生变化。特别是患有乳房炎、酮病、乳热症和消化道疾病时，产乳量显著下降，乳中成分也发生变化。乳牛服药时的乳应禁止出售，应有休药期。

二、产乳性能的测定与计算

开展乳牛育种、饲养管理和经营现代化乳牛场，必须测定乳牛产乳性能。目前，除进行产乳量测定外，特别重视乳脂率、乳蛋白率、体细胞数（SCC），以及饲料转化率、排乳速度、前乳房指数等指标的测定。

（一）个体产乳量

1. 产乳量的测定方法

（1）每天实测：目前乳牛场机械挤乳的情况下，产乳量一般是每头牛每次挤乳后计量记录，每天计算，每月统计，年终总结，统计烦琐，工作量大。可由计算机信息管理系统记录并存储。

（2）估测：每月测3天，每次间隔8～11天，以此为根据统计每月和整个泌乳期产乳量。公式为

$$全月产乳量（kg）=（M_1 \times D_1）+（M_2 \times D_2）+（M_3 \times D_3）$$

M_1，M_2，M_3为每月测定3天的产乳量；D_1，D_2，D_3为当次测定与上次测定间隔日数。据研究，此种统计方法与实际产乳量存在极显著正相关的关系，$r=0.993$。

目前，国内外在保证育种资料可靠的前提下，力争简化测定方法，许多国家每月测定一次，一般在产后5天开始测定。这样测定，其泌

乳期总产乳量误差不超过10%。

2. 个体产乳量的计算

（1）305天产乳量：自产犊后，从第一天开始累加至305天的总产乳量。如果不足305天，按实际产乳量计，并注明泌乳天数；如果超过305天，超出部分不计在内。

（2）测定间隔法

测定间隔法是国际动物记录委员会（ICAR）推荐的计算泌乳期（胎次）总产量的一种方法。

采用下列公式计算泌乳期的产乳量（milk yield，MY）、乳脂量（fat yield，FY）和乳脂率（fat percentage，FP）。

$$MY = I_0 M_1 + I_1 * \frac{(M_1 + M_2)}{2} + I_2 * \frac{(M_2 + M_3)}{2} + I_{n-1} * \frac{(M_{n-1} + M_n)}{2} + I_n M_n$$

$$FY = I_0 F_1 + I_1 * \frac{(F_1 + F_2)}{2} + I_2 * \frac{(F_2 + F_3)}{2} + I_{n-1} * \frac{(F_{n-1} + F_n)}{2} + I_n F_n$$

$$FP = \frac{FY}{MY} * 100$$

M_1，M_2，M_n表示第n个测定日24小时产乳量的重量，单位千克（kg），保留一位小数。

F_1，F_2，F_n表示第n个测定日的乳脂量，利用测定日的产乳量和乳脂率（保留至少两位小数）相乘得到。

I_1，I_2，I_{n-1}是测定间隔天数，单位为天（d）。

I_0是泌乳期开始日期至第一次测定的日期间隔，单位为天（d）。

I_n是测定间隔，单位为天，最后一次记录天数和泌乳期结束日期间隔。

测定其他乳成分量的计算，如乳蛋白量，可按照乳脂量的计算方法。

如一头母牛3月25日产犊，第二年1月3日干奶，其间性能测定数据见表3-29。

该母牛本胎次总产乳量为4973 kg，总乳脂量为190.2 kg，平均乳脂率为190.216/4973 = 0.0382 = 3.82%。

（3）校正产乳量：乳牛产乳量是遗传和环境共同作用的结果，为了正确评定乳牛遗传性能，必须清除或尽可能减少诸如泌乳天数、挤奶次数、产犊月份、投产月龄和胎次等非遗传因素的影响，因此有必要进行产乳量校正。

个体校正奶量：将测定日实际产乳量校正到二胎、产乳天数为150天、乳脂率为3.5%的奶量。公式如下：

校正乳 =〔0.432×日产乳 + 16.23×日产乳×乳脂率 +〔（产乳天数-150）×0.0029〕×日产乳〕×胎次校正系数。

胎次校正系数见表3-31。

表3-29 一头母牛性能测定数据

测定日期	间隔天数/d	测定日产乳量/kg	测定日乳脂率/%	测定日乳脂量/g
4月8日	14	28.2	3.65	1029
5月6日	28	24.8	3.45	856
6月5日	30	26.6	3.40	904
7月7日	32	23.2	3.55	824
8月2日	26	20.2	3.85	778
8月30日	28	17.8	4.05	721
9月25日	26	13.2	4.45	587
10月27日	32	9.6	4.65	446
11月22日	26	5.8	4.95	287
12月20日	28	4.4	5.25	231

表3-30 测定间隔法计算胎次总产量

测定日期	每日产量			期间总产量	
	日期间隔/d	产乳量/kg	乳脂量/g	产乳量/kg	乳脂量/kg
3月26日、4月8日	14	28.2	1029	395	14.410
4月9日、5月6日	28	$\frac{28.2+24.8}{2}$	$\frac{1029+856}{2}$	742	26.389
5月7日、6月5日	30	$\frac{24.8+26.6}{2}$	$\frac{856+904}{2}$	771	26.400
6月6日、6月7日	32	$\frac{26.6+23.2}{2}$	$\frac{904+824}{2}$	797	27.648
7月8日、8月2日	26	$\frac{23.2+20.2}{2}$	$\frac{824+778}{2}$	564	20.817
8月3日、8月30日	28	$\frac{20.2+17.8}{2}$	$\frac{778+721}{2}$	532	20.980
8月31日、9月25日	26	$\frac{17.8+13.2}{2}$	$\frac{721+587}{2}$	403	17.008
9月26日、10月27日	32	$\frac{13.2+9.6}{2}$	$\frac{587+446}{2}$	365	16.541
10月28日、11月22日	26	$\frac{9.6+5.8}{2}$	$\frac{446+287}{2}$	200	9.536
11月23日、12月20日	28	$\frac{5.8+4.4}{2}$	$\frac{287+231}{2}$	143	7.253
12月21日、1月3日	14	4.4	231	62	3.234
合计	284	—	—	4973	190.216

表3-31 胎次校正系数表

胎次	校正系数
1胎	1.034
2胎	1.0
3胎	0.958
4胎	0.935
5胎	0.930
6胎	0.950
7胎	0.980
>7胎	0.980

①305天校正产乳量：泌乳天数的校正，以泌乳305天校正系数为1，对泌乳不足或超过305天产乳的乳牛，乘以相应的系数，作为校正产乳量，见表3-32、表3-33，计算时按5舍6进制，例如，285天按280天计算，286天按290天计算。

②投产月龄校正系数：以25月龄投产校正系数为1，不足或延后投产牛的校正系数见表3-34。

③胎次校正系数：以1胎牛和5胎牛校正系数分别为1时的胎次校正系数表。用305天估计奶量计算。见表3-35。

第三章 乳牛体型外貌与生产性能测定

表3-32 产乳不足305天产乳量校正系数表

胎次	产乳天数/d							
	240	250	260	270	280	290	300	305
1胎	1.182	1.148	1.116	1.080	1.055	1.031	1.011	1.000
2～5胎	1.140	1.110	1.090	1.060	1.052	1.031	1.011	1.000
6胎及6胎以上	1.155	1.123	1.094	1.070	1.047	1.025	1.009	1.000

表3-33 产乳超过305天产乳量校正系数表

胎次	产乳天数/d							
	305	310	320	330	340	350	360	370
1胎	1.000	0.987	0.965	0.947	0.924	0.911	0.895	0.881
2～5胎	1.000	0.988	0.970	0.952	0.936	0.925	0.911	0.904
6胎及6胎以上	1.000	0.988	0.970	0.956	0.939	0.928	0.916	0.903

表3-34 投产月龄校正系数表

月龄/月	校正系数
22	1.0259
23	1.0171
24	1.0085
25	1.0000
26	0.9917
27	0.9828
28	0.9881
29	0.9934

表3-35 胎次校正系数表

胎次	校正系数	
	校正为1胎	校正为5胎
1胎	1.0000	1.1476
2胎	0.9394	1.0781
3胎	0.9004	1.0333
4胎	0.8785	1.0082
5胎	0.8714	1.0000

表3-36 产犊月份校正系数表

月份/月	校正系数
1	1.0140
2	1.0164
3	1.0206
4	1.0265
5	1.0344
6	1.0455
7	1.0320
8	1.0268
9	0.9893
10	0.9730
11	0.9764
12	1.0000

④产犊月份校正系数：以12月份产犊校正系数为1时的校正系数见表3-36。

在以上影响产乳的因素校正时，较好的校正方法是用最小二乘分析法。因为剔除了系统环境效应，所以得到了最佳线性无偏估计值。（见《中国奶牛》1995年第2期，作者孙少华等）

（4）全泌乳期实际产乳量：指产犊第一天至干奶为止的累计总产乳量。

（5）终生产乳量：将母牛各胎次全泌乳期实际奶量累加即得。胎次产乳量应以全泌乳期实际产乳量为准。

（二）群体产乳量

群体产乳量是反映一个牛场、一个地区或一个国家对乳牛饲养管理水平的一项综合指标。其统计方法如下。

1. 成年母牛全年平均产乳量　成年母牛全年平均产乳量反映乳牛群的饲料转化率和产品成本（包括泌乳牛、干乳牛和空怀牛）。全群全年总产乳量是指从1月1日到12月31日全群产乳总量，全年每天饲养成母乳牛头数为全年每天饲养成乳母牛头数累加的总和除以365天（或366天）。其公式为：

$$成年母牛全年平均产乳量（kg）=\frac{全群全年总产乳量（kg）}{全年每天饲养成母乳牛头数}$$

2. 泌乳牛全年平均产乳量　泌乳牛全年平均产乳量是实际产乳牛（不包括干乳牛）的全年平均产乳量，较前种方法产乳量高，可以反映牛群质量，供制订产乳计划和选种利用。全年每天饲养泌乳牛头数为全年每天饲养泌乳牛头数累加的总和除以365天（或366天）。其公式为：

$$泌乳牛全年平均产乳量（kg）=\frac{全群全年总产乳量（kg）}{全年每天饲养泌乳牛头数}$$

3. 群体校正奶量　为了便于牛场间进行比较，将测定日泌乳牛群实际产乳量校正为产乳天数为150天、乳脂率为3.5%的奶量。其公式为：

校正乳 ＝〔0.432×群体平均日产乳＋16.23×群体平均日产乳×群体平均乳脂率＋〔（群体平均泌乳天数−150）×0.0029〕×日产乳〕×群体平均日产乳

（三）乳脂率

1. 测定方法　在泌乳期内各泌乳月测定一次；为了简化手续，中国奶业协会规定乳牛每逢1、3、5胎进行乳脂率测定，每胎测定第2、5、8个泌乳月。经试验证明，采用一个泌乳期测定3次所得平均乳脂率与每月测定一次所得结果相比误差不显著，仅为0.012%。

乳脂率测定，其奶样采集必须有代表性。奶样根据每天挤奶次数和产乳量按比例采集，并充分混合，搅拌均匀，然后测定。

测定乳脂率的方法有3种：①盖氏法；②巴氏法；③乳脂测定仪或乳成分测定仪。其中巴氏法测定结果偏低；乳脂测定仪的原理是乳中脂肪含量与脂肪球对中红外光的吸收成正比，每一乳样10～20秒可获得结果，工作效率高。

2. 平均乳脂率的计算

（1）常规法：在一个泌乳期内，将每月测定的乳脂率与该月的实际产乳量相乘，其乘积累加，除以该泌乳期总产乳量，即为平均乳脂率。其公式为：

$$平均乳脂率（\%）=\sum(F_i \times M_i)/\sum M_i$$

F_i为每月测得的乳脂率；M_i为各测定月的产乳量。

（2）泌乳期中3次测定所得平均乳脂率：采用2、5、8月测定乳脂率，一般产后第2个泌乳月所测得的乳脂率F_1代表产后1～3泌乳月的乳脂率，产后第5个月所测定的乳脂率F_2代表产后4～6泌乳月的乳脂率，产后第8个月测定所得的乳脂率F3代表产后7～10泌乳月的乳脂率。其公式为：

$$平均乳脂率（\%）=\frac{F_1\times(1～3)泌乳月产乳量+F_2\times(4～6)泌乳月产乳量+F_3\times(7～10)泌乳月产乳量}{1～10泌乳月总产乳量}$$

3. 乳脂量计算

$$乳脂量＝乳脂率\times产乳量$$

4. 4%标准乳的换算　由于不同个体牛所产的乳，其乳脂率高低不一。为了评定不同个体间产乳性能优劣，应将乳脂率校正到同一水平上，便于比较。因为，1 kg 4%的标准乳产生热量为747.5千卡，1 kg乳脂所产生的热量大约等于1 kg 4%标准乳的15倍；1 kg非脂固体物所产生的热量大约等于1 kg 4%标准乳的0.4倍。根据热能当量，其4%标准乳校正（fat correct milk，FCM）

公式为：

$$(4\%)\text{FCM} = 0.4 \times 泌乳量 + 15 \times 乳脂量$$
$$= 0.4 \times 泌乳量 + 15 \times 泌乳量 \times 乳脂率$$
$$= 泌乳量 \times (0.4 + 15 \times 乳脂率\%)$$
$$= M \times (0.4 + 0.15 F)$$

（四）乳蛋白率

乳蛋白率测定的经典方法是凯氏定氮法，即先测定牛奶中含氮量，然后根据蛋白质的含氮量（系数）计算出该牛奶的蛋白质含量。此法准确，但效率低。近年来，采用比色法和乳成分测定仪进行测定，工作效率大大提高。

（五）排乳性能

排乳性能是评定乳牛产乳性能的重要指标之一。排乳性能的测定项目，一般包括一次挤奶量（kg）、一次挤乳时间（min）。产乳量（kg）等于前后乳区挤奶量（kg）加上挤乳后乳房中残留的奶量（kg）。

1. 排乳速度测定与校正　排乳速度与年龄、胎次、品种、个体、乳头管径、乳头形态和括约肌强弱有关。被测定的乳牛，一次挤奶量不应低于 5 kg。其测定时间通常在产后 4～6 周开始至 150 天之内，任何一天测定均可。由于测定时间不同，排乳性能常受影响，而不便于比较。因此，应按下列公式进行校正：

校正后的排乳速度 = 0.1×（10-X）+ V

公式中 0.1 为系数；10 为常数，以千克为单位；X 为实际挤奶量（kg）；V 为实际排乳速度（kg/min）。

测定方法，多用弹簧秤悬挂在三脚架上直接称取，以每 30 秒或每分钟排出的奶量（kg）为准。据估计，排乳速度的遗传力为 0.5～0.6，但与挤奶条件有很大关系。据研究，排乳速度与产乳量呈正相关。排乳速度快的牛有利于挤奶厅集中挤乳，提高劳动生产效率。

各国对不同品种母牛规定了如下的排乳速度指标：美国荷斯坦牛为 3.61 kg/min；德国荷斯坦牛为 2.50 kg/min；德系西门塔尔牛（弗莱维赫牛）为 2.08 kg/min。经测定平均每分钟校正排奶量为 1.69 kg。

2. 前乳房指数的测定与计算　为了精确了解乳房四个乳区发育的均匀程度，通常测定前乳房指数。其具体方法是用四个乳罐的挤乳机进行测定。四个乳区的奶分别流入四个罐内，由自动记录秤或罐上的容量刻度，即可得到每个乳区的奶量。计算两个前乳区即前乳房的产量占全部产乳量的百分率，即为前乳房指数。

前乳房指数（%）=（前两个乳区奶量/总奶量）×100%。

根据测定结果，乳用品种左右乳房产乳量基本相等，而前后乳区产乳量差别较大，后乳区的产乳量大大超过前乳区，而前乳区发育不如后乳区，故常用前乳房指数表示乳房对称程度。

一般来说，初胎母牛的前乳区指数大于二胎以上的成年母牛，如德国荷斯坦初胎母牛前乳房指数为 44%，成年母牛为 43%。品种不同，前乳房指数也不一样。乳牛前乳房指数的遗传力为 0.31～0.76，平均为 0.50。前乳房指数随胎次增加而减小。

（六）饲料转化率

饲料转化率即饲料报酬，是鉴定乳牛性能的重要指标之一，也是育种工作的重要内容，在测定产乳性能的同时，应收集每头牛和全群牛的精料喂量、粗料消耗量，以计算饲料转化率。其方法如下。

（1）每千克饲料干物质生产若干千克牛乳数。其公式为：

$$饲料转化率\% = \frac{全泌乳期总产乳量（kg）}{全泌乳期喂各种饲料干物质总量（kg）}$$

（2）每生产 1 千克牛乳需要消耗若干千克饲料干物质数。其公式为：

$$饲料转化率\% = \frac{全泌乳期喂各种饲料干物质总量（kg）}{全泌乳期总产乳量（kg）}$$

据研究，饲料转化率的遗传力为 0.5 左右。由于该性状与产乳量之间有很高的遗传相关，因此对产乳量直接选择，饲料转化率也会相应提高，可达到直接选择效果的70%～95%。

三、DHI报告及其分析应用

（一）DHI测定意义

DHI即乳牛生产性能测定，是乳牛育种工作和牛群管理的基础。DHI为英文Dairy Herd Improvement的缩写，原意为乳牛群改良，由于乳牛群改良计划的核心基础工作是对乳牛群中个体的生产性能指标（泌乳量、乳脂率、乳蛋白率和体细胞数等）进行测定，DHI数据主要作为种牛个体遗传评定的基础，同时作为牛群生产管理的依据，因此人们将DHI作为乳牛生产性能测定的代名词。DHI技术自1906年诞生以来，经过100多年的发展，已经在世界范围内得到广泛应用。

乳牛DHI测定是乳牛遗传改良的基础工作，一方面DHI测定可以获得准确、可靠的乳牛个体产乳性能资料，保证乳牛遗传评定的正确性和准确性，提高选育优秀种公牛和优良母牛的遗传优势；另一方面，利用DHI测定数据进行分析，可以科学指导乳牛场的生产管理，提高乳牛生产水平和牛群健康水平，-增加牛场经济效益。总之，DHI测定是加快牛群遗传改良和提高乳牛场管理水平的一项有效措施，先进的乳牛业国家均实施严格的生产性能监测制度。通过DHI测定能够及时了解乳牛群体及个体的生产性能，为遗传评定、选种选配、饲养管理、繁殖管理、牛群保健、奖惩制度提供科学管理依据，其最终的受益者是乳牛场。自1992年首先在天津开展生产性能测定以来，红光乳牛二场成年母牛493头，平均单产由1998年的7478.62 kg增加到2002年的8186.46 kg，增产707.84 kg。我国北京、上海、西安、杭州自1995年开展生产性能测定以来，5年内牛群平均产乳量增加1924 kg，每年平均增加385 kg，效果十分显著。为了促进这一技术在我国推广应用，1999年5月中国奶业协会已成立全国DHI工作委员会。

（二）测定项目及方法

1. 测定项目　乳牛个体生产性能测定的主要项目：产乳量（M）、乳脂率（F%）、乳蛋白率（P%）、乳糖率（G%）、乳固体含量、体细胞数（SCC）、牛奶尿素氮（milk urea nitroge, MUN）。

2. 测定方法及条件　每头产乳牛在一个泌乳期中的产乳性能测定，是通过对其间隔一定天数的泌乳日产乳成绩的抽测而得到的，这种对某个泌乳日的抽测，称为测定日。在每个测定日中计量乳牛24小时的产乳量作为测定日产乳量（中国通常为每日3次挤奶的产乳量）；同时用乳样采集瓶按每次挤奶的奶量比例（早中晚三次挤乳，一般为4:3:3；一天早晚两次挤乳按6:4）采集乳样，采集乳样时必须充分搅匀，有代表性。每个测定日采集的奶样量应不少于40 mL。采集的奶样经低温（2～7℃）保存或重铬酸钾处理后，及时（夏季不超过48小时，冬季不超过72小时）送到指定的DHI检测实验室（或中心）进行乳成分分析。

对每头泌乳牛每个泌乳月测定1次，一年测定10次，测试期为产后6天至干乳前6天。两个相邻测定日之间的间隔天数称为测定间隔。根据中国奶业协会的DHI测定技术规程，测定间隔应在26天至33天，平均每30天测定1次（即每月测定1次）。第一个测定日通常必须在乳牛产犊6天以后进行。

为了保证每个测定日的所有测定工作的公正性，产乳量测定和奶样采集通常由第三方专职监测人员进行，国外多用此方法。仪器设备包括远红外线乳成分分析仪和体细胞计数仪，流量计及电脑（配有牛场管理软件DQIRY CHAMP、数据处理软件DIGITALLAB和其他配套软件）。

另外，测定的牛只必须具备完整的标识（如耳号）、系谱和繁殖记录，以及出生日期、父号、母号、外祖父号、外祖母号、近期分娩日期、胎次和留犊情况（犊牛号、性别、初生重）等信息，在测定前随样品同时送达测定中心。

（三）DHI报告及其分析应用

1. 报告内容

（1）分娩日期：母牛产犊的年月日。

（2）泌乳天数：指本胎次泌乳天数。

（3）胎次：母牛现在怀孕的胎次。

（4）测定日产乳量：以千克为单位的牛只日产乳量。

（5）校正奶量：以泌乳天数和乳脂率校正后计算的奶量。即将实际产乳量校正到产乳天数为

150天，乳脂率为3.5%，以便比较不同泌乳阶段牛只的泌乳性能。

（6）上次奶量：以千克为单位的上个测奶日该牛的产乳量。

（7）泌乳持续力%：当前产乳量/上次产乳量×100%。

（8）平均泌乳天数：泌乳牛群的平均泌乳天数。

（9）乳脂率：指测定日送检乳样的乳脂率。

（10）乳蛋白率：指测定日送检乳样的乳蛋白率。

（11）乳脂与乳蛋白比例：指该牛测定日的牛奶中乳脂率与乳蛋白率的比值。

（12）体细胞数：单位为1000，是每毫升乳样品中体细胞数量。

（13）奶量损失：这是计算机产生的数据，用于确定奶量的损失。

（14）上次体细胞数：单位为1000，上次乳样品中体细胞数量。

（15）累计奶量：这是计算机产生的数据，以千克（kg）为单位。基于胎次及泌乳天数，用于估计该牛只本胎次产乳的累计总量。

（16）累计乳脂量：这是计算机产生的数据，以千克（kg）为单位。基于胎次和泌乳天数，用于估计该牛只本胎次生产的乳脂总量。

（17）累计乳蛋白量：这是计算机产生的数据，以千克（kg）为单位。基于胎次和泌乳天数，用于估计该牛只本胎次的乳蛋白总量。

（18）峰值产乳量（峰奶量）：以千克（kg）为单位的最高日产乳量，是由本胎次前几次产乳量比较得出的。

（19）高峰日：表示产乳峰值出现在产后的多少天。

（20）305天奶量：这是计算机产生的数据，以千克（kg）为单位。305天奶量对于泌乳未满305天的乳牛，指预期奶量（或预测奶量），当泌乳天数达到或超过305天时，指305天的实际奶量。

（21）预产期：根据牛场提供的繁殖信息，计算出的下胎预产期。

（22）牛奶尿素氮：测定每升牛乳中尿素氮的含量。

乳牛生产性能测定报告见表3-37。

2. DHI报告分析与应用

（1）泌乳天数：指从分娩第一天到本次测乳日的时间，是说明乳牛所处的泌乳阶段的指标。根据泌乳天数可分析奶量和繁殖状况。在正常情况下，牛群平均泌乳天数应为150～170天。这样可使牛群产犊全年均衡。如果高于这一水平，说明有繁殖问题，应检查影响繁殖的因素，并加以改善。实践表明，对泌乳天数超过340天的牛只应逐头进行检查，分析原因。

（2）胎次：牛群平均理想胎次为3.5胎，是根据乳牛泌乳生理特点、胎次泌乳量的效益率和健康管理水平提出来的，可以作为衡量乳牛场管理水平的依据。若牛群平均胎次以3.5胎时（其

表3-37 乳牛生产性能测定（DHI）报告

牛乳记录报告																牛场：××× 测定日期：2023-10-25		
牛号	分娩日期	泌乳天数/d	胎次/胎	日产奶量/kg	校正奶量/kg	上次奶量/kg	乳脂率/%（F）	乳蛋白率/%（P）	乳脂与乳蛋白比例（F/P）	体细胞数/SCC	奶量损失/kg	上次体细胞数/SCC	累计奶量/kg	峰值产乳量/kg	高峰日	泌乳持续力/%	牛奶尿素氮/（mg/dL）
1023	2023-3-5	234	4	26	28	29	3.1	3.2	0.97	156	0.4	104	7702	31	175	88.9	18
1054	2023-6-23	124	3	36	28.3	39	3.0	3.1	0.97	646	1.4	1382	4487	39	96	91.0	14.1
1077	2022-10-16	374	3	12	15.9	13	3.4	3.2	1.06	1863	1.7	438	5763	19	215	101	12.4
1226	2023-1-14	284	4	25	33.1	26	3.7	3.7	1.0	247	0.4	3092	8248	28	186	95.5	15.2
3046	2023-4-7	201	3	28.5	28.8	29	3.2	3.3	0.97	1424	4.1	715	6438	30	142	98.2	9.2
5037	2023-10-19	371	1	18	32.6	19.2	4.1	3.6	1.14	540	1.1	287	8376	34	171	87.4	8.3
…		…	…	…	…	…	…	…	…	…	…	…	…	…	…	…	…
平均		216	2.6	26.2	31.4	28.3	3.32	3.18	1.04	563	1.1	604	7518	33.3	112	89.4	14.3

中1~2胎占成年母牛40%，3~5胎占35%~40%）有较高的产乳潜力和持续力，还有条件不断更新牛群，应尽可能利用优良的遗传性能，提高群体生产水平。

（3）上次（月）奶量：指上次（月）测乳日的奶量。可说明该牛生产性能是否稳定。从牛群本月平均奶量与上月平均奶量比较可看出本月牛场生产情况，对群体牛依产乳量配制日粮。利用校正奶量可以比较不同时期的生产情况。在分析过程中，如奶量降幅过大，应注意观察牛的采食状况，是否受到应激或发病，并及时采取补救措施。

（4）峰奶量和高峰日：指几次测乳中的最高奶量。高峰日到来的时间和峰奶量的高低可直接影响胎次奶量。据报道，峰奶量每提高1 kg，头胎牛就可能提高400 kg乳产量，二胎乳牛产乳量提高270 kg，三胎乳牛产乳量可能提高256 kg。理想的产乳高峰日应为产后45~60天。但乳牛采食高峰到达日时间较晚，约为产后90天。因此，为了提高峰奶量，尽早达到产乳高峰，应在干奶期甚至上胎泌乳中后期加强饲养管理。如果60天内达到产乳高峰，但持续力较差，达到高峰后很快又下降，说明产后日粮配合有问题。如果达到产后高峰很晚、超过70天，说明干乳牛饲养不当或分娩时体况太差。一般牛群的峰值比（头胎牛的峰奶量与其他胎次的峰奶量之比）变化范围很窄（0.75~0.80），如果峰值比不在正常范围之内，则应找出其原因。如果头胎牛峰奶量不理想，则应分析初配年龄、体重、体高是否适宜，上代公母牛选配是否妥当，以及饲养管理是否合理等。峰奶量与胎次奶量的关系见表3-38。

峰奶量是产后测定日的最高产乳量，每头牛每个胎次都有一个峰奶量。一般确定个体牛当前胎次的峰奶量的时间应在产后100天前，也就是说将产后100天以内的不同测定日奶量相比，最高的日奶量为峰奶量。当到产后150天时，可以再对峰奶量进行更新，也就是说将产后150天以内的不同测定日奶量相比，最高的测定日奶量为峰奶量，以后不再进行更新。换个角度来说，峰奶量在产后100天以内的任何一次测定均可以出现，但直到产后达到100天时，才可以确定峰奶量。因为只有完成几次测定后，才能比较，进而知道哪一次的产乳量是最高的。牛群的胎次平均峰奶量是本胎次内所有泌乳母牛峰奶量的算术平均值。

对不同牛群进行统计，发现成年母牛峰奶量大约在产后8周出现，而头胎牛大约在产后14周出现。峰奶量每增加1 kg，整个胎次可增加200~250 kg奶量。例如，如果我们能够使峰奶量提高4 kg，胎次奶量有望提高800~1000 kg。

峰奶量对监测牛群泌乳早期或产后及转群管理是否科学是一个有力指标。牛只正常泌乳曲线是产后奶量逐渐增加，达到高峰，然后逐渐下降，直至胎次结束。峰奶量与305天成年当量呈正相关。

分析头胎牛泌乳曲线，显示头胎牛有更强的持续力，表明头胎牛维持泌乳高峰的时间比成年母牛长。有一个指标，叫峰值比，是指牛群中头胎牛峰奶量与二胎及二胎以上牛峰奶量之比。其公式为：

$$峰值比\% = \frac{头胎牛高峰奶量}{二胎及以上母牛高峰奶量} \times 100\%$$

一般认为正常牛群的峰值比值为75%~80%，也就是说头胎牛峰奶量一般应为二胎及二胎以上牛的75%~80%。如果牛群峰值比值低于75%，表明头胎牛没有达到期望的产乳高峰，其可能的原因：青年牛产犊时未达到理想的大小或体重，或表明后备牛饲养管理存在问题，或青年牛围产期的转群存在问题，或用了遗传水平不良的公牛，或产后体细胞数比较高。

如果峰值比大于80%，表明二胎以上母牛没有达到期望的产乳高峰，其可能的原因有：产犊时体况评分不理想；围产期的转群存在问题；产房环境差；产后体况评分明显下降；产后没有提供高质量的粗饲料；产前及产后日粮能量不足；

表3-38　峰奶量与胎次奶量的关系

平均峰奶量/kg		平均305天产乳量/t	平均峰奶量/kg		平均305天产乳量/t
头胎牛	经产牛		头胎牛	经产牛	
19	21	5.0	32	35	7.5~8.0
23	26	5.0~5.5	33	37	8.0~8.5
25	28	5.5~6.0	35	39	8.5~9.0
27	29	6.0~6.5	37	41	9.0~9.5
28	31	6.5~7.0	38	42	9.5~10.0
30	33	7.0~7.5	40	44	10.0~10.5

来源：上海市1995—2001年DHI测定实验室数据。

可能发生了产乳热、酮病、子宫炎或真胃变位等亚临床或临床疾病。

如果二胎牛峰奶量比期望值低，而三胎以上的成年母牛具有较为理想的高峰，很可能是因为这些牛在头胎时产后没有获得足够数量的能量和蛋白以维持其产乳、生长需要，在泌乳中后期没有足够的体能贮备（体况评分差）。因为，如果泌乳中后期没有提供足够的能量，牛只就不会有足够的体能贮备。

要达到理想的产乳高峰，必须做好干奶期的饲养管理。母牛在干奶期必须获得较好的体能贮备，因为在泌乳早期也就是产后，母牛通过采食所获得的能量不足以支持产乳需要，必须依赖体能贮备来提供产乳所需要的能量。如果母牛没有足够的能量储备，就不能达到应达到的产乳高峰并持续地维持高产。相反，在泌乳早期就可能动用体能储备达到并维持高产。

母牛不能达到理想高峰的其他可能的原因有：干奶期饲养管理存在问题；可能患有临床或亚临床的代谢紊乱病，如酮病、子宫炎、真胃变位等，这些代谢病会使母牛不愿意采食，限制了母牛的采食量，而采食的一点点营养物质可能更多地用于体况恢复而不是产乳。

（5）泌乳持续力：主要用于比较牛只个体的泌乳持续能力。持续力的一般计算方法为当前测定日产乳量与前一次测定日奶量之比。

$$P\% = \frac{当前测定日奶量}{前一次测定日奶量} \times 100\%$$

例如，当前测定日产乳量为32.5 kg，上一个测定日奶量为34.5 kg，则 $P\% = \frac{32.5}{34.5} \times 100\% = 94.2\%$。

当测定间隔不是30天时，可用下面公式计算持续力：

$$P\% = \left[1 - \frac{（前一次测定日奶量 - 当前测定日奶量）\times \frac{30}{测定间隔（天数）}}{前一次测定日奶量}\right] \times 100\%$$

利用上述公式，可以计算不同测定日之间的持续力，如产后70天的奶量为34.5 kg，280天的奶量为19.5 kg，持续力为 $P\% = \left[1 - \frac{(34.5-19.5) \times \frac{30}{270}}{34.5}\right] \times 100\% = 93.8\%$。

泌乳持续力随胎次、泌乳阶段和营养状况而变化，通常一胎牛的泌乳持续力要好于经产牛。当期望的持续力未能达到时，则表明牛群营养状况存在问题，日粮营养不能满足泌乳牛需要，或乳牛健康出现问题。如果高峰日过迟到达，但持续性好，这可能是因为乳牛在分娩时体况差而不能按时达到峰值产量，一旦采食量上升足以维持产乳时，则表现出较好的持续性。这与乳牛体况、围产期管理及泌乳期营养有关。不同泌乳阶段下正常的泌乳持续力指标见表3-39。

较好的持续力意味着更多的胎次奶量。胎次总产乳量不仅要看峰奶量，而且要看泌乳期的泌乳持续力或持续泌乳水平。也就是说要获得更多的胎次奶量，牛群必须有一个较高的峰奶量和较强的持续力。

表3-39 不同泌乳阶段下正常的泌乳持续力

泌乳天数/d	1胎牛泌乳持续力/%	2胎及2胎以上泌乳持续力/%
0～65	106	106
66～200	96	92
>200	92	86

持续力可以告诉我们以下信息：①母牛整个胎次产乳表现；②泌乳后期饲喂较低水平的日粮时，牛群是否发挥出其应有的遗传水平。

牛群产乳的持续力与母牛的遗传水平、健康情况、饲料质量、舒适度（动物福利）有关，好的持续力来自优良的种质、健康的群体、高质量的饲料和舒适或几乎没有应激的环境。虽然头胎母牛峰奶量比经产母牛低，但我们期望头胎牛有更好的持续力。分析头胎牛和经产牛持续力的差别是很有必要的。

持续力降低，原因是很多的。可能包括：①日粮能量不足；②存在代谢病或消化紊乱，包括酸中毒、脂肪肝等；③有乳房炎或隐性乳房炎；④不规范的挤奶操作或不良的挤奶设备；⑤遗传潜力差；⑥繁殖或健康相关的问题，如由于发情、感染、环境改变、日粮变化、天气因素等导致采食量减少;⑦牛群重新分群或新购进牛只导致牛只在牛群社会等级的改变。

(6) 305天奶量:305天奶量是衡量乳牛场生产状况的指标,也是生产者及早淘汰亏本乳牛的重要依据。查看前后12个月305天的产乳量,即可发现同一头乳牛不同月份305天产乳量有所差异,如果奶量增加,说明饲养管理有改进;如奶量下降说明乳牛的遗传潜力因饲养管理等诸因素的影响未能得到发挥。

(7) 乳脂率、乳蛋白率和脂肪蛋白比:乳脂肪、乳蛋白的含量与比值,是衡量牛乳质量的重要指标,特别是牛乳以质论价时,对乳牛场显得更为重要。乳脂肪、乳蛋白的高低主要受遗传和饲养管理的影响。所以,除了选择优良种公牛,还必须加强乳牛饲养管理。如果乳脂率太低,可能是瘤胃功能不正常,存在代谢病、粗饲料搭配比例不当(日粮中缺乏纤维素)或饲料加工存在问题。如果在泌乳早期乳蛋白率太低,说明干奶期日粮配方不合理,产犊时体况差、泌乳早期饲料中蛋白质不足等。

在正常情况下,乳中乳脂率与乳蛋白率的比值,荷斯坦牛为1.10~1.20。当脂蛋比低于1.1时,说明乳牛粗饲料在瘤胃中的发酵率下降,粗饲料质量差,精料比例过大,或是乳牛瘤胃处于亚临床或临床型酸中毒;当脂蛋比高于1.2时,说明乳牛日粮中蛋白质不平衡、品质差、缺乏必需氨基酸,或是日粮中能量不足造成瘤胃微生物蛋白质合成量不足,或是乳牛干物质采食量不足,或是饲料中添加了大量的油脂。

在正常情况下,牛奶中的乳脂率比乳蛋白率高出0.4%~0.6%,许多营养学家应用脂蛋比来发现瘤胃和日粮的问题,如荷斯坦牛乳脂率一般为3.6%,乳蛋白率为3.2%,如果差值小于0.4,即表示饲养管理可能存在问题,即发生脂蛋比倒挂。而最新的研究结果,乳脂率比乳蛋白率低0.2%,即表示饲养管理可能存在问题,因为目前许多DHI测定中心开始测定乳中的真蛋白,见表3-40。

在断定个体牛是否发生脂蛋比倒挂时,还要参考其他指标,如是否发生下列事件:①蹄形生长不正常,蹄畸形;②蹄踵及蹄壁坚硬;③对于蹄病敏感如易患毛踵疣;④愿意食入小苏打;⑤每天干物质采食量变化较大(一般可超过1 kg);⑥喜欢食入较长的纤维(爱吃稻草、垫草及粪便);⑦有舔食脏物及矿物质的嗜癖;⑧粪便评分低于2.5分;⑨饲喂缓冲剂时的反应。

表3-40 脂蛋比倒挂及低脂测定的断定标准

项目		原标准	新标准
脂蛋比倒挂	评价标准	乳脂率比乳蛋白率低0.4%	乳脂率比乳蛋白率低0.2%
	举例	乳脂率小于2.8%,而乳蛋白率为3.2%	乳脂率小于2.8%,而乳蛋白率为3.0%
	不适合用来评价	不到10%的母牛具有上述特征	不到10%的母牛具有上述特征

牛乳的价值在于所含有的乳成分量,特别是乳脂量和乳蛋白量。所以乳牛饲养者的目标应该是基于育种获得乳成分遗传优良的乳牛群体,并通过饲养获得高的乳成分量。有些国家的牛奶定价机制完全依据乳成分量,见表3-41。

表3-41 美国2005—2007年基于乳成分量的定价机制表

乳成分量	2005年定价	2006年定价	2007年定价
乳脂量/(美元/磅)	1.89	1.55	1.78
乳蛋白量/(美元/磅)	2.30	2.60	2.66
其他固形物/(美元/磅)	0.14	0.10	0.09

(8) 体细胞数:主要指每毫升(mL)牛乳中白细胞的含量,其白细胞的主要功能是排除病菌感染,修复组织。当乳牛乳房受到病菌侵袭或乳房损伤时,乳腺分泌大量白细胞进入其中,把细菌包围起来,并吞噬掉。随着炎症的加剧,体细胞数增加。牛乳体细胞数与产乳量成反比,高体细胞数的牛乳中脂肪、蛋白、乳糖及风味等都将发生变化,使乳质量下降。

在正常情况下,乳牛正常的体细胞数:第1胎≤15万/mL;第2胎≤25万/mL;第3胎≤30万/mL。按国际规定,对个体牛以50万/mL以上的体细胞数定为乳房炎的基准。超过50万/mL,即使没有乳房炎的临床症状,也要将其判定为隐性乳房炎,需要及时给予治疗。

乳牛体细胞数的高低与泌乳阶段有一定关系,针对SCC过高的泌乳阶段,可以找出造成体细胞数过高的原因。泌乳早期体细胞数偏高，预示着干乳牛治疗、牛舍或产房环境卫生太差；若泌乳中期SCC上升，可能是药浴无效、挤奶工艺、挤奶设备等有问题，应进行隐性乳房炎检测，并及时进行药物治疗。如果连续两次体细胞数都持续很高，说明乳牛有可能感染了隐性乳房炎（如葡萄球菌或链球菌等），这种因挤乳方法不当导致的隐性乳房炎可相互传染，一般治愈时间较长。若体细胞数忽高忽低，则多为环境性乳房炎，一般与牛舍、牛只体躯及挤奶员卫生问题有关。这种情况治愈时间较短，也容易被治愈。

体细胞数估计奶量损失计算公式：奶量损失（kg）＝（产乳量×乳损失率/100）/（1-乳损失率/100）。

表3-42 体细胞数与奶量损失的关系

体细胞数（SCC）/mL	SCC引起的潜在305天奶量损失/kg	
	1胎牛	2胎及2胎以上
<15万	0	0
15万～<30万	180	360
30万～<50万	270	550
50万～100万	360	725
>100万	454	900

体细胞评分（somatic cell score，SCS）是将体细胞数通过数学的方法线性化而产生的数据。

体细胞数的线性评分计算公式：$SCS = \log_2(SCC/100\,000) + 3$。

体细胞评分也是反映乳房健康程度的指标。线性评分与体细胞数之间的关系见表3-43。

表3-43 体细胞评分与体细胞数的关系

体细胞数/（×1000/mL）	线性评分
25	1
50	2
100	3
200	4
400	5
800	6
1600	7
3200	8
6400	9

线性评分的优点在于它的直观性和其与奶量损失的直线关系，另外当用它来估计乳牛一个泌乳期的牛乳损失时不容易受一、二次高量计数的影响，可能反映牛乳的真实奶量损失。

当体细胞数升高时，应检查：①挤乳机工作是否正常；②挤乳消毒程序是否合理；③牛舍运动场是否干净卫生；④牛体是否卫生，乳房有无损伤。

（9）乳牛尿素氮（MUN）：受粗蛋白、可降解蛋白、非降解蛋白和非结构性碳水化合物数量及类型的影响。研究表明，乳牛尿素氮的平均正常值为14～18 mg/dL，每月测定一次。它能反映乳牛瘤胃中蛋白质代谢的有效性。如果牛奶尿素氮数值过高，直接反映饲料中蛋白质没有有效利用，可影响乳牛繁殖、饲料成本、生产性能的发挥。据报道，夏季产犊母牛在产后第一次配种前30天的血清尿素氮大于18 mg/dL时，其不孕率是冬季产犊且尿素氮值低的母牛的10倍以上。因此，乳牛血清尿素氮过高与繁殖率低下有很大关系。

（10）指导选种选配：DHI网络可开展选种、选配，并提供真实可靠的资料。通过DHI资料，可很快查出所用种公牛的有关资料，并计算出其后裔测定的表现，以及通过动物模型最佳线性无偏预测（best linear unbiased prediction，BLUP）评定所有牛的种用价值。从而为选配方案提供可靠依据，避免盲目引种，缩短遗传改良进程。

思考题

1. 概述乳牛的体型外貌特征。
2. 试述乳牛9分制体型线性鉴定的方法、特点及应用。
3. 简述体尺指数及其计算方法。
4. 叙述影响乳牛产乳性能的因素。
5. 简述DHI报告及应用对乳牛生产的指导意义。

参考文献

[1] 王福兆，孙少华. 乳牛学［M］. 4版. 北京：科学技术文献出版社，2010.
[2] 王根林. 养牛学［M］. 3版. 北京：中国农业出版

社，2014.

[3] 中国奶业协会. 中国荷斯坦牛体型外貌线性鉴定规程 [Z]. 2005.

[4] 加拿大荷斯坦乳牛协会. 加拿大荷斯坦乳牛体型鉴定 [Z]. 2016.

[5] 美国荷斯坦乳牛协会. 荷斯坦乳牛遗传评估的总性能指数 [Z]. 2015.

[6] 英国荷斯坦牛协会. 荷斯坦乳牛线性鉴定指南 [Z]. 2008.

[7] KEENER. Dairy cattle judging workbook [M]. Fort Atkinson: W. D. Hoard & Sons company, 2016.

[8] FAO. A manual for the primary animal health care worker [M]. Rome: Food and Agriculture organization of the United Nations, 1994.

[9] 张沅. 家畜育种学 [M]. 2版. 北京：中国农业出版社，2021.

[10] 王根林. 养牛学 [M]. 2版. 北京：中国农业出版社，2006.

[11] 昝林森. 牛生产学 [M]. 2版. 北京：中国农业出版社，2007.

[12] 全国畜牧总站，中国奶业协会. 乳牛生产性能测定科普读物 [M]. 北京：中国农业出版社，2007.

[13] NY/T 1450-2007 中国荷斯坦牛生产性能测定技术规范.

[14] 李建斌，侯明海，仲跻峰. DHI测定在牛群管理中的应用——以高峰奶、持续力和脂蛋白比指标为例 [J]. 中国畜牧杂志，2016，52（24）：39-43，49.

本章编者：杨润军（第一至第二节），

李建斌（第三节）；

审订：孙少华

第四章

乳牛育种

乳牛育种，主要是采取系统的组织管理和长期有效的技术措施，在科学的饲养管理和适宜的环境条件下，改进乳牛的遗传品质，进而提高乳牛终生生产能力。乳牛育种对于提高乳牛的生产能力极为关键。例如，美国1960年乳牛数量为1751.5万头、每头产乳量3188.3 kg、总产乳量5584.1万吨，到2022年乳牛数量降至939.3万头、每头产乳量为11 000 kg、总产乳量为1.03亿吨。对比可见，乳牛头数减少了46.4%，而总产乳量却多出了4415.9万吨。究其原因，在于单产水平提高了7811.7 kg。而据美国农业部的研究，在各项技术因素中，遗传育种对乳牛生产效率提高的贡献率高达40%，营养饲料20%、饲养管理20%、疫病防治15%、其他5%。可见只有不断地、正确地主抓育种，改善福利环境、饲养条件，才能尽快地提高乳牛的生产性能。近几十年来，随着生物科学的进步，乳牛育种工作已进入了新的历史发展阶段。

我国的乳牛育种工作，自20世纪70年代以来，由于人工授精、品种登记和性能测定、遗传评估和胚胎移植等技术的应用与推广，育种进展明显加快，已先后育成了6个乳用和乳肉兼用品种。特别是2012年后，基因组选择技术的应用使中国荷斯坦牛的单产水平不断提高，2024年全国荷斯坦乳牛平均单产达到9.9吨，国家乳牛产业技术体系监测，2024年规模牧场单产达到10.9吨，已经达到了美国水平。乳牛养殖效益不断提高，有力地促进了奶业持续快速发展，为农业和农村经济结构调整、粮食转化增值和增加农民收入做出了重要贡献。实践证明，品种改良是无止境的，为了持续提升各牛种及品种的生产性能和生产效益水平，必须合理规划，不断健全育种基础措施，积极采用现代育种新技术，形成能够支撑种质创新和利用的育种体系。

第一节 乳牛育种的基础工作

一、个体编号与标识

乳牛生产，尤其是大规模生产，要求信息资料必须齐全。为此，做好个体编号并且给予可识别的标记是生产中最基本的工作内容之一，也是育种、繁殖、饲养、管理、疫病防治必不可少的前提。

（一）个体编号

牛号所包含的内容必须全面、简单、易行、便于使用，在一定的时间和范围内没有重号，并在一定历史阶段之内保持不变。

根据中国奶业协会（2006）所制定的中国荷斯坦牛编号方法，每头母牛个体编号由12位数码组成，公牛个体编号由8位数码组成，分四部分：第一部分是省市、自治区编号，两位数；第二部分是牛场编号，母牛四位数，公牛一位数；第三部分是出生年度，两位数；第四部分是年度内出生顺序号，母牛四位数，公牛三位数。例如，母牛编号有12位数，由四部分组成，母牛号的后6位数字常称为场内管理号，用于个体耳标等处（图4-1）。

（省	市）	（牛	场	编	号）	（年	度）	（个	体	序	号）
1	2	3	4	5	6	7	8	9	10	11	12

图4-1 母牛编号示意图

例如，公牛编号有8位数，由四部分组成（图4-2）。

（省　市）	（站号）	（年　度）	（牛　序　号）
1　　2	3	4　　5	6　　7　　8

图4-2　公牛编号示意图

（二）个体标识

个体标识应易识别、耐磨损。标记方法有戴耳标、戴颈圈、安置电子标记等多种。烙号多用于放牧群体，便于远处识别，下面介绍3种主要的个体标识。

1. 戴耳标　这种方法是用耳标钳将一印有个体编号的一凹与一凸的塑料组件永久地佩戴于乳牛的耳上。不论是从前面看，还是从后面看，个体标识都应一目了然。为方便牛群管理，需要在远达30 m处也可清楚地看到个体编号。塑料耳标佩戴在牛的左右两耳上，正反两面均写6位数码，前2位为个体出生年份，后4位为个体在年度内的出生顺序号，使用场内管理号的目的是让塑料耳标上字迹尽量大、便于识别。

2. 戴颈圈　在牛的颈脖上套一个皮制或塑料制的项圈，在该圈上穿套可自由组合的配件，显示个体编号。

3. 安置电子标记　电子标记是将一种体积很小的携带有个体编号信息的电子装置，如电子脉冲转发器，固定在牛身上的某个部位，它所发出的信息可用特殊的仪器接收并读出。这是一种新的标记方法。

二、育种记录及信息统计

育种资料是育种工作必不可少的依据。完整的育种资料来源于平时认真记录与积累。这是一件平凡而艰巨的工作，但绝不能有半点疏忽。常用的乳牛育种记录包括：牛的品种、出生日期、特征、系谱；体尺与体重记录、体型外貌线性鉴定评分；繁殖产犊记录；DHI测定记录；兽医诊疗记录；饲料与饲养记录等。通常，每一头乳牛均应有电子档案记录（如新牛人软件等）或档案卡片（表4-1）。此卡片上，应记录上述各类资料。此外，为了便于日后考察和总结经验，乳牛场每天应把重要的工作事项（如牛群变动，包括转群、调出、调入、死亡及出售等）进行认真记录（表4-2）。

表4-1　个体牛登记卡片

牛　号＿＿＿＿＿＿　　品种登记号＿＿＿＿＿＿　　品种＿＿＿＿＿＿
出生日期＿＿＿＿＿＿　出　生　地＿＿＿＿＿＿　　特征＿＿＿＿＿＿

牛体左侧照片	头型照片	牛体右侧照片

A. 血统登记

父　　　　　　　　　　　　　　　　　　　　　　　　　　记录日期

父亲号		品种		体重（年龄）	
外貌等级		育种值			

母　　　　　　　　　　　　　　　　　　　　　　　　　　记录日期

母亲号		年龄（胎次）		体重	
外貌等级		305天产乳量（kg）		乳脂率（%）	

B. 产乳性能

牛号	年龄（胎次）	产犊日期	泌乳天数	总产乳量（kg）	峰值日	峰奶量（kg）	305天产乳量（kg）	乳脂率（%）	乳蛋白率（%）

C. 繁殖产犊记录

年龄（胎次）	末次配种日期	与配公牛号	产犊日期	妊娠天数	是否难产	是否死胎	犊牛情况					备注
							性别	毛色	出生重（kg）	编号	处理	

D. 外貌线性鉴定

性状	体重	胸宽	体深	后肢侧视	蹄角度	前乳房附着	后房高度	后房宽度	悬韧带	乳房深度	乳头位置	乳头长度

注：详见第三章，体型外貌线性鉴定部分。

E. 兽医诊断与治疗

	繁殖疾病	乳房疾病	代谢疾病	肢蹄病	其他疾病
日期					
病因病况					
诊断与治疗					

表4-2 牛群变动日记表

日期	牛群变动					备注（包括转群、调出、调入、出售、死亡）牛棚号、牛号
	转群	调出	调入	出售	死亡	

育种记录可以使用纸质形式保存。随着计算机与网络信息化的普及，提倡在纸质保存的同时利用计算机保存完整的记录数据库。乳牛场管理软件利用完整的信息记录，可产生大量便于乳牛场生产管理的报表。常用的乳牛场管理软件包括DC305（Dairy Comp 305）、阿菲金、新牛人、丰顿、奶业之星等。

（一）繁殖产犊记录

繁殖记录的内容：①母牛号、胎次；②每次配种的与配公牛号、配种员、冻精类型（常规或性控）、配种日期；③妊检日期及结果。

产犊记录：①产犊日期、妊娠期；②流产或产犊日期；③如产犊则记录初生犊牛毛色、体重、性别、编号、是否双胎/难产/死产等。此外，作为受体参与胚胎移植的母牛，还应记录胚胎号、移植日期、移植人员等信息。

（二）体尺与体重记录

此项记录应按不同年龄定期测量。其评定方法详见第三章。

（三）体型外貌评分记录

每头乳牛应由专业体型鉴定员在头胎产后30～180天进行体型外貌线性鉴定评分，其表格形式详见第三章。其他月龄、乳肉兼用牛品种的体型鉴定参照其他鉴定方法。

（四）DHI测定记录

DHI测定，即对每头母牛每月测定一次日产乳量、乳蛋白率、乳脂率、乳糖率、乳中干物质含量和体细胞数等指标。这种测定记录也称牛奶记录体系，是国际上衡量乳牛生产水平的一种通用标准体系。在世界乳业发达国家，如美国、加拿大、荷兰、日本等，都有类似的组织。DHI报告可以为乳牛场饲养管理提供决策依据，为育种工作提供完整而准确的资料。对DHI测定结果进行分析，并及时反馈给乳牛场指导生产，如调整牛群结构、日粮配制、疾病预防（特别是乳房炎），有利于建立核心群、培育良种。其内容详见第三章。

（五）兽医诊断与治疗记录

兽医诊断与治疗包括繁殖疾病、乳房疾病、代谢疾病和其他疾病。应记录个体每次发病日期、诊断日期、病因病况、临床表现、病理解剖、治疗方法及结果等。

（六）饲料与饲养记录

饲料与饲养记录包括犊牛、育成牛、青年牛、产乳牛、干乳牛每日、每月、每年饲喂的饲料（包括喂奶量）种类和饲喂量，为育种和饲养工作提供可靠的参考依据。

（七）离群记录

离群记录包括离群时间、离群原因（如出售、低产、外伤、乳房炎等）、经手人等。离群记录是乳牛在群生产寿命的记录依据，个体离群记录可用表4-2汇总，便于管理。

第二节 乳牛的选种

一、确定乳牛育种目标及改良性状

（一）育种目标的确定

对乳牛场来说，应根据市场需求、本场实际情况，采用遗传学、育种学和经济学方法，科学、仔细地考虑育种目标。选种的最终目标是获得更理想的母牛，以创造最高的经济效益。这就要求母牛群具有健康、高繁殖力、生产寿命长（产犊胎次多）、每胎产乳量高、乳质好，以及更高饲料效率（feed efficiency，FE）的特性。必须制定3～5年（或10年）主要育种目标，即逐年增长的（或降低，如SCC）、经努力能达到具体的数字指标。乳牛育种目标可以从以下几方面重点考虑。

1. 生产性状和牛乳价格　未来5～10年牛乳市场价格、需求结构变化趋势是制定选种目标的重要因素。高产乳牛经济效益高，因为高产牛每单位产乳所需的饲料量比低产牛少。为了获得最佳效益，育种者应根据市场价格体系选择健康、长寿、高产、高效的乳牛。在特定产乳量标准条件下，乳脂率和乳蛋白率要高。例如，3年后，乳牛产乳量育种目标达到305天产乳量12吨、乳脂量460 kg或乳蛋白量386 kg。并根据牛场生产实际情况，计算其每年遗传增量（即遗传进展），将育种目标逐年分解到具体年份，以便检验和及时调整育种目标。选种是个长期的过程，选种目标应保持稳定，每年有小的进步，连续几年累积才能获得较大的遗传进展。

2. 生产寿命与体型结构　乳牛的生产寿命即利用年限（或产乳年限），是最综合的经济性状。乳牛生产寿命长意味着三大优势：一是每年每头乳牛的培育费用减少；二是后备母牛的需要量和培育费减少；三是牛群内高胎次母牛的比例增加，总产乳量相应增加。我国乳牛生产群中，母牛的淘汰年龄在第三胎左右，生理年龄远没有达到最高胎次，影响经济效益。其淘汰的主要原因是繁殖障碍、乳房疾病、肢蹄问题，以及低产。因此，我们对生产寿命的选择可从以下四方面入手。

第一，依据第一泌乳期产乳量进行选择。乳牛第一泌乳期产乳量与生产寿命的关系最密切，凡是第一泌乳期产乳量高的母牛，在之后各泌乳期的留群率就高（表4-3）。留群率作为一个性状，指在各年龄组中，在群公牛女儿头数占该公牛全部女儿数的百分率，可理解为淘汰率的反义词。留群率的遗传力较低（0.08），但与第一泌乳期产乳量的遗传相关却较高（0.5左右），所以选择第一泌乳期产乳量较高的母牛，对增加生产寿命有效。

表4-3　第一泌乳期产乳量与留群率的关系

第一泌乳期产乳量组别	调查数/头	之后各泌乳期的留群率/%				
		2胎	3胎	4胎	5胎	6胎
最高25%	87 409	84	67	50	35	22
第二25%	83 467	80	61	45	31	20
第三25%	73 211	75	52	36	25	16
最低25%	73 214	55	32	20	13	8

第二，依据留群率进行选择。研究证明，48月龄留群率与60、72和84月龄留群率之间的遗传相关高，分别为1.00、0.99、0.86。因此根据48月龄留群率对生产寿命进行选择效率高，且不会因需要等待全部年龄组的测定结果而过度延长世代间隔。

第三，依据体型性状进行选择。研究和实践证明，母牛的体高、后肢、后乳房、乳房韧带及乳头评分与生产寿命及终生产乳量的关系密切。特别是乳头位置、乳房深度和前乳房附着评分是与生产寿命相关性最强的性状。凡是体高中等，肢蹄正常，后乳房高而宽，乳房韧带强壮，乳区分明，乳头大小适中、分布好的母牛，其生产寿命就长，而且各性状遗传力也较高（表4-4）。

表4-4　与生产寿命高遗传相关的各体型性状遗传力

体型性状	遗传力范围
乳房韧带强壮，乳区分明	0.17～0.27
乳房高而宽	0.17～0.28
乳头大小适中、垂直、位置好	0.30～0.45
后肢强壮、位置正	0.08～0.28
蹄壮、形正	0.16～0.39
体高	0.16～0.45

乳牛的育种目标是延长生产寿命，群寿命（herd life）也是其主要表现形式。长寿几乎与我们选择的每一个特征都有关。表4-5说明加拿大的选育体系重视长寿性，其两种选择指数，终生效益指数（lifetime performance index，LPI）和PRO$都与在群寿命密切相关，多数健康、繁殖和生产性状与在群寿命的相关性都较高，达到20%以上。同时，乳用强度、尻结构、饲料效率与在群寿命呈负相关，需要在选择过程中密切关注。

第四，制定目标为高产长寿的综合选择指数。高产与长寿相关性强，如表4-6所示，荷兰荷斯坦牛寿命最高（25%）与寿命最低（25%）个体间相差0.8年，终生产乳量和终生脂蛋总量分别相差13 097kg和1005kg。综合指数应综合考虑生产性能、功能性状（包括繁殖、抗病、长寿、易产等）及体型特征等，并依据市场、经济状况赋予各性状不同权重，以提高乳牛的终生效益。

表4-5　在群寿命与加拿大LPI指数等性状的相关性

性状	相关性/%	性状	相关性/%	性状	相关性/%
LPI	60	产犊指数	35	泌乳性情	15
PRO$	59	泌乳系统	34	泌乳持续力	14
乳房炎抗性	52	肢蹄形态	33	泌乳速度	5
蹄健康	45	体型结构	27	饲料效率	-4
女儿繁殖力	43	乳蛋白量	27	尻结构	-5
女儿易产性	43	乳脂量	22	乳用强度	-22
代谢病抗性	38	乳产量	19	—	—

来源：Richardsonc, Fleming A. indirect herd life update: managing herd turnover through genetic evaluations [R/OL]. (2021-11) [2024-07-28]. https://cdn.ca/images/uploaded/file/Indirect%20Herd%20Life%20Update%20English%20Article%20-%20November%202021.pdf

表4-6　荷兰22 000头荷斯坦牛在群寿命与终生产乳量的差异比较

终生表现	寿命最低的25%	寿命最高的25%	差异	相对比
淘汰年龄/年	5.5	6.3	+0.8	+15%
终生产乳量/kg	29 023	42 120	+13 097	+45%
终生脂蛋总量/kg	2 275	3 280	+1 005	+44%

来源：CRV育种健康高效牛群，https://crv4all.com/

3. 饲料效率　饲料效率即采食的饲料转化为牛乳的效率。分析中计算母牛能够将采食的1 kg干物质饲料转化为多少kg标准乳[1 kg标准乳（FPCM）包含4%的乳脂和3.3%的乳蛋白]。近年来各国纷纷将饲料效率作为选择目标性状，其估计育种值采用相对指数形式，均值为100（相应的饲料效率为1.46）。得分高于100表示饲料效率高于平均水平，得分低于100表示饲料效率低于平均水平，每增加或减少1分，表示该公牛的女儿基于相同干物质采食量所产出的牛乳增加或减少0.5%。公牛之间的采食量性状育种值的差异相对较小，但是通过育种提高饲料效率的经济潜力巨大。例如，一头均值水平的公牛其女儿每个泌乳期产乳量10 000 kg，那么基于相同的饲料采食量，育种值为104的公牛女儿平均可多产出200 kg牛乳（=10 000×4×0.5%）。

依据饲料效率育种值分组，饲料效率排名最高的25%的乳牛在相同饲料消耗量下，要比饲料效率排名最低的25%的乳牛多产0.4～0.5 kg牛乳，且乳牛的粪污和甲烷排放更少。一般饲料成本约占牛乳生产中所有可变成本的60%。提高饲料效率，就意味着可节省饲料成本，也有效减少了温室气体的排放和稀缺资源的使用，对环境有着积极的影响。

4. 目标性状的数目　选择一个性状的遗传改进速度比同时选择多个性状时该性状的进展要快。随着选择性状数目的增加，单个性状的选择强度逐渐减弱，某性状的相对遗传改进量为单个性状选择进展的$1/\sqrt{n}$（n为总选择性状数目，见表4-7）。为最大限度保证遗传进展速度，同时选择的最重要目标性状以2～4个为宜，且要考虑性状之间的相互影响。性状之间存在遗传相关，因此通常候选公牛某一种性状的遗传水平达到了最高标准，而其他性状的遗传水平往往会较低，甚至某一性状的遗传水平可能太低。

表4-7　目标性状数目与预期相对遗传改进量的关系

	目标性状数目						
	1	2	3	4	5	6	7
相对遗传改进/%	100	71	58	50	45	41	38

5. 性状间的遗传相关　当确定选择哪个性状作为目标性状，以及决定各性状的相对重要性（权重）时，应考虑性状与性状之间存在遗传相关（表4-8）。例如，产乳量与乳脂率不能同时选择。因为二者呈遗传负相关，只有选择了乳脂量，才既提高了乳脂率，又提高了产乳量。

表4-8　乳牛一些性状的遗传力及遗传相关

	性状	遗传力	与产乳量有关的遗传相关
产乳性状	产乳量	0.25	—
	乳脂量	0.25	0.75
	乳蛋白量	0.25	0.82
	总固体量	0.25	0.92
	乳脂率	0.50	−0.40
	乳蛋白率	0.50	−0.22
体型性状	体型总评分	0.29	−0.23
	体高	0.42	—
	后肢（后观）	0.11	—
	蹄角度	0.15	—
	乳房深度	0.28	—
	前乳房附着	0.29	—
	中央悬韧带	0.24	—
	乳头位置	0.20	—
其他性状	生产寿命	0.08	
	女儿妊娠率	0.04	
	体细胞数	0.12	
	产犊难易度	0.05	
	存活力	0.01	
	排乳速度	0.11	
	出生重	0.35	

来源：加拿大先马士育种公司，https://www.semex.com/

（二）目标性状及其权重的确定

根据牛场生产实际情况，从乳牛生产的重要经济性状，如生产性状、功能性状及体型性状中（特别是占据利润和淘汰主因的性状），挑选几个关键的育种目标性状，并确定优先选择顺序，对它们的经济价值给予客观的评估，即估算育种目标性状的经济加权系数（一般生产性状的权重是体型的2～3倍）。然后根据本场制定的综合选择指数大小对全群个体进行排序，以便于种牛选择。主要考虑4个方面。

1. 生产性能　生产性能包括产乳量、乳蛋白量、乳脂量、乳蛋白率、乳脂率。总权重占到40%～55%，其中乳蛋白量和乳脂量的权重最高。由于存在正遗传相关，乳蛋白量提高的同时，也提高了乳产量、乳蛋白率及乳脂率。

2. 健康、繁殖与产犊　其重要性依次为生产寿命、女儿怀孕率（daughter's pregnancy rate, DPR）、体细胞数、存活力、产犊能力等。这些性状都与终生产乳量高度相关，总权重占到30%～50%。

3. 体型外貌　其重要性依次为前乳房附着、乳房深度、肢蹄总分等。总权重占15%～25%。要结合本牛场实际，关注重点改良的体型性状，特别是与耐久性及淘汰主因相关的体型性状。

4. 饲料效率　其遗传力约为14%，它与乳成分产量相关性高达0.95；与体型大小的相关性高达-0.92，也就是说乳牛体型越小，饲料节约指数越高。

饲料效率（美元）＝额外的产乳价值＋饲料节约的成本＝（0.0008×PTA产乳量）＋（1.55×PTA乳脂量）＋（1.73×PTA乳蛋白量）×（0.11×饲料节约指数）

[注：PTA指预测传递能力（predicted transmitting ability）]

此性状目前越来越受到重视，其权重可占到8%～12%。

二、乳牛种用价值的遗传评定

（一）乳牛育种值估计

1. 个体动物模型　对个体育种值的估计存在很多方法，大多数国家采用的是动物模型BLUP方法。个体动物模型（模型中随机遗传效应为该个体本身的加性遗传值）使用Henderson提出的混合模型方程组求解方法，将系统、环境因子（如胎次、场、年、季等）作为固定效应，通过吸收个体随机效应求解。这种方法的优点在于同时考虑了所有的固定效应和所有的随机效应，并且加入了所有动物个体的遗传关系信息（包括亲本、个体本身、后裔和同胞的信息），通过对混合模型方程组求解，可以同时得到固定效应的最佳线性无偏估计（best linear unbiased estimate, BLUE）值和随机效应的BLUP值（包括所有个体的育种值）。估计育种值是对胎次、场、年、季、遗传组等固定效应校正后得到的，且残差方差最小，所以具有较好的可比性和较高的准确性。既可以评定成年公母牛遗传水平，又可以预测后备牛，扩大了遗传评定范围。从遗传学和统计学的角度看，个体动物模型是现有遗传评定模型中最好的。基于这个方法所估计的育种值进行种牛选择，大大加快了乳牛主要经济性状的遗传改良速度，给乳牛业带来了巨大的经济效益。

应用动物模型BLUP进行遗传评定时配合的线性混合模型如下：

$$Y_{ijkl} = \mu + hys_i + L_j + a_k + p_k + e_{ijkl}$$

其中：Y_{ijkl}为性状观测值，μ为总体均值，hys_i为第i个场年季效应，L_j为第j个胎次效应，a_k为第k个个体的加性遗传育种值，p_k为第k头母牛的随机永久环境效应，e_{ijkl}为随机残差。上式表达为矩阵形式为：

$$y = X\beta + Za + Wp + e$$

其中：y＝观察值向量；β＝包括场年季效应、胎次效应在内的所有固定效应向量；a＝个体加性遗传效应向量；p＝永久环境效应向量；e＝随机残差效应向量；X、Z、W分别为对应β、a、p的关联矩阵。

设$E(a) = 0$, $E(p) = 0$, $E(e) = 0$, $E(y) = X\beta$。

$Var(a) = A\sigma_a^2$；$Var(p) = I\sigma_p^2$；$Var(e) = I\sigma_e^2$；

相对应的混合模型方程组：

$$\begin{bmatrix} X'X & X'Z & X'W \\ Z'X & Z'Z+A^{-1}k_1 & Z'W \\ W'X & W'Z & W'W+Ik_2 \end{bmatrix} \begin{bmatrix} \hat{\beta} \\ \hat{\alpha} \\ \hat{p} \end{bmatrix} = \begin{bmatrix} X'y \\ Z'y \\ W'y \end{bmatrix}$$

其中：

$k_1 = \sigma_e^2/\sigma_a^2 = (1-r)/h^2$; $k_2 = \sigma_e^2/\sigma_p^2 = (1-r)/(r-h^2)$;

$r = (\sigma_a^2 + \sigma_p^2)/\sigma_y^2 =$ 重复力；$h^2 = \sigma_a^2/\sigma_y^2 =$ 遗传力。

进行遗传评定时，动物模型BLUP计算程序要求事先建立两个文本型数据文件：一个是包括个体牛号、场年季水平信息、胎次、性状记录值的生产性能数据文件，另一个是对应的系谱资料文件，主要包括个体牛号、父亲号、母亲号和个体出生日期等。

利用非求导约束最大似然法（derivation free restricted maximum likelihood method，DFREML）迭代求解，估计场年季、胎次固定效应BLUE值和预测个体加性效应BLUP值（即个体的估计育种值，EBV）。根据EBV值的大小排队，即可进行种公牛和种母牛的选择。

EBV值是直接衡量种公母牛各性状优劣的主要指标，也是计算选择指数如TPI的基础。EBV值是选种的依据，但需注意EBV是一个相对值，其高低、正负随着性状定义、评定方法及比较的遗传基础不同而不同，除非经过有效的转换处理，否则不同的方法、地区、批次计算的性状EBV值是不能直接比较的。

以上介绍的是单性状BLUP估计育种值的过程，也可利用多性状模型BLUP对多个性状同时进行育种值估计。由于同时进行估计时考虑了性状间的相关性，利用了更多信息，同时可校正由于对某些性状进行了选择而产生的偏差，因而提高了估计的准确度。提高的程度取决于性状的遗传力、性状间的相关性和每个性状所包含的信息量，尤其有利于提高低遗传力性状的准确度。

需要指出的是，BLUP在乳牛育种值估计中的应用是个不断发展的过程。除了单性状重复度量的动物模型BLUP之外，还有多性状模型、加拿大育种学家Schaeffer博士在20世纪90年代初提出的测定日模型，以及随机回归模型等，各种应用过程也都是类似的建方程和解方程的过程，这里由于篇幅所限不再一一详细介绍，可参阅有关书刊。

2. **基因组选择** 由Meuwissen等于2001年提出的基因组选择在乳牛育种中已经广泛应用。其前提假设是影响某一性状的数量性状基因座（quantitative trait locus，QTL）至少与全基因组的一个标记处于连锁不平衡状态。因此，将性状表型信息与全基因组标记信息通过合适的模型计算即可得到标记的效应，进而得到动物的全基因组育种值（genomic estimated breeding value，GEBV）。基因组选择在某种程度上是全基因组水平的标记辅助选择（MAS），弥补了MAS中标记数量只能解释一部分遗传方差及QTL定位困难的缺点。Schaeffer于2006年通过计算机模拟结果证明在乳牛中使用基因组选择策略，对比后裔测定方案，成本降低92%的同时获得了2倍的遗传进展。在基因型测定技术迅速发展之后，这一策略得到了广泛的应用。其原理见图4-3。

估计基因组育种值的方法分为两步：①构建一定规模的参考群体（reference population），利用参考群个体的表型和全基因组标记基因型信息估计全基因组中每一个标记对选择性状的效应值；②检测候选个体的全基因组标记基因型，依据其每个位点的标记基因型将由参考群体获得的估计标记效应累加获得个体的基因组育种值（GEBV）。标记效应估计模型为：

$$y = Xb + \sum_{i=1}^{m} Z_i g_i + e$$

其中，y是参考群体中所有个体的表型值向量；b是固定效应向量；g_i是第i个标记的随机效应；m是总的标记数；X和Z是关联矩阵；e是随机残差向量，其方差-协方差矩阵为$\sigma_e^2 I$，σ_e^2是残差方差。基于模型①进行标记效应估计的求解方法除BLUP外，还主要有岭回归最佳线性无偏预测（ridge regression best linear unbiased prediction，RRBLUP）、贝叶斯方法A（BayesA）、贝叶斯方法B（BayesB）及贝叶斯压缩（Bayesian shrinkage，BayesS）。这些方法的差别主要在于对标记效应方差$\sigma_{g_i}^2$分布的假设不同。

基因组选择的关键在于参考群体的建立。参考群体应具有完善的性状表型测定记录及高密度基因标记基因型信息。基因组选择的优势在于缩短世代间隔、加快遗传进展，大大减少种牛选育成本，以及提高低遗传力、难以测定性状的估计准确性，但基因组选择不能替代常规的后裔测定。

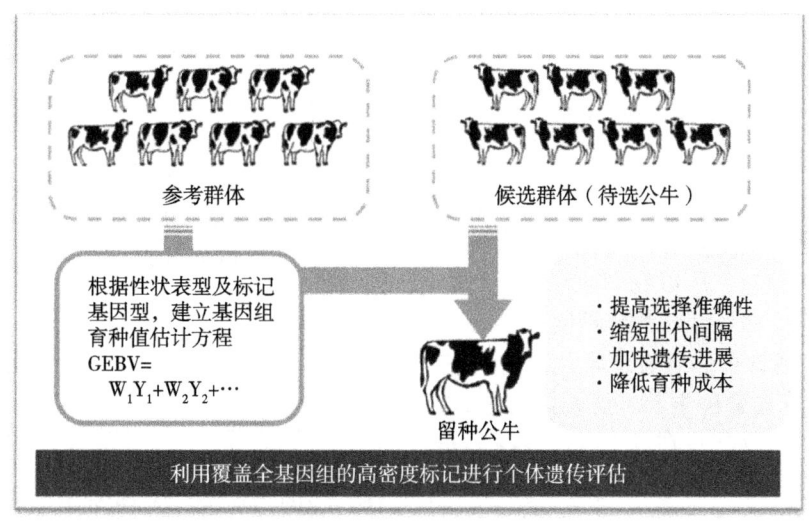

图4-3　基因组选择示意图
（来源：孙东晓，动物分子数量遗传与奶牛育种，北京，2019.）

随着高密度芯片测定技术的成熟，世界各国相继启动基因组选择研究，2009年美国正式在乳牛育种中应用，我国于2012年建立了荷斯坦牛基因组选择技术平台。目前基因组选择已经在世界各国乳牛育种中得到了广泛的应用，很多国家采用联合参考群的策略提高基因组预测准确性。遗传进展数据分析结果表明，基因组选择大大加快了遗传进展（表4-9）。

3. 种牛选择的准确性　种牛选择的准确性为预期遗传水平与个体实际遗传水平之间的相关程度。它主要取决于遗传力、表型测量准确性和非环境因素影响这3个因素。性状表型如产乳量是遗传水平与管理水平（环境因素）的总和，不能准确代表乳牛的真正遗传水平。预测某一头乳牛遗传水平的准确性达到100%是不可能的，但通过全面、系统、准确地记录乳牛本身及亲属的生产性能和系谱信息，可提高预测乳牛遗传价值评定的准确性。

育种工作，究其实质就是从众多的候选乳牛当中选出"优秀"个体作为种用，以使下一代在目标性状方面向着既定方向改变，进而提高群体生产性能。因基因加性效应即育种值能够在上下代间直接遗传，种牛"优秀"即育种值水平高。假设我们考虑t个性状，一个个体的综合育种价值可用下式表示：

表4-9　采用基因组选择前后5年乳牛育种值（PTA）的变化趋势

性状	2005—2010年 PTA变化	2010—2015年 PTA变化	2010—2015年 表型值提高	源于遗传进展
净价值/美元	+184	+231		
乳蛋白量/kg	+5	+8	+22	73%
乳脂量/kg	+8	+11	+32	66%
乳产量/kg	+173	+223	+489	91%
生产寿命/月	+1.0	+1.86	+2.66	100%*
体细胞评分	-0.07	-0.08	-0.06	100%*
女儿怀孕率/%	+0.2	+0.24	+2.9	17%
乳房结构	+0.92	+0.85		
乳房炎/%			+0.83	100%*

来源：美国CDCB（2020.4 Genetic Base Change）。
注：100%*意味着遗传进展的提升超过了表型值的提升。

$$H = w_1 a_1 + w_2 a_2 + \cdots + w_t a_t$$

在此，H 表示个体的综合育种值，a_t 表示个体第 t 个性状的育种值，w_t 表示第 t 个性状的经济重要性或育种重要性（权重）。

然而，由于个体各性状的育种值往往并不知道且不能直接测量，可以观测的是该个体或该个体亲属的各种表型信息，所以我们通常需要利用这些表型信息估计个体各性状的育种值。

图 4-4 展示了估计个体育种值常用的各种信息来源（张沅，《家畜育种学》）。需要指出的是，对于乳牛而言，许多性状只在母牛身上表现（如产乳性状），而且不同信息来源的可靠性不同。所以，为了提高估计的准确性，实践中常要求采用规范的测定制度。

此外，对于一个个体而言，其信息来源是逐渐增多的，信息量是不断丰富的。随着数据资料的积累，遗传评定的准确性也逐渐提高。可靠性（reliability）是衡量个体估计育种值准确性的指标之一，即准确性的平方，每个个体不同性状估计育种值的可靠性不同。可靠性的基本计算公式：

$$REL = \frac{n}{n + \frac{(1-r_e)}{h^2}}$$

其中，n 是由所有信息来源换算成的女儿当量数。1 个女儿当量指个体 1 个女儿的第一泌乳期记录所提供的信息量。

Daetwyler 等推导出利用全基因组标记估计基因组育种值的准确性（r）的理论公式：

$$r = \sqrt{N_P h^2 / (N_P h^2 + N_G)}$$

其中 N_P 指参考群体的表型记录数，h^2 指性状的遗传力，N_G 指影响目标性状的独立 QTL 数。

育种值估计准确性越高，估计育种值与实现的育种值出现差异的可能性就会越小。假设性状遗传力为 0.3（表 4-10），基于表型选择的准确性为 50%～60%，基于系谱选择的准确性为 30%～45%、基因组选择的准确性为 70%～80%、后裔测定的准确性最高（随公牛女儿数量增多、分布牛场越多，准确性可达到 80%～99%）。准确性越高，估计育种值排名改变的可能性越低（表 4-11）。若公牛估计育种值的准确性在 85% 左右，随后代信息增加，公牛估计育种值及其排名还有可能发生改变，且改变的方向和幅度是未知的。因此，使用这类公牛有一定风险性，但因为这类公牛均为青年公牛，代表最新的育种成果，因此使用这类公牛比使用高准确性公牛（后裔验证公牛准确性高达 95% 以上）获得遗传进展的机会也更大。

表 4-10 利用不同信息估计育种值的准确性

估计育种值所使用的信息	估计育种值的准确性（$h^2=0.3$）	获得育种值的时间
个体一次自身表型记录	0.54	约 36 个月
个体二次自身表型记录	0.59	约 8 个月
系谱信息（双亲+四祖亲）	0.45	无须时间
50 个半同胞姐妹表型一次记录	0.43	至少 36 个月
100 个半同胞姐妹表型一次记录	0.49	至少 36 个月
50 个后裔表型一次记录	0.89	至少 56 个月
100 个后裔表型一次记录	0.95	至少 56 个月
基因组信息+系谱信息	>0.70	个体出生时

来源：张沅. 奶牛育种关键技术讲座 [C]. 中国农业大学动物科技学院，2013.

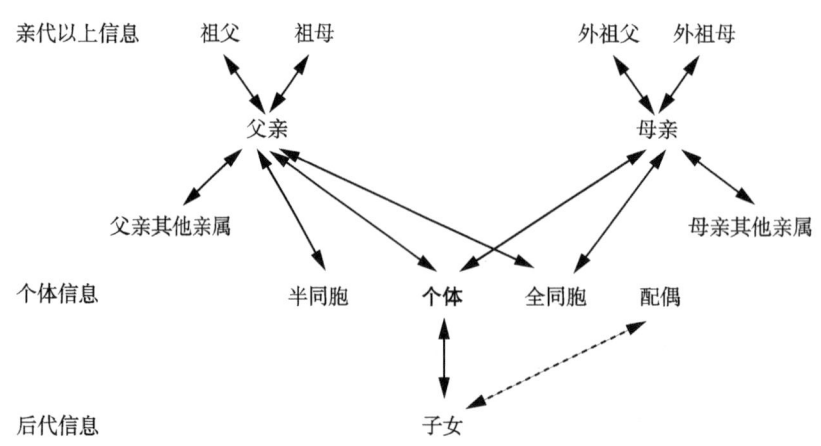

图 4-4 估计育种值常用各种信息的亲缘关系

表4-11 估计育种值可靠性对公牛估计育种值变动幅度的影响

不同公牛类型的估计育种值可靠性	产乳量/kg	肢蹄	乳房
利用系谱信息的青年公牛30%	±590	±1.9	±1.7
基因组预测育种值的公牛50%~60%	±366	±1.4	±1.3
有一代女儿数据的公牛75%~90%	±164	±0.9	±0.8
有二代女儿数据的公牛90%以上	±73	±0.2	±0.2

来源：美国ABS育种公司网站，关注公牛可靠性，https://www.absglobal.com/.2022。

表4-12 美国荷斯坦牛育种中性状选择的变化

年份/年	选择性状数/个	新增目标性状
1977	3	产乳量、乳脂量、乳蛋白量
1994	5	生产寿命、体细胞评分
2000	18	体型性状
2003	21	女儿受胎率、难产度
2006	23	死胎
2014	25	怀孕率
2016	26	母牛生活力
2018	32	健康性状
2021	35	饲料效率、头胎分娩时间、青年生活力

来源：张毅，动物分子数量遗传与奶牛育种，北京，2022.

（二）平衡育种及种用价值的遗传评定

世界各国的乳牛育种体系都是在漫长的牧场实践中逐步改进而形成的。各国建立了与其本国自然环境、遗传改良程度、牛群体型、生产特性、饲料条件、市场需求等相适应的选择指数，且随着乳牛生产性能、体型外貌、功能性状等的改进，以及遗传育种技术的不断进步，不同育种历史阶段的乳牛改进性状侧重点也不同，但总体向着平衡育种的方向发展。例如，美国荷斯坦牛育种对性状选择的变化见表4-12。

乳牛平衡育种是指在育种实践过程中，考虑性状间的关联，保证各性状对生产效益权重的平衡，特别是考虑不同性状对乳牛终生效益的贡献率。随着乳牛的高产，越来越重视生产寿命、生活力、饲料效率、健康和繁殖等功能性状的选择。这里生产寿命（productive life）是指从第一次产犊到被淘汰或死亡之间的天数。平衡育种理念在乳牛遗传改良过程中不断成熟。下面介绍几个主要代表性国家的综合选择指数。

1. 美国总性能指数（TPI） 美国荷斯坦牛协会总性能指数公式定期修订，这是2025年4月新修订的TPI公式。

$$TPI = \left[\frac{19(PTAP)}{17} + \frac{19(PTAP)}{22} + \frac{8(FE)}{52} + \frac{8(PTAT)}{0.8} + \frac{11(UDC)}{0.8} + \frac{6(FLC)}{0.8} \right.$$
$$+ \frac{5(PL)}{1.6} + \frac{2(HT)}{2.0} + \frac{3(LIV)}{1.4} - \frac{4(SCS)}{0.13} + \frac{13(FI)}{1.3} - \frac{0.5(DCE)}{0.5}$$
$$\left. - \frac{1.5(DSB)}{0.8} \right] 3.8 + 2845$$

其中：PTAP=乳蛋白量（PTA Protein）；HT=健康性状指数（Health Trait Index）；PTAF=乳脂量（PTA Fat）；LIV=母牛存活力（PTA Cow Livability）；FE$=饲料效率（Feed Efficiency $）；SCS=体细胞评分（PTA Somatic Cell Score）；PTAT=体型总分（PTA Type）；FI=繁殖指数（Fertility Index）；UDC=乳房结构（Udder Composite）；DCE=女儿易产性（PTA Daughter Calving Ease）；FLC=肢蹄结构（Feet & Legs Composite）；DSB=女儿死胎（PTA Daughter Stillbirth）；PL=生产寿命（PTA Productive Life）。

公式说明：分子是各性状预期传递力值（PTA=0.5 EBV），分母是各性状的标准差。各性状前的数值是该性状的经济权重。其中，生产性状三项（PTAP, PTAF, FE）的权重为46%，健康与繁殖性状七项（SCS, PL, HT, LIV, FI, DCE和DSB）的权重为29%，体型结构性状三项（PTAT, UDC和FLC）的权重为25%。公式中的繁殖指数（FI）＝（0.4×DPR）＋（0.4×CCR）＋（0.1×HCR）＋（0.1×EFC），其中DPR＝女儿怀孕率，CCR＝母牛受胎率，HCR＝青年母牛受胎率，EFC＝首次产犊时间。

由此公式各性状的权重看出，除生产性能占比46%外，TPI中体型结构的占比较高（25%），而功能性状（健康与繁殖）相对占比较低（29%）。因此，TPI（2025.4）适用于性能的综合提升，对体型性状改良力度大。

2. 美国净值指数　净值指数（Lifetime Net Merit $, NM$）由美国乳牛育种委员会（CDCB）制定，单位为美元。NM$旨在根据重要经济性状的综合遗传价值来估算乳牛的终生盈利能力。该指数在促进各性状平衡选育的同时，强调盈利能力最大化。1994年，NM$被首次引入，此后定期加以调整，吸纳新开发的具有经济意义的选育性状。例如，CDCB 2025年4月修订的NM$公式包括40多个性状：

NM$＝50.6%产乳性能－6.8%剩余饲料采食量＋21.2%健康＋8.7%繁殖与产犊＋12.7%体型性状

产乳性状权重为50.6%（产乳量3.2，乳脂量31.8，乳蛋白量13，体细胞评分－2.6），剩余饲料采食量权重为－6.8%，健康权重21.2%（生产寿命13，存活率5.9，小母牛存活率0.8，健康1.5），繁殖与产犊权重8.7%（易产性3.3，女儿怀孕率2.1，青年牛受胎率0.5，成年母牛受胎率1.8，第一次产犊1.0），体型性状权重仅为12.7%（乳房结构1.3，体重构成－11，肢蹄结构0.4）。经过的广泛科学调查和计算形成了NM$指数各性状的加权方式及经济价值，NM$不受到品种协会或育种公司意见的影响，是美国唯一基于典型乳牛场参数根据每头乳牛终生盈利水平客观地进行排名的指数。由于乳牛越高产，其对繁殖和健康的负面影响越大，NM$更强化了功能性状选择的权重，故它更适用于规模化的高产乳牛场。

3. 加拿大终生效益指数　加拿大2023年4月修订的LPI公式。

LPI＝［（PROD）×40×0.542＋（DUR）×40×0.7971＋（H&F）×20×0.6869］＋2255

其中，产乳性能（乳蛋白量0.4，乳脂量0.6）权重为40%，耐久力（在群寿命2.0，泌乳系统3.7，肢蹄结构2.1，蹄健康0.7，乳用强度1.0，尻结构0.5）权重为40%，健康与繁殖（女儿繁殖力6.7，抗乳房炎3.3）权重为20%。LPI强调乳牛的终生获利能力，适合于重视健康、繁殖和生产性能的规模化牧场。

4. 德国总性能指数与欧元总价值指数

（1）德国总性能指数（RZG）于2021年4月更新：

RZG＝36 RZM＋18 RZN＋18 RZhealth＋7 RZR＋3 RZkd & RZkm＋3 RZcalffit＋15 RZE

其主要由产乳性能（RZM，权重36%；RZM＝100＋0.24×EBVFat.kg＋0.48×EBVProtein.kg），健康、繁殖与产犊（总权重49%，包括长寿性18%、健康性状18%、女儿繁殖7%、易产性3%、犊牛健康3%），以及体型外貌（RZE，权重占比15%，其中，体型总分占0.20，肢蹄评分占0.35，乳房评分占0.45）组成，适合于注重健康、长寿、高效繁殖及乳成分的规模化牧场。

（2）欧元总价值指数（RZ€）更强调终生效益。

RZ€＝41 RZM＋27 RZN＋16 RZhealth＋7 RZR＋3 RZkd & RZkm＋6 RZcalffit

主要由产乳性能（权重41%），健康、繁殖与产犊性状（权重59%，其中长寿性27%、健康性状16%、女儿繁殖7%、产犊情况3%、犊牛健康6%）组成，体型外貌权重占比为0%，适合于注重长寿、高产、健康、高效繁殖的规模化牧场。

以上两个指数的相对育种值基点为100（均值），遗传标准差为12，标准化后的选择指数更易于比较。

由表4-13看出，德国生产寿命估计育种值为112的个体比育种值为100的个体长一个标准差，对应表型均值前者比后者延长260天，多产乳8.5个月，终生产乳量也更高；生产寿命越长，牛群更新比例越低，即在牛群规模一定的情况下，饲养的后备牛也越少，减少了养殖成本，为牧场带来更大经济效益（表4-14）。

表4-13 德国牛群不同的生产寿命相对育种值对应的生产寿命（天/月）表型均值

生产寿命估计育种值	生产寿命与均值离差/天	生产寿命与均值离差/月
88	−260	−8.5
100	0	0
112	260	8.5

来源：https://www.vit.de/fileadmin/DE/VIT2019.8。

表4-14 乳牛生产寿命与后备牛比例

项目	平均生产寿命/年		
	2	3	4
泌乳牛数/头	100	100	100
更新率/%	50	33	25
所需后备牛数/头	130	105	65
全群数/头	230	205	165

来源：https://www.vit.de/fileadmin/DE/VIT2019.8。

$$CPI_{2020} = 1800 + 4.0 \times \left[25 \times \frac{乳脂量}{24.6} + 35 \times \frac{乳蛋白量}{20.7} - 10 \times \frac{SCS-3.0}{0.16} + 8 \times \frac{体型总分}{5.0} + 14 \times \frac{泌乳系统评分}{5.0} + 8 \times \frac{肢蹄评分}{5.0} \right]$$

公式中分子依次是乳脂量、乳蛋白量、体细胞评分、体型总分、泌乳系统评分、肢蹄评分性状的估计育种值，分母是相应性状国内估计育种值的标准差。

$$GCPI_{2020} = 4 \times \left[25 \times \frac{GEBV_{Fat}}{22.0} + 35 \times \frac{GEBV_{Prot}}{17.0} - 10 \times \frac{GEBV_{SCS}-3}{0.46} + 8 \times \frac{GEBV_{Type}}{5.0} + 14 \times \frac{GEBV_{MS}}{5.0} + 8 \times \frac{GEBV_{FL}}{5.0} \right] + 1800$$

公式中$GEBV_{Fat}$、$GEBV_{Prot}$、$GEBV_{SCS}$、$GEBV_{Type}$、$GEBV_{MS}$、$GEBV_{FL}$分别是乳脂量、乳蛋白量、体细胞评分、体型总分、泌乳系统评分、肢蹄评分性状的基因组估计育种值，分母是相应性状基因组估计育种值的标准差。

目前，我国乳牛遗传评估系统可全国联合评估的性状包括DHI及体型鉴定性状，CPI及GCPI适合于中国规模化乳牛场提高泌乳性能、体型性状及乳房健康水平。

5. 荷兰CRV的总绩效指数 荷兰CRV的总绩效指数（NVI）公式主要由3个部分组成：

$$NVI = 生产性状34\% + 功能性状52\% + 体型性状14\%$$

其中，生产性状权重占比34%（其中牛乳生产净利润指数为0.29，省料量0.05），健康、繁殖与产犊性状权重占比52%（其中长寿性0.12，繁殖力0.16，乳房健康0.12，蹄健康0.07，产犊难易0.05）及体型性状权重占比14%（其中乳房评分0.05，肢蹄评分0.09）。牛乳生产净利润指数亦称为CRV效率指数，包含饲料效率（40%）、产乳量（28%）、长寿性（22%）和其他（10%）。可见，NVI更适合重视长寿、终生乳产量、繁殖和健康的规模化牧场。

6. 中国乳牛性能指数 2020年8月同时更新了CPI和中国奶牛基因组性能指数（GCPI）公式。

（1）CPI_{2020}公式适用于有后裔女儿生产性能、体型评分表型结果的国内后裔测定公牛。

（2）中国奶牛基因组性能指数（genomic china performance index，GCPI）

7. 乳肉兼用牛选择指数 德国西门塔尔牛（弗莱维赫牛）综合育种值（GZW）于2023年1月制定。

$$GZW = 38\,MW + 18\,FW + 44\,FIT$$

公式中GZW为综合育种值，MW为乳用指数权重38%（乳蛋白量19.4%，乳脂量18.6%），FW为肉用指数权重18%（日增重4%，屠宰率7%，胴体销售等级7%），FIT为适应性权重44%

（长寿性10%，保持力3%，女儿繁殖力14%，易产性1%，活力5%，乳房健康10%，泌乳速度1%）。与德国其他选择指数一样，GZW指数为相对育种值，基点为100，遗传标准差为12。GZW非常明显地体现了乳肉兼用牛的育种目标，适用于以乳为主、兼顾乳肉平衡及生产性能与功能性状平衡的乳肉兼用型牛养殖。

（三）主要乳业发达国家平衡育种及综合选择指数的比较

乳牛平衡育种理念可以从3个方面理解：一是重视乳牛生产效率，强调终生生产力；二是降低产乳、体型性状的权重，越来越重视存活力、健康、繁殖、产犊等功能性状的权重；三是覆盖影响乳牛产乳性能及生产效率的各个方面。

由表4-15比较看出，美国和加拿大产乳和体型性状的权重之和大于德国、荷兰相应权重，而功能性状的权重在德国和荷兰的较大。长期坚持以这些育种目标为基准进行选择的结果，北美荷斯坦牛体型较大、产乳量较高，但利用年限较短；而欧洲的德国和荷兰等国所选育的荷斯坦牛，长寿性好、终生产乳量较高。见表4-16。

从表4-17可以看出，长寿乳牛的产乳量随着胎次增加而不断增加。荷兰乳牛从40月龄（3.3岁）开始给牧场带来利润，而且使用胎次越高，为牧场带来的整体效益就越高（图4-5）。

表4-15 发达国家荷斯坦牛综合育种值选择指数中各性状权重值的比较

国家	更新时间	指数	生产性能		功能性状	体型	备注
			产乳	饲料效率			
美国	2025.04	TPI	38	8	29	25	USA
		LNM$	50.6	-6.8	29.9	12.7	USCDCB
加拿大	2023.04	LPI	40		30.8	29.2	
德国	2021.04	RZG	36		49	15	总性能指数
		RZ€	41		59	0	总价值指数
荷兰CRV	2021.06	NVI	29	5	52	14	
中国	2020.08	CPI_1	60		10	30	

注：功能性状包括健康、繁殖和产犊性状等。

表4-16 部分奶业发达国家乳牛利用胎次与终生产乳量比较

国家	平均单产/t	利用胎次	终生产乳量/t
荷兰	9.96	3.7	36.9
美国	12.12	2.6	31.5
加拿大	9.89	2.7	26.7
英国	7.68	3.9	30.0
以色列	12.08	2.5	30.2
新西兰	5.0	4.2	21.0
中国	8.9	2.7	24.9

来源：荷兰CRV育种公司网站，荷兰CRV育种方向、冻精优势：CRV是全世界奶牛育种行业领导者之一。荷兰CRV育种讲座。https://crv4all.com/，2018.

表4-17 荷兰乳牛各胎次产乳量

胎次	305天乳产量/kg	比例/%
1胎	8000	100
2胎	9500	119
3胎	10200	128
4胎	10400	130
5胎	10400	130

来源：越来越多人在关注奶牛的长寿和高终生产奶量，CRV育种健康高效牛群。荷兰CRV育种讲座。https://crv4all.com/，2022.

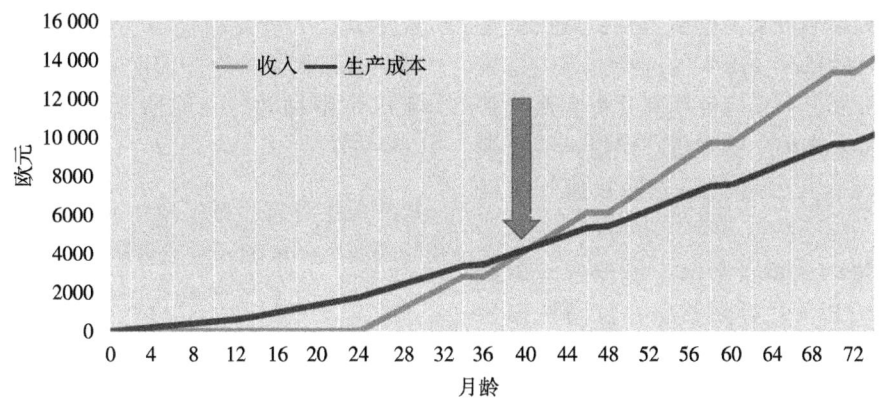

图4-5 荷兰乳牛的牛乳生产成本与收入关系的变化趋势

（四）制定适合本国或本牛场育种目标的综合选择指数

学习国外先进的育种理念和技术，结合本国或本牛场实际情况，如养殖环境、牛群遗传改良程度、体型外貌、生产性能、饲料条件、繁殖和抗病力，以及市场需求及发展方向、牛乳价格体系等，考虑乳牛性状间的关联及平衡各性状对生产效益的影响（如生产性状、功能性状和体型性状），特别重点考虑育种目标的改良性状和不同性状对乳牛终生效益的贡献率，来确定要选择性状的顺序和权重大小，制定乳牛的综合选择指数，以促进牛群向终生经济效益最大化方向的遗传改良。若牛群产乳量离理想水平差距大、乳房和肢蹄评分较差，在制定综合选择指数时，就要加强产乳量、乳房和肢蹄性状方面的选择权重；若牛群产乳性能较高，但繁殖率和使用寿命较低，就要加强繁殖和生产寿命性状及相关性状的权重。例如，中国荷斯坦牛育种联盟制定的联盟总性能指数（Union total Performance index，UTPI）时，即在CPI的基础上，结合联盟牛场的实际情况，考虑牛群在产乳性能、乳房和肢蹄性状方面需要加强改良，平衡育种，侧重了产乳和体型性状方面选择的权重，制定了联盟总性能指数UTPI。

UTPI = 产乳性能47% + 功能性状25% + 体型性状28%

即产乳性能权重占比47%（其中产乳量0.25，乳蛋白率0.16，乳脂率0.06），功能性状权重占比25%（其中繁殖指数0.12，体细胞评分-0.04，长寿性0.05，产犊难易0.04），体型性状权重占比为28%（其中泌乳系统0.12，肢蹄评分0.08，体型总分0.06，体躯容积0.01，乳用特征0.01）。然后，根据各性状育种值计算UTPI数值并进行排序，选择种公牛（或冻精）或种母牛。

三、种公牛、种母牛的选择

育种目标确定后，根据制定的综合选择指数，首先应着重选出优秀的种公牛以加快育种进度。后备公母牛的选留，首先是审查其系谱，其次是外貌表现和生长发育情况；公牛的遗传性是否稳定，则根据其后裔测定成绩；种母牛的选择主要根据自身的生产性能或与生产性能有关性状的表现。有条件的牛场应利用芯片技术对后备公牛、后备母牛、种公牛、种母牛进行基因分型测定。根据系谱、基因组预测，再结合表型性状测定（或后裔测定）进行综合考量，即制定育种值的综合选择指数，按其值大小，最终确定选种结果。

（一）后备公母牛的选择

后备公母牛是指尚未开始产乳的幼龄母牛和准备用于采精的后备小公牛，它们主要根据系谱、生长发育、体型外貌和基因组预测结果来选择。

1. 依据系谱信息进行选择 按系谱选择后备公母牛，应重视最近三代祖先完整、可靠的系谱资料和生产性能资料。因为祖先越近，其对该牛的遗传影响越大，反之越小。据研究影响遗传进展的4个来源：公牛父亲约占总遗传进展的38%，公牛母亲约占36%，母牛父亲约占22%，母牛母亲仅占4%。这个结果说明后备公牛的父母亲对遗传进展影响最大,达到74%,母犊也是如此。因此,对后备种公母牛的选择,首先是集中在它们的父母身上,只有证明其父母为最优秀的,才有资格做未来种牛的父母。但也不能忽视其他祖先的性状,以及各代祖先性状遗传的稳定性。

当具有完整的系谱资料时,可按系谱指数(pedigree index,PI)计算后排队,较高者作为初选(父系育种值的可靠性必须达到85%以上)。

系谱指数 = 1/2 父亲育种值(EBVs)+ 1/4 外祖父育种值(EBVmgs)

另外,也可利用兄弟、姐妹等旁系资料,从侧面证明一些由个体本身无法查知的性能,如后备牛生长发育等性能。与后裔测定结果相比,可以节省4年以上的时间。根据半同胞信息选种的准确性与根据个体本身信息选种相比较,半同胞数量大则准确性可能超过自身信息的准确性,如当性状的遗传力较低时,则根据30头以上半同胞选种就比根据个体本身选种的准确性要高。

2. 基因组选择 在犊牛出生后(甚至胚胎)就可采集具有代表性、含有DNA的组织样或血样或毛囊,利用芯片进行全基因组各位点基因型测定,对犊牛个体进行基因组遗传评估,并剔除遗传基因缺陷者。依据评估得到的基因组育种值、再结合系谱,其可靠性一般为60%～70%,对待选个体进行排名选择。基因组选择提高了选择的准确性,缩短了世代间隔,加快了遗传进展,犊牛早期选留和淘汰大大节约了育种成本和养殖成本。

3. 依据生长发育信息选择 生长发育以体尺、体重为依据,主要指标是初生、断奶、6月龄、12月龄及第一次配种、产犊时的体重,相应阶段日增重及体高、胸围、体斜长等体尺。生长发育信息反映乳牛的健康、发育能力,可作为独立的选择标准。从乳肉兼用牛角度,生长发育信息则为其肉用性能的主要依据。

4. 依据体型外貌评分选择 犊牛初生后,6月龄、12月龄及配种前按犊牛、青年牛鉴定标准进行一次体型外貌鉴定。对不符合标准的个体应及时进行淘汰。

5. 后备青年母牛留种数预算 后备青年母牛留种数量的多少,是关系牛场的经营管理成本和经济效益的大问题。后备母牛留种太多则养殖成本高,太少又满足不了正常的周转养殖需要。因此,根据牛群生产情况和更新率,计算后备青年母牛留种数。一般情况下成年母牛更新率在25%左右。

每年可生产青年母牛数 = 成年母牛数 ×(12/产犊间隔月数)× 犊母牛比例 ×(1-犊牛死亡率)×(24/平均头胎产犊年龄)

每年所需青年母牛数 = 成年母牛数 ×(平均头胎产犊年龄/24)× 成年母牛更新率 ×(1 + 后备青年母牛损失率)

(二)种公牛的选择及其冻精类型的牧场育种应用

1. 青年公牛的基因组选择和表型鉴定 首先在对每头青年公牛系谱资料进行分析的基础上,进行基因组育种值估计和名次排序,即对青年公牛个体进行种用价值评估,然后结合其体型外貌鉴定、生长发育情况,就可确定是否选留。凡经鉴定入选者,每隔一定时间应进行一次称重和体型外貌鉴定。如果小公牛由外地购入,应先隔离观察(30～60天)和检疫,健康者方可合群饲养。小公牛体型外貌鉴定的重点是四肢和骨骼的发育情况。有的国家对小公牛的眼睛、鼻子、关节、睾丸、腹围及消化道特别重视。还应审查小公牛的繁殖性能,其方法是根据小公牛阴囊围(周径)和睾丸硬度衡量其繁殖性能,阴囊围大小与精液量呈正相关,睾丸硬度与精液品质呈正相关。

2. 后裔测定 由于公牛本身并不直接表现产乳性状,而其作用又相当大,尤其是在采用人工授精时,所以为了提高种公牛遗传评估的准确性,必须进行后裔测定,参考《中国荷斯坦牛公牛后裔测定技术规程》(GB/T 35569-2017)。要点如下。

其一,青年公牛经基因组遗传评估确定选留后,当达到24月龄(美国公牛10～14月龄)时,每头公牛需至少生产冷冻精液600份(美国公牛2000份)。一般可先在一个配种季节(集中4个月内)使其与选定的母牛进行配种,每头公牛至少配孕母牛150头(美国1000头),而后停配。

其二,每头后裔测定的公牛,其女儿分布必须跨越不同地区和不同牛场,并总共不少于5

个省（区）、20个牛场（美国30个），直到它的第一批女儿完成全部测定，再决定是否可留作种用。

其三，与配母牛产犊以前及试配公牛女儿未完成一胎产乳之前，不能随意淘汰、调出或出售。

其四，不同试配公牛的女儿，在同一单位内及与同期、同龄牛均需保持在同样饲养条件下饲养，以利比较。

其五，公牛女儿出生后，即进入后裔测定阶段，女儿牛的生长发育状态能反映公牛的遗传性能，必须按时测定，并详细记载，及时整理分析。

其六，公牛女儿满14～15月龄进行配种，不可提前或延后，以便统一产乳年龄，做到同期同龄比较，公牛女儿产乳后应详细记载各泌乳月、泌乳期的产乳量和乳脂率、乳蛋白率等。

其七，公牛女儿泌乳期的产乳量、乳脂率、乳蛋白率及一胎体尺、体重和外貌鉴定结果，必须及时汇总。

其八，当公牛已有10头女儿完成90天产乳时，即可统计一次后裔测定成绩，完成一胎产乳时，再统计一次后裔测定成绩。

其九，后裔测定统计内容包括公牛号、出生年月日、出生体重、出生地、毛色、近交系数、所在单位，以及女儿头数、女儿分布牛场数、同期同龄牛头数、测定时间等。

将一定数量的女儿生产成绩（即后裔测定成绩）与基因组育种值相结合，计算公牛的综合育种值，提高了公牛选种的准确性。若有50个以上女儿后裔测定的成绩，其可靠性可达到90%以上。

采用上述方法，一般在公牛5岁时即可验证其遗传水平，后裔测定比同胞测定延后2～3年。

中国奶业协会发布的《中国荷斯坦种公牛后裔测定实施方案》，其流程可参见图4-6。

3. 不同类型冻精的牧场育种应用　后裔测定公牛冻精与基因组青年公牛冻精的选择：目前依据种公牛基因组测定和育种值估计的可靠性，以及公牛女儿的有无及多少，将育种值可靠性在80%以上且有女儿的种公牛称为后裔测定公牛。特别是有女儿50头以上的且可靠性在90%以上的种公牛，其遗传性稳定、育种估计值与实际值差距较小，这样育种值较高的种公牛数量较少，其冻精价格也较贵（与基因组青年公牛冻精比较），该种公牛冻精多用于胚胎移植、培育种公牛、核心群种母牛的选配等；将育种值可靠性在80%以下且无女儿的公牛称为基因组测定青年公牛。这样的青年公牛遗传稳定性差、排名易变化，其数量较多、冻精产量也大，冻精价格也相对便宜。故其冻精多用于改良母牛群，且多成组使用。

性控冻精与常规冻精的选择：将种公牛冻精利用流式细胞仪将DNA、电荷含量不同的X精子和Y精子进行分离，制作出不同性别的精液，称为性控冻精。未进行性别分离的冻精称为常规冻精。性控冻精制作技术复杂、耗精液量大、价格较常规冻精贵很多。性控冻精主要用于种母牛扩群、核心母牛群更新、青年母牛配种等；而常规冻精相对便宜但配种受胎率高，多用于母牛群改良等。

建议核心群母牛扩繁或更新时，应多使用育种值高的性控冻精。由表4-18可看出，若犊牛死亡率为5%、牛群更新率为25%时，100头成年母

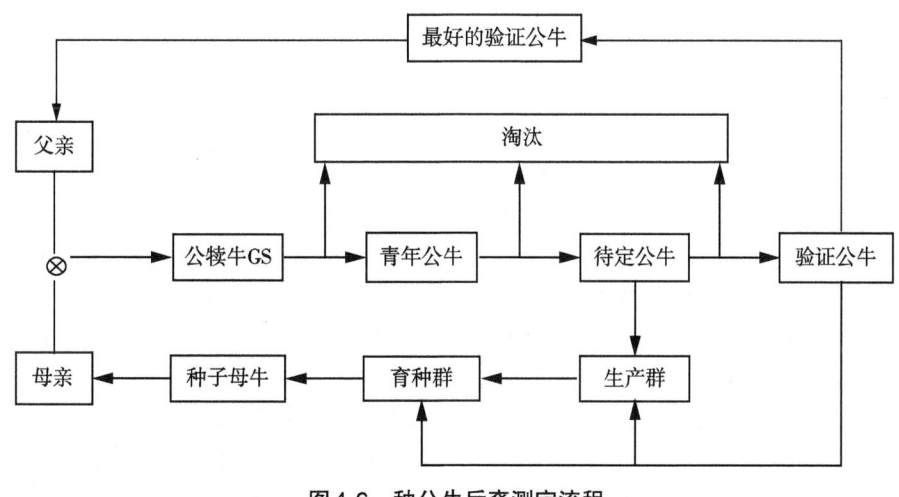

图4-6　种公牛后裔测定流程

表4-18 100头成年母牛使用常规冻精与性控冻精可产生的效益比较

犊牛死亡率/%		牛群更新率							
		25%		30%		35%		40%	
		常规冻精	性控冻精	常规冻精	性控冻精	常规冻精	性控冻精	常规冻精	性控冻精
5	可用犊牛数/头	47	57	48	60	49	63	50	67
	选留比例/%	59	48	69	55	79	61	88	66
	净效益/$	7580	9640	5420	8090	3310	6700	1160	5410
10	可用犊牛数/头	44	54	45	57	46	60	47	66
	选留比例/%	63	51	73	58	84	64	94	67
	净效益/$	6960	9130	4690	7530	2440	6080	30	4750

来源：张勤，基因组信息在奶牛场中应用，动物分子数量遗传与奶牛育种。北京，2020.

注：假设所有青年母牛都进行基因型测定，测定成本$47/头，产犊间隔14个月，后备母牛损失率以10%计算。

牛使用性控冻精配种，要比常规冻精多获得母犊10头，且选留比例小11%。既多得母犊、经济效益高2060美元，又提高了选种的准确性。

（三）种母牛的选择及其母牛等级分群育种

1. 成年母牛本身性能表现结合其基因组测定进行选择

（1）乳牛本身表现。成年母牛已具有生产性能表现，要挑选几个关键的育种目标性状（特别是与利润和淘汰主因相关的性状），并确定优先选择性状的顺序。然后按育种目标性状的经济加权值，计算本场综合选择指数并排序，进行种母牛的选择及等级分群。可以从个体母牛本身性能的4个方面分别考虑。

1）产乳性能表现。

A. 产乳量：产乳量的遗传力中等（0.21～0.35，平均0.29），但重复力较高（0.50）。因此，影响产乳量的主要因素为饲养管理和环境条件。为了便于选育和比较，母牛泌乳期长短、每天挤奶次数、胎次或年龄、产犊季节可用线性模型法校正到同一水平上。从育种的角度，在估计产乳性能遗传水平时应尽量选用第一泌乳期的数据，一则其受环境影响较小，二则可以缩短世代间隔。另外，一些学者根据90天、100天、200天产乳量与305天产乳量的相关系数较高（分别为0.745、0.814和0.939），来预测其生产性能，可达到早选的目的。

B. 乳的品质：除乳脂率外，近年来不少国家对蛋白质的选择也很重视。由于乳脂率遗传力为0.5～0.6，重复力为0.70；乳蛋白的遗传力为0.45～0.55，非脂固体物亦为0.45～0.55，可见这些性状的遗传力都较高，通过选择容易见效。乳脂率与乳蛋白含量之间呈0.5～0.6的中等正相关，与其他非脂固体物含量也呈0.5左右的中等正相关。这表明，在选择高乳脂率的同时，也相应地提高了乳蛋白及其他非脂固体物的含量，达到一举两得之功效。但在选择乳脂率的同时，还应考虑乳脂率与产乳量呈负相关（-0.43），二者要同时进行，不能顾此失彼。

C. 排乳速度：排乳速度快的牛，有利于在挤奶厅中实施机械化集中挤奶，可提高劳动生产率。目前已列入各国选择的性状。排乳速度与总产乳量之间呈正相关。排乳速度随年龄、胎次的增长而加快。排乳速度与乳头长度、乳头外径的大小关系不大，而与乳头管直径及乳头括约肌的强弱有关。排乳速度有品种、个体之间的差异，荷斯坦牛为3.61 kg/min，西门塔尔牛为2.08 kg/min。排乳速度具有较高的遗传力（0.56～0.81），通过选择很容易改进，但排乳速度的选择过高可能导致乳牛易患乳房炎。

D. 前乳房指数：前乳房指数即两个前乳区泌乳量占总泌乳量的百分数。它是表示乳房前后泌乳均匀性的一个指标。正常情况下，前乳房指数为40%～45%，低于40%的表明泌乳不均匀。初胎母牛前乳房指数比二胎以上成年母牛大。据瑞典研究，乳牛前乳房指数的遗传力为0.32～0.76，平均为0.50。

E. 泌乳期内的泌乳均匀性：产乳量高的母牛，在整个泌乳期中泌乳稳定、均匀、下降幅度不大，产乳量能维持在很高的水平上。这种母牛所生的公牛，在育种上具有特别重要的意义。因为它在一定程度上能将此特性遗传给后代（$h^2 = 0.20$）。故泌乳均匀性的选择对乳牛具有一定的意义。

乳牛在泌乳期中泌乳的均匀性，一般可分为以下3个类型：一是剧降型。这一类型的母牛产乳量低，泌乳期短，但最高日产量较高。一般在分娩后2～3个月泌乳量开始下降，而且下降的幅度较大；最初3个月产乳量为305天总产乳量的46.4%；第4、第5、第6个月为29.8%；以后几个月为23.8%；二是波动型。这一类型牛泌乳量不稳定，呈波动状态。最初1、2个泌乳月内泌乳量很高，3、4个泌乳月变低，5、6个泌乳月又升高，而后又下降。此类型牛产乳量不高，繁殖力较低，适应性差，不适于留作种用；三是平稳型。本类型牛在牛群中最常见，泌乳量下降缓慢而均匀，产乳量高。一般在最初3个月泌乳量为305天总产乳量的36.6%，第4、第5、第6个月为31.7%，最后几个月为31.7%。这一类型牛健康状况良好，繁殖力也较高，可留作种用。

F. 饲料转化率：饲料转化率也是乳牛的重要选择指标之一。饲料转化率较高的乳牛，采食每千克干物质转化为标准乳（FPCM）的数量也多。据估计饲料转化率遗传力为0.5，它与产乳量之间的遗传相关很高（0.88～0.95），因此通过产乳量的选择，就可间接提高饲料转化率。

2）功能性状。

A. 长寿性：乳牛的利用年限（或终生效益）长，是许多饲养者期望的性状。由于生产寿命属于功能性状，具有很大的经济价值，但遗传力很低，很难通过选择在短期内实现较大的改进。因此，利用基因组信息除关注利用年限（PL）外，还应该特别结合女儿怀孕率（DPR）进行综合选择。产后能够尽早配上种、有多个分娩胎次的，才是我们希望看到的长寿性乳牛。

B. 繁殖与产犊性状：主要包括早熟性、受胎率、配种时间、产犊间隔、产犊难易等。繁殖性能在乳牛生产中是十分重要的，由于繁殖性状与生产性状之间存在着一定的负相关，忽视繁殖性状的选择，会导致综合效益下降。牛的繁殖性状遗传力都较低，一般低于0.2，故要提高繁殖力，除了使用本身、半同胞和后裔记录扩大测定范围及提高选择准确性外，更要利用基因组选择技术，以及加强饲养管理和提高繁殖技术水平。

C. 牛奶体细胞数：国际奶牛联合会认为，体细胞数量（SCC）超过50万/毫升，指示乳牛临床型乳房炎阳性。Dekkers等（1998）报道体细胞数与临床型乳房炎的相关是0.5～0.7，Lund等（1994）研究估计两者的遗传相关可高达0.97。体细胞数的对数转化形式——体细胞评分的遗传力高于临床型乳房炎的遗传力（0.1）（Schutz，1990）。瑞士Pilipsson等（1980）报道，在13个公牛的后代中，最好的牛群与最差的牛群乳房炎的发病率相差10%；Shook（1989）报道，在相同的环境下，最好的5%公牛的后代与最差的5%公牛的后代在乳房炎的发病率上相差10%～15%，故利用育种手段可以抑制乳房炎发病率的提高。因此，许多国家都把测定SCC作为乳房炎抗性的选择性状。

3）体型外貌性状。在乳牛育种中考虑体型外貌性状，主要是为了防止出现不利于发挥生产性能的，以及影响生产效益的那些身体缺陷，如悬垂乳房易引起乳房炎、分叉蹄影响乳牛正常运动等。研究证明乳牛体型外貌与生产性能之间没有明显的相关关系，但与乳牛的利用年限、终生效益关系密切。尤其是泌乳系统、后躯发育情况，以及四肢和乳房形状与生产寿命有较高的相关性。乳牛主要利用体型外貌线性鉴定（参见第三章）进行选择。

4）生长发育与肥育性状。无论是对乳肉兼用品种还是乳用品种来说，生长发育与肥育性状都很重要。生长发育性状主要是各生长阶段的体重，包括初生重、断奶重及6月龄、12月龄、18月龄和24月龄体重等。有条件的还可以考虑饲料转化率、胴体组成和肉质等性状。其中，饲料转化率是乳牛的重要指标之一。

（2）育种值估计及综合选择指数。通过对本场主要育种目标性状的测定，依据这些表型信息估计乳牛个体各性状的育种值［见前面个体动物模型BLUP部分，也可以利用测定日模型（Test Day Model）等］。然后将各性状的育种值依据它们的经济重要性进行加权，制定本牛场的综合选择指数。依据指数的大小进行排序，进行种牛的选择及母牛等级分群。

一些牛场也可采用简单的综合选择指数法对成年母牛进行初步选择。这个指数法是应用数量遗传学原理，将要选择的表型值，根据遗传力、性状经济重要性程度等，对其加权而制定的一个使个体间可相互比较的数值，然后根据指数值的大小进行选择。该方法包括产乳量、乳蛋白率（也可以是乳脂率等）及体型外貌线性鉴定评分3个性状的综合指数，克服了单一性状选择和独立淘汰法的缺点。其综合选择指数法的标准公式为：

$$I = W_1 h_1^2 \frac{P_1}{\overline{P_1}} + W_2 h_2^2 \frac{P_2}{\overline{P_2}} + \cdots + W_n h_n^2 \frac{P_n}{\overline{P_n}} = \sum_{i=1}^{n} \frac{W_i h_i^2 P_i}{\overline{P_i}}$$

W——性状的经济重要性；h^2——遗传力；P——个体性状的表型值；$\overline{P}$——牛群性状的表型平均值。

为便于选种，可将各性状都处于牛群平均表型值时的个体指数定为100，其他个体和100相比，超过100则越多越好，反之则越差。因此，指数公式作如下变换（公式二）：

$$I = a_1 \frac{P_1}{\overline{P_1}} + a_2 \frac{P_2}{\overline{P_2}} + \cdots + a_n \frac{P_n}{\overline{P_n}} = \sum_{i=1}^{n} a_i \frac{P_i}{\overline{P_i}}$$

$$\sum_{i=1}^{n} a_i = 100$$

按此，可根据育种工作的要求制定选择指数。例如，制定一个产乳量、乳蛋白率和体型外貌线性鉴定评分三个性状的乳牛综合选择指数，其具体步骤如下。

第一，统计必要的数据。公式中个体表型值（P_i）和牛群平均数（$\overline{P_i}$）可用本场资料直接统计；性状遗传力（h_i^2）如缺少本场资料，也可从有关育种文献中查找；各性状的经济重要性加权值可通过调查或凭经验确定。假定下表4-19所列数据为已知：

表4-19 选择性状的数据

选择性状	$\overline{P_i}$	h_i^2	Wi
产乳量	9000千克	0.3	0.40
乳蛋白率	3.1%	0.5	0.35
体型外貌线性鉴定评分	75	0.3	0.25

其中：$W_1 : W_2 : W_3 = 0.40 : 0.35 : 0.25$；而且：$W_1 + W_2 + W_3 = 1$（$\sum W_i$必须等于1）。

第二，计算a值：设每个性状均处于牛群平均数时的指数为100，于是

$$I = a\left(W_1 h_1^2 \frac{P_1}{\overline{P_1}} + W_2 h_2^2 \frac{P_2}{\overline{P_2}} + W_3 h_3^2 \frac{P_3}{\overline{P_3}} \right) = 100$$

$$I = a(W_1 h_1^2 + W_2 h_2^2 + W_3 h_3^2) = 100$$

上式因$P_1 = \overline{P_1}$，$P_2 = \overline{P_2}$，$P_3 = \overline{P_3}$，所以

$$a = \frac{100}{0.40 \times 0.3 + 0.35 \times 0.5 + 0.25 \times 0.3}$$
$$= 270.27$$

再把a值分配给3个性状，分别求出a_1、a_2和a_3。

$a_1 = 0.40 \times 0.3 \times 270.27 = 32.4324$
$a_2 = 0.35 \times 0.5 \times 270.27 = 47.2973$
$a_3 = 0.25 \times 0.3 \times 270.27 = 20.2703$
$a_1 + a_2 + a_3 = 100$

第三，计算选择指数。

将a_i值代入公式二，得出选择指数为：

$$I = 32.43 \frac{P_1}{\overline{P_1}} + 47.30 \frac{P_2}{\overline{P_2}} + 20.27 \frac{P_3}{\overline{P_3}}$$

由于各性状的牛群平均数（$\overline{P_i}$）为已知，指数公式还可化为（公式三）：

$$I = \frac{32.43}{9000} P_1 + \frac{47.30}{3.1} P_2 + \frac{20.27}{75} P_3$$
$$= 0.0036 P_1 + 15.26 P_2 + 0.27 P_3$$

这样，将该场任何一头乳母牛各性状的表型值直接代入上式，即可算出选择指数。按其指数的大小，对全牛场母牛进行排队选择留种。也可进行等级分群育种。

（3）基因组选择。有条件的牛场，在表型性能选择的基础上，可采集个体母牛的组织样、血液或毛囊，交由基因测定公司提取DNA并进行基因组测定，并计算基因组育种值（GEBV）和估计总性能指数（TPI）。也可以根据各性状基因组育种值及经济加权值，制定本牛场自己的综合选择指数。然后，依据指数大小进行留种或等级分群育种。

2. 母牛等级分群育种与冻精类型的选配

母牛等级分群育种是指通过基因组测定结合表型性能测定后，依据本场综合选择指数值大小，将母牛群分为：头等，排前10%的优秀母牛群，即种子母牛群，做胚胎的供体牛；二等，排名11%~50%的中上等母牛群，即核心群，用优秀性控冻精配种；三等，排名51%~80%的中

下等母牛群，即改良群，用优秀常规冻精配种；四等，排名后81%～100%的低等母牛群，即配肉用牛冻精的母牛群或做胚胎移植受体的母牛群或淘汰群。即通过选择出不同等级的母牛群并匹配相应的冻精类型，而进行的选种选配方法称为母牛等级分群育种（图4-7）。其目的是最好的母牛用育种值高、价格贵的冻精配种，各尽其用。既提高了牛群的遗传改良效率，又节约了成本、提高了牛群乳肉兼用的经济效益。这也是目前组合基因组选择、性控冻精和低产乳牛配肉牛冻精的3种育种热点技术，更是解决我国肉用基础母牛短缺问题的重要途径。表4-20反映出，性控冻精和肉用牛冻精在乳牛场近年来应用的比例有逐渐增多的趋势。

据北京向中生物技术有限公司（2023）报道，按照美国牧场目前每年的遗传进展来推测，收入每年增加73美元；如果进行分群育种，收入预计可多增加104美元（图4-8）。因此，在目

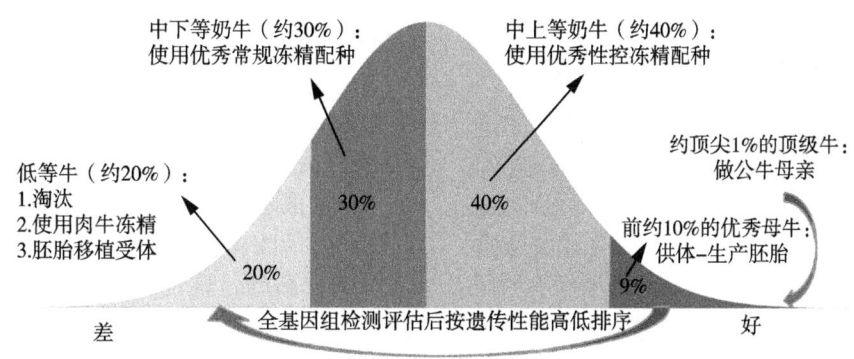

图4-7 母牛等级分群及其冻精类型匹配图
（来源：Caeli Richardson etc.https://www.cnd.ca,2021.11.）

表4-20 美国性控冻精和基因组青年公牛冻精使用进展趋势

年份	性控冻精/%	常规冻精/%	肉牛冻精/%	基因组青年公牛冻精/%	后测公牛冻精/%
2006	1.2	98.3	0.5	38.0	62.0
2010	7.0	92.5	0.5	50.9	49.1
2015	7.9	90.2	1.9	64.2	36.8
2017	12.7	83.2	4.1	67.4	32.6
2018	14.9	74.1	11.0	64.7	35.3
2019	19.2	60.3	20.5		

来源：美国奶牛育种委员会（Council on Dairy Cattle Breeding, CDCB），https://uscdcb.com/

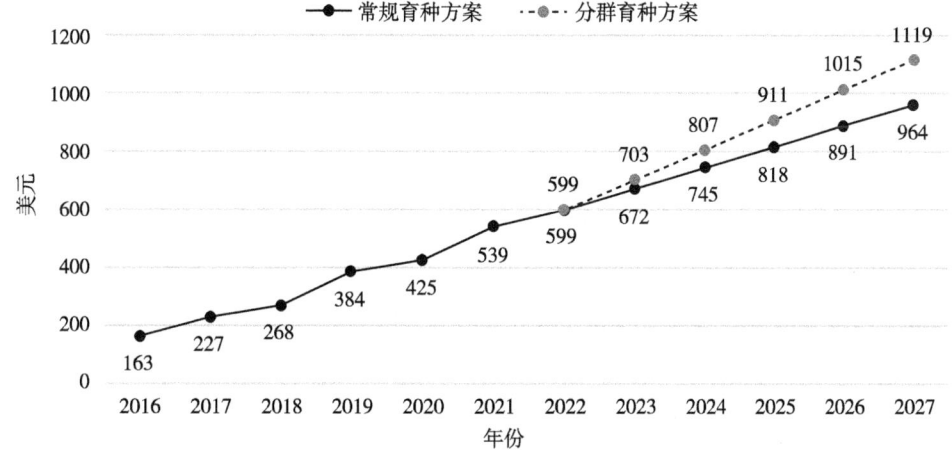

图4-8 常规育种方案与分群育种方案遗传进展的比较
（来源：北京向中生物技术公司，商业牧场跳跃式发展-核心群育种。甘肃省第四届奶业大会2023.3.2）

前的奶业行情下，牧场使用分群育种无疑是一种非常合适的育种策略。一方面牧场从生产上通过淘汰一些产乳量少、乳房结构差的牛来简化成年母牛群；另一方面对遗传品质低，但产乳性能仍然在盈亏平衡点以上的成年母牛参配肉牛冻精，使之乳肉兼用获得双效益，以实现今后两年的遗传品质提升和牛群结构的调整。

四、乳牛选种的遗传进展预估

（一）选择效果的预估及其影响因素

选择效果的预估可以减少制定育种目标和育种计划的盲目性，有助于对选种进度做出比较科学的预测。在选择进程的各阶段，可采用基因组检测等方法评价选择效果。若有的性状改进量没有达到预期目标或性状改良没有达到平衡育种的目的，可以及时修订、调整育种目标和计划，逐步优化选择效果。

选择效果预估可采用遗传进展预估公式：

$$\text{每年遗传进展} = \Delta G_t = \frac{\Delta G}{L} = \frac{\sigma_A * i * r_{AI}}{L} = \frac{\text{加性遗传标准差} \times \text{选择强度} \times \text{育种值估计准确度}}{\text{世代间隔}}$$

公式中的选择强度（可由留种率推算出）、育种值估计准确度的计算见张沅主编的《家畜育种学》。已知某性状的加性遗传标准差及乳牛的世代间隔，就可预估该性状的选择效果（每年遗传进展），对每个选择阶段进行基因组检测与评估，及时修订育种计划。

由公式可以看出影响遗传进展的因素：一是遗传标准差越大，即遗传变异越大，可获得的选择效果也越大。二是留种率越小，选择强度就越大，意味着被选留的个体生产性能远高于畜群平均值，具有较高的遗传优势。三是育种值估计准确度与选择效果成正比。亲缘信息的不同来源，以及测定信息的数量等可直接影响育种值估计的准确性；四是世代间隔与每年遗传进展成反比。基因组选择的世代间隔比后裔测定缩短了3年，不仅节约了养殖成本，而且大大加快了遗传进展。

由表4-21看出，后裔测定的每年遗传进展为0.215个遗传标准差。

由表4-22看出，基因组选择的每年遗传进展为0.467个遗传标准差，是后裔测定年遗传改进量的2.17倍。因此，基因组选择达到了早选，节约了育种成本，加快了遗传进展的效果。公牛后裔生产性能的提高是育种的目的，后裔测定的准确性是最高的，这是基因组选择不能完全替代的，二者各有所长。

在实践中，美国*Hoards Dairyman*杂志曾报道，某乳牛场根据牛群实际情况对本牧场指数（custom index）中的权重，特别是产乳量、乳脂量、生产寿命、存活率、体细胞评分、女儿怀孕率和体躯大小等性状的权重做了较大的调整（表4-23，以净价值为对照）。对5年后的遗传进展PTA值（预期传递力）进行了预估，仅产乳量和乳蛋白量就分别增加了223 kg和2.7 kg。

（二）基因组选择效果的预估

对加拿大3个牛群青年母牛的头胎性能进行了基因组评估，结果见表4-24。若将LPI排名前25%的头胎母牛留种，则预估305天产乳量选择效果就比排名后25%的头胎母牛高出293 kg。

表4-21 后裔测定每年遗传进展

选择通径	留种率/%	选择强度/i	估计准确度/r	世代间隔/L	选择遗传×估计准确性
公牛父亲	5	2.06	0.99	6.5	2.04
母牛父亲	20	1.40	0.75	6	1.05
公牛母亲	2	2.42	0.60	5	1.45
母牛母亲	85	0.27	0.50	4.25	0.14
合计				21.75	4.68
平均				5.44	1.17 σg
每年遗传进展			1.17 σg/5.44 = 0.215 σg		

来源：孙东晓"基因组选择技术在奶牛育种中应用"．第十一届奶业展览会，石家庄，2020.10．译自Larry Schaeffer. J. Anim. Breed. Genet. 123（2006）218—223.

表4-22 基因组选择的每年遗传进展

选择通径	留种率/%	选择强度/i	估计准确度/r	世代间隔/L	选择遗传×估计准确性
公牛父亲	5	2.06	0.75	1.75	1.55
母牛父亲	20	1.40	0.75	1.75	1.05
公牛母亲	2	2.42	0.75	2	1.82
母牛母亲	85	0.27	0.50	4.25	0.14
合计				9.75	4.56
平均				2.44	1.14 σg
每年遗传进展			1.14 σg/2.44 = 0.467 σg		

来源:孙东晓"基因组选择技术在奶牛育种中应用". 第十一届奶业展览会,石家庄. 2020.10. 译自Larry Schaeffer. J. Anim. Breed. Genet. 123(2006)218-223.

表4-23 某乳牛场选择指数调整后预期5年遗传进展(PTA)的变化

项目	权重/%		预期5年遗传进展(PTA)变化	
	牧场指数	净值指数	牧场指数	净值指数
产乳量	20	−1	766	543
乳脂量	14	27	24.2	30.3
乳蛋白量	16	17	21.4	18.7
生产寿命	19	12	2.7	2.6
存活率	0	7	1.8	2.1
体细胞评分	0	−4	−0.10	−0.12
女儿怀孕率	12	7	1.2	1.1
成年母牛受胎率	2	2	1.0	1.1
青年母牛受胎率	1	1	0.9	0.8
乳房结构	10	8	0.24	0.19
肢蹄结构	2	3	0.22	0.23
体躯大小	0	−5	−0.16	−0.31
产犊能力	2	4	16.4	16.2
健康性	2	2	3.8	4.5
合计	100	100	297	319

表4-24 基因组排名前25%和后25%母牛的头胎产乳性能比较

LPI排名	LPI	305天产乳量/kg	305天乳脂量/kg	305天乳蛋白量/kg	体细胞数/(个/mL)	体型总分	泌乳系统评分	肢蹄评分
前25%	2621	9862	389	317	99 900	79.1	78.5	79.5
后25%	2026	9569	362	299	99 000	77.9	78.0	78.0
差值	595	293	27	18	900	1.2	0.5	1.5

来源:Beavers and Doormaal,(Canadian dairy network, CDN),www.cdn.ca,April 2014.

第三节　乳牛的选配

一、选配的意义和原则

乳牛选种选配工作是乳牛育种的两个重要步骤。选配是在明确育种目标的基础上决定公母牛之间的配对，有意识地将双亲优良性状（基因）结合到后代中，以期形成一个优于亲代的、新的基因型，培育出更优秀的种公牛和种母牛。实践证明，正确地选配不仅可以提高选种效果，而且可以巩固选种的效果。选配效果取决于所选配公母牛的品质及其遗传性能。种公牛的价值不仅决定于它本身的遗传品质，而且决定于它与母牛群遗传特性的结合。为了改进选配效果，必须注意所选用的种公牛要适合母牛群所在地区的自然生态、社会经济条件。

选配必须坚持目标导向，符合群体选育的方向。为此，必须研究牛群的结构、品种，每头乳牛的来源及其优缺点。如产乳量的高低、乳脂肪和蛋白质含量的高低等。选配方向确定之后，要特别注意选配方向的长期性和稳定性，克服短期行为和盲目性。

种公牛对牛群的影响较大。所以，选配用的种公牛，其品质必须高于母牛群；同时，选配必须在深刻分析以往选配效果的基础上进行，包括公母牛的后裔测定；有条件的牧场可以做基因组测定，以避免近交和遗传缺陷，利用基因组预测结果达到更好的选配效果；公母牛配种时的年龄对后代影响较大，避免幼龄、老龄牛的配种所造成的生活能力弱、生产性能较低、遗传不稳定，选择青年或壮年母牛与壮年公牛交配最好，尤其是本交公牛配种；选配还必须根据公牛和母牛之间的亲缘关系，防止无意识地近亲交配，牛群近交系数应控制在6.25%以下，避免近交衰退。

二、选配方式

（一）品质选配

1. 同质选配　同质选配就是选用体型外貌和生产性能相近，且来源相似的优秀公母牛进行交配。同质选配的原则是好的配好的，产生更好的后代。其目的是增加群体中纯合基因型频率，保持和固定优良性状，以期获得与亲本相似的优秀后代。

同质选配多在杂交育种的后期阶段，提高牛群外貌、生产性能的整齐度，增加遗传稳定性时采用。另外，在原有品种牛群中建立有独特特性品系或巩固和发展某一优良性状，如高乳蛋白率特性时，也实行同质选配。但是，同质选配绝不允许所选的公母畜有共同的缺点，因为这样的选配，将会使缺点更加突出。

同质选配的效果与亲缘选配相似，但纯合的速度比亲缘选配慢得多。

2. 异质选配　异质选配也就是利用体型外貌和生产性能特性不同的公母牛进行交配。其目的是获得兼有双亲在不同性状上优点的后代，或就一个性状，用一个亲本的优点去纠正另一亲本的缺点。因此，异质选配可以丰富和改变遗传结构，改进和提高后代的体型外貌、生活力、适应性和生产性能。例如，可以选择高产乳量的品种与具有高乳脂率的品种进行选配，以期获得产乳量多、乳脂率高的优良后代；再如，使用背腰平直的公牛与背腰不平、有凹陷的母牛交配，以纠正母牛后代背腰不平的缺点。

同质选配和异质选配是相对的，两者在生产实践中是互为条件、相辅相成的。从个体性状表型的整体看，每次选配都是同质选配与异质选配的结合。同时，长期的同质选配能增加群体中遗传性稳定的优良个体，为异质选配提供良好的基础；而异质选配创造的新品种或优秀后代，应及时转入同质选配，使新获得的优良性状得以巩固。所以同质选配和异质选配是不能截然分开的，而且只有将两者密切配合，交替使用，才能不断提高和巩固整个牛群的品质。

（二）亲缘选配

亲缘选配是指根据交配双方的亲缘关系远近来安排交配组合，以期提高牛群质量的选配方式。如果交配双方亲缘关系较近，即称近交；如果交配双方亲缘关系较远，即称远交。实践中，常把到共同祖先的总代数不超过6代的个体间的交配称为近交，即所生子女近交系数大于或等于0.78%的属于近亲交配；而把不同品种（品系）间的交配称为杂交。

1. 近交　近交的效果：第一，固定优良性状。近交可以增加纯合基因型的比例，使优良性状在后代中得到巩固，这在品种或品系的育成阶段具有重要意义。第二，淘汰有害性状。往往有害基因是隐性的，通过近交可使之纯合而暴露，以便及早将有害性状的个体淘汰。第三，保持优良的血统。牛群中若出现特别优秀的个体，可采用近亲交配的方式来保留它们的血统。在这种情况下，可慎重采用亲子、全同胞间交配，后代的近交系数可高达25%。

亲缘选配应注意的问题：第一，亲缘选配不能滥用，只有最杰出的个体，为巩固和发展其优良特性才采用，对一般种牛不采用。近交运用不当可导致后代生活力、繁殖力和生产能力衰退。第二，卓越种牛的配偶也必须具备相近的品质，同时没有相同的缺点，才能进行亲缘选配。第三，在近交后代中，必须逐代实行严格的选择和淘汰，淘汰有害基因，这对种公牛尤为重要。第四，注意控制亲缘程度，保留一定数量的种公牛。第五，加强饲养管理，保持亲本和后代的强壮体质。

2. 杂交 ①杂交的效果：第一，增加杂合子的频率，提高杂种群体均值，即产生杂种优势。第二，利用群体间的遗传互补效应。第三，降低子一代的遗传变异率。杂交广泛用于下列几个方面：一是杂交育种。杂交可以丰富子一代的遗传基础，把亲本群的有利基因集于杂种一身，因而可以创造新的遗传类型，或为创造新的遗传类型奠定基础。新的遗传类型一旦出现，即可通过选择、选配，使其固定下来并扩大繁衍，进而培育成为新的品系或者品种。二是与高产品种杂交能起到改良作用，迅速提高低产品种的生产性能，也能较快改变种群的生产方向。三是杂交还能使具有个别缺点的种群得到较快改进。②杂交生产：利用杂种优势及遗传互补，使杂种子一代的表现一致性增高，因此特别适于商品生产，但乳牛繁殖率低，极少采用杂种子一代，母牛完全淘汰肉用的繁育方式。乳牛杂交繁育详见本章第四节。

三、主力种公牛（冻精）的选择

（一）选配主力种公牛的要点

1. 依据牧场育种目标和主要改良性状选择适配种公牛 充分掌握本场牛群基本情况，如血缘系谱、DHI或产乳性能、配种、抗病力、利用年限、体型外貌、易产性、淘汰等信息，选择符合本牛场育种目标和改良性状、育种值水平较高的种公牛冻精。个体母牛选配计划制定过程中避免近交，更要注意不选有遗传缺陷的公牛，或选配中避免同一种遗传缺陷携带者交配。

2. 冻精价格因素 一般来讲，购买冻精的费用与母牛一生所带来的收入相比是微不足道的。据测算，冻精成本占乳牛场运营成本的0.5%以下，而且公牛遗传物质是改变牛群遗传水平的两种渠道中更便捷的，优秀的公牛改良效果累积，一代更比一代强。因此，冻精价格不应作为选择公牛的主要因素。冻精价格最贵的不一定是最适合的，但太便宜的冻精一般育种值较低且选择余地窄。适合本牛场育种目标，能改良牛群劣势性状，巩固优势性状的才是"对"的。依据母牛等级分群育种原则，优秀的核心群母牛应选配育种值高的冻精，青年牛及一胎母牛可以选用性控冻精，中上等的改良母牛群选配育种值较高的常规冻精，最次的母牛群可以选配肉牛冻精，其后代公犊和母犊都不宜留作繁殖用。

3. 利用综合选择指数排序法确定主力公牛 根据本牛场育种目标和所选目标性状改良的优先顺序，以及性状经济重要性确定其加权值，制定出本牛场育种综合选择指数公式。计算符合目标改良性状的初选公牛的综合选择指数值并进行排队，最终确定前几名作为主力配种公牛。

4. 一个乳牛场需要配种公牛的头数 一个牛场需要多少头种公牛配种，与其母牛群规模大小、公牛遗传育种值的可靠性、选配方案，以及牧场愿意承担的风险高低有关。一般来讲，公牛育种值的可靠性越高，其风险越低。为了控制近交、增加遗传多样性、跟进评估最新结果，每年可以选2~3次种公牛冻精，依据牛群规模每年至少使用3~5头种公牛（个体选配时可增加种公牛数），且一般每头种公牛的使用时间不宜超过1年。

（二）控制近交

1. 近交衰退 由于自2009年基因组选择技术的实施，遗传进展的加快，相应也使近交速率加快。加拿大2010—2020年平均每年近交增长率为0.26%，2021年新出生的小母牛平均近交系数为8.86%（图4-9）。

美国弗吉尼亚理工大学的Cassell教授的

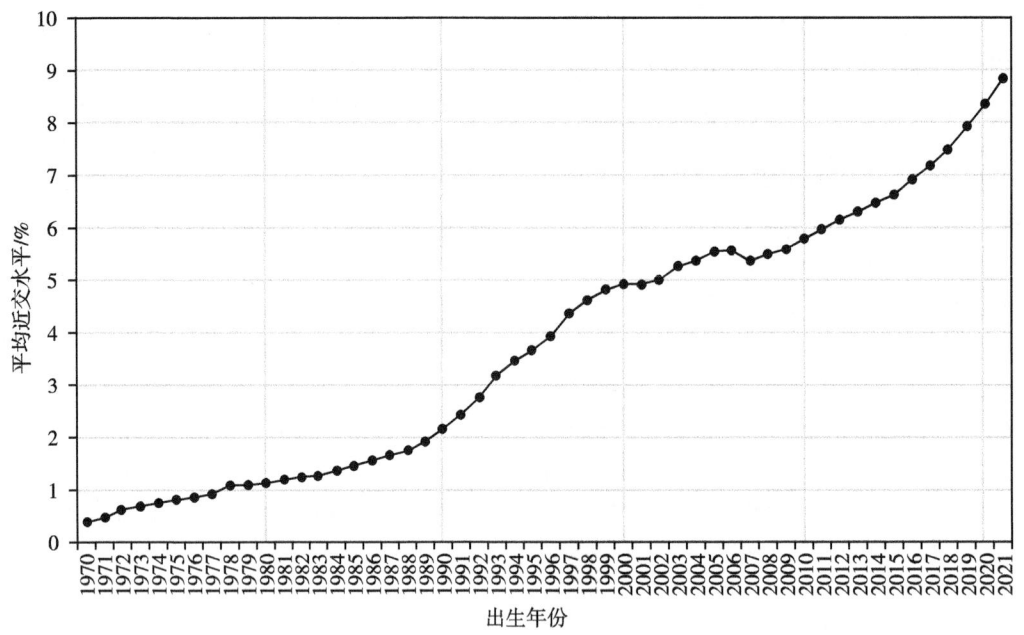

图4-9 加拿大荷斯坦牛近交趋势图
（来源：Brian Van Doormaal, Chief Services Officer, Lactanet Canada.www.cdn.ca, 2022.8）

研究结果显示，近交系数每增加1%，后代终生净值指数减少24美元、终生产乳量减少790磅（358公斤）、生产寿命降低13天等。也就是说近交系数为6.25%的乳牛终生经济损失将是24×6.25＝150美元。

乳牛生产过程存在不同程度的近交，最严重的就是兄弟姐妹之间或者父母与其后代之间配种。以下是这几种近交情况下产生的损失分析，由表4-25可以看出，如果排除其他个体和个体本身的影响，一头公牛与其女儿相配，出生个体的近交系数高达25%，后代终生净价值损失约600美元。因此，避免近交衰退对乳牛的生产、繁殖和健康意义重大，应做好牧场系谱记录，通过选配尽量把近交系数控制在6.25%以内。

表4-25 严重近交衰退造成的损失

公牛	预期近交系数/%	NM$	头胎产乳量/磅	头胎蛋白量/磅
与其女儿	25	−600	−2050	−75
与其半同胞姐妹	12.5	−300	−1025	−38
与其半同胞兄弟的女儿	6.25	−150	−513	−19

来源：Dr.Bennet Cassell, Inbreeding.Virginia Cooperative Extensive, Publication 404-080, www.ext.vt.edu, 2009.5.1

2. 管控近交

（1）完整、准确地记录系谱。牧场需要不断完善牛群的系谱信息，至少需要清楚记录两代系谱，即父亲、母亲、祖父母、外祖父母，系谱记录越完整，越有利于做好选配。同时，牧场也要从配种记录、产房管理及信息录入等方面加强管理，提高员工的责任心，从而保证较高的系谱准确率。一般而言，系谱的记录完整率和准确率达到85%以上时，执行选配才是有意义的。

（2）增加公牛使用头数。通常建议同时使用3~4头公牛，5~7头最佳，且每头种公牛的使用时间不宜超过1年。这样可以为每头母牛挑选出近交控制效果好、性状匹配最佳的3头公牛作为备选。一般近交系数控制在6.25%以内。建议可采用一些较好的选配软件或网上系谱查询软件来计算近交系数，找到适配的种公牛，以避免近交。

（3）个体选配。个体选配就是以个体为单位针对其特点为母牛选择合适的公牛，使优秀遗传物质按照育种目标的设计进行组合并传递给后代。随着基因组优秀公牛的不断培育，尤其是顶级公牛，如果往上追溯基本都是名门后代，这就导致了一直使用高端冻精的牧场选牛越来越难，优秀公牛往往会跟之前用的公牛有亲缘关系。但是如果放弃与本群有亲缘关系的好公牛，又会制约牧场的遗传进展。个体选配可以通过精准匹配在一定程度上解决这一问题。

（4）执行和监督。牧场应按照育种目标和选配策略来定期制订选配计划。定期更新冻精库存和新增优秀公牛，对选配报告进行更新。选配报告可直接导入目前常见的牧场管理软件，如DC305、一牧云、UniDairy、阿菲金等，若软件无法导入的，按母牛号排序并打印纸质版选配报告，便于查询与配种过程中核对牛号；要定期核对库存冻精的使用数量与配种牛只的选配报告，做好选配工作的审核。有条件的牛场每年或定期对牛群抽样进行基因组检测，验证系谱记录的准确率。

四、选配方案与计划

（一）选配方案

在生产实践中，常采用以下3种选配方案。任何一种选配方式，种公牛的品质都必须高于母牛。

1. 个体选配　个体选配可使每头母牛都按自己的特点与最优秀的种公牛进行交配，以获得优秀后代的基因组合，并针对功能性体型性状实现优势互补，不断提升牛群体型外貌的一致性，还能最大限度地控制近交。因此为了实现选配计划，必须很好地了解个体特性、系谱来源、外貌和生产性能，同时要了解其过去的选配效果，还应避免隐性有害基因携带者及单倍型携带者的公牛与母牛之间的相互配对，防止有害基因纯合。

2. 群体选配　群体选配的本质是根据本牛场母牛生产性能、体质外貌及繁殖、抗病等群体主要特点，依照育种目标来选择3~5头种公牛冻精，以2~3头为主，其他为辅，且每头种公牛的使用时间不宜超过1年。要严格管控近交。

3. 分群选配　牛场每群需根据母牛的遗传价值、胎次、配次来制定不同的选配方案。例如，本章第二节"母牛等级分群育种与冻精类型的选配"中，介绍了根据母牛的育种值大小进行等级分群来选配不同的冻精类型的育种方案。

现介绍依据母牛胎次和配次不同实施的选配方案。例如，云南欧亚乳业鹤庆牧场目前饲养荷斯坦牛和娟姗牛两种乳牛品种，共存栏5300头。2017年鹤庆牧场落实开展牛群"一五"遗传改良计划，主要从牛群结构、生产性能、体型结构、健康繁殖等方面抓起，制定了严谨科学的最优选配方案（OptiMate），见表4-26。选配方案中始终贯穿"最优"个体遗传改良的思路，使得改良效果最大化。2021年成年母牛平均单产10 080 kg，乳脂率为4.2%，乳蛋白率为3.5%，体细胞数15万。

表4-26　欧亚乳业"一五"遗传改良计划OptiMate选配方案

品种	育成牛	1胎成年母牛	2胎及2胎以上成年母牛
荷斯坦牛（HO）	前2次HO性控冻精，其余HO常规冻精	TOP50%第一次HO性控冻精第二次及以后HO常规冻精	全部HO常规冻精
娟姗牛（JE）	前2次JE性控冻精，其余JE常规冻精	TOP90%第一次JE性控冻精第二次及以后JE常规冻精	全部JE常规冻精

通过实施牛群"一五"遗传改良计划和OptiMate选配策略，牛群在生产性能、体型、健康性状方面都取得显著效果，见表4-27。

表4-27　欧亚乳业"一五"遗传改良计划实施OptiMate选配方案的遗传进展

性能	5年	变化	差值
TPI	之前	2136	+330
	之后	2466	
NM$	之前	144	+265
	之后	409	
产乳量/kg	之前	167	+572
	之后	739	
乳脂量/kg	之前	19	+31
	之后	50	
乳蛋白量/kg	之前	14	+18
	之后	32	
体型	之前	0.1	+0.5
	之后	0.6	

（二）选配计划

选配计划是让公牛的优点与母牛的缺点相克，从而改进后代母牛的遗传素质。选配计划的制定应在每头母牛以往选配效果的基础上，进一步分析每头牛的特性之后进行。如果过去的选配效果良好，即可采用重复选配；对已证明过去选配效果不理想的个体，要及时进行适当的调整；对青年母牛，可参照同胞姊妹和半同胞姊妹的选配方案进行选配，尤其注意避免难产。

选配计划通常按表4-28的格式进行编制。

表4-28 乳牛的选配计划表

母牛号	与配公牛号	亲缘关系	以往选配效果	本次预期选配效果

选配计划必须严格执行。为了使选配计划落到实处，育种主管必须按照配种计划表定期进行监督检查，发现问题及时解决，以便使选配计划顺利进行。

第四节 乳牛育种方法及杂交生产

一、乳牛品系繁育

品系繁育是培育高产乳牛育种工作的高级形式，是改良和提高牛群品质的有效方法。其目的就是培育牛群在类型上有差别的小群体，以使牛群中各个优良性状都能持续地发展和遗传给后代。乳牛具有经济意义的性状是多方面的，如产乳性能、生长发育、体质外貌、繁殖力、抗病力、利用年限等，若在牛群中选择一头全面优秀的种牛是很难的，但若选择在某一方面突出的个体较容易。因此，在牛群中有计划地建立具有各自优良特性的若干品系，开展同质选配，以使品种在这方面的优良特性得以保持下去。然后，通过品系间杂交，将各品系的优良特性综合到品种中去，使整个乳牛群得到改进与提高。乳牛生产发达的欧美国家普遍采用品系繁育。

（一）品系的建立

建立品系的第一步就是选择和培育系祖。系祖必须具备优良的特性，并将这一特性稳定地遗传给下一代。例如，目前，美国公布的"公牛概要"中，排列前200名的公牛中，其血缘关系最后集中到几头优秀种公牛身上（以公牛为系祖的品系）。我国从北美引进的荷斯坦种公牛均为A、B、C和D四个系祖的后代。经后裔测定选择和培育出的系祖，一般都含有12.5%以下的近交系数，以达到较高的同质性和遗传稳定性。

（二）培育系祖继承者

系祖公牛可与一定数量（150头以上）杰出的同质母牛选配，使得表现突出的儿子作为品系的"继承者"，并经后裔测定确认其品质。

（三）品系间杂交

品系建立和品系间杂交是品系繁育的两个阶段。建立品系是为了增加品种内的差异性，以保证牛群内丰富的遗传特性，而品系间杂交则是利用品系间的优良特性互补，丰富遗传多样性。这样品系不断地建立，不断地杂交结合，使得品种不断地完善、不断地提高。

二、乳牛杂交繁育

杂交繁育是指不同品种的公牛和母牛进行相互交配的繁育方式。杂交繁育的专业重点在于充分利用遗传互补及杂种优势效应，因此杂交的目的在于杂种后代获得父母本加性遗传效应及杂种优势，例如，缩短哺乳期、降低犊牛死亡率，以及获得比较高的产乳量等。

国内外大量的资料表明，与高产乳牛品种杂交繁育是迅速提高低产品种乳牛产乳性能的有效方法之一。杂交繁育在乳牛中应用较广的有下列几种杂交方法。

（一）级进杂交

级进杂交是用高产乳用品种种公牛与低产种母牛逐代进行杂交，杂种公牛一般直接淘汰作肉用，而杂种母牛留群作繁殖用，一直达到彻底改造低产品种的目的。各代杂种母牛，随着杂交代数的增加，含高产品种血液也逐代增加，一般级进到3~4代后即获得高代杂种。有些国家接纳4代及以上的杂种个体登记为纯种个体，如美国西门塔尔牛协会规定西门塔尔牛品种93.5%以上者为纯种（pure breed），100%者为纯血（pure blood）。

级进杂交在我国已有实践。例如，中国荷斯

坦牛就是利用引进国外的荷斯坦牛与中国黄牛级进杂交而育成的。但杂种牛的适应性，随着代数的增加而有所减弱，发病率也有所增加。因此，采用级进杂交，必须为杂种牛创造良好的饲养管理条件，以使其优良遗传性状获得充分发挥。杂交繁育同样需要制订选配计划，尤其是级进杂交，对引入品种公牛的选择，必须与纯种繁育计划同样慎重，以保证杂交繁育的效果。

（二）引入杂交

引入杂交也叫导入杂交。当某乳牛品种（或牛群）的个别缺点不能由本品种育种方案纠正时，往往引入另一乳牛品种的优点来纠正。引入杂交的优点在于不改变原牛群的育种方向。例如，我国一些高产牛群产乳量很高，但乳脂率偏低。为此可考虑引入产乳量良好且乳脂率高的品种公牛或冻精，以纠正我国高产牛群乳脂率低的缺点，使牛群性能趋于理想。

引入杂交的关键是选择好所用品种和种公牛。杂交一次后，在杂种后代中加强选择和培育，杂种母牛留作繁殖用途，杂种公牛视横交计划可选留最优秀者，其余作肉用。一般导入外血的比例在1/8至1/4，导入过度不利于保持原品种特性。原品种与导入品种在生产性能及特性方面相差不大时，在回交一代（含1/4外血）后就可筛选杂种公牛在引血群中实施横交；如差异较大，则应在回交二代（含1/8的外血）后进行横交。横交公牛的选择与纯种公牛的技术路线相同。

（三）经济杂交

经济杂交在家禽、猪的生产中广泛应用，一般在两个品种/品系间杂交之后杂种后代不论公母不留种、全部商用。这种模式不能完全照搬到乳牛生产中，但可以借鉴。具体做法是以低产乳牛品种（或乳牛群）与良种乳用品种（或兼用品种）公牛进行杂交，或用两个高产品种进行杂交。杂交目的同样是利用品种互补及杂交一代的杂种优势，以提高其经济利用价值。近年来，有些国家为了生产瘦肉型牛肉，利用著名肉用品种公牛（如安格斯、和牛等）与乳用品种母牛杂交，后代全部育肥。因为乳牛与肉牛遗传上差异大、互补性强，杂种优势表现明显，且有较好的经济效益，因此乳牛群中存在多余的有繁殖能力但因低产等原因准备淘汰的母牛时，经常使用经济杂交的繁育方法。

三、乳牛育种方案的制定

在实施乳牛品种（或乳牛群）遗传改良之前，必须制定育种方案，包括制定明确的育种目标，选择切合实际、易度量的育种指标，不能仅凭想象。育种方案一旦确立，应坚持不懈并不断根据运行结果微调修正，一般不轻易进行大改动，一旦中途停止，前期朝向育种目标的努力都成徒劳。

制定育种方案的内容与步骤概述如下。

1. **选择适合的乳牛品种** 一个国家、一个地区，甚至一个乳牛场都存在着品种的选择问题。这是决定育种工作能否取得进展的大问题。就目前各国的情况看，由于荷斯坦牛产乳量最高，生产每单位牛乳所消耗的饲料费用最低，在产乳量基本不变的情况下，可以减少乳牛饲养头数，节约饲料、人力和设备，经济效益较高。所以自20世纪70年代以来，荷斯坦牛在国内外都是主流品种。例如，美国、加拿大、荷兰、以色列等乳牛发达国家荷斯坦牛比例已经占到90%以上，产乳量在9000 kg以上。少数国家根据养殖和行业需求，如新西兰以放牧为主要养殖方式、以奶粉为主要乳制品加工产品，荷斯坦牛占比低于50%。我国曾先后引进不少乳牛品种，如爱尔夏牛、娟姗牛、科斯特罗姆牛等，但这些品种产乳量不高，有的已被逐渐淘汰。

2. **选择或购买最好的母牛个体** 不论是一个品种还是一个牛群的育种工作，选择好基础母牛是最重要的。因为基础母牛群对整个牛群品质的好坏和遗传改良的进展有深远的影响。因此，基础母牛必须严格选择。选种应根据母牛的产乳记录（DHI测定）、乳牛体型和系谱进行。

3. **繁育方法** 根据育种目标，选择最高效达到理想指标的繁育方法，如人工授精是乳牛最普遍的繁育方法，选择性控冻精是提高后备牛比例的策略之一。近年来，体外胚胎生产和移植引起我国乳牛生产者的广泛关注，这种繁育方式成本高，但在扩大优秀母牛基因的效率方面非常有效。

4. **乳牛群鉴定** 定期对乳牛群进行鉴定，明确乳牛群（或品种）存在的优缺点。牛群鉴定必须有统一的鉴定标准和一批技术熟练、经验丰富的鉴定人员（详见第三章）。

5. 选择、培育理想种公牛　种公牛应该是经过基因组预测或后裔测定，被证明为遗传水平优秀的理想个体。只有利用理想种公牛的基因，才能进一步提高乳牛群产乳量，改进其体型外貌，延长利用年限。选择理想公牛，种公牛站应从国内外广泛挑选，也可引进优良公牛或精液、胚胎。对于母牛养殖场来说，应根据本场育种目标选择最优秀的种公牛冻精，且注意保持群体遗传多样性，每次选择3～5头来自不同家系的优秀种公牛为宜。

6. 制订选配计划　在严格选择种公牛的基础上，必须在避免近交的前提下，依据群体育种目标，定期制订母牛个体选配计划，并严格实施。一般根据以上原则每头母牛给出3个候选公牛，每半年或一年依据系谱、表型及遗传评估成绩制订一次选配计划。应建立购入种公牛冻精的库存管理和牛号管理规则，配种时先核对配种计划，之后尽快填写配种记录，定期核对每头公牛冻精的库存变动。对一些特别优秀的种母牛和种公牛，可进行适当的近亲选配，以使其优良品质稳定地遗传给后代。

7. 建立严格的选留、淘汰制度　任何优秀公牛与母牛选配所生的后代，必然会出现基因的分离和重组、连锁与交换。双亲的亲和性大，则分离的现象相对较少，反之分离的现象相对较多。另外，分离的程度也与性状的遗传力有关。近交加大基因纯合的概率，一方面可能造成有害基因纯合；另一方面也可能带来有利基因纯合，对选种工作有利。因此，牛群需要通过性能测定，按育种目标选出优良个体而淘汰劣种。在育种工作中，必须建立严格的淘汰制度，在初生、断奶、初配、泌乳等各个阶段明确选留标准，尽早将不合格个体淘汰以降低成本。

8. 制定适宜的饲养管理方案　制定和执行相适宜的饲养管理方案，可使乳牛在群中充分表现出遗传潜力。

四、利用杂交繁育方式提高乳牛的养殖效益

高度选育使高产荷斯坦牛的繁殖力、健康状况、长寿性下降，群体的近交系数亦不断增加。据美国CDCB报道，2021年出生的128.89万头荷斯坦小母牛平均近交系数高达9.09%，导致抗病力下降，遗传疾病发生率升高。Hansen报道，乳牛生产性状的杂种优势可达6.5%以上，乳牛的繁殖、健康和生活力等性状可达10%以上。乳用与兼用品种间的杂交表明，不仅不会降低产乳量，还能提高乳成分、提高后代的适应性、改善繁殖力、降低近交程度等。因此，近年来用肉牛冻精杂交低产乳牛已成为乳牛场的热点。一是低产母牛乳肉兼用，既产乳又产肉犊育肥，双份的经济效益；二是避免了乳牛近交，并获得了肉犊杂种优势；三是增加了（或弥补了我国）肉用基础母牛的来源，达到事半功倍效果。如在法国乳牛有15%、荷兰20%的母牛用肉用公牛杂交，以生产肉用犊牛，来保证牛肉的生产；丹麦、荷兰35%，美国30%的牛肉来源于乳牛。

由表4-29可见，荷斯坦牛纯种与蒙荷杂种（蒙贝利亚牛×荷斯坦牛）产乳性能相比，虽然荷斯坦牛单产较高，但在终生产乳量和终生乳脂量、乳蛋白量上均低于蒙荷杂种牛，抗乳房炎（SCS）方面也不如杂种牛。

表4-29　美国加州荷斯坦与蒙荷杂种牛产乳性能比较

项目	荷斯坦牛	蒙荷杂种
乳牛数/头	416	503
305天产乳量/kg	11 417	10 744
终生产乳量/kg	28 086	32 891
终生乳脂率/%	3.5	3.7
终生乳蛋白率/%	3.1	3.2
终生乳脂量/kg	996	1217
终生乳蛋白量/kg	871	1050
体细胞评分	3.27	2.98

来源：Piazza. Journal of Dairy science. 106（5）：312-322. https://ldoi.org110.3168/jds.2022-22328

由表4-30看出，荷斯坦纯种牛在繁殖及终生效益方面均不如蒙荷杂种牛。

由表4-31看出荷斯坦母牛残值和所产犊的经济收益均不如乳肉兼用型的德系西门塔尔牛及其西荷杂种牛。

表4-30 美国加州荷斯坦牛与蒙荷杂种牛的繁殖性能及终生效益比较

项目	荷斯坦牛	蒙荷杂种
第一次输精天数/d	70	63
空怀天数/d	148	122
一次情期受胎率/%	22	31
第四胎存活率/%	29	55
每天利润/$	4.14	4.39
牛群寿命天数/d	937	1150
终生效益/($/头)	4347	6503

来源：Piazza. Journal of Dairy science. 106（5）: 312-322. https:/ldoi.org110.3168/jds.2022-22328

为了提高荷斯坦牛的繁殖力、抗病力，改善乳成分，增加其乳肉综合经济效益，在河北省某牛场以乳肉兼用品种蒙贝利亚牛为父本、荷斯坦牛为母本进行杂交试验。通过构建线性模型、计算综合经济效益等，对同期同龄、第一胎的蒙荷F1代母牛（74头）与荷斯坦纯种母牛（67头）的产乳性状、繁殖性状、抗乳房炎能力及综合经济效益进行了对比研究（表4-32）。在增重方面，各生长阶段蒙荷杂交一代母牛的体重均高于纯种荷斯坦牛，且其初生重和6月龄重显著高于纯种荷斯坦牛（$P<0.05$），断奶重、9月龄和12月龄体重均极显著高于纯种荷斯坦牛（$P<0.01$），蒙荷杂交一代母牛初生至断奶、断奶至6月龄、6~9月龄、9~12月龄平均日增重均大于纯种荷斯坦牛；在产乳性能方面，虽然荷斯坦牛305天校正奶量比蒙荷杂种多154.22 kg，但蒙荷杂种牛305天乳脂量和乳蛋白量均高于荷斯坦牛，乳脂率和乳蛋白率显著或极显著高于荷斯坦牛；体细胞评分也显著低于荷斯坦牛，说明抗乳房炎能力较强。

在饲料转化率方面，选取初产日龄、产犊日期、产乳量和体重体况都相近的新产牛各9头

表4-31 德国西门塔尔牛、荷斯坦牛及其杂种牛的肉用性能比较

项目	西门塔尔牛	荷斯坦牛	西门塔尔牛×荷斯坦牛杂种
每头乳牛兽医费用/欧元	70	86	76
淘汰母牛活体销售收益/欧元	717（平均1.07欧元/千克）	516（平均0.79欧元/千克）	607（平均0.92欧元/千克）
淘汰母牛胴体收益/欧元	785（平均2.21欧元/千克）	592（平均1.89欧元/千克）	677（平均2.04欧元/千克）
育肥公牛犊价格/欧元	500（平均6.00欧元/千克）	175（平均3.50欧元/千克）	400（平均4.50欧元/千克）
100 kg母牛犊市场价格/欧元	360	324	342
头胎母牛价格/欧元	1260[a]	1224[b]	1242[c]

来源：＜welche Kühe braucht der Milchviehhalter? 乳牛饲养者需要何种乳牛？＞2006年11月，德国巴伐利亚州安斯巴赫（ANSBACH）农林业局，ALBRECHT STROTZ著。

注：[a]西门塔尔牛头胎母牛价格1260欧元，日产乳量27.6 kg；[b]荷斯坦牛头胎母牛价格1224欧元，日产乳量33.6 kg；[c]西门塔尔牛×荷斯坦牛杂种头胎母牛价格1242欧元，日产乳量31.5 kg。

表4-32 蒙荷F1代与荷斯坦牛第一个泌乳期产乳性能的比较

项目	蒙荷F1♀			荷斯坦牛♀			杂种优势率/%
	头数	均值	标准误	头数	均值	标准误	
305天校正奶量/kg	62	8615.81	287.10	67	8770.03	247.43	-1.76
305天乳脂率/%	25	3.59*	0.05	30	3.49	0.04	2.87
305天乳脂量/kg	25	321.06	14.56	30	308.60	10.05	4.04
305天乳蛋白率/%	25	3.25**	0.05	30	3.12	0.03	4.17
305天乳蛋白量/kg	25	290.14	13.43	30	276.28	9.27	5.02
高峰奶量/kg	69	34.98	1.03	57	35.22	1.10	-0.68
泌乳天数/d	41	311.48	15.06	43	325.26	11.85	-4.24
体细胞评分	57	2.37*	0.28	52	2.85	0.22	16.84

注：*代表蒙荷F1与荷斯坦牛之间差异显著（$P<0.05$）；**代表蒙荷F1与荷斯坦牛之间差异极显著（$P<0.01$）。

进行配对试验，试验期为45天。由表4-33可看出，在泌乳盛期4%FCM泌乳量相似的情况下，蒙荷杂种牛的饲料转化率为1.92，极显著高于荷斯坦牛（1.86），且蒙荷杂种牛的增重比荷斯坦牛高50.15%（10.12 kg vs. 6.74 kg），说明蒙荷杂种牛比荷斯坦牛具有减缓泌乳盛期能量负平衡的能力。

在繁殖方面（表4-34），蒙荷杂种牛的初产月龄显著少于荷斯坦牛（0.95个月），空怀天数极显著缩短（19.81天）。

另据A. R. Hazel等（2020）报道，在明尼苏达州7个高产商业乳牛群中，将北欧红牛（VR）、蒙贝利亚牛（MO）和荷斯坦牛（HO）轮回杂交三代牛与同群荷斯坦母牛进行比较。二元和三元杂交牛在所有的繁殖性状上都比其同群HO有优势。二元杂交后代在第一胎、第二胎和第三胎的空怀期比同群HO分别缩短了9天、17天和15天，三元杂交后代比同群HO分别缩短了15天、19天和20天。各品种组的牛群首次产犊月龄均较小，在22～23月龄，而三元杂交后代第一次、第二次和第三次产犊月龄明显小于同群HO。与同群HO相比，二元杂交后代第一胎次的乳脂和乳蛋白总产量（kg）高出2%，但二胎、三胎的产量没有明显差异。

据Jeffrey Lutz介绍，目前美国每年有300万头左右的肉奶杂种牛，给美国牛肉市场提供13%～15%的牛肉，肉奶杂交并没有提升乳牛肉在市场的占比，只是提高了牛肉的品质。首先，使用安格斯牛与乳牛配种的比例最高，因为安格斯牛是肉质优势品种。其次，在乳牛场比较受欢迎的品种是西曼格斯（Simangus，合成系），这意味着父本有一部分血统来自西门塔尔牛，一部分来自安格斯牛，兼具西门塔尔牛的生长速度快、肌肉量较高，以及安格斯牛胴体品质和牛肉品质好的优势。

从饲料转化率看，纯种肉牛料重比6:1，肉奶杂种牛则6.5:1，而荷斯坦牛为7.8:1，这说明肉奶杂种牛的饲料效益更接近纯肉牛；从屠宰方面考虑，纯种肉牛的屠宰率为63.45%，肉奶杂种牛为62.2%，而荷斯坦牛为59.5%，在屠宰

表4-33 蒙荷F1代与荷斯坦牛泌乳盛期饲料转化率的比较

项目	蒙荷F1♀			荷斯坦牛♀			杂种优势率/%
	牛数/头	均值	标准误	牛数/头	均值	标准误	
干物质采食量/(kg/d)	9	19.34**	0.21	9	19.98	0.19	3.19
产乳量/(kg/d)	9	36.79**	0.16	9	37.41	0.16	-1.66
4%乳脂校正乳/(kg/d)	9	33.32	0.15	9	33.54	0.16	-0.64
饲料转化率/%	9	1.92**	0.02	9	1.86	0.02	3.23
乳脂率/%	9	3.39	0.05	9	3.30	0.05	2.73
乳蛋白率/%	9	3.14**	0.01	9	3.10	0.01	1.29
体重变化量/kg	9	10.12	3.98	9	6.74	3.46	50.15

注：*代表蒙荷F1与荷斯坦牛之间差异显著（P<0.05）；**代表蒙荷F1与荷斯坦牛之间差异极显著（P<0.01）。

表4-34 蒙荷F1代与荷斯坦牛犊牛初生重和繁殖数据的比较

项目	蒙荷F1♀			荷斯坦牛♀			杂种优势率/%
	牛数/头	均值	标准误	牛数/头	均值	标准误	
犊牛初生重/kg	74	48.18**	6.89	59	38.49	6.71	25.18
初产月龄/月	74	25.38*	0.40	59	26.33	0.31	3.61
产后第一次配种时间/d	54	65.81	6.20	39	72.08	5.03	8.70
空怀天数/d	51	87.35**	12.82	41	107.16	11.61	18.49

注：*代表蒙荷F1与荷斯坦牛之间差异显著（P<0.05）；**代表蒙荷F1与荷斯坦牛之间差异极显著（P<0.01）。

率上肉奶杂种牛已接近纯种肉牛，比荷斯坦牛高3%以上。如果粗略计算经济效益，每头肉奶杂种牛在牛肉产量方面比纯种肉牛获益少40～50美元，但比荷斯坦牛高近100美元。使用西曼格斯冻精配种，荷斯坦牛的杂种后代的屠宰率高、肉质等级评级也非常优秀，相比于纯种荷斯坦牛可带来更高的收益。

另外，同是初生重约为40 kg的肉奶杂种公犊牛和荷斯坦公犊牛，在相同的饲养条件下，从断奶饲养到体重270 kg，前者只需99天（平均日增重1.5 kg），比荷斯坦公犊牛（129天，平均日增重1.3 kg）饲养期缩短了30天，节约了饲养成本。

总之，肉奶杂种牛与纯种荷斯坦牛比较，在繁殖、抗病力、生产寿命、乳脂率和乳蛋白率、饲料转化率及产肉及淘汰残值等方面具有优势，其中杂种优势起重要作用。其杂种公犊后代可以育肥，杂种母犊后代既可以育肥，也可以继续参与下一轮杂交繁育，发挥其杂种母牛的优势，具体的乳牛品种间杂交繁育方案（或终端杂交，或轮回杂交，或经济杂交等）要根据市场需求及牧场的具体情况而定。

第五节　乳牛育种的组织措施

各国乳牛育种实践经验表明，育种工作既需要技术措施还要有组织措施。乳牛养殖单体牧场规模较小，行业内信息沟通交流机制的建立有赖于强大的组织机构。只有乳业各环节紧密联系，以信息交流为纽带，才能实现优良基因从核心群向繁育群的高效传递及市场需求与选种选配的完美契合。乳牛育种的组织措施主要有以下几个方面。

一、制定乳业区域发展规划

制定乳业发展区域规划是国家促进行业发展的重要举措，必须从各地实际出发，因地制宜，依据本地粗饲料资源、环境条件及市场条件而定。根据《全国乳业优势区域发展规划》布局要求，3个乳牛优势产区主要集中在北方，即北京、天津和上海等大城市郊区的农场型乳业产区，黑龙江、内蒙古的牧区、农牧结合型的东北乳业产区，河北、山东、河南、山西农区，农牧结合型的华北乳业产区。2022年，华北、东北和西北地区乳牛约占全国乳牛存栏的70%，其占比自2005年缓慢下降。我国南方乳业产区近年来也发展较快，自2020年西南地区乳牛存栏占全国乳牛存栏超过10%。我国乳牛存栏量分布见图4-10。

二、建立全国性的协作育种机构

各国实践表明，育种协作组织在乳牛育种工作中起了非常重要的作用。自1972年以来，我国相继成立了中国奶业协会育种专业委员会、中国西门塔尔牛育种委员会、草原红牛育种协作组、全国水牛改良育种协作组等组织。在协会（委员会）统筹安排下，开展了良种牛登记、联合组织种公牛后裔测定，制定品种标准、饲养标准等，举办各类型短训班培训技术力量，出版专

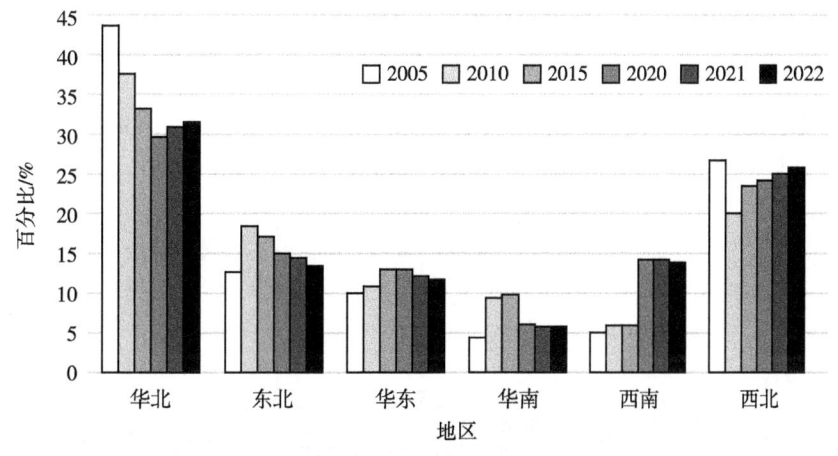

图4-10　中国2005年以来乳牛在不同养殖区域的存栏量分布状况
（来源：中国奶业统计资料2023）

业刊物及普及科学知识等，促使我国的乳牛育种工作与乳业产业链中各环节的连接。随着我国奶业发展，以种牛培育企业为主体的行业组织不断出现，从2010年起，我国相继成立了"中国荷斯坦牛后裔测定北方联盟"（北方联盟）、"中国荷斯坦牛后裔测定香山联盟"（香山联盟）、"奶牛育种自主创新联盟""乳肉兼用牛培育自主创新联盟"等，开展区域性的联合育种工作。

世界乳牛育种实践中，品种协会的核心作用是实施品种登记，为建立产业联合数据库提供基础，并为该品种提供最权威的、中立的体型鉴定服务，体型鉴定数据是种公牛选育、牛群选种选配的重要依据。图4-11以加拿大为例，说明成熟的乳业协作组织间以信息为纽带的沟通、协作关系，详见加拿大奶联网址（www.lactanet.ca）。

加拿大荷斯坦牛协会等主要负责品种登记及体型外貌线性鉴定，负责乳牛体型性状育种值估计，评估结果交加拿大乳牛工作网（CDN）保存。CDN是专门管理乳牛生产性能测定和遗传评估的全国性数据库，是连接奶农、相关企业与各个农业科研技术机构的桥梁。生产性能测定组织（DHI）主要负责性能测定，同时收集牛群饲养管理与经营相关资料，信息汇总到CDN。2019年CDN与2个主要DHI机构（Valacta＋CanWest）合作，形成更加完整的奶农服务组织——加拿大奶联（Lactanet Canada）。加拿大奶业委员会（Canadian Dairy Comission，CDC）是官方机构，参与国家农产品相关决策制定等。加拿大奶农协会（Dairy Famers of Canada，DFC）是由奶农组成的民间组织，通过与行业上游企业谈判确定奶价，是奶农与乳企之间的桥梁。先马士联合体（Semex）是加拿大最大的乳牛育种公司，为奶农提供人工授精服务。

三、制定乳牛群体遗传改良计划

乳牛群体遗传改良计划是指通过品种登记、生产性能测定、个体遗传评定、青年公牛后裔测定、人工授精技术等手段，提升牛群遗传水平，改善乳牛健康状况，提高牛群产乳水平，增强综合生产能力。因此，实施遗传改良计划对促进奶业发展具有重大意义。

我国农业农村部根据《国务院关于促进奶业持续健康发展的意见》（国发〔2007〕31号）于2008年发布了《中国奶牛群体遗传改良计划（2008—2020年）》，群体遗传改良计划的实施对我国乳牛群体遗传水平的提高具有重要意义，牛群性能不断提升。2021年4月28日《农业农村部关于印发新一轮全国畜禽遗传改良计划的通知——全国奶牛遗传改良计划（2021—2035年）》发布，对于我国乳牛群体遗传改良在今后15年的工作重点做出了明确部署，进一步加强乳牛育种基础性工作，着重乳牛核心育种场建设及种公牛自主培育技术体系的建立，逐步实现中国

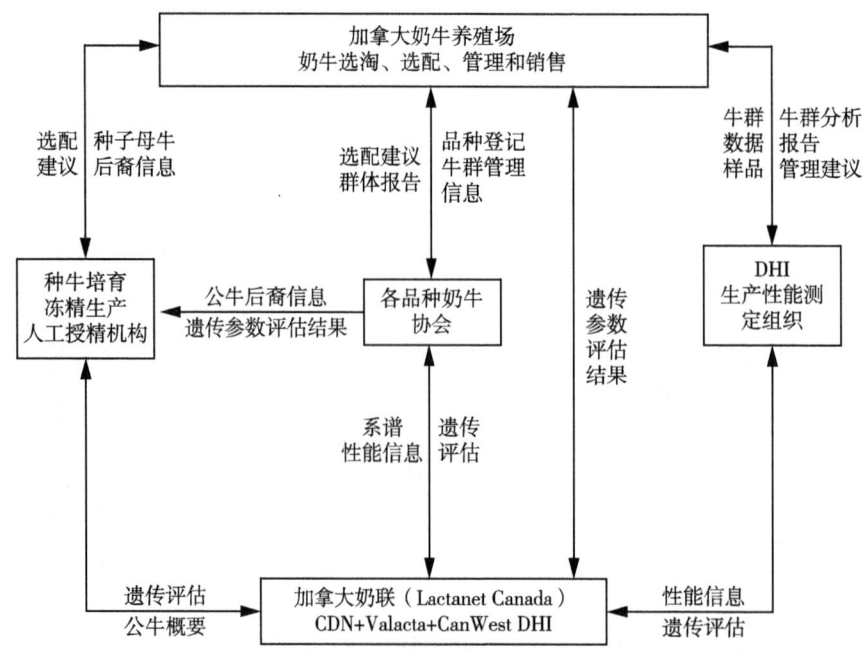

图4-11 加拿大奶业各机构间联系示意图

乳牛核心种源自主可控。据中国奶牛数据中心统计，2024年，共有1393个乳牛场的234.2万头乳牛进行生产性能测定，场平均泌乳牛规模1681头，测定数据达到1263万条；参测乳牛平均305天产乳量达到11.0吨，比2023年增加0.4吨；测定日平均体细胞数为20.4万个/mL，比2023年降低了0.3万个/mL；测定日平均乳脂率为3.98%，比2023年下降了1.0%；平均乳蛋白率为3.38%，比2023年下降了0.88%（图4-12、图4-13）。

四、建立乳牛繁育体系

我国于1978年在全国统一规划，建设以冷冻精液人工授精为中心的牛繁育体系。部分省区市已建立了各级冷冻精液站、液氮站、改良站、输精站，配备了繁育技术人员和设施设备，形成了中央、省（区、市）、地、县、乡（村）各级联动的繁育网络，有力地推动了家畜（包括乳牛）的育种和高效繁殖。然而，在现代乳业转型升级过程中，标准化、大规模养殖场比例不断增加，成为乳业发展的主体，需要全方位、高水平、商业化、专业化服务体系，对于繁育体系的要求从配种服务，上升到群体选育目标制定、选配计划制订、高效配种（同期发情）、繁殖性能记录分析解读、提升群体繁殖效率的管理措施和健康措施咨询等。现在，行业中已出现了专业化

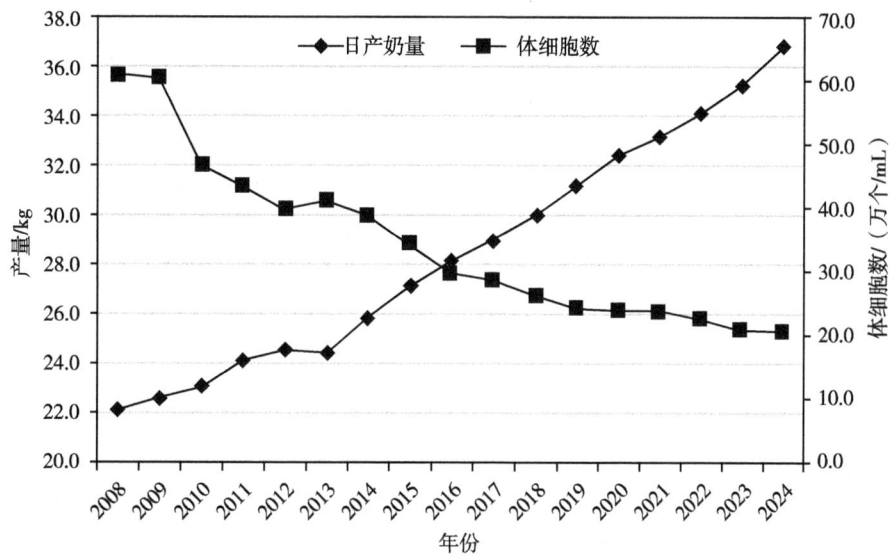

图4-12　2008—2024年参测荷斯坦牛测定日平均产乳量及体细胞数变化趋势

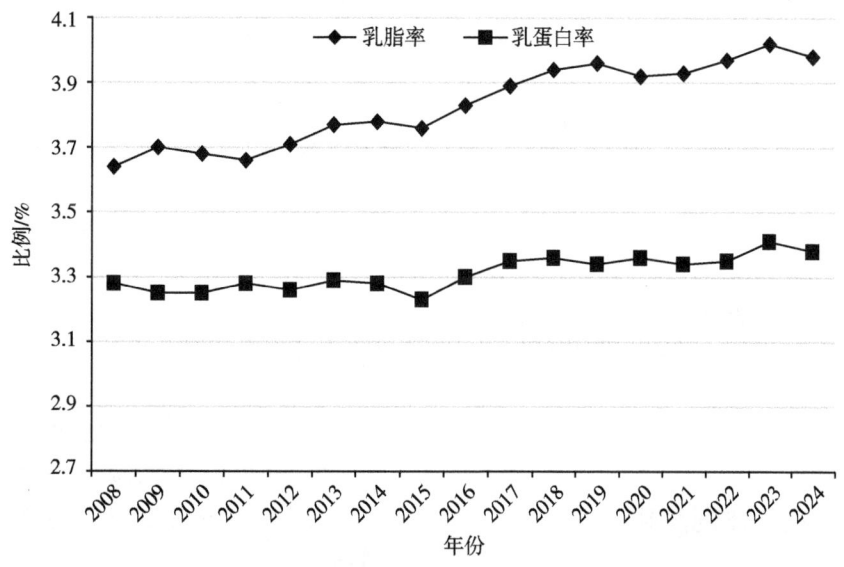

图4-13　2008—2024年参测荷斯坦牛测定日平均乳脂率、乳蛋白率变化趋势

的乳牛繁育服务团队，呈现繁育服务与种公牛培育及后裔测定、胚胎生产及移植、数据收集、冻精销售的联动趋势。

五、品种登记与良种登记

品种登记一般由品种协会负责，是将符合品种标准的牛登记在专门的登记簿或特定的计算机数据管理系统中。登记牛必须有个体标准编号、出生日期、3个世代系谱信息（父亲、母亲、祖/外祖父母及曾祖父母）、个体及各亲本品种等信息，同时需要提供每头登记牛的头部照片及左右体侧照片，以备留档和对照查询。良种登记是建立在品种登记基础上的所谓高级登记（advanced registration），除品种登记信息外，还应有生产性能和遗传评定结果信息。

品种登记是乳牛群体遗传改良的基础性工作，其目的是要保证品种的一致性和稳定性，促使生产者饲养优良品种和保存基本育种资料和生产性能记录作为品种遗传改良的依据。美国第一卷荷斯坦牛登记簿出版于1878年，1912年出版高产牛登记簿。日本良种牛登记分血统登记和高等登记两种，从1976年起开始实行包括外貌鉴定和生产性能的新登记制度。

我国北方地区黑白花奶牛育种协作组，1974年出版第一卷《良种奶牛登记簿》，截至1984年共出版五卷良种登记簿。第一卷第一胎产乳量为5104 kg，第二卷第一胎产乳量为5104 kg，第三卷第一胎产乳量达5128 kg，第四卷第一胎产乳量达5258 kg，群体改良效果显著。中国奶业协会于2006年推出了"中国荷斯坦牛品种登记实施方案"，结合生产性能测定对全国乳牛实施品种登记。截至2024年，中国荷斯坦牛品种登记总量达到213.4万头，娟姗牛达到9.52万头；正在试点执行内蒙古三河牛等其他乳用兼用牛品种的登记。

国内外的乳牛群体遗传改良实践证明，登记牛群质量的提高速度远高于非登记牛群。因此，系统规范的品种登记工作，是乳牛群体遗传改良计划中不可缺少的重要环节，对乳牛育种工作起到了积极的推动作用。

六、乳牛鉴定工作制度化

体型鉴定即对乳牛体型进行量化评定。针对每个体型性状，按生物学特征的变异范围，定出性状的最大值和最小值，然后以线性的尺度进行评分。乳牛体型鉴定工作主要是由中国奶业协会核准注册的中国乳牛体型鉴定员依据《中国荷斯坦牛体型鉴定技术规程》（GB/T 35568）国家标准开展的。截至2024年底，全国共有121名持证上岗的中国乳牛体型鉴定员，分布在北京、天津、河北、内蒙古等10个省市，在全国范围内开展乳牛体型鉴定工作，年平均鉴定乳牛5万余头。

七、举办赛牛展示会

赛牛展示会是开展育种技术交流的有效方式。通过举办赛牛展示会评选出优秀个体－理想型的具体概念，将乳牛选育理念加以推广宣传，并对牛的育种具有导向作用。乳业发达国家多定期举办不同地域范围的赛牛会或展示拍卖会，促进了优秀个体种牛的推广和使用，加快了遗传进展。例如，自1967年每年10月在美国威斯康星州麦迪逊举办的世界奶牛博览会（World Dairy Expo）、自1922年每年11月在多伦多举行的加拿大皇家冬季农业博览会（The Royal Agricultural Winter Fair）上各品种乳牛世界选美大赛等，都是由行业组织从小范围比赛开始，再逐级选拔，优秀者从全国、世界各地赶往终极赛事现场。

我国首次乳牛赛牛会于1981年在北京举办，长寿冠军为北郊农场的7016号黑白花奶牛，16岁产乳14胎，最高产乳量为第8胎，8747.5 kg，在1966年6月21日至1980年8月25日，终生产乳量达101 834 kg。由于种种原因，此类现场赛牛会后续很少举办。2017年中国举办了首届奶牛网络选美大赛，自此每年都有通过网络方式选美的赛事，在一定程度上宣传推广了乳牛之美美在高产、健康等理念。赛牛会使育种工作深入人心，是将乳牛育种工作向社会公众展示的重要活动。

◎ 思考题

1. 我国的乳牛如何进行个体编号？
2. 乳牛育种的基础工作都包括哪些？
3. 如何确定乳牛场育种目标和目标性状？

4. 乳牛改良性状的权重如何确定？
5. 基因组选择的基本含义及优点？
6. 选择的准确性对选种有何意义？
7. 何谓乳牛平衡育种？美国与德国的平衡育种理念有何不同？
8. 各乳业发达国家乳牛育种的综合选择指数特点及制定依据？
9. 随着乳牛的高产，为什么更重视功能性状？
10. 为什么要强调乳牛的长寿性和终生效益？
11. 基因组选择在后备牛选种中的意义？
12. 不同类型的冻精在乳牛场中如何应用？
13. 种母牛如何选择？
14. 母牛如何等级分群育种？
15. 为什么在乳牛场可应用有一定比例的肉用牛冻精？
16. 如何计算每年的遗传进展？
17. 如何选择主力种公牛？
18. 品系繁育的作用与用途？
19. 如何制定育种方案？
20. 低产乳牛杂交生产的作用和意义？
21. 乳牛育种工作的组织措施及其意义？
22. 谈谈举办乳牛赛牛展示会的作用和意义？
23. 简述乳牛育种协作组织网络的构成及其在育种中的作用。

参考文献

[1] 辛宏亮，秦志锐. 对奶牛长寿选择的探讨[J]. 中国奶牛，2000（3）：34-35.
[2] 环球种畜技术部. 吃得少产的多，可能吗？[EB/OL]．（2022-03-22）[2025-06-29]．https://www.bjwws.com.
[3] 张沅. 家畜育种学[M]. 北京：中国农业出版社，2001.
[4] 米歇尔·瓦提欧. 繁殖与遗传选择[M]. 施福顺，石燕译. 北京：中国农业大学出版社，2004.
[5] 张沅，张勤. 畜禽育种中的线性模型[M]. 北京：中国农业大学出版社，1993.
[6] 王福兆，孙少华. 乳牛学[M]. 4版. 北京：科学技术文献出版社，2010.
[7] Updated TPI Formula [EB/OL]. Holstein USA，2025-04 [2025-06-29]. https://www.holsteinusa.com.
[8] Lifetime Net Merit 2025 [EB/OL]. USCDCB, 2025-04 [2025-06-29]. https://www.uscdcb.com.
[9] Lifetime Performance Index (LPI) Formula [EB/OL]. 加拿大奶牛网络（CDN），2023-04 [2025-06-29]. https://www.cdn.ca.
[10] 刘增延. 利用基因组技术加强群体管理，推出德国荷斯坦牛新版总价值指数[C] // 第十一届中国奶业大会论文集. 石家庄：第十一届中国奶业大会组委会，2020：10.
[11] 中国奶业协会育种委员会. 中国奶牛性能指数[Z]. 北京：中国奶业协会，2020：8.
[12] 高红彬. 带您走进美国威斯康辛州奶业全产业链[J]. Hoards Dairyman（美国"养牛人"杂志），2021（7）：14.
[13] 环球种畜技术部. 小心近交——隐形杀手正悄悄拿走你的利润[EB/OL]．（2022-09-15）[2025-06-29]．https://www.bjwws.com.
[14] 欧亚乳业鹤庆牧场. 鹤庆牧场牛群遗传改良经验分享[J]. 荷斯坦杂志，2022（12）：14.
[15] Trend in Inbreeding Coefficients of Cows for Holstein or Red & White Calculated December 2021 [EB/OL]．（2021-12）[2025-06-29]．https://www.uscdcb.com.
[16] 孙少华，何淑静，孙志颖，等. 杂交荷斯坦母牛与纯种在产乳、繁殖及抗病性状上的综合对比[J]. 中国兽医学报，2016，36（8）：1416-1421.
[17] 何淑静，孙少华，朱波，等. 蒙荷杂交牛与荷斯坦母牛生长发育及体型特征的对比研究[J]. 中国畜牧杂志，2014. 50（13）：27-31.
[18] HAZEL A R, HEINS B J, HANSEN L B. 明尼苏达州奶牛杂交试验深度分析——明尼苏达州北欧红牛、蒙贝利亚及荷斯坦公牛杂交后代与荷斯坦牛前三个泌乳期繁殖力和305 d产量比较[J]. 今日畜牧兽医：奶牛，2020，（10）：57-61.
[19] LUTZ J. 美国肉奶杂交项目新进展[J]. 荷斯坦杂志，2023（2）：2.
[20] 张勤，张沅，秦志锐. 中国奶牛育种的现状及发展趋势[J]. 农牧产品开发，2001（6）：4-8.
[21] TAYLOR R E. Scientific Farm Animal Production [M]. 4th ed. New York: Macmillan Publishing Company, 1992.

[22] FALCONER D S, MACKAY T F C. Introduction to Quantitative Genetics [M]. 4th ed. England: Pearson Education Press, 1996.

[23] 张沅. 奶牛遗传改良——牧场效益的重要基础 [J]. 中国乳业, 2013 (1): 20-24.

[24] Caeli Richardson, Allison Fleming. Updating Indirect Herd Life [EB/OL]. (2021-11) [2025-06-29]. https://www.cnd.ca.

[25] 郑伟杰, 李厚诚, 苏丁然, 等. 国际奶牛遗传评估体系概况 [J]. 中国畜牧杂志, 2020, 56 (6): 161-168.

[26] DAETWYLER H D, VILLANUEVA B, WOOLLIAMS J A. Accuracy of predicting the genetic risk of disease using a genome-wide approach [J]. PLoS ONE, 2008, 3 (10): e3395.

[27] 张哲, 张勤, 丁向东. 畜禽基因组选择研究进展 [J]. 科学通报, 2011, 56 (26): 11.

本章编者：孙少华（第一至第四节），
　　　　　王雅春（第五节）；
　审订：王雅春（第一至第四节），
　　　　孙少华（第五节）

第五章

乳牛繁殖技术

繁殖是乳牛生产最重要的环节之一，乳牛繁殖不仅关系牛群的数量和质量，还与牛场产乳量和经济效益密切相关。提高乳牛繁殖管理技术水平，预防和治疗乳牛繁殖障碍，提高繁殖率，对于改善乳牛生产性能、降低生产成本、增加经济效益均具有重要的意义。

第一节 繁殖技术管理目标

繁殖管理是乳牛生产的关键环节，乳牛只有经配种、妊娠、产犊后才能泌乳。加强乳牛的繁殖管理对提高产乳量和经济效益意义重大，而制定乳牛繁殖管理指标和牛群繁殖力指标是提高乳牛场繁殖管理水平的基础。为使母牛保持高产，必须建立和完善繁殖综合管理措施。繁殖管理的目标主要有以下内容。

1. **初配月龄** 育成年母牛的性成熟期是指生殖生理功能成熟的时期，一般为8～12月龄，平均10月龄，表明母牛已具有繁殖能力。而育成年母牛的初次配种应在体成熟初期，即13～15月龄，体重达到成年母牛体重的70%，如荷斯坦牛380～420 kg，产犊一般在24月龄前。过早配种会影响母牛的生长发育及头胎产乳量，过晚配种会影响受胎率及终生产犊数量和终生产乳量，增加饲养成本。

2. **产犊间隔** 产犊间隔指母牛两个胎次间的间隔天数，是衡量牛群管理水平的最重要指标，同时在一定程度上也反映了公牛和母牛在繁殖性状方面的遗传力。乳牛理想的繁殖周期是一年产一胎，即产犊间隔365天，减去60天干奶期，一胎的正常泌乳天数为305天。一般来说，初产母牛13个月和经产母牛12个月产犊间隔对增加产乳量和提高经济效益是最合适的。但对于高产乳牛群可适当延长至13～14个月。为了提高繁殖管理水平，乳牛场每年根据繁殖年度（上年的10月1日至本年的9月30日）计算牛群平均年产犊间隔。公式如下：

$$平均年产犊间隔 = \frac{年内产犊的经产母牛的产犊间隔总天数}{年内产犊的经产母牛头数} \times 100\%$$

3. **产后发情配种时间** 正常繁殖能力的牛群，在产后50天内有第1次发情的母牛头数应占牛群总数的80%以上，表明各项管理水平良好。配种时间要掌握在分娩后50～70天。低产牛可适当提前配种，高产牛可适当推迟配种，但过早或过晚配种都可能影响受胎率。做好配种记录，主要记录配种日期、公牛号、输精部位、输精次数和用药情况等。

4. **受胎指数** 受胎指数是指母牛每次最终受胎的人工授精次数（同一个情期复配按一次计）。这是衡量配种员技术水平的重要指标。要求每头母牛平均受胎次数1.6～1.8次，即受胎指数不少于1.7次，最高不能高于2.0，即年情期受胎率不低于55%。否则要及时查明原因，采取综合治理措施。

5. **21天妊娠率** 是指在21天期间，全部应配种母牛的实际妊娠率。其计算公式为：

$$21天妊娠率\% = 发情发现率 \times 情期受胎率 = \frac{21天内配种牛头数}{应参配的牛头数} \times \frac{21天妊娠牛头数}{21天内配种牛头数} = \frac{21天妊娠牛头数}{应参配的牛头数}$$

这一概念最早由Steve Eicker博士和Connor Jameson博士于20世纪80年代提出，现被广泛用于牧场繁殖管理考核工作，已成为一个全面、及时、准确评估牧场繁殖工作水平的关键指标。21天妊娠率概念的提出与乳牛的生理特性有关。众所周知，乳牛产后机体恢复正常，按母牛生理周期会21天发情一次。因此，以21天为一个阶段计算母牛的妊娠率。21天妊娠率的计算包括两个指标：一个是配种率；另一个是情期受胎率。即21天妊娠率（PR）=配种率（SR）×情期受胎率（CR）。其中配种率，即每隔21天配种牛只占总应配牛只的比例，也就是我们通常所讲的发情发现率（也称发情鉴定率）；情期受胎率是指在这21天内妊娠牛只占所配牛只的比例。21天妊娠率同时兼顾了配种率和情期受胎率两个繁殖指标。配种率，也就是发情鉴定率可反映21天中配种员的发情鉴定能力，侧面的反映了配种人员的工作状态及责任心；而情期受胎率可以很好的表现出当前配种员的技术水平及牛场的饲养管理水平。

21天妊娠率受发情检出率、母牛繁殖力、发情观察准确率、公牛繁殖力、输精技术等因素影响。通常成年母牛21天妊娠率目标值应≥28%，育成牛应≥35%。若牧场21天妊娠率未达到预期目标，应重点关注如何增加妊娠牛头数、降低可参配情期数，同时检查分析发情揭发率、配种率等因素。若配种率过低，应分析评估配种的及时性、发情揭发流程是否存在问题；若配种率达标而妊娠率过低，需对配种人员技术水平、冻精质量等因素进行排查；若配种率与情期受胎率都比较高，但21天妊娠率偏低，需重点监测评估牛群是否存在复检空怀牛只过多、流产率过高等问题。

6. 年受胎率　指全年受胎母牛头数占全年受配母牛头数的百分率。繁殖管理好的乳牛场年受胎率应达到95%以上。计算公式：

$$年受胎率 = \frac{年受胎母牛头数}{年受配母牛头数} \times 100\%$$

7. 犊牛成活率　指出生后3个月时成活的犊牛数占总产活犊牛数的百分率。由此可以看出犊牛培育的成绩。通常犊牛成活率应达到97%以上。计算公式：

$$犊牛成活率 = \frac{生后3个月犊牛成活数}{总产活犊牛数} \times 100\%$$

8. 繁殖成活率　指本年度内成活犊牛数占上年度终适繁母牛数的百分率。年度繁殖成活率要求达到90%以上。计算公式：

$$繁殖成活率 = \frac{本年度内成活犊牛数}{上年度终适繁母牛数} \times 100\%$$

第二节　母牛初配年龄与发情鉴定

一、初配年龄

母牛群的改良与提高，与其选择强度有密切关系。一个高产牛群，每年更新率应为20%～30%，为此，一个乳牛群每年必须有相应数量的初孕母牛转入基础群，投入生产。确定适宜的初配及初产年龄是提高其繁殖率的重要环节，也是保证牛群更新的先决条件。

育成年母牛一般在12月龄前出现初情期，10～12月龄达到性成熟；13～16月龄达到体成熟，当体成熟体重达到成年母牛体重的70%时即可配种。24月龄前初次产犊。北京、天津、上海三市许多乳牛场一般在母牛13～14月龄、体重380～420 kg时第一次配种。为了使初产牛高产，有的在17月龄进行配种，因为只有体格较大的初孕牛，才能经得起高产压力。

牦牛为晚熟牛种，母牦牛多在生后第二或第三个暖季（15～30月龄）出现初次发情，以3岁发情配种，4岁产第一胎的母牛为最多。母水牛在良好的饲养条件下，其性成熟年龄与黄牛近似，约在18月龄开始第一次发情配种。

二、发情

乳牛一般在8～12月龄且体重达成年母牛体重的45%时出现初情期。青年母牛发情周期平均为20天；成年母牛发情周期平均为21天（18～24天）。据观测，各地母犊牛发情周期略有差异，青海省母犊牛发情周期大多为22.8天，山地母犊牛发情周期为20.1天，红原县母犊牛发情周期为20.5天。母牛于产后50天内出现第一次发情，发情周期变动范围在18～24天，标志母牛产后繁殖功能正常。生产实践表明，凡在产犊后50天内出现发情的母牛达母牛群的80%以上，发情周期正常的母牛达90%以上，属正常现象。如果低于上述指标，则应尽快采取对策，使其恢复正常。

产后配种时间根据母牛的产乳量可适当提前或延迟，但不应过早或过迟，一般应在产后60～90天配种。中华人民共和国专业标准《高产奶牛饲养管理规范》中规定，对超过70天不发情的母牛或发情不正常者，应及时检查，并应从营养和管理方面寻找原因，改善饲养管理。高产牛应于产后70天左右开始配种，配种时间不超过产后90天。

母牦牛在产犊后因带犊哺乳，除产犊季节较早、体况较好的外，一般当年不再发情。牦牛产后发情间隔的长短与其体况、营养水平有密切关系，体况好、间隔时间短（70.5±18.2天）；体况差、间隔时间长（122.3±11.8天），平均间隔时间为100天左右。因而牦牛多两年产一胎或三年产两胎。母水牛产后第一次发情一般在产后40天左右，因为产后复配难，在农村条件下，多为三年产两胎。

三、发情鉴定

发情鉴定的目的是掌握最适宜的配种时机，以便获得最好的受胎效果。《高产奶牛饲养管理规范》中规定，配种前除作表现行为观察和黏液鉴定外，还应进行直肠检查，以便根据卵泡发育状况，适时输精。通常采用以下几种方法进行发情鉴定。

（一）外部观察法

发情母牛行为表现为精神不安、敏感，尤其在清晨，发情母牛在运动场或牛舍不停走动。所以，清晨是观察母牛发情的最好时间。外部观察母牛发情，主要是根据阴道是否有透明黏液排出和母牛爬跨情况，其主要表现如下。

发情前期：发情母牛常追爬其他母牛，从阴道流出稀薄白色透明黏液，阴户开始发红肿胀，但此刻不让其他牛爬跨。

发情盛期：性欲旺盛，阴道流出液量增加，变得黏稠，呈不透明状，有牵缕性。被其他母牛爬跨时，稳站不动；有时还弓腰、举尾、频频排尿，愿意接受交配。

发情后期：母牛转入平静，表现为不愿被其他母牛爬跨。阴道流出的黏液量、黏稠度、透明度及阴户红肿程度，均比发情盛期差。

未发情母牛，有时也爬跨其他母牛，或者有少数怀孕母牛被爬跨时也不动，应注意加以区别。一般未发情母牛不爬跨其他母牛，但当被其他母牛爬跨时，则反抗逃避，同时外阴不红、不肿、不流黏液。

（二）阴道检查

将母牛保定，用0.1%高锰酸钾（$KMnO_4$）溶液浸湿毛巾消毒，擦洗外阴部，并用2%～5%来苏尔溶液浸泡消毒后，再用生理盐水将药液冲洗掉。然后，一手持开膣器，先将开膣器闭合，另一手的拇指和食指拨开阴户，这时将开膣器横位慢慢从阴户插入阴道内，再将开膣器旋转90度，使把柄向下，按压把柄扩张阴道，借用手电筒光检查母牛阴道和子宫颈黏膜变化。

发情阶段是根据黏膜充血的肿胀程度、黏液分泌量、色泽、黏稠度及子宫颈口开张等情况进行判定的。

发情初期黏液透明，如水玻璃状，有流动性，以后黏液量逐渐增多，变为半透明，有黏性。

发情盛期，黏膜充血、肿胀、有光泽，黏液在阴道中积存；子宫颈外口有多量黏液附着，呈深红色，花瓣状，子宫颈外口和子宫颈管松弛，呈开张状态。将子宫颈的黏液涂片置于显微镜下观察，处于发情盛期时，涂片呈羊齿植物状结晶花纹。

发情后期，黏膜充血消失，呈浅桃红色，黏液变少。发情后期涂片的结晶状花纹较短，呈现金鱼藻或星芒状。

发情末期，黏液减少，呈黏糊状。有利于精子进入子宫，并作为宫颈塞，防止精液外流。

（三）直肠检查

直肠检查是用手通过母牛直肠壁，触摸卵巢及卵泡的大小、形状、变化状态等，以判定母牛发情的阶段，确定其为真发情还是假发情。直肠检查是生产实践中常用的较为可靠的方法。

母牛发情时，通过直肠检查卵巢，可摸到黄豆大小的卵泡突出于卵巢表面。发情前期卵巢稍增大，卵泡直径为0.25～0.5 cm，凸出卵巢表面；发情盛期卵泡增大，直径为1～1.5 cm，卵泡中充满卵泡液，波动明显，突出卵巢表面；发情后期，卵泡不再增大，但卵泡壁变薄，卵泡液呈波动性，有一触即破的感觉，若卵泡破裂，卵泡处出现凹陷。

（四）乳牛计步器

乳牛发情时，其日常运动（行走、奔跑、卧倒和站立及头部运动等）和活动量会发生显著改变。通过牛只佩戴的计步器（或项圈），自动收集、记录牛只实时的活动量数据，通过无线网络传输到发情监测管理系统，经过软件与牛只基础活动数据进行比对分析处理后，可准确监测并预警乳牛发情事件全过程，进而为繁殖人员提供乳牛发情时间、发情阶段、反刍情况、躺卧时间等重要信息，为确定最佳授精时间、监测TMR营养和疾病预警等工作提供重要参考。

（五）尾根涂蜡法

尾根涂蜡法是一种简便、经济、较为有效的发情鉴定方式。主要依靠定期在乳牛尾根部涂蜡，然后根据蜡迹被擦除的程度来判断乳牛是否被爬跨过，进而判断乳牛是否发情。该方法无须每日多次进入牛舍进行观察，只需每日2~3班次挤奶结束后检查蜡迹被擦除情况判定乳牛是否发情。由于尾根蜡迹的易擦除性，诸如因牛体刷，乳牛之间的社交接触，与牛舍其他物体的摩擦触碰，牛舍水泥地面湿滑影响牛只爬跨，特别是夏季喷淋降温造成的蜡迹减少等都会干扰工作人员的判断，乃至误导工作人员做出假阳性或假阴性的发情判断。此外，在实践中，牧场常常会定期将孕检有胎牛调往有胎组，只对可配牛和已配未检牛进行涂蜡鉴定，而孕检有胎牛常因得不到定期涂蜡而无法监测流产返情牛。因此，尾根涂蜡法的成效将取决于工作人员对尾根蜡迹的定期重涂维护和蜡迹擦除程度来判断真实发情的能力。

四、同期发情

同期发情就是利用某些激素制剂人为地控制并调整一群母牛发情周期的进程，使之在预定时间内集中发情。

同期发情技术有两种方法：一种方法是向母牛群同时施用孕激素，抑制卵泡发育和母牛发情，经过一定时期同时停药，引起牛群同期发情。这种方法，造成了人为黄体期，推迟了发情期的到来。另一种方法是利用前列腺素使黄体溶解，中断黄体期，从而提前进入卵泡期，使发情提前到来。

1. **孕激素法** 孕激素法分为两种，即埋植法和阴道栓塞法。埋植法是将一定量的孕激素制剂装入塑料细管中，管壁有小孔，以利于药物向外释放进入体组织。用套管针或者埋植器将药管埋入耳背皮下，经过一定天数，在埋植处做切口将药管取出，同时注射马绒毛膜促性腺激素（equine chorionic gonadotrophin，eCG）500~800单位。也可将制剂装入硅胶管中埋植，硅胶有微孔，药物可渗出。用量依药物种类不同，18-甲基炔诺酮为15~20 mg，埋植时，只需将药芯推出至皮下即可。阴道栓塞法是将含一定量孕激素制剂的栓塞物放在子宫颈外口处，孕激素向外释放。处理结束时，将其取出并同时注射eCG。孕激素处理结束后，在第2、第3、第4天大多数母牛有卵泡发育并排卵。

用孕激素进行同期发情处理有短周期（9~12天）和长周期（16~18天）两种方法。长周期处理后，发情同期率较高，但受胎率偏低。短周期处理后，发情同期率较低，但受胎率接近或相当于正常水平。如在短周期处理开始时，肌注3~5 mg雌二醇和50~250 mg孕酮或生理效能与此相应的其他孕激素制剂，这样就可提高发情同期化的程度。

2. **前列腺素法** 前列腺素的投药方法有子宫注入（用输精管）和肌内注射两种，前者用药量少，效果明显，但操作较为困难；后者虽操作容易，但用药量需适当增加。国产15甲基PGF2α和PGF1α甲酯均具有溶解黄体作用，效价高于PGF2α，用于同期发情处理，可取得预期的效果。注入子宫颈的用量为1~2 mg。高效PGF2α类似物制剂，如氯前列烯醇肌注0.5 mg即可。

前列腺素法只有当母牛在发情周期第5~18天（有功能黄体存在）时才能诱导发情。对于发情周期第5天以前的黄体，前列腺素并无溶解作用。因此，用前列腺素处理后，总有少数牛无反应，对于这些牛需做第2次处理。有时为使一群母牛有最大限度的同期发情率，第1次处理后，表现发情的母牛不予配种，经10~12天后，再对全群牛进行第2次处理，这时所有的母牛均处于周期第5~18天。故第2次处理后母牛同期发情率显著提高。

如果将孕激素短周期处理与前列腺素结合起来，效果优于二者单独处理。即先用孕激素处理

9~10天或5~7天，结束前1~2天注射前列腺素。若在结束孕激素处理当天注射前列腺素，出现发情的时间较晚，同期化程度较差。无论采用什么处理方式，处理结束时，配合使用eCG，都可提高同期发情率和受胎率。采用前列腺素处理时，可在注射之前2天先注射eCG，这样可使发情时间提前且较集中。在前列腺素处理后、输精前5~6小时（或更早）注射GnRH 100~200 μg，或在注射前列腺素之后28~48小时再注射雌二醇200~500 μg，可以提高受胎率。在同期发情处理结束后，注意观察母牛的发情表现并进行输精。如发情时间集中，可不做发情鉴定，进行定时输精。采用定时输精，一般是在孕激素处理结束后的第2、第3天或第3、第4天各输精1次；前列腺素处理后，在第3、第4天或第4、第5天各输精1次。

五、诱发发情

诱发发情指在母牛乏情期（如非配种季节乏情、泌乳期乏情和病理性乏情）内，借助外源激素、生理活性物质及其他方法（如环境条件的变化刺激）引起发情、排卵并进行配种，缩短母牛的繁殖周期，使之比在自然条件下提前配种，增加胎次，产生较多的后代，提高繁殖率。母牛产后长期不发情或欲产后提前配种的乳牛及一般的乏情母牛，用孕激素处理1~2周，可引起发情，如在处理结束时注射1000单位eCG，效果更好。对于哺乳乏情的母牛，除上述激素处理外，还可采用提前断奶的办法，或二者结合进行。因有持久黄体而长期不发情的母牛可注射PGF2α或其类似物，使黄体溶解，引起发情。

第三节 母牛配种

一、适时配种

为了提高受胎效果，必须准确掌握母牛排卵时间，以便进行适时配种。多数人认为，乳牛发情持续时间约为18小时，初配牛略短，约为15小时。母牛排卵时间多数发生在发情结束后10~12小时。

众所周知，卵子和精子受精部位是在输卵管上1/3膨大部（壶腹部），卵子从卵巢排出通过输卵管伞到达漏斗部时间较快，需要3~6小时，所以卵子排出后维持受精能力的时间约为6小时；而精子从子宫颈到达输卵管膨大部，以及维持受精能力的时间分别为几十分钟和15~50小时。由此可知，卵子比精子保持受精能力时间短，卵子排出后经过数小时，如果遇不上精子，便会失去受精能力。所以最适宜的配种时间，应掌握在发情盛期、后期至发情结束后3~4小时（表5-1）。

在生产实际中由于很少能观察到发情日期始点，所以，掌握最佳配种时机比较困难。为此，在输精的同时，应结合触摸卵泡发育程度进行输精。一般早上母牛发情（被爬跨不动）则下

表5-1 配种时间与受胎率的关系

配种时期	配种数/头	受胎数/头	受胎率/%
发情初期	25	11	44.0
发情盛期	40	33	82.5
发情后期	40	30	75.0
0~6 h	40	25	62.5
7~12 h	25	8	31.0
13~18 h	25	7	28.0
发情结束后			
19~24 h	25	3	12.0
25~26 h	25	2	3.0
37~48 h	25	0	0

午配，第二天上午再复配一次。若下午发情，则第二天早上配，下午再复配一次。母牦牛发情一般10～15小时达发情盛期，排卵时间大约在发情结束后12小时，适宜的配种时间应选择在母牦牛排卵前10小时，所以一般在母牦牛发情后24小时第一次输精。在实际工作中，如果上午发现发情，就在第二天相应的时间配种，在下午或晚上复配一次；如果下午发现发情，就在次日下午相应时间配第一次种，在第三日清晨再复配一次。

母牛受胎效果，不决定于配种次数，关键在于适时配种和不断改进配种技术。一名优秀的配种员应该是技术熟练，而且懂得母牛发情排卵规律的人。技术上过硬的配种员，可采取一次配种。

设置高产乳牛自愿等待期，也称作乳牛主动停配期，是乳牛繁殖流程设定过程中的重要环节，该流程设定的时间会直接影响乳牛产犊间隔的时间，同样影响平均泌乳天数等指标。因此前几年该指标一直期望能在产犊后越早越好，也出现过部分牧场将自愿等待期定在了乳牛产后45天的情况。但随着自愿等待期的提前，牧场也发现了因为过早地进入自愿等待期，乳牛的受胎率也随之降低了，反而较长的自愿等待期受胎率较高。近年来，牧场有开始回归将自愿等待期设定在60～75天，但仍然存在可能延长产犊间隔的问题。但随着双同期方案的推行，该问题已经缓解，可以大幅度提高受胎率，缩短产犊间隔。但延长较高的自愿等待期，是否会对乳牛的产乳量、乳成分、体重等其他生产性能有影响，还并不是非常清楚。

二、配种方法

（一）本交

本交包括自然交配和人工辅助交配两种。前者是一种原始的公母牛交配方式，公母牛混群饲养或放牧，一头公牛一日之内可多次与母牛交配，这样过分消耗公牛精力，影响公牛的健康和寿命；同时，难以确定准确的配种日期、产犊日期和准确的犊牛血统，更大的缺点是这种交配方式易造成近亲交配，而且容易传播生殖道疾病。后者为公母牛分群饲养，配种由人工选择控制进行，克服了自然交配的许多缺点。因而，在牛群分散、交通不便的乡村和牧区，可采用人工辅助交配方式进行配种。但对与配公牛必须严格挑选，种公牛必须健康，血统来源清楚，并应建立选配制度，防止野交滥配，禁止近亲交配。

（二）人工授精

人工授精是改良乳牛的一种行之有效的方法，国内外已广泛推广应用。实行人工授精，由于充分利用良种公牛，加速牛群改良，既能提高牛群平均产乳水平，又能提高受胎效果，减少疾病传染，节约费用，有力地促进了乳牛业的发展。人工授精采用的精液有鲜精和冻精，其中冻精比鲜精普遍。人工授精方法简述如下。

1. 冻精解冻　解冻所选公牛的精液，应按选配计划进行。解冻方法直接影响解冻后精子的活力，冻精解冻不可忽视。从液氮罐提取冻精一定要迅速，时间不超过10秒。取出后要立即将剩余冻精提桶沉入液氮中，如果提桶沉入液氮时发生尖鸣声、霹雳声、爆裂声，或看到液氮气化现象，说明被放回的冻精已受到严重损害，精子活力有可能大幅度下降或已完全失去活力，不能再使用。当从液氮罐中取出0.25 mL的细管精液后，先在空气中停顿2～3秒去除细管表面残留液氮，再将细管直接投入38 ℃温水中，约经10秒取出。也可以手搓细管使冻精融化，然后把封闭的一侧用经干燥消毒的剪刀剪去，放入输精枪内备用。近年来，细管冻精在自然环境下，于母牛生殖道内解冻较为普遍。为了减少解冻精子的死亡，有超快速解冻（90 ℃，1～4秒），也取得良好效果。解冻后的精液应尽快使用，以免温度升高，缩短精子寿命。

不同公牛每批冻精，解冻后必须在38 ℃条件下镜检。质量达标者方可输精。如果解冻后送异地输精，则应保存在5 ℃条件下，在最短时间内输精，否则解冻后精液的受胎率将随保存时间的延长而下降。

2. 输精　直肠把握深部输精是比较准确而安全的一种输精方法，受胎率一般高于开膣器法。输精前，输精人员应穿上工作衣帽和胶鞋，将手洗净消毒（75%的酒精），所用输精枪必须清洗、干燥、消毒；对配种母牛的外阴部必须用温水清洗，用消毒布擦干。输精时，操作者先掏去直肠内粪便，检查成熟卵泡位置，左手隔直肠握住子宫颈，左臂往下压。当阴门张开后，右手即可将装好细管精液的输精枪自阴门向上斜插入阴道内4～5 cm，再稍向下方往前推进，穿过子宫颈到达子宫体后即可缓慢注入精液，之后缓慢取出输精枪。如乳牛患轻度子宫炎，则必须在配种前及在配种后的20～30小时灌注抗生素药物。输精结束后应做配种的详细记录。

牦牛子宫角较长，一般为10 cm以上，而且从基部到尖端逐渐变细，子宫角肉阜过多，且呈螺旋状弯曲，角间沟呈水平状，位于直肠下方，从角间沟分叉处两宫角又向外向后呈圆形弯曲，角尖则又转向上或略向前方。因此，牦牛直肠把握输精，输精器一般很难通过子宫颈而达到子宫角基部，所以母牦牛直肠把握输精，切不可认为输精器插得越深越好，精液输入母牦牛子宫体部位，受胎效果最好。

输精时，应注意以下几点：①术者手法要轻柔，循序渐进，防止因动作粗暴损伤生殖道黏膜，造成后患；②工作人员必须严格消毒，遵守无菌操作；③必须与母牛的努责相配合，切不可强行插入输精器。

3. 定时输精　发情的检测是获得良好妊娠率的决定因素。在乳牛群中，低发情检测率在高产乳牛中更为明显，高产乳量严重影响发情行为。近年来，一种新的定时人工输精方法（fixed-time artificial insemination，FTAI）已经消除了监测发情的需要。该方法使用外源生殖激素按照一定程序处理一群母牛，使其在相对集中的时间内同期发情和同期排卵，并在相对固定的时间内进行人工授精。市场上有多种基于天然药物和合成药物的FTAI方案。一些最常用的激素是前列腺素、孕激素、雌激素、马绒毛膜促性腺激素（eCG）、人绒毛膜促性腺激素（hCG）和促性腺激素释放激素（GnRH）。

目前定时输精已经形成了多种不同的方案，包括GnRH＋PGF2α＋GnRH方案和孕激素＋PGF2α＋GnRH方案。产后具有发情周期的母牛，可采用GnRH＋PGF2α＋GnRH方案处理母牛，即在母牛发情周期的任意一天注射GnRH 200 μg诱导促黄体素释放，记为第0天，第7天和第8天各注射PGF2α 0.5 mg溶解黄体，第9天第二次注射GnRH 100 μg促进排卵，第二次注射GnRH后16～18小时进行人工授精。

产后未见发情周期的母牛，可采用孕激素＋PGF2α＋GnRH方案处理母牛，即在母牛产后任意一天记为第0天，阴道埋植孕激素阴道栓并注射GnRH 200 μg，第7天撤栓并注射PGF2α 0.5 mg，第9天第二次注射GnRH 100 μg，第二次注射GnRH后16～18小时进行人工授精。

定时输精技术应用成本低、操作方便，可以集中母牛发情时间，免去发情鉴定环节，有利于集中人工授精，提高母牛的配种效率和牛群的繁殖力，实现批次化生产，从而提高牛养殖的经济和社会效益。

第四节　妊娠与分娩

一、妊娠诊断

卵子受精后在输卵管中开始卵裂，并向子宫移动，大约4天后可到子宫角，此时受精卵已分裂到16～32个细胞（桑椹期）；胚胎在子宫内发育12～16天开始着床，到22天附植牢固。

为了及时掌握母牛输精后是否妊娠，应定期进行妊娠检查，这对提高牛群繁殖率，减少空怀具有极为重要的意义。母牛妊娠后，外表和内部均发生一系列变化。根据变化后的情况、特征，便可进行妊娠诊断。通常妊娠诊断的方法如下。

（一）外部观察

1. 不再发情　母牛妊娠后到下一个发情期不再发情，妊娠母牛卵巢上形成妊娠黄体，分泌孕激素，从而抑制新卵泡发育和雌激素的产生，阻止了发情。在一般情况下，如果掌握每头牛的发情规律，配种之后，下一个周期不再发情，大体上可判断已经妊娠。

2. 营养变好，举止安稳　母牛妊娠后，食欲增加，新陈代谢旺盛，营养状况变好，被毛逐渐变得光亮，性情举止变得安稳。

3. 腹围增大，乳房膨大　随妊娠天数的增加，体内胎儿逐渐增大，触诊时能摸到胎儿或感到胎动。初孕牛从妊娠3个月左右乳房变大；经产牛妊娠中期以后，乳房明显增大。

（二）内部检查

1. 直肠检查　主要检查卵巢和子宫的变化。妊娠母牛初期（20～30天），妊娠侧卵巢一般有较大黄体，孕角稍粗。初孕母牛约在妊娠后第2个月，成年母牛在妊娠后第3个月时，子宫已显著增大。孕侧子宫角更为明显,并向腹腔下降;妊娠一侧的卵巢上有明显的妊娠黄体。在生产实践中,操作者根据这一时期子宫角位置、大小、软硬感触和子宫动脉的变化及卵巢的变化,通过直肠检查即可进行初步诊断。此外在妊娠7个月时,可通过直肠检查是否触及胎儿或根据子宫动脉搏动情况准确判断。直肠检查比较安全,是常用的妊娠检查方法。但动作不可粗暴,以免人为损伤胚胎或妊娠黄体,引起流产或损伤直肠黏膜。

妊检可在母牛输精后2个月左右进行,经验丰富的技术员在输精后1个月即能做出比较准确的诊断。检查结果应记入母牛配种日记簿。一名熟练的妊娠检查人员,一天可妊检数十头或上百头母牛。

2. 阴道检查 母牛配种后1个月,检查人员用开膣器插入阴道,如感到有阻力,母牛阴道黏膜干涩、苍白、无光泽、子宫颈口偏向一侧,紧密闭锁,并有灰暗、浓稠的黏液封闭,则母牛已妊娠。

(三)酶联免疫测定法

使用酶联免疫法测定乳牛血中或乳汁中孕酮含量作为早期妊娠诊断的依据。其测定方法为,母牛在输精后20天左右,便可采集少量牛血或乳样,利用酶联免疫分析技术,测定牛血或乳中孕酮含量。根据测定结果,进行诊断。该法对妊娠牛的检出率为80%以上,未孕牛的准确率达95%以上。

据测定,怀孕母牛(19～24天)血浆孕酮的含量不低于1 ng/mL(高达14 ng/mL)。怀孕母牛乳汁中孕酮的浓度比血浆中的高得多。经测定,其乳汁中孕酮含量为8.7 ng/mL;而空怀牛为1.3 ng/mL。德国规定,每毫升乳汁中含孕酮9.0 ng以上者,为怀孕;少于3.0 ng者,则为未孕。

(四)超声检查

超声妊娠检查是一种无损伤、无疼痛、比较理想的物理学检查方法,是当前牛妊娠诊断中最先进且方便易行的技术。B超断层扫描可以直接观察妊娠后子宫内胚胎的发育变化,能尽早地准确判断是否妊娠,配种后25～30天B超妊娠诊断率可达100%。在充分积累经验的基础上,诊断早孕时间可以提早到22天,与繁殖母牛下一个周期时间一致,做到尽早补配。繁殖母牛饲养量较大的牛场应购置一套B超诊断仪,主机可选兽用便携式充电B超仪,探头选择兽用5.0～7.5 MHz的直肠探头。超声检查时,首先让乳牛处于自然站立的姿势,借助直肠检查,先清除直肠内的粪便,在兽用B超的探头部位涂抹耦合剂,外面用乳胶套扎紧,把探头慢慢送入直肠,隔着直肠壁对子宫区域做前后左右扇形扫查,这个时候就可以在兽用B超上看到实时的图像,准确辨识妊娠子宫、卵巢、孕体或胚胎图像。B超探头在直肠内向下扫描胚胎、子宫、卵巢时,探头一定要在检查人员手的辅助下确定扫描部位,切忌手进直肠,只将探头伸入直肠进行扫描,以免直肠壁损伤或探头损伤。

(五)糖蛋白因子试剂盒

妊娠相关糖蛋白(pregnancy associated glycoprotein,PAG)是由偶蹄类动物胎盘滋养层细胞合成、分泌的一类糖蛋白,在妊娠过程中具有重要作用,可用于判定乳牛的早期妊娠状况。在母牛怀孕时,PAG的浓度从妊娠后第15～35天开始上升。受精后第28天,怀孕乳牛血液中PAG的浓度达到(4.48±0.92)ng/mL,而非怀孕乳牛的PAG浓度为0.2 ng/mL。因此,妊娠26～30天即可将PAG作为可靠的妊娠标记。妊娠相关糖蛋白检测试剂盒检测乳牛早期妊娠的灵敏度、特异性和准确性较高,甚至在一定程度上代替B超。这对改善牧场繁殖管理至关重要。目前,商业化检测PAG对待检牛影响小,结果判定标准化,适用于规模牛场母牛早期妊娠诊断,该方法在国内外已经得到较为广泛的应用。

二、分娩与接产

母牛的安全产犊通常以自然分娩为原则,如果胎位不正,可进行矫正或助产。接产必须严格执行无菌操作,牛舍、牛身及工作人员均应进行严格消毒。

母牛的妊娠期为280天左右,预产期推算方法为配种月份减3(或加9),配种日数加6。但妊娠期的长短还受品种、季节等因素的影响。如冬季产犊的牛比夏季产犊的牛妊娠期延长2天,怀母犊的天数比怀公犊的天数少1～2天等。

(一)分娩预兆

根据预产期,可预测母牛分娩日期。临分

娩，母牛体态发生一系列变化。根据其变化，可以较准确地预测分娩时间，从而为接产做好准备。分娩前母牛的主要变化：①乳房膨大，可挤出少量乳汁；②骨盆韧带松弛，产前12～36小时荐坐韧带后缘极度松软，尾根两侧明显塌陷；③外阴部肿胀；④精神不安，回顾后腹，食欲减少或废绝。

（二）接生准备

在母牛临产前，必须做好以下准备工作。

产房必须打扫干净，并用2%火碱水喷洒消毒，然后铺上清洁干燥的垫草，冬季寒冷地区应注意保暖。

接产人员必须用温水洗净母牛的外阴、肛门、尾根周围及臀部两侧的污物，并用1%高锰酸钾溶液擦洗消毒。

接产人员在接产前应洗净手臂，并准备好碘酒、酒精或高锰酸钾等消毒药液，以便消毒犊牛脐带。

此外，还应准备长2～3 m的细麻绳若干根，以备难产时牵引胎儿；同时，准备消毒过的液状石蜡、食用油，以备检查胎位或难产时润滑产道。

（三）接产与助产

母牛分娩分为开口期、产出期和胎衣排出期。接产时如发现异常应做检查。子宫颈的开张情况，胎儿的大小，产道是否狭窄，胎向、胎位、胎势是否异常，根据具体情况采取助产措施，切不可强行拉产。

（四）初生犊牛处理

犊牛出生后，接产人员必须尽快用干纱布或毛巾清除犊牛口腔和鼻腔内的黏液，然后用消毒过的剪刀剪断脐带（距腹壁6 cm左右），除去脐带内血液，并用5%～10%碘酒浸泡消毒，但不必包扎，以利脐带迅速干燥和脱落。

脐带处理后，鉴别犊牛公母、称重、编号、记录系谱和登记犊牛卡片。并于犊牛出生后1小时内，哺喂足量、合格的母牛初乳。详见第七章。

（五）母牛产后护理

做好母牛产后护理是提高繁殖率的关键，为消除母牛产后疲劳，应及时喂以微温麸皮粥（汤），其喂量为每日10～20 kg（麸皮50 g，食盐50 g，碳酸钙50 g）或饲喂3天益母草粉或红糖粥，并补喂钙剂。产后1～2小时挤3～8 kg初乳（因牛而异），将检测合格的初乳提供给犊牛饮用。这有利于胎衣排出和母牛恢复体力。过度疲劳的母牛，可注射一些樟脑或安钠咖等强心剂。

分娩后，应尽早驱使母牛站起，以减少出血。母牛乳房和后躯部要及时洗净，并用来苏尔溶液消毒外阴部，更换垫草，以防细菌感染。

犊牛出生后3～12小时，母牛胎衣一般自行脱落。胎衣排出后有时还从阴道中流出恶露，应用来苏尔等药液擦洗消毒。如超过12小时，胎衣仍不脱落，应由兽医进行处理。

第五节 胚胎移植与性别控制

牛胚胎移植，是采用手术或非手术方法，将种子母牛或良种母牛（供体）的早期附植前胚胎取出，移植到另外一些低产母牛（受体）子宫或输卵管内，使其"借腹怀胎"正常发育，生产优良供体的后代。

经过几十年的研究，牛胚胎移植技术已日趋成熟，从实验阶段进入产业化阶段。国际胚胎技术协会发布的统计数据显示，2021年全球牛胚胎移植数量已超过150万例，其中体外生产的牛胚胎移植数量为117万余例，与2020年相比增加32.8%，体内获得的胚胎移植数量为31万余例，与2020年相比增加6.5%。活体采卵的每头供体牛可采卵18.4枚，可移植胚胎5.1枚。屠宰场来源的每头供体牛可采卵22.8枚，可移植胚胎6.0枚。与自然繁殖状态下一年一胎相比，这一新技术不仅提高了繁殖率，而且加快了育种进程，提高了牛群遗传性能。

一、胚胎移植

（一）供受体牛的同期发情

同期发情是利用激素制剂，人为地控制并调整群体母牛在一定时间内集中发情，以便有计划地合理组织配种。它可以不对母牛进行发情检查，即在预定的时间内同时授精。同期发情常用的方法有孕激素阴道栓塞法、孕激素埋植法和前列腺素法。

1. 孕激素阴道栓塞法　人为地抑制卵泡发育延长黄体期，待停药后黄体退化，卵泡发育引起母牛发情。常用的孕激素为18-甲基炔诺酮100～150 mg，甲羟孕酮120～200 mg，甲地孕酮150～200 mg，氯地孕酮60～100 mg，孕酮400～1000 mg。用药时间有长周期处理（18～20天）、短周期处理（9～12天）和短周期处理结合注射雌二醇三种。试验表明，长周期处理后，发情同期率较高（90.5%），但受胎率较低（53.0%）；短周期处理发情同期率偏低，而受胎率较为正常。

2. 孕激素埋植法　将18-甲基炔诺酮皮下埋植15～25 mg，10～12天后在埋植处切口将药管挤出。同时肌注eCG 500～800国际单位以提高发情效果，一般1～3天母牛即表现集中发情排卵。

3. 前列腺素法　在母牛发情周期第5～16天（黄体期）应用前列腺素F2α溶解黄体，促使卵泡发育并排卵。投药方法有子宫内注入和肌内注射两种。处理后2～4天发情。目前合成的前列腺素F2α类似物的制剂较多。氯前列烯醇剂量为一次肌注0.2～0.5 mg；用15甲基前列腺素F2α时，肌注2～4 mg或子宫注入2 mg，可获得良好效果。

（二）供体牛的选择

应用于胚胎移植的供体母牛，必须具有较高的育种价值，遗传性稳定，谱系清楚，无生殖道疾病，年龄为2～10岁的青年母牛或经产母牛。此外，供体牛的日粮配方必须保证其正常的营养需要。体况良好、健康、繁殖功能正常，并达到同步发情（同步发情差不超过±1天）。

（三）供体牛的超数排卵

超数排卵简称超排，是指在母牛发情周期的适当时间，注射促性腺激素，使卵巢中有更多的卵泡发育并排卵。超排技术的应用，可以充分发挥优良种母牛的作用，是加速牛群改良的又一重要手段，同时是胚胎移植的又一重要环节。供体牛一般常用以下几种药物进行处理。

（1）促卵泡素（follicle stimulating hormone，FSH）+PGF2α法。在发情周期的第9～13天即母牛处于发情周期的黄体期，肌注FSH 3～4天，剂量递减，每天2次。经产母牛8～10 mg，育成牛6～8 mg，递减差以0.1～0.2 mg为宜。

（2）马绒毛膜促性腺激素（eCG）+PGF2α法。在发情周期的第9～14天的任何一天，一次肌注eCG 1500～3000国际单位。eCG注射后48小时肌注氯前列烯醇0.6～0.8 mg。当出现发情时，注射戈那瑞林100 μg（GnRH）可增强排卵效果。

（四）供体母牛授精

选择经后裔测定的优良种公牛冻精用于输精。经超排处理的发情供体牛需输精2～3次，第一次在发情后8～12小时进行，而后每隔12小时输精1次，冻精剂量可增加。

（五）胚胎的采集

胚胎发育到桑椹期至早期囊胚（受精后5～7天）为适宜采集时间，此时移植的妊娠率最高。

1. 手术法　剖腹，根据间隔时间确定部位，注射冲卵液回收受精卵。

2. 非手术法　非手术法冲洗时应考虑配种时间、排卵的大致时间，胚胎运行速度和发育阶段等因素，使操作时能得到较高的收集率。收集时间一般在配种后胚胎发育至桑椹胚晚期或胚泡早期，即在配种后6～8天。

非手术法收集胚胎最好用三通路系统的套管结构，其最内一路灌入冲卵液，由另一路经外管送入空气或温水，使乳胶球囊膨胀，将子宫腔堵住，防止冲洗液不经管内流失，使冲洗液经第三路回流而出，卵或胚胎冲洗入液体内，收集于容器中。操作时供体母牛可站立，后部麻醉，先将金属导管（通杆）插入子宫颈管内，以便通入采卵导管，导管尖端引向子宫角前端，而后送入空气使球囊膨胀，即可经导管前端的进水孔灌入冲卵液，由球囊稍前的出水孔流出，冲卵液每侧子宫角100～500 mL（37 ℃）即可，分2～3次注入，同时术者用手从直肠向子宫角前端稍作压势，使冲洗完全。回收率可达排卵数的60%以上，导管顶端插入的深度以距离输卵管连接部5 mm内的回收率最高。

回收胚胎所需的冲洗液可与胚胎培养液通用，但必须有一定的渗透压，以保证胚胎在离体条件下不受损伤。现采用的冲洗液有杜氏磷酸盐缓冲液（dulbecco's phosphate buffered saline，D-PBS）、布林斯特液（Brinster's medium）、合成输卵管液、怀登氏液、海姆氏液及TCM-199液。当前认为最理想且最经济的是经过改进的含血清的PBS、布林斯特液和怀登氏液。

（六）胚胎的检查

回流的冲洗液集中在长形玻璃筒内，静置10分钟，使胚胎沉淀于底部，然后用虹吸法慢慢吸出上面的冲洗液，剩下100 mL冲洗液分两次进行镜检，寻找胚胎。镜检时先用14倍镜寻找，当看到胚胎后，再用35倍镜仔细检查胚胎质量，依据胚胎的形态、是否受精、卵周隙、折光性、细胞数目、细胞碎片、细胞死亡等判断胚胎等级，正常发育的胚胎，卵裂球外形整齐，大小较一致，分布均匀，外膜完整。

（七）受体牛选择

选择发情周期正常，健康，年龄2～10岁，产犊及哺乳性能良好，无流产史，体况良好的牛作为受体。受体牛在移植前6～8周开始补饲全价营养日粮。选择与供体发情时间相差24小时以内的牛作为受体。

（八）胚胎移植

经检查后完整的胚胎即可移植到受体子宫内。移植前应确定受体牛黄体侧子宫位置，并将装好胚胎的细管嵌入胚胎移植器中。通过直肠把握子宫颈，将移植器经过子宫颈轻轻送入黄体侧子宫角内，随后将胚胎注入。

胚胎移植的基本原则：坚持三个一致性。

（1）供、受体必须属同一物种，即"种属一致性"。

（2）供、受体必须处在发情周期的同一生理阶段，前后不超过24小时，即"生理阶段一致性"。

（3）供体牛子宫角采集的胚胎必须移植到受体牛黄体侧子宫角相同的部位，以保证胚胎前后所处的环境相同，即"移植部位一致性"。

（九）供体和受体牛术后观察

对供体和受体牛，除注意健康状况外，应仔细观察在预定时间内是否发情。供体牛下次发情可配种或停配2～3个月再作供体；受体牛如发情，则说明移植失败，应查明原因。

（十）胚胎冷冻保存

胚胎冷冻保存是胚胎移植技术中一种有价值的辅助手段。乳牛胚胎冷冻保存技术在国内已得到推广应用。冷冻牛胚胎的方法有常规冷冻法和玻璃化冷冻法。

1. **常规冷冻法**

（1）冷冻胚胎发育阶段：一般选择桑椹期及早期囊胚的胚胎进行冷冻。

（2）冷源：多采用液氮。

（3）抗冻剂（缓冲液）：以D-PBS加15%～20%的犊牛血清，再加入1.5 mol/L的二甲基亚砜（dimethyl sulfoxide，DMSO）或1.0 mol/L甘油为抗冻保护剂，亦可用80%磷酸盐溶液和20%犊牛血清组成。

（4）冷冻降温：胚胎在37℃抗冻剂中稳定1小时，然后逐步降温到-60℃，平均每分钟下降0.3℃，当达到-60℃时即可直接放入液氮中。

（5）解冻：解冻速率必须合适，解冻应先从-100℃升温到-10℃（10℃/min），然后升至室温。解冻后5分钟开始除去DMSO（在室温下与加入DMSO时相反，分6次每次降低浓度0.25 mol/L）。

冲卵、保存和冷冻胚胎所用的D-PBS配方见表5-2。

蒸馏水加至1000 mL，$CaCl_2$和Na_2HPO_4单独煮沸灭菌，待冷却后混合，同时加抗生素，调节pH为7.2～7.4。

表5-2 D-PBS配方

主要成分	剂量	主要成分	剂量
NaCl	8.0 g	$CaCl_2$	0.1 g
$MgCl_2$	0.1 g	丙酮酸钠	36 mg
KCl	0.2 g	葡萄糖	1.0 g
Na_2HPO_4	1.15 g	青霉素	1000 μ/mL
KH_2PO_4	0.2 g	链霉素	500 μ/mL

2. **玻璃化冷冻法** 玻璃化冷冻法即高浓度的抗冻剂，急速冷却后，液体的黏性增加，冰晶不能形成，由液态变为透明半固态。常见方法是采用玻璃化冷冻液，以透过性抗冻剂DMSO为主体溶液。为缓和其化学毒性，添加了乙酰胺、丙二醇和非透过性抗冻剂聚乙二醇。聚乙二醇具有促进玻璃化形成的作用。胚胎在玻璃化溶液中平衡时，浓度由低到高（25%—50%—100%）；平衡温度由高到低（22℃—4℃—-4℃），分三步完成，共计35分钟，平衡后投入液氮中冷冻保存。

二、胚胎体外生产

在过去的十年中，胚胎体外生产（IVP）已逐渐替代超数排卵成为繁殖优良乳牛的技术手段。目前，IVP的商业应用已在全球范围内扩大。胚胎体外生产主要分为几个步骤：卵子获取、体外成熟（in vitro matruation，IVM）、体外受精（in vitro fertilization，IVF）、体外培养（in vitro culture，IVC）。

（一）卵子获取

目前，乳牛的常用卵子获取方法是活体采卵（OPU）。活体采卵即借助超声波探测仪直接从活体母畜的卵巢上采取卵母细胞。经阴道超声引导下的取卵是一种快速、微创的技术，用于从供体母牛中取出卵母细胞。该技术可以在有或没有外源性激素刺激的情况下进行。其方法是用手从直肠把握卵巢，经阴道壁穿刺插入吸卵针，借助B超图像引导，在真空负压下吸出卵丘-卵母细胞复合体（cumulus-oocyte complex，COC）。使用该方法每头母牛可采集10～30枚卵母细胞，采集卵母细胞数量会随物种、动物个体、卵泡成熟度、发情周期的阶段、针头尺寸、真空压力和技术人员经验的不同而变化。OPU的频率也会影响卵母细胞的数量和质量。一般采集频率为每周1～2次，每周2次OPU效果更好。

（二）体外成熟

体外成熟（IVM）是指将获得的未成熟卵母细胞在体外培养条件下培养为成熟的卵母细胞的过程。根据卵母细胞周围的卵丘细胞层的数量来判断卵母细胞的质量，挑选高质量的COC进行体外成熟培养。通常在体视显微镜下挑选和洗涤，然后放入含有卵母细胞成熟液的培养皿中，成熟液为微滴状，体积为50～200 μL，表面覆盖有液状石蜡。卵母细胞成熟液成分主要有TCM-199、10%的胎牛血清、促性腺激素、雌激素和抗生素等。将培养皿放入二氧化碳培养箱中培养20～24小时，培养条件为38.5℃、100%湿度、5%的二氧化碳浓度。

（三）体外受精

体外受精（IVF）是指精子和卵子在体外条件下共同培养并完成受精的过程。乳牛体外受精主要使用冷冻精液。从液氮罐中取出冷冻精液放入30～37℃水浴中解冻后，经过洗涤，在获能液中诱导获能。卵母细胞成熟后，卵母细胞与活动精子共同孵育长达18～24小时，以实现体外受精。体外受精培养系统主要包括微滴法和四孔板培养法2种。微滴法类似于卵母细胞成熟的方法，四孔板法是在每孔中加入总体积为500 μL的受精液，然后加入精子和卵子。

（四）体外培养

体外培养（IVC）是指胚胎的体外培养，借助显微镜选择受精卵移入胚胎发育培养液中继续培养的过程。胚胎培养过程中要求每48～72小时更换一次培养液，同时观察胚胎的发育情况。最终选择发育良好的，质量较高的胚胎进行胚胎移植或冷冻保存。通常牛的胚胎培养至桑椹胚或囊胚阶段就可以用于胚胎移植或冷冻保存。

三、性别控制

性别控制是指通过人为的手段进行干预，使母牛繁殖出更多雌性犊牛的技术。因此性别控制对于乳牛生产具有较大的意义。

（一）性别控制技术研究的意义

①可以充分发挥不同性别自身的优势性状，如母牛的产奶；②加速母牛群的繁殖速度，增加选择强度，加快遗传进展；③消除畜群中伴性有害基因或不理想的隐性性状，防止性连锁疾病；④获得更大的经济效益，如建立优化商品乳牛群，尽可能多地获得乳制品，取得最大的经济效益。

（二）性别控制的理论基础

在二倍体动物的体细胞中，都有一对与性别决定有明显而直接关系的染色体，叫性染色体。一些生物的雌体和雄体的每个体细胞里都有一对性染色体，但它们在大小、形态和结构上随性别而不同。雄性中是一对大小、形态、结构不同的性染色体，大的一条叫X染色体，小的一条叫Y染色体；而雌性的体细胞中是一对X染色体，即雄性染色体构型为XY，雌性为XX。在XY型染色体中，精子有两种类型，一是含有X染色体的精子，二是含有Y染色体的精子。在哺乳动物中，含X染色体的精子受精后生产出雌体，含Y

染色体的精子受精后生产出雄体，所以受精卵的染色体组成是决定性别的物质基础。简言之，性别在受精的那一瞬间就确定了。

（三）性别控制的方法

目前性别控制的方法可分为两大类：一为X、Y精子分离法；二为早期胚胎性别鉴定法。

1. X、Y精子分离 这类方法是依据X、Y精子存在物理化学和生物学上的差异而发展起来的。X、Y精子在DNA含量上的不同表现出两者重量和比重上的差异。比较而言，含X染色体精子更大，其DNA含量也比含Y染色体精子多，重量也更重，两者DNA含量差异一般在2%至5%，所以Y精子活动能力和运动速度比X精子强，造成X、Y精子在流体中运动能力、沉降速度不同，而且在Y精子头部发现F小体，经反复实验证明有F小体的精子一定是Y精子，而没有的则是X精子。这类方法有沉降法、离心法、电泳法、H-Y抗原等，虽然有一定效果，但其结果都不稳定。

近年来，研究者依据X、Y精子DNA的含量不同，发明了流式细胞分离法。一般来说，X精子比Y精子含有较多DNA，所以用荧光染料Hoechst 33342染色时，X精子吸收的染料多，发出的荧光也强，就此可以分辨出X精子与Y精子，然后再利用计算机控制使荧光强的X精子带上正电荷，Y精子带上负电荷，在通过高压电场时便向不同的方向偏转，从而达到分离目的。目前，使用性控冻精，产母犊准确率可达95%左右。但用流式细胞分离器分离精子时，精子需要一个个通过，这样就必须稀释精液，这就会造成精子的运动能力下降、分离效率较低，而且荧光染料对精子有毒害作用，分离后精子受精能力下降，同时仪器价格昂贵、性控冻精价格较高。因此，目前性控冻精的应用数量受到限制。

2. 调控受精环境

（1）调节阴道pH：主要依据是X、Y精子对酸碱的耐受性，Y精子更嗜碱性，X精子则更嗜酸性，有用牛做实验的报道，将生理盐水稀释的精氨酸溶液，分为10%、5%、3%三种浓度，在输精前20～30分钟注入某一浓度的精氨酸液1 mL，结果注入10%和5%浓度的产生的公犊多。后来又有人发现在牛阴道液pH＞7.6时，Y精子的活力较强，后代中公犊占多数；当pH＜6.8时，X精子活力较强，后代中母犊占多数。此种方法取得了一定效果，但结果很不稳定，由于处理后不久阴道内pH逐渐回升，其效果也不明显。

（2）控制输精时间：因为Y精子小于X精子，在生殖道中，Y精子比X精子游速快。如果输精时间提得过早，Y精子先到达受精部位，再等到卵子到达，Y精子已失活，没有受精能力，X精子虽运动慢但寿命长，活力也大于Y精子，这便有利于与卵子结合产生雌性胎儿。该方法应用的关键是如何准确判断发情和确定何时排卵，而且在家畜个体上存在差异，在操作上有难度。

3. 早期胚胎性别鉴定 取早期发育的胚胎细胞，进行DNA检测，如果是XY就是雄性，如果是XX就是雌性，目前早期胚胎性别鉴定与胚胎移植相结合。

（1）细胞生物学方法（染色体核型分析）：主要是利用X、Y染色体在形态上的差异，通过判定胚胎细胞性染色体是X还是Y来鉴定胚胎的性别。该方法缺点或存在的困难是分析性染色体需要用分裂中期的细胞，而从桑椹期和囊胚期的胚胎里取出较多的分裂球才能获得处于分裂中期的细胞，这会降低胚胎性别鉴定后移植妊娠率。

（2）免疫学方法：在8-细胞期至早期囊胚期，哺乳动物的雄性胚胎表达一种雌性胚胎所没有的细胞表面因子，即H-Y抗原，利用H-Y抗原和抗体免疫反应的原理可以进行胚胎的性别鉴定。

（3）聚合酶链式反应（polymerase chain reaction，PCR）：其实质就是Y染色体特异性片段或Y染色体上的性别决定基因的检测技术。即通过合成SRY基因或以其他Y染色体上特异性片段的部分序列为引物，在一定条件下进行PCR扩增反应，能扩增出目标片段的胚胎即为雄性胚胎，否则即为雌性胚胎。由于PCR极为灵敏，所以只要从胚胎中取出几个细胞就可以进行性别鉴定，这对性别鉴定后胚胎移植的妊娠率没有影响，而且经济实用。因此，该方法具有广泛的应用前景。

第六节 提高乳牛繁殖力的途径

一、影响乳牛繁殖力的因素

随着规模化和集约化养殖水平的提高,牛场中母牛繁殖力的高低直接影响养牛的经济效益,提高母牛的繁殖力对于养牛生产意义重大。因此,养牛生产者要对影响母牛繁殖力的因素进行分析,找出影响母牛繁殖力的原因,以便在生产中采取措施切实提高母牛繁殖力。母牛繁殖力主要受到以下因素的影响。

(一)营养

营养对母牛的发情、配种、受胎及犊牛成活起决定性的作用,其中以能量和蛋白质对繁殖影响最大,矿物质和维生素也对繁殖起重要作用。

1. 能量对母牛繁殖力的影响 能量水平不足对母牛繁殖力的影响明显,幼龄母牛能量水平不足,不但影响正常生长发育,而且可能会推迟性成熟和初配年龄,这样就缩短了一生的有效繁殖时间;成年母牛长期能量过低,会导致发情症状不明显或只排卵不发情;母牛产前产后能量过低,会推迟产后发情日期;怀孕母牛能量不足会造成流产、死胎、分娩无力或产出软弱的犊牛。能量水平过高也会使母牛生殖道被脂肪阻塞,妨碍母牛受胎。

2. 蛋白质对母牛繁殖力的影响 日粮蛋白质水平对乳牛的繁殖具有重要的作用。蛋白质缺乏,不但影响牛的发情、受胎、妊娠,也会使牛体重下降、食欲减退,以至食入能量不足,同时会使粗纤维的消化率下降,直接或间接影响牛的健康与繁殖。

3. 矿物质对母牛繁殖力的影响 矿物质中,磷对母牛的繁殖力影响最大。缺磷会推迟性成熟,严重时,发情周期停止。磷的摄入量不足,又会使受胎率降低。日粮中缺磷是母畜不孕或流产的原因之一。据报道,乳牛缺磷常导致卵巢萎缩,屡配不孕,易发生流产或产弱犊。钙缺乏或钙磷比例失调时,都会直接或间接影响繁殖。钙磷比为(1.5~2):1时,牛的繁殖力最佳。日粮中钙磷比例小于1.5:1,可导致母牛受胎率下降,诱发流产、胎衣不下、子宫和输卵管炎症等。当钙磷比大于4:1时,繁殖指标明显下降,发生阴道和子宫脱垂、乳房炎等产后疾病。此外,一些微量元素,如锌、硒、锰、铜、碘、钴等对牛的繁殖和健康都起作用,不可缺少。

4. 维生素对母牛繁殖力的影响 维生素A与母牛的繁殖力和胎儿的生长发育密切相关。若日粮中缺乏维生素A,会导致母牛出现生殖器官炎症、隐性发情、发情期延长、延迟排卵或不排卵、黄体和卵泡囊肿等情况,使受胎率降低,胎盘形成受阻,胚胎死亡、流产,胎衣不下和子宫内膜炎等。另外,维生素D缺乏会导致发情周期不规律、卵巢萎缩、持久黄体、卵巢囊肿,造成子宫平滑肌紧张性下降,子宫弛缓等繁殖问题;维生素E是维持正常繁殖功能所必需的物质,其与硒协同可以刺激性激素的分泌,调节性腺发育及功能。适当补充维生素E,可降低卵巢囊肿、胎衣不下和乳房炎的发病率。

(二)管理

管理好牛群,尤其是抓好基础母牛群,也是提高繁殖力的重要因素。

1. 牛群结构 合理的牛群结构是获得良好繁殖力的基础之一,基础母牛群占牛群的比例,乳牛为50%~70%,肉牛、役牛和乳肉兼用牛为40%~60%。

2. 使用情况 母牛使用不当,会降低母牛的繁殖力。如乳牛不正确的挤奶,役牛长期使役过度,均会造成牛体过分消耗,体质下降,使性功能紊乱或受到抑制,导致发情不正常或受胎着床困难,降低受胎率。对妊娠母牛过度使用也会引起流产。

3. 繁殖情况调查 管理人员如果不了解母牛的繁殖情况和发情特点,就会失去配种时机,容易造成年母牛的漏配和错配,延长产犊间隔,降低母牛的繁殖力。

4. 配后检查 母牛配种后会出现空怀、流产的现象,对于配种后的母牛,还应检查受胎情况,以便及时补配和做好保胎等工作。

(三)异常发情

在正常情况下,母牛发情排卵有一定的规律性。但母牛的发情常常受到许多内外因素(如营养、劳役、气候等)的影响,使母牛发情超出正常规律,叫作异常发情。卵巢功能失常能够引起异常发情，异常发情包括不发情、暗发情、持续发情和假发情。

1. **不发情** 母牛不发情也不排卵，往往是疾病、气候、营养或泌乳所引起的。子宫内膜炎和持久黄体是不发情的原因，卵巢发育不全也会造成不发情。

2. **隐性发情** 隐性发情亦称暗发情。其特征是发情不明显，在发情期内无明显性欲，但卵巢上有卵泡正常发育。造成隐性发情的主要原因是促卵泡素或雌激素分泌不足，营养不良，产乳量高等。此外，冬夏季节容易出现隐性发情，因此在实践中应注意。在预测发情基础上勤观察，并根据直肠检查卵泡的变化鉴定是否发情和适时配种。

3. **持续发情** 母牛发情持续时间长，有时连续几天发情不止，称之为持续发情。发生持续发情的原因主要是：①卵巢囊肿，即未排卵的卵泡不断发育、增生、肿大，分泌雌激素过多，造成年母牛发情延长；②卵泡交替发育，即左右两个卵巢上交替出现卵泡发育，交替产生雌激素，引起交替发情，以致发情延长。

4. **假发情** 母牛有发情症状但不排卵，一般在配种后1～3个月的母牛常见到这种假发情的现象。母牛出现假发情的原因可能是受孕后黄体孕酮功能不足和性腺继续分泌雌激素所致；也可能是怀孕后，子宫颈动脉显著肥大，搏动力强，胎盘绒毛膜生长及胎动等刺激而引起。

（四）疾病

由疾病引起的不孕包括传染性和非传染性两类。传染性疾病有布鲁氏菌病、滴虫病及生殖道颗粒性炎症等；非传染性疾病有阴道炎、卵巢炎、输卵管炎、子宫内膜炎、子宫囊肿、子宫颈炎等。

（五）先天性和生理性不孕

这类不孕的原因，多半是脑下垂体失调，内分泌系统和神经系统的紊乱所造成的，致使母牛生殖器官发育不正常，性功能失调。

（六）气候与环境

气候和环境因子如季节、温度、湿度和日照都影响繁殖。过高或过低的温度，都可降低繁殖效率，夏季炎热，冬季寒冷，牛的繁殖率最低。春秋两季温度适宜，繁殖率自然最高。冬季发情、受胎少的原因，主要是日照短和粗料中维生素含量低。为达到最大的繁殖效率，必须具备凉爽气候、低湿度、长日照和丰富营养等环境条件。

二、提高乳牛繁殖力的措施

母牛产乳量的提高依赖于母牛繁殖率的提高。而缩短产犊间隔是提高繁殖率的一条有效途径。这就要使母牛除产犊后2个月空怀外，余下时间都在怀孕。这样不仅可以多产犊，而且可以多次出现泌乳高峰，使终生产乳量大大提高。

（一）提高乳牛受配率

所谓受配率是指一个地区或一个场的乳牛在一年内参加配种的母牛数占该地区或场内所有适繁母牛数的百分率。由此可以反映出该区内繁殖母牛的发情、配种及管理状况。提高乳牛受配率可以采取以下几项措施。

1. **搞好清群** 确保繁殖效率就是及时把失去繁殖力或产乳量很低的母牛淘汰掉。这些牛繁殖力下降，会延长产犊间隔，增加饲养成本，降低生产效益。另外，这部分牛的存在会增加适繁母牛总数，从而降低受配率。因此优胜劣汰是提高受配率的一个措施。

2. **提高饲养管理水平** 加强饲养管理，维持适当膘情，是保证母牛正常发情的物质基础。营养不足会导致公牛精液质量下降，受精能力低下，影响母牛的正常发情周期和排卵。乳牛在产奶期间，营养物质需要量大，营养物质供应不足往往表现长期乏情，特别是在高产乳牛中更为突出。因此在饲料供应上既不可使营养物质过于丰富，也不可过于贫乏。

3. **及时检查和治疗不发情的母牛** 母牛受配率低的原因主要是母牛长期不发情，或是隐性发情，这种情况的出现多数与营养供应有关。一旦出现这种情况，从根本上说应当调整母牛的营养水平，这是促进母牛发情的基础；与此同时利用人工催情的办法也会取得一定效果，一般利用eCG催情，一次注射eCG 10～20 mL，隔6日再注射一次20～30 mL，根据催情后的表现配种效果最佳。另外，犊牛随母牛哺乳的时间过长（6个月以上），往往影响母牛的正常发情，从而也影响受配率，所以对犊牛要尽量早期断乳。

(二)提高乳牛受胎率

1. **合理的饲养管理** 母牛营养不良对繁殖力影响较大，不仅会延误青年牛的初情和初配年龄，对其受胎率也会有不利影响。孕牛如营养不良，不仅本身生长缓慢，犊牛的初生重也小，生长慢、成活率低。在注意营养供给的同时，要注意营养的平衡，特别是蛋白质、维生素、矿物质供应要尽量满足，维生素、矿物质缺乏会引起许多疾病。但是，在营养上也不可过剩，营养过剩会引起母牛卵巢脂肪变性，同样会影响繁殖力。在管理上要保证牛有充足的运动，保持牛舍清洁、干燥。应使孕牛常晒太阳。

2. **对种公牛的基因组选择** 种公牛对牛群质量的影响较大，加强种公牛的选育比母牛的选育意义更大。通常采用的选育方法是综合选择指数法。有关种公牛繁殖力的综合选择指标，包括射精量、精子活力、精子稀释倍数、女儿牛的繁殖性状及遗传稳定性等。女儿牛的遗传稳定性对经济效益影响最大，因而在综合评分权重中所占比例较高。种公牛繁殖性状遗传力较低，但是种公牛的繁殖力与女儿牛初情期和受孕的配种次数呈负相关，即繁殖力高的乳牛其女儿牛初情期出现较早，每次受胎配种次数较少。另外，对公牛女儿怀孕率（DPR）的基因组选择，提高了牛群繁殖力。

3. **提高公牛的精液质量** 提高牛的受胎率，除养好母牛外，养好种公牛也十分重要。对种公牛在营养上要求全价而平衡，饲料多样配合，易消化，适口性好，加强种公牛的运动和肢蹄护理，使种公牛有良好的体况和充沛的精力。在精液处理和冻精制作上则应严格遵守规程要求。此外尚应注意冻精颗粒（或细管冻精）分发和运送各环节，才能保证精液质量。

4. **熟练掌握输精技术** 首先要掌握好输精时间，牛发情期为18～24天，发情持续时间约18小时，排卵多在发情结束后10～12小时，根据这个规律应安排恰当的配种时间。另外，人工授精是一项实践性很强的技术，输精员必须掌握技术要领，以保证适时、准确地把精液输入母牛子宫内，确保母牛正常受胎。

5. **积极治疗子宫疾病** 子宫疾病是乳牛业的大敌，长期不发情、不排卵或屡配不孕会给养牛业带来巨大的损失，所以在平常的饲养管理中要加强围产期监护，积极预防子宫疾病的发生，一旦发生要及时治疗。

6. **注意早期妊娠检查** 母牛配种后33±3天应使用B超进行妊娠检查，一旦发现空怀未孕，要及时进行复配，这样才能达到提高受胎率的目的。

(三)提高乳牛繁殖成活率

母牛在妊娠后要做好保胎工作，确保胎儿正常发育和母牛安全分娩。首先要根据母牛怀孕的各个生理阶段，合理供给营养物质，以保证母牛不至于因营养缺乏而流产。母牛妊娠2个月内，胎儿由依靠子宫内膜分泌的子宫乳作为营养过渡到依靠胎盘吸收母体的营养，此时期营养过低，饲料质量低劣，子宫乳分泌不足，即会影响胚胎发育，甚至造成胚胎死亡流产，这种情况即使犊牛出生，也会体重很小，发育受阻，容易死亡。如果缺乏一些矿物质或维生素，不仅会对胎儿本身的发育不利，引起流产，而且对母牛也易引起许多疾病。另外，对孕牛特别要注意不饲喂霉败饲料，霉败饲料易引起流产。孕牛也应防止喂霜冻草料和饮用冰水。管理方面，孕牛要有适当运动或使役，但不可过劳。在怀孕期间要防止惊吓、鞭打、滑跌、顶架等，特别对有流产历史的孕牛必要时要采取保护措施，服用安胎药物或注射黄体酮等。通常来说，最好在出生后的1～2小时喂初乳。这个时间段内，犊牛的吸吮反射最强，能够吸收到最多的免疫球蛋白和营养物质，增强犊牛对疾病的抵抗力。犊牛的早期补料可促进牛胃的发育。一般出生后2～3周即可补料，最初1天仅食50～100 g，以后随生长逐渐增长，3周后即可补充一些优质干草，以促进犊牛的生长发育。出生1周后，即可每天放于小运动场使其自由活动，应避免犊牛卧于冷、湿地面和采食不洁食物，以防拉稀。

> **思考题**

1. 乳牛群繁殖管理目标是什么？
2. 乳牛生产有哪些发情鉴定方法？
3. 乳牛胚胎移植的目的和意义，以及如何提高乳牛胚胎移植成功率？
4. 乳牛生产过程中常出现哪些繁殖障碍？

参考文献

[1] 王福兆, 孙少华. 乳牛学 [M]. 4版. 北京: 科学技术文献出版社, 2010.2.

[2] 王根林. 养牛学 [M]. 2版. 北京: 中国农业出版社, 2006.

[3] DISKIN M G. Review: Semen handling, time of insemination and insemination technique in cattle [J]. Animal, 2018, 12 (增刊1): 75-84.

[4] HASLER J F. The Holstein cow in embryo transfer today as compared to 20 years ago [J]. Theriogenology, 2006, 65: 4-16.

[5] KUMARESAN A, SRIVASTAVA A K. Frontier technologies in bovine reproduction [M]. Singapore: Springer, 2022.

[6] MONTEIRO P L J, CONSENTINI C E C, ANDRADE J P N, et al. Research on timed AI in beef cattle: past, present, and future, a 27-year perspective [J]. Theriogenology, 2023, 211: 161-171.

[7] MOORE S G, HASLER J F. A 100-year review: reproductive technologies in dairy science [J]. Journal of dairy science, 2017, 100 (12): 10314-10331.

[8] SEIDEL G E. Update on sexed semen technology in cattle [J]. Animal, 2014, 8 (增刊1): 160-164.

[9] SPECKHART S L, WOOLDRIDGE L K, EALY A D. An updated protocol for in vitro bovine embryo production. STAR Protocols, 2022, 4 (1): 101924.

本章编者: 李相运; 审订: 赵学明、徐 华

第六章

乳牛营养需要与饲料供给

第一节 乳牛消化生理

乳牛的消化系统较为复杂,主要由消化道和消化腺组成。消化道从前到后依次为口腔、咽部、食管、胃(瘤胃、网胃、瓣胃和皱胃)、小肠、盲肠、结肠、直肠和肛门(图6-1)。消化腺主要包括唾液腺、胃腺、胰腺、肠腺、胆囊和肝脏。瘤胃内微生物类群分泌大量的酶,参与饲料的消化,也可看作乳牛消化系统不可分割的组成部分。

一、口腔

乳牛口腔由唇、齿、舌及唾液腺组成。乳牛的口腔是吞咽、咀嚼、将饲料与唾液混合进行反刍的器官;唇、齿、舌是主要的摄食器官,执行咀嚼功能,并在舌咽的配合下完成吞咽过程;唾液腺可产生唾液,帮助消化食物。

唇:乳牛的唇分为上唇和下唇。其游离缘共同围成口裂,在两侧汇合成口角。乳牛唇较短厚,坚实而不灵活,上唇中部与两鼻孔间平滑湿润的无毛区称为鼻唇镜。鼻唇镜的皮肤内有鼻唇腺,鼻唇腺的分泌物使鼻唇镜保持湿润。

齿:齿按形态、位置和功能分为切齿、犬齿和臼齿3种。乳牛无上切齿和犬齿,下切齿每侧4个,由内向外分为门齿、内中间齿、外中间齿和隅齿。臼齿分为前臼齿和后臼齿,上下颌各有前臼齿3对和后臼齿3对。乳牛牙齿的功能主要是咀嚼和磨碎饲料。在咀嚼动作完成的过程中,乳牛通过下颌骨的横向运动,将植物纤维磨碎并形成食团后进行吞咽来完成咀嚼过程。

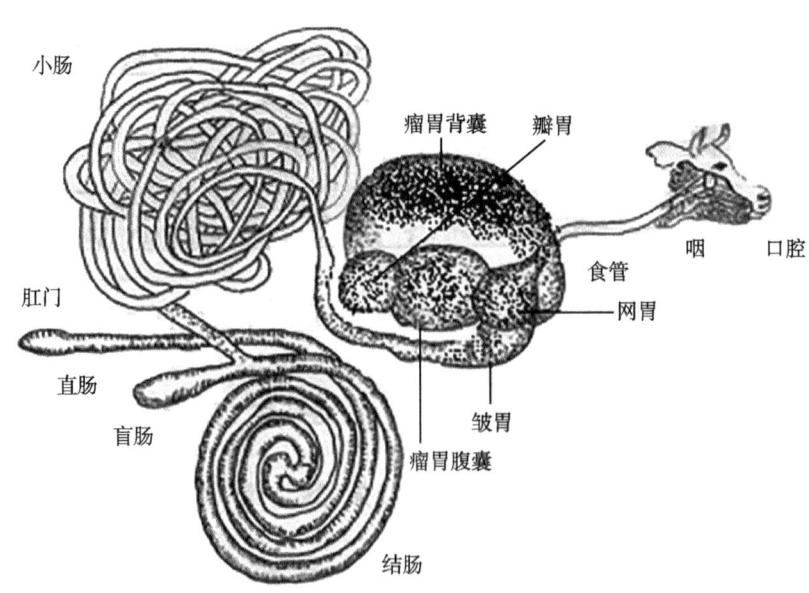

图6-1 乳牛的消化系统

(来源:西北农林科技大学、甘肃农业大学、山西农业大学绘,家畜解剖图谱,1978)

舌：乳牛的舌是牛采食的主要器官。舌较长且运动十分灵活，参与采食、吸吮、咀嚼和吞咽等活动，并有触觉和味觉等功能。其上还覆盖有许多粗糙的乳状突起（倒刺），方便将饲料卷入口腔。饲料进入口腔后，舌将饲料与口腔内各种分泌液混合，最终形成食团。乳牛可以从饲料中挑出大于自己舌头宽度（6～7 cm）的饲料和小块饲料。因此充分混合日粮，并将粗饲料长度控制在7 cm以下，可以有效避免乳牛挑食。但乳牛采食粗放，很易将铁钉、短铁丝等粗硬杂物一并吞下，所以饲喂时一定要格外小心。

唾液腺：乳牛的唾液腺主要由腮腺、颌下腺和舌下腺组成。唾液除了具有湿润饲料、杀菌、保护口腔作用外，牛的唾液中还含有氮（尿素和黏蛋白）、钠和磷，具有弱碱性的缓冲作用，对维护瘤胃酸碱度（pH）有重要作用，并为瘤胃微生物提供丰富的养分。给乳牛喂优质粗饲料，能刺激唾液的分泌，稳定瘤胃的pH，有利于维持瘤胃内环境的正常，防止瘤胃膨胀，且有利于提高乳脂肪含量。

二、咽及食管

咽是控制呼吸道和消化道的一个枢纽结构。它开口于口腔，依次为鼻咽孔、耳咽管、食管、喉。

食管是食物通过的管道，连接于咽和胃之间，可分为颈、胸、腹3部分。食管由黏膜、黏膜下层、肌层和外膜四层构成，黏膜下组织含丰富的食管腺，能分泌黏液，润滑食管，利于食团通过。成年乳牛的食管长约1 m，负责将咀嚼后的食物或水送入瘤胃，以及将瘤胃中未经消化的食糜通过逆呕再返回到口腔。新生犊牛具有食管的延续部分——食管沟，可通过特殊的食管沟反射将乳汁直接送入真胃。

三、胃

乳牛有4个胃室，即瘤胃、网胃、瓣胃和皱胃。前3个胃合称前胃，前胃黏膜内无腺体，不能分泌胃液，以物理消化和微生物消化为主，主要起贮存饲料、水和发酵分解碳水化合物、蛋白质等营养物质的作用。只有皱胃有消化腺，可分泌消化酶，类似于单胃动物和人体的胃，故称真胃。各胃室的连接及内部构造如图6-2所示。胃在整个消化系统中占有较大比例（约71%）。这种结构使乳牛与单胃动物在营养学上存在两个主要区别。其一是乳牛因有4个胃室，胃的总容积特别大，为容纳大量营养物质提供了足够空间。其二是乳牛瘤胃内营养物质和厌氧的环境为数量庞大的微生物群体提供了十分理想的生存条件。瘤胃内的微生物群体是反刍家畜能够主要以粗饲

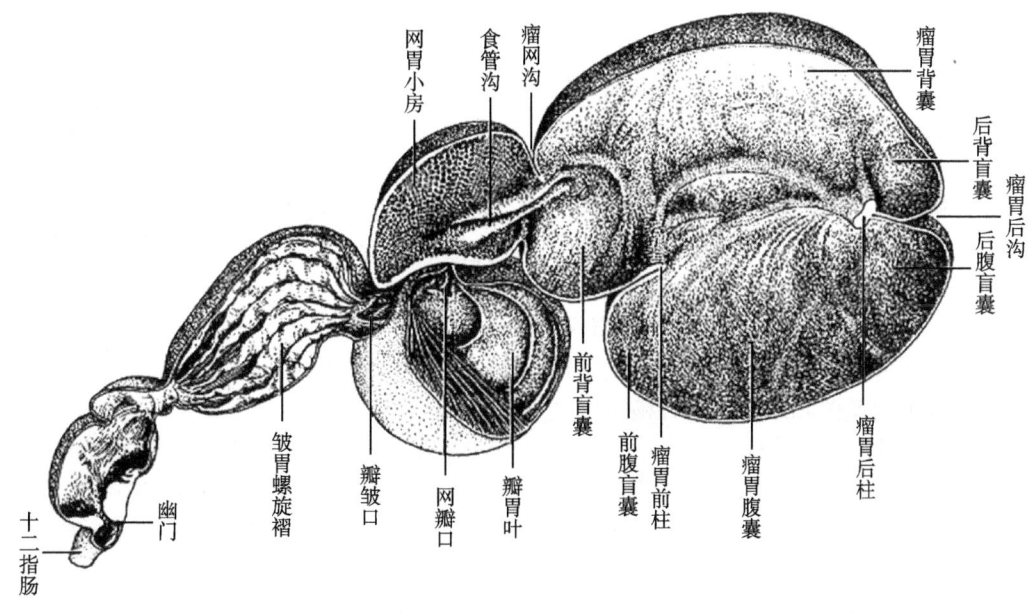

图6-2　牛胃内部构造

（来源：西北农林科技大学、甘肃农业大学、山西农业大学绘，家畜解剖图谱，1978）

料维持生命的根本原因。

（一）瘤胃

瘤胃是乳牛接纳食物的第一胃室，位于乳牛腹腔内的左侧，是成年乳牛最大的一个胃，约占4个胃总容积的80%，成年母牛瘤胃可容纳100～120 kg饲料，自然状态下占据牛体整个腹部左侧和右侧下半部。瘤胃借助柱状肌肉的收缩可进行规律性蠕动，瘤胃壁黏膜还有大量的瘤胃乳头可大大增加瘤胃内壁的表面积，这都有利于瘤胃对营养物质的消化和吸收。

瘤胃是一个巨大的生物发酵罐，70%～85%的可消化干物质和50%的粗纤维在瘤胃内消化，瘤胃消化过程中，微生物又起着主要作用。瘤胃具有供给微生物繁殖所需的营养物质和水分，pH维持在5～7，渗透压与血液相似，温度通常为38～42 ℃，内容物中缺乏氧气，这些都是厌氧微生物大量繁殖的良好条件。瘤胃微生物包括细菌、原虫和真菌3种，这些微生物能够利用饲料并通过自身的繁殖，生成大量便于乳牛利用的营养物质。瘤胃微生物发酵纤维素、半纤维素、蛋白质等多聚物的结果是将其转化为分子质量相对较小的挥发性脂肪酸、氨基酸、维生素及形成微生物蛋白，由此为乳牛提供75%的能量，而进入小肠的物质中60%～65%的粗蛋白质是由微生物提供。

瘤胃微生物将碳水化合物消化分解为CO_2和挥发性脂肪酸。产生的挥发性脂肪酸中最主要的是乙酸、丙酸和丁酸，当日粮以粗饲料为主时，瘤胃发酵产生较高比例的乙酸；当日粮以精饲料为主时，产生较高比例的丙酸。这些终产物可被瘤胃吸收并提供动物所需要的大部分能量。

大部分日粮蛋白质在瘤胃中会被降解并被微生物利用合成微生物蛋白，只有少量的日粮蛋白质能够逃脱瘤胃的降解过程。同时，瘤胃微生物还能够利用饲料中的非蛋白氮合成微生物蛋白。微生物蛋白是优质的动物蛋白，可被转运到肠道中吸收利用。微生物蛋白和未降解的日粮蛋白质共同组成乳牛机体的蛋白质供应源。

脂类在瘤胃中的消化与碳水化合物相似，瘤胃微生物将摄取的脂类物质水解为甘油和脂肪酸。甘油主要被转化为丙酸，同时长链脂肪酸经过瘤胃到小肠中被吸收。

瘤胃还能合成B族维生素、维生素C和维生素K等，满足乳牛生产发育所需。

（二）网胃

网胃是乳牛的第二胃室，成年乳牛的网胃约占4个胃总容积的5%。网胃由许多形似蜂巢的网状小房构成，故又称"蜂巢胃"。瘤胃和网胃具有相似的生理功能，其间的内容物可相互交流，故又合称瘤网胃。网胃有控制瘤胃食糜流出的作用，只有当食糜颗粒的直径小于1～2 mm时，食糜方可流入瓣胃。网胃对饲料还有二级磨碎功能，并继续进行微生物消化，也参与反刍活动。网胃的蜂窝状结构起到筛子的作用，当乳牛采食到金属或其他不可消化的东西时，可阻止其进入后面的消化系统。

（三）瓣胃

瓣胃是乳牛的第三胃室，呈扁圆形，占乳牛4个胃总容积的7%～8%。瓣胃壁的构造基本与瘤胃、网胃相似，其黏膜是由许多叶片状结构组成，从横切面看，很像一叠"百叶"，因此，通常把瓣胃称为"百叶胃"。其作用类似一个过滤器，主要是重吸收食糜中的水分、有机酸和部分矿物质，同时瓣胃对饲料的研磨能力也很强，有"三级加工"的作用，使食糜变得更加细碎。食糜因含有大量的微生物，在瓣胃内还可继续进行微生物消化。

（四）皱胃

皱胃是乳牛的第四胃室，占胃总容积的7%～8%，由胃体部、胃底部和幽门部组成，内壁折叠形成许多皱褶。皱胃是一个功能类似于非反刍动物胃的器官，其消化过程与单胃动物的消化过程非常相似。皱胃主要通过胃腺分泌大量的胃液对食糜进行化学消化。胃液中的主要成分有盐酸、胃蛋白酶和凝乳酶及少量胃脂肪酶，可对饲料营养进行真正意义上的消化。

四、肠道

乳牛肠道主要由小肠（十二指肠、空肠和回肠）和大肠（结肠、盲肠和直肠）组成。

小肠：小肠为细长的管道，前端起于皱胃幽门，后端止于盲肠，可分为十二指肠、空肠和回肠3部分。小肠特别发达，成年母牛小肠长35～40 m，直径1～4.5 cm。均位于腹腔的右侧，通过肠系膜附着于腹腔的背侧壁。小肠是营养物质消化吸收的主要部位。由于小肠长而接触食糜的内表面积大，消化腺丰富，可分泌多种消化液（如肠液、胆汁、胰液），含有多种消化酶，加上随食糜带进的许多消化酶，因此可把食糜中大分子的营养物质（包括微生物本身的营养物质）分解成可吸收的小分子物质。这些物质通过滤过、扩散、渗透和主动转运等不同形式被小肠吸收，进入血液或淋巴。同时小肠通过运动把食糜中未被吸收的部分输送到大肠。

大肠：大肠长为6.4～10 m，位于腹腔右侧和骨盆腔，管径比小肠略粗。大肠可分为盲肠、结肠和直肠3部分。乳牛大肠可消化和吸收食糜中未被小肠消化和吸收的一些营养物质，但其主要功能是吸收盐类和水分，形成粪便。其中结肠长10～11 m，有重吸收水分的功能，同时结肠是粪便形成的场所，结肠壁缺乏吸收水和矿物质的乳头状突起。直肠是大肠的最后一段，粪便排出之前在直肠内储存。而盲肠则是小肠和结肠联结处支生的一盲囊，长不足1 m，盲肠与瘤胃一样，是微生物消化的另一个部位。由于瘤胃的存在，盲肠的作用不像单胃动物的盲肠那么重要。

总之，由于牛的肠道较长，约为体长的27倍，加之胃发达，食物在消化道内存留时间较长，因此，乳牛对饲料营养的利用率很高。

第二节　乳牛营养需要

一、水

水是乳牛消耗量和循环量最大的营养素，乳牛通过饮水和采食摄入水分，通过泌乳、排粪、排尿、呼吸、排汗等途径排出，乳牛体内总水量处于动态平衡的状态，即水平衡。乳牛的自由饮水量（free water intake，FWI）受DMI、产乳量、日粮DM含量、环境温度、钠和钾的摄入量的影响。长期饮水不足会造成乳牛水代谢失调和生产性能下降，使营养物质在体内的同化和异化过程出现异常，甚至导致严重的疾病或死亡。

（一）乳牛的饮水量

1. 后备牛饮水量　哺乳犊牛主要从牛奶中获取其所需的水分，其次是通过饮水和其他饲料获得，自由采食牛奶的犊牛也需要饮水。然而犊牛是否需要随时或从什么阶段开始自由饮水，研究结论尚不明确（Jensen等，2021）。目前尚无预测犊牛FWI的模型，Kertz（2014）报道犊牛的FWI与DMI的比值为4∶1；断奶前FWI/DMI比值为2∶1，同时受到液体饲料饲喂量的影响，断奶后则提高到4∶1（Quigley等，2006）。美国国家研究委员会（National Research Council，NRC）（2001）推荐采用自由饮水方式饲养犊牛，犊牛的FWI可从第1周的1 kg/d增加到第4周的2.5 kg/d，且第4周增加最明显。加拿大安大略省的研究显示，1～4月龄犊牛每天的饮水量为4.9～13.2 L（表6-1）。育成牛每45 kg体重每天需摄入3.8～5.7 L的水，且饮水量受环境温度的影响非常大（表6-2）。

表6-1　犊牛及育成牛的典型饮水量

品种	月龄/月	饮水量范围/(L/d)	平均值/(L/d)
犊牛	1～4	4.9～13.2	9
育成年母牛	5～24	14.4～36.3	25

来源：Ontario Ministry of Agriculture, Food and Rural Affairs. Water Requirements of Livestock: Factsheet #23-023 [R]. Toronto: OMAFRA, 2023

表6-2　不同温度下犊牛及育成牛的饮水量

体重/kg	饮水量/L		
	环境温度/℃		
	4.4	15.6	26.7
91	7.6	9.1	12.5
181	14.4	17.4	23.1
272	20.4	24.6	32.9
363	25.7	31.0	41.6
454	30.3	36.3	48.1
544	34.1	40.9	54.9

来源：(1) Ontario Ministry of Agriculture, Food and Rural Affairs. Water Requirements of Livestock: Factsheet #23-023 [R]. Toronto: OMAFRA, 2023.

(2) LOOPER M L, WALDNER D N. Water for Dairy Cattle: Guide D-107 [R/OL]. Las Cruces: New Mexico State University, 2002. [2023-08-01]. https://pubs.nmsu.edu/_d/D107/index.html.

2. 成年母牛饮水量　NASEM（2021）推荐使用Appuhamy等（2016）所提出的方程式来预测泌乳牛的FWI。表6-3呈现了成年母牛饮水量与产奶量之间的关系。

表6-3　成年母牛的饮水量

	产乳量/ （kg/d）	饮水量范围/ （L/d）	平均值/ （L/d）
泌乳牛	13.6	68～83	
	22.7	87～102	115
	36.3	114～136	
	45.5	132～155	
干乳牛	—	34～49	41

来源：Ontario Ministry of Agriculture, Food and Rural Affairs. Water Requirements of Livestock: Factsheet #23-023［R］. Toronto: OMAFRA, 2023.

当能准确获得或估计DMI时，采用以下公式：

$$FWI（kg/d）= -91.1 + 2.93×DMI + 0.61× \\ DM（\%）+ 0.062×NaK + 2.49×CP（\%）+ \\ 0.76×TMP$$

当不能准确获得或估计DMI时，采用以下公式：

$$FWI（kg/d）= -60.2 + 1.43×Milk + 0.064× \\ NaK + 0.83×DM（\%）+ 0.54× \\ TMP + 0.08×DIM$$

推荐干乳牛的FWI预测公式如下：

$$FWI（kg/d）= 1.16×DMI + 0.23×DM（\%）\\ + 0.44×TMP + 0.061×TMPC^2$$

式中，DMI（kg/d）为干物质摄入量，Milk（kg/d）为产乳量，DM（%）为日粮干物质含量，CP（%）为日粮中的粗蛋白含量，TMP（℃）为日平均环境温度，TMPC^{2}为（TMP-16.4）^{2}，NaK = 日粮Na和K的含量之和，毫克当量（mEq）/kg DM，算法为（Na%/0.023 + K%/0.039）×10。

产乳量为（33.1±6.5）kg/d的泌乳牛所需摄入的总水量为（77.6±18.5）L；经产牛比头胎牛需要的饮水量更高（分别为89.5 L/d和63.2 L/d）（Dado和Allen，1994）。Cardot等（2008）报道产乳量为（26.5±5.9）kg/d的乳牛每天的FWI为（83.6±17.1）L。干乳牛的平均饮水量是（36.6±12.4）L/d（Holter和Urban，1992）。当日粮干物质含量从30%提高到60%时，FWI会升高，而当日粮含水量超过60%时，其对总水分摄入量及FWI的影响较小（NRC，2001）。

（二）饮水行为和水质

乳牛每天饮水时间总计20～30分钟（Thomas等，2007）。Cardot等（2008）研究发现散栏饲养乳牛日均饮水（7.3±2.8）次，每次饮水（12.9±5.0）L。乳牛的饮水速度受饮水器类型、供水速度、水温等因素的影响，通常为每分钟4～18 L（NRC，2001）。饮水器的供水效率是影响饮水时间的一个重要因素，将饮水器的供水速率逐步从每分钟2 L提高到7 L、12 L时，乳牛饮水时间会从每天37分钟下降到11分钟、7分钟（Andersson，1978）。乳牛在使用饮水碗时通常要比使用其他饮水器花费更多的时间，保障供水速度十分重要。

在温暖环境下，牛喜欢饮用温水（30 ℃）而不是冷水（＜14 ℃），更喜欢温度为20～28 ℃的饮用水（Lanham等，1986）。在夏季，较低温度的饮用水增加了泌乳乳牛的FWI，降低了呼吸速率和体温（Lanham等，1986；Milam等，1986）。通常推荐使用《生活饮用水卫生标准》作为乳牛饮用水的质量标准，但部分牛场通常使用地下水供水，需要关注饮用水的总可溶性固体（建议＜1000 mg/L）、硬度、矿物含量、pH和细菌含量等指标。

二、干物质

干物质摄入量（DMI）的调控机制非常复杂，其既能确保充足的能量供应，又能防止能量过度摄入。各种刺激和抑制信号在大脑的摄食中心整合，进而控制采食行为和DMI。刺激信号与能量水平及各种受体、社群关系、昼夜节律、习惯性因素有关，抑制信号包括瘤胃充盈、瘤胃渗透压、内分泌和能量受体组织等。粗饲料通过瘤胃的速度较慢，因此，瘤胃粗饲料的填充效应可以限制乳牛的DMI。产后乳牛处于能量负平衡状态，但通常并不能通过改变日粮填充效应和能量水平来消除能量负平衡。分娩后几周内产乳量和能量需要增加时，填充效应可能开始控制DMI，并可能在泌乳高峰期限制DMI。在泌乳中后期，填充效应限制DMI的能力通常会减弱，特定的能量机制主导了DMI的调控。

（一）泌乳牛DMI预测

泌乳牛的产乳量（能量消耗）通常在产后4～8周达到峰值，而DMI和能量摄入峰值延迟到产后10周左右（NRC，1989）。NASEM（2021）推荐使用de Souza等给出的预测DMI的公式，可以预测荷斯坦牛、荷斯坦和娟姗杂交牛，公式如下：

$$DMI（kg/d）=[3.7+胎次\times5.7+0.305\times\\牛奶能量（Mcal/d）+0.022\times BW（kg）+\\(-0.689-1.87\times胎次)\times BCS]\times\\[1-(0.212+胎次\times 0.136)\times e^{(-0.053\times DIM)}]$$

式中，胎次是一个调整因子，数值为0（一胎牛）或1（多胎牛），体况评分（body condition score，BCS）数值为1到5；e代表自然常数（约为2.71828），公式中的e（-0.053×DIM）属于指数函数形式，用于描述泌乳天数（DIM）对干物质采食量（DMI）的动态影响，体现随着泌乳天数增加，DMI变化的速率逐渐趋于平缓的生物学规律。

预测娟姗牛的DMI可参考Holter等（1996）给出的方法。DMI预测的准确性受到日粮组分的影响，但上述公式并未考虑。NASEM（2021）补充推荐了Allen等（2019）给出的公式，该公式考虑了日粮填充效应和产乳量参数，用于DIM在60天以后的预测。公式如下：

$$DMI（kg/d）=12.0-0.107\times fNDF+8.17\times\\ ADF/NDF+0.025\ 3\times fNDFD-0.328\times\\(ADF/NDF-0.602)\times(fNDFD-48.3)+\\0.225\times产乳量+0.003\ 90\times(fNDFD-48.3)\times\\(产乳量-33.1)$$

其中，fNDF为日粮粗饲料中性洗涤纤维（neutral detergent fiber，NDF）水平（%）；fNDFD是体外或原位法测定的fNDF消化率（%）；产乳量单位为kg/d。

（二）干乳牛DMI预测

NASEM（2021）给出了日粮NDF在30%～55%，产前3周干乳牛DMI/100 kg体重（body weight，BW）的预测公式：$1.47-[(0.365-0.002\ 8\times NDF(\%))\times W]-0.035\times W^2$，其中NDF是DMI的百分比，NDF处在边界之外则取边界值；W（周）为负值。如果体况评分大于4分，DMI应该降低8%。干奶前期的采食量采用产前第3周的数值，干奶前期DMI通常为BW的1.8%～2%（对应的NDF为50%到30%），围产前期DMI在产前2.5周开始下降，下降速率与日粮NDF负相关，产前1周下降到体重的1.65%。青年牛对应干乳牛的阶段DMI则降低12%。

（三）青年牛DMI预测

Hoffman等（2008）推荐了仅使用BW或BW和日粮NDF混合模型的公式预测荷斯坦母牛和杂交小母牛的DMI，并进一步纳入成熟BW（MatBW），以便应用于所有品种乳牛，假设荷斯坦牛的MatBW为700 kg，公式如下：

$$DMI（kg/d）=0.022\times MatBW\times\\(1-e^{-1.54\times(BW/MatBW)})$$

包含NDF的公式如下，公式同样纳入MatBW以便应用于所有品种乳牛：

$$DMI（kg/d）=0.022\ 6\times MatBW\times\\[1-\exp(-1.47\times BW/MatBW)]\\-0.082\times[NDF-(23.1+56\times\\BW/MatBW)-30.6\times(BW/MatBW)^2]$$

NASEM（2021）对荷斯坦牛多种营养需要量进行了预测，见表6-4。由于日粮、环境和许多其他因素的多样性，实际的DMI与预测会存在偏差，日粮组成和DMI也会影响某些营养素的利用率，因此，在实际生产中应灵活操作，更多的测量实际的DMI而不是依赖估计值，或者使用配方软件对营养浓度进行更精准的计算。

三、能量

（一）维持的净能需要

1. **成年母牛** NASEM（2021）推荐成年母牛的维持净能需要（net energy for maintenance，NEm）为0.4184 MJ/kg BW0.75，高于前一版本的推荐量，并认为能满足乳牛的正常活动需要。

表6-4 不同泌乳和发育阶段的荷斯坦牛预测营养需要量（DMI基础）

项目	后备牛 日龄/d						干乳牛[a] 分娩前天数/d		不同胎次（体重）、DMI的泌乳牛[a]					
									胎次	一胎（570 kg）		多胎（700 kg）		
									DMI	15	150	20	100	200
	30	100	225	350	475	600	60～21	<21	产乳量/kg	33	39	53	55	43
BW/kg	65	120	230	330	420	530	740	740	乳脂率（%）	3.9	3.6	3.7	3.5	3.8
日增重/（kg/d）	0.7	0.7	0.9	0.8	0.7	0.9	0.1	0.1	乳蛋白率（%）	3.1	3.0	2.8	2.8	3.3
DMI/（kg/d）	1.4	3.9	6.6	8.5	9.8	11.0	13.9	12.3		20.8	23.9	25.8	29.4	27.4
ME/（Mcal/kg）	3.68	2.26	2.09	1.95	1.92	2.12	1.93	2.25		2.39	2.61	2.58	2.73	2.60
NE_L/（Mcal/kg）	—	—	—	—	—	—	1.28	1.49		1.58	1.72	1.70	1.80	1.73
RDP/%	—	10.0	10.0	10.0	10.0	10.0	10.0	10.0		10.0	10.0	10.0	10.0	10.0
RUP/%	—	6.6	4.4	2.6	1.7	2.7	1.9	4.3		6.2	7.0	7.5	7.4	7.5
CP/%	21.0	16.6	14.4	12.6	11.7	12.7	11.9	14.3		16.2	16.0	17.5	17.4	17.5
MP/%	16.5	9.5	8.1	6.8	6.1	6.6	5.2	6.7		9.8	9.8	10.9	10.2	10.1
NDF，最低限/%	—	25～33	25～33	25～33	25～33	25～33	25～33	25～33		25～33	25～33	25～33	25～33	25～33
粗饲料NDF，最低限/%	—	19～25	19～25	19～25	19～25	19～25	19～25	19～25		19～25	19～25	19～25	19～25	19～25
淀粉，最高限/%	—	15～20	15～20	15～20	15～20	15～20	15～20	15～20		22～30	22～30	22～30	22～30	22～30
常量矿物元素/%														
Ca	0.59	0.78	0.58	0.44	0.37	0.39	0.31	0.39		0.57	0.57	0.64	0.60	0.58
P	0.45	0.32	0.26	0.21	0.18	0.19	0.19	0.21		0.35	0.35	0.39	0.37	0.35
Mg	0.15	0.14	0.12	0.12	0.12	0.10	0.13	0.14		0.17	0.17	0.18	0.18	0.17
K	1.00	0.51	0.52	0.54	0.56	0.60	0.62	0.69		1.03	0.97	1.10	1.00	0.99
Na	0.35	0.17	0.16	0.16	0.15	0.16	0.16	0.17		0.21	0.21	0.23	0.22	0.21
Cl	0.28	0.14	0.14	0.14	0.13	0.13	0.13	0.14		0.29	0.30	0.34	0.32	0.29
S	—	0.20	0.20	0.20	0.20	0.20	0.20	0.20		0.20	0.20	0.20	0.20	0.20
最低DCAD-S/（mEq/kg）	—	39	42	45	50	60	66	−100		148	130	157	135	137
微量矿物元素/（mg/kg）														
Cu	5	16	16	15	15	17	18	19		9	8	10	8	10
Co	—	0.20	0.20	0.20	0.20	0.20	0.20	0.20		0.20	0.20	0.20	0.20	0.20
I	0.78	0.69	0.58	0.54	0.53	0.54	0.51	0.54		0.46	0.42	0.47	0.42	0.41
Fe	90	61	46	32	24	28	13	15		16	16	21	19	16
Mn	50	49	44	40	38	43	38	43		28	26	31	28	27
Se	0.3	0.3	0.3	0.3	0.3	0.3	0.3	0.3		03	0.3	0.3	0.3	0.3
Zn	70	47	41	36	34	35	30	32		57	58	66	62	61

续表

项目	后备牛 日龄/d						干乳牛[a] 分娩前天数/d		不同胎次（体重）、DMI的泌乳牛[a]				
									胎次	一胎（570 kg）		多胎（700 kg）	
								DMI	15	150	20	100	200
	30	100	225	350	475	600	60～21	<21	产乳量/kg	33	39	53	55	43
维生素/（IU/kg）													
维生素A	5218	3390	3829	4265	4698	5288	5850	6630	3021	2796	3687	3303	3103
维生素D	1518	924	1044	1163	1281	1442	1595	1810	1099	954	1085	952	1021
维生素E	86	49	56	62	68	77	85	181	22	19	22	19	20

来源：National Academies of Sciences, Engineering, and Medicine. Nutrient requirements of dairy cattle: Eighth revised edition[M]. Washington, DC: The National Academies Press, 2021: 625. DOI: 10.17226/25806.

注：[a]能量和蛋白需要量根据日增重变化进行了校正，干乳牛和泌乳牛日增重分别设定为0.19 kg/d和0.1 kg/d，从分娩前21天开始后面的每组乳牛的体重变化分别设定为-0.36 kg/d、-1.00 kg/d、0.20 kg/d、-1.70 kg/d、0.21 kg/d和0.21 kg/d。怀孕天数分别设定为10天、60天和100天，对应的DIM分别为100天、150天和200天。

我国乳牛饲养标准（2004）根据乳牛绝食呼吸测热试验结果，将平均NEm设定为0.293 MJ/kg BW0.75，在此基础上，舍饲自由活动增加20%的维持需要量，即0.352 MJ/kg BW0.75。处于第一和第二个泌乳期的乳牛生长发育还未停止，为了计算方便，其NEm需要量在0.293 MJ/kg BW0.75的基础上再分别增加20%和10%。考虑到乳牛放牧行走的距离和行走速度等因素（表6-5），我国奶牛饲养标准（2004）建议根据放牧牛的行走距离和行走速度来计算放牧行走运动的NEm需要量。

表6-5 牛水平行走的维持净能需要

行走距离/km	维持的净能需要/（kJ/d）	
	行走速度/（m/s）	
	1	1.5
1	364 BW0.75	368 BW0.75
2	372 BW0.75	377 BW0.75
3	381 BW0.75	385 BW0.75
4	393 BW0.75	397 BW0.75
5	406 BW0.75	418 BW0.75

来源：蒋永清. 绝食代谢和不同运动量的能量代谢研究[D]. 北京：北京农业大学，1986.

2. 后备牛 犊牛和青年牛的绝食代谢产热明显高于成年牛。美国NRC（2001）规定哺乳犊牛的NEm为0.36 MJ/kg BW0.75。根据英国农业研究委员会（Agricultural Research Council，ARC）（1980）和蒋永清等（1989）的报告，计算的不同体重后备牛的绝食代谢产热量比较接近（表6-6）。

表6-6 青年牛的绝食代谢产热

体重/kg	绝食代谢产热/（MJ/d）	
	1.16 BW0.53	0.53 BW0.67
100	13.32	11.60
150	16.51	15.21
250	21.65	21.42
300	23.84	24.21

3. 冷、热应激的影响 泌乳乳牛的NEm受相对较低的冷环境的影响较小，这主要是由于其采食量大，瘤胃发酵产热也多，THI值较高。用犊牛和母牛的实验表明，环境温度平均下降1 ℃则产热量提高（2.51±0.84）kJ/kg BW0.75；我国奶牛饲养标准（2004）推荐在环境温度为18 ℃的基础上，温度每下降1 ℃每日须提高维持净能需要2.5 kJ/kg BW0.75。高温环境会提高乳牛维持需要量，热应激可以提高NEm达7%～25%，但目前仍难以用公式准确描述。用间接测热法研究表明，与18～21 ℃的环境温度相比，泌乳母牛在31～32 ℃的温度条件下，每产能量含量为4.18 MJ的奶要多消耗27%的消化能，即环

境温度平均每升高1℃要多消耗3%的维持能量。

(二) 泌乳的净能需要

牛奶的能量含量等于其中乳脂、乳蛋白和乳糖等营养成分的燃烧热值的总和,泌乳净能(NEL)取决于乳牛的产乳量和牛奶能量含量。乳脂、乳真蛋白、非蛋白氮的CP当量和乳糖的燃烧热分别为9.29 Mcal/kg、5.71 Mcal/kg、2.21 Mcal/kg和3.95 Mcal/kg,牛奶CP的燃烧热值为5.5 Mcal/kg。

NASEM(2021)推荐的计算式:

NEL(Mcal/kg奶)= 9.29×kg脂肪/kg奶 + 5.5×kgCP/kg奶 + 3.95×kg乳糖/kg奶

NEL(Mcal/kg奶)= 9.29×kg脂肪/kg奶 + 5.85×kg真蛋白/kg奶 + 3.95×kg乳糖/kg奶

NEL(Mcal/kg奶)= 0.360 + 0.0969×脂肪(%)

我国奶牛饲养标准(2004)对我国不同地区的475个奶样的成分分析和测热,得出以下回归公式:

kJ/kg奶 = 750.00 + 387.98×乳脂(%) + 163.97×乳蛋白(%) + 55.02×乳糖(%)

kJ/kg奶 = 1433.65 + 415.30×乳脂(%)

kJ/kg奶 = -166.19 + 249.16×乳总干物质(%)

由于奶中的乳脂率变化较大,至今国际上仍采用将乳脂率校正到4%的标准乳或校正乳(FCM)来计算。4%标准乳计算公式:FCM(kg)= 0.4×奶量 + 15×乳脂(kg)。我国奶牛饲养标准(2004)采用1 kg FCM的燃烧热为3.133 82 MJ。

(三) 增重的净能需要

1. **后备牛** 生长所需的能量是指生长期间沉积于组织的能量,可通过沉积净能计算得出。由于品种内和品种间成年体重的差异很大,在计算生长能量需要时必须考虑成年体重这个因素。经过成年体重(MSBW)校正后空腹绝食体重(EQSBW)= SBW×(478/MSBW)(其中SBW为绝食体重),美国NRC(2001)提出生长母牛增重净能需要量的计算公式:

RE(Mcal)= 0.0635×EQEBW0.75× EQEBG1.097

式中,EQEBW = 0.891×EQSBW;EQEBG = 0.956×SWG;EQEBW为空腹体重当量;SWG为目标绝食体增重。

我国奶牛饲养标准(2004)提出生长母牛的能量需要主要包括2个部分,生长牛的维持净能需要和生长牛增重的净能需要。生长母牛的绝食代谢(kJ)= 531×BW0.75,在此基础上加上10%的自由运动量,即为维持的净能需要量。

$$增重的能量沉积(MJ)= \frac{增重kg×(1.5+0.0045×体重kg)}{1-0.30×增重kg}×4.184$$

增重的能量沉积换算成泌乳净能的系数 = -0.532 2 + 0.325 4 ln(体重,kg)

增重所需泌乳净能 = 增重的能量沉积×系数

式中,250～450 kg体重范围后备牛的净能需要量 = 增重能量沉积×(1.26～1.46)。

2. **成年母牛** 在泌乳初期,乳牛会动用体组织(主要是体脂)来弥补能量需要快速增长的不足,在泌乳中后期又会逐渐沉积体脂为下一泌乳期储备能量,650 kg体重的乳牛的1个BCS分值变化约等于61 kg体重。单位重量的体组织变化所含能值决定于组织中脂肪和蛋白的相对比例,乳牛体重的变化并不能准确反映体组织能量沉积的真实变化,为了简化处理将其看作一个常数,NASEM(2021)将泌乳和非泌乳乳牛增加1 kg体重NEL需要定为5.6 Mcal和6.9 Mcal(23.41 MJ和28.84 MJ),体组织动员丢失1 kg体重同样释放5.6 Mcal(23.41 MJ)的NEL。

(四) 妊娠的净能需要

乳牛妊娠期胎儿和子宫的养分和能量沉积量很难测定,主要根据屠宰试验结果,进行统计分析得出预测模型。我国奶牛饲养标准(2004)按照每4.184 MJ的妊娠沉积能量约需20.376 MJ的产奶净能计算,妊娠第6、第7、第8、第9个月,每天须在维持基础上分别增加4.184 MJ、7.112 MJ、12.552 MJ和20.920 MJ产奶净能。美国NASEM(2021)给出了重新计算的妊娠NEL需要,与NRC(2001)相比,60天的干奶期内NEL需要基本相同,妊娠早期新模型计算的NEL需要更低,产前计算的NEL需要更大,见表6-7。

表6-7 乳牛妊娠的能量和蛋白需要比较
（设定犊牛初生重=44 kg）

妊娠天数/d	妊娠NEL/（Mcal/d）		妊娠MP/（g/d）	
	NRC（2001）	NASEM（2021）	NRC（2001）	NASEM（2021）
50	0	0.04	0	3
100	0	0.1	0	13
150	0	0.5	0	43
200	2.7	1.4	199	125
220	3	2	245	185
250	3.4	3.5	306	320
275	3.8	5.4	357	489

四、蛋白质

乳牛的诸多生理活动，如维持、生长、泌乳等都需要蛋白质参与，如何精准地确定乳牛对蛋白质和氨基酸的需要量，一直是乳牛营养领域研究的热点问题。小肠可消化蛋白质或代谢蛋白的氨基酸组成对乳牛机体的代谢和生产性能至关重要，理想氨基酸模式不仅可以促进母牛及胎儿的健康，还能增加产乳量、乳蛋白率和乳蛋白产量，提高蛋白质利用效率。

（一）哺乳犊牛蛋白质需要量

哺乳犊牛摄入的蛋白质主要用于满足自身维持和生长发育所需。用于维持所需的蛋白质占总蛋白质需要的比例很小，据美国NRC（2001）估算，一头45 kg的犊牛每天需要30 g蛋白质用于维持，而且受环境影响较小，可以认为哺乳犊牛对蛋白质的需要主要受生长速度的影响；据估计犊牛体重每增加1 kg，平均需要沉积188 g蛋白质，需要从牛奶或代乳粉中摄入350～400 g粗蛋白（NASEM，2021）。表6-8列举出不同体重的犊牛在不同日增重模式下的CP和肌原纤维蛋白（myofibrillar protein，MP）的需要量。可以看出日增重对哺乳犊牛蛋白质的需要量起决定作用。

（二）断奶犊牛至配种前的蛋白质需要量

在现代化牧场中，后备牛的配种月龄通常在12～14个月，此时的体重应该在380 kg左右（荷斯坦乳牛）。要想达到此生长目标，从犊牛断奶至配种前所需的生长速度为700～1000 g/d（表6-9）。美国NASEM饲养标准根据后备牛体重、日增重列举出了后备牛日粮中CP、MP等需要量（表6-10）。

表6-8 大品种哺乳犊牛每日能量和蛋白需要量（饲喂牛奶或代乳粉和开食料两种日粮）

BW/kg	平均日增重/（g/d）	日粮a	DMIb/（kg/d）	ME/（Mcal/d）	NEm/（Mcal/d）	MP/（g/d）	CPc/（g/d）	CP/%DMI
50	400	80：20d	0.79	3.40	1.37	147	162	20.6
	400	40：60e	0.93	3.54	1.37	155	187	20.0
	600	80：20	0.97	4.18	1.37	197	217	22.4
	600	40：60	1.16	4.40	1.37	207	250	21.6
	800	80：20	1.15	4.98	1.37	247	271	23.6
	800	40：60	1.39	5.28	1.37	259	312	22.5
60	400	80：20	0.87	3.75	1.57	153	168	19.4
	400	40：60	1.03	3.90	1.57	162	195	19.0
	600	80：20	1.05	4.55	1.57	204	224	21.2
	600	40：60	1.26	4.79	1.57	214	258	20.5
	800	80：20	1.25	5.38	1.57	254	279	22.4
	800	40：60	1.50	5.70	1.57	267	322	21.4
	1000	80：20	1.44	6.24	1.57	305	335	23.2
	1000	40：60	1.75	6.64	1.57	320	386	22.0

续表

BW/kg	平均日增重/ (g/d)	日粮[a]	DMI[b]/ (kg/d)	ME/ (Mcal/d)	NEm/ (Mcal/d)	MP/ (g/d)	CP[c]/ (g/d)	CP/ %DMI
70	400	80:20	0.94	4.08	1.76	159	174	18.4
	400	40:60	1.11	4.24	1.76	168	202	18.1
	600	80:20	1.14	4.91	1.76	210	231	20.3
	600	40:60	1.35	5.15	1.76	221	267	19.7
	800	80:20	1.33	5.77	1.76	261	287	21.5
	800	40:60	1.60	6.10	1.76	275	332	20.6
	1000	80:20	1.54	6.65	1.76	312	343	22.3
	1000	40:60	1.86	7.07	1.76	328	396	21.3
80	600	80:20	1.21	5.25	1.90	216	237	19.5
	600	40:60	1.45	5.50	1.90	228	275	19.0
	800	80:20	1.42	6.13	1.90	268	294	20.7
	800	40:60	1.70	6.47	1.90	282	340	20.0
	1000	80:20	1.63	7.03	1.90	320	351	21.6
	1000	40:60	1.96	7.47	1.90	337	406	20.6

来源：National Academies of Sciences, Engineering, and Medicine. Nutrient requirements of dairy cattle: Eighth revised edition[M]. Washington, DC: The National Academies Press, 2021: 625. DOI: 10.17226/25806.

注：[a]表示为代乳粉和开食料比例（DM基础）。[b]含有平均ME的总DM能满足ME的需要。[c]包括所有的日粮CP。[d]设定代乳粉和开食料含有4.6 Mcal ME/kg DM和3.2 Mcal ME/kg DM。[e]设定代乳粉和开食料含有4.7 Mcal ME/kg DM和3.2 Mcal ME/kg DM。

表6-9 大品种断奶犊牛只饲喂固体饲料每日能量和蛋白需要量

BW/kg	ADG/ (g/d)	DMI[a]/ (kg/d)	ME/ (Mcal/d)	NEm/ (Mcal/d)	MP/ (g/d)	CP/ (g/d)	CP/ %DMI
55	400	1.31	3.94	1.73	168	224	17.1
	600	1.59	4.77	1.73	221	295	18.6
	800	1.87	5.62	1.73	274	366	19.5
65	400	1.44	4.32	1.97	177	235	16.4
	600	1.72	5.18	1.97	231	307	17.8
	800	2.02	6.06	1.97	285	379	18.8
75	400	1.56	4.68	2.19	184	246	15.8
	600	1.85	5.56	2.19	239	319	17.2
	800	2.16	6.48	2.19	294	393	18.2
85	600	1.98	5.93	2.40	243	324	16.4
	800	2.29	6.87	2.40	297	396	17.3
	1000	2.61	7.83	2.40	352	469	18.0
95	600	2.10	6.29	2.61	250	334	15.9
	800	2.41	7.25	2.61	306	408	16.9
	1000	2.74	8.23	2.61	361	482	17.6
105	600	2.21	6.63	2.82	258	344	15.6
	800	2.54	7.61	2.82	314	419	16.5
	1000	2.87	8.61	2.82	370	494	17.2
	1200	3.21	9.64	2.82	426	569	17.7

续表

BW/kg	ADG/(g/d)	DMI[a]/(kg/d)	ME/(Mcal/d)	NEm/(Mcal/d)	MP/(g/d)	CP/(g/d)	CP/%DMI
115	600	2.32	6.96	3.01	365	354	15.2
	800	2.65	7.96	3.01	322	429	16.2
	1000	2.99	8.98	3.01	379	505	16.9
	1200	3.34	10.03	3.01	436	581	17.4
125	600	2.43	7.28	3.21	272	363	15.0
	800	2.77	8.30	3.21	330	440	15.9
	1000	3.11	9.34	3.21	388	517	16.6
	1200	3.47	10.40	3.21	446	594	17.1
	1400	3.83	11.48	3.21	504	671	17.5

来源：National Academies of Sciences, Engineering, and Medicine. Nutrient requirements of dairy cattle: Eighth revised edition[M]. Washington, DC: The National Academies Press, 2021: 625. DOI: 10.17226/25806.

注：[a] 设定开食料含有 3.0 Mcal ME/kg DM。

表6-10 成熟体重为700 kg的后备牛能量和蛋白需要[a]

项目	活体重/kg				
	112	224	336	420	560
体重占成熟体重比例/%	16	32	48	60	80
估计的DMI/(kg/d)	3.3	6	8	9.3	10.9
ME需要量/(Mcal/d)					
日增重=700 g	8.5	12.7	16.6	19.3	27.7
日增重=840 g	9.2	13.6	17.5	20.3	28.9
日增重=980 g	9.8	14.4	18.5	21.4	30.2
MP转化为NP的比例	0.59	0.54	0.5	0.46	0.4
最低的MP/ME	49	45	41	38	33
MP需要量/(g/d)					
日增重=700 g	416	573	679	732	939
日增重=840 g	448	610	718	772	979
日增重=980 g	481	646	758	813	1 020
ME/(Mcal/kgDM)					
日增重=700 g	2.5	2.1	2.1	2.1	2.5
日增重=840 g	2.7	2.3	2.2	2.2	2.7
日增重=980 g	2.9	2.4	2.3	2.3	2.8
CP/%DMI					
日增重=700 g	19.9	15.4	13.6	12.7	13.5
日增重=840 g	21.5	16.4	14.4	13.4	14.1
日增重=980 g	23.1	17.4	15.2	14.1	14.7

来源：National Academies of Sciences, Engineering, and Medicine. Nutrient requirements of dairy cattle: Eighth revised edition[M]. Washington, DC: The National Academies Press, 2021: 625. DOI: 10.17226/25806.

注：[a] 设定CP到MP的转化率为0.62，最后一列后备牛处在产犊前40天。

（三）成年母牛的蛋白质需要

乳牛对蛋白质的需要量按不同生理活动可以分为维持、生长、妊娠和泌乳等方面。通常推荐干乳牛日粮的CP不低于12%，妊娠后期乳牛日粮CP含量不低于14.5%，可以产生积极的生产效果；高产乳牛日粮CP通常在17%左右，中低产乳牛通常在14%～16%。瘤胃降解蛋白质（rumen degradable protein，RDP）不足也会降低DMI，而DMI是瘤胃微生物蛋白产量的主要驱动力，因此NASEM（2021）建议日粮的RDP在10.0%～12.0%，以优化微生物蛋白（microbial crude protein，MCP）供应。并进一步给出了净蛋白和氨基酸的需要量。

1. 维持的蛋白质需要　美国NASEM体系预测的乳牛维持所需要的净蛋白和氨基酸用于内源尿氮、皮屑氮（皮屑、皮肤分泌物和被毛）、代谢粪氮，即用于非生产用途，净蛋白需要分别为53 mg N/kg BW、0.17×BW0.60（g/d）、（11.62+0.134×NDF%DM）×DMI×0.73（g/d）。而中国蛋白质体系则是通过代谢体重来计算维持所需的小肠可消化蛋白质。

2. 生长的蛋白质需要　在中国小肠可消化蛋白质体系中，乳牛用于生长的蛋白质需要量的预测由体重和日增重决定，在转化效率上，中国小肠可消化蛋白质体系采用0.60作为转化系数。NASEM（2021）认为泌乳牛基于骨架生长的增重含有11%的蛋白质，因此增重的净蛋白需求为增重×0.11×0.86（g/d）；如果仅是体重的增加，增重的蛋白质含量是8%。

3. 妊娠的蛋白质需要　在妊娠的第6、第7、第8、第9个月的乳牛，中国制定的小肠可消化蛋白质体系的可代谢蛋白质推荐量分别是43 g、73 g、115 g、169 g。与上一版相比，NASEM（2021）推荐的代谢蛋白质需要量在干乳牛妊娠前的第60天减少约25%，在妊娠前的第5天则增加37%。中国小肠可消化蛋白质体系所给出的妊娠可代谢蛋白质需要量显著低于NASEM。

4. 泌乳的蛋白质需要　泌乳的净蛋白需要等于牛奶的真蛋白质产量，牛奶的真蛋白/CP比率约为0.951。

在各国的乳牛营养需要中，小肠可消化蛋白质或代谢蛋白质用于泌乳的效率均为定值，而实际上随着乳牛乳蛋白产量的不断提高，小肠可消化蛋白质用于泌乳的效率必然降低，只是为了计算方便而采用了一个定值。NASEM（2021）建议MP转化为皮屑氮、代谢粪氮和泌乳的净蛋白的转化效率目标为0.69，内源尿氮的效率为1，MP转化为生长（约0.40）和妊娠（0.33）净蛋白的效率远远低于泌乳的效率，但增重所需净蛋白比例较低，泌乳牛计算时仍可采用0.69。

5. 泌乳牛氨基酸的需要　很多研究表明，驱动乳蛋白产量的因素是单个必需氨基酸（essential amino acid，EAA）而不是总MP。当EAA供应不足并且影响蛋白质合成时，就会出现限制作用。从MP系统转向AA系统意味着在预测乳蛋白产量方面更准确，根据净蛋白需要的目标产物氨基酸含量和转化系数可以得出净氨基酸需要量。NASEM（2021）预测了不同产量和采食量的泌乳牛可吸收蛋白质和氨基酸需要量，见表6-11。

五、碳水化合物

淀粉、纤维等碳水化合物在瘤胃微生物的作用下能够生成乙酸、丙酸、丁酸等短链挥发性脂肪酸（volatile fatty acid，VFA），这些VFA是乳牛主要的能量来源，可以满足乳牛能量总需要的60%～70%。瘤胃微生物对日粮中碳水化合物（尤其是淀粉）的降解，一方面，能够提供能量，同时可降低瘤胃pH，过量时引起瘤胃代谢紊乱；另一方面，由过瘤胃淀粉到达小肠分解产生的葡萄糖通常不能满足乳牛机体的需要。因此，必须控制日粮中结构性和非结构性碳水化合物的比例和含量。生产中，乳牛泌乳量和乳脂率的提高、泌乳初期酮病和脂肪肝的预防等都取决于饲喂日粮中碳水化合物的含量和类型。因此，日粮中适宜的结构性碳水化合物（structural carbohydrate，SC）和非结构性碳水化合物（nonstructural carbohydrate，NSC）含量和比例对于维持瘤胃正常功能和生产水平至关重要。

（一）结构性碳水化合物需要量

结构性碳水化合物或纤维性碳水化合物主要包括NDF和酸性洗涤纤维（acid detergent fiber，ADF），是植物细胞壁中大部分的结构性成分。

1. NDF推荐量　同种饲料原料的NDF和ADF含量越高，饲料营养品质通常越差，然而饲料中的NDF含量太低时会造成瘤胃功能障碍，

表6-11 泌乳牛蛋白质和必需氨基酸需要量预测

需要量预测		荷斯坦牛					娟姗牛				
		一胎（体重，570 kg）		多胎（体重，700 kg）			一胎（体重，425 kg）		多胎（体重，525 kg）		
DIM		15	150	20	100	200	15	150	20	100	200
产乳量/（kg/d）		33	39	53	55	43	22	27	35	37	31
乳蛋白率/%		3.06	3.02	2.76	2.83	3.26	3.90	3.70	3.49	3.46	3.69
乳蛋白产量/（g/d）		1010	1178	1463	1557	1402	858	999	1222	1280	1144
DMI/（kg/d）		20.8	23.9	25.8	29.4	27.4	16.5	19.4	20.5	23.5	21.9
蛋白摄入量/（g/d）		3370	4063	4515	5116	4795	2772	3414	3690	4 230	3 854
RDP/（g/d）		2080	2 390	2580	2940	2740	1650	1940	2050	2350	2190
RUP/（g/d）		1290	1 673	1935	2176	2055	1 122	1474	1640	1880	1664
净蛋白/（g/d）		1462	1667	2005	2141	1968	1 207	1382	1644	1749	1586
MP, g/d（eff. = 0.69）		2034	2333	2802	2999	2757	1686	1942	2306	2457	2228
EAA	目标效率	可吸收氨基酸/（g/d）									
组氨酸	0.75	53	61	73	79	72	39	54	50	67	61
异亮氨酸	0.69	108	126	152	164	149	88	113	117	142	127
亮氨酸	0.74	182	211	254	273	249	137	183	179	229	206
赖氨酸	0.70	154	179	216	232	212	120	162	156	202	183
蛋氨酸	0.70	49	57	69	74	68	39	52	52	66	59
苯丙氨酸	0.60	113	131	157	169	154	87	114	115	143	129
苏氨酸	0.60	104	120	143	155	142	80	107	103	133	121
色氨酸	0.63	25	29	35	38	34	19	26	25	32	29
缬氨酸	0.85	120	139	168	181	165	96	127	127	159	143

来源：National Academies of Sciences, Engineering, and Medicine. Nutrient requirements of dairy cattle: Eighth revised edition[M]. Washington, DC: The National Academies Press, 2021: 625. DOI: 10.17226/25806.

因此需要一个既满足瘤胃健康又满足高产乳牛营养需要的适宜NDF水平。但是，由于不同来源的NDF对乳牛的生理营养作用差异很大，NDF需要量不能像日粮中蛋白质、脂肪和矿物质等指标一样可通过消化代谢或屠宰试验来完成，这给NDF需要量相关研究提出了很大挑战。

NRC（2001）指出，当泌乳乳牛日粮中含有瘤胃降解率较高的淀粉时，NDF含量应大于25%，NFC含量应小于44%。史仁煌等（2015）建议泌乳高峰期乳牛日粮NDF水平为28.1%。同时乳牛日粮最低NDF需要量必须与非纤维性碳水化合物（non-fiber carbohydrate, NFC）含量结合起来。当粗饲料的粉碎粒度较小、饲料原料的淀粉在瘤胃中降解率高于玉米时，乳牛日粮的NDF最小推荐量也应提高。

日粮淀粉来源对NDF的影响。即使在日粮NDF含量不变的情况下，乳牛的乳脂率、瘤胃pH和瘤胃VFA的组成也会随着瘤胃中淀粉利用率的增加而改变。用易消化淀粉饲料（如小麦、大麦、高水分玉米、蒸汽压片玉米）替代干粉碎玉米时，日粮中NDF需要量增加。当含有高水分玉米时，日粮中NDF的含量不能低于27%，否则乳牛瘤胃发酵模式和乳脂率就会发生改变（Knowlton等，1998）。泌乳乳牛以大麦为基础日粮时，日粮NDF含量应在34%左右（Beauchemin，1991）。

粗饲料粒度的影响。粗饲料的粉碎粒度及NDF含量都会影响瘤胃pH。当用细粉碎代替粗粉碎的粗饲料时，唾液分泌量会下降5%；但NDF含量从20%增加到24%时，唾液流量的增加却小于1%（Allen，1997），表明粗饲料的粉碎粒度影响唾液分泌的程度高于日粮NDF含量。对于苜蓿干草来说，能维持乳牛瘤胃正常pH、咀嚼活动和乳脂率的粉碎粒度在3 mm左右（Beauchemin等，1994）。

2. fNDF和peNDF推荐量　可以用粗饲料NDF（fNDF）或物理有效NDF（peNDF）来估测饲料刺激咀嚼的能力。在NDF组分中，未经精细加工的fNDF是日粮peNDF的主要贡献者，瘤胃pH与fNDF呈正相关，但与日粮中的NDF总浓度无关（Allen，1997）。NASEM（2021）建议使用fNDF并结合其他参数来评估日粮的物理特性；建议泌乳牛的最佳fNDF在DM的17%～27%，最低fNDF可在日粮DM的15%～19%，并取决于NDF、淀粉和其他中性洗涤可溶性碳水化合物的比例，fNDF低于19%时，每降低1%，建议NDF增加2%，最大淀粉含量降低2%，见表6-12。

表6-12　泌乳牛TMR NDF、fNDF和最高淀粉推荐值（DM基础）

最低fNDF/%	最低NDF/%	淀粉最高含量/%
19	25	30
18	27	28
17	29	26
16	31	24
15	33	22

来源：National Academies of Sciences, Engineering, and Medicine. Nutrient requirements of dairy cattle: Eighth revised edition [M]. Washington, DC: The National Academies Press, 2021: 625. DOI: 10.17226/25806.

注：TMR有合理的粒度，干粉玉米为主要的淀粉来源。

peNDF能在瘤胃形成"草垫"，提高NDF的消化率和瘤胃缓冲能力。对于泌乳早期至中期的荷斯坦乳牛来说，peNDF占饲粮干物质的20%时，乳脂率能够维持在3.4%（Mertens，1997）。Zebeli等（2015）建议泌乳牛TMR以8 mm筛层以上计算peNDF的比例，可能在14.9%～18.5%，以保障最大的DMI或最佳瘤胃pH。

3. ADF推荐量　虽然有很多因素都支持用NDF表示纤维需要量要优于ADF，但ADF的广泛应用，NRC（2001）给出了从NDF需要量中派生出来的ADF需要量，范围在17%～21%，大多数日粮满足NDF需要量时的ADF值就是ADF需要量。新版NASEM对ADF需要量没有更多的描述。

（二）非结构性碳水化合物的需要量

非结构性碳水化合物（NSC）或中性洗涤可溶性碳水化合物包括淀粉、糖和可溶性纤维等，在瘤胃中可被快速降解，使瘤胃微生物保持一定数量并具有较高活性，对提高生产性能至关重要。

1. 淀粉推荐量　淀粉在瘤胃中发酵为微生物提供能量和碳架，日粮中保持一定比例的淀粉能利用瘤胃中的氮源和提高微生物蛋白的合成，但当淀粉饲喂过量或饲喂大量高瘤胃降解率淀粉时，会产生大量VFA使瘤胃pH下降，严重时引起瘤胃酸中毒，进一步影响机体代谢水平、能量分配和去向，降低饲料转化率。

通常泌乳乳牛日粮中的淀粉浓度在DM的20%～30%。郝科比（2018）建议高产乳牛日粮淀粉含量在23%～26%。康奈尔大学推荐新产牛日粮淀粉含量为27%，高产牛日粮淀粉含量为30%（刘李萍和张幸开，2013）。调研发现，美国典型泌乳牛日粮中含有70%的碳水化合物，其中40%～45%为NDF，35%～40%为淀粉，15%～20%为其他的可溶性纤维和糖（Weiss和Firkins，2007）；美国的另一项调查表明，81%的牧场（共16个）日粮淀粉含量在24%～29%（Broderick等，2008）。

为适应产后的高精饲料日粮，围产期乳牛淀粉类饲料的过渡也尤其重要，围产前期日粮淀粉浓度可以达到19%。围产期增加精饲料使用量，可提高瘤胃的乳头长度和吸收面积，促进降解淀粉的菌群和利用乳酸的菌群的生长，是预防产后瘤胃酸中毒的重要途径之一。对于泌乳牛以外其他阶段的乳牛，NASEM（2021）只给出了一个粗略的淀粉范围，即15%～20%。

2. 水溶性碳水化合物　水溶性碳水化合物（water soluable carbohydrate，WSC）包括单糖、二糖、低聚糖和一些多糖。WSC和可溶性纤维在瘤胃中几乎完全降解。葡萄糖、蔗糖和乳糖的瘤胃消失率大于250%/h，并且在进入瘤胃1小时后的十二指肠消化液中未检测到残余葡萄糖、果糖或蔗糖（Weisbjerg等，1998）。虽然糖在瘤胃中迅速发酵，但几乎没有证据表明适度地用糖代替淀粉会降低瘤胃pH。通常高产乳牛日粮中WSC含量不宜超过8%。

3. 葡萄糖的营养 与其他哺乳动物相比，反刍动物的葡萄糖代谢具有低外周葡萄糖浓度和低外周组织胰岛素反应的特点。葡萄糖代谢受血液中葡萄糖和糖原前体的供应和清除的调节，并受不同激素的严格控制。乳牛泌乳期大量的葡萄糖向乳房流失，以及孕期和哺乳期之间独特的过渡，使乳牛的葡萄糖代谢成为一个密集的遗传选择推进新陈代谢的经典案例。此外，新产乳牛的酮病和脂肪肝的高发均与机体的葡萄糖代谢失衡有关。因此，葡萄糖代谢受到了乳牛营养学家的密切关注。

乳牛体内葡萄糖的来源分为两个途径：一是由非糖物质转化而来（内源途径），二是由消化道吸收而来（外源途径）。乳牛产后每天至少需要2 000 g葡萄糖，是产前的2.5倍，高产乳牛合成乳糖耗用的葡萄糖占全身总量的60%～85%。研究表明，一头泌乳量为28.5 kg/d、乳糖含量约为4.6%的乳牛，每天需要代谢葡萄糖3.1 kg，其中内源代谢产生的葡萄糖是1.9 kg/d，经小肠吸收的葡萄糖是1.2 kg/d。Harald指出，为维持需要乳牛每天需要葡萄糖为290～380 g/d，妊娠后期需要量增加至维持需要的130%，每千克产乳量需要70～75 g葡萄糖，即一头产乳量为50 kg的乳牛每天至少需要3.5～4.0 kg的葡萄糖。

（三）日粮碳水化合物的平衡

1. 日粮NDF与NFC的平衡 饲料中的NDF和NFC在乳牛体内的降解特性差异很大，其中NDF在瘤胃中的降解量占其总降解量的90%以上，过瘤胃NDF的小肠消化率则很低，而不同饲料种类的NFC在瘤胃中的降解量占其总降解量的60%～80%（徐明，2007）。NDF在瘤胃中降解速度较慢，可有效刺激反刍和咀嚼，增加唾液分泌；NFC的瘤胃降解速度较快，产酸力更强。但是，当日粮中的NDF含量过高时，乳牛DMI减少，降低了能量的摄入，进而造成乳牛产乳量的降低。因此合理平衡日粮中NDF和NFC的水平，对改善乳牛健康和生产性能具有重要意义。澳大利亚昆士兰大学推荐的高产或泌乳高峰期乳牛日粮中NFC含量为35%～40%，低产或泌乳后期乳牛日粮中NFC含量为32%～37%。

2. 日粮NDF与淀粉平衡 随着乳牛精准饲养的深入研究，研究从单一的NDF过渡到peNDF和fNDF，从精饲料淀粉扩展至瘤胃可降解淀粉。研究表明，高产乳牛饲粮谷物中瘤胃可降解淀粉含量为5.5%～29.0%，瘤胃可降解淀粉摄入量为1.2～6.6 kg/d（Zebeli等，2006）。通过模型法得出评价瘤胃功能正常和消化率最佳的标准是TMR中含有约15%谷物来源瘤胃可降解淀粉，但是日粮中瘤胃可降解淀粉含量是否还需进行校正还取决于饲粮中peNDF含量；同时得出，TMR中peNDF>1.18与瘤胃可降解淀粉比值为（1.45±0.22）∶1，可使瘤胃液pH维持在6.2（Matthé等，2001）。

NASEM（2021）给出了泌乳牛TMR在不同碳水化合物组成的情况下，宾州筛（PSPS）上两层筛的DM占比建议，对生产具有一定的参考意义（表6-13）。

六、脂肪

（一）脂肪推荐量

乳牛基础日粮中含脂肪3%～4%，因此NRC（2001）建议泌乳牛额外添加脂肪不超过日粮干物质的4%，日粮总脂肪含量不超过7%。其他干乳牛和青年牛等一般不额外添加脂肪。如果玉米青贮的用量超过粗饲料DM的2/3，则建议额外添加的脂肪不超过2.5%，超过3%～4%有可能对乳牛的生产性能造成不利影响，包括DMI下降、瘤胃纤维消化率下降、与钙和镁结合形成不溶的皂盐降低其消化率及降低乳脂率等，这些现象在添加脂肪中不饱和脂肪酸含量较高时更为明显。一些试验中饲喂脂肪会降低钙、镁或二者的消化率（Palmquist和Conrad，1978；Zinn和Shen，1996）。脂肪酸可以在瘤胃、小肠末端和大肠与阳离子形成不溶的皂类，降低镁在瘤胃中及钙在肠道中的吸收。因此，当日粮中额外添加脂肪时需适当提高钙和镁的水平。但是有关添加脂肪时日粮和阳离子吸收的交互作用的研究非常少，而且目前并无试验提供添加脂肪时日粮中钙和镁的最佳含量。

（二）乳脂肪组成的调控开发

牛奶含有400多种脂肪酸（fatty acid，FA），其中许多是微量的。一些脂肪酸可能具有强大的生物活性（Lock和Bauman，2004），这可能对人类健康产生各种积极和消极影响。牛奶中的支链脂肪酸主要来源于微生物（Taormina等，2020）。乳牛日粮的变化可能会导致牛奶中的微量FAs发

表6-13 泌乳牛TMR在不同碳水化合物组成的情况下宾州筛（PSPS）上两层筛的DM占比建议

TMR 碳水化合物组成（%，DM 基础）[b]				维持pH 6.0、19-mm筛TMR占比/%[a]			维持pH 6.1、19-mm筛TMR占比/%		
				3	9	15	3	9	15
粗饲料	淀粉	NDF	fNDF	8-mm筛的最低占比/%[c]			8-mm筛的最低占比/%		
40	35	25	19	40	33	21	53	43	33
40	30	28	19	26	17	14	53	42	33
40	25	30	22				17	10	11
40	25	30	19	19	12	11	36	26	19
40	25	30	17	32	23	17	50	40	31
40	20	33	17	11	10	10	19	12	11
40	20	33	15	24	15	10	32	22	16
40	20	33	14	30	21	15	39	29	21
40	15	35	13				17	10	10
50	35	25	20	25	17	13	40	30	22
50	35	25	18	40	31	23	59	48	38
50	30	28	22	12	10	10	23	14	12
50	30	28	20	26	17	13	38	28	20
50	30	28	18	41	31	23	54	44	34
50	25	30	22				17	10	10
50	25	30	20				31	22	15
50	25	30	18	24	15	12	46	36	27
50	20	33	19				18	10	10
50	20	33	17				32	22	16
60	30	28	23				42	32	23
60	30	28	22				51	41	31
60	25	30	24				22	13	10
60	25	30	23				30	20	14
60	25	30	22				38	28	19
60	20	33	20				26	17	12

注：[a]两个目标pH仅是举例，本方法不适用于预测瘤胃pH；[b]本表的所有数据集ADF/NDF的均值为0.63，40%、50%和60%粗饲料组的ADF/NDF分别为0.56、0.63和0.63；[c]空格表示所有的颗粒度组合均满足瘤胃pH≥6，对8-mm筛无要求。

生不同的变化，这些变化具有相当的复杂性，给日粮调控带来了挑战。但不应忽视这些脂肪酸的潜在积极作用。

通过日粮调控乳脂组成，提供更健康乳制品的发展方向：①增加牛奶中各种有益的生物活性脂肪酸的含量（微量但可能有效）；②改变牛奶的主要脂肪酸成分，以减少饱和脂肪酸，提高油酸或多不饱和脂肪酸，同时保持或增加牛奶脂肪浓度；③降低相对于产乳量和蛋白质的总乳脂产量，而牛奶和乳蛋白又可用于生产低脂乳制品；④提高牛奶中ω-6或ω-3脂肪酸的含量。

七、矿物质

现有研究表明至少有24种矿物元素为维持乳牛正常生命活动所必需或者潜在必需的元素。

常量元素为钙、磷、镁、钠、钾、氯和硫7种，必需微量元素包括锌、锰、铜、铁、碘、硒和钴7种，潜在必需微量元素包括钼、铬、硼、锂、镍、硅、钒、铝、砷和锡10种。另外还有氟、镉、铅和汞被认为是牛潜在的毒性微量元素。

（一）钙

常量元素采用析因法确定需要量，分为维持、生长、妊娠和泌乳需要量。NASEM（2021）推荐可吸收钙（单位g/d）的维持需要为0.9×DMI（kg），将增重需要修正为144 g/kg蛋白质增重，妊娠的钙需要没有变化。Carroll等（2006）报告了荷斯坦牛、娟姗牛和瑞士褐牛的平均奶钙含量分别为1.10 g/kg、1.25 g/kg和1.25 g/kg，考虑到牛奶钙含量近年来有所下降，泌乳的钙需要量有所降低，建议荷斯坦牛和娟姗牛泌乳可吸收钙需要量分别为1.03 g/kg奶和1.17 g/kg奶。NASEM（2021）对干乳牛和泌乳牛的钙推荐量比上一版略有升高，干乳牛在DM的0.3%～0.4%，泌乳牛在0.6%～0.7%，后备牛在0.6%～0.4%，并认为适当范围内的钙磷比（1∶1到7∶1）不影响需要量。

一般认为过量摄入钙并没有毒性，因为动物机体的稳态机制会确保多余的钙从粪便中排出。反刍动物钙的最大耐受水平设定为日粮DM的1.5%（NRC，2005），过量的钙可能会干扰锌和硒的吸收。NASEM（2021）对钙的吸收率进行了调整，典型日粮从0.53下降到0.45，氯化钙的有效性从0.95降到0.6，碳酸钙从0.75降到0.5，磷酸氢钙从0.94降到0.6，豆科干草钙吸收率保持在0.3，谷物和蛋白质饲料保持在0.6，玉米青贮则从0.6降到0.4，其他粗饲料从0.3提高到0.4。

（二）磷

NASEM（2021）将青年牛和成年母牛的磷维持需要量定为0.8 g/kg DMI和1.0 g/kg DMI，再加上0.000 6 g/kg BW的尿磷损失；对生长和妊娠的磷需要量仍采取以前的公式，没有更新，荷斯坦乳牛妊娠期的磷累积量从190天的1.7 g/d到280天的5.4 g/d。泌乳所需要的磷等于产乳量与乳中磷含量的乘积，推荐每千克牛奶提供0.9 g可吸收磷。为了简化处理，把无机磷和有机磷的吸收率定为0.84和0.68（植酸盐和非植酸有机磷的平均值）。通常DM的0.35%～0.39%的日粮磷可以满足泌乳乳牛的需要。

磷缺乏的亚临床症状是NDF消化率降低、产乳量抑制和骨骼去矿物质化；磷缺乏的临床表现是食欲减退、异食癖、繁殖紊乱和骨骼畸形。乳牛在围产期磷供应严重不足时可能会发生急性低磷血症（血浆磷含量低于2 mg/dL）。动物天生对磷的耐受性很强，再加上多余的磷可以通过尿液排出，因此可以忍受机体磷水平的广泛变化；在乳牛中，饲喂含有高镁和高磷的日粮时会增加骨骼重吸收和尿结石的风险。但磷过量会对其他矿物代谢产生负面影响，荟萃分析表明在孕前阶段适度过量摄入磷是低钙血症的风险因素（Lean等，2006）；即将分娩的乳牛摄入高磷（>80 g/d）会增加血磷，并增加产乳热和低钙血症的发病率（Reinhardt和Conrad，1980）；高磷（0.64% VS 0.22%）降低了怀孕青年牛镁的吸收率（Schonewille等，1994）。因此，NRC（2005）将乳牛磷的最大耐受水平设定为日粮DM的0.7%。

（三）镁

可吸收镁的维持需要包括0.3 g/kg DMI的排泄量和0.0007 g/kg BW的尿镁损失，生长需要为0.45 g/kg ADG，妊娠190 d以后的妊娠需要为0.3 g/d，泌乳需要量约为0.11 g/kg奶。NASEM（2021）对于干乳牛和产45 kg奶的泌乳牛的日粮镁总需要量推荐15 g/d和52 g/d，高于上一版本。日粮钾是镁吸收的重要拮抗剂，基础日粮中钾含量为1.2%，镁的吸收效率大约是0.31；如果钾含量升高到2%，镁的吸收效率估算值会降低到0.23。

由于镁在体内储存不稳定并且有限，关注镁的缺乏具有更大的实际意义。镁的缺乏会导致肌肉抽搐、过度兴奋，并经常导致死亡（Martens等，2018），春季放牧乳牛大量采食新鲜牧草而产生"青草痉挛"现象。血浆中较低的镁含量（小于0.7 mmol/L）与任何特定的临床症状无关，但却是临床低血钙症的风险因素。NRC（2005）确定镁的最大耐受水平为0.6%，但只有大于1%时才能观察到对牛的负面影响，包括DMI降低、消化率降低和渗透性腹泻。

（四）钠、钾和氯

可吸收钠的维持、生长、妊娠（>190 d）和泌乳需要量（g/d）分别为1.45×DMI（kg）、

1.4×ADG（kg）、1.4×［BW（kg）/715］和0.4×产乳量（kg）。DMI和产量分别为28 kg和45 kg的泌乳乳牛，钠的需要量为59 g/d或DM的0.21%。钠缺乏的2～3周，乳牛会首先表现出异食癖及饮水量和尿量增加。几周后，乳牛食欲、产乳量和乳脂率都下降，由于被毛粗糙和体重下降，乳牛会出现憔悴的现象。在高产乳牛中，严重的钠缺乏有可能造成死亡。如果能够立即补充盐分，乳牛又会很快恢复。有研究发现，高钾日粮引起的钠缺乏还与乳牛受胎率下降有关。

NASEM（2021）提高了内源尿钾的含量，但整体维持需要没有太大变化。泌乳牛和非泌乳牛可吸收钾需要量（g/d）分别为2.5×DMI＋0.2×BW、2.5×DMI＋0.07×BW，生长、妊娠（＞190天）和泌乳需要量分别为2.5×ADG、1.03×（BW/715）和1.5×产乳量，DMI、BW、ADG和产乳量的单位为kg。NASEM（2021）把钠、钾元素的吸收率都调整为1，后备牛和泌乳牛日粮钾推荐量分别在DM的0.59%和0.95%左右。许多饲料含有高浓度的钾，因此严重缺钾的情况极为罕见。如果玉米青贮是唯一的饲料，并且不补充钾，则可能会出现钾边际不足。日粮钾缺乏可以导致乳牛食欲减退、异食癖、生长不良、毛发无光泽、肌肉无力或僵直、血浆和牛奶中钾浓度降低、血细胞比容升高及细胞内酸中毒等临床症状。NRC（2005）根据动物健康指数，将日粮钾的最大耐受水平设定为DM的2.0%。

可吸收Cl^-的维持、生长、妊娠（＞190天）和泌乳需要量（g/d）分别为1.11×DMI、1.0×ADG、1.0×（BW/715）和1.0×产乳量，DMI、BW、ADG和产乳量的单位为kg。NASEM（2021）认为Cl^-的综合吸收率为0.92。DMI和产乳量分别为28 kg和45 kg的泌乳乳牛，Cl^-的需要量为83 g/d（维持和泌乳分别为34 g/d和49 g/d），与上一版变化不大。在泌乳乳牛中，低氯日粮首先会引起异食癖，继而会降低产乳量并产生便秘和心血管抑制现象。当乳牛单独过量饲喂非钠或钾结合形式的氯时，可能会引起酸中毒。NRC（2005）将泌乳牛和后备牛NaCl的最大耐受水平设定为DM的3%和4.5%。

大多数研究表明，提高日粮阴阳离子差（dietary cation anion difference, DCAD）值对DMI、产乳量和乳脂校正乳有积极效应，可能是由于对乳牛瘤胃发酵和酸碱平衡产生了影响。荟萃分析表明，80%和66%的最大采食量分别出现在DCAD为425 mEq/kg DM和290 mEq/kg DM时（Iwaniuk和Erdman，2015）。建议高产牛DCAD营养上最小的有效剂量是175 mEq/kg，但需要综合考虑投入性价比。

（五）硫

乳牛对硫的需要量基本上就是合成蛋白质和含硫氨基酸所需要的硫。除犊牛外，其他类别乳牛硫需要量为日粮DM的0.2%。乳牛日粮中硫的适宜浓度和有害浓度之间的差距很小，只有2～3倍。在日粮中添加0.3%～0.4%的硫可能会引起乳牛的食欲下降和生长速度减慢。有报道认为，在乳牛营养中N∶S比为（10～12）∶1时效果最佳。NRC（2005）将含有至少40%粗饲料的日粮硫的最大耐受水平设定为0.5%。

（六）锌

锌在维持动物体内大量酶的结构和功能上发挥了重要作用。NASEM（2021）把可吸收锌（mg/d）的维持、生长、妊娠（＞190天）和泌乳需要量分别定为5.0×DMI（kg）、24×ADG（kg）、0.017×BW（kg）和4×产乳量（kg），把氯化锌、硫酸锌和基础日粮锌的吸收率定为0.2。通常干乳牛、高产牛日粮推荐量分别为28 mg/kg DM、60 mg/kg DM，可以增加20%的安全系数。乳牛血清锌含量在0.7～1.3 μg/mL，低于0.5 μg/mL时可认为出现了锌缺乏。乳牛缺锌时，DMI和生长、生产性能快速下降；长期缺锌导致公牛睾丸发育异常，乳牛发生肢蹄病，腿部、头部和颈部皮肤角质化不全；微量缺锌可能会增加患乳房炎和其他传染病的风险。NRC（2005）将牛锌的最大耐受水平定为500 mg/kg DM。

（七）锰

锰是机体众多金属酶的组成部分，锰缺乏时，乳牛突出表现为生长受阻、共济失调、骨骼异常、繁殖性能下降和胎儿畸形。由于缺乏敏感指标和肝脏锰含量的参考范围，难以量化锰的需要量。NASEM（2021）把锰的维持需要增加了30%，吸收率从0.0075降到0.004，氯化锰和硫酸锰的吸收率定为0.005，基础日粮为0.004。可吸收锰的维持、生长、妊娠（＞190天）和泌乳的充足摄入量（adequate intake AI, mg/d）分别为0.0026×BW（kg）、2.0×ADG（kg）、0.00042×BW（kg）和0.03×产乳量（kg）。妊娠晚期乳牛日粮锰的AI约为40 mg/kg DM，高产乳牛为30 mg/kg DM。NRC（2005）给出锰的最大耐受水平为2000 mg/kg DM。然而，含锰500 mg/kg的处理加剧了缺铜日粮的负面影响（Hansen等，2009）。

（八）铜

铜是大量酶、辅酶和活性蛋白的组成成分，在动物繁殖性能和骨骼发育中发挥重要作用。NASEM（2021）将维持和生长对可吸收铜的需要量（mg/d）分别定为0.0145×BW（kg）、2.0×ADG（kg），妊娠90～190天和>190天的需要量分别定为0.0003×BW（kg）、0.0023×BW（kg），泌乳的需要量为0.04×产乳量（kg）。成年牛对铜的吸收率通常低于0.05。高浓度的硫、硫与钼组合、铁对铜的吸收有拮抗作用。体重650 kg产35 kg牛奶的泌乳乳牛日粮铜需要量约为11 mg/kg DM，可以再加20%的安全系数；妊娠260天体重700 kg的非哺乳乳牛可吸收铜需要量为11.7 mg/d（约20 mg/kg DM）。血浆铜浓度<0.5 mg/L通常被认为是临床铜缺乏的指标。摄入过量铜会在肝脏中累积，确定导致中毒的日粮铜浓度较为困难，NRC（2005）将牛日粮铜的最大耐受水平定为40 mg/kg DM。

（九）铁

铁在体内具有多种功能，包括氧转运、电子转运、免疫、能量代谢和基因调节等。NASEM（2021）认为铁的维持需要可以忽略不计，生长、妊娠（>190天）和泌乳可吸收铁需要量（mg/d）分别为34×ADG（kg）、0.025×BW（kg）和1.0×产乳量（kg）。产乳量为25 kg的乳牛采食20 kg DM时，铁含量为24 mg/kg DM可满足需要量。饲养试验表明，生长犊牛30 mg/d的铁摄入量是足够的，只饲喂牛奶的犊牛通常表现为缺铁性贫血，哺乳犊牛饲料矿物元素含量可参考表6-14。NRC（2001）推荐将日粮中铁的吸收率定为10%。日粮过量的铁会影响铜和锌的吸收，引起乳牛氧化应激；乳牛日粮中添加0、250 mg或400 mg的硫酸铁时，产乳量和DMI呈线性下降（McCaughey等，2005）。

表6-14 体重35～125 kg、日增重0.5～1.2 kg犊牛的代乳粉、开食料和生长料矿物元素含量推荐量（DM基础）

矿物元素	代乳粉	开食料	生长料
Ca/%	0.80	0.75	0.65
P/%	0.60	0.37	0.33
Mg/%	0.15	0.15	0.16
K/%	1.10	0.60	0.60
Na/%	0.40	0.22	0.20
Cl/%	0.32	0.17	0.15
Fe/（mg/kg）	85	60	55
Zn/（mg/kg）	65	55	50
Mn/（mg/kg）	60	40	60
Cu/（mg/kg）	5	12	12
Co/（mg/kg）	NA	0.2	0.2
I/（mg/kg）	0.8	0.8	0.5
Se/（mg/kg）	0.3	0.3	0.3

来源：National Academies of Sciences, Engineering, and Medicine. Nutrient requirements of dairy cattle: Eighth revised edition [M]. Washington, DC: The National Academies Press, 2021: 625. DOI: 10.17226/25806.

（十）碘

碘是甲状腺素的重要组成成分。NASEM（2021）建议乳牛碘的适宜摄入量公式为：日粮I（mg/d）=0.216×BW0.528＋0.1×产乳量，BW和产乳量单位为kg；尚未开始反刍的犊牛碘推荐量为0.8 mg/kg DM。通常干乳牛和泌乳牛日粮碘的AI为0.51和0.48 mg/kg DM，当日粮含有致甲状腺肿因子的饲料（如菜籽饼粕）时，碘的AI为1.02和0.96 mg/kg DM。反刍动物碘中毒的临床症状包括鼻腔和眼分泌物增多、流涎、体温过高、产乳量减少、咳嗽及皮毛粗糙呈鳞屑状。NRC（2005年）将碘的最大耐受水平设定为50 mg/kg DM，但是日粮碘升高会导致牛奶碘含量增加，这是一个食品安全问题，建议牛奶碘限量为500 μg/kg，美国FDA建议泌乳牛日粮碘最高浓度限定为2.0 mg/kg DM。

（十一）硒

硒的营养功能是作为特定硒蛋白的组成部分，在动物体内所有组织和体液中均有广泛分布。NRC（2001）将所有乳牛硒的 AI 定为 0.3 mg/kg DM，不考虑基础日粮。美国 FDA 规定可以合法添加的硒原料是亚硒酸钠、硒酸钠和富硒酵母，添加量不超过 0.3 mg Se/kg DM。维生素 E 与硒需要量呈协同作用，而无论日粮中钙含量增加或降低均会导致硒需要量的增加，日粮中硫含量增加也会增加硒需要量。硒缺乏的临床典型疾病是白肌病，主要表现为腿无力、僵硬、肌肉颤动，同时会伴随腹泻。也有文献报道，硒缺乏会导致母牛胎衣不下。日粮含硒量在 5～40 mg/kg DM 会导致乳牛慢性硒中毒，当给犊牛注射 0.5 mg Se/kg BW 时会导致 67% 的犊牛死亡。硒过量的典型症状是乳牛蹄部损伤、跛行、毛发脱落和消瘦。

（十二）钴

钴在乳牛体内主要以维生素 B_{12} 的形式存在，钴的需要量为 0.2 mg/kg DM。在绝大多数日粮里，基础原料按照正常比例调配可以提供足量的钴元素。钴缺乏早期，乳牛主要表现为生长受阻，长期钴缺乏会导致乳牛免疫力下降，进而导致乳牛感染性疾病高发。犊牛阶段对钴缺乏更敏感，钴缺乏会导致犊牛生长受阻。NRC（2005）将钴的最大耐受水平设定为 25 mg/kg DM。

（十三）其他

乳牛对钼的需要量很低，一般低于 0.01 mg/kg DM；现有报道当日粮钼含量在 5 mg/kg DM 时就会导致乳牛表现出铜缺乏。美国对乳牛铬的最高法定添加比例为 0.5 mg/kg DM，现有研究表明乳牛可耐受 3000 mg/kg 的氧化铬，1000 mg/kg 的 Cr^{3+}，NRC（2005）将可溶性 Cr^{3+} 的最大耐受水平设定为 100 mg/kg DM。一般认为乳牛对日粮中钒的耐受量为 50 mg/kg DM，但也有研究表明日粮中含有 7 mg/kg 钒也会影响瘤胃功能。日粮中铝过量会影响磷和其他矿物质的吸收效率，推荐日粮中铝含量应低于 1000 mg/kg DM。无机砷比有机砷毒性更强，乳牛耐受日粮中无机砷和有机砷含量分别为 50 mg/kg 和 100 mg/kg。一般认为日粮中无机锡含量低于 150 mg/kg 是安全的，但有机锡毒性远高于无机锡，在生产中值得格外注意。

八、维生素

维生素分为脂溶性维生素和水溶性维生素两大类。影响维生素需要量的因素众多，加之选择对维生素摄入量变化敏感的反应指标较为困难，且涉及一些脂溶性维生素和水溶性维生素在瘤胃微生物的作用下发生降解，反刍动物纯合日粮配制不易，以及反刍动物体内维生素耗竭需时较长等因素，目前维生素需要量大部分是受控研究的结果，并未考虑到集约化饲养体系造成的代谢性和疾病性应激。

（一）维生素 A

干乳牛、后备牛和产乳量在 35 kg 以下的泌乳牛维生素 A 的充足摄入量（AI）为 110 IU/kg BW，产量超过 35 kg 的泌乳牛 AI 再增加（产乳量 -35）×1000 IU。在以下特殊条件下需要补充维生素 A：①低质粗料高淀粉日粮（瘤胃破坏程度严重，胡萝卜素摄入量低），淀粉大于 25%，每增加一个百分点增加 2000 IU/d；②饲喂大量玉米青贮和少量牧草的日粮（β-胡萝卜素含量较低，生物效价低）；③饲喂较多低质粗料的日粮（如稻草、秸秆等胡萝卜素含量低的粗料），例如，饲喂超过 4 kg 秸秆，考虑增加 20 000 IU/d；④接触较多传染性病原体时；⑤免疫力下降的阶段（如围产期）。非反刍动物过量摄入维生素 A 会导致骨代谢问题，乳牛摄入 AI 的 6～12 倍维生素 A 可能会出现负面影响。

（二）维生素 D

畜禽可通过饲料获得维生素 D_3，紫外照射是机体合成维生素 D_3 的一个重要途径。现代集约化养殖模式下，乳牛养殖以舍饲为主，限制了内源性维生素 D_3 的产生。NASEM（2021）认为维生素 D 的 AI 使血浆中 25-羟基维生素 D 的含量高于 30 ng/mL，血浆含量 200～300 ng/mL 则预示着维生素 D 中毒。后备牛和干乳牛的 AI 为 30 IU/kg BW，泌乳牛由上一版的 30 IU/kg BW 增加到 40 IU/kg BW。维生素 D 的摄入量是基于维生素 D_3 表示的摄入量，来自牛和其他动物的一些试验数据表明 D_2 的转化效率约等于 D_3 的 50%。NRC（1987）建议长期（超过 60 天）饲养维生素 D 的最大耐受水平为 2200 IU/kg DM，短期饲养维生素 D 的最大耐受水平为 25 000 IU/kg DM。

（三）维生素 E

维生素 E 中生物学活性最高的是 α-生育酚，也是饲料中最主要的有效形式。NASEM（2021）

认为干乳牛、围产前乳牛日粮补充的维生素E的AI分别为1.6 IU/kg BW、3 IU/kg BW，约为1000 IU/d、2000 IU/d，后备牛和泌乳牛为0.8 IU/kg BW，泌乳牛AI约为500 IU/d。补充高水平维生素E（3000～10 000 IU/d）曾经用于减少牛奶自发氧化风味的形成（Nich olson等，1991）。NRC（1987）建议维生素E的最大耐受水平为每天75 IU/kg BW，整个干奶期乳牛补充3000 IU/d的维生素E比补充135 IU/d的乳牛患乳房炎的风险更高（Bouwstra等，2010）。

（四）水溶性维生素

饲料和瘤胃微生物合成并提供了大量的水溶性维生素，成年反刍动物很少出现B族维生素缺乏的现象，因此B族维生素通常不在具备反刍功能的乳牛饲料中添加。当日粮中硫化物含量高（Gould等，1991）或瘤胃pH突然下降时，如亚急性或急性瘤胃酸中毒（Karapinar等，2010；Pan等，2016），牛也会出现硫胺素（维生素B_1）缺乏的情况。

胆碱不是传统意义上的维生素。关于过瘤胃胆碱的研究通常集中在围产期乳牛，荟萃分析表明，过瘤胃胆碱可能会节约作为甲基供体使用的蛋氨酸，从而允许更多蛋氨酸用于蛋白质合成。胆碱在肝脏脂质代谢中发挥重要作用，因此过瘤胃胆碱已被用作降低酮症发病率和提高生产性能的添加剂。牛奶中的胆碱浓度范围为70～100 mg/L，当饲喂过瘤胃胆碱时（约15 g/d胆碱），牛奶中的胆碱浓度增加25%～40%，这表明牛奶中胆碱的分泌可能是瘤胃后胆碱供应的定性指标。鉴于乳牛能够合成胆碱和商业化产品的变异性，NASEM（2021）没有给出胆碱的推荐量。

大多数哺乳动物可由色氨酸合成烟酸，因此烟酸并不严格符合维生素的定义。补充烟酸对脂肪分解和血管舒张有作用，可能抵消泌乳早期脂质动员的影响和降低热应激的影响，体外和体内研究发现补充烟酸通常会增加瘤胃原虫和微生物蛋白合成量。荟萃分析（Schwab等，2005）表明补充12 g/d的烟酸使脂肪、蛋白质和脂肪校正乳产量适度增加。烟酸（烟酸或烟酰胺）在瘤胃中的破坏率大于90%，生产中常用的是瘤胃保护型烟酸。

第三节 乳牛营养代谢与调控

一、提高乳牛干物质摄入量的营养调控

DMI反映了乳牛摄入的所有饲料中除去水分后的总重量，是衡量乳牛营养状况和生产效率的关键指标。因此，DMI的高低直接关系乳牛的营养摄入量。只有充足的营养摄入，乳牛才能维持高水平的乳产量和良好的健康状况。

（一）日粮管理

高质量的粗饲料（如苜蓿干草和玉米青贮）对乳牛的DMI至关重要。高质量的粗饲料含有高水平的可消化营养素，如纤维和蛋白质。纤维素有助于刺激乳牛的咀嚼活动，增加唾液分泌，这有助于中和瘤胃的酸度，维持瘤胃健康。能量密度高的饲料有助于提高乳牛的DMI。例如，通过将玉米粉纳入日常饲喂，可以显著提升DMI。同时，在乳牛的饲料中引入多样化的高质量粗饲料可以提供更广泛的营养素，并有助于刺激乳牛的食欲。例如，苜蓿干草和玉米青贮的组合不仅可以提供良好的能量和蛋白质平衡，还可以保持适宜的纤维水平，这也有助于提高乳牛的DMI。保证粗饲料的新鲜度也是至关重要的。苜蓿干草应保持干燥，避免霉变和污染，而玉米青贮应通过适当的发酵过程来保存，以保持其营养价值和适口性。此外，适当的饲料处理，如切割长度和储存方式，对于提高乳牛对粗饲料的接受度和DMI至关重要。

（二）饲喂管理

要考虑乳牛的生物节律，合理安排饲喂时间。研究表明，每天三到四次饲喂能更好地刺激牛的食欲，相比一天两次饲喂可以提高DMI。保持TMR的新鲜度对提高DMI至关重要。避免长时间暴露在空气中以减少氧化和霉变风险，及时推料确保乳牛有足够的采食时间。益生菌、酶制剂和缓冲剂等添加剂在实践中被证明能改善乳牛的食欲。

(三) 健康管理

定期对乳牛进行综合健康检查，及时识别并处理任何潜在的健康问题，如疾病和寄生虫感染。提供适宜的圈舍环境，避免过度拥挤，确保舒适的卧位，以减少乳牛的应激，有助于维持较高的DMI。此外，主动预防和控制疾病的发生，如适当的疫苗接种和药物治疗。

(四) 牛群管理

根据乳牛的生产周期、年龄和健康状况进行分群饲喂，可以确保每头牛都获得其所需的营养。为不同生理状态的乳牛设计个性化的营养计划，以优化乳牛的整体健康和生产性能。利用现代技术（如传感器和数据分析工具）监控乳牛的反刍行为、体重和乳量，根据数据调整饲料配方和饲喂策略。

通过上述策略，结合科学研究和实践经验，可以有效提高乳牛的DMI，从而提升生产效率和牛奶质量。每项策略的实施都应考虑牧场的具体条件和乳牛的实际需求，以实现最佳的效果。

二、提高乳牛饲料转化率的营养调控

饲料转化率是衡量乳牛将饲料营养转化为牛奶的效率的关键指标。高饲料转化率意味着更高的生产效率和更低的饲养成本，同时对环境可持续性产生积极影响。饲料转化率的提高依赖于对乳牛营养需求的精确了解和科学的饲养管理。

(一) 日粮营养调控

饲料来源是影响乳牛饲料消化率的关键因素。大量研究表明，虽然不同种类饲料的总能可能差异不大，但营养物质含量和品质的不同，消化率会有明显的差异。对于粗饲料，通常来说，中性洗涤纤维（NDF）和酸性洗涤纤维（ADF）含量越高，消化率越低；食糜在胃肠道中的流速越快，消化率越低。劣质粗饲料（如秸秆、稻草等）含有较高的NDF、ADF和较低的瘤胃降解率，会影响瘤胃的充盈度，进而还会影响乳牛的采食量。因此，给乳牛饲喂高质量的粗饲料会极大地提高饲料消化率，进而提高乳牛的饲料转化率。对于精饲料，以NFC为例，玉米中的NFC主要是淀粉，而牧草和豆科植物的NFC主要是可溶性纤维、果胶和有机酸。除果胶以外，其他的NFC成分主要在瘤胃中发酵产生丙酸和乳酸，丙酸和乳酸对瘤胃的pH影响比乙酸更大。NASEM（2021）用淀粉和其他有机物两个指标取代了NFC，其他有机物包含糖、有机酸、蜡质（像树叶上面的蜡质）和可溶性纤维等。因此，使用淀粉作为主要的日粮配比指标更有利于提高乳牛的饲料转化率。

此外，根据乳牛的营养需要合理地进行日粮配比（如NDF和淀粉平衡、能氮平衡等）会影响瘤胃发酵模式，进而提高饲料转化率。新版NASEM（2021）仍沿用泌乳净能作为泌乳牛的能量评价体系，在整个能量损耗的过程中，尿能约占摄入总能的5%，甲烷能约占4.8%，粪能约占33%，而热增耗约占21.5%。新版NASEM对能量体系里的折扣系数进行了大幅度的调整，并包含了采食量和淀粉水平的影响。其指明，随着干物质采食量提高，乳牛对饲料的消化率降低。NDF消化率会受到DMI和日粮淀粉水平的影响：在3.5%体重的DMI基础上每增加（或减少）1%DMI，NDF消化率则降低（或增加）1.1%；在26%日粮淀粉含量的基础上，每增加（或降低）1%淀粉含量，NDF消化率则降低（或增加）0.59%。此外，NASEM（2021）展示了乳牛日粮的NDF需要量和淀粉的对应关系（表6-12），并将物理有效NDF调整为物理校正NDF，引入ADF/NDF比例，这样可以分解日粮中淀粉与纤维的相互作用。ADF/NDF比例是评估饲料易碎性的指标，当来自粗饲料NDF的消化率非常低时，如低到24%，则ADF/NDF比例非常关键，即粗饲料NDF的消化率较低，则ADF/NDF的比值越高，采食量越低。而当粗饲料NDF的消化率很高时，ADF/NDF比就没有重要作用。此外，当日粮中的精料比例较低时，它的瘤胃pH较高，这种情况下不需关注粗饲料的切割长度。但如果精料比例较大，其在瘤胃的降解性越高，瘤胃pH会越低，这时应注意粗饲料的切割长度。对于脂肪，NASEM（2021）指出基础日粮脂肪消化率为0.73，不同种类的脂肪添加剂也有不同的消化率，如油籽为0.73、动物脂为0.68、棕榈油为0.76、高饱和度的甘油三酯为0.44。同时，从最新的甲烷能的估算公式可以看出，日粮中的脂肪酸含量越高，甲烷能越低；相反，日粮可消化NDF含量越高，甲烷能越高。从尿能的估算公式可以看出，当过量饲喂粗蛋白时，尿氮增加，尿能损失也越大。NASEM（2021）指出过量饲喂蛋白会降低代谢能的转化效率，增加脂肪的饲喂量会提高代谢能的转化效率。同时，日粮粗蛋白含量和干物质消化率呈正相关，当日粮粗蛋白含量变化1%，乳牛的干物质消化率也会变化1%左右，但日粮粗蛋白增加，会导致尿氮和热增耗增加。

（二）饲料添加剂调控

饲料添加剂可改善乳牛瘤胃发酵模式和机体健康，进而提高饲料转化率。

（1）微生物及其培养物：乳牛日粮中添加1.2×10^7 CFU/mL米曲霉可提高瘤胃内总VFA含量，并显著提高干物质、粗蛋白、NDF和ADF的消化率。一些研究通过荟萃分析发现，在乳牛日粮中添加酵母培养物，泌乳早期干物质采食量增加0.62 kg/d，泌乳中后期干物质采食量增加0.78 kg/d。同时，平均奶产量增加0.8～1.2 kg/d，乳脂含量增加0.16%，乳脂产量提高0.06 kg/d，乳蛋白产量提高0.03 kg/d。在高淀粉和低淀粉日粮条件下，酵母培养物均能提高产乳量。同时，酵母及其培养物可以降低体外发酵的甲烷产量，这可能是由于酵母培养物增加了产乙酸菌对氢的利用率，进而降低甲烷的产量。体内试验中发现泌乳牛每头补饲56 g/d的酵母培养物可以降低甲烷排放。然而最近的一项荟萃分析发现酵母在降低乳牛甲烷产量方面没有显著的效果，这可能是添加的剂量、菌种、使用方法和瘤胃内环境不同等原因造成的。因此，对乳牛生产和减排最有利的酵母产品在未来值得进一步筛选和研发。纳豆枯草芽孢杆菌可提高乳牛的生产性能，促进瘤胃中蛋白分解菌和淀粉分解菌的生长，这也说明纳豆枯草芽孢杆菌具有作为乳牛饲用益生菌的潜力。研究发现地衣芽孢杆菌也可显著降低甲烷排放量，提高乳牛瘤胃内NDF、ADF和有机物的表观消化率，进而提高乳牛的生产性能。

（2）离子载体：乳牛饲喂莫能菌素会显著降低甲烷排放量，进而提高饲料效率。泌乳牛饲喂沙拉菌素同样会产生与莫能菌素相似的效果。目前，澳大利亚、新西兰和加拿大等国家批准离子载体作为添加剂可在乳牛饲料中使用，但我国目前尚未批准。

（3）异位酸：乳牛日粮中添加异位酸可改变瘤胃发酵模式，提高瘤胃内总VFA浓度和饲料的表观消化率，进而改善乳牛的生产性能。在低纤维高淀粉日粮中添加异位酸可提高泌乳牛瘤胃内乙酸、丁酸、异丁酸、部分C_{18}不饱和脂肪酸和氨态氮浓度，但会降低部分C_{14}饱和脂肪酸、C_{16}饱和脂肪酸和丙酸浓度。同样，Wang等在日粮中添加支链脂肪酸会提高泌乳牛的干物质采食量和瘤胃内总挥发性脂肪酸、乙酸、异丁酸、异戊酸和氨态氮浓度，并降低丙酸浓度。

（4）植物提取物：茶皂素能减少乳牛瘤胃中的甲酸甲烷杆菌与史氏甲烷菌数量。体外发酵试验中添加10 g/L和15 g/L茶皂素能够显著降低产气量和发酵速率，减少原虫数量，进而抑制甲烷排放。植物精油能够改善反刍动物的瘤胃发酵功能，提高饲料中营养物质的吸收利用率，对减少环境中甲烷等气体的排放有积极作用。茶树油和肉桂油可改变瘤胃发酵，进而提高饲料的表观消化率。日粮中添加500 mg/kg百里香和肉桂油，具有和莫能菌素相似的效果，使乳牛瘤胃中白色瘤胃球菌和琥珀酸纤维杆菌的数量减少。鼠尾草精油也可以改变乳牛的瘤胃发酵，增加有益菌的比例，进而提高饲料消化率。此外，桉树油和茴香油可以显著降低乳牛的甲烷排放量。

三、提高乳牛乳脂率的营养调控

乳脂率是指牛奶中脂肪含量的百分比，它不仅影响牛奶的营养价值和口感，也是乳品加工的重要指标。乳脂率的提高可以提升牛奶的市场价值，并满足特定乳品加工的需求。乳脂率受多种因素影响，其中营养调控是关键因素之一。

（一）脂肪酸的平衡

补充适量的不饱和脂肪酸，如亚麻酸和鱼油，已被证明可以提高乳脂率。此外，适当调整饲料中饱和与不饱和脂肪酸的比例，以促进乳脂合成。这些不饱和脂肪酸通过改变乳腺细胞内脂肪酸的组成，影响乳脂合成。具体而言，不饱和脂肪酸在瘤胃中与微生物相互作用，改变它们的代谢路径，进而影响乳脂的生物合成过程。例如，鱼油含有EPA和DHA这类特殊的长链多不饱和脂肪酸，对提高乳脂率非常有效。然而，过多的不饱和脂肪酸补充可能会破坏瘤胃内的微生物平衡，因此必须精确控制其在饲料中的比例。此外，饱和脂肪酸也不可忽视，因为它们对维持乳牛健康和乳脂稳定性同样重要。正确平衡这两种脂肪酸类型，可以使乳脂率水平达到最大化，同时保持牛的整体健康。

（二）能氮平衡

确保饲料具有足够的能量密度对于支持乳脂合成至关重要。饲料中的能量主要来源于碳水化合物和脂肪，这些能量是乳脂合成的关键因素。如果饲料的能量密度不足，乳牛可能无法产生足够的乳脂。同时，蛋白质与能量之间的平衡也非常重要。过量的蛋白质摄入可能会导致体内氮的积累，影响能量代谢，从而降低乳脂率。适当的蛋白质水平有助于支持牛奶生产所需的氨基酸，但过量则可能导致代谢紊乱。

（三）纤维摄入

饲料中的纤维素、半纤维素在瘤胃中分解产生的乙酸、丁酸等参与乳脂合成。因此，乳脂率也受日粮中纤维的数量、长短和质量的影响。粗纤维可刺激瘤胃的物理运动并促进唾液分泌，有助于维持瘤胃的pH和消化利用纤维的微生物群的稳定。大量研究已经证明，在一定的条件下，日粮中纤维越短、越少、消化率越高，乳牛咀嚼活动和产生的碱性唾液越少，瘤胃pH越低，消化利用纤维的微生物数量越少，产生的乙酸和丁酸也越少，乳脂率越低。相反，纤维越长、越多、消化率越低，乳脂率越高。乳牛生产中，日粮的ADF水平低于19%～21%，NDF低于26%～28%会引起乳脂率下降。饲喂的优质粗饲料（苜蓿和羊草）长度大于4 cm为宜，低质粗饲料可以短些，一般在2～4 cm，不应低于1 cm。

（四）其他

适当的钙和镁水平也对乳脂的合成和乳牛的整体健康有积极影响。钙对于乳脂球的稳定性和乳脂合成过程中的一些酶活性至关重要，而镁对于维持正常的酶功能和代谢平衡有重要作用。酶制剂的使用可以改善纤维素的消化，从而有助于乳脂的合成。益生菌（如酵母产品）的添加能改善瘤胃环境，促进纤维消化，减少瘤胃酸中毒的发生，提高乳脂率。日粮中添加的乙酸盐进入乳牛机体消化道后分解成乙酸根和钠离子，从而增加体内乙酸的含量，有利于牛奶中短链脂肪酸的合成，提高牛奶的乳脂率。

提高乳牛乳脂率的营养调控是一个复杂的过程，涉及脂肪酸的平衡、能量和蛋白质的均衡、纤维素的摄入及饲料添加剂的应用。通过这些策略的综合运用，可以有效提高乳脂率，从而提升牛奶的质量和市场价值。这些策略的实施需要基于对乳牛营养需求的深入了解和精确的饲养管理。

四、提高乳牛乳蛋白率的营养调控

乳中90%以上的蛋白质是在乳腺中由氨基酸从头合成的。酪蛋白是乳中主要的蛋白质之一，约占乳中粗蛋白总量的80%，主要由乳腺从血液中摄取的游离氨基酸及小分子肽合成。另外，乳腺吸收的氨基酸除了用来合成酪蛋白外，还用来合成乳球蛋白和乳清蛋白。乳蛋白的合成受多种因素影响，其中营养调控尤为关键。

（一）蛋白质和氨基酸的优化

控制日粮蛋白质水平和瘤胃未降解蛋白（rumen degradable protein，RUP）水平是调控乳蛋白的方法之一。在乳牛生产中，一般高产乳牛要求日粮干物质中粗蛋白在17.5%～18%，如果日粮蛋白质缺乏，则乳腺合成较少乳蛋白。然而，单纯提高日粮蛋白水平来改善乳蛋白率的结果不理想，因为大部分日粮蛋白在瘤胃中被降解。乳蛋白合成不仅受小肠蛋白质的供给量还受多种氨基酸平衡的限制，而小肠蛋白质的供给受日粮中过瘤胃蛋白和微生物蛋白合成的影响，只有保持微生物蛋白和过瘤胃蛋白的供应，才能使乳腺获得合成乳蛋白的原料，这样才能使乳蛋白合成达到最优化。因此，饲料中含有适量的非降解蛋白是调控乳蛋白含量的有效途径之一。值得注意的是，乳牛日粮中的瘤胃未降解蛋白一般不能超过45%，高水平的RUP可降低乳蛋白率。此外，乳蛋白的合成与供给乳腺的氨基酸的组成有关。赖氨酸和蛋氨酸是乳牛的限制性氨基酸，意味着它们在牛的日常饲料中通常较少，但对乳蛋白的合成至关重要。补充这些氨基酸可以确保乳牛获得足够的原料进而提高乳蛋白率。

（二）能氮平衡

确保饲料中含有足够的能量对于支持乳蛋白的合成和乳腺功能是至关重要的。日粮能量过低，会导致瘤胃微生物合成菌体蛋白的效率下降。精料过多或粗料品质差，造成瘤胃酸中毒，将会影响瘤胃微生物蛋白产量。一般产乳牛瘤胃微生物蛋白的合成量占到乳牛所需要蛋白的

50%～60%，并且瘤胃微生物蛋白中必需氨基酸水平高（2.6%/7.9%），对乳牛来讲是非常优质的蛋白源。日粮中非纤维性碳水化合物/淀粉过低，也会影响瘤胃微生物蛋白的合成。瘤胃微生物适宜的活动环境pH在5.8～6.8。瘤胃pH低于5.8，瘤胃微生物功能降低；低于5.5，瘤胃微生物基本处于停滞状态，合成菌体蛋白数量明显减少，乳蛋白降低。

（三）添加剂

通过添加酶制剂和益生菌到饲料中，可以显著改善瘤胃微生物环境，从而提高蛋白质的利用效率。酶制剂有助于分解饲料中的纤维素和其他难以消化的成分，使其更容易被瘤胃微生物利用。而益生菌（如酵母类）能维持适宜的瘤胃内环境，提高营养物质的消化率，进而提高乳蛋白率。

提高乳牛乳蛋白率的营养调控是一个综合性的过程。实现这一目标需要对乳牛营养需求进行深入了解和精确的饲养管理，同时需要持续的科学研究和实践创新。

五、降低乳牛碳、氮排放的营养调控

畜牧业，特别是乳牛养殖，是全球温室气体（如甲烷）和氮排放（如氧化亚氮）的重要来源。这些排放对环境造成显著影响，包括气候变暖。因此，通过营养调控降低乳牛的碳和氮排放是实现可持续畜牧业的关键措施。

（一）优化饲料配方

甲烷的排放量与精料的种类有着密切的联系。以大麦为基础日粮时，甲烷能占总能量的6.5%～12%；以玉米为基础日粮时，甲烷能占总能量的5%以下。有研究发现给肉牛饲喂苜蓿和干草的混合物，甲烷损失的能量占采食总能量的7.1%；而单独饲喂干草时，占总能量的9.5%。此外，大量研究发现调整日粮精粗比也可降低乳牛的碳、氮排放，通常，40∶60精粗比时，乳牛的粪氮、粪总磷、尿氮、尿总磷排泄量最低，而甲烷的排放量在50∶50精粗比时最低。

（二）添加减排添加剂

使用一些特定的添加剂，如甲烷类似物或甲基辅酶M类似物、藻类、硝酸盐和植物次生化合物，可以有效减少甲烷排放。3-硝氧基丙醇是小分子化合物，结构与甲基辅酶M相似，抑制甲烷菌非常有效，低剂量（1～2 g/d）就可减少甲烷产出20%～40%。一些呈绿色、红色或棕色的微藻或藻类生物，栖息在淡水或海水中，根皮单宁、溴仿、卤化物含量丰富，可以抑制依赖钴胺的甲基辅酶M，从而抑制甲烷的产生。藻类通常含碘多，长期大量应用此类添加剂可能会影响动物的生理健康。硝酸盐可以作为瘤胃氢的受体，与甲烷生成竞争氢分子，在瘤胃1 mol（相当于62 g）硝酸盐吸收氢并还原为氨，可能使甲烷产出减少1 mol（相当于16 g），乳牛持续补充20 g硝酸盐，甲烷产出减少16%。精油、单宁、皂苷、黄酮、有机硫等植物次生化合物已显示出潜在的抑制甲烷生成的特性。大蒜油似乎是减少甲烷排出最有效的植物次生化合物，单宁缩合和水解也有望发挥作用。同样，补充必需氨基酸和一些特定的添加剂也可以降低乳牛的氮排放。尤其是限制性氨基酸，如赖氨酸和蛋氨酸，可以提高乳牛对日粮蛋白质的利用效率，减少氮排放。在目前的乳牛生产中，低蛋白日粮配方补充限制性氨基酸可有效减少氮排放，还不影响乳牛的生产性能。丝兰属植物提取物的有效成分是丝兰皂苷，能抑制尿酶的活性，使尿素在瘤胃中被充分利用产生菌体蛋白，从而降低乳牛的氮排放。

降低乳牛碳和氮排放的营养调控是实现可持续畜牧业的重要方面。通过优化饲料配方和使用减排添加剂可以显著降低乳牛的碳和氮排放。这些策略不仅有助于减轻畜牧业对环境的影响，也能提高乳牛养殖的经济效益和社会可接受度。

第四节 乳牛饲料的选择与利用

饲料是进行乳牛生产的物质基础，特别是青粗饲料是饲养乳牛不可替代的饲料，人们常说"无草无牛"，草是乳牛的第一营养需要。科学合理地利用饲料配合日粮，必须了解和掌握各种常用饲料的营养特性。

乳牛常用的饲料指粗饲料（包括干草或秸秆、青贮、青绿、块根类多汁饲料）、精料（包括禾谷类、饼粕、豆类、糠麸类及糟渣类）和补加饲料（包括矿物质饲料、维生素、非蛋白氮、饲用微生物、酶制剂等）。

一、粗饲料

粗饲料（roughage）一般指容积大、粗纤维成分含量高（高于18%），可消化养分较低的饲料。粗饲料是乳牛不可缺少的一种饲料。已知，乳牛日粮中有近50%的粗蛋白和产乳净能来源于粗饲料，80%～90%的中性洗涤纤维需要量靠粗饲料来满足。所以，乳牛粗饲料不足，必将严重影响乳牛的正常生理功能，使其产乳性能下降。用优良的粗饲料饲喂乳牛，通常可满足乳牛营养的60%或更多；但对高产乳牛，应适当搭配精饲料，保持合适的淀粉、NDF和物理性有效纤维的比例。

（一）粗饲料分级指数

我国学者卢德勋在继承粗饲料相对值的优点的基础上，提出了适用于中国粗饲料评定现状的方法，即粗饲料分级指数（grading index，GI）。

随着科学研究结果的不断丰富，分级指数技术也在发展、改进，逐渐被充实，卢德勋在2008年和2009年分别又提出了粗饲料分级指数（GI 2008）和粗饲料分级指数（GI 2009）。

分级指数（GI 2001）简便易行，特别适用于在实际生产中使用，为了使分级指数的评定更有科学性，适用于研究的粗饲料分级指数（GI 2008）被提出。分级指数（GI 2008）是在分级指数（GI 2001）的基础上使用了新的指标，它的公式与粗饲料分级指数（GI 2001）不一样的是粗饲料分级指数（GI 2008）中使用了可消化粗蛋白而不是粗蛋白质，粗纤维的含量在反刍动物的营养中一直占有重要的地位，所以又增加了物理有效中性洗涤纤维（peNDF）这一指标，其公式为：

$$GI2008(MJ/d) = (NE_L \times DMI \times DCP)/(NDF-peNDF)$$

其中：DCP——粗饲料的可消化粗蛋白，（%DM）；peDNF——粗饲料的物理有效中性洗涤纤维，（%DM）；DMI——粗饲料的干物质随意采食量，（kg/d）；NE_L——粗饲料的产奶净能，（MJ/kg）。

研究表明，使用分级指数方法和相对饲用价值方法对粗饲料的品质划分结果一致，而且分级指数（GI 2008）比分级指数（GI 2001）的结果更明显、更准确；分级指数（GI 2008）（Y，MJ）和分级指数（GI 2001）（X，MJ）之间存在回归关系，公式为$Y=5.1669(X)-12.683$（$R^2=0.9463$、$P<0.0001$、$n=4$）。此研究还表明分级指数（GI 2008）对经济效益的提高要高于分级指数（GI 2001），可以看出分级指数（GI 2008）的组合效应更明显，更优于分级指数（GI 2001），并且分级指数（GI 2008）突破了参数过于表观性的壁垒，能更科学、更精确地评定粗饲料的营养品质，但在实际应用中分级指数（GI 2001）更方便操作和大批量测定，而且便于推广普及，因此分级指数（GI 2001）常常被应用在生产中，而分级指数（GI 2008）常被用于科学研究。

分级指数（GI 2009）的提出是对分级指数（GI 2008）的进一步改进，它与分级指数（GI 2008）的公式相同，它有所改进的是在分级指数（GI 2009）的计算公式中随意采食量的计算方法，随意采食量的预测公式采用了相对饲草品质（kelative forage quality，RFQ）中的公式；产奶净能（NE_L）是根据NDF和ADF计算而来的，它们的公式如下：

禾本科牧草：

$$DMI(\%BW) = -2.3180 + 0.442 \times (CP) - 0.01 \times (CP^2) - 0.0638 \times (TDN) + 0.000922 \times (TDN^2) + 0.180 \times (ADF) - 0.00196 \times (ADF^2) - 0.00529 \times (CP) \times (ADF)$$

$$TDN = (CP \times 0.87) + (NFC \times 0.98) + (NDFn \times NDFDp/100) + (FA \times 0.97 \times 2.25) - 10$$

$$NE_L(MJ/kg) = [1.085 - (ADF \times 0.0150)] \times 9.29$$

豆科牧草：

$$DMI(\%BW) = 120/NDF + (NDFD - 45.00) \times 0.3740/1350 \times 100$$

$$NE_L(MJ/kg) = [1.0440 - (0.0119 \times ADF)] \times 9.29$$

玉米青贮：

$$DMI(kg/d) = (avg.NDFD - NDFD) \times 17 + BW \times 1.15\%/0.3$$

$$NE_L(MJ/kg) = [1.044 - (NDF \times 0.0124)] \times 9.29$$

式中：FA=EE-1；FA——脂肪酸，（%DM）；CP——粗蛋白，（%DM）；EE——粗脂肪，（%DM）；NDF——中性洗涤纤维，（%DM）；ADF——酸性洗涤纤维，（%DM）；NDFn=0.93×NDF；NDFn——无氮的NDF；TDN——总可消化养分，（%DM）；NDFD——48小时体外NDF的消化率，（%NDF），avg.NDFD为NDFD的平均值；NFC=100-（EE+ASH+NDF+CP）；NFC——非纤维性碳水化合物，（%DM）；NDFDp=22.7+NDFD×0.664；NDFDp——NDF可消化结合蛋白。

分级指数（GI 2009）与分级指数（GI 2008）的区别在于，分级指数（GI 2009）针对不同类型的粗饲料有不同的计算随意采食量和产奶净能的公式，分级指数（GI 2009）是对分级指数（GI 2008）的补充，它继承了分级指数（GI 2008）的优点，同时增强了对不同牧草测定的灵活性，因此测定的结果会与真实值更接近。

（二）粗饲料的特点

1. 粗饲料体积大　同样重量的精粗饲料对比，粗饲料体积较大。饲料的体积会影响乳牛日粮的总摄入量，从而影响乳牛的一系列生理功能。

2. 粗饲料含纤维高、能量低　由于粗饲料当中含纤维较多，尤其是中性纤维多，因此比精饲料的能量含量要低。

3. 粗饲料成本较低　同样重量的精粗饲料对比，往往精饲料的成本价格要高于粗饲料。

4. 粗饲料消化较慢，更容易刺激乳牛反刍　精粗饲料在饲喂相同体质的乳牛时，因为含纤维素的差异，粗饲料在消化过程中用时更长，在消化中更容易让乳牛产生反刍反应。

（三）粗饲料的作用

1. 可以增加乳牛瘤胃容积，特别是围产期乳牛，更应重视优质牧草的饲喂　众所周知，乳牛是草食动物，它有着功能强大的瘤胃。由于瘤胃特殊的功能和结构，乳牛必须采食一定程度的粗纤维，粗纤维填充瘤胃，使乳牛采食后有饱腹感，同时可以促进瘤胃蠕动和粪便的排泄，保证消化道的正常活动。优质牧草对围产期乳牛有着重要的影响。乳牛在妊娠期间，随着胎儿不断生长，胎儿的体型会越来越大，进而压迫真胃，使真胃和其他一些内脏器官发生位移。当乳牛分娩后，原来压迫真胃的胎儿产出，乳牛腹内压力顿时减小，从而使真胃等一些内脏器官再次发生位移，在这样的情况下，乳牛很容易发生真胃变位、真胃扭转等一系列产后病症，给乳牛造成伤害，使奶户蒙受损失。如果在乳牛围产期饲喂合理的优质牧草，使乳牛瘤胃增大，抵制住产犊带来的压力，在一定程度上可以防止真胃移位的发生，保证牛只健康。

2. 可以有效提高原料奶的乳脂率等理化指标　饲料中对乳脂影响最大的就是粗纤维含量。粗纤维在瘤胃内被分解后生成乙酸，而淀粉则能增强瘤胃发酵，降低pH，促进丙酸的生成，乳脂率与瘤胃内乙酸含量呈正相关。若日粮中的粗饲料低于50%，会导致日粮纤维含量的减少而使乙酸含量下降，乳脂含量降低。

3. 可以有效预防瘤胃酸中毒　牧场若使用精粗搭配合理的优质牧草，那么这个牧场牛群发生瘤胃酸中毒和蹄叶炎的数量就会很少；反之较多。据统计在排除其他因素的情况下，重视饲喂优质牧草的牧场发生瘤胃酸中毒和蹄叶炎的概率大约在5%，而不重视饲喂优质牧草的牧场瘤胃酸中毒和蹄叶炎的发生率高达20%，甚至更高。究其原因是乳牛在采食过多的精料后，瘤胃内产生大量的挥发性脂肪酸，由于不能及时被吸收，致使瘤胃pH下降，当pH下降到5.5左右时，瘤胃微生物菌群会发生明显的变化，发酵产生大量的乳酸，继而产生蹄叶炎等一系列疾病。

4. 可以增加干物质采食量，降低饲料成本　饲料中的水分、中性洗涤纤维和酸性洗涤纤维、脂肪含量、精粗比例等都影响乳牛干物质的采食量。当乳牛采食以优质牧草为主时，采食量通常大于其体重的3%，这样瘤胃易充满，限制乳牛采食。此外，精粗料的比例搭配也很重要。精饲料干物质在日粮总干物质的比例不超过60%的情况下，乳牛干物质采食量随着精饲料比例的增加而增加，加大精饲料的投入就意味着饲养成本增加。所以在日常饲喂过程中，可以提供易消化的优质牧草，提高粗饲料的用量，减少精饲料用量，降低饲料成本。

5. 粗饲料质量对乳牛日粮精粗比的影响　研究表明，粗饲料质量越高，干物质的总摄入量也会升高。粗饲料的质量对乳牛日粮精粗比影响很大。例如，一头乳牛日产乳量为25 kg，它一天干物质总摄入量为17 kg，利用质量较低的稻草作为粗饲料饲喂，为了达到产乳量，日粮组成应为稻草6 kg和精饲料干物质11 kg，但这样日粮搭配成本会很高。使用质量较高的羊草或苜蓿草作为粗饲料，那么在相同的条件和要求下，日粮组成中精饲料的使用量会大大降低。

6. 粗饲料质量对产乳量的影响　对乳牛来说，每天的产乳量不仅取决于精粗饲料的采食量，还取决于粗饲料的质量，乳牛在遇到质量好的粗饲料时往往会多食。例如，一头600 kg的乳牛，日产乳在23 kg，乳脂率为4%，如果饲喂低质量粗饲料的同时喂以同样品质和质量的精饲料，那么这头乳牛的产乳量将会减少到6 kg。

由此可见，粗饲料对乳牛养殖起着至关重要的作用，所以建议在乳牛饲料搭配中一定要重视粗饲料的"质"和"量"，让乳牛真正"吃饱"优质的粗饲料，切记不要因为粗饲料的资金投入而放弃。

（四）粗饲料的分类

1. 干草　干草是指青草（或青绿饲料作物）在未结籽实前刈割，然后经自然晒干或人工干燥调制而成的饲料产品，主要包括豆科干草、禾本科干草和野杂干草等，目前在规模化乳牛场生产中大量使用的干草除野杂干草外，主要是北方生产的羊草和苜蓿干草等，前者属于禾本科，后者属于豆科。

2. 秸秆　秸秆饲料是指农作物在籽实成熟并收获后的残余副产品，即茎秆和枯叶。我国各种秸秆年产量为5亿～6亿吨，约有50%用作燃料和肥料，30%用作饲料，另外20%有其他用途，其中不少在收割季节被焚烧于田间。秸秆饲料包括禾本科、豆科等，禾本科秸秆包括稻草、大麦秸秆、小麦秸秆、玉米秸秆、燕麦秸和粟秸等，豆科秸秆主要有大豆秸秆、蚕豆秸秆、豌豆秸秆、花生秧等，其他秸秆有油菜秆、枯老苋菜秆等。稻草、麦秸秆、玉米秸秆是我国三大主要的秸秆饲料。

秸秆饲料一般营养成分含量较低，表现为蛋白质、脂肪和糖分含量较少，能量价值较低，消化能含量低于2.0 Mcal/kg；除了维生素D外，其他维生素都很贫乏，钙、磷含量低且利用率低；而纤维含量很高，其粗纤维含量高达30%～45%，且木质化程度较高，木质素比例一般为6.5%～12%。质地坚硬粗糙，适口性较差，可消化性低。因此，秸秆饲料不宜单独饲喂，而应与优质干草配合饲用，或经过合理的加工调制，提高其适口性和营养价值。

（1）稻草：水稻是我国主要的粮食作物之一，不仅在长江以南各省份普遍种植，在北方许多省区近年来也大面积发展。东北地区历史上靠外调大米调剂粮食品种，而今不仅自给有余，还销往南方省份。据统计，全国稻草产量为1.88亿吨。稻草秸秆质地粗糙，粗蛋白含量4.8%，粗脂肪1.4%，粗纤维35.3%，无氮浸出物39.8%，粗灰分17.8%，在粗灰分中硅含量较高，占干物质14%，而钙含量仅0.29%，磷0.07%。稻草在乳牛生产中的应用目前主要是采用青贮的方式，同时添加酶制剂。

（2）麦秸秆：麦秸秆包括大麦秸秆、小麦秸秆、燕麦秸秆等，主要是小麦秸秆。小麦主要分布于华北和华东的山东、安徽等省，我国年产1.1亿吨，麦秸秆产量与籽实相仿。麦秸秆质地粗硬，茎秆光滑，切碎混拌适量精饲料，可用于肉牛育肥。麦秸秆粗蛋白含量3.0%，粗脂肪1.9%，粗纤维34.8%，无氮浸出物49.8%，粗灰分10.7%，其中硅含量为6%。

（3）玉米秸秆：玉米在我国长江以北各省都有种植，近年来南方不少地区也大量种植玉米，全株青贮后用于饲喂乳牛。华北一带的夏玉米，东北、内蒙古等地的春玉米，不仅面积大，而且产量高。玉米秸秆产量全国为1.55亿吨，风干的玉米秸秆粗蛋白含量3.9%，粗脂肪0.9%，粗纤维37.7%，无氮浸出物48.0%，粗灰分9.5%。玉米秸秆在很多地区会做成黄贮饲喂乳牛，氨化秸秆也会提高玉米秸秆的消化率。

（4）燕麦草：燕麦具有较好的适口性、较高的甜度、NDF含量低等特点，同时饲料纤维消化率高达60%。是一般羊草的2倍，可较好地改善牛奶品质。燕麦草饲喂时，其糖含量高，适口性好，株高、茎粗、叶大，适宜刈割后制成干草。与其他植物纤维相比，粗蛋白含量适中，粗纤维含量与其他植物纤维相当。燕麦干草中NDF含量较低，与其他干草相比，在中性洗涤纤维含量高的情况下展现出更高的饲料价值。燕麦干草享有"甜干草"的美誉，富含水溶性碳水化合物，和黑麦草有相似的糖含量，但适口性和饲料价值更优。在蛋白质含量高、草产量高的抽穗期，应进行刈割。此外，燕麦干草中的钾含量小于2%，这对于干草配比饲料成分是十分重要的，并且低含量的钾也可以减少由进食饲料引起的产乳热风险。

燕麦干草是一种营养价值很高的优质牧草，国产燕麦干草可用于泌乳中后期乳牛的饲养，饲养效果优良。2018年4月16日，《燕麦干草质量分级》的发布填补了燕麦干草质量分级方面的标准空白。该标准创新性地将燕麦干草质量分为A型和B型2个类型，每个类型下面划分特级、一级、二级、三级4个等级（表6-15、表6-16）。国产A型燕麦干草已广泛用于后备乳牛和泌乳乳牛饲养。国产B型燕麦干草与进口澳大利亚B型燕麦干草品质相当，但价格便宜，未来国产B型燕麦干草将取得竞争优势。

（5）谷草：谷草是一种品质优良的饲草，其质地松软，对牛羊等反刍动物的适口性极佳，可以作为反刍动物的优质饲草资源。王旭等（2003）利用粗饲料分级指数技术将谷草与稻草、燕麦秸秆、小麦秸秆及玉米秸秆做对比，结果表明谷草粗蛋白质低于玉米秸秆和燕麦秸秆，却高于其他饲草，但较高的粗纤维（35.9%）可能对其利用率有所影响。通过饲草的加工调制技术可以对其不可利用成分进行改善（刘婷婷，2017）。谷草中含有的氨基酸种类十分丰富，多达17种。谷草中含有钙、铁、磷等多种矿物质元素和一些稀有元素，如硒元素等，所含维生素种类也极为丰富（郭勇庆等，2000）。

（6）花生秧：花生秧营养价值较高，属于高蛋白类的秸秆资源。但不同地区、不同品种的花生秧营养成分存在一定差异。花生秧粗蛋白含量为7.56%～10.40%，中性洗涤纤维为35.93%～43.60%，酸性洗涤纤维为29.25%～36.54%。表6-17是奶牛常用的粗饲料的营养价值，供参考。

3. 青贮饲料　青贮饲料是将新鲜青绿多汁饲料，如带棒全株玉米秆、高粱秸、苜蓿、甘蔗尾、甘薯藤、花生藤、象草、甘薯等，在收获后直接或经过适当风干后，切碎，密封贮存于青贮窖、壕或塔内，在厌氧环境下，经乳酸发酵而制成。它既能保持青饲料的营养价值，提高原料的适口性，又可调节青饲料的均衡供应，是很好的饲料。主要青贮饲料将在后续重点介绍。乳牛常用粗饲料营养价值见表6-17。

二、精料

精料是指高能量和低纤维（低于18%）的饲料。高产乳牛，由于胃不能容纳满足能量需要的全部粗料。所以，必须加入谷实类饲料，以供给动物需要的能量及蛋白质。

谷实类：玉米、高粱、大麦、燕麦等，含蛋白质少，是典型高能量饲料。其含有丰富的碳水化合物和脂肪，粗纤维含量低；矿物质中磷多、钙少；缺少维生素A和维生素D（黄色玉米例

表6-15　A型燕麦干草质量分级

化学指标/%	A型燕麦干草等级			
	特级	一级	二级	三级
中性洗涤纤维	＜55.0	≥55，＜59.0	≥59.0，＜62.0	≥62.0，＜65.0
酸性洗涤纤维	＜33.0	≥33.0，＜36.0	≥36.0，＜38.0	≥38.0，＜40.0
水溶性碳水化合物	≥14.0	≥12.0，＜14.0	≥10.0，＜12.0	≥8.0，＜10.0
水分	≤14.0			

表6-16　B型燕麦干草质量分级

化学指标/%	B型燕麦干草等级			
	特级	一级	二级	三级
中性洗涤纤维	＜50.0	≥50，＜54.0	≥54.0，＜57.0	≥57.0，＜60.0
酸性洗涤纤维	＜30.0	≥30.0，＜33.0	≥33.0，＜35.0	≥35.0，＜37.0
水溶性碳水化合物	≥30.0	≥25.0，＜30.0	≥20.0，＜25.0	≥15.0，＜20.0
水分	≤14.0			

表6-17 乳牛常用粗饲料营养价值

饲料营养价值/%	粗饲料名称									
	羊草	苜蓿干草（成熟期）	稻草	小麦秸秆	带穗玉米秸秆	燕麦干草	玉米秸秆（成熟期）	玉米青贮（成熟期）	苜蓿青贮	高粱青贮
干物质	91	88	91	91	80	90	80	34	30	32
粗蛋白质	7	13	4	3	9	10	5	8	18	9
酸性洗涤纤维	47	45	55	58	29	39	44	27	37	38
中性洗涤纤维	67	59	72	81	48	63	70	46	49	59
粗灰分	8	8	12	8	7	8	7	5	9	6
粗脂肪	2.0	1.3	1.4	1.8	2.4	2.3	1.3	3.1	3	2.7
粗纤维	34	38	40	46	25	31	35	21	28	27
钙	0.40	1.18	0.25	0.16	0.50	0.40	0.35	0.28	1.40	0.48
磷	0.15	0.19	0.08	0.05	0.25	0.27	0.19	0.23	0.29	0.21

来源：《中国饲料成分及营养价值表》牛、羊常用粗饲料（青绿、青贮及粗饲料）的典型养分（干基）。

外）。所以饲喂这类饲料应补充钙质，谷类加工后（碾压，使其卷曲、碎裂或研磨），可提高其消化性。若喂前不加工，则通过母牛消化道的谷物将有30%营养不被消化；若将谷物外皮压破，则可促进其消化；性质粗糙的谷物加工后，可提高谷物的适口性和采食量；研磨过细的谷物，将降低谷物的消化性和乳脂率，并可导致瘤胃酸中毒（Acidosis）。

油饼类：大豆饼、花生饼、菜籽饼、胡麻饼、芝麻饼等，均含有较多的蛋白质，是乳牛优良的蛋白质饲料，豆腐渣（干）、啤酒渣，含粗蛋白质较多，也是乳牛的好饲料。

糠麸、糟渣类：糠麸类饲料是由小麦、大麦等谷类的皮及胚组成，是籽实的副产品。这类饲料蛋白质、粗纤维含量比谷类高，但含糖量少。糠麸类质地疏松，体积大，适口性好，且具有轻泻作用，是乳牛不可缺少的饲料。糟渣类，饲养中常用的有酒糟、啤酒糟、豆腐渣、玉米淀粉渣和甜菜渣等，糟渣类含有较多能量和蛋白质，体积大，适口性好，但含水量高，易于霉败变质。

按糖类和蛋白质含量的多少，将精饲料分为能量精料、蛋白质精料。

（一）能量饲料

1. **玉米** 玉米又名玉蜀黍、苞谷、苞米等，为禾本科玉米属一年生草本植物。玉米的亩产量高，有效能量多，是最常用且用量最大的一种能量饲料，故有"饲料之王"的美称。根据籽粒性状特点和成分，可将玉米分为马齿玉米、硬质玉米、甜玉米、蜡质玉米、粉质玉米、高赖氨酸玉米、高油玉米等。其中，高油玉米含油量、总能水平、粗蛋白质含量均高于普通玉米，还含有较多的维生素E、胡萝卜素，其单产已达到普通玉米的水平；高油玉米籽实成熟时，茎、叶仍碧绿多汁，含较多的蛋白质和其他养分，是草食动物的良好饲料。根据籽粒颜色，可将玉米分为黄玉米、白玉米和混合色玉米。

玉米的营养特点：玉米中碳水化合物含量在70%以上，多存在于胚乳中。主要是淀粉、单糖、二糖，粗纤维含量较少。粗蛋白质含量一般为7%～9%。其品质较差，因赖氨酸、蛋氨酸、色氨酸等必需氨基酸含量相对贫乏。普通玉米中粗脂肪含量为3%～4%，但高油玉米中粗脂肪含量可达8%以上，主要存在于胚芽中；其粗脂肪主要是甘油三酯，构成的脂肪酸主要为不饱和脂肪酸，如亚油酸占59%，油酸占27%，亚麻酸占0.8%，花生四烯酸占0.2%，硬脂酸占2%以上。玉米为高能量饲料，其产奶净能（乳牛）为7.70 MJ/kg。粗灰分较少，仅1%稍多。其中钙少磷多。玉米中其他矿物元素尤其是微量元素含量很少。维生素含量较少，但维生素E含量较多，为20～30 mg/kg。黄玉米胚乳中含有较多的色素，主要是胡萝卜素、叶黄素和玉米黄素等。

2. **小麦** 小麦的营养特点：小麦为禾本科小麦属一年生或多年生草本植物。我国小麦产量占粮食总产量的1/4，仅次于水稻而位居第二。按栽培季节，可将小麦分为春小麦和冬小麦。按籽粒硬度，可将小麦分为硬质小麦、软质小麦。硬质小麦其截面呈半透明状，蛋白质含量较高；软质小麦截面呈粉状，质地疏松。按籽粒表面颜色，可将小麦分为红皮小麦、白皮小麦。

常规营养成分中，小麦的产奶净能和淀粉含量与玉米相似，粗蛋白含量高于玉米，可以在日粮中替代部分饼粕类饲料；粗脂肪含量则只有玉米的一半。此外，维生素含量中，除维生素E和维生素B_6外，其他维生素含量均高于玉米；虽然维生素对于乳牛来说没有单胃动物重要，但B族维生素等与乳牛的糖脂代谢、纤维分解也息息相关。

3. 高粱　高粱是全世界主要粮食作物之一，其产量仅次于玉米、小麦和水稻。按用途，可将高粱分为粒用高粱、糖用高粱、帚用高粱和饲用高粱；按籽粒颜色，可将高粱分为褐高粱、白高粱、黄高粱（红高粱）和混合型高粱。

高粱的营养特点：除壳高粱籽实的主要成分为淀粉，一般占籽粒重的65%～70%。受基因型、生态环境及氮肥施用量等影响，高粱蛋白含量高低差别较大，一般粒用高粱蛋白质含量在7%～12%，但品质较差，原因是其中必需氨基酸如赖氨酸、蛋氨酸等含量少。脂肪含量稍低于玉米，脂肪中必需氨基酸低于玉米，但饱和性脂肪酸的比例高于玉米，产奶净能为6.61 MJ/kg，所含灰分中钙少磷多。含有较多的烟酸，达48 mg/kg，但所含烟酸多为结合型，不易被动物利用。高粱中含有较多的单宁，影响其适口性和营养物质消化率。但对于乳牛等反刍动物，一定的单宁含量对营养吸收代谢等却起到正面的作用，单宁是一种天然的过瘤胃蛋白保护剂，在瘤胃中（pH 5～7），单宁可与蛋白质形成复合物，保护蛋白质免受微生物酶降解。当这种单宁—蛋白质复合物进入真胃（pH 2.5）和小肠（pH 8～9）时，会被胃蛋白酶和胰蛋白酶分解，形成易于吸收的小分子物质。

在饲喂前应对高粱进行加工，由于其籽粒小，牛不能通过充分的咀嚼而有效地利用高粱，而通过粉碎、压片、水浸、蒸煮及膨化等加工后则可改善反刍动物对高粱的吸收，可将高粱的利用率提高10%～15%。

4. 燕麦　燕麦为禾本科燕麦属一年生草本植物，在我国内蒙古、山西、陕西、甘肃、青海等地栽培较多。

燕麦的营养特点：燕麦籽实所含稃壳的比例大，因而其粗纤维含量在10%以上，淀粉含量不足60%，有效能明显低于玉米等谷实。蛋白质含量在10%左右，含有18种氨基酸，其中包含8种动物必需氨基酸，其中赖氨酸含量是小麦、大米、玉米的2倍以上。粗脂肪含量在4.5%以上，比其他类型禾谷类作物要高，且不饱和脂肪酸含量高。其中，亚油酸占40%～47%，油酸占34%～39%，棕榈酸占10%～18%。由于不饱和脂肪酸比例较大，所以燕麦不宜久存。维生素E及钙、镁、铁、磷、锌等矿物元素含量均高于小麦、玉米和大米，因此营养价值很高。

燕麦在乳牛生产中的用量排在玉米、大麦之后，而燕麦适宜生长环境较宽松，且生长速度快，可与其他植物混播、轮播，因此仍有很大发展前景。

5. 大麦　大麦是常用的一种乳牛饲料，其蛋白质含量高于玉米，但能量低于玉米（表6-18）。如果大量饲喂大麦，必须慢慢增加喂量，以使乳牛逐渐适应。大麦有一层坚实的外壳，喂前必须压扁；压扁的大麦比磨细的大麦更具适口性；大麦在谷类饲料中不宜超过50%，饲喂大麦可改善牛乳黄油品质。

（二）蛋白质饲料

1. 大豆饼粕　大豆饼粕是我国最常用的植物性蛋白质饲料。大豆饼粕含蛋白质较高，达40%～45%，必需氨基酸的组成比例也比较好，尤其赖氨酸在饼粕类饲料中含量最高，高达2.5%～3.0%，蛋氨酸较少，仅含0.5%～0.7%。粗纤维含量低，淀粉含量低，可利用能量较低，脂肪的含量因榨油方式不同而异；胡萝卜素、维生素B_1和维生素B_2含量少，烟酸和泛酸含量多，胆碱丰富，维生素E含量较高。

大豆饼粕是所有饼类中最为优质的原料，且适口性好，饲喂乳牛具有良好的生产效果。在高产乳牛日粮中，大豆饼粕可占精料的20%～30%，低产乳牛的用量可低于15%。大豆饼粕可替代犊牛代乳料中部分脱脂乳，并对各类牛均有良好的生产效果。

2. 棉籽饼粕　棉籽饼粕是棉籽经脱壳取油后的产品，产量仅次于大豆饼粕，是重要的植物蛋白质饲料资源。

由于棉籽脱壳程度及制油方法不同，其营养

表6-18 常见能量饲料的常规营养成分（%DM）

营养成分	样品						
	玉米	小麦	高粱	大麦	稻谷	米糠	米糠粕
中性洗涤纤维	6.21±0.03	12.96±0.22	7.62±0.16	16.11±0.98	16.76±0.42	22.72±0.51	18.33±0.16
酸性洗涤纤维	1.48±0.33	1.54±0.01	1.36±0.47	5.95±1.12	12.42±0.31	11.95±0.73	9.22±0.72
酸性洗涤木质素	1.00±0.02	1.57±0.03	1.31±0.08	1.75±0.07	3.03±0.26	5.72±0.08	6.46±0.20
粗灰分	1.51±0.01	1.88±0.09	1.59±0.04	2.26±0.05	5.09±0.03	9.88±0.25	11.52±0.10
粗脂肪	3.41±0.01	1.25±0.09	3.55±0.11	2.81±0.06	1.85±0.18	16.57±0.19	0.69±0.17
钙	0.49±0.04	0.38±0.15	0.46±0.14	0.44±0.11	0.33±0.11	0.32±0.08	0.31±0.00
磷	0.14±0.01	0.25±0.06	0.15±0.01	0.19±0.02	0.15±0.02	1.14±0.02	1.61±0.00
中性洗涤不溶蛋白	0.73±0.01	0.76±0.02	1.97±0.11	0.94±0.01	0.64±0.01	1.92±0.01	2.01±0.05
酸性洗涤不溶蛋白质	0.25±0.01	0.27±0.01	0.29±0.01	0.35±0.06	0.32±0.02	0.64±0.04	0.54±0.03
干物质	86.75±0.22	89.06±0.05	87.11±0.06	87.13±0.00	88.00±0.08	90.04±0.31	89.09±0.02
粗蛋白	8.37±0.15	15.20±0.09	11.84±0.21	11.67±0.05	7.63±0.04	13.74±0.77	17.78±0.07
淀粉	68.31±0.01	59.81±0.03	67.98±0.01	56.22±0.02	63.13±0.02	25.15±0.02	32.00±0.02

来源：蒋一男．不同能量饲料的营养价值评定及部分替代玉米对渤海黑牛生产性能的影响研究［D］．山东农业大学，2022．

价值差异很大。棉仁饼粕含粗蛋白41%～44%，棉籽饼粕含22%，棉籽仁饼粕含34%；赖氨酸（1.3%～1.6%）不足，精氨酸（3.6%～3.8%）过高，蛋氨酸低。碳水化合物以糖类（戊聚糖）为主，粗纤维（13%）随脱壳程度不同而异；粗脂肪含量饼高于粕，残油高；矿物质中钙少磷多，含硒少；维生素B_1含量较多，维生素A、维生素D含量少；含抗营养因子棉酚、环丙烯脂肪酸、单宁和植酸。

棉籽饼粕在瘤胃内降解速度较慢，是乳牛良好的过瘤胃蛋白饲料来源，适量使用可提高乳脂率。但棉籽饼粕中含有有毒物质——棉酚，对动物健康有害，虽然瘤胃微生物可以降解棉酚，使其毒性降低，但也应控制日粮中棉籽饼粕的比例。

3. 花生饼粕 我国是花生生产大国，播种面积和总产量仅次于印度，花生饼粕是花生去壳再经脱油后的副产品，是优质的蛋白质饲料来源。

花生饼粕营养价值低于豆粕，其营养成分随含壳量的多少而有差异，带壳的花生饼粕粗纤维含量为20%～25%，粗蛋白质及有效能相对较低。花生饼粕蛋白质含量为44%左右，浸提粕约为47%。但氨基酸组成不佳，赖氨酸和蛋氨酸含量低；精氨酸含量高达5.2%。代谢能高达12.26 MJ/kg，粗纤维约5%，无氮浸出物中大多为淀粉、糖分和戊聚糖；花生饼粕脂肪含量为4%～6%，以油酸为主，不饱和脂肪酸占53%～78%。矿物质中钙、磷含量均少，其他与大豆饼粕相近。B族维生素含量丰富，烟酸、泛酸、硫胺素均高于大豆饼粕；胡萝卜素、维生素D、维生素C、核黄素含量低。花生饼粕含水9%以上，30 ℃、相对湿度80%时则易感染黄曲霉菌。

饲用价值与大豆饼粕相近，花生饼粕的适口性好，有香味，乳牛喜欢采食，可用于犊牛的开食料，对于乳牛也有催乳和促生产作用，但饲喂量过多，可能会引起牛腹泻。花生饼粕的瘤胃降解率可达85%以上，因此不适合作为唯一的蛋白质饲料原料。

4. 菜籽饼粕 菜籽饼粕是油菜籽榨油后的副产品，油菜是我国的主要油料作物之一，为十字花科植物。根据菜籽饼粕中芥酸和硫代葡萄糖苷含量不同，通常将菜籽饼粕分为普通菜籽饼粕和双低菜籽饼粕。

菜籽饼粕中蛋白质的含量因其品种、生长环境及加工工艺不同而有差异，但其含量一般在33%～40%。菜籽蛋白的消化率为95%～100%，氨基酸含量十分丰富，而且比例恰当。菜籽饼粕中氨基酸组成和含量与大豆蛋白相近，而且其含硫氨基酸的含量比大豆蛋白还高，适用于补充谷物和许多缺乏这类氨基酸的豆类。菜籽饼粕中含有20%以上的碳水化合物，其中纤维素占10%，能够被单胃动物肠道直接吸收的单糖、二糖只占2%～4%，其他多糖约占85%。菜籽饼粕中富含钙、磷、铁、镁、锰、硒和钼等多种矿物质。菜籽饼粕中钙、磷、钠、镁、铁、锰、锌和钼等金属元素的含量均远远高于大豆饼粕，其矿物质总含量为7%～8%。是多种微量元素的重要来源。菜籽饼粕含有硫代葡萄糖苷、芥子碱、单宁等抗营养物质。

普通菜籽饼粕对牛的适口性差，长期过量使用也会引起甲状腺肿大，但比单胃动物影响程度小；泌乳牛精料中应用比例在7%以内为佳，青年母牛日粮中也可少量使用菜籽饼粕，犊牛和怀孕母牛最好不喂。低毒品种菜籽饼粕饲养效果明显优于普通品种，可提高使用量，泌乳牛最高可用至25%。

双低菜籽饼粕是甘蓝型油菜籽或芥菜型油菜籽榨油加工后的副产物。双低菜籽饼粕中含有较多含硫氨基酸（蛋氨酸和胱氨酸），其氨基酸平衡状况更加良好。但是，双低菜籽饼粕含有11.0%左右的粗纤维，对配合饲料适口性和营养物质消化率有一定负面影响；另外，双低菜籽饼粕皮壳中的抗营养因子如植酸，不仅会降低矿物质元素生物利用率，还会通过黏合营养物质如消化酶和蛋白质造成内源氨基酸损失，从而影响动物机体生长性能。

双低菜籽饼粕粗蛋白含量达42.10%DM，蛋白质组分中瘤胃快速可降解真蛋白占到10.96%，中速可降解真蛋白占到83.17%，总可消化养分达到61.69%DM，是一种较为理想的蛋白质饲料。建议乳牛场在日粮搭配时，对其合理利用以替代部分豆粕，实现降本增效。

5. **胡麻饼粕** 胡麻饼粕的原料是胡麻籽，又称亚麻籽，亚麻籽总产量全世界在200万吨以上。主要产于加拿大、阿根廷、印度、美国、中国等国家。在我国东北和西北栽培较多，年产量30万吨。

其蛋白质含量为32%～36%，其氨基酸组成不佳，赖氨酸与蛋氨酸含量低，精氨酸含量高；粗纤维含量为8%～10%；含能量较低，代谢能仅7.1 MJ/kg；残余脂肪中亚麻酸含量可达30%～58%；B族维生素含量丰富，胡萝卜素、维生素D含量少；钙、磷含量较高，硒含量高，是优良的天然硒源之一；含生氰糖苷、亚麻籽胶、抗维生素B_6等抗营养因子。

胡麻饼粕适口性好，可作为乳牛的优良蛋白质来源，由于含黏性物质，具有润肠通便的效果，可作为抗便秘剂，在多汁饲料或粗饲料供应不足时使用，可减少胃肠功能失调问题；此外，胡麻饼粕可改善动物的皮毛发育，能使动物有毛光皮滑的润泽外观。

6. **葵花籽饼粕** 葵花籽饼粕是向日葵籽经溶剂浸提或压榨提油后的残渣，经粉碎而成的。葵花籽饼粕的营养价值主要取决于脱壳程度，带壳的粗蛋白质含量为28%～32%，脱壳的为41%～46%，赖氨酸含量低（1.1%～1.2%），蛋氨酸含量高（0.6%～0.7%）；带壳粗纤维含量高达20%时，代谢能为5.94～6.94 MJ/kg，属粗饲料；脱壳粗纤维含量为12%，代谢能水平可达10.04 MJ/kg。压榨饼残留脂肪6%～7%，脂肪酸50%～75%属于亚油酸；钙、磷含量较一般饼粕类饲料高，微量元素中锌、铁、铜含量较高；B族维生素含量丰富，其中烟酸、硫胺素、胆碱含量都很高。含抗营养物质绿原酸（抑制胰蛋白酶、淀粉酶和脂肪酶）。

葵花籽饼粕的饲用价值与豆粕相当，适口性好，但不能作为唯一的蛋白质来源。含脂肪高的压榨饼采食过多易造成乳脂和体脂变软，降低瘤胃pH，提高瘤胃内容物溶解度。

7. **芝麻饼粕** 蛋白含量达40%以上，蛋氨酸、精氨酸和色氨酸丰富，赖氨酸缺乏；粗纤维含量低，为7%以下，代谢能为9.0 MJ/kg；传统制油粗脂肪含量达10.3%，代谢能达10.92 MJ/kg。钙、磷含量均高；核黄素、烟酸含量较高，维生素A、维生素D、维生素E含量低；含抗营养因子植酸和草酸。

可作为乳牛的蛋白质饲料来源，但采食太多则会降低牛奶的乳脂率，最好与其他蛋白质饲料并用，每天的饲喂量最好不要超过2 kg。

8. **大豆** 大豆的一般成分：水分≤12%，粗脂肪17%～19%，粗蛋白质36%～39%，粗纤维5.0%～6.0%，粗灰分5.0%～6.0%，钙0.24%，磷0.58%。乳牛饲料中常用的是全脂膨化大豆，其中的蛋白质由于加工发生一定程度的变性，降低了其在瘤胃内的降解能力，与未经处理的大豆相比提高了蛋白质的过瘤胃率。同时，大豆中的脂肪也能完整保留，有利于弥补能量负平衡带来的体膘损失。

高昂的价格和特殊的营养特性决定了膨化大豆的价值，只在泌乳早期和高产乳牛的TMR中才能真正体现。其他牛群的TMR不需要添加。全脂大豆脂肪含量高，且多属不饱和脂肪酸，故应注意脂肪变质问题，脂肪劣化后降低适口性，且造成腹泻。

9. **棉籽** 棉籽具有高脂肪、高蛋白、高能量等特点，加之整粒棉籽具有质地坚硬的棉籽壳，能够起到过瘤胃作用，在乳牛泌乳早期常被用来作为能量饲料以减少日粮能量负平衡。棉籽粗蛋白含量为23%～24%，过瘤胃蛋白水平与豆粕接近，明显高于全脂大豆、花生粕和菜粕。棉籽中脂肪含量达到19.3%，且其中70%为多不饱和脂肪酸，在提供能量和蛋白质的同时可以提供有效纤维。全棉籽中的中性洗涤纤维和酸性洗涤纤维含量较高，是很好的饲料纤维源。

棉籽在乳牛日粮中应用效果较好，可以提高乳牛产乳量和乳脂率。棉籽含有较高的粗蛋白和脂肪，并且棉籽外层带有残留的棉花纤维，只有在外层棉花纤维被降解后才能使棉籽和瘤胃消化液相接触，减缓了瘤胃消化液对棉籽的浸润和降解，增加了棉籽中的蛋白质和脂肪的过瘤胃率。

10. **玉米蛋白粉** 玉米蛋白粉是玉米除去淀粉、胚芽、外皮后剩下的产品。玉米蛋白粉蛋白质营养成分丰富，代谢能与玉米相当或高于玉米，并富含色素，可以直接用作畜禽的蛋白质饲料原料。然而，其也存在口感粗糙、水溶性差等缺点。饲料中常用的玉米蛋白粉粗蛋白含量60%左右，氨基酸组成不佳，异亮氨酸、亮氨酸、缬氨酸、丙氨酸、脯氨酸、谷氨酸等含量高，而赖氨酸和色氨酸严重不足；淀粉含量15%，粗脂肪含量7%。玉米蛋白粉蛋白质的利用率较高，由于其比重大，应与其他体积大的饲料搭配使用，一般乳牛饲料中可使用5%左右。

11. **玉米胚芽粕** 玉米胚芽粕是玉米深加工的重要副产品之一，玉米胚芽经过浸提或压榨提取玉米胚芽油之后，除了油脂含量降低以外，其他营养成分基本全保留在胚芽粕之中。玉米胚芽粕的粗蛋白含量为20%～27%，是玉米粗蛋白含量的2～3倍，并且玉米胚芽粕的蛋白以球蛋白、谷蛋白和白蛋白为主，是玉米蛋白中生物学价值最高的蛋白质，其氨基酸组成也较为合理，赖氨酸含量是玉米的3.26倍，蛋氨酸含量是玉米的1.5倍。玉米胚芽粕粗脂肪含量与豆粕相似，约为2%；粗纤维含量比豆粕略高，是玉米粗纤维含量的4倍，而且粗纤维含量随产地和加工工艺的不同而不同。由于价格较低，蛋白质品质好，近年来在乳牛日粮中应用较多，一般乳牛精料中可使用15%左右。

12. **玉米干全酒糟** 干全酒糟（distillers dried grain with solubles，DDGS）是用玉米籽实与精选酵母、酶等混合发酵生产燃料乙醇后，剩余的发酵残留物经干燥形成的产物。DDGS由两部分组成，一部分叫DDG（干酒精糟），是玉米发酵提取乙醇后剩余的谷物碎片处理的产物，浓缩了玉米中除淀粉和糖以外的其他营养成分，如蛋白质、脂肪、维生素和矿物质等；另一部分叫DDS，是发酵提取乙醇的剩余物中的可溶物经干燥处理的产物，其中包含了玉米中一些可溶性营养物质，发酵中产生的未知促生长因子、糖化物和酵母等。将浓缩的DDS残液与DDG混合并烘干，制成干物质约88%的DDGS，含有约70%的DDG和30%的DDS。每100 kg玉米可以生产34.4 kg乙醇和31.6 kg DDGS。

DDGS对乳牛来说是一种适口性好的高蛋白质、高能量饲料，可替代部分的豆粕和玉米作为补充料，既可降低成本又不影响乳牛生产性能。但DDGS受其原料和加工方法等因素的影响，营养成分含量具有很大的变异性，特别是其中包含的赖氨酸在加工过程中非常容易受热损失。因此，在制定日粮配方时一定要事先分析DDGS的各营养成分含量，根据营养成分合理搭配日粮。

13. **啤酒糟** 啤酒糟是生产啤酒后的副产品，常用的原料是大麦。由于其中含有较丰富的蛋白质、酵母、无机盐和未知生长因子，营养价值高。鲜啤酒糟中干物质含量在23%左右，能量含量约为每千克0.51个乳牛能量单位。鲜啤酒糟的供应有一定的季节性，干啤酒糟是另一种供应方式，它含有65%的可消化养分和21%的可消化粗蛋白质，使用方便，有时可将其作为蛋白质补充饲料。啤酒糟喂量要适度，酒糟中的Ca、P含量低且比例不合适，所以在饲喂啤酒糟时，应补充骨粉、石粉等矿物质饲料。同时在日粮配方中添加小苏打粉。另外，要增加啤酒糟饲喂次数，把啤酒糟日用量分3～4次饲喂。

大豆及常见粕类蛋白质饲料的营养成分见表6-19。

表6-19 大豆及常见粕类蛋白质饲料的营养成分

营养成分	饲料名称							
	大豆	全脂大豆	大豆粕	棉籽粕	菜籽饼粕	花生仁粕	向日葵仁粕	亚麻仁粕
干物质/%	87	88	89	90	88	88	88	88
产奶净能/(MJ/kg)	7.95	8.12	7.45	6.44	5.82	7.53	6.4	6.44
粗蛋白质/%	35.5	35.5	44.2	43.5	38.6	47.8	36.5	34.8
粗脂肪/%	17.3	18.7	1.9	0.5	1.4	1.4	1	1.8
粗纤维/%	4.3	4.6	5.9	10.5	11.8	6.2	10.5	8.2
粗灰分/%	4.2	4	6.1	6.6	7.3	5.4	5.6	6.6
中洗纤维/%	7.9	11	13.6	28.4	20.7	15.5	14.9	21.6
酸洗纤维/%	7.3	6.4	9.6	19.4	16.8	11.7	13.6	14.4
淀粉/%	2.6	6.7	3.5	1.8	6.1	6.7	6.2	13
钙/%	0.27	0.32	0.33	0.28	0.65	0.27	0.27	0.42
总磷/%	0.48	0.4	0.62	1.04	1.02	0.56	1.13	0.95

来源:《中国饲料成分及营养价值表（第31版）》。

三、乳牛饲料添加剂

饲料添加剂是指为了某种特殊需要向饲料中人工添加的、具有不同生物活性的微量物质的总称。这些特殊需要通常包括强化日粮的营养价值、提高饲料利用效率、增进动物健康、促进动物生长发育、减少饲料贮存期间营养物质损失及改进动物产品品质等。

1. 离子盐　饲粮中的电解质分为两种：一种是带有正电荷的阳离子，主要为Na^+、K^+、Mg^{2+}和Ca^{2+}；另一种是带有负电荷的阴离子，主要指Cl、S和P的酸根离子。饲粮中电解质平衡会影响动物机体的酸碱平衡，进而间接影响动物对饲粮中各种营养素的消化、吸收、利用和生产性能。饲粮中添加阴离子盐可以影响乳牛体内的酸碱平衡，预防产乳热的发生。负的阴阳离子差可以增加血液中离子钙浓度，增强钙平衡调节激素的反应。在乳牛产前饲粮中添加阴离子盐可以降低阴阳离子差，减少围产期乳牛亚临床低血钙症的发生，预防产乳热，提高泌乳性能。研究者在乳牛精料中添加0.8%的硫酸钠，40天后，试验组比对照组每头每天产乳量增加1.07kg（$P<0.05$），提高幅度为7.1%。

2. 过瘤胃氨基酸　过瘤胃氨基酸是氨基酸通过某种技术进行保护，降低其在瘤胃内的降解，使更多氨基酸能到达小肠后才释放并被机体消化吸收。研究显示，在乳牛产前和产后饲粮中补充过瘤胃赖氨酸和瘤胃蛋氨酸能有效改善乳牛产乳量和氮利用效率，提高乳牛的生产性能和免疫力。

乳牛营养需要中，蛋白质营养的核心是氨基酸平衡，在低蛋白水平下补给适量的氨基酸使其达到平衡，能提高蛋白质的利用率，满足乳牛营养需要以达到最好的生产效果。乳牛有特殊的消化道结构及消化生理，即瘤胃、网胃、瓣胃和皱胃，是一个活体厌氧发酵罐，将饲料中的蛋白质和能量转化为微生物蛋白和挥发性脂肪酸，如果直接加入氨基酸还会因为部分降解达不到补充这种氨基酸的效果。在日粮中添加适量的过瘤胃氨基酸可提高小肠可吸收氨基酸的数量，平衡小肠氨基酸营养以达到提高生产性能的目的。

添加过瘤胃氨基酸还可以适当降低日粮中粗蛋白质的含量，节约蛋白质资源，响应国家对饲料中豆粕减量替代行动，且动物的生产性能有升高的趋势，减少了粪便和尿液中氮的损失，减少环境污染。研究者在乳牛日粮中添加瘤胃保护性蛋氨酸，每头每天55g，产乳量可提高14.60%，乳脂含量和乳蛋白分别增加12.06%和11.65%。

3. 益生菌　益生菌是一种对乳牛肠道健康有益的微生物菌种。这些微生物可以调节乳牛肠道菌群的平衡，增强其免疫力，促进营养素消化与吸收，提高乳牛的产奶能力和健康状况。乳牛益生菌主要分为乳酸菌、酵母菌和芽孢杆菌3类。其中，乳酸菌是最常见的一种乳牛益生菌，包括双歧杆菌、嗜酸乳杆菌、乳酸链球菌等。酵母菌包括裂殖酵母等。芽孢杆菌则包括枯草芽孢杆菌等。

乳酸菌是常见的乳牛益生菌，能够有效调节乳牛的肠道微生物群落和促进免疫力的提高，同时能够促进营养素的消化与吸收。其中，双歧杆菌在乳牛产奶期间具有非常重要的作用，能够增加乳牛体内的乳酸含量，促进乳腺健康，提高产乳量和乳品品质。徐明等试验表明，乳牛饲粮中添加益生菌（20 g/d）和双乙酸钠（30 g/d），产乳量分别提高了7.4%和9.4%。

4. 酵母培养物　酵母培养物是包括活酵母细胞和用于培养酵母的培养基在内的混合物。米曲霉和酿酒酵母是目前国内外制备酵母培养物的常用菌种。酵母培养物有刺激瘤胃纤维素菌和乳酸利用菌的繁殖、改变瘤胃发酵方式、降低瘤胃氨浓度和提高微生物蛋白产量及饲料消化率的作用。在热应激状态下，日粮中添加酵母培养物能降低乳牛直肠温度。在乳牛日粮中添加酵母培养物，能提高产乳量1～1.5 kg，乳脂率和乳蛋白率也有不同程度地提高。在产奶初期每头每天添加15～115 g，有助于防止进食量的下降和提高产乳量。在乳牛饲料中添加啤酒酵母培养物，结果表明，产乳量提高18%～20%，乳脂率提高18%～23%。

5. 生物素　生物素属B族维生素，一般认为瘤胃微生物合成的生物素已能满足反刍动物的基本需要，但这一观点并不完全正确。研究表明，瘤胃的酸性环境可能限制了高产乳牛和肉牛对生物素的吸收利用，所以这类动物可能处于生理性生物素缺乏状态，不利于充分发挥乳牛的生产性能和维持良好的健康水平。

生物素是动物生长、发育、饲料利用、维持上皮组织的完整等生命活动中必不可少的营养物，且参与体内物质中间代谢所需的一系列酶反应，在糖原异生、脂肪和蛋白质合成中起着重要作用。日粮中的葡萄糖可在瘤胃中分解，因此反刍动物需通过糖异生才能获得葡萄糖。当摄入的碳水化合物不足时，机体可以利用脂肪和蛋白质进行糖异生以维持正常的血糖水平。此外，生物素对于长链脂肪酸的合成及脂肪酸代谢也是不可缺少的；生物素还能通过影响RNA结构和数量而影响蛋白质合成。值得一提的是，生物素对于角蛋白的形成和沉积过程有着极为重要的作用。研究发现，在泌乳期的前5个月，每天在每头乳牛日粮中添加20 mg生物素，试验组比对照组牛的产乳量提高了4.7%，乳脂率和乳蛋白含量也有所上升，提高幅度分别为3.45%和4.3%，并且繁殖力和蹄部健康得到改善，产犊后发情周期缩短，受胎率提高。

6. 丙酸盐　丙酸为具有强烈刺激性气味的无色透明液体，对皮肤有刺激性，对容器、加工设备有腐蚀性。可按任何比例与水混合，也可溶于乙醇、乙醚，其盐类也都溶于水。丙酸及其盐类是饲料中应用最为普遍的防霉剂，属酸性防霉剂。其作用效果与丙酸（有效成分）含量和pH有关，丙酸含量越高，防霉效果越好。其效果为丙酸＞丙酸钠＞丙酸钙。

丙酸盐包括丙酸钠和丙酸钙，均为白色结晶或颗粒状粉末，无臭或稍有特异性气味，溶于水，流动性好，使用方便，对普通钢材没有腐蚀作用，对皮肤也无刺激性。丙酸盐是一种透明或浅黄色具有轻度氨臭的液体，pH近中性（6.7～6.8），对皮肤的刺激和对器具、设备的腐蚀性低，且防霉效力接近丙酸。丙酸钠防霉效果优于丙酸钙，但缺点是易吸水、结块。

丙酸盐可促进瘤胃发育，参与血糖调节，维持能量平衡。因此，生产中丙酸盐可用于治疗酮病。随着短链脂肪酸在医学领域的深入探索，其在畜牧业中的应用带来了新的契机，丙酸是否具有促进瘤胃发育、缓解炎症及增强免疫的能力有待进一步探究和验证。

丙酸及其盐类主要对霉菌有较显著的抑菌效果，对需氧芽孢杆菌或革兰氏阴性菌也有较好的抑菌效果，其最小抑菌浓度在pH 5.0时，为0.1%；pH 6.5时，为0.5%，但对酵母菌和其他菌的抑制作用较弱。在饲料中的添加量以丙酸计一般为0.3%左右。由于丙酸属体内正常代谢物，并参与体内能量代谢，动物吸收后很快在体内代谢，对动物及人体无毒无残留，安全性好。丙酸盐在饲料中的添加量为丙酸钠0.1%、丙酸钙0.2%。

7. 包被胆碱　近年来的研究发现，胆碱与蛋氨酸对乳牛极为重要，尤其是对高产乳牛，在其泌乳初期，甲基及氨基酸、葡萄糖代谢作用加强，能量蛋白质代谢出现负平衡，对蛋氨酸的需求量增加。在此阶段添加胆碱可以节约蛋氨酸和糖原异生所需的前体物。

在乳牛饲养过程中，乳牛日粮中存在的胆碱能够迅速被瘤胃细菌分解利用，因此胆碱添加到饲料之前要采取过瘤胃保护处理，即通过过瘤胃包被技术可以降低胆碱的瘤胃降解率，使添加到日粮中的胆碱发挥生物学功能。

国内外的研究表明，高产乳牛添加过瘤胃胆碱最恰当的时期是围产期和泌乳早期，可增加产乳量、改善乳品质、降低脂肪肝和酮病的发生率、保证动物的健康；其补充量要考虑到动物的胎次、泌乳阶段、产乳量、饲料组成和动物机体健康状况等。因此，在反刍动物能量负平衡阶段补充过瘤胃保护的氯化胆碱对于保证动物的高产和健康具有重要意义。

8. 尿素 尿素是一种含有高氮量的物质，由于其具有合成蛋白质的特点，所以可以作为一种较为经济的蛋白质来源。反刍动物瘤胃微生物可以利用非蛋白氮，与能量饲料在瘤胃中降解的碳架，合成微生物蛋白，为反刍动物在小肠消化利用。日粮中添加尿素应有一定限度，一般情况下占日粮的1%左右较为理想，可代替日粮中蛋白质饲料的20%～30%。尿素最大剂量应以牛每百千克体重15～20 g为宜，若添加30～50 g会出现氨中毒。

9. 莫能菌素 莫能菌素亦称莫能霉素、肉桂霉素、瘤胃素和欲可胖，是肉桂地链霉菌的发酵产物，为聚醚类离子载体抗生素中应用最为广泛的药物之一。莫能菌素的纯品为微白色至微黄橙色粉末，并稍有特殊臭味，在甲醇、乙醇、氯仿中易溶，在苯、丙酮、四氯化碳中可以溶解，在水中不溶，酸性含水环境中易失活，碱性条件下很稳定，其干燥结晶长期保存稳定，在饲料中的稳定性也好。

CH_4、CO_2、NH_3 都是饲料在反刍动物瘤胃中消化的终产物，CH_4 的产生通常要损失进食能量的8%，并伴有丙酸产量的减少（因为用于合成丙酸和VFA的氢被用于合成CH_4）。莫能菌素能杀灭产牛H_2、CH_4前体的细菌，改变瘤胃发酵过程中产生的还原电子在不同受体之间的传递方向，使革兰氏阳性菌产生的H_2O、CO_2、CH_4显著减少，最多可减少31%。从而节约相应数量的能量，提高瘤胃对干物质的消化率。莫能菌素可通过减少瘤胃内氨基酸的脱氨基作用，减少粗蛋白质降解，提高过瘤胃蛋白质数量。反刍动物血浆尿素氮水平与粗蛋白质进食量呈正相关，添加莫能菌素使血浆尿素氮浓度升高，表明使用后确实提高了粗蛋白质的利用率。莫能菌素可以通过抑制瘤胃细菌分解蛋白质的作用减少氮的降解

量，增加过瘤胃蛋白。丙酸在VFA中所占比例对反刍动物的生产性能具有重要作用。添加莫能菌素改变了瘤胃发酵方向，促进VFA中丙酸的合成，减少乙酸产量。研究者向2～4胎次泌乳中期的荷斯坦乳牛日粮中每千克添加20 mg瘤胃素，40天试验结果表明，瘤胃素可使试验牛平均每头每天增产2.15 kg。

10. 蒙脱石 饲料蒙脱石是一种超强吸附剂，其成分蒙脱石可以吸附霉菌毒素、抑制真菌，使霉菌毒素失去活性，无法再产生致病毒素，从而使乳牛的先天免疫系统不再受霉菌毒素的侵害，恢复正常的免疫功能。蒙脱石的使用效果是可以检测到的，试验表明蒙脱石可以抑制霉菌生长，吸附霉菌毒素，降低乳牛乳房炎、子宫内膜炎及真菌性流产等疾病的发生率，降低乳汁中的体细胞数，增加产乳量和产奶持续力，提高牛奶质量。

蒙脱石是一种目前比较成功的乳牛功能性添加剂，能提高乳牛养殖企业的效益，已在美国、加拿大、墨西哥、日本和巴西等国得到了推广。该产品已引进国内并在乳牛企业中使用，同样得到了明显的效果，为乳牛养殖业提供了一种新的保卫性武器。王黎文通过试验发现，基础饲粮中添加0.5%的蒙脱石时，乳牛的日均采食量、产乳量和4%标准乳产量最高。

11. 中草药提取物 中草药中含有多糖类、有机酸和生物碱，能够起到良好的抗病毒作用，提升乳牛抵抗力，将其添加到饲料中，能够实现对乳牛生理功能的有效调节，促进营养物质吸收。不仅如此，中草药添加剂的应用，使得饲料适口性更佳，增加乳牛的食欲，饲料利用率、转化率显著提升，小肠能够快速吸收营养物质，达到更高的生产性能。此外，添加板蓝根、黄芪、党参、淡竹叶等中草药，能够起到良好的抗热应激效果，生石膏具有消炎、解暑、镇痛作用，进而降低炎热夏季乳牛中暑的概率，保持正常的功能状态。此外，中草药添加剂的应用，具备安全无残留的优势，并不会对牛乳品质造成影响。总的来说，中草药添加剂在乳牛生产中有着非常广阔的应用前景。

12. γ-氨基丁酸 γ-氨基丁酸是一种重要的功能性非蛋白质氨基酸，广泛分布于哺乳动物中枢神经系统，是哺乳动物中枢神经系统内最主要的抑制性神经递质，具有镇静安神、降血压、抗应激、促进食欲等作用，也可通过影响神经内分

泌系统，调节代谢促进生长。

根据乳牛的品种、生产阶段、饲养管理、饲养计划等因素，确定适宜的γ-氨基丁酸添加量。直接将其混合到乳牛的饲料中，或者将其溶解在水中，然后喷洒在乳牛的饲料上。此外，γ-氨基丁酸可以在乳牛的日粮中添加，与其他饲料添加剂一起混合添加，或者单独添加到乳牛的饲料中。需要注意的是，使用γ-氨基丁酸时，应遵循合理使用的原则，按照推荐的用量和方法进行投喂。同时，应选择质量可靠的产品，并遵守相关的法规和规定。最好在使用前咨询兽医或专业人士的建议，以确保正确使用和达到预期效果。

13. N-甲酰基谷氨酸　N-甲酰基谷氨酸是一种常用的乳牛饲料添加剂，可以用于改善乳牛的饲料利用效率和生产性能。N-甲酰基谷氨酸在乳牛饲料中的使用主要有以下几个方面的益处。

（1）促进饲料消化：N-甲酰基谷氨酸可以促进乳牛对饲料的消化和吸收，提高饲料利用率。它可以增加瘤胃中有益菌的数量，改善瘤胃环境，促进纤维素的降解和饲料的发酵。

（2）提高乳牛生产性能：N-甲酰基谷氨酸可以提高乳牛的产乳量和乳脂肪含量。它可以促进乳腺细胞的合成和分泌，增加乳脂肪的合成，提高乳牛的产奶能力。

（3）改善乳牛健康状况：N-甲酰基谷氨酸具有抗氧化和抗感染作用，可以改善乳牛的免疫功能，减少疾病的发生。它还可以减轻乳牛的应激反应，提高乳牛的抗应激能力。

四、全年各类饲料需要量

为确保乳牛日粮的稳定及乳牛的高产，应根据各类牛的饲养头数及饲料消耗量，编制全年饲料需要计划。不同阶段乳牛主要饲料的需要量见表6-20。

五、饲料资源的开发与利用

目前，我国乳牛养殖业常规饲料开发的潜力已经不大，所以开发乳牛非常规饲料是乳牛养殖未来的一个出路。

对于常规饲料，大家都很熟悉，如粮食中的玉米、稻谷、麦类、高粱，谷物加工副产品中的米糠、小麦麸，油料加工副产品中的豆粕、棉籽粕、菜籽饼粕，粗饲料中的玉米青贮、羊草、苜蓿等。非常规饲料是指相对于玉米、稻谷等常用于饲料的粮食而言，那些不经常用到的，但可以用作饲料的物质，如秸秆等农业废弃物、畜禽粪便、糟渣等以农产品为原料的工业副产品或废弃物及可利用的生活垃圾等。

非常规饲料的主要资源类型：一是农作物秸秆，主要包括稻秸、小麦秸、玉米秸和玉米芯、高粱秸、谷子秸秆、豆秸、薯秧、花生蔓等；二是林业资源，主要包括树叶、树籽、嫩枝等；三是糟渣，主要包括酒糟、酱油糟、醋糟、玉米淀粉工业下脚料、粉丝尾水、果渣、柠檬酸滤渣、

表6-20　不同阶段乳牛主要饲料的需要量

饲料类别	成乳牛/(kg/年)	后备牛/(kg/年)			
		0～2月龄	3～6月龄	7～15月龄	16月龄～投产
干草	1200～2000	30～40	250～350	800～1000	1400～1600
青贮	5000～10 000	30～40	200～500	2200～2400	3000～5000
青绿	5000～6000	—	100～400	500～1500	1000～3000
块根块茎	1000～2500	—	—	适量	适量
糟渣	2000～2500	—	—	适量	适量
精料	3000～4000	17～20	200～220	700～800	1400～1600
牛奶	—	400～550	—	—	—

来源：《乳牛学（第4版）》，北京：科学技术文献出版社，2010。

注：①成乳牛年产7500～8000 kg，乳脂率为3.1%～3.2%；②精料中谷实占50%～55%，糠麸占10%～12%，蛋白质饲料占25%～30%，矿物质饲料占5%，对高产牛应供应一定比例的优质豆科牧草。

糖蜜、甜菜渣、甘蔗渣、菌糠等；四是废液，主要有味精、造纸、淀粉工业、酒精、柠檬酸废液等；五是纤维含量高的甜菜粕、果渣、甘蔗渣、柠檬酸渣等，它们适合作为草食动物的饲料；六是饼粕，主要有芝麻饼、花生饼、向日葵饼、胡麻籽饼、油茶饼、橡胶籽饼、油棕饼、椰子饼等；七是动物源性饲料，如血粉、猪毛水解粉、蹄壳、制革下脚料、羽毛粉、肉骨粉、蚕蛹、蚯蚓、骨粉和蛋壳粉等；八是粪便再生饲料资源，粪中含较多的氮、B族维生素和矿物质，可通过热喷、发酵、干燥等方法处理，杀灭有害微生物制成饲料。

开发非常规饲料原料具有重要意义，一方面是开源，增加饲料原料的供应；另一方面是节约常规粮食，降本增效。同时，资源能得到充分利用，实现增值，有利于环保，如不燃烧秸秆、减少恶臭等。

第五节 饲料加工调制与贮存

一、青干草制作

青干草是由适宜时期收割的天然草地或人工种植的牧草及细茎禾谷类饲料作物，经自然或人工干燥调制而成的、能长期保存的草料。

乳牛瘤胃容积大，具有利用大量青干草的特殊功能。试验表明，青干草的日饲喂量可达乳牛体重的1.5%～2.5%。青干草含水量应在15%以下，以防止其霉烂变质。青干草在饲喂时不应铡得太短。同时应除去泥沙和铁丝等杂质。对乳牛均衡供应一定量的优质青干草，可缓解较高精料量带来的瘤胃酸中毒，减少乳牛营养代谢病，延长高产乳牛的泌乳高峰期时间，提高奶产量。优质青干草的加工和贮藏、优质草产品的开发利用已成为我国乳牛业快速发展的物质基础。

青干草有豆科干草（如苜蓿、三叶草）。一般粗蛋白质含量在10.5%以上，钙在0.9%以上）和禾本科干草（如燕麦草、雀麦、鸡脚草、黑麦草等）。一般粗蛋白质含量在6.0%～10.5%，钙在0.9%以下。其中豆科干草营养丰富，它不仅是蛋白质、胡萝卜素、钙及其他矿物质的优良来源，而且颜色青绿、质地柔软，有芳香味，适口性好，但喂量要适当。近年来，很多乳牛业发达国家，豆科与禾本科混播草饲用日渐增多。

随着牧草产业化、规模化发展，青干草调制及草产品的加工方法不断改进，由传统的田间晾晒干燥，到翻晒通风干燥，再到利用热能控制的人工干燥；干燥过程中为提高牧草干燥速率，常进行压扁茎秆或使用化学干燥剂。牧草干燥脱水的过程越短，各部分干燥得越均匀、越好，可减少营养物质的损失。不同的干燥方法，对保存鲜草所含养分影响很大，所投入的资金和时间也有差异，可因地、因时、因条件而异。

青干草调制主要有自然干燥和人工干燥两类方法。田间调制干草期间，天气条件（气温、湿度、风速、气压、太阳辐射、降雨等）、牧草本身状况（品种、茬次、刈割期等）及干燥剂（种类、浓度、配伍等）等因素均影响牧草干燥速度。

1. 刈割时间与留茬高度　苜蓿在孕蕾期或初花期进行收割，即开花率在10%以下进行收割，这样经晾晒后粗蛋白含量可达18%以上。刈割间隔为春季至初夏的30～40天；盛夏至秋季的40～50天。留茬高度应控制在5 cm左右，过低不利于下一茬草的生长。最后一茬应在7 cm，以利于苜蓿的萌发。

2. 自然干燥法　自然干燥法是选择适宜的时期和晴朗的天气刈割牧草，然后利用太阳光能和自然风等蒸发水分，调制而成的方法。目前大部分国家和地区仍采用此法调制干草，它的特点是简便易行、成本低，无须特殊设备，还可自然产生和保存青干草的芳香物质，干草的适口性较优。但实施过程中难以控制叶片和茎秆同步干燥，营养物质损失较大。

（1）地面干燥法：以长牧草为主，加工工艺过程是割草、搂草（有时用草叉翻晒）和集堆（垛）。通常牧草刈割后，摊晒均匀，每隔数小时翻晒通风一次，干燥4～6小时，使其含水量降至40%～50%时，手工或用搂草机搂成松散的草垄或集成0.5～1 m高的草堆，保持草堆松散通风，直至牧草完全干燥。

（2）草架干燥法：由于晾晒干草受天气的影响较大，特别是阴湿地区，所以用草架或凉棚晒制是较为有效的一种方法。草架干燥法中，通常用组合式草架或铁丝架。组合式干草架可使干草与地面相离，并根据工作程序或运输方法实行机械化作业，效果好；其工艺是在牧草刈割后，先在地面干燥0.5～1天，使其含水量降至40%～50%，然后自下而上逐渐堆放，或捆成直径15 cm左右的小捆，顶端朝里码放。薄层晾晒、小捆晾制和草架晒制的比较试验认为，在阴湿地区搭架晒制干草可有效防止叶片脱落和加快干燥过程。

3. 人工干燥法　人工干燥法需要通过人工热源，在完全控制牧草脱水的情况下完成干燥过程。人工干燥法调制的青干草品质好，但成本高。人工干燥替代田间干燥的方法如利用太阳能热风、微波干燥、高温快速脱水等，其中以高温快速脱水最具有前景。

（1）常温鼓风干燥法。将收割的牧草就地晾晒到水分降至40%～50%时，再贮入结构简单的贮存仓，以通风为主，或用冷风或低温的加热空气干燥牧草。仓内设有由风道系统（主风道、侧向风道）、栅板、轴流风机等组成的通风干燥系统。风机向风道送风，穿过地板隙，穿过牧草堆积层，水分由废气携出排走，经7～14天可使水分降至20%左右。一般应用于白天、早晨和晚间相对湿度低于75%和气温高于15 ℃的地区。此法是先建一个干草棚，棚内设置大功率鼓风机若干台，地面安置通风管道，管道上设通气孔；再将刈割后的牧草压扁，并在田间预干到含水量50%左右时，置于设有通风道的干草棚内。用鼓风机强制吹入空气，草堆中每1 m²面积，每小时鼓入300～350 m³空气，加快干燥。在实际生产中，也可以用加热装置加热空气，向仓内送热空气（70 ℃），以加快干燥速度。用这种方法调制干草时只要不受雨淋、渗水，就能获得优质的青干草，其优点是设备简单、能耗低，缺点是干燥周期长、进出仓劳动强度大。为了保存营养价值高的叶片、花序、嫩枝，减少干燥后期阳光暴晒对维生素等的破坏，可采用这种方法。这种方法可有效减少牧草营养物质的损失。

（2）低温烘干法。这种方法是在建造牧草干燥室、空气预热锅炉、设置鼓风机和牧草传送设备等基础上，用煤或电做能源将空气加热到50～70 ℃或120～150 ℃，鼓入干燥室；利用热气流经数小时完成干燥。浅箱式干燥机日加工能力为2000～3000 kg干草，传送带式干燥机每小时可加工200～1000 kg干草。

（3）高温快速干燥法。牧草切碎后，利用牧草烘干机，通过高温空气使草含水量从80%～85%下降到15%以下。机械高温烘干，可较好地保存蛋白质和胡萝卜素，与地面和架上晒制法相比，营养物质损失较少（表6-21）。

表6-21　不同干草调制方法对干草营养物质损失的影响

调制方法	可消化蛋白质的损失占比/%	胡萝卜素含量/(mg/kg)
地面晒制	20～50	15
架上烘干	15～20	40
机械烘干	5	120

4. 物理化学干燥法　为了加快干燥速度可刈割后压扁牧草茎秆，即使用联合割草机将牧草收割、草茎压扁和铺条等作业一次完成；也可在刈割前一天用1.5%碳酸钾水溶液喷洒牧草，以加快干燥，减少叶片脱落。不同干燥方法对苜蓿干草化学成分的影响见表6-22。

（1）压扁梳刷草茎干燥法：牧草刈割后，叶片散失水分的速度较茎秆快5～10倍，而利用机械压扁茎秆后破坏了茎的角质层、维管束和表皮，加快了茎内水分散失速度，使茎秆和叶片的干燥时间差距缩短，牧草各部位的干燥速度趋于一致，从而缩短了干燥时间。刈割压扁机一次可以完成收割、压扁和集条3项作业。对于压扁机械的要求，除减少牧草收获损失、提高干燥速率外，还要求其保持牧草饲料价值，过度压碎会造成养分渗出损失。压扁过度，茎秆结构受到严重破坏，养分损失较多。软化压裂草茎，减少了植物表皮的硬度，增大了表面积，因而可以缩短干燥时间。试验证明，苜蓿茎秆压裂后，干燥时间可缩短1/2～1/3。国外多采用割草、压扁、铺成草行一体化的联合割草机进行作业。

采用新型机具、利用梳刷作用处理牧草，可加快干燥速度。梳刷作用与压扁不同，不是完全破裂茎秆，而只是擦掉茎表面的蜡质层，从而保持茎的生物组织和结构强度，减少内部营养物质的流失。相应的梳刷式、刷式和串联轧辊式调制机研制成功，欧美许多公司竞相采用。

（2）化学制剂干燥法：虽然国内外苜蓿草营养成分存在差异（表6-23），但国内外研究认为，将一些化学制剂，如常用的碳酸钾、碳酸钾+长链脂肪酸的混合液、长链脂肪酸甲基酯的乳化液+碳酸钾等，喷洒在刈割后的牧草上，可提高水分的渗透能力或破坏牧草表面的蜡质层结构，促

表6-22 不同干燥方法对苜蓿干草化学成分的影响

干燥方法	干燥时间/h	粗蛋白质/%	NDF/%	ADF/%	粗灰分/%	胡萝卜素/(mg/kg)
日光晒	76	13.67	44.25	32.99	6.57	54.08
阴干	106	14.44	43.18	33.94	6.74	64.45
压扁后日光晒	52	15.6	40.03	30.22	7.08	74.60

表6-23 国内外苜蓿草营养成分比较

营养成分	进口苜蓿干草	国产苜蓿干草
粗蛋白质/%	20.29	17.99
粗脂肪/%	2.68	2.61
中性洗涤纤维/%	37.34	49.88
酸性洗涤纤维/%	29.49	37.68
粗灰分/%	9.80	10.67
钙/%	1.90	1.84
磷/%	0.29	0.30
相对饲喂价值	164.24	111.05

来源：翟云飞. 国产苜蓿干草替代进口苜蓿干草对奶牛生产性能、血清生化指标、瘤胃发酵参数和微生物区系的影响［J］. 动物营养学报，2022，34（11）：7166-7176.

使植株体内的水分蒸发，加快干燥速度。化学干燥法可有效减少豆科牧草的叶片脱落，从而减少蛋白质、胡萝卜素和其他维生素的损失。

苜蓿饲用特点：苜蓿是一种非常优良的植物性蛋白质饲料，粗蛋白含量高、消化率高、富含维生素和各种矿物质。总体来看，进口苜蓿干草粗蛋白水平要高于国产苜蓿干草，国产苜蓿干草纤维含量高于进口苜蓿干草。苜蓿干物质粗蛋白质含量在18%以上，各种氨基酸占6%，比玉米高3倍，比大麦高1.7倍，苜蓿单位面积粗蛋白产量是粮食作物的2倍。使用苜蓿干草饲喂乳牛可显著提高乳牛的产乳量和牛奶品质，还可减少因为过多食用精料引起的乳牛胃酸中毒等代谢疾病，延长乳牛的利用年限，提高经济效益。

二、青贮制作及品质鉴定

（一）优质玉米青贮生产的条件与设施

青贮饲料可长期保存，达到20～30年。青贮场址要靠近TMR搅拌站，便于取料；青贮设备要坚固、不透气、不渗漏。大型地上青贮窖可在底部安装水泥漏缝地沟，以收集青贮料汁液。青贮器内壁光滑，转角要做成半圆形或弧形，从而有利于青贮料下沉和压实。

1. 青贮容器

（1）青贮窖（分地上、地下或半地下）：俯视形状有圆形、长方形或马蹄形等。长方形青贮窖多见，其深3 m以上，宽4～6 m，长度不等，以乳牛头数多少而定。窖的四周用砖或石砌成，水泥抹面，不透气，不漏水，内壁光滑垂直或上大下小呈漏斗形或倒梯形。根据不同地区的气候特点选择不同类型的青贮窖，目前我国规模化牧场青贮窖基本选择地上式青贮窖。

（2）青贮塔：多呈圆筒形，内径为5～9 m，塔高9～24 m。在塔身一侧每隔2 m高，开一个约60 cm×60 cm的窗口，装料时关闭、取料时敞开。青贮塔是用钢筋、砖、水泥砌成的塔形建筑物，占地面积小，青贮容量大，利于装填及压实，但造价较高，我国基本上没有采用这种模式。

（3）塑料罐或塑料袋：青贮尺寸大小有很多种，要求青贮设施的材料牢靠、密闭和经济。选择好青贮器后，其建造的地势要高，土质要坚硬，底部必须高出地下水位0.5 m以上。

2. 选用优质原料，掌握适当的含糖量　为使乳酸菌大量繁殖，形成足量的乳酸，应使青贮原料呈"正糖差"。即饲料中含糖量应大于青贮时的最低需糖量。其计算公式为：

$$饲料最低需要含糖量（\%）=饲料缓冲度（\%）\times 1.7$$

饲料缓冲度为中和每 100 g 全干饲料中的碱性元素，并使 pH 降至 4.2 所需的乳酸克数。1.7 系数来自每形成 1 g 乳酸需葡萄糖 1.7 g。经测定，容易青贮的原料，具有较大的正青贮糖差，如玉米、高粱、禾本科牧草、甘薯藤、南瓜、菊芋、芜菁、甘蓝等；不易青贮的饲料均为负青贮糖差，如苜蓿、三叶草、草木樨、大豆、豌豆、紫云英、马铃薯茎叶等；可与正糖差饲料混贮，不能单独青贮的原料含糖量极低，如南瓜、西瓜藤等。但添加易溶性碳水化合物，或加酸青贮也可成功。

此外，在选择原料的同时，青贮的原料还必须适时收割（表6-24），这不仅可从单位面积上收获最大量的营养物质，而且水分和糖分适宜，易于制成优质的青贮。制作优质青贮料还应使原料洁净、无污染、不霉烂变质。

表6-24 几种常用青贮原料适宜收割期

名称	收割适宜期
全株玉米	蜡熟期收割，如有霜害，也可在乳熟期收割
玉米秸	玉米果穗成熟，玉米秸下部有1～2片叶枯黄时，立即收割
豆科牧草及野草	现蕾期至开花初期
禾本科牧草	孕穗至抽穗初期
甘薯藤	霜前或收薯前1～2天
马铃薯茎叶	收薯前1～2天

（二）优质玉米青贮的制作

1. 收获时间　全株玉米在不同收获期，由于成熟度不同，营养成分含量也存在差异。收获时间过早，玉米籽粒还未成熟，营养物质含量低，青贮发酵过程中微生物可利用养分少，发酵过程缓慢，营养物质损失较大；收获时间过晚，籽粒完全成熟，但秸秆的纤维化程度高，影响动物消化吸收。研究表明，随着原料收获期推迟，制作的青贮饲料 DM、NDF 和 ADF 含量明显提高，CP 含量随收获期推迟先增加后下降，在 3/4 乳线时，CP 含量和相对饲用价值（RFV）显著下降，故认为玉米青贮最佳收获期为 1/2 乳线。因此，玉米青贮在乳熟后期至蜡熟前期（乳线 1/2～2/3）收获，此时含水量为 65%～70%，茎叶青绿，玉米籽实表面出现凹坑，秸秆底部有 2～4 片黄叶，体内营养物质含量较多。

2. 留茬高度　留茬过高，会减少玉米青贮的生物产量，导致种植者效益下降。留茬过低，不仅会带入含有大量有害微生物的土壤，如果是覆膜种植的玉米还会带入地膜碎片，在青贮制作时会影响乳酸菌发酵而导致青贮失败；而且玉米根茬部木质素和硝酸盐含量较高，不利于动物消化和健康。王丽学等通过比较 12 cm、24 cm、36 cm、48 cm 不同留茬高度对产量和营养成分的影响，综合考虑认为 24 cm 留茬高度为最佳。在生产实践中，建议玉米青贮留茬高度为 25 cm，最短不低于 15 cm。

3. 切割长度　切碎长度直接影响青贮饲料品质，长度过长不利于青贮压实，全株玉米籽粒难以破碎，籽粒中的淀粉不易被消化，降低青贮饲料消化率；长度过短，会降低饲料中的有效纤维含量，不利于反刍动物咀嚼。研究表明，在相同压实度下，与切碎长度 1～2 cm 相比，切碎长度 3～5 cm 的玉米青贮饲料 DM、CP、淀粉、WSC、乳酸含量及 pH 降低，NDF、ADF、乙酸、丙酸、氨态氮的含量增加。适宜的切碎长度既要达到压实的目的，还要保证有效纤维含量，提高营养物质消化利用率。一般切碎长度为 1～2 cm，大于 2 cm 的草段不超过 15%，玉米籽粒破碎度达到 95% 以上，70% 籽粒破碎到小于 1/3 完整籽粒大小。

全株玉米青贮可以最大限度保存饲料的营养，制作规范的青贮饲料营养损失不超过 15%，而干草制作过程中营养损失约为 30%，且干草在贮存过程中容易发霉变质。不同标准规定的指标有所差异，一般要通过感官评价、营养价值测定、体外消化试验等进行综合评定。

4. 调节青贮原料含水量　成功地调制优质青贮饲料的关键是控制青贮原料的水分。青贮原料含水量以 65%～70% 为宜。原料含水量过低，青贮时难以压紧、原料间隙留有较多的空气，好氧性微生物大量繁殖，使原料发霉腐烂；如含水量过高，则有利于丁酸菌繁殖，使原料腐臭。所以青贮时含水量必须适当调节。如含水量过高，青贮前应进行晾干凋萎或添加适量谷类、麸皮、干草、稻草等。要随割随运,及时切碎贮存,放置时间一长,水分蒸发,养分损失。

5. 青贮饲料中添加乳酸菌　青贮若要成功,每克原料必须有105 CFU以上的乳酸菌,各国研究实践证明接种产酸能力强的乳酸菌对提高牧草发酵品质经济有效。在青贮饲料中添加乳酸菌制剂的目的,在于弥补产酸菌的不足,增加高效乳酸菌数,提高产酸效率。因此在青贮调制过程中,加入能迅速增殖的乳酸菌可以主导青贮发酵,以获得较高品质的青贮饲料。向青贮饲料中添加外源乳酸菌,可促进青贮乳酸菌发酵,快速降低pH,减少营养物质的流失,防止青贮二次发酵,得到优质的青贮饲料。此外,添加乳酸菌的青贮饲料对提高乳牛的干物质采食量及产乳量也有一定促进作用。

乳酸菌按其形状差异,可分为球菌和杆菌。乳酸球菌和乳酸杆菌均在厌氧条件下利用发酵底物中的糖类生成乳酸,前者在发酵初期是优势菌,在生产乳酸降低pH的同时活性逐渐受到抑制,后者随着pH的降低活性升高,作为优势菌主导发酵过程,但4.0以下的pH会抑制其增殖,所以在制作青贮时使用混合菌种进行发酵的效果优于单一菌种。

6. 装填　切短的饲草应立即装填入窖。在装窖前,窖底可填充一层10～15 cm厚的短秸秆或软草,然后再逐层(15～20 cm)装填,并及时压实。装满窖后应尽量超出60 cm,顶部堆成馒头形或屋脊状,以利于排水。乳酸菌能够快速降低玉米青贮的pH,从而达到抑制有害细菌和促进有益菌繁殖的目的。乳酸菌的使用方法是将其与玉米混合后均匀撒播在压实好的玉米青贮上,并将其密封防潮发酵。

7. 密封与管理　严密封窖,防止渗水漏气是制作优质青贮的关键环节。如封窖不严,空气或雨水进入,必将导致青贮失效。所以,窖装满后在原料上面铺满黑白塑料膜,黑色的一面朝向青贮原料,白色的一面朝外,并用沙袋或轮胎将周围塑料膜压紧。密封后应经常检查,遇有裂缝、塌陷、渗漏等应及时采取对策。窖的周围应挖排水沟。

(三) 优质玉米青贮质量评定

1. 感官鉴定法　根据青贮饲料的颜色、气味、味道、手感来判断青贮饲料的优劣 (表6-25)。饲料的颜色越是接近原来的颜色,即绿色或黄绿色,有光泽,其质量就越好。如变成褐色或黑绿色,则表明质量低劣。正常的青贮饲料有一股酸香味,若带有腐烂或发霉味,则质量不好。质量好的青贮饲料拿到手里感到松散,而且质地柔软、湿润。如感到发黏,或者松散但干燥粗硬,亦属质量不好的青贮饲料。腐败、恶臭的青贮饲料应禁止饲喂。

2. 实验室鉴定法取样　无论是长方形青贮窖、圆形青贮窖还是青贮塔,都应遵循通用的对角线和上、中、下设点取样原则。取样点距离青贮窖四周边缘不少于30 cm,以减少外部环境的影响,青贮样品一经取出,应立即放入密封容器中密封好,以减少二次发酵的可能性。青贮质量用pH评估 (表6-26)。

表6-25　青贮饲料质量感观评定标准

等级	颜色	气味	酸味	结构
优良	青绿色或黄绿色,有光泽,近于原色	芳香酒酸味	浓	湿润紧密,茎叶花保持原状,容易分离
中等	黄褐色或暗褐色	有刺鼻酸味,香味淡	中等	茎叶花部分保持原状,柔软,水分稍多
劣等	黑褐色或暗墨绿色	具有特殊刺鼻腐臭味或霉味	淡	腐烂污泥状,黏滑或干燥或黏结成块,无结构

表6-26　pH与青贮质量的关系

	pH				
	3.5～4.1	4.2～4.5	4.6～5.0	5.1～5.6	>5.6
青贮质量	很好	好	可用	差	极差

3. 优质全株玉米青贮的营养价值（表6-27）

表6-27 玉米青贮营养价值表（干物质基础）

营养成分	含量/占比	营养成分	含量/占比
粗蛋白质/%	7.77	粗脂肪/%	3.15
碳水化合物/%	84.30	非蛋白氮/%	44.49
粗灰分/%	4.78	中性洗涤纤维/%	38.57
酸性洗涤纤维/%	22.31	淀粉/%	28.99
钙/%	0.48	总磷/%	0.40
泌乳净能/（Mcal/kg）	1.65	干物质/%DM	32.38
维持净能/（Mcal/kg）	1.71	增重净能/（Mcal/kg）	1.10
30小时中性洗涤纤维消化率30小时/%	57.5	7小时淀粉消化率7 h/%	69.5

来源：姜富贵，成海建，张清峰，等. 山东省奶肉牛场全株玉米青贮营养价值评定[J]. 中国牛业科学, 2018, 44（6）: 7-21.

4. 青贮饲料量的估测与取用　封窖后经45天左右即可完成青贮发酵过程。玉米青贮封窖后一般经过45～60天，豆科牧草3个月左右，便可开窖利用。青贮窖一经启用，即不宜间断，应每天取用。从窖的一端打开，分段自上而下垂直取料。每天取后应将暴露面盖好，以防止二次发酵，使营养损失、青贮质量恶化、结霉块腐烂。一个窖中的青贮料量取决于原料种类。据测定，下列各种饲料每立方米的容量如下：玉米青贮700～850 kg，玉米秸450～500 kg；牧草野草550～600 kg；叶菜类800 kg；甘薯藤700～750 kg；萝卜叶610 kg；向日葵500～550 kg。

三、半干青贮制作

1. 苜蓿青贮饲料　苜蓿是苜蓿属植物的通称，是一种多年生开花的豆科植物，原产于东亚地区。它具有高蛋白含量和良好的饲养价值，因此被誉为牧草之王（表6-28）。随着畜牧业的发展和农业结构的调整，苜蓿种植面积逐年扩大，畜牧业对苜蓿的需求和依赖也明显增加。国内目前主要以干草制作为主。但收获期的雨热同季现象，导致割晒苜蓿自然晾干比较困难，高水分含量会导致包装变得困难。因此，苜蓿青贮成为一种高效的利用方法。

苜蓿青贮是在厌氧环境下利用附着在苜蓿草上的乳酸菌进行发酵，将苜蓿饲料中的可溶性糖类转化为乳酸的过程。这种方法可以减少养分的流失，避免由于雨季制作干草而带来的损失，并保持苜蓿青贮饲料良好的适口性和品质，提供高消化率的饲料，同时优质的苜蓿青贮饲料蛋白质含量在19%以上，成为重要的蛋白质来源。此外，苜蓿青贮能够长期保存，不易受到霉变和氧化的影响，从而保持饲料的营养价值。需要注意的是，苜蓿青贮的成功与否取决于发酵过程中乳酸菌的活性和数量。因此，在进行苜蓿青贮时，应注意选择适当的发酵剂或添加剂，以促进乳酸菌的生长和发酵过程的顺利进行。总的来说，苜蓿青贮是一种高效利用苜蓿饲料的方法，可以提供优质的蛋白质来源，并减少养分的损失。

2. 苜蓿青贮的制作方法及流程：刈割－切碎－装填和压实密封

（1）刈割：刈割是在苜蓿现蕾至开花期进行的，刈割后的苜蓿应以小型草堆的形式摊晒。摊晒的时间可以根据天气情况来确定，但要注意避免晒过久导致茎易折断，压迫茎时能挤出水分，使水分含量从80%下降到60%～65%。晾晒的时间可以根据天气情况来确定，但要避免晒过久导致茎易折断。在进行苜蓿青贮的过程中，合理控制刈割时间和晾晒时间，以及调节水分含量，都是保证苜蓿青贮质量的重要因素。这些措施可以帮助降低水分含量，防止霉变和发酵不良，从而保持苜蓿青贮饲料的营养特性和适口性。

（2）切碎：在进行苜蓿青贮时，原料必须进行切碎处理。目的是方便后续的压实过程，并且切碎后的饲料能更好地渗出汁液，促进乳酸菌的繁殖。在切碎过程中，需要考虑到反刍动物的特点，切碎的长度不宜过短，一般要求在2～

表6-28 苜蓿青贮营养价值表

营养成分	含量/占比	营养成分	含量/占比
干物质/%	30	维持净能/（MJ/kg）	5.06
维持净能/（Mcal/kg）	1.21	增重净能/（MJ/kg）	1.92
增重净能/（Mcal/kg）	0.46	泌乳净能/（MJ/kg）	5.06
泌乳净能/（Mcal/kg）	1.21	粗蛋白质/%	18
粗蛋白质中的过瘤胃蛋白比例/%CP	19	粗纤维/%	28
酸性洗涤纤维/%	37	中性洗涤纤维/%	49
有效中性洗涤纤维/%NDF	82	粗脂肪/%	3
粗灰分/%	9	钙/%	1.40
磷/%	0.29	钾/%	2.6
氯/%	0.41	硫/%	0.29

来源：中国饲料成分及营养价值表（第31版）。

4 cm。当饲料较为粗硬时，应将其切得稍短一些；而当饲料较为细软时，可以稍微长一些。通过切碎处理，可以增加苜蓿青贮饲料的表面积，有利于乳酸菌的生长和发酵。同时，切碎后的饲料更易于压实，有助于提高青贮饲料的密度和质量。需要注意的是，在切碎过程中要选择合适的切碎设备，并确保切碎的均匀性和一致性。切碎后的饲料应尽快进行压实和发酵，以保证青贮饲料的质量和营养价值。

（3）装填和压实：在进行苜蓿青贮时，装填和压实是非常重要的步骤。首先，在检查设备后，需要在窖底铺上15 cm厚的清洁垫草或吸水性强的草粉，以防止青贮饲料与地面接触。在切碎过程中可以加入乳酸菌青贮添加剂，以提高青贮质量。青贮原料应随着切碎进行装填，装填的速度要快，避免原料在窖外久置、日晒或雨淋。同时，要注意不要混入异物，如石块、粪便、钉子等。在装填过程中，要注意逐层压实。特别要注意窖的四周边缘和窖角，以及长形窖中农机具漏压或压不到的地方，一定要用人力踩实。装填完成后，青贮原料应该高出窖口一米左右。压实的目的是排出空气，使青贮饲料紧实。压实的程度对青贮质量起着关键作用，原料装填越紧实，青贮质量越好。

（4）密封：在完成苜蓿青贮的装填和压实后，应立即进行严密的封埋工作。首先，使用塑料薄膜将青贮窖严密覆盖，确保不透气。其次，使用重物如旧轮胎等压在塑料薄膜上，以确保青贮窖的密封性和稳定性。窖顶应呈馒头形或屋脊形，以利于排水。封窖的及时性非常重要，如果拖延封窖，会导致青贮饲料的质量下降。及时的封窖可以防止氧气进入青贮窖内，保证青贮窖内的无氧状态，从而促进乳酸菌的生长和发酵过程，减少霉变和发酵不良的风险，确保青贮饲料的质量和保存效果，保持青贮饲料的营养价值和适口性。

裹包青贮技术：我国目前苜蓿青贮多采用这种方式。裹包青贮技术是一种利用机械化作用进行青贮的方法，主要包括割草、打捆和缠绕拉伸膜等步骤。使用机械化作业，可以在较短时间内完成青贮过程，不受天气变化的影响。同时，采用拉伸膜包裹，可以有效防止氧气和水分的进入，延长青贮饲料的保存时间。此外，裹包青贮饲料的包装紧密，方便储存和使用。需要注意的是，在进行裹包青贮时，要选择适宜的青贮原料和合适的机械设备，确保操作规范和质量可靠。此外，存放期间要注意保持包装的完整性，避免损坏和污染。

3. 苜蓿青贮的评价　青贮饲料的发酵品质可以通过青贮饲料的颜色来评价，青贮饲料的颜色评分是青贮饲料发酵品质感官评价的重要指标之一。优质的苜蓿青贮保持与新鲜苜蓿相似的绿色或黄绿色。苜蓿青贮饲料发酵品质的评价主要采用以下指标：pH、乳酸、乙酸、丙酸、丁酸和NH_3-N。德国农业协会青贮饲料感官评定标准见表6-29。

表6-29 德国农业协会青贮饲料感官评定标准

项目	评分标准	分数
感官评定		
气味	无丁酸臭味，有芳香果味或明显的面包香味	14
	有微弱的丁酸臭味，较强的酸味，芳香味弱	10
	丁酸味颇重，或有刺鼻的焦糊臭味或霉味	4
	有很强的丁酸臭味或氨味，或几乎无酸味	2
结构	茎叶结构保持良好	4
	叶子结构保持较差	2
	茎叶结构保存极差或轻度污染	4
	茎叶腐烂或污染严重	0
色泽	与原料相似，烘干后呈淡褐色	2
	略有变色，呈淡黄色或淡褐色	1
	变色严重，墨绿色或褪色呈黄色，有较强的霉味	0
总分等级	16～20分为1级（优良），10～15分为2级（尚好），5～9分为3级（中等），0～4分为4级（腐败）	
发酵参数		
乙酸	0～3.0%为0分，3.0%～3.5%为-10分，3.5%～4.5%为-20分，4.5%～5.5%为-30分，5.5%～6.5%为-40分，6.5%～7.5%为-50分，7.5%～8.5%为-60分，>8.5%为-70分	
丁酸	0～0.3%为100分，0.3%～0.4%为90分，0.4%～0.7%为80分，0.7%～1.0%为70分，1.0%～1.3%为60分，1.3%～1.6%为50分，1.6%～1.9%为40分，1.9%～2.6%为30分，2.6%～3.6%为20分，3.6%～5.0%为10分，>5.0%为0分	
总分等级	90～100分为1级，70～89分为2级，50～69分为3级，30～49分为4级，<30分为5级	

来源：唐文浩，张养东，郑楠，等. 苜蓿青贮品质评价研究进展［J］. 动物营养学报，2022，34（7）4165-4173.

4. 苜蓿青贮的使用特点　苜蓿干草和青贮均是可长期保存的优质粗饲料，但两者氮组分和乳酸菌发酵产物的不同使其部分营养价值存在差异。苜蓿青贮在适口性和饲喂价值方面优势较大，青贮处理保持了青绿多汁，使营养保存完整，在实际生产中可以与其他饲料进行更好的混合。在我国乳牛养殖实践中，一般将苜蓿青贮与全株玉米青贮按照鲜重4～7 kg与23～26 kg混合饲喂，苜蓿青贮完全可以替代苜蓿干草，可以降低乳牛养殖业的成本。

四、秸秆加工与利用

秸秆为低质粗饲料。一是干物质消化率低；二是可发酵氮源和过瘤胃蛋白过低；三是含有极低的生葡萄糖物质；四是矿物质不平衡，利用率低。但具有优良的物理性状。在粗饲料缺乏的地区可作为粗饲料加以利用。据试验，为了提高秸秆的消化利用率，可采用秸秆微贮、秸秆氨化和碱化处理的方法。

1. 秸秆微贮　在秸秆中加入发酵活干菌放入密封青贮器内贮藏。经密封贮藏发酵3～4周后，pH降至4.5～5.0，秸秆变成具有酸香味、乳牛喜食的饲料。

试验表明，微贮是改善秸秆适口性和营养价值的一种可行办法。秸秆微贮饲料可以作为一种粗饲料的补充成分。

2. 氨化饲料　切碎的秸秆装在窖（深不超过2 m、长5 m、宽5 m）内，通入氨气或喷洒氨水等密封保存1周以上。取用前揭开覆盖物，待氨味消失（24～48小时）后方可饲喂。氨化可提高粗饲料消化率，还可增加饲料中的氮素。各种秸秆氨化剂的用量见表6-30。如1周内不能喂完，则应将秸秆摊开晾晒，干燥后保存在棚内，以免发霉变质。

表6-30　各种秸秆氨化剂用量

氨化剂名称	用量（占风干重%）
尿素	2～5
氨水浓度/%	
25	12
22.5	13
20	15
17.5	17
液氨	3～5
碳铵	4～5

3. 碱化饲料　碱化饲料是指用化学调制法制作的秸秆类饲料。如用生石灰（CaO）或3%熟石灰[Ca(OH)$_2$]溶液处理秸秆，可把细胞壁部分木质素和硅酸盐类溶解，纤维消化率分别提高10%～20%。每100 kg铡碎的秸秆用1～2 kg生石灰，加水200～300 kg，加入0.5～1 kg食盐，拌匀后在水泥地面上堆放24～36小时即可使用。用生石灰处理，可增加饲料中的钙质，但蛋白质和维生素则受到破坏。为了有效利用秸秆，还可有针对性地补加精料补充料或补喂优质青饲或青贮料。

五、青绿及根菜类饲料

1. 青绿饲料　青绿饲料主要包括天然青草、栽培牧草和绿色饲料作物。青绿饲料富含维生素和钙磷质，尤其是幼嫩的豆科植物茎叶，营养丰富，适口性好，容易消化，是乳牛的理想饲料。但含水分多，热能少，所以，对产乳量高的乳牛，只喂青绿饲料，尚不能满足能量需要，应补以能量饲料、蛋白质饲料和矿物质饲料。另外，青绿饲料与秸秆一起喂牛，可提高秸秆的消化率，青绿饲料日喂量不超过日粮DMI的20%。

饲喂青绿饲料，每天采食量大约为乳牛体重的10%，但饲喂豆科青草，则应加以控制，否则易于引起膨胀症，严重者造成死亡。此外，野青草受污染现象日益严重，应防止中毒事件发生。

青绿饲料需要特殊的机器设备，必须天天收割，如遇雨天困难更大。此外，随着生长季节的进展，饲料品质不可避免地发生变化，所以，饲喂青绿饲料的乳牛场日益减少。

2. 根菜类饲料　根菜类包括胡萝卜、饲用甜菜、芜青、甘薯、大头菜等。这类饲料含水量高，体积大，但干物质、能量、蛋白质、钙等均少。胡萝卜含有丰富的胡萝卜素和维生素C，但缺乏维生素D。

根菜类饲料适口性好，易消化，尤其胡萝卜是冬季乳牛不可缺少的维生素补充饲料。成乳牛每头每天喂量10 kg[上海地区喂量按产乳量1:(0.5～1)配给]，将有益于提高乳牛产乳量及其繁殖能力。饲用甜菜对提高产乳量极为有效，但牛乳乳脂率有所下降。南瓜含胡萝卜素丰富，可产生黄色牛乳。

六、精饲料加工及贮存

1. 粉碎　玉米、大麦、芽谷类和大豆等种子外都有一层种皮。种皮阻碍乳牛的消化酶及瘤胃微生物对种子内养分的消化。为了改善其适口性和提高其消化率，可将饲料种子磨碎。但粉碎不应过细，颗粒以2～3 mm为宜。太细的粒状精料对乳牛无益，且增加耗电量。但棉籽以整粒饲喂为好。棉籽在瘤胃内其表层棉纤维素即被消化，籽实中脂肪和蛋白质等送至真胃后再被消化。

2. 压扁　玉米、高粱等谷类饲料经蒸煮后压扁，然后快速干燥，其适口性、消化利用率（5%～19%）、产乳量、乳脂率及乳蛋白率均有提高。但大麦生产效益不如玉米、高粱。

3. 制粒　一种饲料或几种饲料经配料、调质（加水、脱水或加糖蜜等黏合剂）、混匀、粉碎、造粒、冷却等工艺制成颗粒饲料。将饲料制成均匀的、大小适宜的颗粒。由于颗粒饲料多经加热杀菌，能有效地控制饲料成分，便于贮运饲喂，但往往引起乳脂率下降（0.1%～0.2%）。

4. 玉米蒸汽压片　通过蒸汽热处理（温度为80～110 ℃，时间为30～60 min，水分16%）使玉米籽实内部的淀粉凝胶糊化，促进淀粉颗粒吸水膨胀，破坏内部晶体结构，排出直链淀粉形成黏性物质，经一系列物理作用破坏细胞内与淀粉结合的有关氢键，暴露淀粉颗粒，并改变淀粉和蛋白质空间结构，增大淀粉与酶的接触面积，提高淀粉的消化率。蒸汽压片技术可在一定程度上改善玉米的生物学价值，提高玉米消化吸收利用率，降低玉米中有害微生物的数量，改善玉米的营养价值。

蒸汽压片玉米的加工工艺流程为原料→除杂→调制→蒸汽加热→压片→干燥→冷却→包装→

成品入库。具体步骤：选择优质玉米作为原料，以保证产品的质量和营养价值；将玉米浸泡在热水中，使玉米充分吸水膨胀，有利于后续的加工过程；将浸泡后的玉米进行蒸汽处理，使玉米粒软化，有利于压缩和成型；将软化后的玉米粒进行高压压缩，制成玉米片；将压缩后的玉米片进行冷却和干燥，以去除多余的水分，提高保存性能；将成品玉米片进行包装，并储存在干燥、阴凉的地方，以保持其质量和适口性。

蒸汽压片玉米的优点是可明显提高反刍动物瘤胃内挥发性脂肪酸的浓度，且玉米经蒸汽压片处理后，其丙酸浓度也高于普通玉米。还会加快反刍动物瘤胃的发酵速度，进而加快挥发性脂肪酸的产生速度，继而为机体提供大部分能量。总之，蒸汽压片玉米营养价值较高，适口性好，可显著改善反刍动物瘤胃的发酵参数，促进瘤胃蠕动，提高瘤胃发酵功能。

5. 大豆膨化　将挤压膨化技术与大豆原料搅拌相结合，可有效消除大豆中的抗营养因子，提升动物的吸收利用率，还进一步实现了胶囊化油脂的完全释放，改善原料的口感与性能，提升动物的生长质量，促进畜牧养殖的有序发展。

膨化大豆的加工工艺流程：选择优质、干燥的大豆，去除杂质和异物。将大豆进行浸泡、蒸煮、干燥等预处理，以提高其可加工性和营养成分利用率。粉碎后，放入膨化机中进行膨化处理。膨化处理可以提高大豆的表面积和可消化性，使其更容易被动物吸收利用。膨化后的大豆需要经过冷却和干燥处理，以去除多余的热量和水分，保证大豆的品质和稳定性。根据需要将大豆分成不同大小的颗粒，以满足不同用户的需求。将分级后的大豆进行包装，并储存在干燥、通风良好的仓库中，避免受潮、发霉和虫蛀等问题的发生。

在反刍动物生长中，挤压膨化饲料不仅能有效提升育肥牛的增重率，强化动物生长质量，还能进一步提高乳牛的乳脂率，从而促进畜牧养殖业的快速发展。同时，通过齐智利等的实验证明，将挤压膨化玉米当作主要饲料喂食给泌乳乳牛，能够使乳牛胃中的干物质与淀粉溶解率明显增加，增强乳牛的营养吸收率，降低饲养成本，提高经济效益。

第六节　乳牛日粮配合

一、乳牛饲养标准

1. 乳牛饲养标准　乳牛的营养需要及各种饲料的营养价值数据可以从各种饲养标准中查到。我国配合乳牛日粮参考的主要饲养标准是《中国奶牛饲养标准》和美国NASEM的《奶牛营养需要》（表6-31）。

2. 乳牛营养需要的构成　乳牛的营养需要包括维持、生长、泌乳、妊娠四部分。维持需要是乳牛维持基本生命活动及基本运动（游走运动）所需的营养，在运动量较大时需要提供额外的运动营养；生长需要是乳牛体组织生长需要的营养；泌乳需要是满足从奶中分泌出的养分所需要的营养；妊娠需要则是胎儿生长需要的养分。一头乳牛的营养需要则是各部分养分需要的总和。

二、日粮配合的原则及方法

（一）组织饲料的原则

1. 组织饲料必须贯彻质与量并重的原则。重量轻质或以量代质（以量补质）均不是经济、科学的方法。

2. 原料的选择必须考虑经济原则，即尽量因地制宜和因时制宜地选用原料，充分利用当地饲料资源。并注意同样的饲用原料比价值，同样的价格条件下比原料的质量，以便最大限度地控制饲用原料的成本，提高经济效益。

3. 饲料的选择要着重从"合理日粮"这一概念出发，组织均衡供应。不能脱离实际条件过分强调某一种饲料的需求。

4. 使用的各种饲料应了解其来源、生产和加工方法、品质、经济价值及应用后的实际饲养效益。

5. 为保证配合日粮的质量，各种饲料要定期或不定期做营养成分测定。

表6-31 高产乳牛不同阶段营养需要推荐量（干物质基础）

项目	干乳牛	围产牛	初产牛	高产牛	泌乳后期牛	6~9月龄后备牛	9~12月龄青年牛	13~22月龄青年牛
粗精比	75~80	55~60	45~55	45~50	50~55	50~55	55~60	65~70
干物质采食量/(kg/d)	11.5~13	11.5~12.5	16~19	20~25	21~23	7~8	8.5~10	11~12
粗蛋白/%DM	12~14	14~16	17~19	16~18	15~16	16~18	15~17	15~17
粗饲料中性洗涤纤维占体重/DW%	0.8~1	0.8~1	0.8~1	0.8~1	0.8~1	0.8~1.2	0.8~1.2	0.8~1.2
代谢能/%	100~105	100~105	95~100	98~102	100~105	95~105	95~105	95~105
代谢蛋白/%	100~105	100~105	100~105	100~105	100~105	100~105	100~105	100~105
蛋氨酸:代谢能	(1.1~1.15):1	—	(1.1~1.15):1	(1.1~1.15):1	(1.1~1.15):1	—	—	—
赖氨酸:蛋氨酸	—	—	(2.75~2.9):1	(2.75~2.9):1	(2.75~2.9):1	—	—	—
不可降解碳水化合物	<9	<9	<9	<9	<9	<9	<9	<9
亚油酸C18:2/g	—	—	<400	<400	<400	—	—	—
亚麻酸C18:3/g	—	—	<85	<85	<85	—	—	—
代谢蛋白/(g/d)	1100~1200	1200~1300	2000~2600	2500~3500	2000~3000	700~850	800~960	950~1150
中性洗涤纤维/%DM	>40	>40	28~32	28~32	30~38	35~40	45~55	45~55
物理有效纤维/%DM	22~25	22~25	20~23	20~23	20~25	22~35	22~35	22~35
瘤胃pH<5.8时间/hrs	—	—	5	5	5	—	—	—
泌乳净能/(Mcal/kg)	1.2~1.4	1.4~1.5	1.6~1.65	1.7~1.75	1.5~1.6	1.4~1.45	1.35~1.4	1.4~1.35
非纤维性碳水化合物/%DM	20~27	25~35	35~43	38~43	35~43	<37	<37	<37
淀粉/%DM	7~13	10~18	22~26	24~29	16~22	10~14	10~10.25	10~12
瘤胃可发酵淀粉/%DM	—	—	16~18	18~21	10~15	—	—	—

来源：NASEM，2021。

（二）饲料的合理配比原则

混合料中的配合比例，能量饲料占50%～55%，蛋白质饲料占20%～25%，适量加入碳酸钙、磷酸氢钙等。一些微量元素或添加剂的使用应根据日粮营养需要而定；使用化学、生物活性等添加剂时，应注意其作用与安全性；使用矿物质添加剂时应注意选择符合国家饲料级品质标准的产品。

饲养乳牛需要组织多种类型的饲料，尽量做到粗饲料与精饲料来源丰富，其中粗饲料一般由苜蓿、羊草及一些秸秆资源组成。泌乳牛的日粮应由2种以上粗饲料（干草、青贮、秸秆）、1～2种多汁饲料（块根、块茎、辅料）和4～5种精饲料组成。即便是同一类的饲料，不同原料的使用对于泌乳牛生产性能的提高也可能是有帮助的。在配合日粮时，要优化饲料组合，应尽可能选用具有正组合效应的饲料搭配，减少或避免负组合效应，以提高饲料的可利用性。

具有良好适口性的日粮可以使乳牛的食欲增强，从而提高干物质采食量。通过饲料的配合、调制和管理使乳牛的干物质采食量达到最大，对于处于任何一个生产阶段的泌乳牛都是十分重要的。

泌乳牛饲养方案是否合理主要取决于两个方面，一是日粮的营养是否平衡；二是能否达到最大采食量。①营养平衡。配合乳牛日粮时，除应注意保持能量与蛋白质、矿物质和维生素等营养平衡外，还应注意非结构性碳水化合物与中性洗涤纤维的平衡，以保证瘤胃的正常生理功能和代谢。泌乳期乳牛日粮适宜的非结构性碳水化合物与中性洗涤纤维比例。②体积适中。日粮的体积要符合乳牛消化道的容量。体积过大，乳牛因不能按定量食尽全部日粮而影响营养的摄入；体积过小，乳牛虽按定量食尽全部日粮，但因不能饱腹而经常处于不安状态，从而影响生长发育和生产性能的发挥。正常情况下，泌乳牛对干物质摄取量为每头日平均占体重的2.5%～3.5%，干乳牛为2%～2.5%。

（三）日粮配合的基本步骤

1. 营养要求　乳牛所需的营养量取决于下列因素：产乳量、泌乳期、体重、年龄（胎次）、乳成分、妊娠期。

根据乳牛的产奶性能、体重和胎次从饲养标准中查出营养需要量，其包括干物质、乳牛能量单位（或产奶净能）、蛋白质（有条件宜包括可消化粗蛋白、代谢蛋白质、瘤胃降解蛋白、过瘤胃蛋白）、粗纤维（有条件以中性洗涤纤维为宜）、非纤维性碳水化合物（含淀粉）、矿物质及维生素需要量。

2. 确定日粮精粗料比例　乳牛能够吃多少饲料就应该喂给多少饲料。但乳牛能够吃进的粗饲料量是有限的。正常情况下，不喂精饲料时乳牛最多能够采食其体重2.5%的高质量粗饲料。例如，体重600 kg的乳牛最多可以吃600×2.5%＝15 kg的粗饲料干物质。对低质粗饲料，乳牛会相应减少采食量。精饲料饲喂量足够时，乳牛平均粗饲料干物质的消耗量大约是其平均体重的1.8%。根据产乳量将牛群分组，高产组乳牛的粗饲料干物质平均消耗量是其平均体重的1.6%，而低产组乳牛的粗饲料干物质平均消耗量是其平均体重的2.0%。高产乳牛粗饲料饲喂量比低产乳牛少，因为高产乳牛需要更多的精饲料以满足能量和蛋白质需求。一般要求粗饲料干物质至少应占乳牛日粮总干物质的40%～50%。

粗料量确定后，计算各种粗饲料所提供的能量、蛋白质等营养量。

3. 确定精料配方　从营养需要量中扣除粗饲料提供的部分，得出需由精料补充的差值，在可选范围内，找出一个最低成本的精料配方。

4. 确定添加剂配方及添加量　除矿物质和维生素外，一些特殊用途的添加剂也由此确定并添加。

5. 举例　计算配制一个体重为600 kg、日产奶20 kg，乳脂率为3.5%的成年母牛日粮。

第一步，查乳牛饲养标准表。体重600 kg，日产奶20 kg，乳脂率为3.5%的成年母牛的营养需要量见表6-32。

第二步，日粮精粗干物质比若按45∶55计，则粗饲料干物质需7.07 kg。若粗饲料为苜蓿干草和玉米青贮，其干物质比各占50%，则苜蓿干草和玉米青贮的需要量为：

苜蓿干草7.07 kg×50%/0.861（苜蓿干物质含量）≈4 kg；

玉米青贮7.07 kg×50%/0.227（玉米青贮干物质含量）≈16 kg（表6-33）。

第三步，营养不足用精料补充。现有玉米、麸皮、豆饼、棉籽饼等精饲料，经瘤胃能氮平衡并考虑经济因素后，各种精料用量分别为玉米

6.0 kg、麸皮1.6 kg、豆饼1.2 kg、棉籽饼0.8 kg（表6-34）。

第四步，能量、蛋白质均已满足需要，尚缺的35.4 g钙和26.5 g的磷，如补充0.15 kg磷酸氢钙（含钙23.2%，磷18.0%），并根据需要另加一些微量元素或特殊用途的添加剂，即可获得平衡日粮。

该日粮组成：苜蓿干草4.0 kg，玉米青贮16.0 kg，玉米6.0 kg，麸皮1.6 kg，豆饼1.2 kg，棉籽饼0.8 kg，磷酸氢钙0.15 kg，总计29.75 kg。

该日粮每千克干物质含乳牛能量单位2.08，可消化粗蛋白质占9.4%，小肠可消化蛋白质占8.2%，钙占0.77%，磷占0.54%，粗纤维占9.0%。

6. 计算机在乳牛饲料配方中的应用　饲料配方有两种制作途径，即通过计算机软件直接得出或手工制作。如果使用计算机制作配方，现在有许多专门饲料配方软件，我们可以选择性购买自己需要的；也可以利用计算机线性规划，但是这样人为的因素就多一些。用手算法是比较传统的方式，现在已逐渐被计算机取代。计算机饲料配方管理系统涵盖了乳牛业的原料管理、标准管理、营养素管理及配方的管理，并形成日粮配方以满足生产管理的需要。

表6-32　体重600 kg，日产奶20 kg，乳脂率为3.5%的成年母牛的营养需要量

需要量	干物质/kg	乳牛能量单位	可消化粗蛋白/g	小肠可消化蛋白/g	钙/g	磷/g
维持	7.52	13.73	364	303	36	27
产奶	8.2	18.6	1060	920	84	56
合计	15.72	32.33	1424	1223	120	83

表6-33　日粮粗饲料提供的营养量与需要量差额

种类	喂量/kg	干物质/kg	乳牛能量单位	可消化粗蛋白/g	小肠可消化蛋白/g	钙/g	磷/g
苜蓿干草	4	3.4	5.23	347	244	55	9.3
玉米青贮	16	3.63	5.77	152	203	16	9.5
合计	20	7.07	11.00	499	447	71	18.8
需要	—	15.72	32.33	1424	1223	120	83
尚缺	—	8.65	21.33	925	776	49	64.2

表6-34　所配日粮营养含量与饲养标准比较

种类	喂量/kg	干物质/kg	乳牛能量单位	可消化粗蛋白/g	小肠可消化蛋白/g	钙/g	磷/g
玉米	6.0	5.30	13.67	334	408	4.8	12.7
麸皮	1.6	1.42	3.07	139	118	2.8	12.5
豆饼	1.2	1.09	2.89	326	205	3.8	6.0
棉籽饼	0.8	0.72	1.88	170	103	2.2	6.5
粗饲料	20	7.07	11.00	499	447	71	18.8
合计	29.6	15.60	32.51	1468	1281	84.6	56.5
与需要比较		−0.12	+0.18	+44	+58	−35.4	−26.5

三、典型日粮配方实例

国内牛场饲料配方实例列举如表6-35、表6-36所示。

表6-35 国内某牛场饲料配方实例1

项目比较	新产牛	高产牛	围产牛	干乳牛
饲料配方				
燕麦草/（kg/d）		1.5	5.2	2.2
小麦秸/（kg/d）				4
进口苜蓿/（kg/d）	3.0			
裹包苜蓿/（kg/d）		3.2		
玉米青贮/（kg/d）	18	22	11	8
豆粕/（kg/d）	3.4	4.3	2.9	
菜籽饼粕/（kg/d）	1.0	2.3		
预混料/（kg/d）	0.8	0.6	0.6	0.7
玉米粉/（kg/d）	2.8	3.8		
压片玉米/（kg/d）	2.8	1.9	0.8	
甜菜颗粒/（kg/d）	1.0	1.8		
棉籽/（kg/d）	1.0			
膨化大豆/（kg/d）	1.0			
小苏打/（kg/d）	0.2	0.2		
水/（kg/d）	7	7	5	
营养成分				
干物质/kg	20.5	23.2	11.8	10.2
粗蛋白/%DM	17.8	17.2	15.6	14.2
泌乳净能/（Mcal/kg）	1.82	1.77	1.56	1.33
NDF/%DM	26.3	28.2	36.8	45
ADF/%DM	17.4	17.9	24.1	36
淀粉/%DM	25.2	26.4	14.6	7.6

表6-36 国内某牛场饲料配方实例2

项目比较	新产牛	高产牛	围产牛	干乳牛
饲料配方				
7%新产预混料/（kg/d）	0.7			
5%高产预混料/（kg/d）		0.5		
5%围产预混料/（kg/d）			0.3	
5%干奶预混料/（kg/d）				0.2
压片玉米/（kg/d）		4.3		
玉米面/（kg/d）	4.2	3.4	1.8	0.1
豆粕/（kg/d）	2	3	2.4	2

续表

项目比较	新产牛	高产牛	围产牛	干乳牛
饲料配方				
膨化大豆/（kg/d）	1	0.6		
双低菜粕/（kg/d）	0.7	0.9	1	1.5
玉米青贮/（kg/d）	15.5	24	11	6.5
苜蓿/（kg/d）	3	2.8		
燕麦草/（kg/d）				
棉籽/（kg/d）	0.8	1.6		
甜菜颗粒/（kg/d）		0.3		
啤酒糟/（kg/d）	4	6.7		
糖蜜/（kg/d）	0.5	0.5		
小苏打/（kg/d）	0.25	0.27		
麦秸/（kg/d）			6.5	9.4
营养成分				
干物质/kg	18.14	26.99	14.65	14.15
粗蛋白/%DM	18.32	17.02	15.23	14.6
RDP/%CP	37.49	41.57	35.80	37.57
微生物代谢蛋白/%DM	11.45	9.94	9.37	
NDF/%DM	16.99	15.01	41.39	53.39
ADF/%DM	16.51	17.65	31.81	40.77
peNDF/%DM	18.23	18.55	40.25	52.01
淀粉/%DM	25.95	29.88	18.02	6.9
泌乳净能/（Mcal/kg）	1.67	1.7	1.42	1.26

> **思考题**

1. 乳牛的前段消化道包括哪些部分，后段消化道包括哪些部分？乳牛瘤胃中存在哪些微生物？

2. 乳牛日粮精粗比不同时，在瘤胃中的挥发性脂肪酸产生比例上有什么不同？

3. 乳牛饮水质量应进一步注意什么因素？

4. 维持瘤胃健康和合适的pH需要考虑哪些营养素？

5. 什么是fNDF、PeNDF？高产乳牛日粮中如何考虑淀粉来源与比例，以及与fNDF的关系？

6. 提高乳牛生产性能的营养调控措施有哪些？

7. 能否量化乳牛的氨基酸需要量，乳

牛理想氨基酸模式都需要考虑哪些问题？

8. 如何通过日粮的调控达到瘤胃发酵效率的最优化？

9. 青贮饲料一般在调制后45天就可以开窖取用，应如何正确地取用？

10. 粗饲料的饲喂特点和作用。

11. 如何正确储存玉米青贮和苜蓿青贮？如何防止二次发酵？

12. 请对比大豆及常见粕类蛋白质饲料的营养成分。

13. 阐述日粮配合的原则及方法。

参考文献

[1] 李胜利. 奶牛营养学 [M]. 北京：科学出版社，2020.

[2] 姚军虎，李飞，李发弟，等. 反刍动物有效纤维评价体系及需要量 [J]. 动物营养学报，2014，26（10）：3168-3174.

[3] 赵龙飞，徐亚军. 米曲霉的应用研究进展 [J]. 中国酿造，2006（3）：8-10.

[4] 胡学智，王俊. 蛋白酶生产和应用的进展 [J]. 工业微生物，2008（4）：49-61.

[5] AMIN A B, MAO S. Influence of yeast on rumen fermentation, growth performance and quality of products in ruminants: a review [J]. Anim Nutr, 2021, 7 (1): 31-41.

[6] 张昊雪，胡凤明，朴泯宇，等. 枯草芽孢杆菌在反刍动物饲料中应用的研究进展 [J]. 粮食与饲料工业，2021（1）：44-49.

[7] 张洁. 奶牛瘤胃地衣芽孢杆菌的分离鉴定及其对两种不同碳源的响应 [D]. 银川：宁夏大学，2021.

[8] 鲍文龙. 酮病奶牛瘤胃微生物多样性分析与副地衣芽孢杆菌对奶牛体外瘤胃发酵特性的影响 [D]. 大庆：黑龙江八一农垦大学，2021.

[9] 王志博，辛杭书，赵福忠，等. 离子载体在反刍动物生产上的应用研究进展 [J]. 中国畜牧杂志，2013，49（3）：81-85.

[10] 郗伟斌，张永根. 非蛋白氮在反刍动物中的应用 [J]. 中国饲料，2010（9）：3-7.

[11] COUNCIL N R, AGRICULTURE B O, NUTRITION C O A, et al. Ruminant Nitrogen Usage [M]. National Academies Press.

[12] 张振威，朱明霞，王长法. 异位酸影响反刍动物瘤胃代谢和生产性能的研究进展 [J]. 动物营养学报，2022（3）：1408-1415.

[13] 卢猛，胡凤明，屠焰，等. 植物提取物对幼龄动物腹泻和肠道健康的作用 [J]. 饲料工业，2021，42（15）：35-42.

[14] 张蕾，高文远，满淑丽. 黄芪中有效成分药理活性的研究进展 [J]. 中国中药杂志，2012，37（21）：3203-3207.

[15] WANG B, MA M P, DIAO Q Y, et al. Saponin-Induced Shifts in the Rumen Microbiome and Metabolome of Young Cattle [J]. Front Microbiol, 2019, 10: 356.

[16] 宋立江，狄莹，石碧. 植物多酚研究与利用的意义及发展趋势 [J]. 化学进展，2000（2）：161-170.

[17] 李昊阳，夏继桥，杨连玉，等. 植物多酚的抗氧化能力及其在动物生产中的应用 [C]. 中国畜牧兽医学会2013年学术年会. 2013.

[18] 董玉山，傅建熙，许平安，等. 植物精油研究进展 [J]. 河南林业科技，1999（4）：23-26.

[19] 乔国华，张怀山，周学辉，等. 植物精油对奶牛和肉牛瘤胃发酵的影响研究进展 [J]. 中国畜牧杂志，2011，47（3）：74-78.

[20] NRC. Nutrient requirement of dairy cattle [M]. Washington: National Academic Press. 2001.

[21] 王亚品. 过瘤胃葡萄糖对泌乳早期奶牛胃肠道功能及机体代谢的影响 [D]. 北京：中国农业科学院，2021.

[22] 宋晶晶，郭璐，付石军，等. 过瘤胃脂肪在反刍动物中的应用研究进展 [J]. 中国饲料，2021（5）：47-51.

[23] 刘燕. 过瘤胃氯化胆碱对围产期奶牛泌乳性能和血液指标的影响 [D]. 沈阳：沈阳农业大学，2018.

[24] 李生祥. 过瘤胃胆碱对围产期奶牛能量代谢和乳成分的影响 [D]. 咸阳：西北农林科技大学，2014.

[25] 齐智利. 玉米的不同加工处理对泌乳奶牛瘤胃发酵和小肠消化以及能氮同步代谢影响的研究 [D]. 呼和浩特：内蒙古农业大学，2004.

[26] 孟春花，乔永浩，钱勇，等. 氨化对油菜秸秆营养成分及山羊瘤胃降解特性的影响 [J]. 动物营养学报，2016，28（6）：1796-1803.

[27] SHI H T, CAO Z J, WANG Y J, et al. Effects of calcium oxide treatment at varying moisture concentrations on the chemical composition, in situ degradability, in vitro digestibility and gas production kinetics of anaerobically stored corn stover [J]. J Anim

Physiol Anim Nutr (Berl), 2016, 100 (4): 748-757.

[28] SHI H T, LI S L, CAO Z J, et al. Effects of replacing wild rye, corn silage, or corn grain with CaO-treated corn stover and dried distillers grains with solubles in lactating cow diets on performance, digestibility, and profitability [J]. J Dairy Sci, 2015, 98 (10): 7183-7193.

[29] 刘阳, 杨昕涧, 杜红方, 等. 反刍动物对磷的利用 [J]. 动物营养学报, 2018, 30 (9): 3403-3409.

[30] 赵连生, 王典, 王有月, 等. 饲粮中添加复合酶制剂对奶牛瘤胃发酵、营养物质表观消化率和生产性能的影响 [J]. 动物营养学报, 2018, 30 (10): 4172-4180.

[31] 吴小燕, 郭春华, 王之盛, 等. 微生物发酵饲料对泌乳奶牛生产性能和饲粮养分表观消化率的影响 [J]. 动物营养学报, 2014, 26 (8): 2296-2302.

[32] 丁洪涛, 杨新艳, 夏冬华. 米曲霉对奶牛体外瘤胃发酵的影响 [J]. 中国畜牧杂志, 2013, 49 (16): 42-46.

[33] POPPY, G D, RABIEE A R, LEAN I J, et al. A meta-analysis of the effects of feeding yeast culture produced by anaerobic fermentation of Saccharomyces cerevisiae on milk production of lactating dairy cows [J]. J Dairy Sci, 2012, 95 (10): 6027-6041.

[34] DIAS A L G, FREITAS J A, MICAI B, et al. Effect of supplemental yeast culture and dietary starch content on rumen fermentation and digestion in dairy cows [J]. J Dairy Sci, 2018, 101 (1): 201-221.

[35] 张弦, 章亭洲, 瞿明仁. 活性干酵母及酵母培养物在反刍动物中的研究进展与应用 [J]. 动物营养学报, 2022, 34 (1): 20-29.

[36] 叶耿坪. 富甘油酵母菌制剂对围产期奶牛能量平衡的影响及机理研究 [D]. 南京: 南京农业大学, 2014.

[37] CHAUCHEYRAS-DURAND F, MASSÉGLIA S, FONTY G. Effect of the microbial feed additive saccharomyces cerevisiae CNCM I-1077 on protein and peptide degrading activities of rumen bacteria grown in vitro [J]. Curr Microbiol, 2005, 50 (2): 96-101.

[38] DARABIGHANE B, SALEM A Z M, MIRZAEI AGHJEHGHESHLAGH F, et al. Environmental efficiency of Saccharomyces cerevisiae on methane production in dairy and beef cattle via a meta-analysis [J]. Environ Sci Pollut Res Int, 2019, 26 (4): 3651-3658.

[39] 孙鹏. 日粮添加纳豆枯草芽孢杆菌对奶牛生产性能、瘤胃发酵及功能微生物的影响 [J]. 中国畜牧兽医, 2012, 39 (9): 168.

[40] 乔国华, 单安山. 直接饲喂微生物培养物对奶牛瘤胃发酵产甲烷及生产性能的影响 [J]. 中国畜牧兽医, 2006 (5): 11-14.

[41] 贾鹏, 董利锋, 屠焰, 等. 反刍动物瘤胃甲烷产生与排放的主要生物学特征 [J]. 动物营养学报, 2022, 34 (6): 1-7.

[42] COPELIN J E, FIRKINS J L, SOCHA M T, et al. Effects of diet fermentability and supplementation of 2-hydroxy-4-(methylthio)-butanoic acid and isoacids on milk fat depression: 1. Production, milk fatty acid profile, and nutrient digestibility [J]. J Dairy Sci, 2021, 104 (2): 1591-1603.

[43] WANG C, LIU Q, GUO G, et al. Effects of rumen-protected folic acid and branched-chain volatile fatty acids supplementation on lactation performance, ruminal fermentation, nutrient digestion and blood metabolites in dairy cows [J]. Animal Feed Science and Technology, 2019, 247: 157-165.

[44] 汪悦, 张议夫, 蒋林树. 茶皂素对奶牛瘤胃甲烷菌及甲烷排放的影响 [J]. 中国农学通报, 2018, 34 (29): 104-111.

[45] 刘旺景, 唐德富. 植物精油在反刍动物营养中的研究进展 [J]. 动物营养学报, 2021, 33 (9): 4810-4817.

[46] 金恩望, 卜登攀, 王加启, 等. 利用双外流持续发酵系统研究植物精油对瘤胃发酵和甲烷生成的影响 [J]. 动物营养学报, 2013, 25 (10): 2303-2314.

[47] KHORRAMI B, VAKILI A R, MESGARAN M D, et al. Thyme and cinnamon essential oils: potential alternatives for monensin as a rumen modifier in beef production systems [J]. Animal Feed Science and Technology, 2015, 200 (1): 8-16.

[48] KAHVAND M, MALECKY M. Dose-response effects of sage (Salvia officinalis) and yarrow (Achillea millefolium) essential oils on rumen fermentation in vitro [J]. Annals of Animal Science, 2017.

[49] WANG B, JIA M, FANG L, et al. Effects of eucalyptus oil and anise oil supplementation on rumen fermentation characteristics, methane emission, and digestibility in sheep [J]. J Anim Sci, 2018, 96 (8): 3460-3470.

[50] NASEM. Nutrient Requirements of Dairy Cattle[M]. Washington, DC: The National Academies Press, 2021.

[51] 王福兆,孙少华. 乳牛学[M]. 4版. 北京:科学技术文献出版社, 2010: 182-201.

[52] MARGIT B J, MOGENS V. Freedom from thirst—Do dairy cows and calves have sufficient access to drinking water?[J]. J Dairy Sci, 2021, 104 (11): 11368-11385.

[53] APPUHAMY J A, JUDY J V, KEBREAB E, et al. Prediction of drinking water intake by dairy cows [J]. J Dairy Sci, 2016, 99 (9): 7191-7205.

[54] WHITE R R, HALL M B, FIRKINS J L, et al. Physically adjusted neutral detergent fiber system for lactating dairy cow rations. Ⅱ: Development of feeding recommendations[J]. J Dairy Sci, 2017, 100 (12): 9569-9584.

[55] 史仁煌,董双钊,付瑶,等. 饲粮中性洗涤纤维水平对泌乳高峰期奶牛生产性能、营养物质表观消化率及血清指标的影响[J]. 动物营养学报, 2015, 27 (8): 2414-2422.

[56] ZEBELI Q, ASCHENBACH J R, TAFAJ M, et al. Invited review: role of physically effective fiber and estimation of dietary fiber adequacy in high-producing dairy cattle[J]. J Dairy Sci, 2012, 95 (3): 1041-1056.

[57] 郝科比. 日粮淀粉水平对泌乳前期奶牛产奶性能、瘤胃发酵和血液代谢的影响[D]. 北京:中国农业大学, 2018: 32.

[58] 李胜利. 改善乳牛饲料转化效率提高牛奶产量和质量[J]. 新饲料, 2006 (11): 12-16.

[59] 张善亭,高鹏飞,程斌,等. 乳酸菌微生态制剂对乳牛饲料转化率的影响[J]. 中国奶牛, 2014 (17): 29-32.

[60] 张守词. 提高春季秸秆饲料转化率的几种方法[J]. 畜牧与兽医, 2004 (36): 47-48.

[61] 黄香. 提高乳牛日粮饲料转化率的技术措施[J]. 饲养管理, 2014 (30): 66.

[62] 姜富贵. 粗饲料对泌乳乳牛咀嚼行为及瘤胃内环境的影响研究[D]. 泰安:山东农业大学, 2016.

[63] 王金鑫. 全株小麦生产加工利用技术研究[D]. 泰安:山东农业大学, 2016.

[64] 王艳菲. 38种常规粗饲料分级指数(2009)的测定[D]. 哈尔滨:东北农业大学, 2015.

[65] 公秀华. 泌乳乳牛日粮中麦秸草粉颗粒替代苜蓿干草适宜比例的研究[D]. 泰安:山东农业大学, 2022.

[66] 张喜喜,史莹华,王丽,等. 大豆皮营养成分及其在动物生产上的应用研究进展[J]. 动物营养学报, 2023, 35 (4): 2154-2165.

[67] 王德萍,董志国. 优质苜蓿干草制作关键技术[J]. 新疆农垦科技, 2009, 32 (1): 37-38.

[68] 翟云飞,王健,夏海斌,等. 国产苜蓿干草替代进口苜蓿干草对奶牛生产性能、血清生化指标、瘤胃发酵参数和微生物区系的影响[J]. 动物营养学报, 2022, 34 (11): 7166-7176.

[69] 葛丽红,赵津,赵国洪. 蒸汽压片玉米加工工艺及其在反刍动物生产中应用的研究进展[J]. 饲料研究, 2024, 47 (4): 172-175.

[70] 李小芳. 挤压膨化技术对饲料原料的影响及其在畜牧生产中的应用[J]. 农民致富之友, 2018 (15): 115.

[71] 张晓明. 中国黑白花奶牛绝食代谢的研究[D]. 北京:北京农业大学, 1984.

本章编者:李胜利(第一节至第三节),
　　　　　林雪彦(第四至第六节);
审订:高腾云(第一节至第三节),
　　　李胜利、孙少华(第四至第六节)

第七章

乳牛的饲养管理

乳牛产奶性能的遗传力为20%～40%，因此饲养管理是影响乳牛泌乳性能的关键因素。就牧场而言，牛奶是最大的经济来源，牧场效益受产乳量和乳质量的双重影响。为了平衡两者，牧场需要加强乳牛的饲养管理，以提供优质的生鲜乳。除此之外，在乳牛的饲养管理过程中，不能使用国家禁止的饲料、添加剂和兽药等对乳牛和人体有直接或潜在危害的物质，在符合国家生产标准的同时，还要做到高产、高效。

第一节 后备母牛培育目标

乳牛从出生到第一次产犊前称为后备牛。后备牛包括犊牛、育成牛和青年牛。后备牛处在快速生长发育阶段，是牧场的后备力量，是牛只扩群和提高生产潜力的希望，其优劣直接关系牛群的整体生产水平及牛群的未来。所以从长远利益出发，必须培育好后备牛。后备牛培育的好坏，与乳牛体型的形成、采食饲料的能力及成年后的产乳、繁殖性能都有极其重要的关系。

后备牛在整个生长发育时期，随着年龄的增长，其全身组织化学成分不断变化，对营养物质的需求也随之不同。因此，必须根据后备牛各生理阶段营养需要的特点进行正确饲养。

一、体格与体型

乳牛应结合品种特点和育种目标，制定相应的培育目标。中国荷斯坦乳牛目前在13～14月龄，理想体重380～420 kg，体高124～127 cm，胸围148～152 cm时配种。

总结后备牛培育的经验表明，如初次产犊年龄超过24月龄，每延迟1个月，生产费用将相应增加（美国为55～65美元，中国为500～600元）。此外，研究还表明，初次产犊体重和体高与产乳量密切相关，可见后备牛科学饲养的重要性。多数研究认为荷斯坦后备牛的培育目标应达到表7-1所列标准。

二、培育成本的控制

实践表明，后备母牛的培育在鲜乳生产总成本中所占的比例仅次于饲料，位于第二。据国外资料，一头后备母牛从出生到24月龄产犊所需费用为1100～1300美元，中国为8500～11 000元，占鲜奶总成本的15%～20%。由此可见，培育后备牛必须控制培育成本，但控制培育成本的同时必须要达到培育目标。

（一）满足犊牛营养需要

刚出生的犊牛消化系统还没有发育完全，功能和单胃动物一样，起消化作用的主要是第四胃皱胃。但是，出生后几个月内犊牛消化系统会发生急剧的发育变化。随着犊牛生长，采食固体和纤维性饲料逐渐增加，瘤胃内细菌群系逐渐建立起来。由于发酵产生的酸刺激瘤胃壁的生长，慢慢地瘤胃发育成能够发酵和消化纤维素的主要器官。当犊牛开始反刍时就意味着瘤胃已具有消化功能。在保证犊牛死亡率和发病率控制在标准范围内的情况下，监控其生长性能，除饲喂初乳、代乳粉外，从3日龄开始需要给犊牛提供清洁的水和开食料，并保证每天更新，避免犊牛饮剩水、吃剩料。

（二）充分发挥初乳的作用

初乳是指母牛产犊后第一次分泌的乳汁。初

表 7-1　荷斯坦后备牛的培育目标

月龄	体重/kg	体高/cm	腰角宽/cm	月龄	体重/kg	体高/cm	腰角宽/cm
1	62	84	—	13	367	124	42
2	86	86	19	14	398	127	43
3	106	91	22	15	422	130	44
4	129	97	24	16	448	130	46
5	154	99	27	17	465	132	47
6	191	104	29	18	484	132	48
7	212	109	31	19	493	132	50
8	240	112	33	20	531	135	50
9	270	114	35	21	540	137	51
10	296	117	36	22	560	137	52
11	323	119	38	23	580	137	—
12	345	122	40	24	590	140	—

来源：刁其玉. 犊牛营养生理与高效健康培育［M］. 北京：中国农业出版社，2018.

乳的营养成分多数指标高于常乳。初乳干物质的总量可达27%，是常乳的2.25倍。新生犊牛免疫系统还未发育完全，不能发生有效的免疫应答，血液中也没有能够抵御病原微生物的抗体，通过饲喂初乳不仅能使犊牛获得免疫球蛋白，还能提高犊牛的成活率，大大降低犊牛死亡率，避免资金亏损。

（三）实行犊牛早期断奶

适时早期断奶，具有节约商品乳和劳动力、降低犊牛培育成本、促进消化器官的迅速发育甚至发挥母牛生产力等优点。传统的犊牛哺乳期时间长，一般犊牛哺乳期为90天以上，增加了犊牛培育成本。因此，根据犊牛消化系统发育的规律，提出了早期断奶方法，即人为缩短犊牛的哺乳期（45～60天），减少犊牛的哺乳量（全期200～250 kg），既降低了犊牛的培育成本，又使犊牛的消化系统尽早得到锻炼和发育，提高了犊牛的培育质量。但在鲜乳价格较低（或不好销售）、犊牛料价高的情况下，可适当延长断奶期至60天以上，依市场及犊牛发育等情况，做到适时断奶。

（四）饲喂代用乳

代用乳主要是为了降低犊牛培育成本，给2～3周龄的犊牛喂代用乳，代替常乳。代用乳是以乳业副产品为主的商品饲料。一般配制方法是将一定比例的动物脂肪、植物油、磷脂类、糖类、维生素和矿物质等加入脱脂乳粉中配成与全乳营养成分相似，利于犊牛消化利用的代乳粉。其营养成分主要是蛋白质和脂肪，蛋白质含量不低于20%，脂肪含量10%，粗纤维含量低于5%，含有丰富的维生素和矿物质。

第二节　犊牛饲养管理

犊牛是指从出生到6月龄的牛。这个时期犊牛经历了从母体子宫环境到体外自然环境，由靠母乳生存到靠采食以植物性为主的饲料生存，由单胃消化到反刍的很大生理环境的转变，各器官系统尚未发育完善，抵抗力低，易患病。犊牛处于器官系统的发育期，可塑性大，良好的培养条件可为其将来形成乳用体型和提高生产性能打下基础。如果饲养管理不当，可造成生长发育受阻，影响终生的生产性能。

一、犊牛的消化特点

犊牛出生后前3胃既不发达，功能又不健全，起主要作用的是皱胃（也称真胃、四胃），皱胃占4个胃总容积的70%，瘤胃、网胃、瓣胃总和占30%，犊牛只能依赖初乳和常乳。3周龄后瘤胃发育加快，6周时前3胃容积占70%，而皱胃仅占30%。犊牛到12月龄时，瘤胃占总容积75%，瘤胃发育急剧变化的特点对于犊牛的培育和早期断奶有着特殊、重要的意义。

瘤胃是反刍动物重要的消化器官，在不影响其正常发育的前提下，应促进其尽早发育，使牛充分发挥其生产性能，而犊牛瘤胃、网胃的发育与采食植物性饲料密切相关。

除以生产小牛肉为目的外，犊牛饲养提倡在早期饲喂干饲料，这有助于刺激瘤胃功能的发育。瘤胃上皮组织的发育取决于挥发性脂肪酸，特别是丁酸的存在。开食料应该是易发酵碳水化合物含量较高的饲料，但还必须含有足够的可消化纤维，以支持瘤胃发酵的正常进行，植物性饲料中的中性洗涤纤维有助于瘤胃容积的发育，当犊牛采食固体饲料时，特别是易于发酵的碳水化合物类物质后，细菌群系才开始在瘤胃中建立、生长、栖居。微生物群系建立后，瘤胃内的菌群开始产生发酵作用，发酵产生的丙酸、丁酸能刺激瘤胃内壁组织乳突发育，乳突增多，瘤胃发育完全后建立发酵体系和完整的消化功能。另外，无论是通过制粒、粉碎，还是其他加工方式，开食料都应具有适当的粒度，这对于预防瘤胃乳头状突起的异常发育和角质化，以及预防细碎的开食料颗粒在乳头状突起之间的淤塞是非常重要的。

根据消化功能发育的情况，犊牛的营养需要可分为以下三个阶段。①液体饲料饲喂阶段：犊牛全部或必需的营养需要均由乳或代用乳提供。这些饲料的质量可由功能性食管沟的作用而得到保护，使液体饲料直接进入皱胃，从而避免瘤胃微生物对乳的降解破坏。②过渡阶段：犊牛的营养需要由液体饲料和开食料共同提供。③反刍阶段：犊牛主要通过瘤胃微生物的发酵作用从固体饲料中获取营养。

二、犊牛的饲养管理

（一）初生犊牛的护理

犊牛由母体产出后应立即做好如下工作：确保犊牛呼吸、剪断脐带、擦干被毛、犊牛登记、饲喂初乳、犊牛与母牛隔离开。

1. 确保犊牛呼吸 犊牛自母体产出后应立即清除其口腔及鼻孔内的黏液，以免妨碍犊牛正常呼吸并防止将黏液吸入气管及肺内。如犊牛产出时已将黏液吸入而造成呼吸困难，可两人合作，握住两后肢，倒提犊牛，拍打其背部，使黏液排出。如犊牛产出时已无呼吸，但尚有心跳，可在清除口腔及鼻孔黏液后将犊牛在地面摆成仰卧姿势，头侧转，每6～8秒按压与放松犊牛胸部一次进行人工呼吸，直至犊牛能自主呼吸为止。

2. 断脐 在清除犊牛口腔及鼻孔黏液，犊牛呼吸正常后，如其脐带尚未自然扯断，应进行人工断脐。方法是在距离犊牛腹部8～10 cm处，两手卡紧脐带，往复揉搓2～3分钟，然后在揉搓处的远端用消毒过的剪刀将脐带剪断，挤出脐带中血液、黏液，挤干后必须用高浓度碘酒（75%）或其他消毒剂浸泡或涂抹在脐带上。

3. 擦干被毛 断脐后，应尽快擦干犊牛身上的被毛，以免犊牛受凉，尤其在环境温度较低时，更应如此。也可让母牛自己舔干犊牛身上的被毛，其优点是刺激犊牛呼吸，加强血液循环，促进母牛子宫收缩，及早排出胎衣，缺点是会造成年母牛恋崽，导致挤奶困难。

4. 饲喂初乳和补硒 初乳含大量的营养物质和生物活性物质（球蛋白、干扰素和溶菌酶），具有满足犊牛生长发育营养需要和提高抗病力的作用。犊牛在出生后的1小时内，要保证其初乳的摄入量为体重的10%。犊牛出生当天要给犊牛补硒，肌内注射0.1%亚硒酸钠8～10 mL或亚硒酸钠、维生素E合成剂5～8 mL，过15天再补注1次。

5. 犊牛与母牛隔离开 犊牛出生后立即将其从产房内移走并放在干燥、清洁的环境中。要确保犊牛及时吃到初乳，最好将犊牛放在单独圈养犊牛的畜栏内。刚出生的犊牛对疾病没有抵抗力，给犊牛创造一个干燥、舒适的环境可减少患病和疾病传播的可能性；也便于饲养人员检测犊牛的采食情况和体况。

（二）犊牛的饲养

哺乳期内犊牛可完全以混合乳作为日粮。但大量哺喂常乳成本高、投入大，现代化的规模牛场多采用代乳品替代部分或全部常乳。特别是肥育的奶公犊，普遍采用代乳料替代常乳饲喂。饲喂天然初乳或人工初乳的犊牛在出生期的后期即可开始用常乳或代乳料逐步替代初乳。哺乳犊牛3日龄后，应提供开食料，2周龄左右提供优质的粗饲料，每天清理并更换开食料及粗饲料。在更换乳品时，要有4～5天的过渡期。饲喂饲料时要由少到多。对体质较弱的犊牛，应饲喂一段时间的常乳后再饲喂代乳品。

1. 早喂初乳　乳牛分娩后第一次分泌的乳汁称为初乳，第2～5次分泌的乳汁称为过渡乳。初乳的饲喂要及时，因为犊牛对牛初乳中大分子抗体的吸收具有时效性。犊牛初乳的饲喂量是有一定标准的，通常以出生时的体重为标准。以体重为40 kg的初生犊牛为例，在刚出生（半小时内，最迟不得超过1小时）时要灌服4 L初乳（体重的10%），出生后6～9小时再饲喂2 L初乳，初乳饲喂量按此推算；在持续4～5日以后犊牛可以逐渐转为常乳饲喂。犊牛吸收的牛初乳越多，被动免疫获得状态越好，罹患各种疾病的风险越小。饲喂初乳前应在水浴中加热到38～39℃。

（1）初乳的特点：初乳中富含蛋白质、矿物质、维生素和能量、大量激素和促生长因子，可促进犊牛生长及胃肠道、其他组织的发育；与常乳相比，初乳中含有大量的免疫球蛋白，主要为IgG，能使犊牛获得抵抗病原微生物的能力，为其提供最初几个月的免疫力。而在母牛妊娠期间，抗体无法穿透胎盘进入胎儿体内，因此新生犊牛摄取高质量的初乳是获得被动免疫的唯一途径。免疫球蛋白A随乳汁进入犊牛肠道，不受胃酸和消化酶的破坏而黏附于肠黏膜上，通过黏膜吸收直接进入犊牛血液循环，再经由各系统黏膜上皮细胞分泌、分布于其他黏膜。

随着时间的延长，犊牛肠壁对初乳的吸收会逐渐减少。犊牛在刚出生时肠壁的通透性强，对初乳中大分子抗体的平均吸收率为20%左右（变化范围6%～45%），但随着时间的推移，犊牛肠壁的通透性下降，导致以未被消化状态吸收的免疫球蛋白数量减少，在出生后大约以每小时5%的速度下降，在出生后2～3小时对抗体的吸收率急剧下降，出生24小时后就无法吸收完整的抗体，出现"肠壁闭锁"现象。所以在犊牛出生后要立即饲喂初乳，最佳饲喂时间为犊牛出生后1小时之内，最迟不得超过12小时，越早越好。出生后24小时的犊牛无法吸收完整的免疫球蛋白，因此犊牛在出生后12小时内未摄入初乳，就很难获得足够的抗体，而犊牛血液中抗体含量越高，其死亡率越低。犊牛在吮奶时，体内会自然而然地产生一种神经反射作用，使前胃的食管沟闭合，形成管状结构，使初乳不经过瘤胃直接进入皱胃被消化，这种作用称为食管沟反射。

初乳具有很多特殊的生物学特征和功能。初乳中有3种免疫球蛋白，即免疫球蛋白M（IgM），其分子量为100万；免疫球蛋白G（IgG），其分子量为15万；免疫球蛋白A（IgA），其分子量为17万。三者的含量比为10∶1∶1。免疫球蛋白M可预防3日龄以前的初犊败血症，免疫球蛋白G对全身和肠道内有免疫力，免疫球蛋白A对黏膜免疫有效。初乳的免疫球蛋白含量随着挤奶次数的增加而减少，犊牛出生后其肠道绒毛易于吸收免疫球蛋白，但经过一段时间后，其吸收能力逐渐减弱。

初乳中还含有溶菌酶，可杀灭或抑制病菌生长繁殖；初乳中含有4种蛋白酶抑制素，可保护抗体不被消化而直接吸收，从而增强抗体在体内的作用；初乳的酸度较高（45～50°T），可提高胃液酸度，这既有助于消化吸收乳中营养物质，又抑制细菌的繁殖，还促进真胃分泌大量的消化酶，诱导胃肠功能的建立；初乳中含有大量的镁盐，有轻泻作用，促使初生犊牛胎粪的排出；初乳中含有丰富的犊牛急需的易于消化的营养物质，如蛋白质、脂肪、维生素A、胡萝卜素及各种矿物质等，见表7-2。

表7-2　中国荷斯坦乳牛（生后24小时）初乳与常乳营养成分含量

营养成分	初乳	常乳
干物质/%	24～28	12.9
脂肪/%	6～7	3.6～4.0
乳糖/%	2～3	4.7～5.0
蛋白质/%	14～16	3.1～3.2
酪蛋白/%	4.8	2.5～2.6
白蛋白/%	6.0	0.4～0.5
免疫球蛋白		
总免疫球蛋白/（mg/mL）	42～90	0.4～0.9
IgG1/（g/L）	34.0～87.0	0.31～0.40
IgG2/（g/L）	1.6～6.0	0.03～0.08
IgA/（g/L）	3.2～6.2	0.04～0.06
IgM/（g/L）	3.7～6.1	0.03～0.06

续 表

营养成分	初乳	常乳
矿物质/(g/kg)		
钙	2.6～4.7	1.2～1.3
磷	4.5	0.9～1.2
钾	1.4～2.8	1.5～1.7
纳	0.7～1.1	0.4
镁	0.4～0.7	0.1
锌	11.6～38.1	3.0～6.0
维生素		
维生素B_1/(μg/mL)	0.58～0.90	0.4～0.5
维生素B_2/(μg/mL)	4.55～4.83	1.5～1.7
维生素B_3/(μg/mL)	0.34～0.96	0.8～0.9
维生素B_{12}/(μg/mL)	0.05～0.60	0.004～0.006
维生素A/(μg/mL)	25	34
维生素D/(IU/g脂肪)	0.89～1.81	0.41
维生素E/(μg/mL)	2.92～5.63	0.06
抗菌酶/蛋白		
乳铁蛋白/(g/L)	1.5～5	0.02～0.75
乳过氧化物酶/(mg/L)	11～45	13～30
溶菌酶/(mg/L)	0.14～0.7	0.07～0.6

来源：Playford 和 Weiser，Nutrients，2021.

（2）初乳及鲜乳的巴氏杀菌：优质初乳是哺乳犊牛健康环节重要的一部分，需要对初乳进行正确巴氏杀菌后再进行饲喂。与传统的巴氏杀菌法相比，初乳需要在较低的温度下加热更长的时间。对鲜乳进行巴氏杀菌时采用63℃下，受热30分钟或在72℃的条件下，加热15秒的方法来杀灭鲜乳中的细菌。而对于初乳，则需要将其置于60℃下、受热时间延长至60分钟，这个过程不影响初乳中IgG的浓度和流动性，同时可以消灭危险的传染性病原体。初乳巴氏杀菌可以帮助提高饲喂初乳的犊牛血液中的保护性免疫球蛋白水平，并减少腹泻。初乳应保存在干净的容器中，并在巴氏杀菌后冷藏，理想情况下，应在一周内饲喂。

（3）初乳灌服技术：①灌服时间。初生犊牛最好在出生半小时内吃到初乳，最晚不能超过1个小时。②灌服方法。采用灌服的方式饲喂犊牛，第一次饲喂时使用初乳灌服器，之后每次饲喂时采用常规方法用奶瓶灌服即可。③灌服器的用法。用控制阀卡住硅胶管，将加温至38℃的初乳装入初乳瓶；将金属胃导管插入犊牛食管沟。每次插入后，用右手往复轻送和回抽胃导管，同时以左手手指在犊牛脖颈下方食管沟处触摸金属胃导管头端，以确保其在食管沟内，将控制阀适度打开，使初乳灌入犊牛真胃，避免灌入肺中。灌服器用后要立即清洗晾干，用前要清洗消毒。

（4）初乳的饲喂方法：初乳饲喂的方法可采用装有橡胶奶嘴的奶壶或奶桶饲喂。给犊牛饲喂初乳时，要将初乳加热到犊牛体温水平（39℃）才能使用奶瓶，人工饲喂方便计量，确保犊牛采食足够的初乳。犊牛惯于抬头伸颈吮吸母牛的乳头，是其生物本能反应，因此以奶壶哺喂初生犊牛较为适宜。欲使犊牛出生后习惯从桶里吮奶，常需进行调教。喂奶设备每次使用后应清洗干净，以最大限度地降低细菌的生长及疾病传播的危险。

挤出的初乳应立即哺喂犊牛，如奶温下降，需经水浴加温至38～39℃再喂，饲喂过凉的初乳是造成犊牛下痢的重要原因。相反，如奶温过高，则易因过度刺激而发生口炎、胃肠炎等或犊牛拒食。初乳切勿用明火直接加热，以免温度过高发生凝固。同时，多余的初乳可放入干净的带盖容器内，并保存在低温环境中。在每次哺喂初乳之后1～2小时，应给犊牛饮温开水（35～38℃）一次。

（5）初乳质量评定的标准：初乳被挤出后通过在一定温度下测量其比重来衡量初乳的质量。初乳中IgG是抗体含量的代表，直接反映了初乳质量的高低。一般认为初乳中IgG含量≥50 mg/mL的是优质初乳，含量为25.0～49.9 mg/mL的为中等质量初乳，含量＜25 mg/mL的为不合格初乳；用初乳仪检测时，其读数分别为≥22%、20%～21.9%和≤19.9%。剩余的初乳要冷冻保存，使用时用40℃水缓慢解冻，乳温达到38℃时可以饲喂。

（6）发酵初乳：制作发酵初乳是在气温较高的气候条件下保存初乳的好办法，有自然发酵和加酸发酵两种方法。

1）自然发酵法：适合于温度在20℃以下的环境。将过滤的初乳倒入清洁的塑料桶中，密封，放在室内阴凉处，使其自然发酵。初乳黏度大，需每日搅拌1～2次，以防凝固。一般10～15℃发酵需4～6日，15～16℃需2～3日。这样发酵的初乳可使用30～40日，时间过长的话，初乳会有异味，有毒性作用，不可饲喂犊牛。

2）加酸发酵法：气温高于20 ℃时，可加入1%的丙酸（或乙酸、甲酸），以防止初乳中的营养成分大量损失和腐败。加入酸并经充分搅拌后按自然发酵法处理。

犊牛饲喂发酵初乳的好处：①生长发育速度快。发酵初乳中含有高浓度的乳酸杆菌，因而极容易被犊牛消化吸收。据试验，用发酵初乳培育的犊牛比不用发酵初乳的犊牛1月龄平均增重20%～25%。②抗病能力增强。这主要由于除初乳本身的母源抗体外，发酵后的初乳酸度更高，有效地抑制了各种病原微生物的生长，降低了犊牛的发病率，预防了消化系统疾病如下痢等。③提高消化率。初乳中的乳酸菌和酵母菌数量在发酵过程中大量增加，提高了犊牛对初乳的吸收率。

2. 酸化奶的饲喂　酸化奶是以鲜奶（抗奶、废弃奶和异常乳）或稀释后的犊牛代乳粉为原料，通过人为添加食品级酸，使牛奶的pH降至4～4.5的范围，杀死牛奶中的细菌，从而延长牛奶常温存放的时间。由于酸化奶可以抑制细菌生长，所以保鲜期比较长，人力投入减少，对卫生要求也低。

酸化奶的制作：当原料是从贮奶罐中取的温度4 ℃左右的正常牛奶，可直接加入酸化剂进行酸化；如果是异常乳或废弃乳，则先将奶温降至15 ℃以下（最好10 ℃以下）再进行酸化；如果原料是犊牛代乳粉，应先用45～50 ℃的纯净水稀释溶解，再冷却到15 ℃以下，加入酸化剂进行酸化。通常选择食品级甲酸进行酸化。

将原料牛奶冷却后，每升牛奶添加30 mL甲酸稀释溶液（按85%甲酸1∶9份水进行稀释），边加酸边搅拌，充分搅拌后静置1小时再进行第二次搅拌。酸化时间为10～14小时，目的是充分杀菌，酸化奶放置期间每日进行至少三次搅拌，防止牛奶分层。

酸化后测定的pH应在4～4.5，理想pH控制在4.2左右为好。pH偏低，酸化奶的适口性差；pH偏高，则杀菌效果不好。

3. 代乳粉的饲喂　代乳粉是根据犊牛生长发育需要，经过精心选料、科学配比生产出的工业化产品，质量稳定、安全卫生、营养充足合理。

从喂生奶至喂代乳粉需要3～4天的过渡期，以使犊牛逐渐适应代乳奶（代乳粉冲调出的），避免突然改变引起的胃肠不适。基本原则是开始喂代乳粉的第1天，代乳奶占1/4，生奶占3/4；第2、第3天代乳奶和生奶各占50%；第4天代乳奶占3/4，生奶占1/4；从第5天开始全部饲喂代乳奶。有些乳牛场采用每天增加20%代乳粉的方法进行过渡。

代乳粉喂量要根据外界温度的变化情况进行适当的增减，以调整所需要的能量。一般当温度达到-5 ℃时，维持能量应增加18%左右；达到-10 ℃时，维持能量应增加20%左右。另外，当温度较高时也要增加维持能量，达到30 ℃时应增加11%。

4. 开食料的饲喂　开食料是根据犊牛营养需要用精饲料配制的，它是犊牛以代乳粉为主转向完全采食植物性饲料过渡的中间饲料，具有适口性强、易消化和营养丰富的特点，可分为粉状或颗粒状，但颗粒不宜过大，一般以直径0.32 cm为宜。代乳料含蛋白质16%～18%，粗脂肪7.5%～12.5%，粗纤维不应高于6%。乳用犊牛只能用低脂肪代乳料，肉用犊牛可用高脂肪代乳料。

5. 犊牛栏　一般规模较大的牛场设有单独的犊牛舍或犊牛栏，新生犊牛最适宜的外界环境温度是15 ℃。因此应给予保温、通风、光照充足、防止贼风及潮湿的条件，犊牛栏应定期洗刷消毒，勤换垫料，保持干燥良好的舍饲条件，逐步培养犊牛对外界产生应答的能力。目前，常用的犊牛栏主要分单栏（笼）和群栏两种。

（1）单栏（笼）：犊牛出生后即要在靠近产房的单栏（笼）中饲养，要求每犊一栏，隔离管理，一般1月龄或断奶后才过渡到群栏饲养。笼的侧、背面可用木条、钢筋或钢丝网制成，笼的侧面向前伸出24 cm左右，这样可以防止犊牛互相吮舐。笼底用木质漏缝地板，利于排尿。笼正面为外开的笼门，可以用镀锌管制作，设有颈夹，并在下方安有两个活动的铁圈和草架，铁圈可供放桶式盆，以便犊牛喝奶后能自由饮水，并采食精料和草。

（2）群栏：按犊牛大小进行分群，采用散放自由牛床式的通栏饲养。群栏的面积根据犊牛头数而定，一般每栏饲养15头，每头犊牛占地面积1.8～2.5 m²，栏高120 cm，通栏面积的一半左右可略高于地面，并稍有斜度，铺上垫草作为自由牛床，另一半作为自由活动的场地。通栏一侧或两侧设有饲槽并装有栏栅颈夹，以便于在喂奶或必要时对犊牛进行固定。每栏设有自动饮水器，以便犊牛随时喝到清洁的水。

在气候温和的地区或季节，犊牛出生后3天

即可饲养在室外犊牛栏，这种犊牛栏是一种半开放式的牛栏，由侧板、顶板及后板围成。在室外犊牛栏的前后边设一运动场，运动场由直径1～3 cm的钢管围成栅栏状，围栏前设有喂奶槽和饮水桶，以便犊牛在一定范围内活动时可自由采食和饮水。

6. 早期补饲　早期补料具有众多的优点，一是可以满足犊牛的补偿性生长，促进瘤胃的早期发育；二是可以提高犊牛断奶重和断奶后的增重速度，降低饲养成本。

犊牛生后1周即可训练采食干草，生后10天左右训练采食精料。饲喂干草时，在料槽中添入优质干草，主要以优质豆科和禾本科牧草为主，在犊牛栏上放优质干草，让犊牛自由采食。出生2个月以内的犊牛，饲喂铡短到2 cm以内的干草，出生2个月以后的犊牛，可以直接饲喂不铡短的干草。建议饲喂混合干草。犊牛开食料适口性良好，粗纤维含量低而粗蛋白含量较高。10～15日龄时可以补饲精料，喂完奶后用少量精料涂抹在其鼻镜和嘴唇上，或撒少许于奶桶上任其舔食，促使犊牛形成采食精料的习惯。补饲精料可以购买乳牛犊牛用代乳料、犊牛颗粒料，或自己加工犊牛颗粒料，每日早、晚各喂一次，1月龄日喂颗粒料0.1～0.2 kg，2月龄饲喂0.3～0.6 kg，3月龄饲喂0.6～0.8 kg，4月龄饲喂1.2～1.5 kg。此外，也可进行分栏补饲，在母牛舍内加设只能小牛自由出入的小牛栏，内置小牛用的精饲料和短铡细切的优质粗饲料，以提高犊牛增重速度。要供给犊牛充足的饮水，奶中的水不能满足生理代谢的需要，需要注意的是，不要把水加入奶中以代替饮水，因为牛奶不经过瘤胃。6～8周龄犊牛前胃发育程度见表7-3。

7. 早期断奶　早期断奶不但能节约很多商品奶，而且能锻炼犊牛胃肠功能，促进早期发育，为泌乳牛早期培育打下良好基础。哺乳太多，虽然日增重和断奶体重可以提高，但对犊牛消化道的生长发育没有什么好处，并影响牛的体型及产奶性能。犊牛断奶时间的确定应考虑犊牛初生重和牛的饲料状况等，断奶时犊牛的体重应是出生时的2倍。目前国内犊牛的哺乳期多数也缩短到2个月，断奶方案：犊牛出生后1小时内，喂给第1次挤出的初乳。以后按表7-4犊牛早期方案实施。

60日龄早期断奶有利于控制犊牛腹泻，促进瘤胃更早发育，提高其对粗饲料的消化和利用率，降低饲养成本，为犊牛成年后采食大量饲料奠定基础。实行早期断奶要观察犊牛的生长发育及体重的变化，如日增重降到400 g以下，就会影响犊牛的生长发育。

犊牛从出生7日后开始补饲开食料，从每日100 g增到每日1 kg，即可断奶。早期断奶既节约牛奶又降低培育成本，也可省人力和设备。早期断奶实施方案见表7-4。

表7-3　不同饲料类型对瘤胃发育（瘤网胃容积，L）的影响

饲养类型	日龄/d						
	7	14	21	30	60	90	120
低奶量＋植物性饲料	0.5	2.1	4.0	4.3	8.0	13.0	20.0
全奶	—	0.83	1.25	1.70	4.50	12.50	13.50

表7-4　犊牛早期断奶实施方案

日龄/d	喂奶量/kg			喂料量/kg	
	日喂量	日喂次数	总量	日喂量	总量
1～7	4~6	3	28	0	0
8～15	5~6	3	40～48	0.2～0.3	1.42～2.1
16～30	6~5	3	90～75	0.4～0.5	3.2～4.0
31～35	5~4	2	75～60	0.6～0.8	9～12
46～60	4~2	1	60～30	0.9～1.0	13.5～15
合计			293～241		27.1～33.1

（三）犊牛的管理

1. 编号、称重、记录　犊牛出生资料必须登记并永久保存。在犊牛出生后应称出生重，对犊牛进行编号，打上永久性标记，对其毛色花片、外貌特征（有条件可对犊牛进行拍照）、出生日期、谱系等情况做详细记录，以便于管理和以后在育种工作中使用。

新生犊牛要每月称重，记录犊牛的体重，每天观察犊牛的健康和采食状况，做好详细的记录。

2. 卫生　由于犊牛出生时各器官尚未发育健全，机体的调节功能较差，稍不注意卫生，犊牛就会发生消化道疾病，如腹泻。对犊牛的环境、牛舍、牛体及用具卫生等，均需有比较严密的管理措施，以确保犊牛的健康成长。

喂奶用具（如奶壶和奶桶）每次使用后都要严格进行清洗消毒，程序为冷水冲洗→碱性洗涤剂擦洗→温水漂洗干净→晾干→使用前用85℃以上热水或蒸汽消毒。

饲料要少喂勤添，保证饲料新鲜、卫生。每次喂奶完毕，用干净毛巾将犊牛嘴缘的残留乳汁擦干净，并继续在颈夹上夹住约15分钟后再放开，以防止犊牛之间相互吮吸，造成舔癖。犊牛舍应保持清洁、干燥、空气流通。

3. 健康观察　平时对犊牛进行仔细观察，可及早发现有异常的犊牛，及时进行适当的处理，提高犊牛育成率。观察的内容包括：①观察每头犊牛的被毛和眼神；②每天2次观察犊牛的食欲及粪便情况；③检查有无体内、外寄生虫；④注意是否有咳嗽或气喘；⑤留意犊牛体温变化，正常犊牛的体温为38.5～39.2℃，当体温高达40.5℃以上即属异常；⑥检查干草、水、盐及添加剂的供应情况；⑦检查饲料是否清洁卫生；⑧通过体重测定和体尺测量检查犊牛生长发育情况；⑨发现病犊应及时进行隔离，并要求每天观察4次以上。

4. 饮水　充足的饮水对犊牛非常重要。瘤胃微生物生长需要水分，乳和代乳品中虽含有较多的水分，但直接进入皱胃而不能被微生物利用。如果犊牛早期补饲而不提供充足的饮水，瘤胃微生物的生长就会受到限制，从而影响饲料的利用。因此，除寒冷季节外，最好全天提供饮水，但水温不宜低于15℃。天气寒冷时应提供30℃左右的温水，防止犊牛受凉发生腹泻。从1周龄开始，可用加有适量牛奶的35～37℃新鲜、卫生的温开水诱其饮水，10～15日龄后可直接喂饮常温开水，1个月后由于采食植物性饲料量增加，饮水量越来越多，这时可在运动场内设置饮水池，任其自由饮用。

5. 刷拭　犊牛在舍内饲养，皮肤易被粪便及尘土黏附而形成皮垢，这样不仅降低了皮毛的保温与散热能力，使皮肤血液循环恶化，还易患病。为此，每天应给犊牛刷拭一两次。最好用毛刷刷拭，对皮肤组织部位的粪尘结块，可先用水浸润，待软化后再用铁刷除去。对头部的刷拭尽量不要用铁刷乱搅头顶和额部，否则容易从小养成顶撞的坏习惯，顶人恶癖一经养成很难矫正。

6. 运动　犊牛正处在长体格的时期，加强运动对增强体质和健康十分有利。生后8～10日龄的犊牛应该有一定面积的活动场地，即可在运动场做短时间运动（0.5～1小时），以后逐渐延长运动时间，至1月龄后可增至2～3小时。尤其在3个月转入大群饲喂后，应有意识地引导其活动，或强行驱赶，如果能放牧就更好。如果犊牛出生在温暖的季节，开始运动的日龄还可再提前，但需根据气温的变化，酌情掌握每日运动时间。每天经过一段铺有较大鹅卵石的河滩地放牧的牛，其四肢及蹄的硬度比不经过的牛大。

7. 去角　为了便于成年后的管理，减少牛体相互受到伤害。犊牛在4～10日龄应去角，这时去角犊牛不易发生休克，犊牛易于保定、流血少、痛苦少，不易受细菌感染，食欲和生长也很少受到影响。去角过早会导致应激过大，容易造成疾病和死亡；过晚则容易产生角化，应用药物去角很困难，应用烧烙的方法也不容易掌握，所以不可盲目选择去角时间。常用的去角方法有苛性钠法和电烙铁法，在应用时电烙铁法较苛性钠法安全可靠，应该作为首选方法。

苛性钠法：先剪去角基周围的被毛，在角基周围涂上一圈凡士林，然后手持苛性钠棒（一端用纸包裹）在角根上轻轻地擦磨，直至皮肤发滑及有微量血丝渗出为止。约15日后该处便结痂不再长角。利用苛性钠去角，原料来源容易，易于操作，但在操作时要防止操作者被烧伤。此外，还要防止苛性钠流到犊牛眼睛和面部。

电烙去角：电烙去角是利用高温破坏角基细胞，达到不再长角的目的。先将电烙去角器通电升温至480～540℃，然后用充分加热的去角器处理角基，每个角基根部处理5～10秒，适用于3～5周龄的犊牛。

去角的注意事项：犊牛去角前应从原牛群中隔离出来，最好是在犊牛单栏饲养的时候进行，以避免相互舔舐造成犊牛的口腔、食管等部位被烧伤。去角处理后需对犊牛进行数日隔离。去角后24小时内要每小时观察一次，发现异常及时处理。防止雨水或奶等液体淋湿牛体，特别是头部。使用苛性钠法去角时，术者要戴好防护手套防止苛性钠烧伤手，同时要涂抹完全，防止角基细胞没有遭到破坏，角继续长出。

8. 剪除副乳头　很多牛除正常的4个乳头外，还有1～2个副乳头。副乳头不仅不能用于挤奶，而且对清洁乳房不利，这也是发生乳房炎的原因之一。犊牛在哺乳期内应剪除副乳头，适宜的时间是2～6周龄，尽量避开夏季。剪除方法：先将乳房周围部位洗净并消毒，然后将副乳头轻轻拉向下方，用锐利的剪刀（最好用弯剪）沿着乳房基部将其剪下，剪除后在伤口用2%的碘酒消毒或涂抹少许抗感染药。如果在有蚊蝇的季节，可涂驱蚊蝇剂。剪除副乳头时，切勿剪错。如果乳头过小，一时还辨认不清，可等到犊牛年龄较大时再剪除。

9. 断奶应激的预防　犊牛断奶是由饲料营养和环境改变造成的双重应激。首先对57～59日龄即将断奶的犊牛群要观察犊牛颗粒料采食情况及体尺、体重测量；其次对60～67日龄群设置断奶过渡群，断奶最好在原犊牛舍进行，且断奶和转群不要同时进行；最后是转群时注意不要在犊牛饥饿状态下，且犊牛组群结伴，不要单独个体进行转群，以减少断奶应激。

10. 预防疾病　犊牛期是发病率较高的时期，尤其是在生后的头几周，主要原因是犊牛抵抗力较差，此期的主要疾病是大肠杆菌与病毒感染引起的下痢、多种微生物引起的呼吸道疾病。

肺炎最直接的致病因素是环境温度的骤变，预防的办法是做好保温工作。

犊牛的下痢可分为两种：其一为病原性微生物感染造成的下痢，预防的办法主要是注意犊牛的哺乳卫生，为犊牛提供良好的生活环境；其二为营养性下痢，其预防办法为注意奶的喂量不要过多，温度不要过低，代乳品的品质要合乎要求，饲料的品质要好。

11. 犊牛增重管理　饲养犊牛成功与否取决于其是否获得了理想的生长速率。犊牛的生长速率影响其配种时间、产犊年龄、产犊难易程度及终生的产乳量。初产乳牛应体况良好，产头胎时生长发育充足且体重达到要求。犊牛生长太快和太慢对成年后乳牛的生产性能都产生不利影响，犊牛生长太慢会推迟性成熟、体成熟、配种时间及产仔年龄，对经济效益影响极大；生长太快，特别是在青春期之前（9～10月龄）会对产奶潜力产生不良影响。相对于年龄对繁殖能力（泌乳性能）的影响来说，犊牛体重对其的影响更大。

犊牛哺乳期之后的体型、体重及适应性培育也尤为重要，在早期断奶的情况下，可能会出现增重不足的现象，这需要在犊牛断奶后得到补偿，日增重在800～900 g为宜。以荷斯坦母牛为例，犊牛时期的体重变化见表7-5。

表7-5　0～6月龄犊牛的体重变化

月龄	体重/kg	日增重/kg
初生	43.6	—
1月	53.6	0.33
2月	73.2	0.65
3月	96.8	0.78
4月	123.6	0.89
5月	152.3	0.95
6月	180.0	0.92

来源：刁其玉. 犊牛营养生理与高效健康培育. 北京：中国农业出版社，2018.

第三节　育成牛饲养管理

育成牛指7月龄至14～15月龄的母牛。犊牛6月龄即由犊牛栏转入育成牛群。

育成牛的肌肉、骨骼和内部器官都处于最快的生长时期，也是体重体格变化最大的时期，在正常的饲养条件下，1岁体重可达初生体重的7～8倍，到配种年龄可达成年体重的60%以上，实践证明这是育成牛较为理想的生长指标。

在育成牛时期，不论采取拴系饲养或散栏饲养，公母牛都要分群管理，并根据牛群大小，应尽量把相近年龄的牛再进行分群，一般把12月龄内的分成一群，13月龄以上到配种前的分成一群。

犊牛由哺乳期到育成期，在生理上是一个很大的变化。所以，这个阶段一定要精心饲养和细心管理，以便其尽快适应以青粗饲料为主的饲养管理。

在这个时期，由于每个个体采食营养的不平衡，生长发育往往受到一定限制，个体之间出现差异，在饲养过程中应及时采取措施加以调整，以使其同步发育、同期配种，这对现代化的饲养管理极为有利。

一、性成熟期特点及饲养管理

（一）性成熟期发育的特点

育成牛生长发育快，不同阶段各组织器官的生长发育速度有差异。一般是指6～12月龄的育成年母牛，此期育成牛处于性成熟期，其性器官和第二性征发育迅速，尤其乳腺系统在育成母牛体重为150～300 kg时发育最快。7～8月龄时，育成牛以骨骼发育为主，12月龄后骨骼发育减慢，体躯向长度和高度发展，其前胃已相当发达，容积扩大1倍左右，此时要多用粗料，少喂精料。

（二）性成熟期饲养管理

此时期母牛的性器官和第二性征发育很快，体躯向高度和长度两个方向急剧生长，其前胃已相当发达，容积扩大1倍左右。因此，在饲养上要求既能提供足够的营养，又必须具有一定的容积，以刺激前胃的生长。一般来说，此阶段应用大量的青粗饲料，适当添加精料，并供给充足的矿物质，特别是钙、磷、钠、钾、镁、硫等常量元素，以保证生长发育的需要，确保13～14月龄时的体重达到380 kg，以达到配种的体型。

1. 舍饲饲养

7～12月龄与以后相比相对生长速度是最快的阶段，应在良好的饲养管理条件下，满足生长发育的营养需要。在配制日粮时可根据育成牛所在的月龄和可能追求的生长速度来提供必要的营养总量。

一般认为，日粮干物质的75%由粗料提供，剩余的25%由精料供给，粗饲料的喂量为育成牛体重的1.2%～2.5%，具体数量视粗料的质量而定，粗料应以干草为主，可适当搭配多汁料和青贮饲料，要严格控制低质量的青贮饲料。

2. 放牧饲养 断奶后实行放牧饲养，在此阶段要按牛群生长发育情况重新组群，进行放牧，对于生长发育过差的牛只，要通过补喂精料来追加营养，并改善其管理状况，促使其快速生长。

对于没有经过放牧训练的育成牛，应采取逐渐延长放牧时间的办法，使其逐步适应放牧。

育成牛放牧可增强育成牛体质，锻炼肢蹄，提高消化功能，减少精料喂量，减少劳动力费用，降低饲养成本，还可减轻牛粪污染，有利于环境保护，是值得提倡的一种饲养方式。

二、体成熟期特点及饲养管理

（一）体成熟期发育的特点

第二阶段是第二性征的出现、生殖器官进一步发育的主要阶段，是指12月龄至14～15月龄的母牛。此阶段育成母牛生长发育速度逐渐减慢，消化器官经过前期的发育和锻炼，容积更加扩大，消化能力进一步提高。因此，其日粮应以青、粗饲料为主，可大量利用低质粗料，锻炼瘤胃消化功能，增加采食量，扩大瘤胃容积。

（二）体成熟期饲养管理

此期日粮干物质喂量应占育成牛体重的3.9%～4%，日粮中干草、玉米青贮、精料补充料蛋白质水平应在13%～14%，如粗饲料品质欠佳，精料蛋白质应含有15%～17%。此阶段矿物质营养特别重要，磷酸氢钙是良好的钙磷补充料。日粮中还应充分供给微量元素和维生素A、维生素D、维生素E，以保证配种前的营养需要。

此阶段的育成牛消化器官容积进一步增大，消化能力仍在增强，生长速度有所下降，无妊娠和产奶的负担，因此，此阶段应供给青粗饲料。在粗饲料质量较差的情况下可补喂1.8～3 kg的精料，但是无论采用何种日粮，育成牛所需的钙、磷及微量元素等营养都必须给予满足。

1. 分群管理 处于这一阶段的育成牛应根据月龄、体格和体重相近的原则进行分群，对于大型乳牛场，群内的月龄差不宜超过3个月，体重差不宜超过50 kg。对于小型乳牛场，群内月龄差不宜超过5个月，体重差不宜超过70～100 kg，每群数量越少越好，要参照场地、牛舍而定，最好为20～30头。严格防止因采食不均造成发育不整齐。

2. **掌握好初情期** 在一般情况下，13～14月龄即可配种。目前国内各地，体重达到成年母牛的60%～70%，如中国荷斯坦牛体重达到380～420 kg，娟姗母牛体重达260～270 kg时开始配种。育成牛的初情期大体上出现在8～12月龄。初情期的性周期日数不是很准确，而其后的发情期表现有的也不是很明显。因此，对初情期的掌握很重要，要在计划配种的前2～3个月注意观察其发情规律，以便及时配种，并认真做好记录。

3. **运动与日光浴** 在舍饲的饲养方式下，育成牛每天舍外运动不得少于4小时。在12月龄之前生长发育快的时期更应运动，否则影响牛的使用年限与产乳量。日光浴除促进维生素D_3的合成外，还可以促使体表皮垢的自然脱落。育成牛一般以自由运动为宜。放牧饲养方式下的牛则不必另加运动。

4. **刷拭** 为使牛体清洁，促进皮肤代谢，增进人牛亲和，让牛温驯，应对育成牛进行刷拭，每天1～2次，每次5分钟左右。

5. **按摩乳房** 育成牛妊娠期乳腺组织的发育极为旺盛，如对乳房外感受器进行按摩刺激，乳房发育就会更加充分，从而提高产奶性能。另外，按摩乳房能加强人牛亲和，有利于产犊后挤奶操作。通常于妊娠后5个月乳房组织处于高度发育阶段进行乳房组织按摩，每天两次。方法是用50℃温水浸湿的毛巾从尻部后下方向腿裆中按摩乳房，到产犊前2周停止。开始要轻柔，并注意保护自己。

6. **定期修蹄** 育成牛的蹄质软，生长快，对体幅窄而胸窄的牛，负重在蹄的外侧缘，造成内侧半蹄长得快，时间长了导致内侧蹄首先向外。蹄每月增长在6～7 mm，磨损面并不均衡，所以从10月龄开始要修蹄一次，以后每年春、秋各修蹄1次。

7. **制定生长目标** 根据场内牛群周转状况和饲料状况，制定不同时期的日增重目标，明确生长目标，从而确定育成牛各阶段的日粮营养需要量（表7-6）。

8. **育成牛体重控制** 根据这阶段育成牛的生长发育特点，为使其达到与月龄相当的理想体重、每天日增重，以防机体组织中积聚过多脂肪而影响各器官的功能，应适当控制能量饲料的喂量，不要过高，以免育成牛过肥，导致大量的脂肪沉积于乳房，影响乳腺组织的发育和成年后的泌乳。

在日粮中要避免饲喂过多低质量的粗饲料，低质量粗饲料饲喂过多会影响瘤胃发育，如果营养不足，会导致育成牛产生草包胃。

体重和体高与产乳量有很强的正相关性，尤其是第一胎。体重增加与体高增加不符可能是日粮蛋白过低所致，理想的日增重为0.7～0.9 kg，理想的体高（骨骼发育）为3 cm/月。每月定期测量1次体尺，根据这些指标来调整饲料的营养成分及精粗饲料的比例。以荷斯坦牛为例，育成牛时期的生长状况见表7-7。

表7-6 育成牛各阶段的日粮营养需要量

营养成分	育成牛各阶段		
	日龄225天，体重230 kg，增重率为0.9 kg/d的育成牛	日龄350天，体重330 kg，增重率为0.8 kg/d的育成牛	日龄475天，体重420 kg，增重率为0.7 kg/d的育成牛
干物质摄入/(kg/d)	6.6	8.5	9.8
代谢能/(Mcal/kg)	2.09	1.95	1.92
泌乳净能/(Mcal/kg)	—	—	—
瘤胃可消化蛋白/%	10.0	10.0	10.0
瘤胃不可消化蛋白/%	4.4	2.6	1.7
粗蛋白/%	14.4	12.6	11.7
代谢蛋白/%	8.1	6.8	6.1
NDF/min %	25～33	25～33	25～33
ADF/min %	19～25	19～25	19～25
淀粉/max %	15～20	15～20	15～20

续表

营养成分	育成牛各阶段		
	日龄225天，体重230 kg，增重率为0.9 kg/d的育成牛	日龄350天，体重330 kg，增重率为0.8 kg/d的育成牛	日龄475天，体重420 kg，增重率为0.7 kg/d的育成牛
常量元素/%			
Ca	0.58	0.44	0.37
P	0.26	0.21	0.18
Mg	0.12	0.12	0.12
K	0.52	0.54	0.56
Na	0.16	0.16	0.15
Cl	0.14	0.13	0.13
S	0.20	0.20	0.20
微量元素/(mg/kg)			
Cu	16	15	15
Co	0.20	0.20	0.20
I	0.58	0.54	0.53
Fe	46	32	24
Mn	44	40	38
Se	0.3	0.3	0.3
Zn	41	36	34
维生素/(IU/kg)			
维生素A	3829	4265	4698
维生素D	1044	1163	1281
维生素E	56	62	68

来源：National Research Council，Nutrients requirements of dairy cattle（eighth revised edition），2021.

表7-7　7～16月龄育成牛生长状况

生长状况	7月龄	8月龄	9月龄	10月龄	11月龄	12月龄	13月龄	14月龄	15月龄	16月龄
体重/kg	206.8	230.9	255.5	281.0	308.0	335.6	363.2	390.5	417.8	441.8
日增重/kg	0.89	0.80	0.82	0.85	0.90	0.92	0.92	0.91	0.91	0.80

来源：刁其玉. 犊牛营养生理与高效健康培育. 北京：中国农业出版社，2018.

第四节　青年牛饲养管理

一、青年牛的特点

青年牛指首次配种怀孕后到产犊前的头胎母牛。一般情况下，出生后14～15月龄，发育正常的母牛已完成配种怀孕，到18～19月龄时已进入妊娠中期，但此时母牛和胎儿所需养分增加不多，可按一般水平饲喂，而到产犊前2～3个月（22～25月龄），胎儿发育较快，子宫体和妊娠产物（羊水、尿水等）增加，乳腺细胞也开始迅速发育，在此期间每日每头增重700～800 g，高的可达1000 g。

二、青年牛的饲养

初产母牛由于自身还处于生长发育阶段，除考虑胎儿生长需要外，还应考虑其自身生长发育所需的营养。但是，青年牛体况不宜过肥，视其原来膘情确定日增重，肋骨较明显的为中膘，日增重可按1000 g饲喂。一般认为，以看不出肋骨较为理想，分娩前理想的体况评分为3.5。保证优质干草的供应，喂量占体重的1%～1.5%。严禁饲喂冰冻、霉烂变质和酸性过大的饲料。

怀孕前2个月是胚胎发育的关键时期，如果营养不良或某些养分缺乏，会影响胎儿着床和发育，导致胚胎死亡或先天性发育畸形，因此，要保证饲料质量高、营养成分均衡，尤其是要保证能量、蛋白质、矿物元素和维生素A、维生素D、维生素E的供给。

妊娠期最后2个月胎儿的增重占到胎儿总重量的75%以上，需要母体供给大量的营养，精饲料供给量应逐渐加大。母体也需要贮存一定的营养物质，使母牛有一定的妊娠期增重，以保证产后正常泌乳和发情。除优质青粗饲料以外，混合精料每天不应少于2～3 kg。从预分娩前10～14天开始增加精料（应饲喂分娩后要采用的基础精饲料），精料的饲喂量每日递增0.5 kg，逐渐增加至分娩前日饲喂量为4～6 kg，精料的粗蛋白质水平为15%～16%，但特别注意，从预分娩前20天，采用低钙日粮，即日粮钙含量调节到低于饲养标准的20%，有利于防止产后瘫痪。精饲料参考配方：玉米46%、豆饼16.5%、麸皮33%、石粉2.5%、食盐2.0%。

在分娩前30天，青年牛可以在饲养标准的基础上适当增加饲料喂量，但谷物的喂量不得超过青年母牛体重的1%；与此同时，日粮中还应增加维生素、钙、磷等矿物质含量。青年牛在产前2周应转入产房饲养，产房要彻底清扫消毒，保持温暖、干净、无贼风。母牛进入产房后应该减少精料，停喂块根类饲料，在产前2～3天，最好在日粮中加入些麸皮，可以防止便秘，有利于分娩。产房要有专人值班，勤换褥草，坚持刷拭和运动。

三、青年牛的管理

荷斯坦乳牛的平均妊娠期为280天，初产牛平均为276天。从预产期前10天开始应加强监控。青年牛单独分群，分娩前2个月的青年母牛应转入干乳牛群进行饲养。初次怀胎的母牛未必像经产母牛那样温顺，因此管理上必须非常耐心、温和。春、秋两季进行一次检蹄、修蹄，应在妊娠5～6个月前进行。保持牛舍、运动场卫生，供给充足饮水。从开始配种起，每天上槽后按摩乳房1～2分钟，促进乳房的生长发育；在妊娠后期，要经常刷拭牛体、按摩乳房，每天应按摩2次，每次5分钟，分娩前15天左右乳房肿胀较大时停止按摩。按摩乳房时要注意不要擦拭乳头，乳头的周围有蜡状保护物，如果擦掉有可能导致乳头皲裂，甚至造成乳房炎。同时，还要防止机械性流产或早产，在牛群通过较窄的通道时，不要驱赶过快，防止互相挤撞，冬季要防止在冰冻的地面或冰上滑倒，也不要喂给母牛冰冻的饲料或饮冰水。严禁打牛、踢牛，做到人牛亲和，人牛协调。运动可持续到分娩前，每日运动1～2小时，可防止难产，保持牛的体质健康。青年牛应保持中等体况。

青年牛在临产前2周应转入产房饲养，以适应新环境。其饲养管理与成年牛围产期相同。

第五节　乳公牛的肉用生产

利用乳用公犊生产牛肉在乳牛业中占有重要的地位，它是牛肉生产的一个重要来源。利用乳牛资源生产优质牛肉，是肉牛业发达国家的通行做法。国外通常用乳牛群中一定比例的母牛与专门化的肉用公牛杂交，产生的后代用作牛肉生产。法国采用黑白花、红白花、娟姗、荷斯坦、捷尔威、婆罗门、瑞士褐等乳用或乳肉兼用品种，与专门化的肉用品种牛杂交，明确规定所产杂交后代中肉牛品种血统所占的百分比，如1/4产肉性状等。在世界乳牛单产最高的国家以色列，其全国生产牛肉的1/3来自乳用犊公牛。我国利用乳用犊公牛生产牛肉潜力很大，应尽快加大开发力度。

一、生产小白牛肉的犊牛饲养管理

（一）小白牛肉的起源

早在大约2500年前，小白牛肉作为一种奢侈品供贵族和牧师在高级宴会时享用。现代意义上的小白牛肉生产，大概是在20世纪50年代起源于欧洲，它与乳牛业的发展紧密相关。最初乳公犊因不能产奶而被认为没有用武之地，但随着小白牛肉产业的发展，越来越多的乳公犊被用于生产小白牛肉。20世纪50年代，人们发现用乳清粉、干草和脂肪作为日粮来饲喂犊牛能够改善体重和肉质，这样生产出的小白牛肉已成为颇受欢迎的高档肉制品。而随着小白牛肉质量的提高，欧洲对于全乳饲喂的小白牛肉的需求量日益增多，同时，这种消费者强烈的购买需求也蔓延到了美国。而正是由于有了蓬勃发展的小白牛肉产业，乳牛场每年出生的大量的乳公犊及乳品加工副产物才有了用武之地。

（二）小白牛肉的分类

1. 特殊饲喂犊牛 犊牛全部饲喂营养全价的代乳粉，直到18～20周龄，体重达到180～200 kg时屠宰。肉色为象牙白或粉红色，肉质柔软、有韧性，肉味鲜美。这种特殊饲喂的小白牛肉约占美国小白牛肉产量的85%。

2. Bob犊牛 犊牛仅饲喂牛奶，大约在3周龄，体重不到68 kg时即被屠宰。这种小白牛肉肉色呈浅粉红色，肉质松软。

3. 谷物饲喂犊牛 犊牛最初饲喂牛奶，然后饲喂谷物、干草和添加剂。肉色较暗，并常有脂肪可见。这种犊牛通常饲喂到5～6月龄，体重达到200～270 kg时屠宰。

犊牛胴体主要按照复合的两种评分指标进行评级：外形构造（胴体瘦肉、脂肪和骨的比例）及瘦肉的品质。胴体肉色是评定小白牛肉、犊牛肉和普通牛肉品质的关键因素。一般将小白牛肉分为5级：最优、精选、上等、标准、可用。

（三）生产小白牛肉的犊牛饲养管理

小白牛肉的营养价值非常丰富，含有丰富的维生素和矿物质，而胆固醇、钠和饱和脂肪酸含量低，蛋白含量比一般牛肉高55%，脂肪含量低90%，可以说是牛肉中的精品。

不同国家生产小白牛肉的标准不同，消费者可根据自己的消费习惯来选择。通常，生产小白牛肉的良好犊牛，应具有优良肌肉的胴体，并在背部覆盖有一层脂肪，肉的颜色应较浅，这表明它们不是用干草或谷物饲喂的，故亦称小白牛肉。在整个饲养期均用全乳、代乳料或人工乳进行饲喂。如用全乳饲喂，最初几周的饲喂量相当于犊牛体重的10%左右。采用这种饲养方式，犊牛增重虽快，但成本太高。在6～8周龄时，平均每生产1 kg小白牛肉消耗10 kg左右的全奶，肉价与奶价相比，太不经济。因此，近年都采用代乳料或人工乳进行饲喂，平均每生产1 kg小白牛肉约需1.3 kg干代乳料或人工乳。在美国密歇根州，采用代乳品培育乳用公犊，获得了良好的效果。这种代乳品中，除乳品外，还有经过乳化的动物脂肪。现举日本常用的犊牛哺乳期全乳、人工乳、脱脂乳培育方式的饲料量如表7-8所示。

在犊牛培育期的90天内，共计消耗全乳28 kg，脱脂乳粉12 kg，人工乳181 kg（前期用22 kg，后期用159 kg），平均日增重为0.92 kg。人工乳的配方与乳用犊牛所采用的基本相同，不同的是哺乳期较长和人工乳中含动物脂肪较多。

二、肉用乳公犊的肥育饲养管理

乳公犊肥育，一方面要保证幼畜的正常生长发育；另一方面要降低成本，提高成活率。其主要饲养管理技术介绍如下。

（一）犊牛的选择

乳公犊具有生长快、肥育成本低的优势，在我国目前条件下，黑白花牛对饲料的转化率高、生长快、瘦肉多，选择黑白花乳公犊作为高档优

表7-8 每头犊牛哺乳期全乳-人工乳-脱脂乳培育方式的饲料量

饲料/(kg/d)	周龄												
	1	2	3	4	5	6	7	8	9	10	11	12	13
全乳	4.0												
脱脂乳	0.05	0.5	0.5	0.3	0.05								
人工乳	0.04	0.15	0.43	0.83	1.22	前期0.4 后期1.4	2.38	2.62	2.65	3.07	3.40	3.65	3.0
干草		0.09	0.22	0.28	0.42	0.56	0.76	0.94	0.97	0.94	0.99	0.75	0.74

质肉是适宜的。国外黑白花乳公犊除种用外，绝大多数进行肥育。

选作肥育用的公犊，要求初生重大于40 kg，健康无病。从体型上看，头方嘴大、前管围粗壮、蹄大坚实。体型小，体重低于35 kg的犊牛不宜用作肥育用。

如果准备饲养一年就出栏，乳公犊可不去势。但去势有利于牛肉中大理石纹沉积，综合考虑其生长阶段、健康状态及养殖目标，通常在2~6月龄进行去势。若采用橡胶圈结扎方法则越早越好，通常选择1~2周龄；若采用化学去势，最佳时间为2~4月龄；若采用手术去势，最佳时间为3~6月龄。去势最好在春季进行。

（二）初生犊牛的饲养管理

犊牛出生后，应立即清除口、鼻、耳内黏液，断脐，并排出脐内污物，然后用5%的碘酒消毒，擦干牛体，进行称重，戴耳号。犊牛出生后1个小时内，必须吃到初乳，喂量应不少于4 kg。

（三）肥育分期

肥育分为3个阶段，即犊牛期（0~6月龄）、育成期（7~12月龄）、肥育期（13~18月龄）。

1. 犊牛期　采用低奶量、早期断奶的方法。犊牛在出生12小时内必须饲喂初乳，从8日龄开始饲喂常乳或代乳，并训练采食干草和犊牛料，1月龄左右犊牛能够正常吃草料，40日龄早期断奶乳公犊的饲喂法和41~180日龄乳公犊断奶后的饲喂法分别见表7-9、表7-10。

2. 育成期　育成期采取舍饲肥育方法，粗饲料以黑麦草、玉米青贮、秸秆或杂草等为主，少量补给精料。育成期精料配方是玉米58%、麸皮28%、熟豆粕1%、磷酸氢钙1%、食盐1%、预混料1%。预混料中含有微量元素、复合维生素和复合酶制剂。饲喂方法：采取控制饲料给量，利用小型铡切机械将青粗饲料切割成10 cm左右长短，人工按比例配制为简单的全混料投喂，饲喂方式：每天饲喂2次，上午8—9点和晚间6—7点，自由饮水（表7-11）。

3. 肥育期　仍然采取舍饲肥育方法，提高蛋白质和维生素A及精饲料的比例。肥育期精料配方是玉米54%、麸皮25%、熟豆粕18%、磷酸氢钙1%、食盐1%、预混料1%（表7-12）。

乳公犊饲养18个月，体重达到500 kg左右即可出栏，此时的乳公犊肌肉丰满，膘情良好，是出栏及屠宰的最佳时机，若此时不出栏，虽采食量增加，但增重速度明显减慢。因此适时出栏可达到既降低成本又增加乳公犊肥育经济效益的目的。

表7-9　40日龄早期断奶乳公犊的饲喂法

日龄/d	乳品饲料种类	乳品日喂量/kg	饲喂次数/次	犊牛料日喂量/kg	苜蓿干草/kg
0~7	初乳	5~6	3	—	—
8~10	常乳+代乳	3+3	3	—	—
11~20	代乳	6	3	0.3	—
21~30	代乳	4	2	0.8	自由采食
31~40	代乳	2	1	1.2	自由采食

注：代乳粉的配合比例是脱脂奶粉75%、动物脂肪或植物油15%、大豆粉7.5%、葡萄糖2%、维生素和矿物质0.5%。

表7-10　41~180日龄乳公犊断奶后的饲喂法

日龄/d	犊牛料日喂量/kg	酒糟日喂量/kg	黑麦草日喂量/kg	玉米青贮日喂量/kg	秸秆或杂草日喂量/kg
41~60	1~1.2	1.5	1	—	—
61~90	1.3~1.5	1.8	2	—	0.5
91~120	1.6~1.8	2~3.5	3	—	1
121~150	1.8~2	3.6~4.5	4	—	1
151~180	2.2	4.6~5	—	6	1.5

表7-11 乳公牛育成期饲喂方法

日龄/d	精料日喂量/kg	酒糟日喂量/kg	黑麦草日喂量/kg	玉米青贮日喂量/kg	秸秆或杂草日喂量/kg
181～210	2.2	6	—	7	2
211～240	2.2	7	—	8	2
241～270	2.2	8	—	9	2
271～300	2.5	9	—	10	2.5
301～330	2.5	10	8	5	2.5
331～360	2.5	12	18	—	—

表7-12 乳公牛肥育期饲喂方法

日龄/d	精料日喂量/kg	酒糟日喂量/kg	黑麦草日喂量/kg	玉米青贮日喂量/kg	秸秆或杂草日喂量/kg
361～390	2.7	13	20	—	3
391～420	2.7	13	20	—	3
421～450	3	15	22	—	4
451～480	3	15	22	—	4
481～510	3.5	18	25	—	5
511～540	3.5	20	25	—	5

（四）预防疾病

1. 呼吸器官疾病 本病发病猛烈，可见高烧不退，有的并发传染性鼻气管炎和肺炎。多发生在3～5周龄。预防方法是事先将新生犊牛牛体擦拭干净，保持犊舍温暖，做好通风换气。至于生后因受寒而引起的肺炎，可用消炎剂和抗生素治疗，多可痊愈。

2. 胃肠病 一般开始出现胃肠炎症状，继之下痢，从稀便到水样便，严重的稀便呈灰白色，并伴有血样。治疗的前提是加强饲养，精心护理，治疗原则是健胃整肠、消炎、防止继发感染和脱水，抗生素更为有效。

3. 传染性疾病 沙门菌病是由沙门菌经口或创伤感染而引起的，主要呈现出血性肠炎症状，死亡较快，多发生在2～3周。预防方法是对该病的常发地和已发病的牛舍、用具、牛体等彻底消毒，捕灭作为传染源之一的鼠类。对于传染性疾病最好是早发现、早隔离，对严重者要用药致死然后深埋，对某些常发地区及发病地方的畜舍环境、牛体本身、饮食用具等要严格消毒。

（五）卫生消毒

允许使用消毒防腐剂对饲养环境、厩舍和器具进行消毒，但不能使用酚类消毒剂。对牛舍、料槽、水槽进行定期清洗、消毒，避免细菌滋生。可用0.1%的苯扎溴铵或0.2%～0.5%的过氧乙酸消毒，也可采用次氯酸盐、生石灰、氢氧化钠、高锰酸钾等消毒剂。

第六节 成乳牛饲养管理

成年母牛是指至少产过一次犊的乳牛，根据其生产特性，分为泌乳期和干奶期。其中，泌乳期分为新产期、泌乳盛期、泌乳中期和泌乳后期，干奶期分为干奶前期和干奶后期。干奶后期又称为围产前期，新产期又称为围产后期，围产前期和围产后期并称为围产期。

一、干奶期特点及饲养管理

为了保证母牛妊娠后期胎儿的正常发育，使母牛在紧张的泌乳期后能有充分的休息时间，以恢复体况和更新修复乳腺细胞，为下一个泌乳期做好准备，一般在妊娠最后60天采用人为的方法使母牛停止产奶，这种操作称为干奶。

（一）干奶的意义

1. 胎儿快速生长发育的需要　母牛妊娠后期，胎儿生长发育速度加快，近60%的体重增加在该阶段，需要大量营养。

2. 乳腺组织周期性修复的需要　母牛经过10个月的泌乳期，各器官系统一直处于代谢的紧张状态，尤其是乳腺细胞需要一定时间修复与更新。

3. 恢复体况的需要　母牛经过长期的泌乳，消耗了大量的营养物质，因此需要有干奶期，以便使母牛损失的体况得以恢复，为下一个泌乳期能更好地泌乳打下良好的体质基础。

4. 治疗乳房炎的需要　由于干奶期乳牛停止泌乳，这段时间是治疗隐性乳房炎和临床性乳房炎的最佳时机。

（二）干奶期的长度

干奶期是指从干奶日至分娩日的这段时间，以45~70天为宜，平均为60天，过长过短都不好。干奶期过短，乳牛休息时间过短，达不到预期的干奶效果；干奶期过长，会影响泌乳期的产乳量和增加饲养成本，还可能导致牛只体况过肥引发相关疾病。一般建议头胎牛干奶时间至少为55天，经产牛干奶时间至少为45天。干奶期长短对泌乳性能的影响见表7-13。

表7-13　干奶期长短对泌乳性能的影响

干奶期/d（平均值±标准差）	产乳量/（kg/d）
0±0	37.8
40±5	38.5
64±2	42.8
67±8	40.6

来源：Chen等，Journal of Dairy Science，2016。

（三）干奶方法

母牛泌乳达到干奶期时不会自动停止泌乳，为使母牛停止泌乳，必须人为地给予干奶，此即干奶方法。按照干奶方法操作时间的长短，可分为逐渐干奶法、快速干奶法和一次干奶法。

1. 逐渐干奶法　在预定干奶期的前10~20天，开始变更母牛饲料，减少青草、青贮、块根等青饲料及多汁饲料的喂量，多喂干草，并适当限制饮水，停止母牛运动和乳房按摩，改变挤奶时间，减少挤奶次数，由每日3次改为每日2次或1次，以后再隔日或隔2~3日挤奶1次，待日产乳量降至15 kg时停止挤奶。逐渐干奶法用时长，母牛处于不正常的饲养管理条件的时间长，会对胎儿的正常发育和母体健康产生一定的影响，但此法对于母牛的乳房较为安全，对技术的要求较低，多用于高产乳牛。

2. 快速干奶法　快速干奶法的原理及所采取的措施与逐渐干奶法基本相同，只是进程较快，为5~7天。最后一次挤奶后，应给母牛每个乳区注入干乳牛专用的长效抗乳房炎制剂（抗生素），乳头浸蘸封乳头剂（如3%的次氯酸钠等）。干奶后10~14天要密切观察母牛是否有乳房炎症状。注意，干奶几天以后不应再给母牛挤奶，否则将诱发产乳热并增加乳房炎患病危险。快速干奶法所用时间短，对胎儿和母体本身影响小，但对母牛乳房的安全性较低，容易引发母牛乳房炎，对干奶技术的要求较高，对有乳房炎病史的牛不宜采用。

3. 一次干奶法　在预定干奶之日，不论当时产乳量多少，将奶挤尽。挤完后即刻用碘伏消毒乳头，而后向每个乳区注入一支含有长效抗生素的软膏和乳头封闭剂。在停止挤奶后的3~4日应密切注意干乳牛乳房的情况。在停止挤奶后，母牛的泌乳活动并未完全停止，因此乳房内还会聚集一定量的乳汁，使乳房出现膨胀现象，这是正常的，不要按摩乳房和挤奶，几天后乳房内乳汁会被吸收，乳腺萎缩，干奶即为成功。但如果乳房膨胀不消且有炎性症状（红、肿、热、痛），应治愈后再进行干奶。

由于前两种方法操作时间长且复杂，目前在大型规模化牧场主要采取一次干奶法，其具体操作步骤如下。

（1）干乳牛要放在最后进行挤奶，以保障操作人员有充足的操作时间。

（2）整个干奶操作流程都要戴上干净的手套，如果手套出现破损或污染的情况，要及时更换。

（3）在进行相关操作前，标记好乳牛，便于清楚哪些牛要进行干奶。

（4）在挤奶最后，检查四个乳区是否有乳房炎等疾病。

（5）对健康的乳牛进行以下干奶操作。前药浴四个乳头，接触药浴液30秒，然后用干净的纸巾擦干。

（6）从左后（右手操作）或右后（左手操作）乳头开始执行以下程序，应逐个乳头进行操作：①用酒精棉消毒乳头，直到酒精棉上不再出现污垢。还可能会用到几片吸水棉，最后一次擦拭后要保证吸水棉干净。如果没有，就需要重新消毒乳头，重新开始这个步骤。②若采用抗生素干奶法，将其注入乳头并按摩乳头。应将试剂管的末端插入乳头管，以免对乳头管造成任何伤害。如果在注射药剂后，乳头变脏。那么在注入封闭剂前，要用酒精棉球消毒（参见步骤①）。③捏住临近乳头的乳房底部，轻轻注入乳头封闭剂，使其保持在乳头底部，不要按摩乳房。④其余三个乳头重复以上操作，一次一个。

（7）四个乳头都在进行药浴。

（8）记录所有处理过程。

（9）让乳牛站立30分钟，然后无应激地转移到干乳牛舍。

（四）干奶治疗

干奶期是治疗隐性乳房炎的最佳时期，因此绝大多数牧场都会采用全群干奶治疗，即在干奶时对每头乳牛的每个乳头注射抗生素。该方法可以治疗隐性乳房炎，同时预防干奶期新的感染。但对于没有乳房炎的乳牛，该方法增加了抗生素的使用量和成本。

随着抗生素残留和耐药菌等问题的出现及相关法规对抗生素使用的限制，禁抗、减抗和替抗成了畜牧养殖业的新模式。因此，乳牛养殖可以考虑使用选择性干奶治疗。然而，该方法的执行需要牧场检测每一头乳牛的体细胞数，并结合临床乳房炎发病记录和细菌学知识来抉择需要治疗的乳牛，从而会增加劳动力成本。若牧场内乳房炎发病率和体细胞数较高，在选择改变治疗方案前，需要先解决乳房炎问题。刚开始执行时，可以将体细胞阈值设低，并监测干乳牛新感染风险、产后乳房炎发病率和首次检测体细胞数等指标，以评估相关效果。随着效果的提升，可以逐步提高体细胞筛选阈值。对于未感染牛只，只采用乳头封闭剂，从而减少抗生素的使用、产后过抗、弃奶和大罐奶抗生素残留的风险与成本。

（五）干奶前期的饲养管理

干奶前期指从干奶日至产前3周的这段时间。干奶前期乳牛的干物质采食量（DMI）约占体重的2.0%，日粮粗蛋白含量12%～14% DM，产奶净能（NE_L）1.31～1.48 Mcal/kg DM，中性洗涤纤维（NDF）40%～45% DM，酸性洗涤纤维（ADF）30%～35% DM，钙0.4%～0.6% DM，磷0.3%～0.4% DM。饲养原则为在满足母牛营养需要的前提下，少用青绿多汁饲料和副料（啤酒糟、豆腐渣等），以粗饲料为主，保持适宜的纤维摄入量，搭配一定的精料（表7-14）。

表7-14 干奶前期日粮精补料配方示例

饲料原料	占比/%DM
玉米	24
豆粕	5
棉籽粕	4
菜籽饼粕	2
麸皮	5
DDGS	3
食盐	0.5
磷酸氢钙	0.5
石粉	0.3
预混料	0.5

来源：杨军香，曹志军. 全混合日粮实用技术［M］. 北京：中国农业科学技术出版社，2011.

二、围产期特点及饲养管理

围产期分为围产前期和围产后期，围产前期（干奶后期）是指产前21日至分娩日，围产后期是指分娩日至产后21日。该阶段乳牛的生理和代谢都会经历巨大的变化，产生严重的应激，易出现免疫抑制和胰岛素抗性问题。若管理不善，会导致乳牛产后代谢疾病的高发，影响泌乳性能的发挥。

(一) 围产前期

1. **能量代谢** 围产前期是胎儿的主要生长发育期,此阶段乳牛的能量需求增加。但胎儿体积的增大,压迫瘤胃,再加上新陈代谢和激素的变化,乳牛产前3周的DMI下降30%～35%,其中近90%的下降是在产前7日。因此,无论是在产业界还是在科研界,围产前期乳牛日粮的能量问题一直是讨论的热点。研究表明产前高能日粮(NE_L 1.62 Mcal/kg DM)会增加乳牛的能量摄入,但会降低产后DMI,提高体脂动员量,加剧产后能量负平衡程度。然而,低能日粮(NE_L 1.30 Mcal/kg DM)则会降低初乳中IgG、犊牛初生重和血液抗氧化指标。因此,围产前期乳牛日粮能量浓度需要兼顾母牛和犊牛两个因素,二者达到平衡点才能实现共赢。中国农业大学曹志军教授提出了"乳牛母子一体化"理念,并经生产实践检验,证明该理念可以指导生产,并形成系列标准化操作程序。乳牛母子一体化是指兼顾母子需求,通过营养搭配、科学管理,实现母牛产后健康、平稳高产、犊牛平安出生、茁壮成长,最终达到牧场盈利和可持续发展的目的。从时间上而言,广义指乳牛产前2个月至犊牛断奶后2周的130天,狭义指乳牛产前3周至犊牛3周龄的40天。

2. **蛋白代谢** 在妊娠后期,乳牛为即将到来的泌乳做准备,乳腺、胎儿、子宫和消化道对蛋白的需求量增加。然而,此阶段乳牛的DMI减少,降低了日粮蛋白的摄入量,从而增加了体蛋白的动员代谢。此外,乳牛体内抗体和许多细胞信号因子都是蛋白质,且蛋白质还是胎儿发育和乳腺泌乳重要的营养物质。乳牛的体蛋白含量约为13%,个体之间存在差异,但可动员利用的蛋白质储存量非常有限,为25～35 kg。而妊娠后期胎儿的代谢速度是母体的2倍,其所需代谢能的30%～40%由氨基酸提供。因此,围产前期日粮代谢蛋白不足很容易导致产前蛋白质负平衡。

3. **矿物质代谢** 钙在保障骨骼强度、肌肉功能和免疫功能等方面起着重要的作用,乳牛正常的血钙水平为9～10 mg/dL。在妊娠后期,乳牛合成初乳和牛奶需要大量的钙,而骨钙动员和肠道重吸收等钙的调节机制又无法充分调动自身钙代谢,从而造成血钙的急剧下降。血钙缺乏又称为低血钙症,分为临床性(血清总钙浓度≤5.5 mg/dL)和亚临床性(血清总钙浓度≤8.5 mg/dL)。临床性低血钙多发生于经产牛产后1～2日,会出现瘫痪无法站立、体温偏低、头会偏向一侧的临床症状。当进行静脉输钙治疗时,肌肉会颤动。输钙后乳牛仍无法站立,可考虑其他矿物质问题。例如,镁在钙的调节机制中起到媒介作用。正常情况下,乳牛血镁水平为1.8～2.4 mg/dL。当血镁浓度低于1.5 mg/dL时,会损害乳牛代谢系统对低血钙水平的敏感性。因为其影响甲状旁腺激素分泌和乳牛对甲状旁腺激素的敏感性,进一步减少了钙的动员和吸收。此外,日粮高钾还会限制镁的吸收,钙、磷吸收需要适宜的比例,乳牛产道拉伤损害神经功能也可造成瘫痪。

与临床性低血钙相比,亚临床低血钙的危害更大。亚临床低血钙乳牛没有明显的症状,但会出现采食量降低、瘤胃和肠道蠕动减缓、患代谢和传染性疾病的风险增加等情况。钙对肌肉收缩起着关键的作用,钙缺乏会降低平滑肌的收缩能力,延长饲料在消化道的停留时间,降低采食量;子宫收缩无力,易导致乳牛难产,无法将子宫内容物和恶露排出体外,加剧子宫炎和胎衣不下的发生;真胃蠕动减缓,其气体排出体外的时间增长,增加真胃移位的风险;乳头括约肌闭合不全,增加乳房炎的发病率。此外,在乳牛体内,钙是免疫系统的"第二信使"。因此,钙缺乏会影响免疫系统功能。而且,在牧场中,乳牛患亚临床低血钙的比例远远高于临床性低血钙。

预防乳牛低血钙,主要有三种营养策略:低钙日粮、钙吸附剂和高钙阴离子盐日粮。

低钙日粮是为了减少围产前期乳牛对日粮中钙的吸收,从而降低其血液中的钙水平,刺激甲状旁腺激素的分泌,以调节钙的动员机制。然而,这种方法并没有被广泛使用。因为常用的饲料原料中钙含量较高,这会增加日粮钙的摄入量低于其维持需要(<20 g/d)的难度。

钙吸附剂(沸石吸附剂)硅铝酸钠可以吸附带正电荷的离子,从而减少乳牛肠道吸收,增加排出量。通过这种方式,可以降低产前乳牛的血钙水平,增加甲状旁腺激素的分泌,调动骨钙动员机制,减少产后低血钙症的发生。

高钙阴离子盐日粮是应用最广泛的策略,使用阴离子盐营造围产前期乳牛的代谢性酸环境,引起肾脏和骨骼组织的代偿作用以校正血中的pH,骨骼组织提供CO_3^{2-}充当缓冲剂以校正轻微过酸症的产生，同时释出骨钙。评估酸化环境的指标为日粮阳离子与阴离子的毫克当量数（mEq）之差［DCAD =（钠%/0.023 + 钾%/0.039）−（氯%/0.0355 + 硫%/0.016）］。目前市场上，有些相关的配方软件更新了DCAD值的计算，纳入了钙磷镁和各矿物质的吸收率［DCAD =（钠%/0.023 + 钾%/0.039 + 0.15钙%/0.04 + 0.15镁%/0.024）−（氯%/0.0355 + 0.6硫%/0.016 + 0.5磷%/0.039）］。根据阴离子盐添加使用量的多少，又分为部分酸化日粮和全酸化日粮。部分酸化日粮是饲喂少量阴离子盐，使日粮DCAD值在−5～0 mEq/100 g DM，尿液pH维持在6.0～7.0，以有效预防临床性低血钙。全酸化日粮饲喂高量阴离子盐，使日粮DCAD值在−15～−10 mEq/100 g DM，尿液pH维持在5.5～6.0，以有效预防亚临床性低血钙。常用的阴离子矿物盐主要有氯化铵、硫酸铵、硫酸镁、氯化镁、氯化钙、硫酸钙等，但适口性会有所差异。再加上国内很多牧场无法检测饲料原料的矿物质含量，因此根据乳牛的尿液pH来判断饲喂效果比较准确。

4. 围产前期日粮配方与阴离子盐使用

（1）围产前期乳牛DMI约占体重的1.7%，青围产DMI ≥ 10 kg/d，经围产DMI ≥ 11 kg/d。

（2）日粮NE_L 1.45～1.55 Mcal/kg DM，粗蛋白14%～15% DM。

（3）按照群体DMI至少为11 kg计算，保障代谢蛋白（MP）1200 g/d。

（4）淀粉16%～18%，非结构性碳水化合物（NFC）33%～35% DM，脂肪3%～5% DM。

（5）日粮ADF 25%～29% DM，NDF 32%～36% DM，物理有效NDF（peNDF）24%～27% DM。

（6）DCAD为−12～−8 mEq/100 g DM。

（7）钾比氯高0.3%～0.4%，钾1.5%～1.6% DM，氯1.2%～1.3% DM，镁0.4%～0.5% DM，钾∶镁 ≈ 4∶1。

（8）按照DMI 11 kg计算，钙120～135 g/d，磷40～45 g/d。

5. 饲养管理

（1）饲养：青围产与经围产分开饲养，因为青年牛自身还在生长，骨钙动员机制功能在围产期比较活跃，不容易引起青围产产后血钙迅速下降，发生产后瘫的概率比较低，不需要饲喂阴离子盐。但青年牛易发生乳房和腹下水肿，这可能与青年牛血液循环系统功能不健全且产前乳腺血流量增加有关。因此，需关注其能量、钾和钠的摄入量。

（2）密度：散栏饲养的密度应小于85%，且当密度小于50%时，为保障撒料厚度，牛舍加隔断。

（3）卧床：围产前期乳牛可以轻松卧下和起立，高峰期躺卧比例 ≥ 85%，飞节、膝盖、肩胛骨和脊骨受伤比例 < 10%。

（4）垫料：每周维护修整2～3次。

（5）撒料：每天每舍的撒料时间固定，上下浮动不能超过1小时。

（6）推料：推料次数与泌乳牛保持一致，至少每2小时推料一次。

（7）清料：每天清理剩料，剩料量控制在每头每天1～2 kg，必须在清料半小时内撒新料。

（8）饮水：每20～25头乳牛设置一个饮水区域，宽度至少30 cm，深度至少10 cm，水位冬季1/3，夏季2/3。

（9）通风：牛舍氨气浓度 < 15 mg/kg。

（10）修蹄：进入干奶前进行一次修蹄，并治疗蹄病牛。

（11）监测：经围产尿液pH（6.0～6.5）和青围产水肿 < 15%的情况。

（12）体况：最佳体况评分（BCS）为3.25分，不要超过3.5分。在该阶段，乳牛BCS 3.25～3.5分，尽量保持不增不减；乳牛BCS < 3.25分时，可增加0.25～0.5分。

（二）分娩期

注意观察牛只状况，若发现乳牛表现神志不安、停止采食、起卧不定、后躯摆动、频回头、频排粪尿甚至鸣叫等临产征候时，提前转移到产房，避免打断产犊进程。舒适的分娩环境和正确的接生技术对母牛护理和犊牛健康极为重要。产房保持清洁、干燥、阳光充足、无贼风和宽敞。母牛分娩时必须保持安静，并尽量使其自然分娩。一般从阵痛开始需1～2小时，犊牛即可顺利产出。如发现异常，应请兽医助产。接产所需物品如10%碘酊、消毒液、干粉润滑剂、助产绳、助产器、长臂手套和照明设备（夜用）等应放在指定的地方。母牛分娩后应尽早驱使其站立，以利子宫复位和防止子宫外翻，且能即时采食和饮水，尽快挤出初乳（建议2小时内）并妥善保管。根据需要，进行产后灌服和投钙丸操作。

（三）围产后期

1. 能量代谢　围产后期即分娩日至产后21日，又称为新产期。该阶段乳牛需要尽快恢复采食量，这有助于瘤胃的扩充、瘤胃绒毛的生长和营养物质的吸收，以及适应高能日粮瘤胃微生物的建立，从而缓解能量负平衡，降低产后代谢疾病的发生率，提高高峰产乳量。但乳牛产后DMI采食高峰晚于产乳量高峰，无法通过采食直接快速满足其需求，因此会导致乳牛体脂动员，增加血液非酯化脂肪酸（Non-esterified Fatty Acids, NEFA）浓度。NEFA进入肝脏后，部分被再酯化生成甘油三酯。但甘油三酯的转运主要依赖极低密度脂蛋白（very low density lipoprotein, VLDL），当产生过多甘油三酯时，合成VLDL效率受限，就不能将脂肪转移出肝脏，从而使肝细胞发生脂肪变性形成脂肪肝，影响糖异生功能，进一步加剧体内葡萄糖的缺乏。此外，还有部分进入肝脏的NEFA进入氧化代谢过程，中间产物乙酰乙酸、β-羟基丁酸（β-hydroxybutyric acid, βHBA）和丙酮合称为酮体。因此，当体脂动员过多时，也会导致血酮浓度升高。国际标准规定 BHBA > 3.0 mmol/L 为临床酮病，BHBA > 1.2 mmol/L 为亚临床酮病。酮病又分为Ⅰ型和Ⅱ型，Ⅰ型主要是乳牛产后采食量不足，机体处于能量负平衡，体脂动员导致血酮浓度升高。该情况下，糖异生功能正常，治疗方法比较简单，主要是补充糖异生物质，如灌服丙二醇。Ⅱ型主要是乳牛产前采食量不足、营养缺乏或体况过肥，体脂提前动员，形成脂肪肝导致血酮浓度升高。该情况下，糖异生功能异常，无高效的治疗方法，只有加强围产前期乳牛的饲养管理加以调理。

2. 蛋白代谢　由于乳牛产后启动泌乳、对葡萄糖的需求量大大增加，因此机体还可能需要动员体蛋白或肌肉来为糖异生提供前体物质。虽然体蛋白的供能效率与体脂相比较低，但其还需为乳蛋白的合成提供氨基酸。有研究表明，乳牛体内的MP平衡点在产后1周内迅速下降，在第7日到达最低点-600 g/d。然后，在接下来的3周内稳步上升。乳牛的体脂和体蛋白沉积之间几乎没有关系，对于体况评分高的乳牛，其体蛋白沉积不一定高。因此，体况评分并不能真正地表示有关肌肉含量的任何信息。可以考虑借鉴肉牛行业的超声波扫描技术，来评估泌乳早期乳牛的肌肉含量和动员情况。此外，为了评估乳牛产后是否处于蛋白负平衡，还可以通过折射仪检测产后7~14日乳牛的机体总蛋白水平，参考值如表7-15所示。

表7-15　乳牛机体总蛋白参考值

总蛋白/（g/dL）	状态
> 6.0	良好
5.5~6.0	临界
5.0~5.5	蛋白损失严重
< 5.0	绝大多数乳牛淘汰或死亡

3. 日粮配方

（1）日粮应提供优质、易消化的豆科和禾本科牧草及优质青贮，DMI采食量为体重的2.5%~3.0%。

（2）日粮NE_L 1.67~1.72 Mcal/kg，粗蛋白17%~18%。

（3）NDF 28%~32%，ADF 19%~21%。

（4）淀粉22%~24%，NFC 35%~38%，脂肪4%~6%。

（5）饲料转化率达到1.6以上，体况评分建议为3.0~3.25分。

（6）按照DMI 18 kg计算，钙180~216 g/d，磷72~81 g/d。

4. 饲养管理

（1）护理：可以在挤奶时，标记乳房不充盈、蹄病及乳房炎的牛只。挤奶返回后，先观察上架采食情况，标记不采食、耳朵耷拉和眼窝深陷的牛只；其次观察粪便、子宫排出物及翘尾情况。监测体温，大多数疾病出现临床症状前会先体现在体温上。特别关注难产、双胎、胎衣不下、产乳热及产前体况评分超过4分的乳牛，监控其DMI和产乳量等指标。对于酮病，需要定期监测乳牛血酮含量。

（2）饲养：头胎与经产新产牛最好分开饲养。因为头胎牛采食速率慢，且自身还在生长发育，所以所需日粮的蛋白含量会更高。对于经产新产牛，若其健康，采食量恢复较快，可以提前转入高产牛群采食高产日粮，以满足能量需要。

（3）挤奶：新产牛的挤奶特别关键，尤其是有腹下水肿、易踢杯的头胎牛。若未挤尽，会增加乳房的压力，降低牛奶的合成；若持续时间较长会产生类似干奶的影响，影响整个泌乳周期的产乳量，甚至造成盲乳和乳房炎。

（4）卧床：若未设有挡胸板，为开放式，则长度应是鬐甲高的1.8倍。若设有挡胸板，挡胸板与卧床后缘的距离应是鬐甲高的1.2倍。挡胸板圆滑，高度不超过10 cm。宽度应是腰角骨宽度的2倍，颈轨高度应是鬐甲高的0.83倍。

（5）垫料：每天至少维护修整一次。

（6）撒料：每天根据挤奶时间撒料，保障乳牛挤奶返回前有新鲜的饲料。

（7）推料：乳牛挤奶返回1小时内保障推料一次，之后至少每2小时推料一次，避免出现空槽的情况。

（8）清料：每天清理剩料，剩料量控制在每头每天1～2 kg。

（9）饮水：每20～25头乳牛设置一个饮水区域，宽度至少30 cm，深度至少10 cm，水位冬季1/3，夏季2/3。

三、泌乳盛期特点及饲养管理

泌乳盛期是指乳牛产后22～100日，该阶段在保证乳牛健康的情况下，应充分发挥产奶潜力，增加高峰产乳量和持续力。通常情况下，高峰产乳量每增加1 kg/d，整个泌乳期产乳量增加250 kg。乳牛产后产乳量迅速上升，一般6～8周即可达产奶高峰，但DMI需要10～12周才能达到高峰。因此，DMI的增加速度不匹配泌乳对能量需要的增加，乳牛能量代谢呈现负平衡，机体动员体脂，以满足产奶的营养需要。该阶段，建议乳牛的体重损失不超过1.0 kg/d。

（一）营养调控

日粮的ADF含量影响乳牛瘤胃的消化率，NDF含量影响乳牛的采食量，而粗饲料是日粮中ADF和NDF的主要供体。因此，粗饲料是调节日粮消化率和采食量的关键因素。牧场的信息化、智能化在提升，配方制作时由关注日粮的NDF到粗饲料的NDF，再到peNDF和不可消化纤维（uNDF240，指体外培养240小时未消化的NDF）。乳牛每天的NDF采食量约占体重的1.2%，若是高消化率粗饲料，该数值可达到1.5%，占日粮28%～30% DM。peNDF可通过宾州筛来计算，其等于日粮NDF含量乘以前三层筛（≥4 mm）干物质比例之和，占日粮20%～22% DM。乳牛每天的uNDF240采食量占体重的0.35%～0.40%，约占日粮10% DM。

乳糖是乳中最稳定的成分，因为乳糖是维持乳腺正常渗透压的主要物质。当乳腺中乳糖浓度升高时，会增加水分向乳腺的运输。因此，乳腺中乳糖合成速率与牛奶产量呈正相关。乳糖是二糖，由一分子D-葡萄糖和一分子D-半乳糖通过乳糖合成酶的催化构成，而D-半乳糖也是由葡萄糖在高尔基体内通过己糖激酶和变位酶的作用转化而成。因此，其所需的原料都来源于血液中的葡萄糖，而血液中的葡萄糖约50%是通过丙酸的糖异生获得的。此外，乳糖合成酶中的辅助因子α-乳白蛋白只能在乳腺中表达，所以只有乳腺才能合成乳糖。葡萄糖是极性分子，其跨膜转运需要葡萄糖载体。综上所述，影响乳腺中乳糖合成量的关键因素有瘤胃丙酸的合成量、葡萄糖转运载体的表达量和乳糖合成酶中α-乳白蛋白的数量。但在营养方面，主要通过日粮淀粉来调控瘤胃丙酸合成量。日粮淀粉含量过低，会影响产乳量。反之，若没有优质粗饲料匹配，会导致乳牛瘤胃酸中毒和血液代谢紊乱。综合试验研究，平衡健康和产量的淀粉推荐值为25%～26%。若牧场有优质玉米青贮，可为瘤胃提供高消化率的纤维和碳水化合物，此时配方的淀粉比例可高达28%～30%。

乳脂是乳中最不稳定的成分，95%的乳脂以甘油三酯的形式存在。合成乳脂所需的中长链和短链脂肪酸约各占50%，其中日粮中的长链不饱和脂肪酸在瘤胃中氢化后与蛋白质结合进入血液，然后被乳腺上皮细胞选择性吸收；而少于16个碳原子的短链脂肪酸主要是乳腺上皮细胞利用基底外侧膜吸收的乙酸和βHBA合成的。因此，营养方面提高乳脂肪主要有3个方面：①提高日粮过瘤胃脂肪供应量。例如，使用棉籽、膨化大豆、葵花籽或过瘤胃脂肪添加剂。一般在乳牛日粮中不直接添加液态脂肪。因为液态脂肪比重小，在瘤胃中它会漂浮在瘤胃液的表面，黏附在粗饲料表面，从而减少了瘤胃微生物和消化酶对粗饲料的消化。如果添加液态脂肪过量，会造成乳牛腹泻。所以在生产实践中，往往使用过瘤胃脂肪。②增加瘤胃乙酸的产生量。日粮有效纤维比例增加或使用外源缓冲剂以调节瘤胃pH，pH＞6.0可增加纤维分解菌的活性和瘤胃上皮对乙酸的吸收。③纤维分解菌只能以氨态氮作为氮源，因此日粮中可适当增加可溶解蛋白，以利于纤维分解菌的生长增殖。总之，无论是使用脂肪含量高的饲料原料，还是采用脂肪添加剂，日粮配方的脂肪含量应控制在5%～6%。

乳中的蛋白质分为两类：一类主要是来源于血液中的蛋白质，如血清蛋白和免疫球蛋白，占比5%～10%；另一类是乳腺泡上皮细胞合成的蛋白质，如酪蛋白、α-乳清蛋白和β-乳球蛋白。乳腺合成乳蛋白所需的氨基酸90%以上来自血液，而血液中的氨基酸主要来自微生物蛋白（MCP）和过瘤胃蛋白（RUP）。其中，MCP可由微生物利用非蛋白氮和一些低质蛋白原料合成，单个MCP的价格通常低于RUP。因此，最大化MCP产量可降低配方蛋白水平从而节省成本。所谓最大化MCP产量就是最大化微生物生长繁殖，而微生物的生长需要ATP和氮源。因此，日粮配制就需要根据康奈尔净碳水化合物-蛋白体系，匹配碳水化合物和蛋白不同降解速率，以实现能氮同步释放，从而最大化MCP产量。在日粮配方中，NFC和RUP的比例通常分别为39%～42% DM和35%～40% CP。此外，赖氨酸和蛋氨酸是乳牛的限制性氨基酸，日粮配方也应关注两者的含量，推荐占比分别为6.0%～7.0% MP和2.0%～2.4% MP，赖蛋比约为3∶1（表7-16、表7-17）。

表7-16　泌乳前期乳牛日粮配方示例

饲料原料	占比/% DM
玉米	26
麸皮	5
苜蓿	10
大豆皮	2
青贮	25
羊草	10
棉籽粕	5
豆粕	6
DDGS	4
过瘤胃脂肪	1
膨化大豆	2
全棉籽	2
食盐	0.5
甜菜粕	2
预混料	0.5

表7-17　泌乳前期乳牛日粮营养成分含量示例

营养成分	含量
产奶净能	1.74Mcal/kg
乳牛能量单位	2.3
粗蛋白	17.4%
中性洗涤纤维	30.2%
酸性洗涤纤维	21.4%
钙	0.85%
磷	0.40%

来源：杨军香，曹志军. 全混合日粮实用技术［M］. 北京：中国农业科学技术出版社，2011.

（二）饲养管理

1. 稳定性　保障饲料原料、TMR制作、饲喂、配种和挤奶等管理操作的稳定性。

2. 制作　每月检查一次设备，注意刀片的损耗情况、绞龙是否运转正常、搅拌时有无死角及撒料的均匀程度和投料的准确性。

3. 撒料　每天根据挤奶时间撒料，保障乳牛挤奶返回前有新鲜的饲料。

4. 推料　乳牛挤奶返回1小时内保障推料一次，之后至少每2小时推料一次，避免出现空槽情况。

5. 清料　每天清理剩料，剩料量控制在3%左右。

6. 采食量　每天跟踪记录，及时发现变动。

7. 饮水　乳牛每采食1 kg干物质，需要饮用4 kg水。每20～25头乳牛设置一个饮水区域，宽度至少30 cm，深度至少10 cm，水位冬季1/3，夏季2/3。

8. 挤奶　避免应激，前2分钟产乳量占比≥55%，无双峰现象。抽检乳牛进行乳头末端评分，1分和2分乳牛的占比之和超过90%。

四、泌乳中后期特点及饲养管理

（一）泌乳中期饲养管理

泌乳中期是指产后101～200日这段时间。在该时期，乳牛食欲旺盛，采食量达到高峰。在正常情况下，多数乳牛处于妊娠早中期。因此，泌乳中期仍是稳定高产的良好时机，控制每月产乳量下降的幅度低于5%~8%，维持高产的同时不增重。根据乳牛的产乳量和体况，及时调整精料饲喂量。日粮DMI占体重的3.0%~3.2%，日粮NE_L为1.5~1.6 Mcal/kg DM，粗蛋白含量为15%~16%，NDF含量高于30%，ADF含量高于20%，钙0.45%~0.60%，磷0.35%~0.45%。

（二）泌乳后期饲养管理

泌乳后期是指产后201日至干奶日这段时间。此期由于受胎盘激素和黄体激素的作用，产乳量开始大幅度下降，每月递减8%~12%。泌乳后期是乳牛增加体重、恢复体况的最好时期。因此，泌乳前中期体重消耗过多和瘦弱的乳牛在此时应适当比维持和产奶需要多采食一些，这不仅对乳牛健康有利，也更能保障乳牛持续高产。但是，母牛体重的增加情况应根据其繁殖情况进行校正。若预期产犊间隔时间较长的乳牛，应以最小增重率为目标来饲喂，保障以最佳的BCS进入干奶期。对于该阶段体况偏肥的乳牛，应分群饲养，制定控制体况的日粮。总之，该阶段乳牛需要以生产水平、BCS和繁殖状况为标准进行分群饲养（表7-18、表7-19）。

表7-18 泌乳中后期乳牛日粮配方示例

饲料原料	占比/%DM
玉米	24
麸皮	5
全株玉米青贮	20
苜蓿	15
羊草	15
棉籽饼	6
DDGS	5
豆粕	5
菜籽饼粕	4
食盐	0.5
苏打	1
磷酸氢钙	1
石粉	0.5
泌乳牛预混料	0.5

表7-19 泌乳中后期乳牛日粮营养成分含量示例

营养成分	含量
产奶净能	1.51Mcal/kg
乳牛能量单位	2.0
粗蛋白	15.5%
中性洗涤纤维	35.2%
酸性洗涤纤维	22.1%
钙	0.76%
磷	0.35%

来源：杨军香，曹志军. 全混合日粮实用技术 [M]. 北京：中国农业科学技术出版社，2011.

五、乳牛应激的饲养管理

（一）乳牛热应激管理

乳牛体内新陈代谢、空气流动和阳光辐射是主要的热量来源，蒸发（出汗与喘息）、冷物体传导、空气对流、凉爽环境是其主要的散热途径。当乳牛所承受的热负荷超过它自身的散热能力时，就会产生热应激。评估热应激的常用指标为温湿度指数（temperature-humidity index，THI），该指数是1959年由Thom首次提出，用于描述环境温度对人的影响。1994年，Armstrong将该指标引入用于评估乳牛的热应激情况，并提出THI<71是温度舒适区，THI在72~79表示轻度热应激，THI在80~90表示中度热应激，而THI>90则意味着乳牛重度热应激（表7-20）。随着全球气温变暖和乳牛产奶性能的提高，De Rensis于2015年提出乳牛热应激THI的阈值是68。高于该值，乳牛就会出现热应激。

乳牛对热应激的生理反应包括外周血流、呼吸频率、出汗和饮水量增加，而通过增加呼吸频率以增加蒸发散热，会加快二氧化碳的损失，易造成呼吸性碱中毒。汗液中含有较多钠和钾，出汗增加会造成矿物质损失。长此以往，乳牛瘤胃的饲料通过率下降，瘤胃发酵改变，DMI会出现急剧下降，从而影响产乳量、乳脂率和乳蛋白率。

表7-20 乳牛热应激生理指标评分

呼吸情况	呼吸频率/(次/min)	喘息评分
没有喘息（正常）	<40	0
轻微喘息，嘴巴紧闭	40~70	1
喘息急促，偶尔张嘴	70~120	2
张大嘴巴，偶有流涎	120~160	3
张嘴吐舌，口有流涎	<160[1]	4

来源：Gaughan等，Animal Production Australia，2002。

注：[1] 呼吸方式改为深呼吸，频次可能减少。

大量试验表明，热应激会对泌乳牛的产乳量产生显著影响。但有研究汇总对比围产前期热应激对其下一阶段泌乳期产乳量的影响，发现产乳量平均下降3.6 kg/d，最高达到7.5 kg/d（表7-21），这可能与围产前期热应激对其DMI、行为、代谢（NEFA、BHBA和蛋白差异）和乳腺细胞增殖的影响有关。除此之外，围产前期热应激还可能会影响胎盘功能，减少胎盘激素循环，降低子宫和脐带的血流量，从而减少胎儿的营养供给。研究表明，胎儿85%的代谢能量需通过胎盘循环途径散出。因此，影响胎盘功能会降低胎儿的代谢功能，从而影响其营养物质的吸收，甚至还会影响与发育、免疫、细胞信号和细胞通讯、转录及翻译机制有关的400多种基因的甲基化，从而影响乳腺的基因编程。以上的影响都会体现在其后代犊牛的初生重、免疫功能、生长发育、健康状况和未来的泌乳性能上。

无论是泌乳牛，还是围产前期乳牛，最有效的降温措施是物理降温。与泌乳牛相比，围产前期乳牛的代谢产热较少，热应激的上限温度较高，可参考泌乳牛的物理降温措施。风扇吹动空气经过牛体，增加了对流和热传导。因此，只有当周围的空气温度低于乳牛的体温或乳牛体表潮湿时，风扇才有效果。为取得最佳的空气和乳牛之间的热传导，风扇应向下倾斜30°，离地面的距离不超过2.2 m，900 mm规格的间隔为6 m，风速大于3 m/s。为在乳牛之间制造最佳气流，应在饲槽、牛栏、出口通道和围栏缓冲区顶部设置风扇。其中，围栏缓冲区风扇的密度应随乳牛密度的增加而增加。

为保持适宜的空气流动，风扇的维护至关重要。在干燥的气候条件下，为冷却空气，应在使用风扇的基础上增加喷雾，由此来增加蒸发散热。在非常潮湿的条件下，这种方法不能改善降温效果，而且还会对乳牛的健康产生危害。可以采用喷淋，保障水压和水量，能在30~60秒将牛淋湿，3~4分钟能将牛只吹干。对于封闭式牛舍，若采取水帘和风机降温措施，水帘注意清洗水幕网孔，相邻两舍的风机最好面对面安装。

表7-21 围产前期热应激对其下一阶段泌乳期产乳量的影响

文献	处理天数/d	观测天数/d	产乳量下降/(kg/d)
Collier et al.（1982）	60	100	1.2
Collier et al.（1982）	60	305	2.6
Wolfenson et al.（1988）	60	150	3.5
Avendaño-Reyes et al.（2006）	60	100	2.6
Urdaz et al.（2006）	28	60	1.4
Adin et al.（2009）	60	90	2.1
do Amaral et al.（2009）	46	210	7.5
do Amaral et al.（2011）	46	140	2.3
Tao et al.（2011）	46	280	5.0
Tao et al.（2012）	46	294	6.3
Thompson et al.（2014）	46	280	3.8
M. T. Karimi et al.（2015）	21	180	4.1
Thiago F. Fabris et al（2017）	45	63	4.8
平均			3.6

来源：Ferreira等，Journal of Dairy Science，2016。

此外，也可从饲养管理及营养调控等方面缓解乳牛热应激。由于热应激会导致乳牛采食量下降，因此牧场可以将乳牛饲喂时间集中至温度较低的时间段，保证乳牛的采食量。降低乳牛饲养密度、保证饮水供应充足和洁净也是缓解乳牛热应激的管理措施。同时，在乳牛遭受热应激期间，可选择优质粗饲料保证乳牛NDF的摄入，在避免瘤胃酸中毒的情况下，适当提高日粮中精料比例，或使用过瘤胃脂肪等营养物质保证乳牛营养需求。牧场也可以使用蛋氨酸锌、酵母硒、维生素C等饲料添加剂提高乳牛的免疫力，缓解乳牛热应激。

（二）乳牛冷应激管理

乳牛是耐寒怕热的畜种之一，但实际上乳牛在不同温度下会出现不同的生理反应。例如，荷斯坦牛泌乳适宜温度为0～20℃，此时汗腺分泌正常，身体的一切代谢处于正常状态，尤其是5～15℃范围最为适宜。当温度低于-5℃或高于24℃时，泌乳量开始下降，为维持体温会出现应激反应。为了克服外界气候对乳牛的影响，避免冬季鲜乳生产大幅度下降，乳牛场冬季必须重视保暖防潮。

1. 改善冬季饲养 冬季乳牛的维持营养需要增加，采食的饲料不仅用于产奶，还要用于维持体温，所以冬季应结合气候变化补足能量饲料，及时调整饲料配比，力求多样化。在精饲料供给方面，蛋白质饲料不变，玉米的供给量要增加20%～50%，从而增加能量饲料的比重。在粗饲料方面，最好饲喂青贮、微贮饲料或啤酒糟等，以此代替夏秋季乳牛采食的青绿多汁饲料。单独饲喂精料时最好用热水拌料或喂热粥料，不喂冷料。

2. 改饮温水 泌乳牛冬季饮用冷水会消耗体内大量热能，从而减少产乳量。例如，饮用低于8℃的水，则产乳量明显降低。冬季将乳牛饮水温度维持在9～15℃，可比饮0～2℃水的乳牛每天多产0.57 L奶，即提高产奶率8.7%。如改为饮温水，不仅可保持体温，增强血液循环，增加食欲，而且还可提高产乳量。所以冬季应设温水池，供牛自由饮用。

3. 牛舍保暖防潮 各地经验表明，冬季保暖防潮同夏季防暑降温一样重要。牛舍气温低，空气不流畅、不新鲜，不仅影响乳牛泌乳、繁殖、生长和牛奶的风味，还会引发各种代谢疾病。据研究，荷斯坦牛在-12℃以下，产乳量下降的原因主要是乳房被毛保温作用不良，散热面积大，易受低温的影响，降低乳房的血流量和乳腺细胞中酶的活性，使乳形成的原料来源缺少和加工乳成分的效率下降。此外低温还会使催乳素分泌减少，这也与产乳量下降有关。所以冬季牛舍应：①按建舍要求修建牛舍，且舍内温度应保持在0℃以上；②保护乳房，牛舍牛床保持干燥卫生，牛床加厚垫草；③挤奶后除药浴乳头外，涂凡士林油剂，以防乳头冻裂；④运动场粪尿及时清理并垫土或稻草，以便保持地面干燥。

（三）乳牛运输应激管理

随着行业结构调整和产业转型升级，牛场的牛只引进和输出大幅增加。乳牛在运输过程中，因生活环境和条件发生剧烈变化，为适应新环境发生一系列的生理、行为及代谢变化。这一过程使得机体营养物质、水分被大量消耗，最终导致体重损失，免疫力下降，患病风险提高等后果，产生一系列的应激反应。严重的运输应激会使乳牛繁殖性能下降，感染不同类型的传染病，使得乳牛发病和死亡率显著增加。了解运输应激的诱因，并提前采取相关措施缓解运输应激，对乳牛未来的健康存活和生产性能都至关重要。

影响运输应激的因素主要有以下几个方面。

1. 运输前的免疫和接种 牛只在运输前要先进行检疫、隔离及必要的药物注射和疫苗接种。这些措施往往产生短暂的应激反应。

2. 混饲、驱赶、装卸等导致乳牛生活环境和方式的改变 研究表明在运输过程中混合饲养和轻度碰撞会使犊牛心率增加7～10次/min，装卸或驱赶等剧烈应激可使其心率增加更多。此外，将乳牛禁圈在车、船等陌生环境中饲养时，其血浆的纤维蛋白浓度增加，并表现出顶撞、急躁不安等相关敏感反应。

3. 摇晃、跌撞和噪声等机械性因素的侵扰 噪声是引起应激的一个重要因素，强烈的噪声会对乳牛听觉、大脑垂体、肾上腺、肝脏、生殖器官、循环系统、消化系统、乳房功能，以及其他行为等产生不良影响。

4. 饲料类型和营养变化 一般乳牛的短途运输不需要准备饲草，而乳牛在进行长途运输时饲喂的饲料种类、数量、饲喂时间和方法都不同于往常。即使与之前保持一致，其饲料的利用率也非常低。

5. 温度、湿度、光线等气候因子的变化 由于各种运输工具中的环境、温度、湿度、光线及空气成分等均不同于牛舍中正常饲养环境，这会导致乳牛产生应激，如高温热应激下采食量下降等。

6. 其他因素 在运输前后或运输途中，陌生的饲养员和医疗人员，不同的机械设备与不同于常规的采食等安排，还有运输前的转群等措施，都会引起乳牛应激。

为缓解乳牛的运输应激，应从以下几方面采取防控措施。

（1）运输前的准备。装运前12小时用消毒液对车辆及用具进行2次以上彻底消毒。对目的地产区各区域（如入口、消毒通道、圈舍入口、圈舍、水槽等）进行消毒。在运输前，应将乳牛按年龄、体重、性别和泌乳期等进行分群编号，以便于管理。选择适宜的训练环境，采取重复刺激与强化方式，如将牛置于车辆经常经过的场区，有意增加各种噪声等，让牛在一定程度上适应运输应激。装运前12小时，牛只饮水、喂料量应降为正常量的70%~80%。装运前3~4小时停喂具有轻泻性的青贮饲料、麸皮和鲜草等，装车前2小时停止喂水、喂料。

（2）运输中的准备。保证充足饮水及精粗饲料，1天之内能到达目的地的运输，可以不喂草料，但应保证牛只每6小时左右饮水一次；超过2天的运输，应保证牛只每天饮水3~4次，饲喂草料1~2次。补充无机盐离子及维生素，应激状态下机体代谢活动增强，对维生素的需要增加，且应激后食欲减退、采食量下降等导致了乳牛维生素的摄入减少，补充维生素可在一定程度上缓解乳牛运输应激。运输过程中，可在乳牛日粮中加入维生素，或让乳牛口服维生素，补充电解质溶液。另外需在车厢中铺满干草垫，防止牛只滑倒。

（3）运输后的恢复。乳牛运输到场后，卸车时应防止乳牛摔伤，应使用卸牛台、木板、斜坡等让牛自行缓慢走下。轻轻赶牛使其依次下车，切忌粗暴。卸车后，要把乳牛赶到专门的圈舍里消毒、隔离和观察，设专人看护以防牛只打架，同时要对运输工具进行消毒。运输结束后待牛只充分休息2~3小时，给予饮水，饮水中可加入电解多维等抗应激药物。应将牛置于安静的环境中休息，尽量减少应激，待第一次饮水充分休息后，开始饲喂营养较高、易于消化的粗饲料和精饲料。

（四）免疫应激

在乳牛规模化养殖过程中，为保证乳牛健康，降低牧场传染性疾病的发生风险，通过疫苗免疫进行疾病防控是必不可少的措施。研究表明，当乳牛在病原体或非病原体等大分子物质的刺激下，免疫系统被激活，产生一系列应对反应和应激作用，机体会释放出相关免疫因子，这些因子是参与免疫防御的主要活性物质，能够对靶组织直接作用或改变机体内分泌代谢。例如，对于口蹄疫、牛结节性皮肤病等全年都存在疫情风险的疾病，牧场每年都会对全群进行免疫，在免疫过程中牛只会产生应激，其采食量会下降，同时摄入的营养物质沉积方式会发生改变，部分会用于维持免疫系统的功能，从而导致产乳量下降，因此在泌乳牛免疫过程中如何减少牛只应激是牧场面临的挑战之一。

产生免疫应激的主要原因有以下几个方面：①免疫操作问题。免疫过程中牛只操作不当、追赶牛只，操作时打飞针等会造成牛只应激，导致产乳量降低。免疫操作人员少，人员之间配合不当，导致免疫时间延长，夹牛时间过长。②疫苗回温问题。疫苗从冰箱取出后直接抽取注射，尤其在冬季进行免疫注射时，不进行回温或回温后不在保温箱内保存，极易由于疫苗温度低加大牛只应激。③气候环境问题。未了解免疫时的天气情况，在气温发生剧变时开展免疫。④设备问题。颈夹损坏或需赶往固定地点进行免疫，增加赶牛时间；牛只脱夹使得员工赶牛方式不当，造成牛只应激；后备牛群免疫通道损坏容易造成牛只漏免或打飞针现象。⑤多次免疫问题。短时间内开展多次免疫，同时时间安排、人员管理不当，牛只应激叠加，导致产乳量降低。

针对以上几个方面，有效降低免疫应激的方式有以下几个方面：①免疫时间选择。合理的免疫时间能有效避免气温、赶牛等因素造成的牛只应激。牧场需提前统筹制订免疫计划及排期，选择在气候条件温和的时间进行免疫，避免在气温过高、过低时开展免疫。夏季免疫时，应选择在清晨或傍晚开展免疫，同时做好防暑降温工作。②免疫天数。针对牧场牛群规模确定免疫天数，每日免疫泌乳牛数量不超过泌乳牛群的20%。对于规模较小的牧场，可根据圈舍或疫苗使用情况在2~3天完成免疫。③人员组织安排。牧场管理人员需在免疫前一天组织各部门人员召开沟通会,明确人员分工(至少安排3～4人开展免疫工作),规范人员操作,协调饲养、繁育、保健等部门工作,减少在免疫期内开展修蹄、饲料配方调整等工作,减少牛只应激。④设备维护改进。免疫前需对设备进行维修和改进以提高免疫效率,减少夹牛时间,减少牛只应激。牧场应提前对损坏的颈枷、免疫通道等保定设备进行检修、维护;改造、制作盛放疫苗及废弃注射器的装备,佩戴于腰间,提高免疫效率。⑤疫苗回温。抽取疫苗时,应提前将疫苗从冰箱取出进行回温,回温不彻底会增加牛只应激反应。疫苗抽取完成后整齐放入保温箱内(夏季须有冰袋,疫苗与冰袋用纸板隔开,冬季须有防冻措施)。⑥规范免疫操作。使用新批次疫苗时,先对后备牛进行小群免疫试验,观察一段时间且无过敏现象方可继续免疫。泌乳牛的免疫操作随挤奶时间开展,无颈夹的牧场可赶至免疫通道进行免疫,过程中避免过度操作产生应激。疫苗注射时用酒精棉球或酒精喷壶对注射部位进行消毒。⑦联合免疫。牧场可将相同时间段内需要开展的免疫工作进行联合开展。开展前做好免疫人员组织管理,减少多次免疫、多次赶牛造成的牛只应激。

第七节　TMR饲养技术

全混合日粮(TMR)饲养技术最早应用于20世纪60年代的英国、美国、以色列等国。目前,我国已大面积推广使用。TMR是根据乳牛不同生长发育和泌乳阶段的营养需要,按乳牛营养专家设计的日粮配方,用TMR搅拌机对日粮各组分进行切割、搅拌、混合和饲喂的一种先进的饲养工艺,是唯一对大小牛群均适用的饲养方式。

经实践,TMR在与散栏饲养方式相结合的情况下,具有以下优点:

(1)可提高产乳量。饲喂TMR的乳牛每千克日粮干物质能多产5%～8%的奶。即使产乳量达到每年10吨,仍然能有6%以上的增长。

(2)改善饲料的适口性,消除挑食现象,减少饲料浪费。TMR可以掩盖一些饲料的不良适口性。TMR可以消除乳牛的挑食,个别乳牛可能会喜好某一种饲料,导致浪费和不必要的消耗。正确的TMR饲养方式使得乳牛可以最大化地利用所有的饲料成分。更重要的是可以按照分群和产乳量饲喂TMR。低质量的饲料可以用来饲喂低产乳量的牛群,高产乳量的牛群可以饲喂高质量的青贮和精料,这样可以减少饲料浪费。

(3)提高牛奶质量。粗饲料、精料和其他饲料均匀地混合后,被乳牛一起采食,另外乳牛采食次数增加,减少了瘤胃pH波动,从而保持瘤胃pH稳定,为瘤胃微生物创造了一个良好的生存环境,促进微生物的生长、繁殖,提高微生物的活性和蛋白质的合成效率,乳脂含量也会显著增加。

(4)增进牛的健康。乳牛瘤胃pH波动的降低,减少乳牛瘤胃微生物的应激,增进乳牛健康。由于在产乳量相同的分群饲喂的牛群中全混合日粮的精粗比例保持不变,所以乳牛采食TMR后,瘤胃的pH变化不大;而精粗饲料分开饲喂,避免不了单独饲喂精料后瘤胃pH的急剧下降和单独饲喂粗饲料后pH的上升,这样瘤胃微生物不断处于pH升高和下降的应激过程中。瘤胃健康是乳牛健康的保证,使用TMR能预防和减少营养代谢紊乱,如真胃移位、酮血症、产乳热、酸中毒等营养代谢病的发生。

(5)提高乳牛繁殖率。泌乳高峰期的乳牛采食高能量浓度的TMR,可以在保证不降低乳脂率的情况下,维持乳牛健康体况,有利于提高乳牛受胎率及繁殖率。饲喂TMR时纤维水平可以降低。采用传统方式饲喂时泌乳牛日粮(额外添加谷物和蛋白)中需要约21%的酸性洗涤纤维,而使用TMR时一般19%的酸性洗涤纤维就可以,这样我们就可以为乳牛配置更高能量浓度日粮,以增加牛奶产量和减少体重的损失,而乳牛良好体况的维持有助于提高受胎率。

(6)节省饲料成本和劳力时间。TMR使乳牛不能挑食,营养素能够被乳牛有效利用,与传统饲喂模式相比饲料利用率可增加4%。TMR的充分调制还能够掩盖饲料不良的适口性,使得一些适口性较差但价格低廉的工业副产品或添加剂添加到乳牛日粮中,从而节约饲料成本。采用TMR后,饲养工不需要将精料、粗料和其他饲料分别发放,只要将料送到即可;采用TMR后管理变得轻松,降低管理成本。

通过饲养实践,应用TMR尚存在一些问题:①饲料切短机械、称量机械、混合搅拌、分发机械等设备投资,以及运转、保养维修等费用较大。②这些机械对牛场内道路、牛舍内饲料通道标准均有严格要求。③技术管理操作水平要求高，一旦某一环节疏漏或失误，将会造成损失。全混合日粮饲养技术要点有以下几个方面。

一、TMR的分群管理

要定期对个体牛的产乳量、乳成分、体况和牛乳质量进行检测，适时调整牛群结构。不能单靠产乳量分群，还需综合考虑体况评分、年龄、泌乳期和配种情况，但产乳量不能相差过大，一般平均产乳量不超过3 kg。

小于100头的乳牛场和家庭式的拴系式牛舍，可经常饲喂一种TMR而不考虑乳牛产乳量和体况。其优点是混合简单，减少饲喂的劳动力，消除乳牛从一种TMR转变到另一种TMR时经常发生的牛奶产量损失。一群乳牛只饲喂一种TMR的缺点是饲料成本的增加、容易导致乳牛肥胖等问题。

对大于100头乳牛的牛群，以营养需要和干物质的采食量为依据推荐泌乳乳牛饲喂群数量的最小量。

1. 犊牛分群管理

哺乳犊牛分群原则：0～2月龄的犊牛，单独饲喂。每头犊牛的饲养空间要＞2.3 m²。

断奶犊牛分群原则：指3～6月龄的犊牛，按照体格大小进行分群，断奶犊牛一般10头左右分为一个群，保证每头牛的饲养空间＞3 m²。国内牧场一般在犊牛4个月大时开始给其饲喂TMR。

2. 后备牛分群管理

小育成：指6～12月龄的牛只，此阶段母牛处于性成熟时期，初情期发生在10～12月龄，此阶段主要以月龄和体格大小进行分群。

大育成：指13～15月龄，符合参配标准的牛只，母牛体成熟阶段，也叫初配期；15～24月龄，为初妊娠期，此阶段为乳腺发育的重要阶段。有条件的牧场将13月龄以后的牛只放在一个圈舍内，方便繁育人员观察发情及配种。

青年牛：初检已孕至产前28±3天的牛只，按在胎天数进行分群，一个牛群中尽量体格相差较小。

3. 泌乳牛分群管理

分群原则：泌乳期将产后天数和产乳量相近的挤乳牛放到一起，给予适用的营养配方，转圈次数越少越好。

牛群规模：将泌乳牛分为新产群、高产群及低产群；泌乳牛在1000头以上的牧场头胎牛单独分群。该牛群胆子小，采食持续时间短，少食多餐。在同一产奶水平下头胎牛干物质采食量比成乳牛低15%～20%，因此需要单独的饲料配方。

泌乳天数：将泌乳牛分为新产群（1～21天）、高产群（22～200天）及低产群（200天以上）（低产群按照奶量和牧场饲喂成本进行调整）。

体况评分：群内体况评分差异不超过1分。

产乳量：奶量相近的牛只分到一个牛群。

牛群密度：新产牛群饲养密度≤牛舍卧床或颈夹的80%（按照数量最少的计算）；高产、低产牛群不应该超过卧床或颈夹数量的90%（按照数量最少的计算）。

转群要求：所有牧场泌乳牛群（除新产牛群外）的调群周期尽量不少于30天。

4. 干乳牛分群管理

干乳牛分群原则：自停奶日期至分娩21天之前，此期是乳牛恢复肢蹄、胃肠及乳腺的重要时期，应集中饲养，制定和使用干乳牛配方。

这段时期日粮的目标是为下一产做准备：预防体况的丢失（使用中等质量的饲料）和调节瘤胃、适应长的干草；供应充足的蛋白和维持矿物质的平衡。

5. 围产前期（产前21天） 将产前21±3天（需要考虑在胎天数）至临产的牛只（根据牛群规模将经产牛和头胎牛独立分群饲养）由专人监护，出现分娩症状的牛只及时转入产房，产后及时转入新产牛舍。依靠体况必须分为一个或两个群。过度肥胖的干乳牛（体况评分大于或等于3.75）应该在干奶期的前30～45天限制日粮。体况在3～3.25或小于3的干乳牛应该在干奶期的30～45天每天增重0.81 kg。

6. 围产后期（产后21天） 这群牛干物质采食量偏低，但是要增加蛋白和能量的供应来满足日益增大的犊牛的需要，这个日粮要很好地过渡到新产牛日粮。目标是满足营养需要和调节瘤胃微生物，以及瘤胃乳头适应大量谷物的同时在低的和上下浮动的干物质采食量情况下保证瘤胃功能。日粮要包含32%～34%的非纤维碳水化合物，保证日粮中矿物质的平衡以避免产乳热的发生，同时要时常关注日粮的适口性。

牛群密度：不应该超过卧床或颈夹数量的80%，保证牛只有足够的运动空间。

7. 适时调整牛群　适时观察牛群的变化情况。低产牛群中很瘦的乳牛可以调整到高产群，高产群中过肥或产量低的乳牛可以调整到低产群。乳牛每次转群时，小群转移比个体转移好，夜间转移比白天转移好。这样可以减少乳牛的转群应激。

二、TMR的制作

（一）制作TMR配方应考虑的主要因素

1. 日粮营养需要量　在制作配方之前我们要进行一定的准备工作，主要包括：测定乳牛平均体重、产乳量，评定乳牛膘情，参阅产犊日期，合理分群等。

根据乳牛的产乳量、乳成分含量、体重及胎次，从饲养标准中查出其营养需要量，包括干物质、产乳净能、蛋白质、NDF、ADF、矿物质和维生素的需要量。TMR的水分含量控制在45%；在粗纤维的供给上，乳牛TMR应含有28%～30%的NDF（其中50%～75%的NDF来自粗饲料），19%～21%的ADF。当乳牛达到泌乳高峰时，日粮中NDF含量应不低于28%，ADF不低于19%；在蛋白质的供给上，日粮蛋白质的含量应占日粮干物质总量的16.5%～17.5%，瘤胃非降解蛋白应占33%～38%，限制性氨基酸如蛋氨酸、赖氨酸等需要额外补充；此外，还可以适量添加经过热处理的豆制品或干酒糟；产乳净能需要为6.7～7.32 MJ/kg DM。

使用TMR的牛场要根据原料中各营养物质含量的变化及时调整日粮配方。因为不同阶段的日粮中各营养成分的含量都会有所变化，所以需要对其进行定期分析并且调整饲料配方。

2. TMR的精粗饲料比例　乳牛对粗饲料的采食量应为其体重的2%～2.5%，一般要求粗饲料应占日粮干物质的40%～50%。长纤维、高NDF、低消化率的粗饲料，添加比例为30%～35%；短纤维、低NDF、高消化率的粗饲料，添加比例为35%～50%；当使用高品质的粗饲料（如苜蓿、全株玉米青贮、温带牧草等）时，TMR的NDF含量不低于28%，其中65%～75%来源于粗饲料。粗饲料的营养价值排列顺序：优质牧草＞野生牧草＞玉米秸＞麦草＞稻草。粗饲料应以豆科与禾本科混合饲喂为好。

3. TMR的物理特性　要考虑TMR的物理特性，如颗粒大小、均质性、适口性、味道、温度和密度。这些特性与TMR制造设备的型号、混合技术、搅拌间隔等因素相关。

4. 热应激时日粮的调整　产生热应激时，可通过增加饲喂次数、增加日粮中的精饲料比例、添加脂肪以增加日粮的能量浓度，增加饮水、日粮中添加Na、K、维生素C等措施来缓解热应激。当日粮谷物饲料过多时，还需添加小苏打100～150 g及氧化镁50 g。

（二）TMR的制作过程

一个好的配方得以实施，制作过程尤为重要。要想使TMR的质量达到好的效果，在有好配方的同时，还得注意以下几个方面。

1. 添加顺序　基本原则是先干后湿、先长后短、先轻后重。添加顺序是干草、全棉籽、青贮、精料、湿糟类等。对于有青草的地区，青草应最后添加。

2. 搅拌时间　掌握适宜搅拌时间是确保搅拌后TMR中至少有12%的粗饲料长度大于3.5 cm的关键。一般情况下，在最后一种饲料加入后应继续搅拌5～8分钟。对于大多数TMR搅拌车，从第一种饲料加入到搅拌均匀，一般混合时间30分钟就足够了。

3. 搅拌效果评价　从感官上，搅拌效果好的TMR表现在：精粗饲料混合均匀，有较多精料会附着在粗料的表面，松散不分离，色泽均匀，新鲜不发热，无异味，不结块。

水分含量控制在45%～55%，偏湿或偏干的日粮均会限制采食。如果大量饲喂青贮料，全混合日粮（水分含量高于50%）中的水分每增加1%，干物质采食量将会降低其体重的0.02%。例如，（水分含量为60%日粮-50%的水分含量上限）×（0.02%×625 kg乳牛）=10×0.125，即干物质采食量减少1.25 kg，而将导致乳牛产乳量下降2.5～3 kg。可在牧场的饲料准备室放置一台微波炉和烘箱来完成水分的测定。每周至少测试一次粗料的含水量，测定的数据可为TMR中水分含量较高的饲料的选择与添加提供依据。

4. 加工次数　根据牛群规模和牧场的生产条件，每群牛的日粮应当加工1～3次。冬季饲料一般不宜腐败变质，所以TMR每天搅拌一次就可以了。但在夏季高温时，含水量为45%～

50%的TMR极易发酵，导致其中所含的微量元素和维生素受到破坏，所以在夏季每天最好搅拌2～3次，并做到现做现喂。

三、TMR饲喂管理技术

饲喂方式影响乳牛对养分的利用，传统的饲喂方式，增加饲喂次数将有助于减少瘤胃pH的波动；TMR的正确设计和良好的管理使乳牛全天相对均匀采食成为可能，且每一口吃进去的饲料都包含合适比例的全部必需养分，稳定瘤胃环境，促进瘤胃发酵，从而提高饲料转化率。采用全混合日粮饲喂工艺可简化饲养程序，便于实现饲喂机械化、自动化，以及规模化、散栏饲养方式与现代乳牛生产相适应。实际生产中采用TMR饲喂技术，使乳牛不能挑食，营养成分能够被乳牛有效利用，与传统饲喂模式相比，粗饲料转化率可提高4%。通过对比精粗分饲与TMR饲养，发现采用TMR饲喂方式后乳牛DM采食量由精粗分开的14.52 kg上升到17.64 kg，TMR显著提高了乳牛的DM采食量。

饲槽管理的目标是确保乳牛采食新鲜、适口、平衡的TMR来获取最大的干物质采食量。干物质采食量是维持牛群高产的关键因素。

饲槽管理主要有以下几个方面：

1）整个饲槽饲料投放均匀，TMR拌料要均匀一致，乳牛没有明显的挑食现象；

2）要保证每头乳牛平均有45～65 cm的采食空间（泌乳牛75～80 cm，干乳牛80～90 cm，头胎牛45～60 cm，后备牛45～50 cm）；

3）每天至少21小时乳牛有料可食；

4）如果每天只饲喂一次TMR，则至少需要推料5次；

5）24小时剩料低于所喂TMR的5%，以防止剩料或缺料，剩料应及时出槽；

6）剩料应新鲜，不能发霉变质；

7）评估饲料分层及剩料情况，尤其粗料、颗粒料应不分层，剩料外观及组成应与TMR相近；

8）发料时，观察母牛食欲，病牛、跛脚牛往往食欲不佳；

9）料槽光滑有利于采食和清扫；

10）应保持母牛低头采食的良好习惯，低头采食便于唾液吞咽，又可达到最佳采食量，还可避免甩料；

11）每天早上或晚上在乳牛采食最频繁的时间发料；

12）做好TMR管理记录。

四、TMR质量控制与检测

质量控制与检测是配制全混合日粮过程中的重要环节。常用方法包括感官鉴定法、分级筛法，主要用于检测外观质地。更科学的方法是化学分析法，主要检测内在品质，尤其是控制性因子，如砷、铅、汞、铬、氟等微量元素的含量，药物残留含量，沙门菌、霉菌、黄曲霉毒素等有害生物及代谢物含量。化学分析法需要复杂的仪器设备，一般养殖场无法进行检测，应由专门的实验室负责检测。

（一）感官鉴定法

眼观标准：精料粗料混合均匀，纯净无杂质，新鲜无异味，松散不分层，柔软不结块。

鉴定方法：随机抓取一把日粮，肉眼估测总重量及不同粒度的比例，要求4 cm以上粗饲料含量占日粮总量的15%～20%。

如果日粮配方设计合理，TMR加工达到标准，乳牛就会有足够的反刍，生理指标和生产水平趋于理想。乳牛一般采食0.5～1小时后便开始反刍，每天反刍6～8次，共有7～10小时的反刍时间。牛群休息时，若有50%以上的乳牛在反刍，说明这个牛群的TMR混合的均匀度、粒度及饲养环境适宜，乳牛的瘤胃功能正常；如果反刍的乳牛低于50%，说明TMR铡切过短，或精料过多，或饲养环境恶劣，乳牛患有瘤胃酸中毒。提示要检测TMR搅拌效果、重新评定TMR配方或关注饲养环境。另外，根据反刍次数、咀嚼时间来分析TMR精粗比例是否合理，一般情况是饲料中物理有效纤维含量越高，乳牛咀嚼的时间就越长。

（二）中农大分级筛评价TMR搅拌的均匀度

TMR饲料搅拌时间太长或太短对乳牛DMI及生产性能造成影响。针对这个问题可以借助"分级筛"来判断。对于高产乳牛理想目标是TMR鲜重在第一层筛中应有15%～20%的饲料；第二层筛中应有20%～30%的饲料，第三层筛中应有30%～40%的饲料，第四层筛中应有20%～25%的饲料。中国农业大学试验结果表明，TMR中苜蓿长度为2 cm、4 cm和8 cm，长度增加后粗饲料DM采食量降低，由原来的12.6 kg/d降至9.4 kg/d；TMR中过短或过长的粗饲料长度均会对乳牛采食量产生一定的影响。

（三）TMR饲料成分对乳牛生产性能及瘤胃发酵的影响

配制TMR时必须对饲料原料进行分析检测，尤其是对湿饲料的水分含量、粗蛋白和能量含量进行分析。一是水分含量影响干物质的采食量。如玉米青贮水分含量有4%的差异，就可能导致产乳量下降1.6 kg/d，国内常见的窖装青贮的干物质含量在下雨后可能改变很多。玉米青贮干物质含量的不稳定，加上因粗饲料质量差而不得不采取低粗高精型日粮，不经意就会出现乳牛酸中毒的危机；二是TMR能量浓度和蛋白质水平的检测，若过低或能蛋比不平衡也会影响产乳水平；三是粗饲料铡切不合适，乳牛会挑食。

配制良好的TMR饲喂乳牛，其实际产乳量应与理论预计的产乳量相一致（差异不应超过3 kg）。若乳脂率偏低，则可能是粗纤维，尤其NDF含量水平偏低或是粗饲料切得太碎；若乳蛋白率偏低，则可能是日粮中可发酵的碳水化合物含量偏低，导致瘤胃微生物蛋白质合成不足，也可能是日粮中蛋白质品质差、氨基酸不平衡，导致小肠可消化氨基酸品质差和总量偏少。

（四）质量监测方式和步骤

1. 调整衡器（如电子秤）达万分之五以上。
2. 用微波炉快速、准确地测定饲料原料的含水量。
3. 有条件的场子可以定期测定每批饲料的养分含量。
4. 进行实验室分析，分别检验以下几项指标的变异程度（背离允许差异范围的程度）。

养分指标"纸上配方"和实际测量的允许差异范围：干物质±3%，粗蛋白质±1%，酸性洗涤纤维±2%。

5. 检查颗粒大小，5%～10%的TMR要由直径大于2 cm的颗粒组成。
6. 检测密度和颗粒分布。检测时以塑料薄膜代表粗饲料，以糖粒代表精饲料。每立方米放353片（粒），混合4～5分钟后检查密度和分布均匀度。
7. 检测水分含量。如上所述，用微波炉检测。要求TMR含水量保持在45%（春、秋、冬）～55%（夏）。

第八节　乳牛饲养管理效果评价

为了实现乳牛的高产、稳定和长寿，牛群质量的同步提升和长期稳定循环，并获得良好的经济效益，必须对牛群定期进行饲养管理效果评估。

一、牛体体况评分

乳牛的体况会随着产乳量和泌乳阶段的不同而发生变化，可用于衡量体组织储存状况和监控能量平衡，其变化也能反映泌乳早期组织损失、健康、繁殖和产乳量情况，有助于了解乳牛的营养状况和管理中存在的问题，以便及时采取有效措施优化饲喂管理、改善牛群健康、增加产乳量和提高繁殖性能。

乳牛体况评分（BCS）一般采用1～5分制，每级0.25分。而在生产实践中，绝大多数乳牛BCS都在2.5～3.5分（表7-22）。若牛群中超出或低于范围的比例过高，那就意味着饲养管理环节出现了严重的问题。

乳牛BCS必须结合不同生理阶段来评估各阶段的饲养效果，查找存在的问题，并采取相应的措施，从而有针对性地改进饲养管理（表7-23）。

表7-22 乳牛体况评分标准

体况评分示意图	评分标准
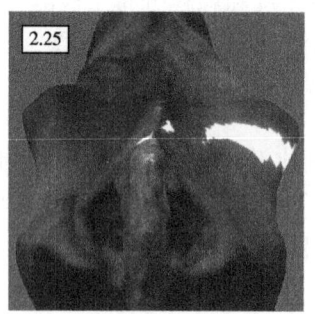	1. 侧视，以髋骨做参照点 2. 荐骨和坐骨之间的角度呈"V"字形 3. 荐骨无肉包裹，有角度 4. 坐骨无肉包裹，有角度 5. 短肋骨位于荐骨和脊椎的1/2距离
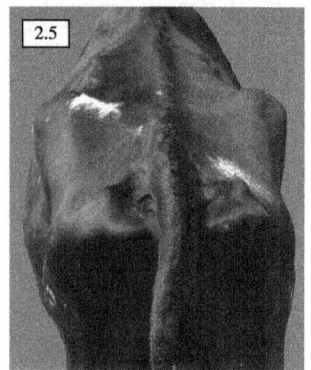	1. 侧视，以髋骨做参照点 2. 荐骨和坐骨之间的角度呈"V"字形 3. 荐骨无肉包裹，有角度 4. 坐骨无肉包裹，有角度
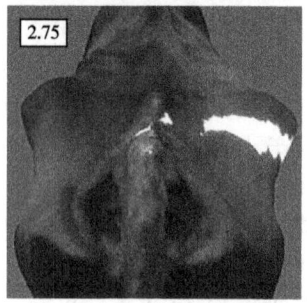	1. 侧视，以髋骨做参照点 2. 荐骨和坐骨之间的角度呈"V"字形 3. 荐骨无肉包裹，有角度 4. 坐骨有肉包裹
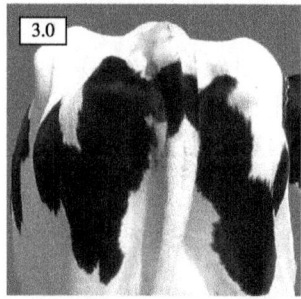	1. 侧视，以髋骨做参照点 2. 荐骨和坐骨之间的角度呈"V"字形 3. 荐骨有肉包裹，圆滑
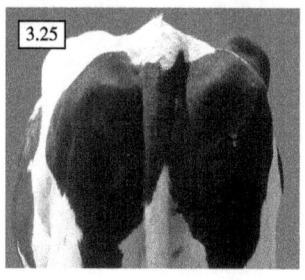	1. 侧视，以髋骨做参照点 2. 荐骨和坐骨之间的角度呈"U"字形 3. 骶骨韧带（介于脊椎和荐骨之间）可见 4. 尾根韧带（介于尾根和坐骨之间）可见

续表

体况评分示意图	评分标准
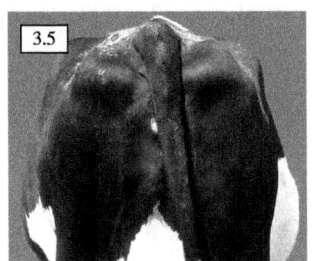	1. 侧视，以髋骨做参照点 2. 荐骨和坐骨之间的角度呈"U"字形 3. 骶骨韧带（介于脊椎和荐骨之间）可见 4. 尾根韧带（介于尾根和坐骨之间）不可见
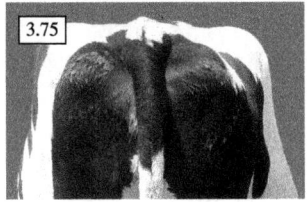	1. 侧视，以髋骨做参照点 2. 荐骨和坐骨之间的角度呈"U"字形 3. 骶骨韧带（介于脊椎和荐骨之间）几乎不可见 4. 尾根韧带（介于尾根和坐骨之间）不可见

来源：曹志军. 牧场管理与评估手册—奶牛［M］. 北京：中国农业大学出版社，2025.

表7-23 不同阶段乳牛BCS推荐值

不同阶段	BCS
干奶前期	3.0～3.5
围产前期	3.25～3.5
围产后期	3.0～3.25
泌乳盛期	2.5～3.0
泌乳中期	2.75～3.25
泌乳后期	3.0～3.5

通过感官评估乳牛BCS，主观性比较强，易导致数据不准确，且乳牛评估阶段和数据量有限。但随着电子技术和智能化的发展，具有非人工特点的精准畜牧业一直受到人们的关注。目前，3D自动化体况评分系统已处于研发应用阶段，其可以简化乳牛体况评分的操作过程，消除人为主观估测而造成的误差。通过该新型系统，可以方便、快捷、准确地获取乳牛的体况分数，了解每天的体况变化情况。该系统利用摄像头获取乳牛背部图像，完成对图像数据的采集、个体识别和BCS回归建模，通过专业算法将图像转化为精准的体况分数。牧场人员可以随时登录查看单头牛、分组或整个牛群的体况分数统计图表。当发现乳牛的BCS低于或高于一定的分数时，会及时发出通知，以便调群，匹配相应的营养配方，使其体况处于良好水平，从而简化了牛群体况管理。

二、繁殖效果评估

对于牧场的可持续发展和盈利，成功的繁殖育种程序至关重要。不同牧场之间用于监测或激发乳牛发情的方法各不相同，也会采用不同的繁育措施来改善乳牛的繁殖性能。在乳牛繁殖相关的技术方面，为了最大化乳牛怀孕率，建议乳牛首次参配天数不超过90天，配种后32～38天诊断乳牛是否怀孕。对于诊断没有怀孕的牛只，需在诊断后3周内再次配种。对于诊断怀孕的牛只，需在诊断后1个月左右复检，以发现妊娠损失的牛只。选用高配种率公牛的冻精，以最大限度地提高母牛怀孕概率。除此之外，还有很多饲养管理因素影响乳牛的繁殖性能（表7-24）。

为了准确地分析牛群的饲养对繁殖的效果，必须对每头牛进行正确的繁殖记录，评定饲养管理对繁殖的效果，通常采用以下方法。

1. 检查空怀率 通常产后60～110天不孕的母牛称为"空怀"，每超过一天算作1天空怀。1个牛群成年母牛空怀头数占5%以上，则将严重影响全年产乳量。为此，每月应进行一次检查，并采取措施，尽快降低空怀率。

2. 检查泌乳牛占全群成年母牛的比例 实践表明，正在泌乳的母牛只占全群成年母牛头数的75%以下，说明已出现严重的繁殖问题，即使改进饲养管理、产乳量也难以提高，必须进行全

表7-24 影响繁殖性能的因素（A-Z）

字母	因素	字母	因素
A	流产、酸中毒、AI技术	N	硝酸盐、孢子虫、烟酸、NEFA、NPN
B	BVD、BLV、BRSV、BUN	O	排卵、线虫、卵巢疾病
C	舒适度、囊肿、钙、胆碱	P	子宫积脓、孕酮、精液价格
D	难产、DA、DIM、DMI	Q	发烧问题
E	能量、子宫内膜炎、内毒素	R	胎衣不下、重复参配
F	肥牛综合征、卵泡成熟、真菌	S	季节、硒、应激
G	遗传、低血镁、甲状腺肿	T	围产管理、TMR、技术员
H	热应激、嗜血杆菌、低血钙	U	血液尿素、子宫复旧、尿素
I	免疫、IBR、铁、碘、离子载体	V	弧菌病、阴道炎、维生素、呕吐毒素
J	副结核病	W	天气、水、蹄疣
K	酮病、KCl、K:Mg比率	X	疾病
L	胎次、蹄病、钩端螺旋体、赖氨酸、白细胞组织增生	Y	酵母、黄体
M	产乳量、乳房炎、子宫炎、霉菌毒素	Z	玉米烯酮、锌

来源：DeJarnette和Amann．2010．23rd NAAB Technical Conference．

面检查。

3. **检查成年母牛群泌乳阶段** 如出现泌乳牛头数仅占全群成年母牛的75%，还应检查泌乳5个月以上的头数，如果已占全群成年母牛的45%以上，则更加说明存在严重的繁殖问题。

4. **检查产犊间隔** 产犊间隔是评价牛群繁殖力的重要指标。生产实践表明，乳牛产犊间隔超过400天则会造成重大经济损失。所以首先应从饲养管理入手，尽快查明产犊间隔较长的原因，并采取相应措施，加以改进。

5. **乳牛场青年母牛适宜留种头数** 对于饲养群体比较稳定且无须扩群的牧场，后备牛群饲养过多则会导致不必要的成本投入，过少则容易产生机会成本损失。因此，牧场可以根据死淘率、首次产犊月龄和产犊间隔等繁殖数据来计算所需饲养和所能培育的后备青年母牛头数。通过对比两者，确保饲养头数适宜。详见第四章乳牛育种部分，后备公母牛的选择。

三、产乳效果分析

评定和分析牛群的产奶性能是检查乳牛群饲养管理效果的最重要指标。

从产奶成绩检查分析饲养管理效果，常用的方法是制作年间泌乳曲线——哪个月份泌乳量最高，哪个月份泌乳量最低，历年趋势如何，并与以前记录进行比较。如泌乳曲线发生异常或普遍下降，应立即寻找原因，改善饲养管理。此外还可以分析总奶量、总脂肪量的增减，以及饲喂精料量的增减、奶饲比和饲料效率等指标。

1. 奶饲比 $= \dfrac{\text{TMR费（元）} \times 100}{\text{售奶金额（元）}}$

2. 饲料效率（饲料报酬）$= \dfrac{4\%\text{标准乳量（kg）}}{\text{TMR的DMI总量（kg）}}$

奶饲比、饲料效率的差大时，应重新考虑饲料喂量。

根据以上三项技术指标（体况评定记录、产犊间隔和产奶成绩），每月将每头牛的这三项记录进行统计分析处理，可较全面地分析每头牛的总成绩和存在的问题，从而改进饲养管理。

四、生长状况评价

乳牛早期的生长发育对于其后期的生产性能、健康和繁殖性能等都至关重要。研究表明，哺乳阶段犊牛日增重对其头胎产乳量有显著影响，同时后备阶段日增重会影响其初配日龄、初产月龄等性能，这些性能同样会对其后续的生产性能产生影响。

犊牛断奶时应保证日增重至少达到0.8 kg/d，断奶时体重至少达到初生重的2倍，群体合格率达90%，且犊牛连续3天颗粒料采食量达到1.5 kg以上；犊牛保持健康，若采食量不达标可延期断奶。犊牛断奶管理应以犊牛健康状况为标准进行适当调整。

后备牛参配前体高（必须达到132 cm）、体重（90%牛只达到55%的体成熟体重，成熟体重为3胎到4胎健康乳牛在泌乳天数80～200时的体重）的检测十分重要，不达标的牛只应及时筛选，延迟参配，无饲养价值的牛只及时淘汰。育成牛阶段可根据体高、体重尽早分群。在青年牛达到参配要求，体成熟条件足够的前提下，初配月龄可提前。可以使乳牛提前进入泌乳牛群，减少青年牛存栏，降低青年牛饲料成本。23～26月龄初产的乳牛产乳量最高，所以应在断奶、6月龄、参配前、产后几个时间段做好后备牛的体尺体重检测工作，保证适宜的体高、体重才能充分发挥青年牛投产后的泌乳潜力。研究表明，体测数据的标准为：6月龄达到成熟体重的30%，9月龄达到成熟体重的41%，13月龄达到成熟体重的55%，头胎新产牛产后体重应达到成熟体重的85%，青年围产牛达成熟体重的92%～95%；2月龄体高应为90 cm，6月龄体高应为115 cm，9月龄体高应为125 cm，13月龄体高应为132 cm，23月龄体高应为145 cm。研究表明，若无法在产前达到规定体重，产后每增加1 kg体重，将损失7 kg产乳量，若产前体重与标准相差50 kg，则在第一泌乳期会损失产乳量共约350 kg。

五、日粮营养水平评价

由于在同一牛群中需求量低的那部分乳牛会营养过剩，而需求量高的那部分乳牛营养摄入量可能不足，因此同一组中乳牛的同质性越好，组内乳牛营养需求量差异就越小，该组乳牛配制的日粮就越能满足大多数乳牛的营养需求，减少日粮成本。为了尽可能满足高产乳牛的营养需要，应对组内设置的目标产乳量适当加以调整，经过调整以后的产量即目标产乳量。如果为特定牛奶产量的乳牛配置日粮，则目标牛奶产量的日粮营养需要可按平均牛奶产量和最高牛奶产量牛的营养需要之和除以2进行配置。

如果设有1个产奶组，营养水平应该高于平均水平的30%；2个产奶组，营养水平应该高于每个组平均水平的20%；3个产奶组，营养水平应该比每组平均水平高10%。以这种产量为目标配制的日粮将能满足泌乳早期乳牛的营养需要，并能使泌乳后期的乳牛恢复体况。乳牛推荐的TMR中营养含量如表7-25所示。

六、粗饲料采食量的评定及反刍情况

乳牛饲养管理中，控制牛群每日平均采食粗饲料量非常重要，通常每日采食的日粮NDF采用如下的公式进行计算与评定。

每日平均NDF摄入量（干物质）＝平均体重×0.01

例如：饲养平均体重700 kg的乳牛，每日应至少摄入NDF的量为700×0.01＝7 kg。

乳牛采食粗饲料后，粗饲料会刺激瘤胃，促使乳牛进行反刍活动。反刍活动能够刺激乳牛分泌唾液，唾液与咀嚼完的饲料混合重新进入瘤胃后，能够中和瘤胃消化产生的挥发性脂肪酸，降低乳牛发生瘤胃酸中毒的风险。因此，日粮配方中通常也会使用peNDF作为一个指标对粗饲料采食量进行评估。peNDF是日粮NDF含量与物理有效因子的乘积，反映了日粮纤维的物理性质（主要是饲料颗粒长度），具有刺激动物咀嚼活动和建立瘤胃内容物两相分层的能力。此外，反刍行为是乳牛消化粗饲料及评估酸中毒风险的重要指标。通常情况下，乳牛在一天8～10个小时都在反刍，全群应有50%的牛躺卧反刍。在日粮配制较为合理的情况下，乳牛每天反刍6～8次，每次反刍40～50分钟，每次反刍咀嚼50～60次，若咀嚼次数低于40次，则表明粗饲料饲喂过少，若咀嚼次数高于70次，则表示粗饲料饲喂量过高。

七、生理指标评价

（一）尿素氮

MUN与BUN之间存在很强的相关关系，而BUN与乳牛所处的生理状况紧密相连。乳牛在消化蛋白饲料时，部分蛋白质被瘤胃微生物降解成氨，并被瘤胃微生物重新利用合成微生物蛋白。此外，过量的氨将被瘤胃壁吸收并改变血液pH，肝脏将氨转化成尿素排出体外或进行重

表7-25 各种TMR的营养水平

营养水平	干乳牛	新产牛	高产牛	中产牛	后备牛
干物质/kg	13~14	17~19	26.4~32.3	24.7~30.1	8~10
泌乳净能/(Mcal/kg)	1.28	1.68~1.76	1.71~1.89	1.6~1.82	1.3~1.4
脂肪/%	2	4~5	5~7	4~6	3~5
粗蛋白/%	11~12	17~18	16~17	14.5~15.5	12~13
瘤胃非降解蛋白/%	16	43	43	43	21
瘤胃降解蛋白/%	84	57	57	57	79
淀粉/%	9~14	21~25	23~26	23~26	15~20
酸性洗涤纤维/%	27	19	19	21	27
中性洗涤纤维/%	40	28~30	28~35	35~40	40~45
粗饲料提供的/%	19~25	19~25	19~25	19~25	19~25
Ca/%	0.31	0.64	0.60	0.58	0.44
P/%	0.19	0.39	0.37	0.35	0.21
Mg/%	0.13	0.18	0.18	0.17	0.12
K/%	0.62	1.10	1.00	0.99	0.54
Na/%	0.16	0.23	0.22	0.21	0.16
Cl/%	0.13	0.34	0.32	0.29	0.13
S/%	0.20	0.20	0.20	0.20	0.20
维生素A/(IU/kg)	5850	3687	3303	3103	4265
维生素D/(IU/kg)	1595	1085	952	1021	1163
维生素E/(IU/kg)	85	22	19	20	62

注：①本表引用标准为NASEM（2021年版）所用标准，实际日粮配制过程中应该以本地饲料条件和实际牛群的生产水平及气候环境做出适当的调整。②表中营养浓度都以干物质为基础。③干乳牛营养水平为干奶到产前21天的营养水平。④后备牛营养水平依据14月龄营养需要，如果牛群较大时，建议将后备牛群的分群细化，有利于后备牛群的生长发育和饲料成本的控制。⑤表中的纤维含量为维持瘤胃健康的最低纤维需要量。⑥夏季日粮钾含量提高，减少热应激。

吸收。尿素可以自由穿越细胞膜，因此牛奶尿素氮浓度反映了血液中尿素浓度。如果血液中尿素水平升高，牛奶尿素氮水平也将随之升高。若牛奶尿素氮水平过高，则表明乳牛日粮中蛋白质过高或是瘤胃可降解蛋白过高，容易造成蛋白质浪费，而这些过量蛋白质将以尿素形式排放到环境中。反之，如果牛奶尿素氮水平过低，则表明瘤胃菌群数量减少，产乳量和乳蛋白含量将下降。因此，测定牛奶尿素氮有助于日粮的合理搭配，获得最佳产乳量，以及减少环境排放；同时有研究表明，牛奶尿素氮过高或过低表示乳牛代谢发生紊乱，易引发乳牛繁殖障碍。

乳牛测定MUN的意义在于泌乳早期的MUN对决定产乳高峰的营养计划至关重要；泌乳50~100天牛群的MUN能为我们提供乳牛受胎率是否会受到影响的信息；泌乳101~200天牛群的MUN指示日粮蛋白质水平、瘤胃降解率及瘤胃能蛋平衡状况；200天以上泌乳牛群的MUN能为我们提供日粮蛋白质是否过量或不足的数据。

荷斯坦牛全群平均理想牛奶尿素氮为10~18 mg/dL。影响牛奶尿素氮的因素很多，比如日粮组成、动物因素、采样方式、样品保存方法、检测手段等。由于产后35天内尿素氮的含量受脂肪代谢影响较大，此时牛奶尿素氮含量参考价值较低。

当牛奶尿素氮含量超过18 mg/dL时，表明日粮中瘤胃可降解蛋白含量过高或非结构性碳水化合物不足，应在调整日粮配方的同时，重点监测牛群的繁殖指标。瘤胃酸中毒也容易导致牛奶尿素氮含量升高。当牛奶尿素氮含量低于10 mg/dL时，可能是日粮瘤胃可降解蛋白质或总蛋白质含量过低，以及非结构性碳水化合物不足。

（二）β-羟丁酸（βHBA）

乳牛分娩前，因胎儿生长发育、泌乳和激素分泌等生理变化，乳牛的能量代谢和调节发生逆转，从养分储备向脂肪和蛋白质的快速代谢转变，以适应产后产乳量的快速升高。同时，乳牛脂肪生成和酯化减少，导致更多NEFA（游离脂肪酸）进入血液中。该生理过程由催乳素启动，发生的时间早于泌乳。此时乳牛胰岛素的分泌降低，导致更多葡萄糖在乳腺中转化成乳糖。为维持能量平衡，乳牛血液中的NEFA转化为VLDL。当能量不足，肝脏代谢能量不能完全转化NEFA时，NEFA被氧化为酮体。泌乳开始后，乳牛对葡萄糖的需求增加，其是合成牛奶所必需的成分。母牛为弥补能量不足开始动用体脂肪。快速的脂质动员导致NEFA的浓度增加，其中部分在转移到肝脏后，转化为能量（以ATP的形式），供动物用于所有生命过程。然而，过量的NEFA除一部分被代谢生成酮体（丙酮、乙酰乙酸和βHBA），其余部分则以甘油三酯的形式在肝脏中积累。产乳量增加会加剧能量不足和脂肪组织分解，导致酮体浓度不断增加，最终诱发乳牛酮症。能量负平衡状态可持续到产后60天前后，随着DMI的增加，能量摄入达到满足脂质代谢的需要时，能量负平衡状况逐渐缓解。由于围产期DMI下降和泌乳对能量的需求增加，能量负平衡是乳牛围产期的正常生理现象。

大多数高产乳牛在泌乳高峰期易发生酮症，血液βHBA浓度显著升高。酮体浓度的升高可增强传染性疾病即子宫炎和乳房炎的敏感性。同时有研究表明，βHBA在巨噬细胞、单核细胞、脂肪细胞和视网膜色素上皮细胞中具有很强的抗感染活性。此外，βHBA可抑制脂多糖刺激的单核细胞中肿瘤坏死因子-α、白细胞介素-6和巨噬细胞趋化蛋白-1的表达。血液BHBA与乳牛健康密切相关。

血液βHBA检测是目前公认的酮病诊断的"金标准"。血液βHBA最常用的界值是1.2 mmol/L和3.0 mmol/L，结果介于二者之间时，表明乳牛处于亚临床酮病；检测结果≥3.0 mmol/L可判定为乳牛处于临床型酮病。

诊断结果异常表明乳牛体内酮体水平升高，处于亚临床型酮病或临床型酮病的状态。可能缘于以下一些原因：乳牛体况过肥、体脂动员过多、干物质采食量不足、富丁酸青贮摄入量过多、其他疾病的影响等。牧场可以通过控制各阶段乳牛的体况；适当的饲槽管理，如控制饲槽采食空间、及时推料等；控制牛群密度，减少乳牛竞争，及时的转群管理；恰当的新产牛护理及优质青贮的饲喂等措施，降低乳牛酮病风险，改善乳牛健康。

（三）血钙

低钙血症（产乳热）是围产期乳牛重要的代谢病之一，也称为产后瘫痪。与酮病一样，其发生发展不仅与乳牛围产期的生理变化相关，还与饲养管理相关，在牛群中也可能以群发形式表现。本病的发生，不仅影响新产牛的健康，还会影响其乳产量。

乳牛产后的血钙浓度会发生波动，绝大多数二胎以上的乳牛在分娩时都会经历一过性的低钙血症，在产后12～24小时达到最低。正常状态下，成年母牛的血钙浓度为8.5～10 mg/dL（2.0～2.5 mmol/L）。为满足胎儿发育、初乳合成和产后泌乳的需要，妊娠后期和泌乳前期的乳牛钙需求量增加。然而，此时采食量降低、分娩应激等因素导致机体钙摄入和吸收普遍不足，使机体处于钙负平衡状态，容易诱发乳牛临床低钙血症或亚临床低钙血症。为维持血钙平衡，乳牛血钙的缺失通常靠肠钙吸收、骨钙重吸收和肾钙重吸收来补充，帮助机体维持稳态。

检测乳牛产后血钙浓度，可用来评估乳牛健康状况、并判断对群体低钙血症的干预措施是否有效。在产后12～24小时，使用检测设备检测血钙浓度。通常情况下，健康荷斯坦牛的血钙浓度为2.0～2.5 mmol/L。当血钙浓度＜1.4 mmol/L，且表现临床症状时，判定乳牛患临床低钙血症；当乳牛血钙浓度为1.4～2.0 mmol/L，且不表现临床症状时，判定乳牛患亚临床低钙血症。亚临床低钙血症的乳牛一般不表现典型的临床症状，只有部分乳牛可能会出现明显食欲缺乏的现象。

当牛群中临床型低钙血症的发病率≥5%时，表明本病已成为群发性疾病，需要重视该疾病。对于牛群中出现的临床型低钙血症（产后瘫痪）病例，可使用$CaCl_2$或葡萄糖酸钙溶液等钙制剂进行治疗。而群发性低钙血症的干预方案主要有三种：干奶期饲喂低钙日粮、干奶后期（围产前期）饲喂阴离子盐和产后投喂钙制剂。

八、粪便评定

乳牛日粮的消化情况主要依据粪便情况来判断，常用工具是粪筛。采样时使用配备的长柄勺随机采集至少10%牛只的新鲜粪样（去除表层干粪），若粪样过多则混合选取约2 L。然后，将标准喷头与自来水连接并将喷头设为淋浴出水模式，取样杯以30°角方向放置，将约25%的样品冲洗到顶层筛上，继续冲洗使粪便流过筛孔。之后，再将25%的粪样冲洗到顶层筛上，重复以上步骤直至所有的粪样被冲洗干净。顶层筛、中层筛和底层筛比例推荐值分别为＜20%、＜30%和＞50%。若顶层筛出现完整或破碎谷物，如玉米粒、全棉籽和整粒大豆，以及大量的纤维性饲料，那则意味着瘤胃饲料层形成差、谷物加工问题或粗饲料质量差（表7-26）。

除此之外，还可以采用感官指标，采用粪便评分等方法。一可以看粪便干稀：若普遍是1分，可能是配方淀粉、蛋白、瘤胃降解蛋白（RDP）或矿物质过高，或有效物理纤维不足等；若普遍是4分，可能是配方缺乏碳水化合物、蛋白或RDP，日粮纤维含量高或消化率低，以及饮水不足等；若既有1分也有4分，可能是TMR搅拌不均、干草切割长和乳牛挑食等原因。二可以看粪便是否有明显可见的玉米籽粒：若有，可能是玉米青贮籽粒破损不佳或没有发酵好、玉米粉碎颗粒较大、玉米粉筛网孔径大或出现破损、玉米压片糊化度不足和玉米整体饲喂过量等。三可以看粪便是否有长纤维：若有，可能是TMR搅拌过细（可调整搅拌时间、转速、刀片数量、上料顺序），或使用的进口苜蓿、玉米青贮等粗饲料纤维消化率低等。四可以看粪便是否有黏液或气泡：若出现过量黏液，可能是有慢性炎症或肠道组织损伤；若出现气泡，可能是酸中毒或后肠道发酵过度产气过多。五可以看粪便颜色：呈深色或血色，可能是霉菌毒素感染或球虫病；呈淡绿色或淡黄色，并伴有水样痢疾，可能是细菌性感染，如沙门菌感染（表7-27）。

九、舒适度评估

乳牛舒适度主要用于评价畜舍的设计和环境是否满足乳牛行为的自然表达，是畜舍、配套设施的设计与乳牛行为和乳牛福利的结合，主要通过饲养空间尺寸、垫料质量、饲料和饮水、行走地面、通风和光照等方面间接进行评估。评价

表7-26 粪筛结果分析

层	理想比例	不理想原因	粗饲料形成不理想原因	精饲料形成不理想原因
顶层筛	＜20%	完整或破碎谷物，大量的纤维性饲料	瘤胃饲料层形成差 粗饲料质量差 日粮突然变化 可发酵淀粉和糖不足 RDP不足 不饱和脂肪酸过多 能氮不平衡 瘤胃酸中毒	谷物加工不充分 饲喂量过多 乳牛挑食
中层筛	＜30%	破碎谷物，大量明显可见小牧草颗粒		
底层筛	＞50%			

表7-27 粪便评分表

评分	粪便状态	备注
1	稀粥水样状，呈弧形下落	严重腹泻，胃肠功能损伤
2	无固定形状，基本成堆，看不到环状，排泄过程有飞溅点	亚临床性酸中毒
3	粪堆高2.5～4 cm，顶层同心圈，中心有塌陷，浓粥状	泌乳高峰期
4	粪堆高5～8 cm，中间无内陷小窝，不易黏附鞋底	干奶期
5	干硬，易见纤维颗粒	干奶期

乳牛舒适度最确切的指标还是来自乳牛本身，但仅依靠肉眼观察难以进行准确的判断，而乳牛行为和舒适度指标可以将乳牛舒适度量化，用准确的数字来反映乳牛的状况，更便于应用于生产实际。

乳牛的基本行为需要包括躺卧、采食、反刍、饮水、泌乳和社交，且这些行为需要有先后顺序。对于乳牛，躺卧是第一需要满足的行为，其次为采食和反刍。研究表明乳牛每合成1 L的牛奶，需要从400～500 L的血液中摄取营养物质，而乳牛躺下时会增加流经乳腺的血液量，从而增加产乳量。此外，乳牛躺卧时间增加，减少站立压迫蹄部毛细血管的时间，从而降低蹄底部损伤等蹄病的发生率。加拿大行业标准规定，乳牛的躺卧需要至少为12 h/d，许多研究的结果也表明乳牛基本的躺卧需要12～13 h/d。但在生产实践中，很多牧场都无法达标，这可能与饲养密度、卧床设计、垫料、卧床维护、饲养管理方式或外界环境等因素有关（表7-28）。其中，卧床设计不当主要原因包括前冲空间不足、颈部隔栏安装不合适、垫床弹性不足和栏内缺少通风，导致乳牛站立和跨卧床站立比例增加，跗关节损伤和关节肿胀磨损率增加。乳牛出现不能或难以采用正常的休息姿势、很难从卧姿到站姿、倒进畜栏、躺卧在畜栏边或在进入畜栏前行动忧虑等异常行为。当挡胸板太高或垫料不足时，虽然挡胸板可用于引导母牛躺卧在最佳位置，但这也限制它不能采用长久休息姿势。

表7-28 不同因素对乳牛躺卧行为的影响

变量（因素）	躺卧时间/(h/d)	躺卧次数/(次/d)	每次躺卧时间/(h/次)	文献
胎次				Lobeck-luchterhand等，2015
初产牛	12.90	16.50	0.90	
经产牛	13.20	13.70	1.30	
胎次（夏天）				Steensels等，2012
2	8.23	11.20	—	
≥3	8.67	11.00	—	
胎次（冬天）				
2	8.85	10.80	—	
≥3	9.65	11.40	—	
产犊季节				
夏天	8.40	11.10	—	
冬天	9.30	11.10	—	
卧床垫料（散栏式）				Tucker等，2003
木屑	14.30	9.10	1.60	
沙子	10.90	6.70	1.40	
垫子	14.30	9.30	1.60	
卧床垫料（拴系式）				Haley等，2001
混凝土	10.42	9.05	1.30	
垫子	12.25	13.13	1.03	
卧床宽度/cm				Tucker等，2004
112	9.60	8.40	1.30	
132	10.80	8.10	1.50	
卧床长度/cm				
229	9.90	8.00	1.40	
274	10.50	8.60	1.40	

续 表

变量（因素）	躺卧时间/（h/d）	躺卧次数/（次/d）	每次躺卧时间/（h/次）	文献
颈轨高度/cm				Tucker等，2005
102	14.80	8.80	1.80	
114	13.90	7.70	2.00	
127	14.30	9.70	1.70	
沙层深度/cm				Drissler等，2005
0	13.20	11.00	1.25	
3.5	12.82	11.52	1.22	
5.2	12.51	11.92	1.15	
6.2	12.05	11.33	1.14	
饲养方式				Hernandez-mend等，2007
放牧	10.90	15.30	—	
散栏式	12.30	12.20	—	
自动挤奶	10.80	9.30	1.30	Deming等，2013
温湿度指数				Endres and barberget，2007
THI＜72	12.70	—	—	
THI≥72	7.90	—	—	

来源：王封霞. 不同饲养密度对奶牛行为、生产性能及合适度指标的影响［D］. 北京：中国农业大学，2015.

垫料的选择对乳牛也非常关键。在稻草、刨花、稻壳、橡胶垫、沼渣和水床等各类垫料中，沙子经常被认为是最好的选择，但粪污处理需要增加分离沙子的相关设备。评估垫料作用效果的指标，包括垫料的充足性、减少摩擦、阻止微生物滋生和排出湿气等。不管何种类型的垫料，垫料厚度需要达到至少15 cm以提供适宜的弹性，垫料应该与牛床外沿高度保持水平。垫料不足的卧床经常造成乳牛内侧跗关节损伤。乳牛应避免顺斜坡向下躺卧。无论是由于维护不当还是乳牛刨挖造成卧床后部比前部高，都需要对其进行修整。

乳牛没有上切齿和犬齿且唇部不灵活，在采食时主要依靠舌卷食草料，用下切齿和上腭肉质齿床切断草料进入口腔，然后再纵向移动咀嚼饲料。乳牛舌的表面有许多尖端朝后角质化的刺状乳头，可以阻止饲料掉出来。饲料中混有异物时很容易进入瘤胃，当瘤胃蠕动时，尖锐的异物刺破胃壁造成创伤性胃炎，因此备料时应避免尖锐物混入饲料中。乳牛喜欢自由采食，采食量主要受下丘脑"摄食中枢"和"饱中枢"的调控，每天的采食时间为3～5小时，采食次数为9～15 n/d，采食速率为0.1～0.2 kg/min，因饲养方式而异。在放牧条件下，乳牛需要搜寻牧草，需要的采食时间要长于舍饲方式。牛舍设施的设计要满足乳牛随时自由采食饲料后需求，与使用抬高的采食槽相比，乳牛更喜欢从地面水平的饲槽中采食。乳牛低头采食，会促进唾液分泌，增加瘤胃对过量酸的缓冲能力。另外，饲槽表面粗糙会降低乳牛的采食量，在饲槽上增加光滑的塑料衬垫能够延长饲料的保鲜期和减少乳牛采食时对舌头的刺激。对于采取颈夹饲喂槽的牛舍，乳牛的采食空间至少为60 cm。

乳牛的采食速度快，饲料不经充分咀嚼就进入瘤胃。因此，乳牛采食后需要逆呕、再咀嚼、再混唾液和再吞咽的反刍行为。乳牛口腔中有5个成对的腺体和3个单一的腺体，在进食时每分钟约可产生120 mL唾液，反刍时每分钟约可产生150 mL唾液，乳牛每天反刍时间为6～8小时，再加上采食咀嚼时间，每天的唾液产生量为100～200 L。唾液中含有高浓度的碳酸氢根和磷酸二氢根，这些离子可作为缓冲液缓解pH急剧降低，维持瘤胃内环境酸碱平衡的稳定，从而有利于瘤胃微生物对营养物质的消化吸收。乳牛的反刍行为受饲养方式、日粮类型、粗饲料种类、饲料切割长度、精粗比例和胎次等因素的影响（表7-29）。

表7-29 不同因素对乳牛反刍行为的影响

变量（因素）	反刍时间/(h/d)	反刍次数/(次/d)	每次反刍时间/(min/次)	文献
舍饲				Kononoff 等，2002
—	6.92	14.3	29.6	
放牧				Kilgour，2012
—	4.70～10.20	—	—	
粗饲料中NDF/%				Adin 等，2009
12.8	7.14	—	—	
18.7	8.04	—	—	
草料长度/mm				Krause 等，2002
6.0～6.3	8.08	15.3	29.0	
2.8～3.0	5.33	11.7	26.0	
日粮类型				
HMCFS[1]	8.04	12.5	28.7	
HMCCS[2]	8.37	16.4	31.1	
DCFS[3]	4.80	10.9	23.3	
DCCS[4]	7.80	14.2	26.6	
苜蓿青贮和干草比例				Beauchemin 等，2003
50∶50	7.30	—	—	
25∶75	7.00	—	—	
胎次				Dado and Allen，1994
初产牛	7.55	15.4	29.7	
经产牛	7.67	12.9	36.0	
投料1次				Hart 等，2014
初产牛	7.19	—	—	
经产牛	8.71	—	—	
投料2次				
初产牛	7.53	—	—	
经产牛	8.88	—	—	
投料3次				
初产牛	8.16	—	—	
经产牛	9.13	—	—	
挤奶2次				Hart 等，2013
初产牛	7.89	—	—	
经产牛	8.82	—	—	
挤奶3次				
初产牛	7.81	—	—	
经产牛	9.22	—	—	

注：[1]HMCFS＝高水分玉米和细切苜蓿青贮，[2]HMCCS＝高水分玉米和常规苜蓿青贮，[3]DCFS＝破碎玉米和细切苜蓿青贮，[4]DCCS＝破碎玉米和常规苜蓿青贮。

来源：王封霞．不同饲养密度对奶牛行为、生产性能及舒适度指标的影响[D]．北京：中国农业大学，2015．

水对于乳牛是必需的营养物质，占体组织的60%以上，占牛奶成分的87%。乳牛饮水量与DMI、产乳量和环境因素有很大的关系，通常情况下，饮水量是DMI的4～5倍、是产乳量的3～4倍。因此，乳牛饮水不足会严重影响产乳量。每100头乳牛应至少设置4个水槽，散栏式牛舍水槽通常安装在十字路口。夏季，开放式牛舍可在墙外设置水槽。大通铺式牛舍，水槽通常位于采食通道和躺卧区域之间。相邻牛舍，可以共享水槽的安装位置，以节省空间。乳牛一般每天饮水8～15次，每次饮水6～12 L，因水槽类型和外界温度而异。除此之外，还需保障水的质量，固体可溶物总量少于3000 mg/L，硝酸盐含量少于100 mg/L，亚硝酸盐含量少于4.0 mg/L。冬季建议提供温水，水温维持在9～15 ℃。研究表明，饮用低于8 ℃的水，会增加乳牛的能量消耗，明显降低产乳量。

评估乳牛舒适度的指标有舒适度指数、卧床站立指数、跨卧床站立指数和卧床使用指数。其中，舒适度指数等于躺卧牛数量与接触卧床牛数量的比例，卧床站立指数等于卧床站立和跨卧床站立牛数量之和与接触卧床牛数量的比例，跨卧床站立指数等于跨卧床站立牛数量与接触卧床牛数量的比例，卧床使用指数等于卧床躺卧牛数量与不采食牛总数量的比例。对于躺卧高峰期的乳牛，建议舒适度指数指标达到85%以上，卧床使用指数的指标达到75%以上。

思考题

1. 后备牛培育有何重要意义？
2. 后备牛各阶段饲养管理要点是什么？
3. 如何降低后备牛饲养成本？
4. 初生犊牛为什么要早喂初乳？
5. 犊牛消化和瘤胃发育有何特点？
6. 犊牛早期断奶的意义和条件？
7. 乳公犊肉用生产的意义？
8. 简述成年母牛饲养阶段的划分。
9. 干奶期、围产期和泌乳盛期乳牛在饲养管理上应注意哪些问题？各有何特点？试比较说明。
10. 乳牛夏季减少应激可采取哪些技术措施？
11. 全混合日粮（TMR）饲养技术要点有哪些？
12. 分析饲养管理效果有何重要意义？

参考文献

[1] 王福兆, 孙少华. 乳牛学 [M]. 4版. 北京：科学技术文献出版社，2010.
[2] 姜兆春. 健康养殖与疾病合理防控 [M]. 北京：中国农业出版社，2010.
[3] 蒋林树, 陈俊杰, 张良. 奶牛高效饲养新模式. 北京：中国农业出版社，2015.
[4] 邱怀. 现代乳牛学 [M]. 北京：中国农业出版社，2002.
[5] 莫放. 养牛生产学 [M]. 北京：中国农业大学出版社，2003.
[6] 王晓霞, 邓蓉, 鲁琳, 等. 畜牧业经济与发展 [M]. 北京：中国农业出版社，2002.
[7] 孟庆翔. 乳牛营养需要 [M]. 7版. 北京：中国农业大学出版社，2002.
[8] 昝林森. 牛生产学 [M]. 北京：中国农业出版社，2007.
[9] 欧宇. 欧美小牛肉生产现状 [J]. 中国草食动物，2002，22（6）：1.
[10] 张拴林, 高文俊, 刘强. 乳牛养殖实用技术 [M]. 北京：中国农业科学技术出版社，2014.
[11] 李有志, 杨军香. 乳牛养殖主推技术 [M]. 北京：中国农业科学技术出版社，2013.
[12] 屠焰, 刁其玉. 犊牛早期断奶技术 [M]. 北京：中国农业科学技术出版社，2014.
[13] 侯放亮, 蒿迈道, 马国际. 乳牛科学饲养与管理 [M]. 西安：陕西科学技术出版社，2014.
[14] 曲永利, 陈勇. 养牛学 [M]. 北京：化学工业出版社，2014.
[15] 温集成, 温鸿仲. 无公害乳牛饲养标准及饲养管理技术 [M]. 呼和浩特：内蒙古人民出版社，2014.
[16] 王加启. 现代乳牛养殖科学 [M]. 北京：中国农业出版社，2006.
[17] 金东航. 犊牛疾病防控技术问答 [M]. 北京：金盾出版社，2014.
[18] 孙鹏. 犊牛饲养管理关键技术 [M]. 北京：中国农业科学技术出版社，2018.
[19] 孙鹏. 后备牛饲养管理关键技术 [M]. 北京：中国农业科学技术出版社，2019.
[20] 杨致铃. 乳牛精准饲养策略 [M]. 北京：中国农业科学技术出版社，2019.
[21] 张军民, 卜登攀. 乳牛提质增效关键技术 [M].

北京：中国农业科学技术出版社，2017.

[22] 刁其玉. 犊牛营养生理与高效健康培育 [M]. 北京：中国农业出版社，2018.

[23] RAYMOND J P, MICHAEL J W. Bovine Colostrum: Its Constituents and Uses [J]. Nutrients, 2021, 13（1）: 265.

[24] National Research Council. (2021). Nutrient requirements of dairy cattle (8th ed.). National Academies Press.

[25] CHEN J, REMMELINK G J, GROSS J J, et al. Effects of dry period length and dietary energy source on milk yield, energy balance, and metabolic status of dairy cows over 2 consecutive years: Effects in the second year [J]. J Dairy Sci, 2016, 99（6）: 1-13.

[26] EDMONDSON P. Ttake no shortcuts at dry-off [J]. Hoard's Dairyman, 2018.

[27] 杨军香, 曹志军. 全混合日粮实用技术 [M]. 北京：中国农业科学技术出版社，2011.

[28] RICHARDS B F. Strategies to decrease incidence of fatty liver in dairy cows [J]. Animal Science. 2011.

[29] HAYIRLI A, GRUMMER R, NORDHEIM E, et al. Animal and dietary factors affecting feed intake during the prefresh transition period in Holsteins [J]. J Dairy Sci, 2002, 85（12）: 3430-3443.

[30] HUANG W, TIAN Y, WANG Y, et al. Effect of reduced energy density of close-up diets on dry matter intake, lactation performance and energy balance in multiparous Holstein cows [J]. J Anim Sci Biotechnol, 2014, 5（1）: 30.

[31] ALAN W B, WINFIELD S B, THOMAS R. Overton. Protein nutrition in late pregnancy, maternal protein reserves and lactation performance in dairy cows [J]. Proceedings of the Nutrition Society. 2000, 59: 119-126.

[32] GAUGHAN J B, MADER T L, HOLT S M, et al. Review of current assessment of cattle and microclimate during periods of high heat load [J]. Animal Production Australia. 2002, 24: 77-80.

[33] FERREIRA F C, GENNARI R S, DAHL G E, et al. Economic feasibility of cooling dry cows across the United States [J]. J Dairy Sci, 2016, 99（12）: 9931-9941.

[34] 马佳莹. 中国百头以上牧场成年母牛长寿性及主要淘汰原因的调查分析 [D]. 北京：中国农业大学，2016.

[35] 王封霞. 不同饲养密度对乳牛行为、生产性能及舒适度指标的影响 [D]. 北京：中国农业大学，2015.

[36] 李胜利, 范学珊. 奶牛饲料与全混合日粮饲养技术 [M]. 北京，中国农业出版社，2011.

[37] 李继伟, 林雪彦, 王云, 等. 全混合日粮饲喂泌乳乳牛群摄入养分偏离的原因分析及对生产性能的影响 [J]. 动物营养学报, 2016, 28（4）: 1208-1216.

本章编者：李艳玲（第一节至第五节），
　　　　　曹志军（第六节，第八节），
　　　　　孙少华、林雪彦（第七节）；
审订：曹志军（第一节至第五节），
　　　李胜利（第六节至第八节）

第八章

乳牛的行为信号与生产管理应用

乳牛行为是指乳牛对某些刺激的反应或指乳牛对所处环境做出反应的方式。行为学是由家畜生态学、生理学、心理学等学科发展而来的边缘学科。其研究的目的是了解家畜行为及其本质，并为其创造适合于其习性的条件，使其生活舒适，达到提高生产性能的目的。

乳牛高产是其独特行为特征的综合表现，同时依赖于舒适的环境和良好的管理。对乳牛行为基础知识的了解，是成功管理好牛群的基础，把乳牛行为学原理应用于乳牛饲养管理实践可以使牛群获得高产，提高劳动生产效率。研究行为学的目的是更好地善待乳牛，创造福利条件，提高其生产性能，使乳牛"自由地采食，安静地休息，愉快地接受挤奶"，享受福利待遇。用文明的生产手段去善待所有饲养的乳牛，以较小的生产投入去获得较多的经济利益。

第一节　乳牛一般行为与信号

一、乳牛的一般习性与行为

（一）乳牛的一般习性

1. 合群性　饲养过程中，多头母牛组成一个牛群时，最初会出现互相顶撞的现象，待它们确立统治地位和群居等级后就会合群，彼此和平共处。这个过程视牛群大小及是否有两头或以上优势牛而定，一般需6～7天。一般年龄大、胸围和肩峰高大者占优势。放牧牛喜结群采食，即使个别牛有时会离开群体，但都不会走得太远，稍受惊吓便会立即归队。舍饲牛常结群上槽，即使在运动场休息，也喜结伴而卧，3至5头在一起躺卧，但个体间并不是紧靠在一起，而是保持一定距离，便于相互照应。乳牛这种合群性具有相互安抚、增加安全感和提高采食量的作用。

2. 好静性　乳牛好静，不喜欢嘈杂的环境。强烈的噪声会使乳牛产生应激反应，产乳量下降，或出现低酸度酒精阳性乳。播放轻音乐则会使乳牛感到舒适，有利于泌乳性能的发挥。因此在生产中，建议饲养者给泌乳牛播放轻音乐，尽量减少外来的惊吓和噪声，这样会收到良好的饲养效果。

3. 好奇性　乳牛对人和周围的环境往往表现出好奇的习性。当有人经过饲槽前时，乳牛会抬头观望，甚至伸头与人接近；当有人站在运动场边吆喝或敲打铁栏杆时，牛会跑过来围观，年龄越小，好奇性越强；当饲槽内有异物时，牛会用舌头舔它，甚至会将其吃下。有时兽医在运动场内给牛治病时，其他牛也会跑过来围观。

4. 温顺性　母牛一般比较温顺，相互靠在一起也不争斗，尤以高产母牛明显。也有少数母牛在牛群中争强好斗，在采食、饮水或进出牛舍时以强欺弱。对这样的个体应在犊牛期，去角或将其角尖锯平。生产上特别注意淘汰或转群那些特别好斗、比较凶猛的个体牛，以免对其他牛、人和环境造成不必要的伤害与损失。个别母牛手工挤奶时会出现踢人行为，应注意驯服，不要抽打，更不能捆腿，以免牛形成坏习惯。

（二）乳牛的一般行为

1. 护犊和恋母行为　护犊和恋母行为简称"母—犊行为"。当母牛生下犊牛后会有极明显的护犊行为，将犊牛全身舔干并发出亲昵柔和的叫声。当新生犊牛试图起立而身体摇晃、步态不稳时，母牛会表现出十分关切和紧张不安的神情，犊牛也会在母牛舌舔动作和叫声的鼓励下站起并开始寻找乳头。母牛在运动场产犊后，往往会驱赶欲接近犊牛的其他乳牛，若工作人员将犊牛抬走时，母牛通常会追赶，但不会攻击人。当母牛感受到有异物接近犊牛或是听到犊牛的求救叫声时，母牛会积极保护犊牛免受侵害。护犊行为一般从犊牛出生时开始，延续至断奶时止，且在品种之间的差异很大。

新生犊牛的视觉还不完善，主要依靠听觉、嗅觉、触觉和味觉行事，乳犊牛能辨别出其母亲的呼唤声。此外，犊牛也有辨别颜色的能力，但如果它们与母亲分开，这种能力就会下降。母牛对其犊牛的护恋之情非常强烈，当犊牛离开一段时间再回来时，母牛要用鼻嗅一嗅犊牛身体加以辨别。母牛产犊后的1～2小时，如将其犊牛抱走，再回来时常遭到拒绝，这一特性对高产乳牛管理具有特定的意义。一般带犊的母牛其产奶性能会受到影响，产乳量明显偏低，只有将母牛与犊牛分开饲养，才能发挥出其良好的生产性能，创造高产纪录。

犊牛断奶后有依恋原牛群的现象。如将一头犊牛从牛群隔开，会使它产生强烈的逆境反应而紧张不安，甚至跳越围栏重新回到原来的牛群中，这对断奶的分群管理显得特别重要。最好几头犊牛同时断奶。

2. 好斗行为　好斗行为主要表现在公牛身上，母牛群中偶尔可见两头牛头角相抵的现象。乳牛一般性格较温驯，不爱打斗，高产乳牛表现尤为明显。但有的母牛在牛群中争强好斗，撞伤其他母牛，或用角挑伤其他母牛的乳房。对这样的牛应将其角尖锯平，对特别好斗、比较凶猛的个别牛最好从牛群中挑出去。有些公牛还有与其他公牛竞争配种的特性，因此采精时如遇公牛延迟爬跨，将另一头公牛牵来，可以刺激延迟爬跨的公牛立即爬跨、射精。

3. 模仿行为　乳牛是高度社交和群居的动物，它们聚集在一起的时候会互相模仿。当牛群中某一头牛做出某一动作时，其他的牛会跟着做同样的动作，其他牛正在做此动作使得原来的这头牛继续做下去。例如，一头乳牛开始从运动场走进挤奶厅时，其他牛就跟着走进厅内，一头乳牛开始哞叫时，其他牛也会跟随着发出叫声。又如，群饲的犊牛由于互相争着吃饲料，所以采食量比单独饲喂时要多一些。在饲养管理中利用乳牛的这一行为特点，使乳牛统一行动，大大节约了劳动力成本，便于牛群统一管理。但模仿行为有时也会带来不良后果，比如一头牛翻越围栏，其他牛会跟着跳出去；一头牛出现刻板行为或异食行为，其他牛也会争相效仿。

4. 探索行为　乳牛具有好奇并探索周围环境的脾性，这是乳牛对环境刺激的本能反应。它们通过看、听、闻、触等感觉器官对周围环境进行探索。每当乳牛进入新环境，它的第一反应就是进行探索，以此认识和熟悉新环境。因此对新调入的犊牛，在进行管理或训练时要容许它们有一定的时间对新环境做一番"调查研究"，使它们更加适应陌生的环境。犊牛相比成年牛对周围事物更好奇，探究行为也更频繁。

5. 寻求庇护/隐蔽行为　乳牛为了保护自身和维持生理的恒定性而具有寻求掩蔽自己的行为，并伴有全身性反应。如具有躲避日晒、风吹、雨淋及蚊虫袭扰而寻求掩蔽自己的行为等。有时表现为8头或8头以上的牛群通过一种特有的玫瑰花瓣方式头朝中间组合在一起，牛的头与头之间的距离低于365.76～548.64 cm，持续时间大约为15分钟。外围牛不断地诱发甩头、踢腿、摆尾、扇耳、颤动皮肤等动作都是为了躲避蚊虫的叮咬而做出的防御行为。在夏季炎热时乳牛会寻求阴凉处或水坑处歇息，最喜爱在泥泞、柔软处卧息，不愿卧息于硬质运动场（如水泥、砖块铺成的运动场地）。不同品种的乳牛对热的耐受性有一定的差异，荷斯坦牛对热的耐受性较差，但在上海地区长期的风土驯化中，其耐热性有所提高，产奶性能也有大幅提高。因此，在夏季要经常消毒，一般牛舍要在牛只下槽后彻底清扫干净，定期用高压水枪冲洗，并进行喷雾消毒或熏蒸消毒。尽量做到舍内不存粪尿，消灭蚊蝇的滋生地，加强灭除蚊蝇和鼠害的措施。

6. 清洁行为　健康乳牛通过舌舔、抖动、抓挠来清理被毛和皮肤，保持体表清洁卫生。体弱乳牛清洁能力差，导致被毛逆立、粗乱无光，体表和后肢污染严重。乳牛喜欢清洁、干燥的环境，因此牛舍地面应在饲喂结束后及时清扫，冲洗干净，运动场内的粪便应及时清除，保持干燥、清洁、平整，夏季要注意排水，防止积水。

二、乳牛的群居行为与联络信号

（一）乳牛的群居行为

1. 群居等级（优胜序列） 在同种类的畜群中，存在着组织良好的群居等级，在乳牛群中称为"抵撞顺序"或"勾角顺序"。牛群内先入群的个体、体型大而强壮的牛或年长的、具有攻击性的牛通常占有优势或统治地位，而后来者、体型小且瘦弱的牛或年轻的、温顺的牛处于从属或被统治的地位。将若干头母牛组成一个新牛群时，在一段时间内，为建立等级关系，它们之间会互相抵撞或摆出威胁姿态，这对乳牛群是一种干扰并导致产乳量下降。因此生产中牛群应保持相对稳定，不宜频繁调换牛只及床位。若必须调动（特指拴系管理），应让其在新床位上固定5～7天，待其习惯后再放入运动场。

一旦群居关系（等级顺序）确立，牛群就会和平相处。其后只要占统治地位的母牛稍一吓唬，从属者就会屈服而避免争斗。在实行限量饲养时群居等级尤其重要，因为在这种条件下，优势者会将劣势者挤出饲槽，结果造成屈从的牛只吃得少或吃得迟。根据牛的群居性，舍饲牛应有一定的运动场面积，面积太小容易发生争斗。一般每头成年牛的运动场面积为25～30 m²。驱赶牛转移时，单个牛不易驱赶，小牛群较单个牛容易驱赶，不易离散。

2. 领头乳牛和跟随乳牛 牛群在行进过程中总有领头者和跟从者。领头乳牛是指牛群中经常在游动行列（放牧牛群）的最前面，常常开始做一个新动作的母牛。领头的乳牛体格可能不大，但大多是聪明、敏捷的牛，它们也并非每次行动都是同一头牛，一般是属于同一类型的几头牛。观察发现，占据统治地位的乳牛通常不是领头的，它们常常走在中间，跟随的牛始终走在后面，怀孕的乳牛则躲在后列。在生产管理中，牛群放牧、进出挤奶厅、短途驱赶都需要有头牛带领。而当赶牛上车或驱牛上路遇到困难时，只要利用头牛-随从关系和合群、仿效行为，拉上一头老实温驯的牛充当头牛，其他牛就会跟上去，从而可以大大节约时间和劳力。

3. 影响群居等级的因素 群居等级的划分有年龄、入群先后、体重和体型大小、在牛群中的资历、气质上的侵略性和怯懦性等因素。在舍饲中，促进和改善群居关系具有重要性，如牛群中有2头以上优势者必须挑出来，重新组群确立一个新的群居等级关系，使得所有牛采食量提高，从而获得较高的饲料利用率、更高的产乳量和经济效益。乳牛群居等级是后天产生的，因此并不遗传。而乳牛的搏斗能力却可以遗传，并且决定群居等级的顺序。

（二）乳牛的联络信号

乳牛之间的联络是指一头乳牛发出的某个信号被另一头乳牛接受而对其行为产生影响。此时乳牛心率和皮质醇水平发生变化。

1. 听觉 乳牛具有极其敏感的听觉，能听到极微弱的响声。声音是乳牛联络的重要媒介，乳牛在许多方面使用声音来交流。例如，发情牛的求偶声、犊牛饥饿时要求喂食的叫声、公牛遇危险信号的吼声、母犊间发生的亲昵叫声、保持行动和聚集时发出的全群性呼叫声。嘈杂的环境，特别是火车、汽车、飞机、重型机械发出的轰隆声及燃放爆竹声，均会造成乳牛食欲减退、产乳量下降。长期处于噪声环境中的乳牛甚至会出现繁殖障碍、泌乳期和利用年限缩短的现象。因此，牛场应远离居民区、工矿企业及交通要道。管理人员对待乳牛的态度应和蔼，不要大声斥责。

2. 嗅觉 乳牛比人能嗅出更远距离的气味，在风速5 km/h、相对湿度75%时，乳牛能嗅到（上风）3 km以外的气味，如风速和湿度增加，还会嗅得更远些。它们分辨青草和秸秆主要还是依靠嗅觉、触觉和味觉。乳牛的择食、交配、护犊、合群等行为都与嗅觉有密切的关系。母牛在发情时分泌出一种特有的吸引公牛的气味，在自然交配（本交）中，公牛凭借嗅觉能找到较远距离的发情母牛。当兽医需要对乳牛进行"放血"处理时，会使牛产生恐惧感的主要原因是血腥气味或濒死乳牛的呼叫声。因此，处理病死牛或屠宰乳牛一定要在远离牛群的地方进行。

3. 视觉 乳牛的眼眶间距宽，可看到较广阔的全景视野，稍稍转动头部，就能看到身体周围的任何事物，只有躯体正后方的一小部分景物看不到。乳牛不能分辨颜色，只能看见不同深浅的灰色和黑色影像。因而，乳牛场的工作人员着装颜色应力求一致，尤其是兽医等技术人员的工作服颜色应与挤奶员一致，可减少乳牛的惊慌不安，避免伤人事故的发生。

4. 味觉　乳牛舌黏膜上有各种乳头，有的乳头上有味蕾，可分辨食物的味道。因此，在生产中要注意提高饲料的适口性，促进乳牛的采食量的提高。乳牛的异食癖就是味觉异常引起的一种非常复杂的综合症状。当饲喂质量较差的秸秆时，将秸秆铡短并拌以精饲料，可以提高秸秆的采食量；当饲喂非蛋白氮类饲料（尿素）时，辅以糖蜜、糖浆等，既可以改善适口性，又能够增加能量；在日粮中添加食盐，可补充矿物元素，提高采食量；在犊牛的开食料中适当添加调味剂（甜味剂、咸味剂），可诱使犊牛提早采食饲料。

（三）人与牛之间的联系

人与牛的关系是人牛社会关系的延伸。乳牛有很好的记忆力，它们会将人施加给它们的各种刺激记在头脑中，并按它们的标准判定好、坏、善、恶。人与乳牛之间所施加的一切善意或恶意行为均会发生联系。乳牛受到去角、烙印、修蹄、采血和疫苗注射等"伤害"处理后，有些牛会变得难以驾驭和训练，不易与人亲近。在生产管理中应尽可能少地"伤害"它们，或将几项"伤害"处理一次性完成。有经验的饲养人员通过精心照顾，可以与乳牛建立起亲和关系——爱护和依赖关系（人牛亲和），从而使乳牛易于亲近和接受工作人员的管理。

第二节　乳牛的生理行为与异常行为

一、乳牛的生理行为

（一）采食行为

乳牛习惯于自由采食，采食时间随饲料品质、能量水平、环境温度变化而变化。每天采食10余次，每次20～30分钟，累计每天6～8小时，躺卧休息时间为9～12小时。牛自由采食或放牧时，活动最活跃的时间是黎明和黄昏，其次是上午中段时间和下午早期；放牧时，一昼夜吃草6～8次，其中白天占65%，夜间占35%。乳牛喜欢采食新鲜饲料，不爱吃剩余的饲料，因此，饲喂时应少给勤添，同时应将饲槽中的剩余草料及时清理，并将饲槽冲洗干净。乳牛择食行为相对比较粗放，采食时往往不加以选择，采食后不经仔细咀嚼即吞下，待卧息时再进行反刍咀嚼。因此，饲喂草料时要注意清除混在饲料中的铁钉、铁丝等金属异物，否则乳牛极易误食，造成创伤性网胃炎和创伤性心包炎；同时，也要清除饲料中的尼龙绳及塑料等杂物，以免影响乳牛消化；饲喂乳牛喜食的块根类饲料时要切成片状或粉碎后饲喂，块大容易引起食管堵塞，最好切成片或铡碎后饲喂。

乳牛在自由采食的情况下，应充足供应精、粗饲料，乳牛以相当固定的比例选择两种饲料，饲喂的其他饲料也照样非常频繁地被轮流采食。如果每日8小时不供给粗饲料，则这一期间的精料采食量减少，当恢复正常供给粗饲料时，精料、粗料采食量会增加且超过正常水平。由此可见，乳牛在采食精料的同时，有想吃粗料的欲望，这种欲望可以避免其因单吃精料而造成的瘤胃生理伤害。但在生产中也会碰到，因管理上的疏漏，乳牛偷食大量精料发生瘤胃急性胀气而导致死亡的情况。乳牛的采食行为受多种因素的影响，包括气候因素、饲养管理和营养水平等。在舍饲条件下，乳牛的采食过程是在受约束的条件下进行的，行为比较单一，且乳牛采食到的饲料是有限的，不利于乳牛的自由活动；而放牧乳牛的采食行为较复杂，包括了对食物的搜寻、定位和采食等各项活动，且放牧饲养便于牛自由采食，能提高乳牛的福利。因此，在饲养条件允许的情况下，可以经常放牧，或给乳牛足够的活动空间，提供充足的饲料，让乳牛享受到自己应有的待遇。

（二）饮水行为

水是乳牛最重要的营养物质，饮水不足或质量不符合标准将影响乳牛健康和产奶性能。成年乳牛身体含水量占到总体重的55%～75%。在所有反刍家畜中，泌乳牛的饮水量最大。无论是自由散栏式饲养，还是牛舍自由饲养，均应设足够的水槽，以保障每头牛随时都能喝到清洁卫生的优质水。乳牛一天饮水1～4次，一天的饮水量一般是产乳量的3～4倍，是采食日粮干物质的4～5倍。因此生产中在牛舍、运动场必须安装自动饮水装置供牛自由饮用，且每群牛至少应该有2个饮水点或饮水槽，防止处于主导地位的牛以强凌弱，长期霸占饮水槽，使那些弱牛饮不到水。乳牛是爱清洁的动物，要保证饮水器具卫生,每天冲刷,定期消毒。尤其是夏季更应该注意保持清洁卫生,防止微生物滋生,水质变坏。运动场上的水槽卫生情况也不能忽视,要每天进行冲洗,定期消毒。根据季节变化,夏天应供应凉水,或在饮水中添加一些抗热应激的药物,如小苏打、维生素C等;冬季饮水温度不低于8～12℃,严禁给乳牛饮冰水、雪水。饮水要符合水质要求,每升水中大肠杆菌数不超过10个,pH在7.0～8.5,水的硬度在10～20度(德国度)等。当乳牛饮水时,若突然出现头抬高、左右甩动、颈伸直、口内流出大量唾沫、食物从鼻口逆流而出等情况,可能是发生食管堵塞,应及时治疗。

(三)反刍行为

乳牛采食后经初步咀嚼混入唾液形成食团吞下,进入瘤胃,经碱性唾液软化和瘤胃内水分浸泡后,待卧息时再进行反刍。反刍包括逆呕、再咀嚼、再混入唾液、再吞咽4个过程。乳牛一般采食后30～60分钟开始反刍,每次反刍持续时间40～50分钟,每个食团约需1分钟,一昼夜反刍10余次,反刍累计时间长达6～7小时。乳牛在夜间反刍的时候比较多,60%～80%的反刍时间是在伏卧休息的时候进行,因此,乳牛采食后应给予充分的休息时间、安静舒适的环境,同时要保证适口性好、易消化的精粗饲料搭配。反刍有利于乳牛把饲料嚼碎,增加唾液的分泌量,维持瘤胃的正常功能,同时可提高瘤胃氮循环的效率,反刍过程中停留于网胃中的异物也会通过反刍排出。任何引起疼痛的因素,如饥饿、焦虑或疾病都能影响反刍活动。因此,在饲养乳牛时,饲养员要时刻关注乳牛反刍行为的异常变化,以便提高乳牛的生产性能。反刍是乳牛健康的标志之一,反刍活动减少可能是乳牛不适的指标,反刍停止则说明乳牛已患病。而在健康状态下,乳牛的反刍时间与季节、胎次、泌乳天数等因素有关。据研究,反刍咀嚼速度与产乳量的相关性达到了极显著水平($P < 0.01$),咀嚼速度快的乳牛产乳量也较高。另外,日反刍时间、反刍周期间隔时间与日采食青贮时间和产乳量的相关性也达到了显著水平。若运动场上不采食的牛约有60%在反刍,说明乳牛已经吃饱。

(四)排泄行为

乳牛是随意排泄的动物,通常是站立排粪或边走边排粪,因此牛粪常呈散布状,排尿则往往站立着。由于乳牛的采食量和饮水量大,粪尿的排泄量也大。乳牛是家畜中排粪尿量最多的动物,一昼夜排粪12～18次,排尿9次,成年母牛一昼夜排粪量多达30 kg,占日采食量的70%左右,一昼夜排尿量约为22 kg,占饮水总量的30%左右。成年牛一年的排粪量多达11吨,排尿量多达8吨。牛粪中水分占83.3%,有机物占14.5%,氮、磷、钾分别占0.32%、0.25%、0.16%。牛尿中水分占93.8%,有机物占3.5%,氮、磷、钾分别占0.95%、0.03%、0.95%。因此,牛粪尿是很好的有机肥。1头成年母牛一年随粪尿排出的有机物近1.9吨,排出的氮、磷、钾总量达235 kg。牛排泄次数和排泄量随采食饲料的性质和数量、环境温度,以及牛个体不同而异。研究发现,产乳量与日排粪次数、排尿时间呈正相关,但高产牛的产乳量与日排粪次数呈负相关。牛粪尿是农作物的一种环保型有机肥料,应合理利用,如处理不当或利用不当,会对乳牛场的环境及周围水源造成严重污染。

乳牛随意排泄粪尿,给清洁管理工作带来巨大的压力。如能有效利用其排泄行为的特点,会收到理想的饲养效果。例如,生产中定时饲喂,饲料有规律地由瘤胃进入皱胃而产生一种反射,这时使乳牛处于轻度紧张状态之下,或对牛十字部施加轻微压力,牛便排粪,据此可在适当时刻将牛赶至排粪地点排粪。南非一个大型乳牛场应用这种反射技术,使90%的牛在1～1.25小时将粪便排泄在混凝土地上,然后冲到粪池中,并用抽水泵送到地里。这个程序使800头乳牛的牛场粪便处理劳力显著减少。

(五)发情行为

发情是指母牛发育到一定年龄时所表现的一种周期性欲求交配的性活动现象。它主要受卵巢活动规律的制约。发情是母牛繁殖活动的主要生理现象,也是母牛配种受胎的首要条件,排卵是发情的目的和结果。乳牛的初情期基本上出现在8～12月龄,母牛性成熟后,出现正常的发情周期,每隔21天发情一次,每次发情持续时间平均为18小时,变化范围为6～30小时。母牛产后第一次发情时间出现在产后30～60天。在正常饲养管理条件下,健康牛群中的母牛具有正常的发情周期和明显的发情表现。乳牛发情时,首先表现性兴奋,不停地走动、哞叫,与其他母牛在运动场相互追逐、顶撞、打转，接受其他母牛的亲近、爬跨，发情结束后，则逃脱其他母牛的爬跨。当发情母牛接受其他母牛爬跨且站立不动时，是配种的最佳时间。观察母牛发情以早晨为主，其次是傍晚。

二、乳牛的异常行为及其预防

（一）病理性异常行为

兽医可以根据乳牛的异常行为表现判断牛的健康状况，并随即做出相应的处理，从而减少生产中不必要的损失，但人们尚未完全了解乳牛的异常行为，而且异常行为随生产条件、环境因素等有所变化，为此需要更深入地研究乳牛的生理、消化和生产指标。

鼻镜通常由于鼻唇腺的分泌而湿润，成年乳牛的分泌量为5分钟80 mg/20 cm²，给予适口性良好的饲料时分泌量可增加3倍。10日龄内的犊牛除哺乳外鼻镜是干燥的，其湿润程度随年龄而增加。睡眠时鼻镜的光泽和潮湿外观消失。鼻唇腺的分泌在乳牛采食和与同类接触时有所增加。乳牛患病时泌乳停止，鼻镜干燥，结痂和发热，这些症状可作为乳牛疾病的特定症状。

异食癖是一种以舔咬异物为主要特征的异常行为，多数是由于营养缺乏、厌烦无聊或生理紧张而产生的。圈舍拥挤、通风不佳、饮水不足、卫生环境差等环境条件也是诱发因素。患有异食癖的乳牛常常舔食渣土、沙石、栏杆、砖块等异物，因而混入饲料中的塑料袋及运动场内的异物应及时清除，防止牛吞食后发生消化道阻塞而死亡。乳牛出现异食癖多数与缺乏矿物质及微量元素（如钙、铁、钴、硫等）有关，应注意补充这些元素。

消化及排泄、反刍是乳牛健康的标志。反刍异常说明乳牛已经患病，如果牛反刍在30次以下而且无力，则为前胃迟缓；如果反刍停止，则多为瘤胃积食、瘤胃臌气、创伤性网胃炎。乳牛的瘤胃蠕动慢也表明消化异常，主要表现在牛左侧肷窝长时间处于平稳状态或起伏很小。

另外，可以通过观察乳牛的粪便和尿液判断是否有病理性异常，还可以根据乳牛的精神状态、体况评分标准、饮水量、采食量、呼吸次数、产乳量、毛发、四肢状况及头部的眼、口、鼻、舌等症状做出是否异常的判断。

（二）恶癖及其预防

养殖户的态度及其所营造的一系列养殖环境因素，包括饲养密度、养殖方式、管理制度、养殖设施选择、工作人员与牛的关系等均会对恶癖行为的发生、牛的幸福感和健康问题有显著影响。

1. **成年母牛的恶习及预防措施** 踢癖：少数乳牛由于痛感、被吓唬或受虐待（抽打等）而产生踢癖，受到惊吓时，抬腿就踢。这给挤奶工作（尤其是手工挤奶）带来不便，有的在挤奶时将两后肢用绳索或铁链固定，以此保护挤奶人员免受伤害。应提倡善待乳牛，饲养、挤奶人员不要轻易抽打牛只，建立人与牛的亲和关系。

自吮和互吮乳：在管理简陋的中小型乳牛场，极个别的母牛有偷吃他牛或自吮乳的现象，造成产乳量锐减或挤不到奶，并容易引发乳房炎。对于这类牛应采取从牛群中果断淘汰、及时调离或戴嘴笼等措施，以防止偷奶现象的蔓延。

过度自我梳理：乳牛的自我梳理通常包括用舌头舔、用后蹄蹬、用角挠、用尾巴拍打等，以努力清洁它们可以到达的身体的所有区域。在集约化的生产系统之中，乳牛的行动受到限制，它们会感到无聊和枯燥，从而发展出频繁的自我梳理，即过度梳理，这表明乳牛处于一个不良福利的环境当中。过度梳理行为也可以被当成是乳牛体外或体内有寄生虫的一个表现，因为通常体外有寄生虫的牛会出现身体不适，并表现出大量不正常的梳理行为。有研究表明，为乳牛提供丰富的环境则可以减少异常行为的发生，改善动物福利（如安装自动牛体刷等），减少异常梳理和蹭痒行为。

2. **犊牛吮乳习性及其预防** 舔癖：处于哺乳期的犊牛在哺乳后总有吃不足之感，为此产生相互吮吸嘴巴上的余奶，以致延伸到相互舔毛或吮吸乳头的行为。牛毛进入胃中容易形成毛球，甚至堵塞幽门而使牛丧命；习惯性地吮吸奶头易引起乳头发炎。预防措施：①有条件的牛场最好建立犊牛栏（岛），一头犊牛一栏，避免犊牛间相互舔，以及传染病的发生，可提高犊牛的成活率。②用0.5%的高锰酸钾溶液（温水）给饮乳后的犊牛揩洗嘴巴，除去乳香味，可避免犊牛间相互吮吸嘴巴上的余奶。③犊牛哺乳结束后不要马上松开颈枷，可在奶桶中撒入少量的犊牛料（或开食料）或混合精料让其自由采食，使其忘却乳香并能补充乳量的不足，也为补喂植物性饲料提前做好准备。

非营养性吮吸：主要发生在犊牛群中，是指一头犊牛对另一头犊牛的头部、耳朵、乳房或身体其他部位进行吸吮的一种异常口部行为。非营养性吸吮行为通常在采食后出现，是犊牛出生后与母牛分离，其吸吮母亲乳头的行为得不到满足，从而形成的一种异常行为。在对犊牛的管理上，为避免出现互相吮吸的行为，可以采取奶嘴饲喂的方式，并且适当延长断奶时间。采用逐渐断奶方式也会减少互相吮吸行为的发生。

第三节 乳牛的行为信号与管理应用

乳牛的行为信号是指乳牛的福利和健康等表象，可以通过其行为、姿势和身体特征表现出来，牛场管理人员可以利用乳牛发出的这些信号，创造符合乳牛行为习性的饲养管理条件，建立乳牛饲养的一般生产管理技术操作规程，以提高乳牛生产性能和饲养效益。

一、乳牛行为与集约化生产

（一）乳牛群变化对行为和生产性能的影响

乳牛在舍饲条件下组群后，不宜频繁调动。如在泌乳盛期调换15%的乳牛，与调换前相比，采食时间减少8%，躺卧时间减少40%左右，产乳量下降4%～5%；泌乳中期调换，乳牛前后的采食量减少7.18%，躺卧时间减少24.23%，产乳量无明显变化，牛调换6天后趋于正常。

不产奶的头胎牛应单独组群饲养，若将它们混在经产乳牛群中，经产乳牛的产乳量会大幅度下降。改变饲养或挤奶的地方，10天内的产乳量下降7%～10%，10～15天后才恢复正常。因此，牛群之间的群体关系一旦建立后不要轻易打乱，也不能频繁改变母牛所处的位置，"定位"是十分必要的。

（二）伴侣关系及竞争的应用

几乎所有的家畜都有高度群居性，并经常需要伴侣。乳牛是在社会群体中茁壮成长的放牧动物。生活在牛群中的牛只可以降低被捕食者捕获的可能，但这也意味着乳牛群体资源的竞争扩大及保持群体稳定的重要性。将乳牛安置在一起，只要不是过分拥挤，就可以起到相互安抚的伴侣作用，保持牛群的稳定性。同时，由于它们之间存在相互争抢饲料的竞争而使采食量增加，因此对提高乳牛的生产性能也有良好的作用。

（三）挤奶厅行为与管理应用

1. 挤奶厅设计的改进　乳牛进入挤奶厅之前，最好有一个逗留场地或称待挤区。待挤厅为每头牛提供1.6 m^2 的面积，待挤厅地面的角度应设计成从挤奶厅到待挤厅呈逐步降低的坡度，坡度为2°～4°为宜。在建设待挤区的时候要考虑挤奶位的多少，乳牛在待挤区中每次挤奶时停留的时间不要超过1小时。从待挤区进入挤奶厅的通道和从挤奶厅退出的通道应该是直的，保证乳牛的移动速度要快。如果不得不设弯道，应该设在出口处。此外，还要避免在挤奶厅进口处设台阶和坡道。某些挤奶厅的设计缺点是不能使即将进入挤奶厅的乳牛看到正在退出（挤奶已结束）的牛，从而影响乳汁的迅速排空。据报道，有些省份为进一步加大奶源监管力度，在挤奶厅安装了远程电脑监控系统，减少了生鲜乳质量安全隐患。

2. 挤奶顺序与产乳量的关系　挤奶程序中最重要的是挤奶顺序与挤奶次数，产乳量受到挤奶顺序的影响很大。在牛群随意走动的情况下，早进入挤奶厅的母牛产乳量比后进入的母牛产乳量高。因而，应使产乳量高的母牛较早地进入挤奶厅，而产乳量低的母牛后进入挤奶厅。研究认为，高产乳牛乳房内压较高，促使乳牛尽早进入挤奶厅挤奶，借以减轻乳房的负担，而低产乳牛乳房内压较低，负担相对较轻，不急于进入挤奶厅挤奶。

3. 挤奶次数与产乳量的关系　我国牧场每日的挤奶次数一般为2～4次，各牧场的挤奶次数一般根据设备的能力、挤奶员的情况和牛舍的布局等来选择。研究表明，产乳量越高，增加挤奶次数对产乳量的提升效果越明显。随着泌乳量的增加，在改变挤奶次数后，总产乳量、总脂肪、总蛋白产量和乳脂肪均有不同程度的提高，但挤奶次数增加对乳蛋白率无显著影响。除此之外，使用固定的挤奶时间也可以提高挤奶效率，且不会对产乳量产生不利影响。当乳牛挤奶次数、挤奶持续时间和完成日常挤奶所需的时间三者之间取得平衡时，即可实现最佳的挤奶厅效率。

二、乳牛的应激反应与管理

（一）应激反应

应激是乳牛生理上或心理上紧张或过度疲劳，而对内外环境的各种刺激所产生的非特异性应答的总和。乳牛应激一般分为三大类：运输应激、断奶应激和冷热应激。应激的外界因素包括日粮突然改变、更换栏位、重新组群、更换牛舍、运输、断奶、管理不当、疾病、天气骤变等。如果外界刺激强度过大或作用时间过长，机体就会逐步失去应付能力而出现病理状态。乳牛的各种应激反应会较一般牛强烈，泌乳期较干奶期强烈，升乳期较平稳期和降乳期强烈，成年牛较幼牛强烈。空怀又不产乳的牛及育成牛（6～12月龄）应激反应最轻。任何一种乳牛的应激环境事件，如刺耳的噪声、外伤、拥挤的摄食场地等都会引起乳牛摄食量减少。若应激突然出现，则会立即停止摄食行为；如果应激的作用是持续性的，如在拥挤、高温、空气污浊等情况下，乳牛将出现采食量减少、神情不安、日产乳量下降、体重下降、易感疾病甚至繁殖性能和免疫能力下降。

常规的管理操作可产生许多生理效应，其中一些效应是短时间的；各种年龄的牛对于日常的管理操作（包括手的接触）都很敏感，均有一定程度的应激反应。因此，一些必要的管理操作应尽量集中进行，以减少应激发生及降低应激程度。

（二）断奶应激

在现代化畜牧生产中，犊牛通常在2～3月龄断奶。早期断奶一方面能够提高母牛的产乳量，促进母牛尽快恢复体质；另一方面也能够提高母牛下一个情期正常受孕的概率，充分发挥母牛的生产性能，而且还能够促进犊牛瘤胃发育，锻炼犊牛尽早采食固体饲料，提高环境适应能力。但早期断奶会使犊牛出现严重应激反应，并且通常为多重应激。此时犊牛身体功能尚未发育完全，消化功能及免疫系统尚不完善，犊牛的食欲和营养物质采食量会受到抑制，导致犊牛生长发育缓慢，免疫力下降，进而影响生长性能。因此，为缓解犊牛断奶应激，断奶时宜选择逐步断奶法，在断奶期间逐渐减少乳汁的供应，同时增加固体性饲料和优质干草的供给量，保证犊牛营养物质充足以缓和应激对机体造成的损耗。另外，改善环境卫生，使用抗生素、益生菌和中草药等饲料添加剂可有效缓解犊牛断奶应激，帮助犊牛平稳度过断奶应激期，为畜牧生产带来更多经济效益。

（三）乳牛的运输管理

运输可使乳牛遭受多种应激，如陌生的环境、与陌生的牛相处、饲料和饮水摄入不足、拥挤、噪声、疲劳及不适应的温度、湿度等。运输过程中为方便管理，乳牛通常处于断食断水状态，长时间禁食禁水使牛摄取营养物质速率减缓、酸碱代谢紊乱，严重时出现脱水和代谢性碱中毒等现象，脱水将直接导致应激相关疾病。乳牛经过长途运输之后，体重减轻，抵抗力下降，易患疾病，母牛静默排卵的发生率升高，种公牛则会出现短暂的阳痿等现象。乳牛的船运热也被认为大部分是由于运输中遇上潜在的应激因子而引起的。因此，长途运输牛应避免过分拥挤，并且适当饮水和饲喂优质干草并配合精饲料，适量添加微量元素和维生素添加剂（如碳酸氢钠、氯化铵、氯化钾、维生素E等），以预防运输应激。除此之外，为避免乳牛出现双重应激，应在运输前1个月完成疫苗接种、去角、断奶等能引起牛应激的行为。

（四）冷热应激

乳牛冷热应激是指当乳牛处于寒冷或炎热环境时，机体产生一系列的非特异性反应。在生产中乳牛热应激频发，由于乳牛体型较大，单位体重的表面积小，体表被毛及体组织的保温性能好，汗腺不发达，靠皮肤蒸发的散热量极少，体温调节能力较弱。而瘤胃内饲料发酵和产乳的生理过程要产生大量的代谢热，因此乳牛对热极为敏感。乳牛在热应激环境下表现的生理反应主要是呼吸频率加快并伴有出汗等现象。若热应激持续时间长，就会导致乳牛心脏和呼吸器官负荷加大，心率加快，呼吸增加，尿量减少、浓度增大而使肾脏受损；为了减少因摄入瘤胃中饲料发酵产生的额外体增热，乳牛会主动降低饲料的摄入，导致其食欲减退，胃液分泌减少，对蛋白质和脂肪等的消化利用率降低；钙和磷的吸收下降，许多不完全氧化物质聚集体内，造成机体某些功能紊乱；热应激也会使肠道中有害的微生物大量繁殖，从而使肠道完整性受损和肠道屏障性增强，造成甲状腺激素、神经递质的合成及产乳量减少，还会造成肠道组织缺氧，细胞的形态和功能遭到破坏，机体代谢紊乱；热应激还会造成乳牛的直肠温度升高，直肠温度的升高使乳牛站立行为增多及站立时间延长，进而导致乳牛产乳量的下降，降低饲养效益。在冬季还面临冷应激，可导致乳牛生长性能降低、内分泌系统遭到破坏、代谢发生改变，还可导致乳牛发生腹泻，免疫功能降低，乳牛患病率增加。而在寒冷季节，由于环境温度大幅度下降，牛体会进行一系列的活动，从而造成乳牛体重下降，产乳量降低等一系列变化。

（五）预防乳牛冷热应激的管理措施

牛舍建设：乳牛耐寒不耐热，牛舍应采用隔热性较好的材料修建，舍内地面应高出舍外地面25 cm以上，尽量取东西走向，南北设通风窗，采用钟楼式屋顶或安装排气孔，以促进牛舍内热量和水分的排出。牛舍周围种植树木和草坪，设置隔热层或遮阳网，以减少太阳辐射。运动场搭建凉棚，修饮水槽。牛舍内南北方向安装排气扇，并安装冷水喷淋或喷雾系统，高温时采用与风扇相结合的方式给乳牛降温，能起到很好的效果。冬季严寒或风速加大时，可在牛场或牛舍周边建造防风林减少热量的损失，还应给牛床添加稻草、锯末等来降低冷应激给乳牛带来的负面影响。

营养调控：据报道，提高能量和蛋白水平能有效缓解热应激对乳牛生产性能的抑制作用。在热应激的情况下，能量摄入量减少，而维持能量的需要量却升高，因而能量是高产乳牛日粮中的第一限制性养分。脂肪在乳牛瘤胃内不参与发酵，其能量浓度大，热增耗少，为弥补能量损失和乳脂率下降，可给牛补充适当的脂肪，尤其是短链脂肪。在产奶高峰和夏季补饲瘤胃脂肪酸钙，也是解决高产乳牛及热应激条件下能量负平衡的有效方法。大量饲养实践及其专家们的研究结果都促使人们注意到了限制性蛋白质的重要性。对于乳牛，蛋白质在瘤胃中的可溶性和易分解性是非常重要的，过瘤胃蛋白质可以被应用于缓解乳牛的热应激。试验表明，混合使用过瘤胃蛋白和非蛋白氮则不会降低产乳量。此外，使用维生素、矿物质、微生物制剂及中草药添加剂等饲料添加剂也可以有效降低乳牛热应激，缓解高温对乳牛机体及生产性能的影响。在冬季寒冷状态下，应给乳牛饲喂品质优良的玉米、干草以提高其抗寒能力。此外，在饲料中添加酒糟类和根皮类也可显著提高乳牛的抗冷应激能力。

管理措施：饲养过程中应增加饲喂次数，调整饲喂时间，避开正午高温时间，选择在一天中温度相对较低的早晚和夜间饲喂；可以降低乳牛的饲养密度，保持牛体清洁卫生，防止牛粪尿等污染牛体，确保皮肤正常代谢，以利机体散热。保持牛床、饲槽、圈舍及周边环境的清洁卫生，及时清除粪便、饲料残渣及各种杂物，注意疏通排水沟，保持其通畅，防止积水。另外，必须保证供给乳牛清洁充足凉爽（10～15 ℃）的饮水，增加饮水次数和饮水时间，这样可促进牛体温调节，散发热量，降低直肠温度，增加采食量，有效减轻热应激；冬季饮温水，对乳牛健康有益，可以提高产乳性能。

品种选育：加快耐热型品种的选育是缓解乳牛热应激的重要措施，能更直接地解决乳牛热应激这一难题。乳牛的耐热性遗传力为0.15～0.30，具有一定的遗传改良和选育的价值，常用的选育手段有杂交选育和分子标记辅助选择。杂交选育是通过引入耐热性能好的品种或瘤牛血缘的品系对当地的乳牛品种进行改良，但该选育手段存在选育时间长、选育效率低等缺点。通过常规的杂交选育手段培育耐热型乳牛品种的成效还比较有限，需要开展进一步的研究与推广工作。近年来，分子标记辅助选择技术快速发展，分子育种可获得更快的遗传进展，这也为耐热型乳牛品种的定向选育提供了一个新的思路。研究发现，*HSP70*、*HSPB8*、*S275*、*S441*、*S463*、*S2011*、*HSF1*等基因可成为乳牛耐热性状的重要候选基因，有潜力成为耐热型乳牛品种选育的分子遗传标记，进一步结合基因组选择、胚胎移植等先进技术，可加快乳牛耐热品种的遗传进展和培育。

▶ 思考题

1. 根据乳牛的一般行为习惯，饲养员在生产中应该注意哪些事项才能提高乳牛生产性能？

2. 生产中乳牛群的一般行为信号有哪些？

3. 如何预防乳牛的异常行为？

4. 如何利用乳牛行为信号进行饲养管理？

参考文献

[1] 陆东林, 马连山. 乳牛行为学及其在生产中的应用 [J]. 中国乳业, 2009 (7): 10-13.

[2] DOUGHERTY C T, KANAPP F W, BURRUS P B, et al. Stable flies (Stomloxys calcitrans L.) and the behavior of grazing beef cattle [J]. Appl Anim Behav Sci, 1993, 35: 215-233.

[3] DOUGHERTY C T, KANAPP F W, BURRUS P B, et al. Face flies (Musca autumnalis De Geer) and the behavior of grazing beef cattle [J]. Appl Anim Behav Sci, 1993, 35: 313-326.

[4] PICKENS L G, MILLER R W. Biology and control of the face fly musca autumnallis (Diptera: Mucidae) [J]. Med Entomol, 1980, 17: 195-210.

[5] 红霞. 双翅目昆虫对乳牛行为、内分泌及免疫机能的影响研究 [D]. 呼和浩特: 内蒙古农业大学, 2008.

[6] 李福生, 敖日格乐, 王纯洁. 双翅目昆虫侵袭对荷斯坦乳牛护身行为及心率的影响 [J]. 饲料研究, 2010 (4): 48-50.

[7] 李敏悦, 敖日格乐, 王纯洁, 等. 蝇类活动对荷斯坦乳牛护身行为及细胞因子的影响 [J]. 饲料研究, 2010 (10): 54-60.

[8] 韩志国, 江燕, 高腾云, 等. 从行为学角度思考乳牛福利 [J]. 家畜生态学报, 2011, 32 (6): 6-11.

[9] 柳平增, 丁为民, 汪小旵, 等. 乳牛发情期自动检测系统的设计 [J]. 测控技术, 2006, 25 (11): 48-51.

[10] 李彦军, 赵晓静, 翟文栋, 等. 观察乳牛异常行为诊断乳牛疾病 [J]. 保定职业技术学院学报, 2011 (1): 51-53.

[11] 赵卿尧. 荷斯坦奶牛异常行为与其产奶性能和生理指标的关联分析 [D]. 北京: 中国农业科学院, 2021.

[12] 晋农. 山西首家"健康奶业"远程监控系统开通 [J]. 农业技术与装备, 2011 (3): 78.

[13] 韩兆玉, 王根林. 养牛学 [M]. 4版. 北京: 中国农业出版社, 2021.

[14] EDWARDS J P, WILLIAMSON J H, KUHN-SHERLOCK B. Improving parlor efficiency in block calving pasture-based dairy systems through the application of a fixed milking time determined by daily milk yield and milking frequency [J]. Journal Of Dairy Science, 2022, 105 (9): 7513-7524.

[15] 李麒, 赵海东, 邬明丽, 等. 奶牛应激机制及其防治研究进展 [J]. 黑龙江畜牧兽医, 2021 (9): 38-43.

[16] 张健. 乳牛热应激的营养和代谢调控及耐热性分子标记的初选 [D]. 南京: 南京农业大学, 2009.

[17] 皇甫明科, 敖日格乐, 王纯洁, 等. 冷热应激对牛的影响及相关防控措施的研究进展 [J/OL]. 饲料研究, 2023 (17): 131-136.

[18] 林代俊. 减轻乳牛热应激的综合技术措施 [J]. 畜牧兽医杂志, 2011, 30 (3): 49-52.

[19] 项锡恩, 邓铭, 孙宝丽, 等. 热应激对奶牛生产和健康的影响及其减缓措施研究进展 [J/OL]. 中国畜牧杂志, 2024, 60 (1): 54-60.

[20] 王福兆, 孙少华. 乳牛学 [M]. 4版. 北京: 科学技术文献出版社, 2010.

本章编者：王杰；审订：孙少华

第九章

挤乳与牛乳的初步处理

挤乳与牛乳初步处理是乳牛场一项非常重要的作业。挤乳是一项专业性很强的技术工作，按照技术规程实施是不断提高牛群产乳性能和减少乳房炎的关键之一。为了保证挤下的生鲜乳在较长时间内达到生乳的食品安全国家标准，新生鲜乳初步处理也是必不可少的重要环节。

第一节　乳牛乳房结构与泌乳生理

一、乳房结构

乳房是乳牛身体的最大特征，具有高度发育且分泌乳汁的功能，位于乳牛后躯。乳房由强有力的韧带支撑乳腺，其支撑系统主要是中央悬韧带和外侧悬韧带。中央悬韧带使乳房基部紧贴腹壁并与髂骨相连，并将乳房分为左右两半，每半中间又被结缔组织隔开，形成前后两个乳区（图9-1），其起始于乳腺沟开始位置。外侧悬韧带位于乳房两侧，从肌腱到耻骨将乳腺包裹并使之悬附在后腹部。悬韧带受伤或弹性差会导致乳房下垂，给挤奶设备使用增加难度且乳头易受损和感染。皮肤对支撑和稳定乳房也有一定作用。乳房外部是皮肤和皮下组织，内部由腺体组织、结缔组织、血管、淋巴、神经及导管等组成。

乳房具有4个独立的乳腺区，通过各自乳头分泌乳汁，同侧两个乳腺的供血系统彼此相连。乳头长度因品种而异，荷斯坦乳牛一般为3～10 cm。乳头外面为一层光滑的皮肤，分布有丰富的血管、神经和肌纤维。乳头管由括约肌控制闭合，其上端与乳腺腔相通，可防止乳汁流出或细菌经乳头孔侵入，对于保护乳房免受微生物感染而引起乳房炎至关重要。括约肌的强弱因乳牛品种和个体而不同。当挤奶或小牛吸奶时，乳头管打开，乳腺腔内乳汁排出。乳头括约肌的硬度也关系着挤乳的难易。挤乳方法不正确，乳腺腔很容易受到损伤。

乳房的容量不仅取决于乳房的体积，而且更重要的是取决于乳腺组织的发育程度，浴盆状乳房中，腺体组织可达75%～85%，结缔组织仅占20%～25%。若结缔组织超过40%，则为明显的肉质乳房，肉质乳房不仅乳汁的生成减少，而且乳房的有效容量也减少。乳房的容量决定一次挤乳量，一般为5～10 kg，个别可达30 kg。同时乳房的容量可决定一天内挤乳的次数，一般为2～3次。

乳房实质部分由乳腺泡和乳导管组成（图9-2）。一个发育良好的乳房具有20亿个左右乳腺泡，10～100个乳腺泡构成一个乳腺小叶，许多乳腺小叶集合成乳腺叶。乳腺泡是分泌乳汁的地方，且乳腺泡的数目是不变的，乳腺分泌上皮细胞的合成能力受腺泡数量的影响。一般泌乳后期

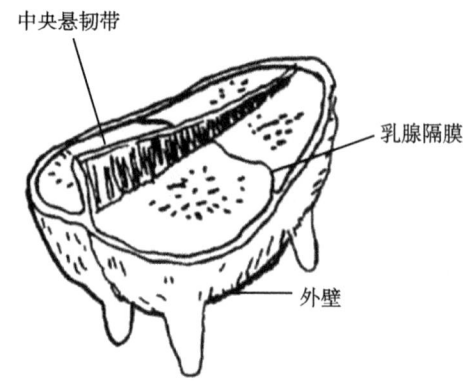

图9-1　乳牛乳房及支撑系统模式图
（来源：佛罗里达州立大学．挤乳机与乳房炎控制手册）

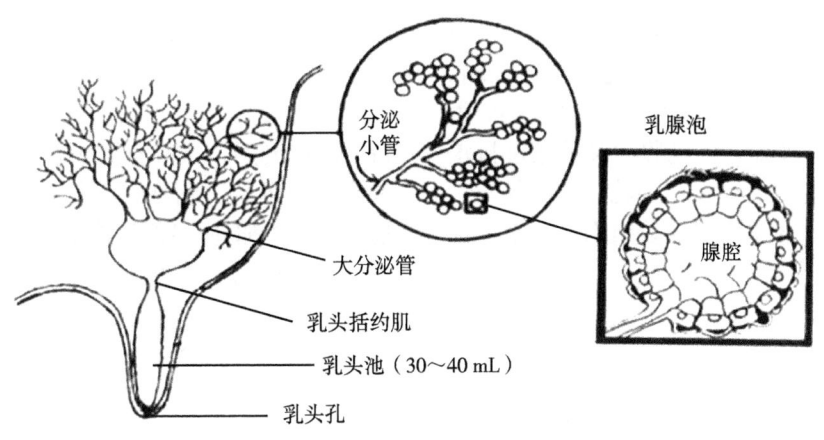

图9-2 乳牛的乳腺结构模式图
(来源：佛罗里达州立大学.挤乳机与乳房炎控制手册)

乳腺泡数目减少或挤乳方法不正确也会加快腺泡数减少，并导致产乳量下降，且不同品种和不同个体的乳牛乳房中乳腺泡数量差别很大。乳导管是汇集乳汁的管道系统。乳导管由小到大，即由小乳导管汇集合成乳导管，再汇合成大乳导管，最后汇合入乳池。乳池是乳房下部和乳头内贮存乳汁的空腔，它通过乳头末端的乳头管与外界相通。

乳房中的血管和淋巴管，以及分布在腺体周围的毛细血管，将来自心脏的血液中的营养物质供给泌乳细胞，作为泌乳的营养需要；输送营养后的血液，又由毛细血管流入静脉血管，回流到心脏。这样血液每时每刻不停地流经乳房，输送营养。乳牛每产生 1 kg 牛乳，需要 500 kg 左右的血液通过乳腺。若一头中产乳牛每日生产 20 kg 牛乳，则需要 10 吨的血液通过乳腺。此外，乳房皮肤及乳腺各部分均有丰富的神经末梢分布，各种外界和内部的刺激都会直接或间接影响乳汁的分泌，同时乳腺还受许多激素的调节。由此可见，乳腺是一个具有高度兴奋性和丰富血液循环的器官。

二、乳腺发育

乳腺是一种皮肤腺，所有雌性和雄性哺乳动物都有乳腺，但只有雌性动物的乳腺才能充分发育而具备泌乳功能。乳腺由实质（腺泡和导管系统）和间质（结缔组织和脂肪组织）构成，具有丰富的血液供应和神经支配。乳腺泡是乳腺的最小单位。胎儿在 30～40 日龄，乳腺已开始发育，出生后已有乳头和乳池。母犊从3月龄到性成熟，乳腺体组织和脂肪组织开始增长；到初情期时，乳腺的导管系统开始发育，形成分支复杂的细小导管系统，但腺泡尚未形成，而乳房的体积开始增大。随着每次发情周期的出现，乳房继续发育，青年母牛怀孕的最后3个月是乳腺生长发育最快的阶段。

母牛妊娠后，乳腺组织迅速发育，乳腺导管数量增加，每个导管末端开始形成没有分泌腔的腺泡；到妊娠后期，腺泡分泌上皮细胞开始具有分泌功能，乳房结构达到活动乳腺的标准状态。乳牛乳腺泡直径一般为 0.1～0.3 mm。一头母牛所有乳腺泡，如果摊开，其总面积可达 1 m^2，高产乳牛可达 10 m^2。发育成熟的乳房，乳房围平均为 60～80 cm，个别牛可达 180 cm；乳房深度为 30～40 cm，个别牛可达 75 cm。

乳腺腺体发育受多种激素（雌激素、孕激素及催乳素等）、神经及营养等因素的调节，所以乳腺充分发育必须等到分娩后。乳腺的发育与卵巢的正常发育和周期性活动密切相关。母牛分娩时，垂体分泌大量催乳素，腺泡开始分泌初乳，之后催乳素维持一定水平，乳腺开始正常的分泌活动。挤奶时乳腺泡纤维在催乳素作用下，乳腺泡中生成的乳汁通过小导管、大导管排入乳池，进而从乳头排出。

乳牛泌乳期的适宜产乳期为 276～365 天，乳腺分泌上皮细胞处于非常活跃的功能状态，经过长期泌乳活动后，腺泡体积逐渐减小，分泌腔逐渐消失，细小导管萎缩，腺体组织被结缔组织和脂肪组织所代替，乳房处于"疲劳"状态，泌乳量开始大幅度下降。低产牛往往自行停止泌乳；高产牛仍能维持低水平泌乳，若不及时干乳，乳腺得不到充分的休息和恢复，必将影响下胎产乳量。研究表明，母牛干乳后前15天内，腺泡的主要部分遭到破坏和消失，同时细小导管大量减少，干乳后1个月，乳腺泡又重新慢慢增生，泌乳上皮细胞大量增加，待乳房干瘪松软后对乳房进行按摩，可以促进腺体组织的更新，为下一个泌乳期做好准备。为了使母牛乳腺有一个重新恢复的过程，分娩前45~60天必须进行干乳，干奶期最好不超过90天。

母牛经过6~8个泌乳周期，乳腺得到最大发育，产乳量达到高峰后，随其年龄增长，体内各器官和内分泌腺功能逐渐减弱，乳腺功能逐渐减退，因而母牛产乳量开始逐年下降。总之，性成熟后，伴随着每次妊娠、分娩和泌乳，乳房均经历一次周期性的再生或退化。

三、乳的生成与排出

（一）乳的生成

乳的生成是在乳腺腺泡和细小乳导管的分泌上皮细胞内进行的。乳腺腺泡合成乳的过程是一个复杂的生化过程，它需要ATP提供能量和酶的催化才能完成。乳的生成需经历2个阶段：妊娠后期（以初乳在乳腺中逐渐累积为特征）和分娩时（大量乳开始分泌）。妊娠后期，乳牛的乳腺被初乳充盈，在分娩前2~3天，挤压乳头可获得浆液状至黄色黏液状的初乳。至产后5~7天，乳腺中大多数的脂肪和基质组织被分泌组织替代，乳汁成分也由初乳转变为常乳。乳的生成与乳牛体内多种激素协调作用有关，而催乳素在乳牛泌乳启动中发挥主要作用。乳牛在妊娠末期或临近分娩时，由于孕酮含量显著降低，使乳腺对催乳素敏感性增强，而此时雌激素水平突然升高，使垂体催乳素迅速释放从而启动泌乳功能。

乳牛从泌乳开始到停止泌乳的持续时间因品种不同而异，但均能维持一段较长的时间。一般荷斯坦牛可达10个月或更长，产乳量也会出现规律性变化，产后30~60天达到高峰期，维持一段时间后再下降直到干乳。泌乳维持既要依赖激素的调节，也要依赖充足的营养、合适的环境及科学的管理。挤奶刺激是维持泌乳的基本条件，停止挤奶，乳腺细胞的代谢活动减弱，乳腺萎缩，最终停止泌乳。

乳的主要成分包括水、乳脂肪、乳蛋白、乳糖等，它们在乳腺腺泡和细小导管的分泌上皮细胞内由葡萄糖、挥发性脂肪酸、β-羟丁酸、氨基酸及脂肪酸等简单代谢物合成，这些小分子物质在血液中合成和分泌。乳具有高度的营养价值和免疫保护作用，在动物生长发育过程中具有独特的功能。虽然牛乳与血液具有相等的渗透压，但二者的组成有很大差异。乳牛的乳汁与血液相比，乳中糖的含量比血液高90倍，脂肪含量高19倍以上，钙的含量高13倍，钾和磷的含量高7倍。相反，乳中蛋白质、钠和氯的含量则较少。此外在组成成分上乳蛋白质主要是酪蛋白，而清蛋白和球蛋白则较少；同时乳中脂类以甘油三酯最多，而磷脂和胆固醇则为血液的主要成分。不同动物乳的成分有很大的差异，具体见表9-1。

（二）乳的排出

当哺乳或挤乳时，乳房容纳系统紧张度改变，使储存在腺泡和乳导管系统内的乳汁迅速流向乳池而排出的过程称为排乳。当哺乳或挤乳时，刺激乳牛乳头的感受器，反射性地引起乳腺周围的肌上皮细胞收缩，使腺泡乳流入导管系统，进而大导管和乳池的平滑肌强烈收缩，乳池内压迅速升高，乳头括约肌开放导致乳汁排出体外。在挤乳期间，乳池内压力保持较高水平，使乳汁不断流出。乳牛的乳池乳一般约为泌乳量的30%，反射乳约占泌乳量的70%。挤乳或哺乳后，乳房内总有一部分残留乳。乳牛的排乳反射

表9-1 不同动物乳的组成成分

动物种类	脂肪/%	蛋白质/%	乳糖/%	动物种类	脂肪/%	蛋白质/%	乳糖/%
乳牛	3.9	3.4	4.6	山羊	4.5	2.9	4.1
骆驼	5.4	3.9	5.1	马	1.5	2.1	5.7
水牛	7.4	3.8	4.8	驯鹿	16.9	11.5	2.8
绵羊	7.4	5.5	4.8	海豹	53.3	8.9	0.1

来源：简·胡曼，米歇尔·瓦提欧. 泌乳与挤奶[M]. 石燕，施福顺，译. 北京：中国农业大学出版社，2004.

时间较短,挤乳或哺乳刺激不到1分钟就可以引起排乳。

乳牛的排乳速度与品种有关。不同品种的乳牛,由于乳房形状和功能不一致,排乳强度也各不相同。排乳良好的乳牛在3～5分钟即可完成挤乳,其排乳速度为2.0～2.5 kg/min;理想的在6～7分钟完成,排乳速度为1.5～2.0 kg/min;排乳较差的为10～12分钟,排乳速度为0.6～0.8 kg/min。

外界环境的各种刺激,如视觉、嗅觉和触觉等,可形成大量促进或抑制排乳的条件反射。只有当乳房与中枢神经系统保持正常联系时,排乳反射才能出现。挤乳的地点、时间、各种挤乳设备、挤乳操作人员等,都能成为条件刺激而形成条件性排乳反射。在正确的饲养管理制度下,可形成一系列有利于排乳的条件反射,充分利用这些条件反射,常能促进排乳和增加挤乳量,从而提高产乳量。疼痛、不安、恐惧和其他不良情绪常抑制动物的排乳。异常的刺激,如喧闹、新挤乳员、粗暴的操作等,都会抑制乳牛排乳,使产乳量明显下降。中枢和外周因素均可导致排乳抑制。

总之,乳的生成是复杂的生理生化过程,主要通过神经、激素调节。泌乳牛乳的分泌是持续不断的。乳刚挤完,乳的分泌速度最快。两次挤乳之间,当乳充满乳泡腔和乳导管时,上皮细胞必须将乳排出。如不挤乳,乳的分泌即将停止,乳的成分将被血液吸收。所以,泌乳牛必须定时挤乳。

排乳是一个复杂的反射过程。排乳主要通过犊牛吸吮、擦洗乳房和乳头、挤乳设备的形状和声音、饲喂精料等刺激而实现。这些刺激反映到牛的大脑,并传导到脑垂体。腺体后叶释放催产素,催产素与血液一起流入乳腺细胞。由于催产素的作用,腺泡体积缩小,乳被挤压到乳管中,而后再流入乳池。排乳一般在刺激后经45～60秒即可发生,维持时间为7～8分钟。所以,加快挤乳速度对提高产乳性能非常重要。

第二节 挤 乳

挤乳的正确与否与乳牛健康、生产性能、经济收入均有密切关系。不良的挤乳机性能或挤乳形式、不规范的挤乳操作规程不仅直接影响乳牛的产乳量和乳的质量,还可能导致乳房炎等疾病,从而给乳牛生产带来严重损失。如果挤奶系统功能欠佳,就会影响挤奶过程而致乳头组织发生变化,因此,对挤乳工作必须高度重视,精心安排。

一、挤乳次数和方式

乳牛泌乳期内,乳的分泌具有持续性。但当牛乳充满乳房容积的80%～90%时,牛乳的生成停止。如果不及时挤乳,排乳速度就会减慢。为了提高牛群产乳量,挤乳必须根据乳牛乳房形状大小与组织结构、产乳量高低、泌乳期,以及其饲养管理条件,采取适当的日挤乳次数(一般2～3次,产乳量高的可挤4次)。3次挤乳比2次挤乳增加产乳量17.7%～22.0%,并能减少体细胞数量。3次挤乳最佳的间隔时间为(8±1)小时。日挤2次,其间隔时间为(12±2)小时为宜,切不可挤乳时间拉得过长或过短。当挤乳次数和挤乳时间确定之后,一定要严格遵守挤乳时间,以免排乳反射受到破坏,影响正常泌乳。按日产量,一般20 kg以下时,挤乳2次即可;20 kg以上挤3次;泌乳盛期的高产牛可挤4次,一般不超过3次为好,使乳牛有充分的卧息、反刍及消化饲料的时间。从年产乳量讲,年产5000 kg以下的乳牛,日挤2次;年产5000 kg以上的乳牛,日挤3～4次。

挤乳次数应根据乳牛的产乳量高低或泌乳阶段决定。在泌乳的最初几周,如果增加乳牛的挤乳频率,则会提高其整个泌乳期的产乳量,但确切机制还不清楚,可能的原因有以下几个方面:乳腺上皮细胞数量增加,乳腺分泌能力提高,乳腺对泌乳类激素敏感等。当挤乳频率从每天2次提高到每天4次时,乳腺内细胞增殖和分化、细胞外基质重塑、代谢、营养运输及免疫相关基因的表达显著升高。此外,乳腺内促血管生成因子表达量也明显升高。由挤乳次数增加所致的泌乳期泌乳量的增加可能是由于乳腺细胞外基质重塑和血管增生引起的。

手工挤乳的方式有四种:①直线挤乳:先挤前两乳头,再挤后两乳头;②一侧挤奶:先挤右侧两乳头,再挤左侧两乳头;③交叉挤奶:先同时挤右前和左后乳头,然后再挤左前和右后乳头,交替进行,这种挤奶方式效果最好;④单乳头挤奶：依次单独对每个乳头进行挤奶，患有乳房疾病、乳头括约肌高度紧张及最后清乳时常采用此方式。从手工挤乳顺序上看，交叉挤乳法比直线挤乳、一侧挤乳和单乳头挤乳法的挤乳效果好，其关键在于各技术的单位挤乳量。

二、手工挤乳

（一）挤乳前准备

除正常饲养管理过程中要进行牛体刷拭外，在挤乳前也要进行刷拭，这对保证牛奶卫生有重要意义。将牛床清理干净，备足挤奶时母牛所需的饲料，牛体刷拭主要是清除牛体沾污的粪、草，脱落的毛。一般在冬季以干刷为主；在夏季可以先用水对牛体进行冲洗，然后进行洗刷，也要修剪乳房上过长的毛。挤乳员应剪短指甲，穿好工作服，洗净双手。挤乳前准备好擦洗乳房用的温水，备齐挤乳桶、洗乳房水桶、盛乳桶、过滤纱布、毛巾、小凳、秤、记录表等。牛床后1/3处的垫草和粪便要清除干净。洗好乳房后，挤奶员要在母牛一侧（牛习惯后就不能更换）按摩乳房或做模拟挤奶动作，使乳房迅速膨胀，然后挤奶。挤奶时姿势要端正，并采用正确的挤奶方式和方法，否则特别容易引起挤奶员手臂的疲劳或使母牛乳头拉长。

（二）擦洗乳房

其目的是以温热刺激促进乳腺神经兴奋，加快乳汁合成与分泌，提高产乳量，保持乳房和牛乳卫生。用45～50℃的清洁温水擦洗乳房，擦洗时挤奶员站在牛的一侧，用湿毛巾先洗乳头，再洗乳房，自下而上擦洗。然后挤奶员站在牛的后侧，一手扶住牛的坐骨，一手擦洗牛的乳镜、乳房两侧及两大腿内侧，最后将毛巾拧干后擦拭乳房的每一个部位，接着将牛的尾巴拴在牛的一侧后腿上，立即进行挤奶时乳房的第一次按摩。

（三）乳房按摩

正常的乳房按摩对于刺激排乳，创造良好的排乳条件具有重要意义，并对治疗轻度乳房炎有积极意义。在挤奶的整个过程中，一般应有3次按摩乳房的操作。第一次是清洗乳房、准备挤奶之前进行按摩。挤奶前清洗按摩乳房5～10分钟，洗乳房的水温一般不要低于40℃。按摩的方法是先用双手按摩乳房表面，然后轻轻按摩乳房各部分，使乳房膨胀起来，这时乳房皮肤表面的血管怒张，呈淡红色，皮肤温度升高，触之坚硬，这是乳房将要放乳的征兆，应立即进行挤奶。第二次是当大部分的乳已被挤完后，应再次按摩乳房，这有利于产乳量的增加。此时采用半侧乳房按摩法，即分别按摩乳房的左侧和右侧乳区，按摩时两手由上而下，由外向里按压一侧的2个乳区，用力应轻，重复6～7次，使乳房内乳汁流向乳池，然后重复挤取各个乳区的乳汁。第三次是在挤奶快结束时进行，这次应该用力充分按摩，尤其是初产牛更应如此，两手逐一按摩4个乳区，模仿犊牛吮乳的动作，用力向上撞击，直到完全挤净。按摩时应注意将乳桶放到一边，防止按摩时牛毛、皮肤屑及其他脏物落入桶内，污染牛奶。

（四）挤乳流程

1. 检验头三把乳，可及早发现异常，也可对乳头进行一次排乳刺激。头三把乳含菌多，要用专用容器盛装，以防污染牛乳、牛床、牛蹄和疾病传播。如发现异常或患乳房炎应将病牛分开饲养。挤乳前要药浴，并用一次性纸巾擦干。然后挤乳，动作速度要快，每分钟压榨乳头以80～120次为宜，待放奶旺盛时速度应加快，达120～140次/min节拍，最后排乳少时速度又降至80～120次/min，平均挤奶量不少于1.5 kg，贯彻慢－快－慢的挤乳速度，中途不得停顿，挤乳全过程应在6～12分钟完成。如出现乳头破裂或划伤，可涂鱼石脂，禁止涂抹凡士林和含碘乳头消毒液（极易引起过敏）。但乳头短小的乳牛允许用滑动法，即乳头在拇指和示指间滑动。

2. 乳头药浴，挤乳后15分钟内乳头尚未关闭，极易受环境性病原菌侵袭，及时药浴可明显降低隐性乳房炎的发病率。常用药液有碘甘油（0.3%～0.5%碘加3%甘油）、0.3%新洁尔灭或2%～3%次氯酸钠等。

3. 挤完乳，必须清洗所有挤乳用具，并将其置于清洁干燥处保存。牛乳挤出后，应立即称重，并通过滤网滤去杂质，然后入大桶内进行冷却。冷却后的牛乳必须置于低温下贮存。

4. 人工挤乳劳动强度大，易引起手指疲劳或肿胀。为了保护好手指，挤乳员每天应压捏手指2～3次，即用一手轻轻揉搓另一手，从手指末端至手臂，晚上睡眠前用温水搓捏和水浴。这不仅可改善血液循环，还可增加肌肉营养，是保护手指的一种有效方法。

（五）挤奶注意事项

挤乳可以促进催产素分泌，而催产素发挥作用的时间，即引起排乳反射的时间，只能持续6～8分钟。当催产素引起乳腺肌上皮细胞收缩时，必须尽快挤乳。挤乳前乳房经热敷和擦洗按摩后，一般8～10分钟将奶挤完，中间不能停顿，否则会降低产乳量。由于乳腺肌上皮细胞对机械刺激也有收缩反应，挤乳时乳房的热敷和按摩也有利于多挤出一些奶来。挤乳员坐姿要端正，对牛要亲和，不可粗暴。不老实的乳牛挤乳，要先保定两后腿再进行挤乳，挤奶后应及时对奶量进行称重，并做好产乳量的准确记录。清洗挤乳用具，保持清洁卫生。

乳房炎是乳牛的乳腺组织受病原菌的侵袭或受物理、化学、机械等创伤后的一种炎性反应。乳房炎的感染轻则影响产乳量，重则造成乳房及乳头坏死，甚至造成乳牛的死亡。乳房炎病原菌在乳牛群中几乎到处都有。在挤乳结束时或2次挤乳之间，细菌都可通过乳头口，进入乳头、乳池。所以挤乳前先挤掉头2～3把乳是预防乳房炎不可缺少的措施。乳房炎应以预防为主，严禁乳房外伤。挤奶前，挤奶员应对乳牛的乳房进行认真仔细的观察，及时发现乳房有无红、热、肿现象。挤乳刚结束时，乳头管口尚未闭合，此时牛卧下细菌很易入侵，如挤乳后立即给牛饲料，使牛站立采食，待牛采食完毕，乳头管已闭合，即可达到减少细菌污染、预防乳房炎的目的。对于已感染乳房炎的乳牛应最后挤奶，挤完奶以后，应将乳头浸入由豆油和磺胺类药物制成的浸泡液中，严重的应进行乳房的抗生素封闭注射，直至采用全身抗生素注射进行治疗。为减少乳房炎发生，在挤奶后，用3%次氯酸钠或碘伏浸一下乳头。参加DHI测定，根据体细胞数，可做到早期发现异常乳及牛体异常，把乳房炎和隐性乳房炎降到最低限度，全国已参加DHI测定的牛群，乳房炎的发病率都大大降低。

三、机器挤乳

（一）挤乳机工作原理及其结构

挤乳机是模仿犊牛哺乳时的吸入、咽乳和停歇三个动作而设计制造的。据测定，犊牛吸乳时，口腔内的真空度为13～37 kPa，吸乳的频率为45～70次/min。乳房中的乳在内外压力差的作用下流入犊牛口中；咽乳时犊牛口腔对乳头进行自然挤压，牛乳停止流入犊牛口腔，咽乳后稍作停歇，再重新吸乳。挤乳机即以这3个过程设计吮吸节拍-挤压节拍-停歇节拍，以真空泵产生真空，当乳杯的乳头室和壁间室都处在设定的真空度下，乳头室内形成真空负压，与乳头内的正压力一起迫使乳头括约肌松开，牛乳即从乳头管中吸出，形成吮吸节拍。当乳头室处于真空状态，壁间室进入空气，橡胶的壁被压缩，挤压了乳头，迫使乳头括约肌闭合，牛乳即停止吸出，称其为挤压节拍。目前挤乳机多为二节拍，省掉了停歇节拍。挤乳机上的4个乳嘴一般称乳杯，为适应乳牛乳头需要，其内胎由弹性足够的橡胶制作。所以在正常情况下，挤乳机上的4个乳嘴不会对乳牛的乳房和乳头产生有害刺激，也不会对乳房健康和正常排乳产生不良影响。

1. **挤乳机结构** 目前各国生产的挤乳设备和国内使用的挤乳设备主要由两部分组成，即真空装置和若干套挤乳器具。真空装置包括真空泵、真空罐、空气滤清器、真空表、真空调节器、真空管道、气阀、润滑循环装置与分离罐等。真空装置中最主要的是真空泵，要求抽气速率（排气量）与同时挤乳的乳杯组数匹配。为了稳定挤乳时的真空波动，真空罐的容量、真空管道的内径都有配置规定，对真空调节器的要求是性能优良稳定。真空度过高，对乳头有损伤，真空度过低则乳杯易脱落。故现设计有双真空，低真空（42 kPa）用于吮吸按摩乳头和挤乳；高真空（60 kPa）用于输乳，使挤出的乳能迅速流走，保持乳管畅通。同时高真空配有脉冲发生器，在清洗挤乳机及管道时形成一股冲击力强大的水柱，清洗效果更好。

挤乳器由乳杯、集乳器、脉动器、橡胶软管、计量器等组成。先进的挤乳设施配置以电子感应式变频真空的前后交替脉动、吮吸节拍和挤压节拍比可调、具有刺激按摩乳头和乳杯自动脱落的脉动器，以电子计量、乳房炎检测、牛号自动识别、发情鉴定等功能与电脑联网，实现对乳牛的自动化管理。此外，还有牛乳收集、清洗配置设施。牛乳收集由输乳管道、乳泵过滤装置、集乳罐、计量器、牛乳冷却设施、贮乳罐等组成；清洗设施由水加热器、自动水温水量调控器、水量补偿设施、自动计量充注清洗剂装置、水及清洗剂循环利用装置、乳爪冲洗装置、冲浪发生器、贮乳罐自动喷射清洗装置及程序控制器等组成。

购置挤乳机成套设备投资巨大，合理选择机械挤乳形式，使用性能优良的挤乳设施非常重要，但合理使用与否则是机械挤乳能否良好运转的关键环节。所以，对挤奶员事先必须进行培训，合格才可以上岗，同时配备熟悉机器设备的专业人员，管理维修保养机器；在生产管理与技术管理上应配有高素质的专业人员，以加强规范化管理。

2. **挤乳机保养** 真空装置如真空泵、真空管道、贮气罐及真空调节阀等应定期检修保养，真空泵的润滑油定时检查油位，及时添加，污染的机油应更换新油；贮气罐、真空管道应定期清洗，当发现有牛乳吸入时应及时用碱水冲洗；其他部件如真空阀、空气滤清器、排污阀也须定期检修、保养、清洗、疏通。挤乳机的乳杯内衬、输乳软管等橡胶制件易于老化、积乳垢，是细菌良好的栖息地。橡胶件连续使用还会发生变形、龟裂，造成乳衬松张力不匀，缩短使用寿命。对已老化的橡胶配件要及时更换。如用两套内衬轮换使用，可延长内衬的使用寿命。

（二）机械挤乳设备

1. **转盘式挤乳台与全自动挤乳机器人** 转盘式挤乳台高端配置：传动系统位于平台下面，平台平稳地旋转，速度可调。转盘式挤乳台分为外侧挤乳和内侧挤乳两种形式，最大的外侧挤乳台同时可以挤100头乳牛，最大的内侧挤乳台同时可以挤40头乳牛。乳牛一进一出，设备无闲置时间，具有极高的工作效率；仅需1～2名工作人员即可完成千头牛的挤乳工作；适用于大型牛群（图9-3左）。

全自动挤乳机器人：自动化机器人挤乳系统是根据仿生原理研制而成的。关于全自动挤乳系统的设想最早出现于20世纪70年代中期。世界上第一台挤乳机器人于1992年在荷兰的一个乳牛场投入使用。整个挤乳过程由机器人自动完成，完全替代人工，可根据乳牛生理状况自动挤乳，实现全天候挤乳。这样不仅减少了人力、提高了乳牛舒适度，而且降低了乳房炎的患病率（图9-3右）。

2. **并列式挤乳台** 乳牛进入并列式挤乳台时，弹簧控制的分隔栏可以将乳牛逐个快速准确定位，乳牛间距紧凑，节省挤乳时间和精力。挤乳时从牛的后侧套杯，分区式快速撤离提高了工作效率（图9-4）。

（三）机器挤乳操作

机械挤乳是牛、机器和挤乳员相互配合的工作。机械、人和牛的协调配合对产乳有很大影响。机器挤乳前，除机器、牛和人保持清洁卫生外，挤乳环境（包括挤乳厅、贮乳间）必须保持清洁卫生。

1. **挤奶厅** 挤奶厅有机房、牛奶制冷间、热水供应系统和办公室。挤奶厅待挤区宽敞，至少能容纳一次挤奶头数2倍的乳牛。在挤奶厅，有与乳牛存栏量相配套的挤奶机械，全部乳牛实现挤奶机械化，管道输奶。储奶厅有储奶罐和冷却设备，挤奶2小时内冷却到4℃以下，且不能低于冰点。输奶管存放良好、无存水。挤奶厅排水良好，地面硬化防滑处理，墙壁防水处理，便于冲刷。贮奶厅有防昆虫、飞禽、鼠猫、防化学品、防投毒等防范措施，不堆放杂物。挤奶厅有

图9-3 转盘式挤乳台（左）与全自动挤乳机器人（右）

图9-4 并列式挤乳台

挤奶卫生操作制度，并张贴上墙。

2. 机器挤奶操作

（1）挤乳前的准备：挤乳员保持个人卫生，勤剪指甲，挤乳前用肥皂洗手，保持手臂清洁。挤乳机械用清水清洗4～5分钟，并检查真空压（正常范围控制在40～50 kPa），脉动次数是否稳定（正常应控制在每分钟60～70次），无异常情况下方可挤乳。如采用挤乳厅挤乳，挤乳前应检查牛体卫生，不符合卫生要求的牛，不准进入待挤间。

（2）挤乳目标，主要是：①刺激乳房、乳头，促使快速完全排乳；②生产优质牛乳；③尽量缩短每头牛挤乳时间；④严防乳房炎等疾病。

（3）挤乳操作规程：符合"两次药浴、纸巾干擦"的挤奶程序，即挤奶前后对乳头两次药浴，每一头牛用一块毛巾（或一张纸巾）擦干乳房与乳头。

清洁检查。挤奶场地应保持清洁卫生。挤奶工服装整洁，挤奶员在挤奶前要洗手消毒，佩戴手套和口罩；挤奶过程中挤奶员手臂洁净和胳膊保持干净。

挤奶前，要先观察或触摸乳房外表是否有创伤或红热肿痛等症状。

挤头三把奶。把头三把奶挤到带有网状栅栏的容器或观察杯中，观察牛奶的颜色和状态，查看牛奶是否有凝块、絮状物或水样奶，牛奶正常方可上机挤奶；异常的牛只要及时报告兽医治疗，单独挤奶。

挤奶前药浴。挤头三把奶后，要用专用的乳头浴液进行药浴，药浴液要每班挤奶前现用现配，保证药浴液的有效浓度并浸没整个乳头，药浴液作用时间保持在30秒左右。

擦干乳头。用一次性纸巾擦干乳头及基部，要求每头牛至少用一张纸巾。

上机挤奶。以上步骤要从乳头刺激开始90秒内完成，及时套上挤奶杯组。挤奶即将结束时，要先关闭真空，再摘奶杯，严禁下压挤奶杯组，避免过度挤奶。

挤奶后药浴。挤奶结束后，应迅速进行乳头药浴，保证药浴液浸没乳头长度的2/3以上，停留3～5秒。

固定挤奶顺序。推荐先挤头胎牛、新产牛、高产乳量的牛，后挤经产牛、低产乳量的牛；避免频繁更换挤奶员。挤奶结束后，提供新鲜的TMR，诱使乳牛采食保持站立1小时，保证乳头括约肌闭合。

产非正常生鲜乳（包括初乳等）的乳牛安排到最后单独挤奶，初乳不能混入商品乳中；接受抗生素治疗的牛只，应单独挤奶，严禁抗生素奶进入商品乳中。非正常生鲜乳单独存放，并有产非正常生鲜乳乳牛的信息和牛奶的处理记录。

贮奶厅有贮奶罐和冷却设备，牛奶挤出后应在2小时内冷却到0～4 ℃。

每次挤奶后对挤奶机进行全面清洗（见后标准化清洗流程）。

3. 定期检修维护设备、更换易损件 输奶管、计量罐、奶杯和其他管状物按规程清洁并正常维护。按检修规程定期检修挤奶设备，并要有检修记录。有挤奶器内衬等橡胶件的更换记录。储奶罐保持经常性关闭状态。

（四）预防乳房炎

乳房炎病原菌在乳牛群几乎到处都有，挤乳厅是重点，避免挤乳操作时通过牛、挤奶员和挤乳器具间相互传染，做好卫生、消毒工作。细菌在挤乳结束时或2次挤乳之间都可通过乳头口，进入乳头、乳池。所以，第一，挤乳前先挤掉头三把乳是预防乳房炎不可缺少的措施。第二，挤乳前后两次药浴。第三，挤乳刚结束时，乳头管口尚未闭合，此时牛卧下细菌很易入侵。如挤乳后立即给牛饲料，使牛站立采食，待牛采食完毕，乳头管已闭合，即可达到减少细菌污染、预防乳房炎的目的。第四，参加DHI测定，根据体细胞数，可做到早期发现异常乳及牛体异常，把乳房炎和隐性乳房炎患病率降到最低。

四、挤乳设备清洗消毒

通过对清洗要素和标准流程的了解，确保清洗过程的稳定，同时加强对清洗过程的监控，才能确保牛奶安全生产。

（一）清洗四要素

1. 时间　清洗时间对清洗效果有着很大影响。如清洗时间太短，清洗剂化学作用时间不充分，无法彻底溶解管内脂肪和其他物质沉积物，达不到彻底清洗的效果。如清洗时间太长，清洗温度下降太多，脂肪和其他物质再沉积附着到挤奶设备的内壁，也达不到清洗的效果。

2. 温度　清洗液在挤奶设备的管道内对温度是有要求的，不同清洗步骤所需要的温度也不相同，温度过高或过低都会影响清洗液的作用。温度过高会使奶中蛋白质变性从而形成坚硬的奶石，不易被清洗。清洗液的温度过低时，奶中的脂肪残留物会凝固并且附着到挤奶设备的内壁上。

3. 机械力　在各要素中，机械力是十分关键的，其主要作用于主奶管路和挤奶杯组的清洗。主奶管路机械力主要通过清洗过程中在主奶管路形成浪涌，从而起到冲洗主奶管路的作用，挤奶设备清洗的机械力应当满足水流通过挤奶杯组时流速超过3 L/min，达到5 L/min最佳，浪涌频率为3～5次/min。

4. 清洗剂　清洗挤奶设备时不可以使用强酸、强碱等工业级化学试剂，强酸、强碱等化学试剂清洗挤奶设备会加速设备老化，清洗剂的残留物还将直接危害人体健康。清洗剂需选取优质、安全、有效的清洗剂，使其冲洗的过程中，让奶渍松动并悬浮起来，易于清除。

（二）标准化清洗流程

1. 预冲洗　挤完乳后，要求进行预冲洗。清洗水温35～43℃，且须在挤奶结束后10分钟之内进行。如果不立即清洗，牛奶会很快凝结，使清洗难度加大。预清洗的主要目的是去除98%的水溶物和对管道内壁进行预热。预冲洗在整个清洗过程中用水量最大，同时是最重要的步骤，当排水管排出的水接近清水的时候，可以停止加水，这标志着预冲洗步骤的完成。因挤奶设备大小的不同，预清洗时间也有不同的变化。

2. 碱洗　碱洗要求清洗水温在65～85℃，对于普通的碱液，进水温度大于71℃，一般要求80℃，出水温度大于49℃。清洗效果最佳。具体温度要求可参照对应产品说明，但一般进水温度应略高于产品说明中的温度。碱浓度要求为0.6%～0.8%。碱洗循环时间为7～10分钟，最少完成20个有效浪涌。循环时间太长会导致清洗水温下降，脂肪出现凝结。循环时间太短，会导致系统中的脂肪无法被完全清洗掉。

3. 后冲洗　后冲洗的目的是将挤奶设备中残留的碱水排出。后冲洗使用温水或冷水均可。对于"三遍清洗"的流程，冷水即可，对于"五遍清洗"的流程，建议使用温水冲洗，这样能够保证系统中的温度。用水量要求能够冲洗到整个系统，冲洗的标准是排出水清。

4. 酸洗　酸洗要求为温水35～43℃或根据厂家建议。酸洗可以将挤奶设备内残留的矿物质溶解，并且还能起到杀灭细菌的作用，循环时间为3～5分钟。一般要求浓度为0.4%～0.6%，对于水硬度高的乳牛场，可增加用酸量。目前我国乳品企业对牛奶的卫生指标要求非常严格，尤其对细菌总数指标进行严加管控。挤奶设备的清洗程度直接影响生鲜乳的质量安全，正确、有效的设备清洗操作是优质奶源的保障。

5. 温水清洗

最后再用温水冲洗5分钟。下次挤奶前用清水对挤奶设备进行冲洗。对挤奶杯和奶桶也要进行严格的清洗消毒。

第三节　生鲜乳的初步处理与管理

牛乳初步处理是乳牛场必不可少的一个环节。为了保持牛乳在运往乳品厂或销售前不变质，乳牛场对刚挤下的生鲜乳必须进行初步处理，即过滤、冷却、贮藏与运输等。

一、过滤

在挤乳过程中，尤其是手工挤乳过程中，牛乳中难免落入尘埃、牛毛、粪屑等，因而会使牛乳加速变质。所以刚挤下的牛乳必须用多层（3～4层）纱布或过滤器进行过滤，以除去牛乳中的污物和减少细菌数目。纱布或过滤器每次使用后应立即洗净、消毒，干燥后存放在清洁干燥处备用。成套挤乳设备采用过滤筒对牛乳进行压滤。压滤时，过滤筒进口与出口的压力差不得超过68.6 kPa，以免压力过大使杂质重新进入牛乳中。用过的过滤筒必须按时消毒和更换。

二、冷却

刚挤出的牛乳，虽然经过滤清除了一些杂质，但牛乳温度高很适于细菌繁殖，37 ℃下有些细菌6～7分钟就可以繁殖一代。所以过滤后的牛乳应在2小时内冷却到0～4 ℃，冷却降温可有效抑制微生物的繁殖速度，延长牛乳保存时间，具体见表9-2。

表9-2　冷却温度与保藏时间的关系

冷却温度/℃	保存时间/h
30	3
25	6
>8～10	6～<12
>6～8	12～<18
>5～6	18～<24
4～5	24～<36
1～2	36～48

（一）水池冷却法

这是一种最简易、最古老的方法。即将牛乳桶置于水池中，用冷水或冰水进行冷却。

用水池冷却牛乳：在北方地区由于地下水温低（夏季10 ℃以下），所以直接用地下水即可将牛乳温度降到13～14 ℃（牛乳冷却后比水温高3～4 ℃）。该牛乳如果每天给乳品厂送一次，或乳品厂定时来收购一次，完全可以达到保存目的。在南方由于水温较高，在水池中应加冰块，才能使牛乳达到冷却要求。在水池中冷却时应不时地搅拌牛乳，并根据水温进行排水或换水。水池中水量应比牛乳容量大4～5倍。所以用水池冷却牛乳，耗水量大，而且冷却缓慢，仅适用于少量生产农户。

（二）热交换器冷却

热交换器有板式、螺旋式、薄片式等多种类型，可与输乳管连接，在密封状态下进行冷却。以预制冷的水为冷却介质，使用方便、安全、卫生。

（三）直冷式乳罐

通过制冷机制冷乳罐罐壁，使进入的牛乳冷却。其优点是把冷却与贮存集合在一体，现已用作各种挤乳设施的配套设备，其贮藏的容量与制冷机的功率要与产乳高峰时期的最高一次产乳量相匹配。现直冷式奶罐配置的制冷机的制冷功率是以W表示，1 W = 3.6070 kJ/h，如配置的制冷功率不足，即达不到被挤出的乳迅速（2～4小时）降温到2～4 ℃的要求。

三、贮存与运输

生鲜乳应采用表面光滑、无毒无害的容器盛装，容器材质应使用不锈钢材料。生鲜乳挤出后采用有效的冷却措施（一般采用直冷式贮奶罐），2小时内应降温至0～4 ℃，在贮存过程中定时自动搅拌，贮存温度为0～4 ℃。生鲜乳在直冷式贮奶罐中的贮存时间不宜超过24小时。定期对直冷式贮奶罐进行清洗，加强卫生管理。

奶罐车一般是将输乳软管与牛场冷却罐的出口阀相连接，直接将牛乳吸入奶罐车。奶罐车装有一台计量泵，能自动记录接受的牛乳数量。奶罐车收乳结束后必须清洗乳罐。用奶罐车运输时，必须装满，以防牛乳运输途中振荡过大，为此有的奶罐车上的奶槽分成若干个间隔。用奶罐车装载，卸乳后容器必须彻底清洗消毒。奶罐车是目前通用的牛乳运输工具。

生鲜乳运输应在密闭保温的容器内，避免雨淋、日晒，不应同有毒、有害、有异味等可对其造成不良影响的物品混装运输。生鲜乳挤出后需要在24小时内运抵乳品加工企业，要有储奶罐运行记录。生鲜乳运输，每次运输生鲜乳均需要签"生鲜乳交接单"。每运输一批次生鲜乳，都要对运输生鲜乳的容器进行清洗，包括奶罐和连接管道。生鲜乳生产、贮存和运输符合《乳品质量安全监督管理条例》《生鲜乳生产收购管理办法》等相关规定。设有生鲜乳收购站的应有生鲜乳收购许可证。

四、生鲜乳的分类收集与分级使用

(一) 生鲜乳的管理政策

世界各国对生鲜乳的生产经营都实施形式不一的许可证制度。在中国境内从事生鲜乳的生产、收购、储存、运输、销售等活动，除必须遵守《中华人民共和国食品安全法》规定的内容外，还需要按照农业农村部《生鲜乳生产收购管理办法》进行注册登记。其中，从事生鲜乳生产的须持奶畜养殖代码，从事生鲜乳收购的须持生鲜乳收购许可证，从事生鲜乳运输的车辆须持生鲜乳准运证明。

中国乳品企业从事乳品加工和经营也需要申办许可证，但与生鲜乳的生产和商业性经营许可证的审核和签发，分属两大系统。对此，乳品企业在从事乳品加工，尤其是组织奶源供应和日常管理时，需加以特别注意。企业在组织采购生鲜乳时，除按照《乳制品工业产业政策（2009年修订）》第17条的要求，在平衡加工能力和生鲜乳收购量的比例之外，更重要的控制要素是必须服从生鲜乳的微生物性质，合理设计收乳路径。在收乳半径、运输速度和耗费时间三因素中具有决定意义的，是从挤出生鲜乳起到生鲜乳投料加工之间的间隔时间，以及与之相应的冷链温度。

(二) 生鲜乳的分类收集

1. 生鲜乳的自然抑菌能力　在健康乳房里合成的乳汁是无菌的，刚挤出乳房的牛乳一般含菌量为 $10^2 \sim 10^3$ CFU/mL，且刚流出乳房的乳汁在最初的数小时内，凡与乳汁接触的环境微生物不仅不能在其中生长，反而有死亡倾向。过了一段时间之后，微生物将迅速繁殖，导致乳汁腐败。阶段性的乳汁自我保护能力被称为自然抑菌作用，在一定程度上使得人类利用哺乳动物的乳汁有了商业上的可能性。

2. 收乳方式　商业化加工乳和乳制品需要尽可能地收集牛乳，以形成一定的生产规模。在自然条件下成批量地收集和保存牛乳是有难度的，但是利用健康奶畜所产乳汁的自然抑菌特性，可以采用3种不同的方式实现。

(1) 热乳。对于新鲜度高度敏感的牛乳，需在挤出后4小时内投料加工，无须冷却，因此称为"热乳"。如果细菌总数不大于 10^3 CFU/mL，且金黄色葡萄球菌数符合"N = 5个/mL、c = 0个/mL、m = 500个/mL 和 M = 2000 CFU/mL"的规定（N系指一批产品采样个数；c系指该批产品的检样菌数中，超过限量的检样数，即结果超过合格菌数限量的最大允许量；m系指合格菌数限量，将可接受与不可接受的数量区别开；M系指附加条件，判定为合格的菌数限量，表示边缘的可接受数与边缘的不可接受数之间的界限），符合无须杀菌可以"即食"的充分条件，允许在加工过程中无须实施以消毒或杀菌为目的的任何技术处理，国际上称这类牛乳为直接饮用的生鲜乳，也是供制备牛生鲜乳制品的原料乳，而其制品需标识生鲜乳制品。由于受到4小时的时间限制，集中生鲜乳的规模较小，仅在奶业高度发达地区得到应用。

(2) 冷乳。生鲜乳如果不能在4小时内投料加工，或有致病菌污染的可能，则在挤出之后尽快冷却到 $4 \sim 10$ ℃（对生鲜乳的冷藏保护一般称为前冷链，与加工之后成品的冷藏保护后冷链相区别）。冷乳一般宜在挤出之后的36小时内投料加工，而且在投料加工时，其细菌总数不大于 3×10^5 CFU/mL，相应的每个养殖场递交的生鲜乳细菌总数应不大于 10^5 CFU/mL。国际上称这类原料乳为生鲜乳，是当前世界各地乳品工厂最常用的收乳方式，集中生鲜乳的规模较大。

(3) 弱热抑菌乳。如果某些终端产品本身对牛乳的新鲜度不很敏感，可以允许在挤出之后先施行一次低于巴氏杀菌强度的加热杀菌，其技术参数为 $57 \sim 68$ ℃ 15秒，即所谓的弱热抑菌处理，然后冷却至 $4 \sim 10$ ℃保存，保存期约为72小时。保存期的长短，实际上取决于弱热抑菌处理后细菌在乳中再生长的速度，以细菌总数 10^5 CFU/mL 为限。但经过弱热抑菌处理的原料乳有别于一般意义上的生鲜乳，因此其应用范围受一定限制，只能供作高强度热处理产品的原料，其优点是集中生鲜乳的规模更大，可在奶业欠发达地区得到应用。

(三) 生鲜乳的分级使用

从加工工艺的角度看，乳品加工企业采用生鲜乳分级使用规定是必要的。主要有两方面的原因：制备不同种类的乳制品，原料乳经受的热处理程度各不相同，因此对乳的热稳定性要求也各不相同；不同的乳制品具有不同的风味，对生鲜乳的新鲜度要求也各不相同。生鲜乳的热稳定性和新鲜度反映的本质是生鲜乳中的微生物活动状况。因此，生鲜乳的分级指标体系，早期多以滴定酸度、刃天青褪色、乙醇试验等间接的简易测试指标为主设定，目前则以杂菌总数和体细胞数等直接指标为主设定，同时辅以脂肪、蛋白质等成分质量指标。根据我国现状推荐的生鲜乳分级标准见表9-3。

表9-3 推荐的生鲜乳分级标准

级别	乳脂肪/%	乳蛋白/%	体细胞数/($\times 10^4$个/mL)	菌落总数/($\times 10^4$ CFU/mL)	适用产品
特优级	≥3.3	≥3.1	≤40	≤10	低温产品
优级	≥3.2	≥3.0	≤75	≤30	
优良级	≥3.1	≥2.9	≤90	≤50	高温产品
合格级	≥3.1	≥2.8	≤100	≤200	

来源：张养东，施正香. 奶牛学[M]. 北京：中国农业出版社，2022.9.

第四节 生鲜乳的质量安全与关键点控制

生鲜乳的安全指标是指生鲜乳中对人体健康有害的各种物质，主要包括污染物、真菌毒素、微生物、农药残留、兽药残留和违禁添加物等。除此之外，生鲜乳理化指标不合格也会危害人体健康；牛奶体细胞数超标不仅是乳牛患乳房炎的重要指标，且对人体也十分有害；还原乳虽然不危害健康，但必须标识清晰。

一、生鲜乳质量标准

乳品质量已成为当今企业增创效益的重要条件。质量不仅影响乳品市场价格和市场销售份额，而且已成为企业生存发展的重要基石，因此许多企业把质量优先于产量作为指导思想。

（一）生鲜乳

生鲜乳是指从健康奶畜乳房中挤出的无任何成分改变的常乳。产犊后7天的初乳、应用抗生素期间和休药期间的乳汁、变质乳不应作为生鲜乳。为保证牛乳的质量，《乳品质量安全监督管理条例》第二十四条规定禁止收购下列生鲜乳：①经检测不符合健康标准或者未经检疫合格的奶畜产的；②奶畜产犊7日内的初乳，但以初乳为原料从事乳制品生产的除外；③在规定用药期和休药期内的奶畜产的；④其他不符合乳品质量安全国家标准的。

（二）感官指标

在收购时，需要对牛乳进行感官指标评定，感官指标包括色泽、异物和气味等。正常牛乳应为乳白色或微黄色，其组织状态为均匀一致的液体，无凝块、无沉淀、无肉眼可见的异物，不得有其他异色，不能有苦、咸、涩的滋味和含有饲料、霉变等其他异常气味。如果新生鲜乳呈红色、绿色或明显的黄色，则属于异常乳。患有疾病的乳牛的产乳量和乳成分都有变化，其中以乳房炎最为严重。由于乳房、乳头受损伤及泌乳器官的病变，挤乳时会有少量的血液溶入乳中，使乳呈现粉红色，口味儿变咸，故加热时会形成红细胞沉积。

牛乳中含有挥发性脂肪酸和其他挥发性物质，因此牛乳带有特殊的香味，加热后香味较浓。牛乳也很容易吸附外来的各种气味，使其带有异味。如果牛乳挤出后在牛舍久置，往往带有牛粪味；牛乳在太阳下暴晒会带有油酸味；储存牛乳的容器不良则产生金属味。因此，生鲜乳的气味和口感是不应忽视的感官评价指标。

（三）理化指标

生鲜乳的理化指标包括新鲜度、酸度、杂质度、相对密度和冰点。这些指标如果不合格，也会危害人体健康，因此必须严格控制。

1. 新鲜度　牛乳的新鲜度就是牛乳的新鲜程度。新鲜度的评价方法包括3个具体试验：煮沸试验、乙醇试验和酸度测试。评价牛乳新鲜程度的试验中，普通消费者在不具备专业的牛乳品质检测条件的情况下也能进行煮沸试验，并对牛乳新鲜度做出评判。煮沸试验若出现沉淀、分层或凝固等现象，则为不新鲜乳。新鲜度不合格的牛乳不宜收购或饮用。生鲜乳达到72℃乙醇试验阴性的结果才表明达到对生鲜乳新鲜度的基本要求。

2. 酸度　牛乳的酸度可分为自然酸度和发

酵酸度。自然酸度是指乳汁从乳牛乳房中刚挤出时所具有的酸度；发酵酸度包括牛乳在储存和运输过程中，因乳酸菌的发酵作用而导致牛乳升高的酸度（发酵酸度）和牛乳中人为掺入了碱性物质（如碳酸钠或碳酸氢钠等）导致牛乳降低的酸度两部分。自然酸度和发酵酸度的总和称为总酸度或牛乳酸度。生鲜乳在挤出后，应该尽快降温至4℃以下储存或运输，以降低生鲜乳中乳酸菌繁殖速度，减少发酵酸度的影响。一般情况下，只要生鲜乳保存得当，其酸度都能达到规定的标准。如果发现生鲜乳的酸度过低，很有可能是人为掺入了碱性物质，可进行掺碱试验检测。在未掺碱的情况下，生鲜乳的酸度越低，说明乳样越新鲜。牛鲜乳酸度易受其预处理和加工情况的影响，必须及时对原料乳进行冷却、储存和加工，以控制发酵酸度的增长。

3. 杂质度　牛乳杂质度是指可过滤除去的不溶性杂质的含量。牛乳杂质度的安全评价方法一般采用杂质过滤法。杂质度作为评价生鲜乳质量状况的指标之一，较少受到关注，其主要原因：一方面，生鲜乳中的杂质主要是由某些人为因素引起的，如挤乳时落入乳桶的毛发、饲料等，这些因素只要加强管理、规范操作，基本能够排除；另一方面，生鲜乳在收集到储存罐前，都要经过在线过滤的步骤，将生鲜乳中的大部分杂质滤除，所以杂质度对生鲜乳质量的影响较小。合格牛乳的杂质度应小于4 mg/L。牛乳中杂质主要来源于挤乳、运输、生产及乳罐的消毒清洗等过程。测定牛乳的杂质度可判定牛乳的前处理过程是否卫生。

4. 相对密度　牛乳相对密度是指在20℃时一定体积牛乳的质量与4℃同体积水的质量之比。使用密度计测定牛乳的相对密度是最常见的评价方法。通过测定牛乳的相对密度，可判断牛乳是否掺假或是否脱脂，进而判断牛乳质量的好坏。生鲜乳的相对密度应该在1.028～1.032，过低不符合要求，可能掺水；过高则可能人为掺入了某些增稠物质。因此，测定的牛乳相对密度是判定牛乳质量和安全的重要指标。

5. 冰点　牛乳冰点是指牛乳凝固时的温度。牛乳冰点的常用评价方法有冰点法、折光法和比重法。目前较为流行的是热敏式冰点测定仪法。牛乳是一种胶体溶液，牛乳冰点随牛乳中水分及其他成分含量的变化而变化。在正常情况下，牛乳的含水率一般为85.5%～88.7%。牛乳冰点仅在一个狭小的范围内变化，其在-0.533～-0.516℃变动，平均值为-0.525℃。如果牛乳中掺水或其他杂质，其冰点将会发生明显变化。因此，检测牛乳冰点可作为判断牛乳是否掺水或掺杂的一种手段。当牛乳中掺水时，则冰点上升，超出正常范围。牛乳冰点作为牛乳质量安全评价体系的重要指标，已被许多国家列入按质论价体系。

（四）污染物指标

生鲜乳中的污染物是指外因引入的有害元素，主要包括铅、汞、无机砷和铬等。《食品安全国家标准 食品中污染物限量》（GB 2762—2017）规定了生鲜乳中铅、汞、无机砷、铬和硒这5种污染物的限量，分别是0.05 mg/kg、0.01 mg/kg、0.05 mg/kg、0.3 mg/kg和0.03 mg/kg。铅和铬的检测方法主要是石墨炉原子吸收法等。汞的测定方法主要参考《食品中总汞及有机汞的测定》（GB/T 5009.17—2003）。无机砷的测定方法主要是原子荧光光度计法等。

（五）真菌毒素和微生物

真菌毒素指的是某些真菌在生长繁殖过程中产生的有毒次生代谢产物。《食品安全国家标准 食品中真菌毒素限量》（GB 2761—2017）规定了4种真菌毒素，分别是黄曲霉毒素B_1、黄曲霉毒素M_1、脱氧雪腐镰刀菌烯醇和展青霉素。其中，涉及生鲜乳的仅有黄曲霉毒素M_1，限量为0.5 μg/kg，其他3种真菌毒素都不涉及生鲜乳。黄曲霉毒素M_1的测定常用免疫亲和柱-高效液相色谱法。

菌落总数是反映乳牛健康状况、牧场卫生状况和冷链质量控制的卫生指标。《食品安全国家标准 生鲜乳》（GB 19301—2010）设置菌落总数的指标（2×10^6 CFU/mL）符合我国发展实际，既能够保护大量中小规模奶农的利益，又能保证消费者的健康，维护我国奶业稳定发展。在正常情况下生鲜乳中的菌落总数不会超标。

生鲜乳中的致病菌主要有金黄色葡萄球菌、大肠杆菌、沙门菌和链球菌等。《食品安全国家标准 生乳》（GB 19301—2010）未规定致病菌的限量，这是因为生鲜乳经过热处理加工后，基本上能杀死其中的致病菌，而生鲜乳是不能直接饮用的。

（六）农药残留

生鲜乳中的农药残留主要由饲料中的农药残留引起。某些类型的农药会在乳牛体内被分解，所以生鲜乳中残留的农药种类和含量相对较少。随着饲料中使用的农药种类日益增加，需要评价生乳中农药残留的种类也越来越多。《食品安全国家标准 食品中农药的最大残留限量》（GB 2763—2021）规定了483种农药残留的限量，但涉及生鲜乳的农药残留有23种，即2,4-滴和2,4-滴钠盐、二甲四氯钠盐、矮壮素、百草枯、百菌清、苯丙烯氟唑、苯丁锡、苯菌酮、苯醚甲环唑、苯线磷、吡虫啉、吡噻菌胺、吡唑醚菌酯、丙环唑、丙硫菌唑、丙溴磷、草胺膦、虫酰肼、除虫脲、敌草快、敌敌畏、丁苯吗啉和啶酰菌胺，但农药残留对生鲜乳质量安全指标的影响毕竟属于二次污染，一般不会超过限量指标。

（七）兽药残留

兽药残留是指残留在动物体内和动物性食品内的兽药。兽药在预防和治疗动物疾病、促进动物生长、调控生殖周期和提高繁殖能力等方面发挥着越来越重要的作用。但是，残留在动物性食品内的兽药会随着食物链进入人体，对人体健康构成潜在威胁。生鲜乳中抗生素类兽药残留的微生物安全评价方法作为定性方法，具有简单快速的优点，兽药残留的检测方法主要有高压液相色谱法、液相色谱-质谱法等。对生鲜乳中残留的兽药，要根据实际情况，有针对性地进行检测和评估。

（八）违禁添加物

中华人民共和国国务院令第536号《乳品质量安全监督管理条例》规定，生鲜乳中禁止添加任何物质，即使是水也不能添加，这对保证牛乳质量安全起着至关重要的作用。2008年12月以来，我国先后公布了5批《食品中可能违法添加的非食用物质和易滥用的食品添加剂品种名单》，其中可能在牛乳中非法添加的违禁添加物共有6种，即三聚氰胺、硫氰酸盐、工业用火碱、皮革水解物、β-内酰胺酶和玉米赤霉醇。2008年卫生部联合五部委发布了《关于乳与乳制品中三聚氰胺临时管理限量值规定的公告》，规定生鲜乳中三聚氰胺含量不得超过2.5 mg/kg，这一限量值保证了生鲜乳的质量安全，是评价生鲜乳质量的主要依据。牛乳中硫氰酸盐含量不应高于正常生鲜乳中硫氰酸盐的含量，即2～7 mg/L。

二、生鲜乳按质论价

生鲜乳以质论价，世界各国都有各自的分级定价标准。我国各地区及乳品加工厂分级定价标准也不尽相同。一般是以脂肪和蛋白质含量作为论价基础，再根据卫生指标分级进行加价和扣款。

（一）基础指价

基础指价一般采用脂肪和蛋白质单位价，预设单位比价，各国针对具体情况，其比例不同，见表9-4。

表9-4 各国对生鲜乳的基础指价的百分数

国家	脂肪/%	蛋白质/%	乳糖/%
荷兰	55	45	0
丹麦	65	30	5
德国	55	45	0
法国	62	38	0

牛乳计价公式：

牛乳价格＝[乳量（kg）×脂肪（%）×脂肪单位价]＋[乳量（kg）×蛋白质（%）×蛋白质单位价]（以牛奶中脂肪和蛋白质的含量作为收购价的计算依据；以每公斤牛奶中含1%脂肪为一个脂肪单位；以每公斤牛奶中含1%蛋白质为一个蛋白质单位）。

例如，某地牛乳基础价定位3.6元/kg，脂肪和蛋白质单位价比例各为50%，如以国家收购标准含脂肪为3.4%，蛋白质为2.95%，则每1%的脂肪单价为0.5294元，蛋白质单价为0.6102元。而某牛乳场产的牛乳含脂肪为3.7%，含蛋白质为3.1%，则每千克乳价=（0.5294×3.7）+（0.6102×3.1）=3.85（元）。

（二）卫生指标分级

目前各国对牛乳的卫生质量均进行严格控制。以牛乳的含菌数和体细胞数分级，根据牛乳的卫生级别定出加价或扣款标准，对促进生产、提高鲜乳质量起了重要作用。上海的附加论价指标，见表9-5。

（三）扣款指标

国外已把冰点和体细胞数列入计价指标，预计我国今后也要推行。冰点受牛奶中固体溶质影响，其中影响最大的是乳糖。由于这些溶质的缘故，牛奶的冰点比水低半度，即-0.525 ℃。这一数值的变化可以说明牛奶中水的含量。牛奶中的体细胞数可以作为乳腺组织健康程度和是否感染的指标。当体细胞数目超过50万个/mL就可怀疑乳牛可能有乳房炎。我国的一些乳业公司也完善了鲜乳质量标准，已经把牛奶体细胞数纳入计价体系。表9-6为牛乳质量常见检测内容，供参考。

三、生产优质牛乳的关键点控制

牛乳生产不仅要提高产量，更要保证其质量。牛乳在生产过程的多个环节，均容易受到不同程度的污染，但主要是在挤乳过程中和挤乳之后受细菌的污染，直接影响牛乳卫生安全。所以，生产高质量的牛乳，必须采取综合措施。

（一）挤乳员个人卫生

挤乳员的手、头发及不洁的工作服、帽、靴往往黏附着许多细菌，有时还有病原菌。1 g指甲垢中有高达40亿个细菌。个人卫生直接影响着牛乳的质量。所以挤乳员每年必须进行一次健

表9-5　上海附加论价指标

微生物指标/ （万个/mL）	价格升降/ （元/kg）	体细胞数/ （万个/mL）	价格升降	冰点范围	价格升降/（元/kg）
≤5	+0.08	≤40	加价	-0.546～-0.508 ℃	不加不扣
≤10	+0.04	≤50	不加不扣	>-0.508，≤-0.504 ℃	-0.02
≤40	不加不扣	≤75	扣款	>0.504 ℃，≤-0.500 ℃	-0.04
≤100	-0.04	>200	扣款	>0.500 ℃，<-0.546 ℃	整改、复查，按规定处理
≤200	-0.08				
>200	双方协商				

来源：https://business.sohu.com/20060429/n24306。

表9-6　牛乳质量常见检测内容总结

质量	检测	原理
新鲜程度	嗅觉检查	检查牛乳是否闻或尝起来有异味
	酸度	通过充分搅拌释放出脂肪酸来达到破坏奶脂；若牛乳中含有大量细菌，细菌发酵会使牛乳中脂肪酸含量上升
	酒精检查	与酒精混合后，酸性牛乳会出现絮状物
	煮沸观察是否结块	酸性过高的牛乳煮沸后出现结块现象
掺水	显微镜冰点检查	掺水牛乳的冰点比正常牛乳高
	标准比重	掺水牛乳的比重下降
细菌	计数板计数	计数培养基内活的细菌
抗生素	计数盘检验	通过加热检查抗生素是否抑制嗜热脂肪芽孢杆菌生长
细胞	白瓷板或加州乳房炎测试方法	直接在挤乳房检查：测试牛乳是否含有过量的DNA
	计数器计数	通过计数计算每毫升牛乳中的含菌量
巴氏消毒后的鲜奶	磷酸酶测验	检测巴氏消毒后磷酸酶活性是否被抑制

引自：简·胡曼，米歇尔·瓦提欧. 泌乳与挤奶[M]. 石燕，施福顺，译. 北京：中国农业大学出版社，2004.

康检查，凡患有结核病、布鲁氏菌病等疾病者不得担任挤乳工作。

（二）保证牛群健康，重视乳房炎的发生和预防

保证牛群的健康是生产优质牛乳的先决条件。乳牛场必须建立健全疾病预防制度、检疫制度。培育无病原牛群，外地引入乳牛必须按照GB16567进行检疫，隔离饲养，待确诊无病时再进入牛群。

乳房炎是乳牛场最易发、最常见的一种疾病，给生产优质牛乳带来许多困难。例如，1986年某市因患乳房炎病而淘汰的乳牛占牛总数的17.8%，可见造成的损失之重大（表9-7）。因此，对防治乳房炎，必须给予足够的重视。

从挤乳角度看，导致乳房炎发生的途径主要有：①挤乳机污秽或调节不良；②挤乳前后对乳头不清洗、不药浴；③挤乳员技术不熟练；④环境原因使母牛乳房受伤。为此，必须加强对挤乳员的培训，提高其挤乳技术，增强责任感，并勤于观察乳房的患病情况，及时诊治。

（三）保持牛体及环境卫生

当前，国内乳牛场的运动场不清洁是影响牛乳质量的最大因素，而牛舍及其周围环境过于污秽是导致牛体不洁的根本原因，所以必须给牛提供一个舒适干净的环境。例如，空气中悬浮着10^5个/L以上的芽孢杆菌、微球菌和霉菌孢子，附在乳牛体上的污物往往含大肠杆菌$10^7 \sim 10^8$个/g。所以，牛舍必须通风、采光良好，定期消毒，牛舍不得堆放粪尿或青贮饲料，以免将臭味和饲料味附于牛乳之中；此外，乳房上生有长而浓密的被毛，极易沾染粪尿，每隔一定时间需对乳房及四周被毛进行修剪。

（四）彻底清洗挤乳设备

牛乳的污染程度和细菌群落的形成除与母牛的环境卫生有密切关系外，对挤乳过程中与牛乳相接触的容器表面的清洁程度更不可轻视。特别是挤乳机或乳桶、输乳管道、运输桶（罐），以及过滤装置等的清洁程度。实验表明，牛乳受容器表面污染的程度一般大于乳房污染。

手工挤乳时，细菌可从挤奶员、牛体、饲料及周围空气中进入牛乳。所以除保持牛体及环境卫生外，挤奶员必须健康，无传染病，并在挤乳前换上消毒过的工作服和清洗、消毒手臂。

用挤乳机挤乳可减少污染源，但挤乳设备不洁，牛乳中将会进入更多的细菌。

由表9-8可以看出，卫生条件良好的乳牛场，每毫升牛乳中含有几千个细菌。如果乳牛场清洗消毒和冷却质量差，每毫升牛乳中细菌可达几百万个。所以挤乳设备的清洗和消毒情况是牛乳含细菌数量的决定性因素。质量好的牛乳，每毫升牛乳中细菌数量不高于1万个，体细胞数量不高于20万个。

（五）正确处理和保存牛乳

牛乳温度对细菌繁殖、生长影响甚大，所以牛乳挤出后要迅速冷却。如处理和保存不当，牛乳中细菌数将会急剧增加（表9-9）。

所以《乳品质量安全监督管理条例》第二十五条规定："贮存生鲜乳的容器，应当符合国家有关卫生标准，在挤奶后2小时内应当降温至0～4℃。"另外第十八条规定："生鲜乳应当冷藏。超过2小时未冷藏的生鲜乳，不得销售。"

此外，牛乳在处理过程中，不得与铜、铁等金属接触（采用不锈钢器具），更不能用此类器具保存牛乳，以免形成金属味。同时，牛乳不能在阳光下暴晒，倾倒时不能使其形成泡沫，否则牛乳将产生氧化味（似纸板味道）。

（六）控制蚊蝇及细菌的繁殖

控制蚊蝇对提高牛乳质量非常重要。蝇类可增加牛乳中的细菌数量，是细菌的直接携带者和

表9-7 牛乳中体细胞数量与预期产乳量损失之间的关系

牛乳混合物中体细胞数目	乳区感染率/%	产乳量损失率/%	牛乳混合物中体细胞数目	乳区感染率/%	产乳量损失率/%
200 000	6	0	1 000 000	32	18
500 000	16	6	1 500 000	48	29

来源：简·胡曼，米歇尔·瓦提欧. 泌乳与挤奶[M]. 石燕，施福顺，译. 北京：中国农业大学出版社，2004.

表9-8　乳牛场挤乳设备卫生状况与牛乳中细菌数的关系

挤乳设备	卫生良好牛乳中的细菌数/（1000个/mL）	卫生一般牛乳中的细菌数/（1000个/mL）	卫生较差牛乳中的细菌数/（1000个/mL）
乳房中牛乳	—	0.001～0.1	
乳头管中	—	0.1～1.0	
牛舍空气中	—	0.01～0.1	
手工挤乳	1～10	10～50	50～100
挤乳机	1～10	10～100	100～5000
挤乳管道	1～10	10～100	100～5000
过滤器	1～10	10～50	50～100
泵和冷却器	1～10	10～20	20～50
乳桶	0.1～1.0	1.0～100	100～1000
贮乳罐	0.1～1.0	1.0～10	10～20
总数	5～50	50～500	500～5 000 000

表9-9　牛乳挤出后处理和保存方式与牛乳中细菌数的关系

处理与保存方式	细菌数/（1000个/mL）
挤乳后立即取样	40
在5 ℃温度下贮藏24小时后	90
在10 ℃温度下贮藏24小时后	180
在10 ℃温度下贮藏48小时后	4500

传播者（主要是对人体危害严重的致病菌，如伤寒、痢疾等传染性病菌）。所以，对蚊蝇滋生的粪堆和粪尿坑必须严加管理、及时清除，定期喷洒消毒药物或在牛场外围设诱杀点，消灭蚊蝇。

（七）控制抗生素残留

牛乳中抗生素的污染主要为治疗牛疾病时使用各种抗生素或饲料中添加抗生素所造成。抗生素残留对人体健康危害甚大。含有抗生素残留的牛乳不能作为商品牛乳出售。为此对抗生素残留必须严加控制：①泌乳牛在正常情况下禁止使用抗生素药物和饲料。②使用抗生素治疗的乳牛在弃奶期内所产的牛乳，不得混入正常牛乳中；弃奶期过后，对牛乳中药物残留进行检测，达标后方可交奶。③加强对乳房炎的预防，减少发病率是减少使用抗生素的最积极措施。

思考题

1. 试述乳房结构与功能。
2. 试述乳的生成与排出。
3. 人工挤乳和机器挤乳的原理是什么？试详细说明。
4. 挤乳机及其设施有哪几种？各有何优缺点？
5. 牛乳的冷却方式有哪几种？其效果如何？
6. 试述生鲜乳质量标准。
7. 从哪些方面进行控制才能生产出优质牛乳？

参考文献

[1] 王福兆. 乳牛学［M］. 2版. 北京：科学技术文献出版社，1993：139-151.

[2] 王福兆. 乳牛学［M］. 3版. 北京：科学技术文献出版社，2004：216-232.

[3]《乳品质量安全监督管理条例》. 国务院2008年10

月8日发布. 2008年10月8日实施.

[4] GB 19301-2010. 食品安全国家标准-生乳[S]. 2010.

[5] GB/T6914-86. 生鲜牛乳收购标准[S]. 1986.

[6] JB/T7880-1999. 挤乳设备术语[S]. 1999.

[7] 颜志辉, 王加启, 卜登攀, 等. 挤乳机器人在乳牛场中的应用[J]. 中国奶牛, 2008(4): 52-53.

[8] 泰勒, 恩斯明格. 奶牛科学[M]. 4版. 张沅, 王雅春, 张胜利, 等, 译. 北京: 中国农业大学出版社, 2007: 223-252.

[9] 欧阳五庆. 动物生理学[M]. 北京: 科学出版社, 2006: 383-392.

[10] 王加启. 现代奶牛养殖科学[M]. 北京: 中国农业出版社, 2006: 374.

[11] 闵炳烈. 奶牛饲养指南(韩文版)[M]. 首尔: 美国饲料谷物协会, 1997: 149.

[12] 韩国奶业振兴会. 高品质牛奶生产及奶牛饲养管理要领(韩文版)[M]. 185-241.

[13] Q/MN-JT/JS18. 1-1-2008-0, 生鲜牛乳收购标准, 内蒙古蒙牛乳业(集团)股份有限公司技术中心[S]. 2008.

[14] 王东杰. 关于科学构建中国原料奶定价机制的探讨[J]. 中国农学通报, 2012, 28(8): 100-105.

[15] 乔雪峰, 何春, 符俊. 奶水牛的泌乳特性及挤乳技术探讨[J]. 山东畜牧兽医, 2020, 41: 12-13.

[16] 刘爱刚, 张晓光, 曲慧敏. 简述奶牛人工挤乳的方法[J]. 吉林畜牧兽医, 2019(6): 33.

[17] CONNOR E E, SIFERD S, ELSASSER T H, et al. Effects of increased milking frequency on gene expression in the bovine mammary gland[J]. BMC Genomics, 2008(9): 362.

[18] 陈宇, 靳向阳, 张震, 等. 不同挤乳频率对奶牛泌乳的影响[J]. 畜牧与饲料科学, 2019, 40(2): 68-71.

[19] 李富山. 奶牛挤奶的技术要点[J]. 畜牧兽医科技信息, 2017(5): 62.

[20] 罗守冬, 邵洪侠, 胡喜斌, 等. 奶牛乳房发育与泌乳机理[J]. 养殖技术顾问, 2014(4): 50.

[21] 王永智, 奶牛手工挤奶的步骤及注意事项[J]. 养殖技术顾问, 2013(11): 41.

[22] 张养东, 施正香. 奶牛学[M]. 北京: 中国农业出版社, 2022.

[23] 刘明仁, 何忠伟, 刘芳, 等. 中国生鲜乳价格协商机制的有效性研究[J]. 青岛农业大学学报(社会科学版), 2022, 34(30): 19-23, 30.

[24] 王福兆, 孙少华. 乳牛学[M]. 4版. 北京: 科学技术文献出版社, 2010.

本章编者: 赵静雯; 审订: 高腾云

第十章

乳牛群的健康管理

第一节 健康管理的内容与目标

一、健康管理内容

牛群健康是牧场经济与环境可持续发展的基础，是确保乳牛发挥其最大生产性能的根本保障。保持乳牛健康状态和福利是牛群健康管理的首要目标。考虑畜牧业的现状，本章着重说明牛群健康管理的基础。

在乳牛养殖业及规模化牛场，维持牛群健康并预防疾病的发生比治疗更重要，也就是我们常说的"防重于治"。我国乳牛养殖业的前辈范学珊先生曾说过："多收少收在于养，有收无收在于防。"这说明牛群健康管理是决定乳牛场生死存亡的关键，是牛场管理的红线。合理的牛群健康管理规程可减少牛群的死亡损失，降低疾病的发病率，提高牛群的生成效率和经济效益。牛群健康管理程序应根据牧场实际情况，以理念先进的兽医管理知识为基础制定并有效执行，确保牛群有良好的健康状况。

（一）风险管理

风险管理是牛群健康管理程序中非常重要的一环。感染性疾病的风险因素可简单归结为宿主、病原和环境，三者在疾病的发生发展过程中相互影响。风险管理的概念解释了这些因素间复杂的相互作用，并以此作为制定和应用控制措施的基础（图10-1）。

1. 环境因素　环境风险因素包括卫生、风、雨、雪、通风和空气质量、水质和牛群密度等，

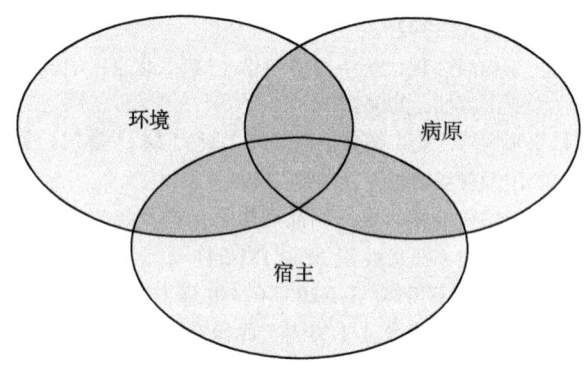

图10-1　感染性疾病的风险因素

可直接或间接影响牛群健康状况。某些条件可使病原在环境中快速增殖、生存，导致动物接触到更多病原。冷、热、通风不良和牛群密度过大等因素均可降低牛的免疫力，使其对病原的易感性升高。

2. 病原因素　病原因素受其毒力（致病能力）、感染源（病原的来源）、动物接触的病原数量和传播方式等影响。通常，一种病原可引起一种特征性疾病，但同一种病原的不同菌/毒株感染后，因其毒力的差异可导致疾病的严重程度不同。病原在动物间传播的能力也随菌/毒株而异。疫苗可能对某一特定菌/毒株有效，但不一定能预防其他不同的菌/毒株。了解感染源、病原来源和传播方式，有助于制定防治措施。

3. 宿主因素　宿主因素包括动物的品种、免疫和营养状况，以及感染年龄。如几种引起腹泻的肠道致病病原在新生犊牛中很常见，幼龄后备牛的易感性也很高，但随着年龄的增长易感性下降，年龄大一些的牛很少发病。疾病对乳牛的威胁是始终存在的，图10-2展示了动物机体抵抗力与病原间的相互关系。只要抵抗力高于病原的威胁，乳牛就不会发病（图10-2A）；当抵抗力不足以抵御病原的威胁时，发病风险升高（图

10-2B）；当病原的威胁超过机体抵抗力时，发病的风险也很高（图10-2C）；当机体抵抗力降低和病原的威胁升高同时出现时，乳牛处于极度危险状态，很可能暴发疾病（图10-2D）；最好的状况是机体抵抗力升高、病原的威胁下降（图10-2E）；但牛群健康管理措施有效、执行到位的牧场，在面临病原的威胁升高时，牛群的抵抗力也随之增强，以维持牛群健康状态（图10-2F）。只要动物机体抵抗力水平维持在病原威胁的水平之上，动物就不会发病。

该原则可用于指导牛群健康管理方案的制定和实施，并监测其有效性。牧场应与兽医合作，根据所在地区特定疾病的流行病学状况，制定疫苗免疫方案和管理措施。除非出现特殊的疾病问题，牛群健康管理方案可以满足最低要求。制定牛群健康管理方案时，应主要考虑重要的传染病和引起腹泻、肺炎、流产、不孕和猝死的传染病，以及重要群发性常见病。兽医可根据牛群的流行病学状况及当地现状，确定检测、免疫时间和控制措施，从而最大限度地预防多种疾病。

此外，还应根据当地的状况，对每个生产阶段建立内、外寄生虫控制措施。通过常规粪便检查和外寄生虫的临床观察监测寄生虫的感染状况，并根据需要改进控制措施。

（1）哺乳期犊牛：管理、环境和生理因素均对犊牛健康有着深远的影响。犊牛期最容易发生消化道和呼吸系统疾病。12月龄内的后备牛中，1月龄内犊牛的死亡率约占总死亡率的75%。

犊牛的健康管理应始于干乳牛管理。干奶期的时长（最少6周）和产犊管理是影响初乳质量及犊牛被动免疫的重要因素。对干乳牛进行疫苗免疫可增强其机体的免疫力，并提高初乳中的特异性抗体含量。当然，充足的采食空间和适宜的牛群密度也是维持干乳牛健康状况良好的必要条件。要确保每头干乳牛至少有75 cm的采食空间和9.3 m²的休息空间。

在产犊过程中监控乳牛，并按需进行助产。如使用产圈，要高度重视其卫生管理，保持产圈干净、干燥。产圈内一次只能有一头牛，每次使用后必须清理消毒。产圈与其他牛舍和牛之间要有物理隔离，只在产犊时使用。不要把病牛放在产圈内饲养！

使用舍外产圈的牛场，一定要注意排水，地面要铺垫褥草，并做好遮阳和防风等措施，缓解天气对乳牛的影响。运动场中泥泞的地方，应采取措施避免牛趴卧或产犊。产圈中的粪污应及时清理，并尽可能地减少乳牛在产圈内滞留的时间。

犊牛出生后，立即消毒脐带，并尽快将犊牛与母牛隔离，将犊牛放在干净、干燥、无贼风的环境中。使用犊牛岛饲养时，确保每个犊牛岛和周围的犊牛岛间距足够，减少犊牛间的接触。如采用小群饲养工艺，组群头数不要超过10头。

犊牛在出生后12小时内饲喂相当于10%体重的初乳：荷斯坦犊牛约喂4 L，娟姗犊牛约饲喂3 L。理想状态下，可在犊牛出生后1小时内灌服一次（4 L），6～8小时后再饲喂一次（2 L）。饲喂足量初乳的犊牛在12小时内可能不会再主动采食，不可强迫饲喂；12小时后，绝大多数犊

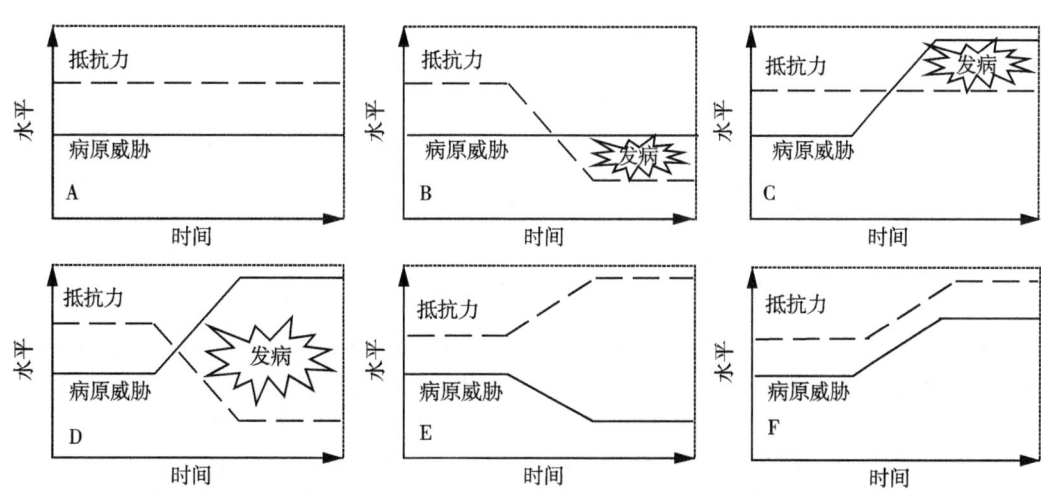

图10-2 动物机体抵抗力与病原间的相互关系

（来源：Scott Poock. Dairy Grazing: Herd Health. https://extension.missouri.edu/media/wysiwyg/Extensiondata/Pub/pdf/manuals/m00179.pdf; Udder hygiene scoring chart available from UW Extension. http://www.uwex.edu/milkquality/PDF/UDDER%20HYGIENE%20CHART.pdf）

牛都可主动采食。

应监控初乳的质量，以确保给新生犊牛饲喂优质初乳。一般情况下，经产牛初乳中的抗体含量高于头胎牛的初乳。可用初乳计、折光计、白利度计等检测初乳质量，但在使用时应注意各种方法的使用条件及可能产生的误差。

牛场可冷冻保存部分优质初乳以备不时之需。但要注意，有些疾病可通过初乳传播，重点要考虑副结核病和牛白血病。牛一旦感染此类疾病，会保持终生感染状态。这两种疾病尚无疫苗可用，也无法根治。所以，不可将副结核病阳性或牛白血病阳性牛的初乳饲喂犊牛。

1月龄内的犊牛，最常见的健康问题和致死原因为犊牛腹泻。引起犊牛腹泻的常见病原有大肠杆菌、轮状病毒、冠状病毒、沙门菌、球虫和隐孢子虫等。这些病原长期存在于牛场内，在特定条件下表现更突出。如犊牛密度过大、冷应激、营养不良或环境卫生管理差时。所以，预防是控制犊牛腹泻的关键。预防犊牛腹泻的重点是给犊牛提供充足的营养，保持饲养环境的干净、干燥和通风。

寒冷、潮湿、大风的天气，犊牛更容易发病和死亡。在寒冷的环境中，犊牛需要更多的维持能量，所以应改变其日粮或饲喂方式。可通过饲喂脂肪含量更高的代乳粉或增加饲喂次数的方式来满足其需要。冬季在室外饲养的犊牛，如果饲喂脂肪含量低于20%的代乳粉，会有较大的发病风险。应根据犊牛基础需要量，确定寒冷季节需要增加的饲喂量。最早可从1周龄开始，饲喂开食料时给予充足饮水，以免因日粮总营养浓度增加而造成营养性腹泻。

哺乳期犊牛健康管理过程中有两项操作十分重要，分别是去角和去副乳头。犊牛最早可在2～3日龄，刚能触及角芽时，用电去角器或去角膏去角。为确保犊牛及去角人员的安全，可使用支架或其他方式保定；建议局部使用麻醉剂或镇痛剂。在去角或断奶时，检查并去除副乳头，可直接用剪刀剪掉副乳头，然后在创口表面喷上消毒剂即可。不确定哪个为副乳头时，应咨询兽医（表10-1）。

通常情况下，如果新生犊牛初乳管理到位且饲养环境卫生状况较好，哺乳期犊牛无须做疫苗免疫。无论是免疫接种还是直接接触病原，2月龄内的犊牛免疫系统均无应答。另外，初乳中的抗体可影响疫苗的效果直至3月龄。在某些特殊状况下，需对哺乳期犊牛进行疫苗免疫时，推荐使用弱毒苗鼻内接种。哺乳期接种的疫苗，3月龄后均需加强免疫。

表10-1 哺乳期犊牛健康管理检查表

1. 健康概况
   A. 死亡率不超过5%
   B. 卫生、垫料和通风状况
   C. 接触犊牛时，按从小到大的顺序
   D. 饲喂用具
      a. 尽量使用带假乳头的奶桶或奶瓶饲喂犊牛直至断奶
      b. 确保假乳头正常可用，定期观察乳头孔的大小
      c. 每次饲喂后要彻底清洗和消毒所有的用具
2. 健康管理程序
   A. 新生犊牛（1～10日龄）
      a. 肌注维生素E和硒制剂预防白肌病（按需）
      b. 注射维生素A和维生素D，因为新生犊牛体内的储备量较少
      c. 用去角膏去角
   B. 1月龄至断奶犊牛
      去副乳头
3. 灭蝇
   A. 保持垫料和环境的清洁
   B. 使用有驱虫效果的耳标、喷剂或粉剂均可
4. 记录
   建立规范的记录系统，及时记录所有信息
5. 疾病监控
   A. 每天查槽，尽早发现病犊
   B. 详细记录发病的所有信息

（2）断奶期犊牛：初乳的被动免疫保护从2～6月龄开始逐渐减弱，犊牛的免疫系统开始工作。断奶后的过渡期内，犊牛更易患病。这一阶段犊牛需经历断奶过程，断奶是动物一生中最严重的应激之一。犊牛受到的应激加重、初乳保护力减弱和混群后犊牛间相互接触频率增加，使得断奶犊牛更易暴发疾病，应高度关注断奶犊牛。

犊牛断奶后，最好在犊牛岛内继续饲养2周以提高其开食料的采食量并缓解断奶应激。然后可将犊牛由犊牛岛转入小群饲养，可缓解断奶应激并维持犊牛的日增重。

断奶后，犊牛开始疫苗免疫或对哺乳期已免疫的疫苗进行加强免疫。国外规模化牛场疫苗免

疫时间参考表10-2，国外有多种疫苗用于后备牛免疫，但国内尚在逐步完善的过程中。国外在此阶段常用疫苗预防布鲁氏菌病、牛传染性鼻气管炎（IBR）、副流感（Palainfluenzavirus3，PIV3）、牛病毒性腹泻（bovine viral diarrhea，BVD）、牛呼吸道合胞体病毒（bovine respiratory syncytial virus，BRSV）、梭菌病和钩端螺旋体病等。牛场在进行疫苗免疫的过程中，最好咨询兽医后根据牛场的实际需要进行免疫。疫苗使用时，按标签推荐剂量即可。

表10-2 3～6月龄犊牛健康管理检查表

1. 健康概况

    死亡率≤2%

2. 健康管理程序

    A. 3～4月龄

    a. 免疫IBR/PI3、BVD、BRSV

    b. 免疫钩端螺旋体5联苗

    c. 免疫7联梭菌苗

    d. 启动内寄生虫控制方案

    e. 启动外寄生虫控制方案

    · 温暖的季节灭蝇

    · 寒冷的季节灭虱

    f. 使用抗球虫药预防球虫病并确保日增重

    g. 检查乳房是否正常和是否有副乳头

    B. 4～6月龄

    a. 接种流产布鲁氏菌苗（在兽医指导下按需使用）

    b. 加强免疫IBR/ PI3、BVD、BRSV

    c. 加强免疫钩端螺旋体5联苗

    d. 加强免疫7联梭菌苗

    e. 执行内、外寄生虫控制方案

    f. 检查乳房是否正常和是否有副乳头

3. 记录

    建立规范的记录系统，及时记录所有信息

4. 疾病监控

    A. 每天查槽，尽早发现病犊

    B. 详细记录发病的所有信息

呼吸道疾病是断奶犊牛最常见的健康问题。预防应从饲养环境管理和营养管理（能量非常重要）着手。要保证犊牛的饲养环境干净、干燥、通风良好，同时要提供清洁、新鲜的饮水和充足的饲槽空间。根据牛的大小和年龄分群饲养。表10-3列出了部分推荐指标以供参考。

表10-3 部分犊牛饲养相关参数推荐值

月龄/月	最大组群数/头	群内年龄最大差异	面积/（m²/头）	饲槽空间/（cm/头）
0～2	1	—	2.23	—
2～3	5	1周	2.60	50
3～4	10	2周	2.60	50
4～6	20	3～4周	3.48	68

1岁龄以下的后备牛对内寄生虫的抵抗力非常弱，所以控制内寄生虫的方案需从断奶犊牛开始。具体的驱虫方案应根据所在地区的寄生虫流行病学调查结果咨询兽医后制定，不同的饲养模式需采取不同的措施。球虫是对后备牛影响较大的内寄生虫，感染后可破坏2～12月龄后备牛的肠道。感染严重的犊牛会表现血便的症状，隐性感染可降低犊牛的日增重。在有苍蝇的季节，牛场需灭蝇。灭蝇工作可始于有苍蝇出现的季节前，要一直坚持到第一次霜冻。定期清理粪污和垫料有助于中断苍蝇幼虫的发育过程。通过喷雾对牛棚和牛体喷洒灭蝇药、使用含杀虫剂的耳标和粉剂均可。圈养的动物冬季易感染虱子，犊牛感染虱子后可出现贫血和生长发育缓慢的现象。虱子的控制可用喷剂、粉剂和浇泼剂。要密切关注有感染症状的犊牛，根据具体情况制定有效的防控措施。

（3）6～24月龄后备牛：此阶段，要做好加强免疫以预防呼吸道和繁殖疾病（IBR、PI3、BVD、BRSV和钩端螺旋体病）。理想的加强免疫时间为配种前30～60天，要按照标签或在兽医指导下进行免疫。

后备牛的繁殖方案是影响牛场运营成功与否的重要因素。后备牛24月龄时产犊，可为牛场创造更多经济效益。近年来的研究结果表明，23～25月龄产犊的牛终生产量和终生效益最高。第一次产犊时的月龄越大，后备牛的饲养成本越高，产生效益的时间越迟。同时会影响牛群的周转。对于季节性产犊的牛场，要注意后备牛转群时间的控制，尽量与泌乳牛群的管理相匹配。

24月龄产犊，必须保证后备牛在15月龄时受胎。对于后备牛，年龄和体型大小是影响其性成熟的重要因素，其中体型因素更重要。14月龄前后备牛发育能够达到目标体高和体重可确保后备牛参配比例更高。目前已有几个品种乳牛的生长发育表用于生产中，根据测量的数据可监控后备牛生长发育状况，确定饲喂和管理过程中是否存在问题，以便及时发现并纠正问题。对于其他品种，监控后备牛生长发育状况的一个重要指标是参配体重为成年体重的65%。

对于乳牛养殖，后备牛淘汰是最难，也是成本最高的决策之一。这种决策需及时确定，否则推迟淘汰会增加成本且降低效益。呼吸道疾病是导致后备牛发育迟缓或发育不良的主要原因。不及时淘汰患牛，不仅会推迟参配月龄，还会增加难产率，患过呼吸道疾病的牛生产性能也不理想。

后备牛最常见的生理异常是生殖器官发育不全。生殖器官发育不全的牛主要为异性双胎的母犊。发育过程中，雄性性腺的发育早于雌性生殖器官，因二者的血液供应相通，所以雄激素影响雌性生殖器官的正常发育，可导致后备牛生殖器官缺陷和不育。6～12月龄时，可通过直肠检查确定后备牛内生殖器官发育是否正常。

后备牛生长发育期间的任何损伤和疾病均可影响其将来的生产性能。损伤可能累及肢蹄和乳腺。根据诊断结果，尽早做出淘汰的决策以减少损失（表10-4）。

表10-4　6～24月龄后备牛健康管理检查表

1. 健康概况
    死亡率≤0.5%
2. 健康管理程序
    A. 6～24月龄
        a. 参配前60～30天
            ·加强免疫IBR/PI3、BVD、BRSV
            ·加强免疫钩端螺旋体5联苗
            ·直肠检查生殖器官的状态
        b. 控制内、外寄生虫
        c. 检查乳房是否正常
        d. 观察体型外貌状况
        e. 产前30～60天
            ·可将青年牛与干乳牛混群，使其尽快适应
            ·检查乳房是否正常
            ·执行干乳牛健康管理规程
3. 记录
    建立规范的记录系统，及时记录所有信息
4. 疾病监控
    A. 每天查槽，尽早发现病牛
    B. 详细记录发病的所有信息

（4）成年母牛：成年母牛群健康管理的重点主要是通过接种疫苗维持足够的群体免疫力，并尽量降低代谢性疾病、乳房炎和繁殖疾病的影响。与后备牛群一样，要根据特定疾病的流行性和影响建立健康程序。除非出现特殊的健康问题，否则应满足最低要求。要密切监控健康问题的发生，按需不断完善程序。

通常，成年母牛免疫程序是一个固定的程序。最常见的免疫规程是根据疾病的发病时间，在乳牛面临疾病威胁前进行免疫接种，如我国目前广泛实施的春秋两季检、免疫方案；也可在干奶时或干奶期内做一次免疫接种或两次免疫接种。春秋两季免疫方案的优点是可确保牛群内的免疫密度，缺点是不同个体可能处于不同的生产阶段，产生的抵抗力可能与疾病的威胁不匹配。此外，集中免疫产生的应激会造成短期内产量下降和其他健康问题。干奶期免疫方案的优点是动物处于同一生产阶段，此时加强免疫会增加对下一胎次可能影响繁殖性能的疾病的抵抗力。同时，干奶期免疫方案还能增加初乳中特异性抗体浓度，提高对初生牛犊的保护力。该方案的主要问题是要确保所有乳牛都能按照免疫程序执行到位，如果记录不完善，可能会有乳牛漏免。若发生漏免的情况，随着时间的推移，群体免疫力下降，牛群更容易受到疾病的威胁。

与后备牛一样，成年母牛除需对国家或地方规定的疾病进行免疫预防外，还应按需免疫预防IBR、PI3、BVD、BRSV和钩端螺旋体病等。对于有些牛场，可能要按需选择一些其他疫苗控制潜在的健康问题。例如，可用腹泻疫苗、梭菌疫苗、乳房炎疫苗免疫干乳牛，以对新生犊牛和泌乳牛提供更好的保护。

具体的健康管理将在本章后续内容中继续讨论。

（二）常见病管理

在生产中，常见病仍是影响牛群健康的最主要问题。除后续内容中的乳房健康、肢蹄健康、繁殖疾病及营养代谢病外，牛场中常见的重要问题还有流产等。

胎间距延长、产乳量减少和犊牛损失、流产会给牛场造成巨大的经济损失。微生物可随着牛的血液进入子宫，可导致胎盘炎或胎儿死亡，并可导致流产。偶发的和随机发生的流产归类为散发性流产，短时间内发生的高比例流产归类为流行性流产。乳牛的生活环境中有大量的微生物，如化脓隐秘杆菌、大肠杆菌、黑曲霉、枯草芽孢杆菌和链球菌等，这些微生物多引起乳牛散发性流产。因此，通过以消毒为主的预防方案可减少乳牛接触的微生物数量，降低散发性流产的风险。另外，通过营养调控和环境应激管理（减少热应激）来提高乳牛的健康状况也会降低散发性流产的风险。

引起流行性流产的常见疾病包括布鲁氏菌病、钩端螺旋体病、牛传染性鼻气管炎和牛病毒性腹泻等。流行性流产的防治重点在于适宜的免疫程序和疾病控制措施，通过检测和淘汰已感染的阳性牛以控制流产。流行性流产的控制措施要与专业兽医协商确定。

此外，牛病毒性腹泻病毒持续感染（BVD-PI）牛对牛群健康的影响已逐步受到重视，也成为牛场亟须解决的问题。BVD-PI牛最常用的检测方法是采集新生犊牛的耳组织进行检测。如果怀疑是BVD-PI牛，所有犊牛、公牛、流产和死胎的母牛及后备牛都必须进行检测。此外，所有新购入的牛都需要进行检测。

另一种可导致乳牛流产的病原是1984年发现的犬新孢子虫。犬新孢子虫是一种原虫，感染犬后通过犬的粪便排出，继而感染牛。犬新孢子虫疫苗已经上市，但其效果尚未确定。避免牛与犬粪便的接触可有效防止该病原感染牛。

通过控制措施改善环境管理以缓解乳牛的应激，合理的营养管理和疫苗免疫提高乳牛的免疫力，采取有效的生物安全管理措施和做好新入群牛的疾病检测，可有效降低乳牛流产的风险。

（三）生物安全管理

传染病可给牛场造成巨大的经济损失，也可给养殖者带来很大的压力。根据动物疫病对养殖业生产和人体健康的危害程度，《中华人民共和国动物防疫法》将动物疫病分为三类。一类疫病是指对人畜危害严重，需要采取紧急、严厉的强制预防、控制、扑灭措施的；二类疫病是指可造成较大经济损失，需要采取严格控制、扑灭措施防止扩散的；三类疫病是指常见多发、可能造成一定程度的经济损失和社会影响、需要及时预防、控制的。与乳牛相关的一类疫病有口蹄疫、牛瘟、牛海绵状脑病、牛传染性胸膜肺炎，二类疫病有炭疽、布鲁氏菌病、牛结核病、牛传染性鼻气管炎（传染性脓疱性外阴阴道炎）、牛结节性皮肤病。

生物安全管理是控制传染病的主要方法。生物安全是指减少通过人和动物将传染病传播至牧场的机会的管理措施，也可解释为降低牧场疾病传播风险的做法。

在畜牧业的某些领域，尤其是禽业和猪业养殖，已有长期完善的、严格的生物安全管理方案。生物安全管理措施在乳牛养殖业已逐渐引起重视，业内对建立切实可行的生物安全管理方案越来越感兴趣。建立有效的生物安全管理措施应包括以下步骤。

- 设定短期和长期目标。
- 评估疾病发病和传播的风险。
- 明确疾病的预防和控制目标。
- 围绕目标制定相关措施。
- 过程监控。

评估牛群的潜在威胁。根据牛群面对的相对风险水平，可分为封闭型、半开放型和开放型牛群三类。封闭型牛群是指所有乳牛都自繁自养，没有外购乳牛的牛群。这类牛场都位于相对偏僻的地区，接触外界动物的机会很少；半开放型牛群会有少量外购牛断断续续入群，如公牛或后备母牛。这类牛场位于不太偏僻的地区，有与周围牛场或其他动物接触的机会。开放型牛群里有大量的外购牛，并经常有牛出入牛群。开放型牛场常见于新建牛场的初期、牛群快速扩张的过程中或淘汰率过高的牛群。

危害分析和关键控制点的相关概念可用于生物安全管理方案制定过程中建立目标和制定措施。这需要对疾病传播和确定需要养殖者参与的关键点有深入的了解。有些控制措施是建立在简单、良好的饲养管理规范的基础之上的。针对不同的传染病，牛场通常可从以下6个方面考虑。

- 人员管理。
- 牛群健康管理。
- 犊牛/后备牛管理。
- 饲喂管理。
- 粪污管理。
- 挤奶管理。

不同的疫病，其管理的重点也各有差异。如副结核的防控就涉及了人员管理、牛群健康管理、犊牛/后备牛管理、饲喂管理和粪污管理这5个方面，而传染性乳房炎的管理仅做好牛群健康管理、犊牛健康管理和挤奶管理就可做好防控。在制定生物安全管理措施时，牛场要根据当地的流行病学状况及牛群健康状况，有针对性地制定合理的措施，制定过程中还要考虑下面的一些因素。

采取以下措施降低疾病传播的风险。
· 维持养殖环境的干净、干燥、清洁。
· 防止粪污污染饲料和饮水及被毛。
· 1岁龄以下的后备牛要与成年母牛分开饲养。
· 工作顺序要从年轻动物开始，逐渐向年老的动物过渡。
· 不要用退槽草饲喂后备牛。
· 进入犊牛区工作时，穿戴干净的靴子和工作服。
· 隔离病牛。
· 除极特殊的病例外，所有在牛场内病死的牛都要进行剖检。
· 迅速处理病死牛。

采取以下预防措施防止外源性感染。
· 购牛时要选已知的健康状况良好的牛场。
· 避免从多个牛场或来源买牛。
· 新购入的牛至少隔离30天。
· 新购入的牛在隔离期内、混群前完成特定疾病的筛查。
· 如有可能，尽量使用牛场自有车辆拉运新购入的牛。使用外雇车辆拉运时，要保证装牛前车辆彻底清理消毒。
· 使用限制外人进入的设施并设立警告标识。

某些疫病的生物安全管理措施的制定要咨询专业兽医或查阅兽医专业书籍。

二、健康管理目标

牛群健康是乳牛发挥其最佳生产性能的基础。可根据牧场中存在的问题，评估并建立健康管理目标，继而制定并执行健康管理方案。图10-3是建立牛群健康管理方案的基本方法，本节简要介绍牛群健康管理目标。

（一）了解牧场的需要/问题

在牧场开始一个牛群健康管理方案可能存在困难，因为不同牧场管理者的价值观和动机不同，所以了解牧场想要什么和需要什么至关重要。制定牛群健康管理方案时，首先要了解什么驱使牧场管理者决定做这项工作及其期望的结果，同时要让其明白牛群健康对于牧场的重要性。这需要兽医和牧场管理者之间培养密切沟通和紧密的工作关系，这也是目标设定和决策的基础。沟通艺术与专业技术同样重要，要让牧场管理者认识到，通过实施牛群健康管理方案能让其获得更多的成就感，如增加收入、提升职业自豪感等，继而调动其积极性。虽然必须提高牧场管理者的主动性，但对其能力与牛群健康间关系的重要性不要夸大。这种信任关系和亲密度会随着时间的推移而更加紧密，会构成良好的牛群健康管理基础。

（二）设定合理的目标

一旦调动起牛场管理者的积极性，就应明确讨论适合该牧场的牛群健康管理方案，以及如何满足牧场的需要。牛群健康管理的一般目标是：

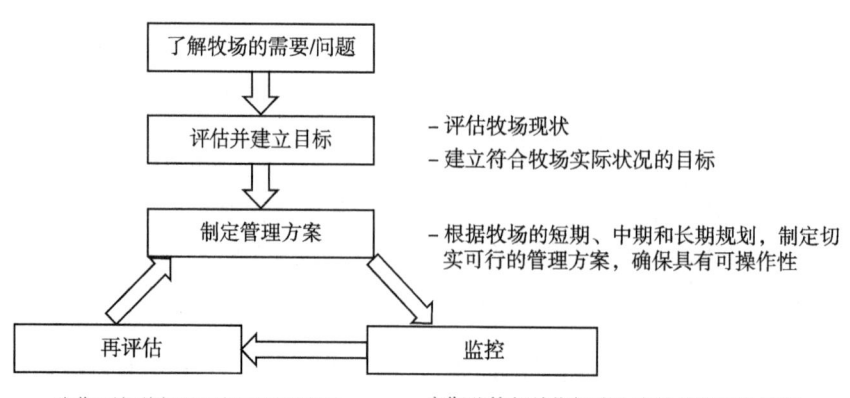

图10-3　牛群健康管理基本方法

·牧场管理者期望的具体目标和方向，这些应该从着手时就讨论；

·在道德和环境可持续的前提下，尽可能地改善乳牛的健康和福利；

·达到生产与利润、质量与安全的目标；

·满足市场和乳制品消费者的期望。

因此，牛群健康管理方案不仅要切实可行，还要能达到预期目标。在开始实施牛群健康管理方案之前，有必要做一些前期评估和决策：

·评估开始前牛群的生产性能：特别是繁殖状况、肢蹄健康、乳房炎、淘汰率及其原因和产量情况等；

·估测投入产出比，考虑对牧场效益、乳牛福利和员工工作状况等方面可能做出的改进；

·通过评估确定并从能产生最大改善的方面着手，就牛群健康管理的切入点达成共识；

·根据牛群规模确定评估及沟通机制，并与牧场管理者达成共识；

·与牧场管理者就参与人员达成共识；

·对方案实施后的再评估时间达成共识，通常需要6个月或1年。

（三）牛场状况评估及目标设定：重点是数据记录及分析

翔实准确的数据记录和分析是牛群健康管理方案成功实施的基础。通过数据监测牛群的生产性能，可以评估管理方案，并明确是否需要改进。事实上，对一系列重要的相关参数或性能指标的监测比监控所有生产性能指标更明确，也更容易深入分析；应包括记录、分析和反馈，以便根据结果为牧场指出需改进的地方，牛群相关健康生产性能指标及目标值的设定参见表10-5。例如，仅指出某个特定的区域导致牛群的临床乳房炎发病率升高的意义不大，应针对这一问题的相关细节做进一步分析（例如，要明确头胎牛在暑期产犊后临床乳房炎发病率高），以便于根据结果确定需改进的关键点，这是基本的监控原则。

为使数据监测对乳牛健康形成有效的预警，了解评估指标在短期内的变化十分重要。常用月度或季度的平均发病率和流行病学评估的滚动数据作为预警指标，重要的是评估的指标不要有遗漏也不要过多。随着计算机技术的发展，定期监测牛群健康和生产性能已不那么重要，生产中可使用牧场日常数据来评估牛群健康和生产状况。

表10-5 牛群相关健康生产性能指标及目标值（范例）

指标	目标值
成年母牛疾病	
牛群平均跛行率	<25%
临床型子宫炎发病率	<5%
亚临床型酮病发病率（血酮浓度>1.2 mmol/L）	<10%
临床型酮病发病率	<2%
真胃左方变位（LDA）	<3%～5%
低血钙	<3%（分母为每月产犊的成年母牛头数）
胎衣不下	<3%（分母为每月产犊的成年母牛头数）
临床型乳房炎月发病率	<3%（分母为泌乳牛平均饲养头数）
死淘率	
成年母牛年死淘率	35%
主动淘汰率	>15%
年死亡率	<10%
因繁殖原因淘汰比例	5%～10%
头胎牛泌乳天数<60天淘汰比例	<4%
经产牛泌乳天数<60天淘汰比例	<6%
乳房健康及牛奶质量（根据牧场状况及乳品厂收购要求设定）	
场内SCC控制指标	<200 000 cells/mL
细菌总数（标准平板计数法）	<10 000 CFU/mL
大罐奶微生物培养指标	
无乳链球菌	0 CFU/mL
金黄色葡萄球菌	<50 CFU/mL
葡萄球菌	<1000 CFU/mL
支原体	0 CFU/mL
环境性链球菌	<1000 CFU/mL
大肠杆菌	<500 CFU/mL
繁殖指标	
平均配准天数	100～110天（胎间距要想控制在12个月，配准天数要低于100天）
胎间距	13.5个月
平均泌乳天数（DIM）	170～190天
DIM<90天的牛在群比例	25%

续　表

指标	目标值
DIM＝90～180天的牛在群比例	25%
主动停配期（VWP）	经产牛50～60天；头胎牛80～90天
产后首次配种时间	目标：VWP＋11天
一次情期受胎率	40%
发情鉴定率	目标值＞50%
两次配种时间间隔	18～24天内的牛≥65%
发情周期	18～24天
情期受胎率	＞35%
已孕牛平均配次	≤2
21天怀孕率（21 DPR）	怀孕牛头数÷可参配母牛数
21 DPR	＞20%
在群成年母牛怀孕比例	50%

来源：2016 Merck Sharp & Dohme Corp., a subsidiary of Merck & Co., Inc., Kenilworth, NJ, USA

因此，日常的数据分析是牛群健康管理的核心，牛群健康的专业技术人员应负责此项工作，并根据评估结果指导牛群健康管理。兽医顾问既可分析出牧场的绩效，又能确定健康和生产指标的相关影响。牧场普遍缺乏对乳牛健康的监测的一个原因是没有使用有效的方法分析和反馈信息，继而导致牧场不重视保存良好的记录。基础数据的准确性和时效性对于数据处理非常重要，使用计算机记录牛群健康时，必须注意所用软件的一些重要特性：

- 数据录入简单易操作，可检查数据质量；
- 对所记录事件定义明确（培训员工以确保一致性）；
- 能调出个体乳牛的记录，也可以收集群体健康和生产指标；
- 牛群指标计算方法的透明、准确；
- 可生成准确、有效的报告。

（四）建立沟通机制

根据牛群规模确定数据评估所需的时间和周期，以及沟通所需的时间、频率。规模小的牛场信息积累更慢，因此数据积累所需的时间更长。实际上，所有牛群需要每月至少做一次评估。牧场可每周评估一次，规模化牧场的数据记录相对更清晰，而且积累速度较快，有利于更快做出决策。牛群健康管理的沟通时间不仅取决于牛群规模，还与具体管理方案中的内容相关。一般情况下，有必要每周或每两周用2～4小时的时间做一次数据收集、现场评估和报告讨论。必要时要增加时间，评估挤奶过程或观察乳牛的相关指标。所以，综合评估的周期最好定为一个季度。

（五）其他因素

1. **员工培训**　牧场员工的素质和牛场管理水平是决定牛群健康管理成功与否的关键因素，如果对员工的培训不够，会限制牛群健康管理乃至牛场管理的水平。专业兽医可通过开展相关培训推动牧场员工工作技能的提高。培训的目的应该是提高专业技能；还可通过培训促进员工间的团队凝聚力，鼓励其在管理中或牧场的特定范围内拥有一定的权限，并明确每个人工作的重要性，以及为什么在整个牧场工作中是重要的。例如，对挤奶程序、修蹄、步态评分、发情鉴定和体况评分等的培训，均有助于牛群健康管理方案的成功实施。在做牧场员工培训时，充分调动员工工作的积极性是关键。一般来说，禁止粗暴处置乳牛可减少健康问题或改善乳牛健康状况。

2. **饲养环境**　无论是放牧还是舍饲，饲养环境都是乳牛健康和福利的基础。环境是各种病原的潜在来源和储存库，监测乳牛饲养环境是牛群健康管理的一个重点。在讨论牛群健康问题时，要关注饲养环境的重要特征，而不是片面地关注某一点。但是牧场的环境管理问题中，许多方面都不明确，制定者要系统考虑并发挥想象力，对不同牛群制定不同的健康管理方案。生产过程中要定期进行评估，评估环境变化的影响并在必要时调整管理决策。

牛群健康管理过程中，应对乳牛和饲养环境进行评估和监测，而不仅是做临床检查。随着时间、气候条件、管理措施和牛群密度的变化，饲养环境状况也会改变。定期评估饲养环境状况，可使牛群健康管理方案的制定者了解潜在的危险因素。

3. **牛群健康中的遗传相关性**　健康状况不佳或生产性能较差与乳牛的基因组成和环境（包括传染病、病原的毒力）之间的平衡有关，因此遗传对牛群健康有重要影响。遗传力是由遗传而非环境影响引起的动物间的变异。通常情况下，繁殖、疾病和长寿相关性状在乳牛中的遗传率相对比较低（一般＜0.15），而生产性状遗传率较高（常为0.30～0.40）。乳牛一些特定疾病的遗传力一般较低，虽然遗传选择有一定作用，但事实表明环境因素对这些疾病的影响更大，通过改变环境管理来控制这些疾病可能更有效。

有效的牛群健康管理方案不仅可改善牧场中乳牛的健康和福利，还能提高乳牛养殖的可持续性。方案的制定者要想在乳牛健康管理中发挥关键作用，必须充分了解牧场管理和乳品加工、放牧的知识，以做出最佳的牛群健康管理方案。方案制定者和牧场管理者之间的坦诚度、协调性和工作关系的密切程度是确保牛群健康管理方案有效实施的基础。

第二节 乳房健康管理

一、乳房相关评分方法及结果分析

乳牛的乳头会受到挤奶设备、挤奶操作、环境状况及乳头药浴液等的影响。在制定乳房健康管理方案时，无论是开始前还是方案的执行过程中，都需要评估乳房健康状况、潜在风险因素及执行过程中方法是否得当。通常情况下，在牧场中对乳房健康风险因素进行评估时，主要做以下几方面的评分。

（一）卫生评分

乳牛乳房炎病原菌多通过乳牛的乳头孔进入乳头管后侵袭乳房内组织，牛体及乳牛乳头孔处的卫生状况会影响牧场中乳房炎的发病率及大罐奶体细胞数。在现场评估的过程中，可通过观察评估后躯及尾部的卫生状况，借助一些无菌材料评估挤奶时乳头的清洁状况，其结果对应不同的管理关键点。

1. 后躯卫生评分　后躯的卫生评分主要用于牧场乳房炎高发或出现大罐奶体细胞数过高时，用于判定牧场卫生管理状况或是否较上一次评估有改进，通常需评估每个泌乳牛棚20%～25%的牛。要观察3个部位——后腿、乳房和腹部。采用4分制对各部位分别评分，3分和4分的牛卫生状况不理想（表10-6），最后统计各部位不同分值的比例。评分方法如下。

（1）后肢跖部：目的是观察该部位被牛粪污染的面积大小。1分指蹄冠上方没有牛粪或污染面积很小；2分指蹄冠上方飞溅了少量的牛粪；3分指蹄冠上方有很明显的粪污结块，但可以看见跖部的被毛；4分指粪污已在该部位结成大块，且已污染跗关节上方。

通常，拴系式饲养模式的牛场牛腿的卫生状况要好于散栏式饲养的牛，因为散栏式饲养的牛到奶厅挤奶的过程要经过挤奶通道，卫生状况较差。

（2）乳房：乳房的卫生状况可从牛的尾侧和侧方观察。如果乳头周围有可见的粪污，表明其发生乳腺感染的风险较高。1分指乳房上没有粪污；2分指乳头周围有少量飞溅上的粪污；3分指乳房下半部分有明显的粪污结块；4分指乳房上有大面积粪污且已在乳头周围形成了大的结块。

乳房上的粪污主要源于乳牛趴卧处较泥泞或腿部较脏。

（3）后肢上部及腹侧部：1分指无粪污；2分指有少量飞溅上的粪污；3分指该部位被毛粗糙，有粪污结块；4分指有大面积的粪污结块。

该部位的粪污可能源于乳牛躺卧的地面较泥泞，可见于管理差的拴系式牧场，也可见于牛尾处理不当导致牛粪随着牛尾的甩动污染后躯。

乳牛的后躯卫生评分与饲养模式及管理方式等有关。根据威斯康星大学N.B.Cook对威斯康星州的20个商业牛场的评估结果，设定的目标值参见表10-7。

2. 挤前乳头清洁度评分　在挤奶的过程中及挤奶后，乳头管处于开张状态。如果挤奶前准备消毒不彻底或乳头孔未能彻底清理干净，病原菌易侵入乳房内，引发乳房炎。挤前准备过程是挤奶流程中非常重要的一环，不仅能刺激乳牛的排乳反射，还是预防乳房炎的关键程序。为了评估挤奶前准备过程完成后乳头孔处的清洁度和干燥性，韦斯伐利亚（WestfaliaSurge）公司建立了乳头清洁度评分方法。乳头清洁度评分采用4分制，分值越高清洁度越差（表10-8）。

表10-6 乳房健康相关卫生状况评分表

分值	后肢跖部	乳房	后肢上部及腹侧部
1	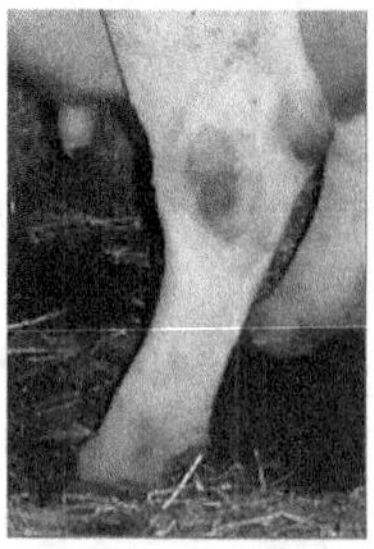	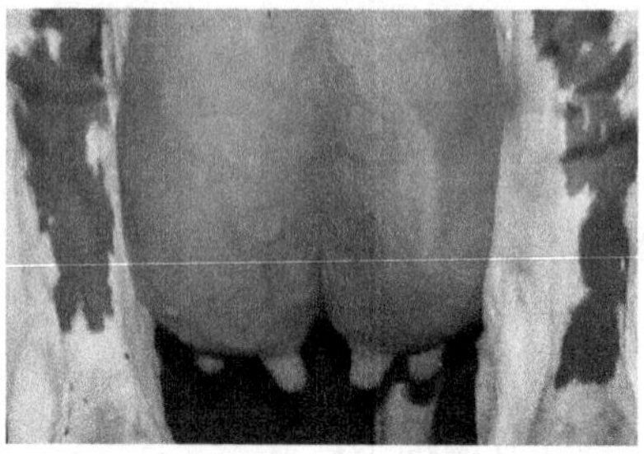	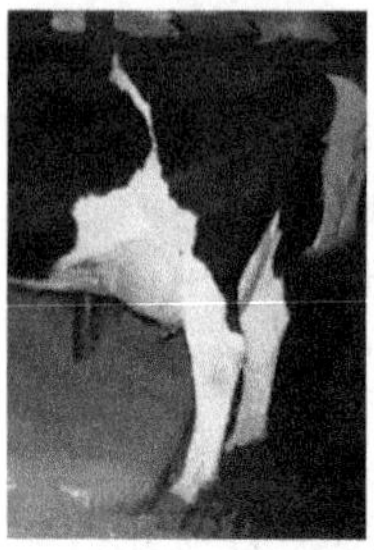
2	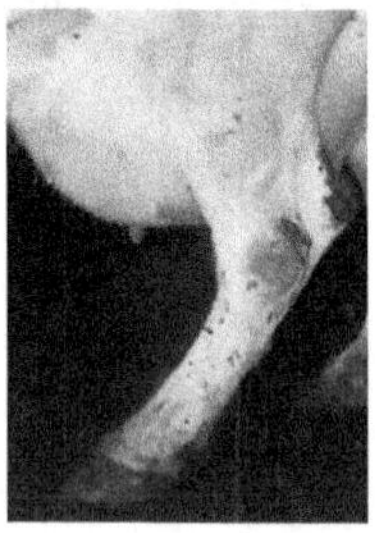	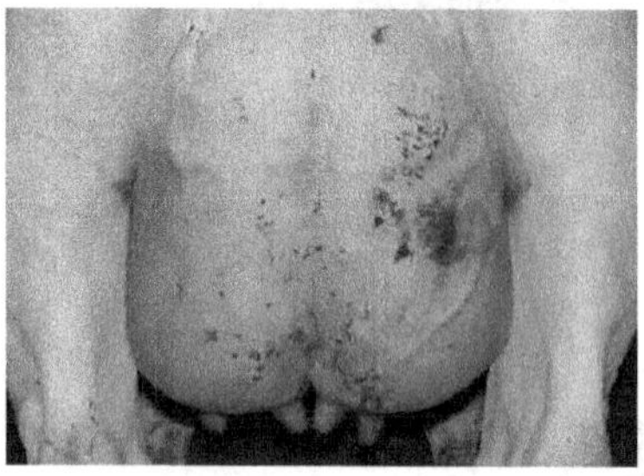	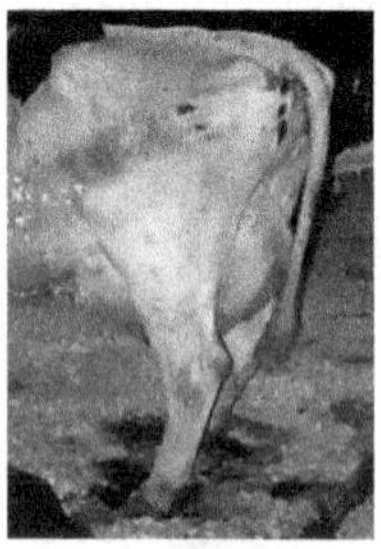
3	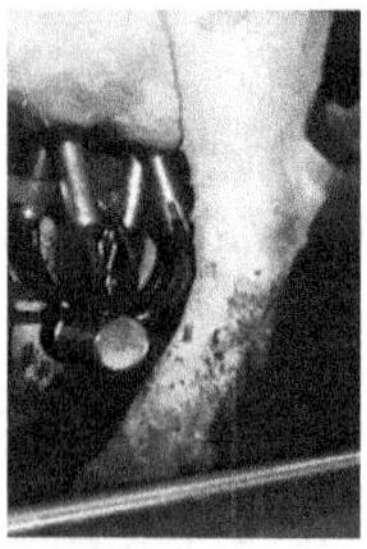	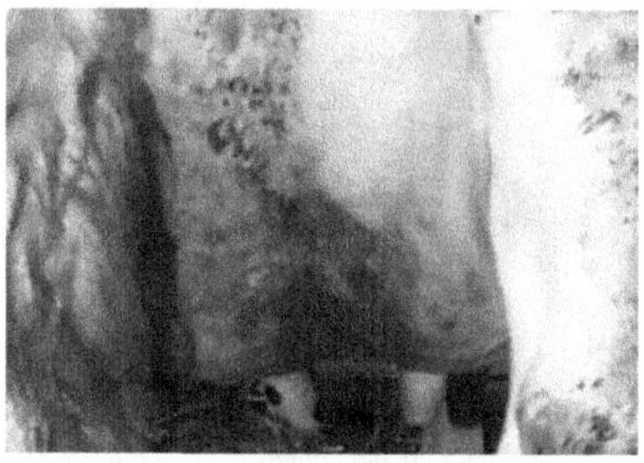	
4	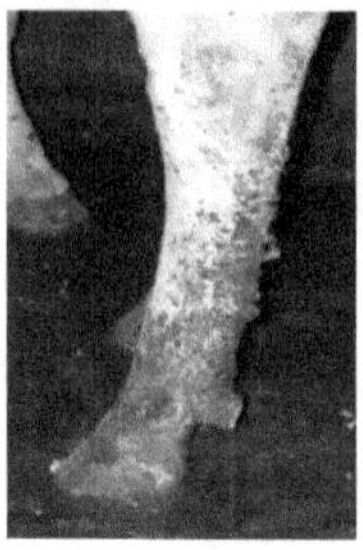	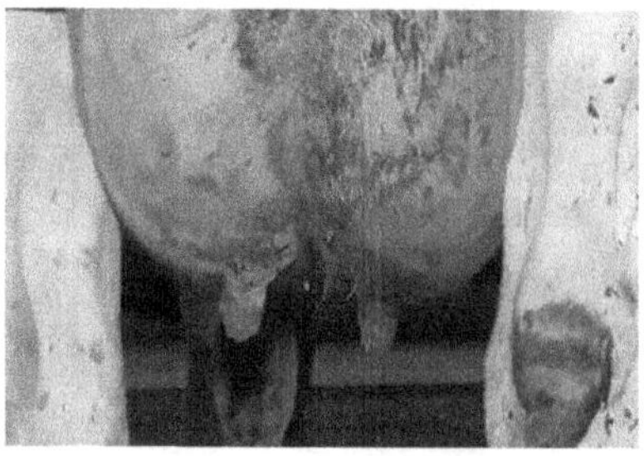	

来源：译自N.B.Cook，威斯康星大学麦迪逊分校。

表10-7 后躯卫生评分目标值

项目	3、4分牛不同部位的比例/%		
	腿部	乳房	后肢上部及腹侧部
散栏模式均值	54	20	17
理想值	24	5	6
拴系模式均值	25	18	26
理想值	9	0	5
推荐目标值*	<20	<10	<15

注：*《Cow Signals-Udder Health》推荐值。

表10-8 乳头清洁度评分

分值	模式图	描述
1		清洁：无粪便、污物或药浴液
2		残留药浴液：无粪便或污物
3		可见少量粪便或污物
4		可见大量粪便或污物

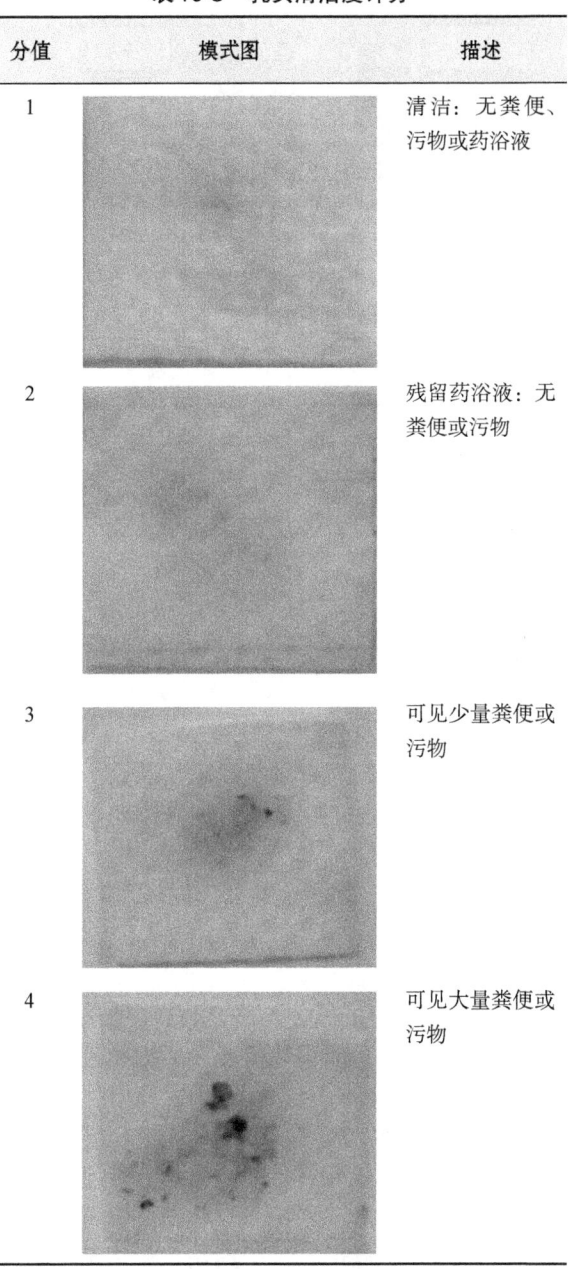

来源：Teat Cleanliness Scorecard developed by WestfaliaSurge。

乳头清洁度评分的做法是挤奶员完成挤前准备后，套杯前，评估人员使用无菌棉片、酒精棉或酒精纱布（挤干后使用）等擦拭各乳头孔处，如果污物过多，则表明挤前准备流程执行不到位或流程需要改进。该方法主要用于对挤奶员工作的评估或对挤前准备流程变更后的效果评估，易受天气、环境条件、乳牛个体或挤奶员注意力等因素的影响。乳头清洁度评分不像卫生评分那样准确，评估时也无须采集过多的样品。

要求在套杯前＞3分的乳头数量不超过20%，其结果不仅用于判断挤前准备操作是否到位，还可以评估乳牛乳头孔评分状况。

3. 滤袋评分　在生产的过程中，除牛体的卫生评分和乳头清洁度评分外，还可以通过滤袋评分判断挤奶程序执行是否到位。挤前准备不当或验奶不仔细时，滤袋内会残留污物或凝乳块。通过每班次的滤袋评分，可评估各组挤奶员的工作态度，以便及时发现问题，防止已发生临床型乳房炎的患牛未能及时发现而形成传染源。滤袋评分通常以眼观判定，在每班挤奶完毕后清洗管道前，可将滤袋取出后仔细观察污物和凝乳块的多少，判定标准如图10-4所示，目标值为＜2分。

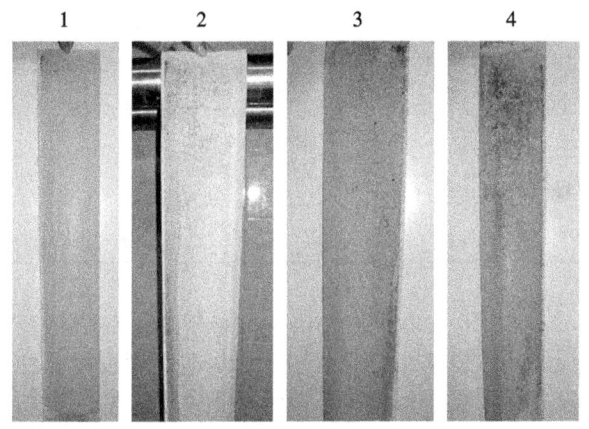

图10-4　滤袋评分判定标准

如分值高于2分，表明挤前准备程序执行不到位，乳头清洁度较差或奶台上存在脱杯吸入牛粪等问题；如果滤袋上有凝乳块，表明验奶程序执行不到位，有临床型乳房炎病例没有被发现。前者直接影响牛奶中的细菌总数，乳牛有发生环境性乳房炎的风险；后者不仅影响牛奶的细菌总数，还会影响大罐奶体细胞数，更严重的是可能作为传染源将病原菌传播到牛群内。

（二）乳头评分

除通过卫生评分外，在牧场中还可以对乳头进行评分，以评估牛群乳房健康的风险。乳头评分主要分为乳头皮肤评分和乳头孔评分，主要由设备因素或环境因素导致。乳头评分主要在挤奶完成后、药浴前进行，可作为挤奶程序、设备性能等评估的依据。

1. 乳头皮肤评分　乳头皮肤的评分是通过眼观的方法判定挤奶后乳头皮肤的颜色、质感和表观是否正常，常见的乳头皮肤变化、判断方法及目标值见图10-5、表10-9。

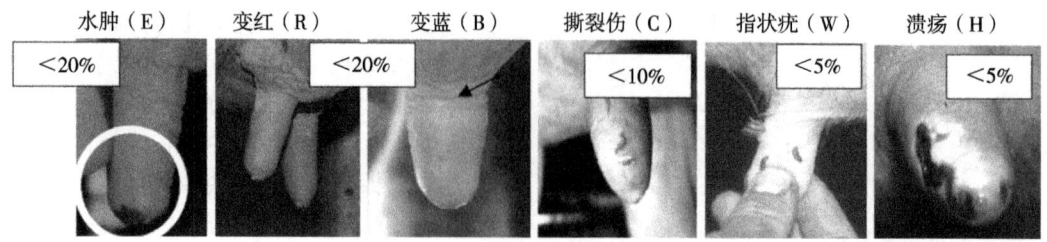

图 10-5 乳牛乳头皮肤评分及目标值

表 10-9 乳牛乳头皮肤状况判断标准及目标值

乳头状况	判断标准	目标
1. 颜色	肉眼可见变红或变蓝的	<20%
2. 乳头基部肿胀	肿胀或触摸感觉有环状隆起	<20%
3. 乳头末端肿胀	微硬、坚硬或肿胀	<20%
4. 乳头孔外翻状态	典型的外翻状态	<20%
5. 可见损伤	小的出血创	<10%
6. 乳头孔边缘	不整或开裂（评分4分和5分）	<20%
7. 乳头孔损伤	评分5分	<5%

2. 乳头孔评分　乳头孔评分是目前牧场常用的评估方法，其主要用于评估奶厅管理状况和设备维护保养情况等，通常采用4分制或5分制，判断标准如下图10-6和表10-10所示。

实践中有人可能会采用5分制的方法做乳头孔评分，其与4分制的差异是5分的乳头孔较4分更严重，可看见明显的乳头损伤。

3. 原因分析　乳头皮肤或乳头孔的变化主要由于挤奶设备的影响或环境因素的影响。设备原因包括真空度、脉动比、奶杯内套和管理等，环境因素包括冷、热、风、潮湿、泥泞等。评分过高或异常的，又可根据其影响的时间长短划分为短期影响和中长期影响。

可认为短期影响是对一次挤奶的反应。主要原因是挤奶管理失误或设备故障，例如：

· 变色——挤奶后立即看见乳头变红、蓝或紫色；

· 乳头变硬、肿胀或基部形成环形隆起；

· 乳头末端呈楔形；

· 乳头孔变大。

根据Mein等的描述，表10-11中给出了一些问题的特定成因，但具体情况还要根据现场评估结果确定。

中长期影响指的是乳头已经发生组织学变化，要经过几天或几周才能注意到。设备原因引起的乳头皮肤出血（点状或片状出血）可能需要几天的时间才能显现。这种损伤常见于某种脉动故障。严重时，多伴有真空度过高或内套弹性不

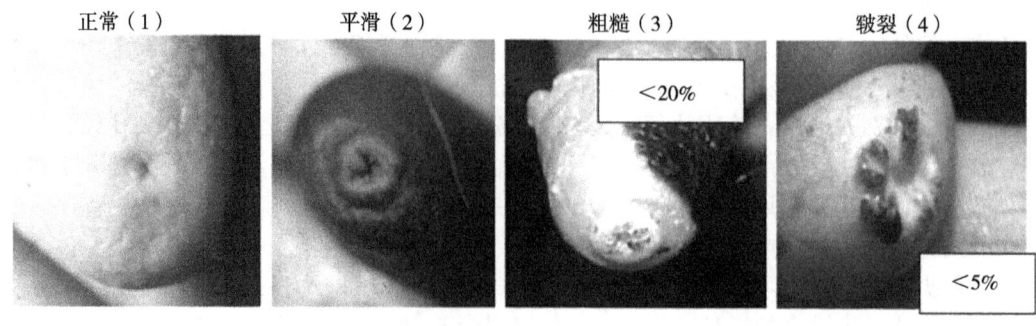

图 10-6 乳牛乳头孔评分图（4分制）及目标值

表10-10 乳头孔评分（4分制）

分值	描述
1	乳头孔小、平滑、无外翻，挤奶前后差异不大
2	乳头孔平滑，稍外翻
3	乳头孔外翻，边缘平滑
4	乳头孔外翻，边缘不整，角质化

表10-11 可导致乳头状况发生短期变化的常见主要原因

	乳头颜色	肿胀	乳头末端变硬		乳头孔
眼观变化	变红或变蓝	基部环形隆起	变硬	楔形	开张
设备因素					
真空度过高	√	√	√		√
脉动异常	√		√	√	
短D相	√		√		
长D相				√	
内套口径过大	√		√		√
内套老化	√	√			
内套张力过大	√			√	√
眼观变化	变红或变蓝	基部环形隆起	变硬	楔形	开张
唇口内腔过大	√	√			
唇口直径小	√	√			
唇口橡胶过硬		√	√		
内套不匹配	√	√			√
奶厅管理因素					
低流速时间长	√	√	√		
过挤	√	√	√		√
奶杯上下滑动		√			

足的现象。慢性损征，可能是由过度挤奶造成的（表10-12）。在找到确切原因并解决后，乳头的损征几天内可能缓解，但恢复正常至少需要4周。所以必须关注真空管和脉动管与集乳器的连接处，如未能及时更换，此处易出现裂口。

表10-12 可引起乳头状况中长期变化的挤奶和环境因素

	乳头皮肤	乳头末端
眼观变化	粗糙，损伤 出血（如皲裂）	角化过度
设备因素		
真空度过高	√	√
脉动异常	√	
长D相		√
内套唇口过宽	√	
内套过长		√
内套过短		√
奶厅管理		
低流速时间长		√
过挤	√	√
化学烧伤	√	√
环境因素		
冷、热、风	√	√
泥泞	√	
放牧	√	
传染性病原菌	√	

当乳头受到强化学刺激后，其影响在1～3天才会显现。造成的乳头皮肤和乳头末端严重损伤可能需要3～5周才能痊愈。此外，刺激性强的乳头消毒剂可引起表皮增生，导致皮肤增厚和鳞状表皮，更换成较温和的消毒剂后7～10天乳头皮肤才能恢复正常。

在极端天气条件下，乳头的皮肤状况发生变化，如皲裂。寒冷多风的冬季，乳头皮肤的变化可能随时出现。所以冬季需要注意防风，最好使用护肤效果较好的乳头保护剂。

二、乳房炎的预防

乳房炎的预防是所有牧场管理的基础。无论牛群规模大小，牧场都要坚持控制乳房炎。除依据前文所述的现场评估结果外，预防措施还要根据牧场兽医日常记录、DHI数据分析结果、乳品厂返回的牛奶质量结果、实验室奶样监测和检测结果等综合考虑并制定合理的控制方案。无论怎样制定乳房炎预防措施，最根本的目的就是避免病原菌污染乳头继而侵入乳腺导致感染。本节将以大牧场为例，对乳房炎的防控措施进行阐述。

（一）乳房炎病原菌

乳房炎病原菌可分为传染性病原菌和非传染性病原菌。传染性乳房炎的主要病原是支原体、无乳链球菌、金黄色葡萄球菌。这些病原菌通常从乳牛传播到乳牛，在挤奶时传播。无乳链球菌是一种专性感染菌，主要在挤奶时传播，很少在乳腺外发现。金黄色葡萄球菌和支原体可见于牛体的其他部位及环境中。因此，在乳房炎感染途径中，挤奶时并不是这两种病原菌唯一的传播时间。但是，已建立的控制程序包括挤奶时药浴乳头，配合干奶期治疗，可减少传染性乳房炎的发病率，且可在很多牛群中清除无乳链球菌感染。

非传染性乳房炎病原菌分为环境性病原菌和机会致病菌两大类。环境性乳房炎的病原菌主要是肠杆菌和链球菌，常见的有大肠杆菌、克雷伯菌、乳房链球菌和停乳链球菌等。环境性病原菌，顾名思义，存在于乳牛的生活环境中，常可见于粪便中。机会致病菌是除金黄色葡萄球菌以外的葡萄球菌（凝固酶阴性葡萄球菌），可在皮肤上存活。凝固酶阴性葡萄球菌在条件适宜的时候可引起乳房炎，导致散发的乳房炎。无论传染性还是环境性乳房炎病原菌，都能引起临床型和亚临床型乳房炎。但是，机会致病菌很少导致临床型乳房炎，仅表现为轻度炎症反应。

1. 传染性乳房炎 据Fox等报道，美国西北部太平洋沿岸的许多牛场已有成功控制传染性乳房炎的经验，他们已经清除了无乳链球菌，这些牛场中没有支原体感染的病例，而金黄色葡萄球菌乳房炎的感染率低于泌乳牛的5%。对于大牧场，可能更容易感染传染性乳房炎，原因有二。第一，这些大牧场呈不断扩张的状态，所以会有外购牛进场。因此，会有引入新的传染性乳房炎病原菌的风险。Smith等研究表明，部分这样的牛场，即使挤奶时间、卫生和乳房炎控制程序都很好，但还是引入了金黄色葡萄球菌。第二，对于大牧场，针对单一牛只筛查特定病原菌更难。大牧场更倾向于用分组或分群的方式来处理牛群健康问题。由于数量较多,所以很难确定哪个牛棚内的牛可能患有传染性乳房炎。一旦确定了哪一组牛奶中有传染性病原菌,就必须对个体乳牛取样,以鉴别出传染性乳房炎患牛。这一过程需要从整群或整组的牛中将感染传染性乳房炎病原菌的牛鉴别出来,有时甚至需要重复多次。

将传染性病原菌感染的牛筛查出来这项工作是非常重要的。将感染牛筛查出来后,可单独分群饲养,最后挤奶。Fox等的研究表明,在其他推荐的传染性乳房炎控制程序严格执行到位的前提下,隔离有助于传染性乳房炎病原菌的控制。由于金黄色葡萄球菌为胞内寄生菌,乳牛一旦罹患金黄色葡萄球菌性乳房炎,很难治愈,多以淘汰的方式防止其成为群内健康牛的传染源。即使不能淘汰,其对牛奶的体细胞数等质量指标也会产生不良影响。在筛查结果可信的前提下,牛群内检出的传染性乳房炎患牛立即淘汰对乳房健康管理是非常有利的。如转成慢性乳房炎,会对群内健康牛造成更大的威胁。对于支原体感染的传染性乳房炎患牛,应立即淘汰!乳牛一旦发生支原体性乳房炎,感染乳区会停止泌乳,抗生素治疗无效,且有高度传染性。无乳链球菌乳房炎患牛一般可以治愈。鉴于这是一种乳房专性寄生菌,可以用抗生素治愈,配合严格的挤奶操作,也很容易根除。对于任何一个牛场,病原学的实验室诊断或筛查是控制传染性乳房炎的关键。

2. 环境性乳房炎 所有牛群都会面临环境性病原菌的持续威胁。环境性病原菌引起牛群中乳房炎暴发主要受天气、牛棚内的环境、牛群密度、垫料类型、卧床和粪道清理频率的影响。无论牧场规模大小,这些因素都可以控制。因此,环境性乳房炎对大牧场的风险不比小牧场的风险大。大牧场一般较小牧场的机械化程度更高,可用机械设备清理和平整卧床,同时可采用拖拉机或水冲的方式清粪,更有优势控制好环境。保持卧床和通道的清洁和干燥是控制环境性乳房炎的最重要的措施。相对而言,无机垫料较有机垫料对控制环境性乳房炎更理想。合理的牛棚设计、垫料类型和饲养模式是控制环境性乳房炎的关键,牛群规模的影响很小。

环境性乳房炎一般发生在干奶期和围产期。因此,这类病原菌对泌乳早期影响最大,随着泌乳天数的延长,环境性乳房炎的发病率会下降。环境性乳房炎也可能在牧场中暴发,前文所述的风险因素可影响暴发的频率。在管理良好的牛群中,环境性病原菌是引起乳房炎的主要原因。肠杆菌多引起临床型乳房炎,一般病程较短,低于2周。链球菌感染很少导致临床型乳房炎,且持续时间较短。

凝固酶阴性葡萄球菌,所引起的乳房炎发病率不受牧场规模的影响。这类在皮肤表面的细菌可通过乳头药浴和干奶期治疗进行控制。挤后乳头药浴和干奶期治疗都可有效减少条件致病性病原菌的感染,但不能根除。一般情况下,干奶后期机会致病菌的感染率会增加,在产犊时达到高峰,开始泌乳后逐渐减少。控制机会致病菌的感染重点是维持乳牛的免疫系统功能正常,与其他病原菌相比,机会致病菌感染后表现的临床症状较轻。

(二)病原菌分离鉴定

病原菌分离鉴定是控制传染性乳房炎的关键。根据实验室诊断结果,可更明确地做出治疗、隔离或淘汰的决策,并确保控制方案的有效实施。在生产中,可通过大罐奶样或混合奶样的微生物学诊断进行初筛,以确定牛群中是否存在传染性病原菌。如果样品中检出传染性病原菌,再检测个体牛的奶样,以找出感染牛,防止传染性病原菌在牛群中快速传播。除实验室诊断结果外,日常兽医记录及DHI数据等也可提供相关信息,要重点关注同一泌乳期乳牛发生乳房炎的次数或频率,以及DHI数据中的单次体细胞数和动态变化情况。在大牧场,最好按分组采集混合奶样进行筛查,同时要关注采样后至诊断结果出来前这段时间内牛群异动的情况。无论在大牧场还是小牧场,均可将大罐奶样或混合奶样的筛查作为乳房炎控制方案中的例行程序。

一般情况下,大罐奶样的环境性病原菌计数对乳房炎的防控意义不大。环境性链球菌总数过高的情况可见于感染牛群,但肠杆菌总数过高的情况主要为污染所致,机会致病菌总数过高也是污染所致,主要与挤前准备操作不当有关,如上杯前未擦干。

(三)乳房炎预防措施

乳房炎的预防不仅关系牛群健康水平及盈利能力,还影响牛奶质量及公共健康。虽然前文提到了乳房炎预防的5个关键点,但就我国目前的状况来看,以下乳房炎的预防原则都应充分考虑。在根据以下原则预防乳房炎的同时,还要考虑区域差异，最好能够做到因地制宜、适合牧场需求。

1. **保证乳牛挤奶前乳头及乳头末端干净、干燥**　此原则可影响牛奶质量、环境性乳房炎、奶杯内套是否滑动及挤奶效率等，重点控制范围为环境管理及奶厅管理。

这有助于预防环境性乳房炎，控制牛奶中的细菌总数和肠杆菌总数。挤前乳头清洁及药浴是清洁和消毒乳头的理想方式，但要确保在上杯挤奶前擦干。挤前药浴可使用乳头药浴刷或药浴杯，有的牧场使用喷头做挤前药浴，虽然其速度可能更快，但效果因管理及人员操作而异。

2. **防止传染性病原菌在挤奶过程中传播**　该原则与传染性乳房炎控制及牛奶质量指标相关，重点控制范围为奶厅管理。

已确认感染牛在挤奶过程中将传染性病原菌传至健康牛，并据此成功控制了大多数的传染性乳房炎病原菌。生产中防止病原菌传播的核心是防止病原菌从一头牛传至另一头牛。有效的方法包括挤奶员佩戴乳胶手套、使用一次性纸巾做挤前干擦、制定合理的挤奶流程及乳房炎患牛隔离饲养等。另外，挤后乳头药浴对控制传染性乳房炎非常重要，最好使用药浴杯做挤后药浴，较喷雾的方式更有效，药浴时至少要覆盖2/3的乳头。挤奶流程的设定，需考虑先挤健康牛后挤乳房炎患牛或将患牛（尤其是已确认感染传染性乳房炎病原菌但未出群的牛）单独挤奶，理想的挤奶流程是先挤头胎牛后挤经产牛、先挤新产牛后挤泌乳天数长的牛。

3. **防止挤奶过程中造成乳头损伤**　该原则重点关注奶厅管理及设备维护保养，与乳房炎控制、奶厅效率等有关。

乳头或乳头末端的任何损伤最终均可能导致乳房炎。防止乳头损伤的关键是确保挤奶操作正确（上杯、杯组调整及脱杯），挤奶机的设计合理、功能正常，挤奶设备定期维护保养（如定期清理脉动器）等。定期做乳头评分是控制乳头损伤的理想评价方式。此外，还要考虑环境因素对乳头造成的损伤，如垫料、卧床设计和维护、冻伤等。还要注意乳头药浴液的保存和使用问题。

4. **保持环境干净、干燥**　该原则有助于环境性乳房炎的控制和牛奶质量的提高，同时与奶厅效率和牛群舒适度有关。

干净的卧床有助于减少环境菌附着于乳头末端的数量并保持乳头干净，可减少挤奶前准备的时间。散栏饲养模式可提高乳牛的舒适度。卧床的利用率是评估乳牛舒适度的有效指标。要重点关注牛舍内的粪污清理、排水、通风和卧床设计等问题，同时要确保牛群密度适宜。在卧床设计合理、牛棚管理到位时，还要考虑垫料的材质、更换频率、清理和平整方式等。有运动场的牛舍，注意雨季时不要让牛卧在泥泞的位置。

5. **新发乳房炎（包括临床型和亚临床型）病例的早期诊断**　该原则可影响乳房炎的治疗效果、慢性感染牛的比例和是否淘汰等，与奶厅管理、兽医治疗及牧场综合管理相关。

挤前准备过程中的验奶环节是发现新发临床型乳房炎的最佳时机，要培训挤奶员发现乳汁变性和乳房是否有炎症反应的能力。尽早发现临床型乳房炎病例不仅可第一时间将牛隔离，防止病原菌传染给健康牛导致乳房炎的暴发，还能提高乳房炎的治愈率，避免形成慢性乳房炎。随着电子技术的发展，挤奶设备上的即时监测模块已逐步成为标配，这些电子设备的使用有助于更早发现乳房炎病例。作为传统方式，加州乳房炎试验等牛旁检测方式仍是部分牧场发现乳房炎的有效手段，合理地利用不同方法做出早期诊断是乳房健康管理中非常重要的工作。

6. **合理用药**　该原则可影响乳房炎的治疗效果、成本控制及药物残留等，与兽医治疗及牛只淘汰相关。

合理用药是确保治疗成功、防止形成慢性乳房炎、避免牛奶和牛肉中有药物残留的基础，制定治疗规程是确保合理用药的关键。治疗规程可包括疾病诊断、治疗、记录、标记等内容。规程制定的过程中需要牧场兽医的积极参与，要充分考虑牧场中病原菌的流行状况及药物使用方面的法律法规等内容。抗生素药物使用过程中，尽量不要超标签用药，以避免在场内形成耐药菌株。另外要注意联合用药时药物的休药期。

7. **病程控制**　该原则可影响乳房炎在牧场内的流行性，并降低乳房炎牛的淘汰率，与奶厅管理和兽医治疗相关。

乳房炎的病程要尽量控制在最短。病程较长的慢性感染对乳腺组织损伤严重，不仅影响患牛的产乳量，还会使患牛成为牛群中的传染源。除尽早发现临床病例并及时开展有效治疗外，干乳牛治疗是控制感染的有效方法。对于部分病例，在干奶时使用泌乳期乳房炎治疗药物进行治疗对环境性病原菌感染也是一种可选方案。

8. **牛群乳房健康状况监控**　该原则可有效

控制牛群中乳房炎的暴发，并及时淘汰某些传染性乳房炎病例。

牛群中的乳房炎发病率及流行病学监控是日常管理工作的一部分。日常监控内容包括DHI报告中的SCC变化情况、临床治疗记录、大罐奶样微生物学检测、新产牛乳房炎发病率、商品奶SCC波动情况等。大罐奶样的微生物学检测应包括细菌和支原体，可按组或按泌乳阶段取样分别检测，更利于在发生问题时确定重点监控范围。关键是能够建立快速有效的反应机制。

9. 培育干净的后备牛群　该原则可降低牛群乳房炎的发病率，还可以形成良好的牛群更新状态以便淘汰低产泌乳牛。

培育干净的后备牛群可使牛场更容易淘汰老龄乳房炎患牛，且能够确保牧场在运营的过程中避免购入成年母牛补群。管理过程中要重点关注相互吮吸乳头的犊牛，不要给犊牛饲喂未经处理的乳房炎牛的废奶，同时加强环境管理。必须使用废奶饲喂犊牛时，可通过巴氏杀菌等方式处理后再使用。另外要控制牧场中的苍蝇，避免其对乳头造成损伤和将乳房炎病原菌传播给后备牛。

10. 检测新购入的牛　该原则可防止新的病原菌进入牛群。

当牧场必须购入乳牛扩群时，无论是后备牛还是成年母牛，都假定其在入群前已感染乳房炎病原菌。最好从购入前从原牧场得到牛群的准确乳房炎病史、大罐奶SCC、个体牛SCC及大罐奶样微生物检测报告。所有新购牛在进奶厅挤奶前必须检测乳房炎病原菌，最好在入场后隔离期内完成。经常购入乳牛的牧场应作为常规监控项目，防止牛群被新的乳房炎病原菌感染。

11. 做好营养调控，提高乳牛对乳房炎的抵抗力　该原则有助于控制新发乳房炎的比例。

如果乳牛的营养充足、健康状况良好，其乳腺可抵御绝大部分的感染。硒、铜、锌、维生素A和维生素E在其中具有重要的作用。当日粮中这些维生素和矿物质不足时，牛群的乳房炎发病率会升高。TMR的普及，使得这些维生素和矿物质的补充更方便。通过注射方式补充的作用时间较短。相关维生素和矿物质的使用，请参考营养学专业资料。

12. 灭蝇　该原则有利于减少乳牛的乳头损伤，降低新发感染的比例。

很多研究表明苍蝇是细菌的携带者和传播者。它们不仅可以携带乳房炎病原菌（如金黄色葡萄球菌）并传播，还可以通过叮咬乳牛的乳头孔部位造成新发感染。灭蝇时要重点关注其滋生环境的日常清理（如粪污管理和清槽），还要使用杀虫剂消灭成虫和虫卵。

13. 定期培训挤奶员　该原则可影响乳房炎预防和控制、牛奶质量和员工执行力。

新入职的挤奶员必须经过培训后方可上岗，在岗的挤奶员也要定期参加培训，以确保其掌握正确的挤奶技术。乳房炎和牛奶质量相关的评估结果可反馈挤奶员的工作状况，并可作为对其强化培训或再教育的依据。大罐奶SCC、大罐奶样微生物学检测结果等均可通过公示的方式让挤奶员知晓。

14. 持续关注所有乳房炎控制的关键点　该原则可提高员工的专业知识水平、共同的责任感和执行力。

对于每项原则，要明确岗位职责，保证乳房炎防控工作的所有参与人员清楚地知道其在整个过程中的任务及作用。在乳房炎暴发时，可快速有效地确定薄弱环节并更正。全面质量管理、危害分析关键控制点和突破管理体系有助于本原则的实施。

尽管乳牛养殖和管理存在地域及水平的差异，但上述乳房炎预防原则基本适用于各种类型的牧场。管理者可根据上述原则因地制宜地制定出适用于其牧场的乳房炎防控方案，并执行到位，最终可降低乳房炎的发病率，生产出优质牛奶。

三、干奶期乳房炎的防治

干奶期是乳牛乳房炎治疗的最佳时期之一，但也是牛群易发乳房炎的时期。干奶期乳房炎治疗是乳牛乳房健康管理中非常重要的一部分。所谓的干奶期治疗，就是在乳牛干奶时向各乳区内注入抗生素制剂，以治疗慢性乳房炎并预防新发的乳房炎。

（一）干奶期治疗的意义

干奶初期，停止挤奶和已分泌的乳汁重吸收造成的巨大压力使乳腺分泌细胞数以百万计的死亡。另外，因角蛋白栓的形成需要2～3周的时间，而产犊前2～3周初乳的产生使得部分牛发生漏奶现象，所以干奶期的最初和最后2～3周有40%～50%的新发感染。研究表明，干奶期治疗可以减少这两个阶段30%的新发感染。

亚临床型乳房炎：除能降低干奶期新发感染的比例外，干奶期治疗是治疗亚临床型乳房炎的最佳方法。在泌乳期，环境性链球菌和很多葡萄球菌引起的乳房炎治愈率低至10%，最高40%～50%，而干奶期治疗这类感染，治愈率可达60%以上。

临床型乳房炎：虽然临床型乳房炎病例应在发现后第一时间进行处理，但有时干奶期治疗较泌乳期治疗更具优势：

· 治愈率更高（干奶期可达80%～90%，而泌乳期为30%～40%）；
· 允许使用大剂量抗生素进行治疗，安全性更高；
· 抗生素在乳房内的作用时间更长；
· 产生药物残留的风险更小。

虽然这些优势很明显，但牧场在选择时须慎重，特别是非无乳链球菌感染的牛。无乳链球菌是唯一可以在泌乳期治疗取得良好治疗效果的病原菌，其感染病例治愈率常可达90%～95%。

干奶期治疗的操作方法参见前文，在此不再赘述。

（二）干奶期治疗的方式

目前，干奶期治疗的方式有两种，一种是所有乳牛干奶时均做干奶期治疗，另一种是有选择性地对部分乳牛做干奶期治疗。

当牛群乳房炎发病率非常低时（多数乳牛的SCC低于100 000个/mL），牧场可使用选择性干奶期治疗的方法。但是，选择性干奶期治疗可能失败，使牛群内亚临床感染的乳区达到20%～40%。所以，可使用乳头封闭剂预防病原菌侵入乳区。

所有乳牛在干奶时均做干奶期治疗，在干奶初期预防新发感染的效果比选择性干奶期治疗更有效，且不需要筛选乳牛。研究表明，基于经济学（投资回报率）方面的考量，对所有乳牛做干奶期治疗是可取的。

第三节　肢蹄护理

肢蹄病作为乳牛四大常见病之一，严重影响乳牛养殖业的发展及牛场的经济效益。据报道，乳牛肢蹄病发病率为5.6%～40%，其中88%～99%发生于蹄部，表明蹄病较肢病更常见。乳牛蹄病约84%发生于后蹄，其中约85%见于后蹄外侧趾。通常，蹄病根据发病原因可分为感染性蹄病和非感染性蹄病两类，后者多与营养代谢相关。本节重点讲述肢蹄健康的评估、影响因素、蹄病的治疗与预防。

一、步态评分方法及结果分析

步态评分（Locomotion Score，LS）是基于对乳牛站立及运步状态下牛背形态变化的观察而建立的牛群肢蹄健康评估方法。步态评分的方法直观、简单易学，也便于现场评估。通过步态评分，可预判蹄病、监控跛行的流行状况、比较跛行的发病率及严重程度，还可确定需要进行矫形性修蹄的牛。根据步态评分，可估测牛群因跛行造成的经济损失，评估牛群肢蹄健康状况，评估肢蹄健康防控措施的有效性，以便对防控措施做出及时的调整和改变。所以，步态评分是牧场肢蹄健康管理最简单有效的工具之一。

（一）步态评分基础

在进行步态评分时，需让乳牛自然行走在平坦的坚硬地面上，挤奶后的回牛通道是理想的步态评分位置。步态评分可采用5分制，分值越高乳牛跛行的程度越严重（表10-13）。1分的牛无跛行；2分和3分的牛需检查和修蹄，以免蹄病加重；4分和5分的牛要根据跛行程度进行修蹄和治疗。

（二）步态评分流程

在牧场进行步态评分时，可选择乳牛挤完奶后从奶厅返回牛棚的通道。此时，很难针对个体牛逐个评估，所以需要快速、准确地判断LS，最终获得有代表性的评分结果。实践过程中，可通过如下流程进行（图10-7）。

使用步态评分评估牛群肢蹄健康状况时，可根据现场评分结果计算各分值比例，对照标准确定牧场牛群肢蹄健康管理状况。通常情况下，管理到位的规模化牧场步态评分结果中3分以上的牛占比不超过10%（3分≤9%，4分≤0.5%，5分≤0.5%），3分以下的牛占比超过90%（2分≈15%，1分≥75%），此数据可作为牧场管理的目标。步态评分可根据牛场规模每月或每季度做一次。

表10-13 乳牛步态评分基础

LS=1分
临床正常
表现：
静立和运步时背部保持水平，运步姿势正常

静立时背部：水平

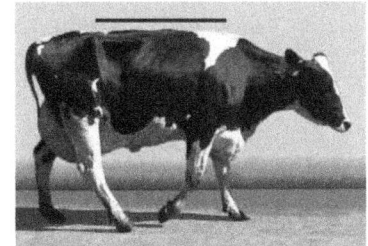
运步时背部：水平

LS=2分
轻度跛行
表现：
静立时背部保持水平，运步时背部微弓，步态轻微异常

静立时背部：水平

运步时背部：微弓

LS=3分
中度跛行
表现：
静立与运步时均有弓背表现，一肢或多肢步幅较短。可能见到患趾悬蹄较对侧健肢悬蹄高

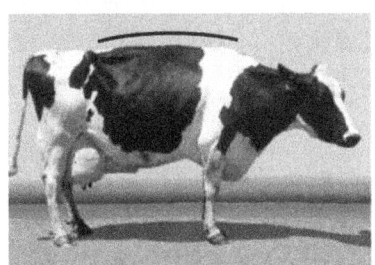
静立时背部：微弓

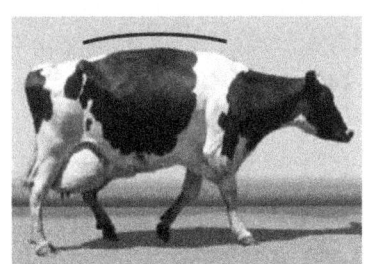
运步时背部：微弓

LS=4分
跛行
表现：
静立与运步时弓背明显。患肢因疼痛而减少负重。健肢悬蹄明显较对侧患肢悬蹄低

静立时背部：弓背

运步时背部：弓背

LS=5分
严重跛行
表现：
弓背明显。运步困难，患肢完全不负重

静立时背部：弓背

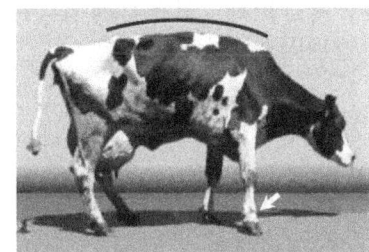
运步时背部：弓背

来源：Sprecher, D.J.; Hostetler, D.E.; Kaneene, J.B. 1997. Theriogenology 47: 1178-1187 和 Cook, N.B., University of Wisconsin。

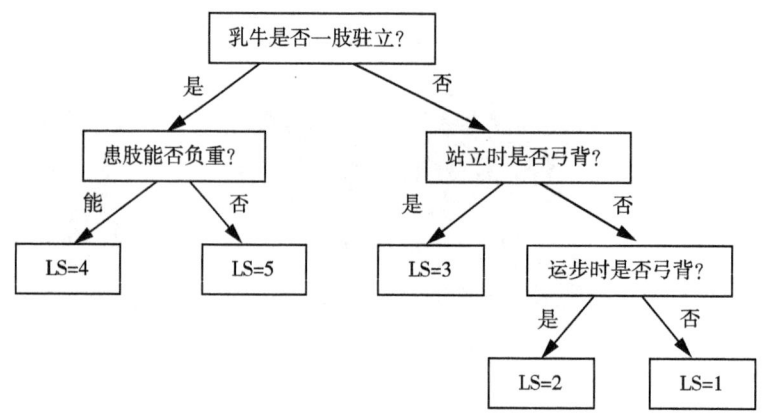

图 10-7 步态评分实操流程

（三）步态评分的应用

步态评分可用于评估牛群肢蹄健康状况和肢蹄健康管理措施的实施效果。如果步态评分的结果与目标值相去甚远，要先确定蹄病的主要类型是感染性还是非感染性，再进一步查找原因确定控制方案。蹄病类型的判断需由专业兽医确认或参考兽医专业书籍，管理措施可参见表 10-14。

表 10-14 步态评分的应用

>3分牛的比例/%	牛场状况评估	结果用于
<5%	很好	确定肢蹄问题增减
5%~10%	一般，有提升空间	确定措施是否有效
>10%	低于平均水平，需尽快确定主要原因	尽早发现，尽早检查、治疗

二、影响肢蹄健康的管理因素

虽然乳牛跛行是一类多因素疾病，但管理因素是最主要的原因。常见的管理因素包括乳牛舒适度、修蹄护蹄、日粮管理和营养管理，下面是相关管理因素需注意的内容。

（一）乳牛舒适度

- 避免密度过大。
- 牧场设计合理，卧床维护得当。
- 缓解热应激。
- 通道地面的粗糙程度合理，不能造成蹄壳角质过度磨损。
- 定期清理采食通道和粪道等处的粪污，保持环境清洁。

（二）修蹄护蹄

- 坚持日常的矫形（维护）性修蹄（每年最少2次）。
- 按需做好治疗性修蹄。
- 根据牧场状况制定合理的浴蹄规程并坚持执行。
- 保持环境干净、干燥。

（三）日粮管理

- 避免日粮骤变，要逐步过渡以降低瘤胃负担。
- 尽可能维持乳牛的健康。

（四）营养管理

- 给乳牛提供营养均衡的日粮。
- TMR搅拌、撒料均匀。
- 颗粒度适宜，避免乳牛挑食。
- 维生素及矿物质用量平衡，结构合理。
- 肢蹄健康状况不佳的牧场可考虑使用市场反应比较好、能改善肢蹄状况的添加剂。

三、修蹄

修蹄作为肢蹄保健和蹄病治疗的重要技术，既是预防规程，又是治疗方法，需经过专业培训的修蹄工完成，其目的是重建牛蹄的负重面。通常，乳牛修蹄可分为维护性修蹄（第一至第四步）和治疗（矫形）性修蹄（第五至第六步），其中治疗性修蹄是在维护性修蹄的基础上进一步修整，操作步骤如下。

1. 第一步　确定后肢内侧趾长度。

（1）矫正蹄长。正常状态下，后肢内侧趾从蹄冠至蹄尖长7.5～8.0 cm（图10-8、图10-9）。

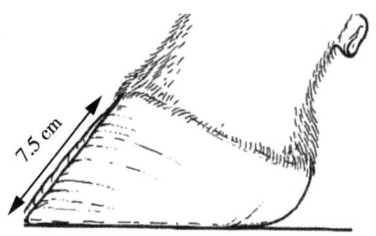

图10-8　蹄前壁正常长度

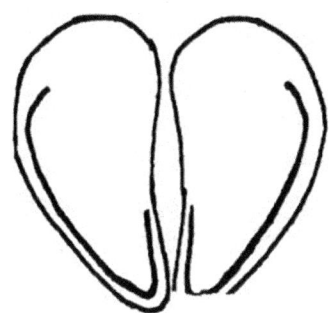

图10-9　修剪内侧趾蹄尖

（2）如不能确定，修剪时允许蹄长稍长，但不能修剪得过短。

（3）将蹄尖处的角质修剪过多，可能引起严重的继发症，如造成真皮损伤导致出血或乳牛不适；或为确保蹄形美观，将蹄尖处蹄底修剪得过薄。

2. 第二步　修整后肢内侧趾蹄底。

（1）修整蹄底，使蹄底角质厚度约5 mm。修整位置主要集中在靠近蹄尖的位置，蹄踵处不修整。

（2）修整后，蹄壁与蹄底间可见清晰的白线。修整顺序见图10-10、图10-11。

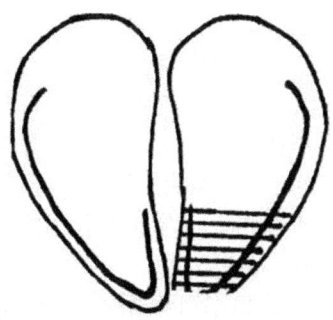

图10-10　修整内侧趾蹄底

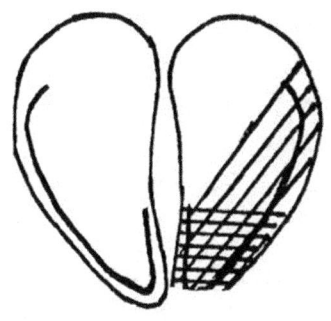

图10-11　修整内侧趾蹄底

（3）如果内侧趾趾尖处的角质修剪不到位，蹄长过长，可能会修剪蹄踵处角质。

（4）绝大多数牛的内侧趾蹄踵无须修整，如需修整，对应的外侧趾也应做出相应修整。

3. 重复步骤　重复第一步和第二步，修剪外侧趾（图10-12～图10-14）。

图10-12　修剪外侧趾蹄尖

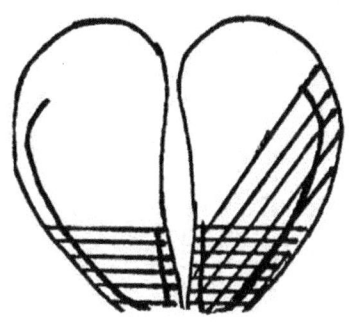

图10-13　修剪外侧趾蹄底

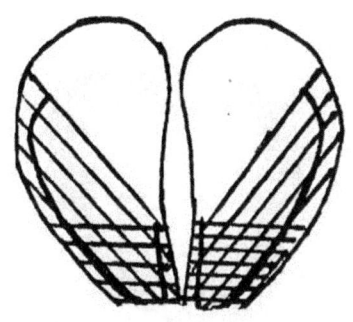

图10-14　修整外侧趾蹄底

（1）将内外侧趾蹄长修剪一致，然后从趾尖至蹄踵方向将蹄底厚度修整一致。

（2）修整后将内外侧趾蹄底修平，避免蹄底有凸起的角质。

4. 第三步　平衡蹄踵（图10-15）。

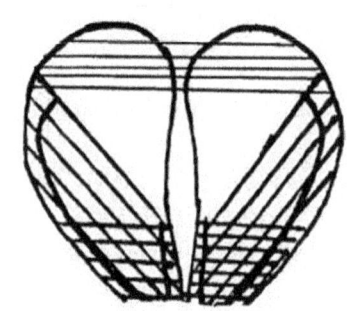

图10-15　平衡蹄踵，使蹄底位于同一平面

如蹄踵处角质过厚，可适度削薄。一般情况下，蹄踵无须修整，修整后的蹄底位于同一平面。

5. 第四步　重建负重面（图10-16、图10-17）。

将蹄底轴侧部中1/3部分，向远轴侧方向修出蹄弓，重建负重面。修整时注意不要削掉过多角质，以免伤及真皮层。根据牛蹄状况，判断是否需要进行治疗。用上述方法修整前蹄。

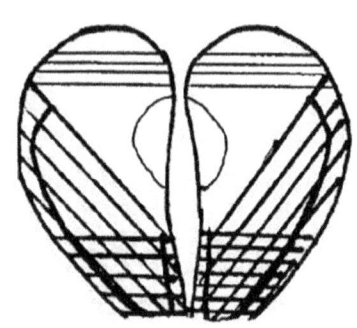

图10-16　重建负重面

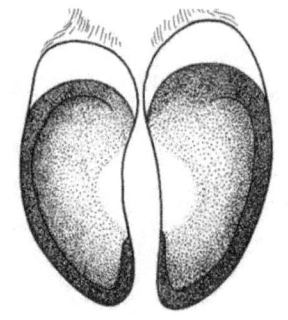

图10-17　牛蹄底负重面模式图

6. 第五步　清理疏松角质，修整硬的凸起的角质。

对于角质表现出损征的蹄或指/趾，需进行治疗性修蹄。清除所有疏松的角质、削除硬的凸起的角质（蹄踵糜烂），无论疏松角质占多大范围（如假蹄底），都要清除彻底。彻底清除病变角质后，病灶周围的健康角质组织可削成漏斗状。如治疗蹄底溃疡病例时，将病灶周围坏死的角质清除掉后，可偏轴侧向切削病灶周围健康蹄角质，尽量不影响患趾负重。另外，治疗远轴侧白线区等位置的白线病时，可将病灶周围远轴侧壁角质削掉，以达到治疗的目的。但修整过程中尽量避免伤及真皮组织（如修蹄过程中出血，即已损伤真皮组织）。

7. 第六步　调整患趾负重状态。

通过削低患指/趾蹄底或垫高健指/趾蹄底的方式减轻患指/趾的负重状态可以促进患指/趾的恢复。绝大多数病例的病变发生于后肢的外侧趾和前肢的内侧指。修蹄过程中所见的有些特殊指征可由特定原因导致，如蹄角质的过度生长与其负重过多有关，疼痛可导致肢势或步态异常。减轻患指/趾的负重，可加速病灶的恢复速度，使患指/趾容易恢复正常功能和健康状态。

四、蹄浴

蹄浴是牧场护蹄和预防某些感染性蹄病的一项日常工作。通常情况下，蹄浴有湿法和干法两种方式，牧场可根据规模、季节、蹄病类型等因素选择适宜的蹄浴方式以改善牛群的肢蹄健康状况。规模较小的牧场，可用喷雾器（去掉喷头）做湿法蹄浴；规模较大的牧场，可在奶厅回牛通道设固定式蹄浴池或专用蹄浴设备进行蹄浴；寒冷的季节，可采用干法浴蹄。湿法浴蹄的药物可分为护蹄用蹄浴液和治疗用蹄浴液，常见的护蹄用蹄浴液有5%～10%的硫酸铜或硫酸锌溶液、3%～5%的福尔马林溶液等；常见的治疗用蹄浴液有0.1%的土霉素或四环素溶液，0.01%的林可霉素溶液。但要注意的是，出于环保的考虑及部分药物的刺激性、可能产生药残等问题，选择蹄浴液时需与专业兽医沟通。目前还有多种植物提取物商品化蹄浴液，牧场可按需选择。干法蹄浴一般使用硫酸铜和生石灰的混合物，硫酸铜的比例为5%～10%。

牧场的浴蹄频率可根据牛体卫生状况确定，评分方法见图10-18、浴蹄频率见表10-15。

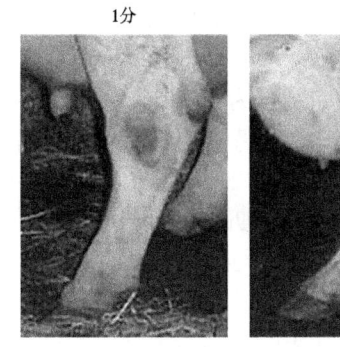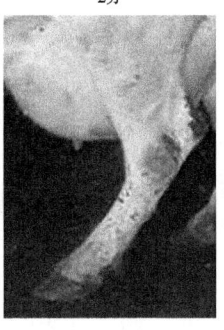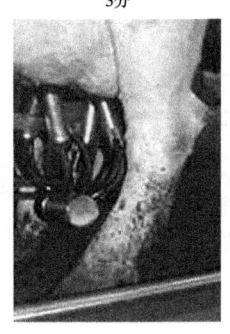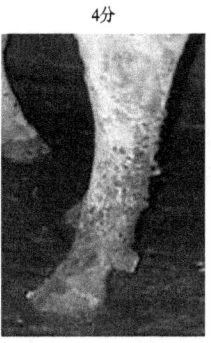

图10-18 牛体卫生状况评分

表10-15 浴蹄频率参考表

3、4分牛的比例/%	状况	浴蹄频率
<25	好	按需确定
25～50	一般	每周2次
51～75	差	每周5次
>75	非常差	每周7次

蹄浴的管理，除制剂选择和浴蹄频率外，还应注意现场管理。通常情况下，不同制剂需根据蹄浴池、蹄浴前蹄部的清洁状况、乳牛的应激状况等相关因素进行选择。湿浴时，根据所用制剂及蹄浴液的清洁程度，通常每200～300头牛通过后就应更换蹄浴液，否则蹄浴不仅不会对肢蹄健康起到保护作用，还会形成传染源。同时，还需注意蹄浴液的总量，无论蹄浴池的大小，都要保证蹄浴液的深度能够浸没到乳牛的蹄冠上方。干浴时，要注意乳牛前蹄的湿润程度，尽可能在其通过蹄浴区域前保持蹄部干燥。

总之，与乳房健康管理一样，乳牛的肢蹄健康管理既是牛场日常管理中的一项重要工作，也是一个系统工程，需要多部门、多学科共同协作完成。只有制定合理的管理方案，并执行到位，才能为牛群肢蹄健康提供有效保障。

第四节 繁殖疾病的预防

牧场的繁殖状况决定了牛群的可持续发展及盈利水平，繁殖健康管理是乳牛繁殖性能发挥的基础与保障。繁殖疾病的预防与饲养管理息息相关，为确保乳牛的繁殖性能，本节将重点讲述牧场管理对繁殖疾病的预防。

一、保持良好体况

（一）体况评分

在生产中，可通过体况评分（BCS）评估乳牛的体况，以反映其健康和能量代谢状况。目前，我国牧场多采用5分制法评估乳牛体况。现行评分方法主要观察脊柱背侧的大部分部位、肋骨、腰椎横突、荐骨结节、坐骨结节、尾根和股部，能够更准确地评估乳牛的体脂储备状况。产犊时，体况评分的目标值为3.0～3.5，整个泌乳期体况评分变化幅度尽可能控制在0.5分内。

（二）BCS与繁殖

繁殖成功与否与多种生理功能的协同作用有关。首先乳牛必须能够排出优质的卵细胞，且能够及时受精。受精后形成的受精卵在发育的过程中还需产生足够的信号蛋白以便着床，否则会因为前列腺素水平升高而终止妊娠，同时母体的子宫内环境也要适宜着床，才能完成繁殖的前期过程。上述过程均会受到乳牛授精前能量平衡状态的影响。

因为认识到了能量状态（某一时点的BCS）和能量平衡（BCS变化幅度和速度）导致的生理状态能够影响乳牛产后发情的时长和妊娠率，很多学者开展了BCS与繁殖关系的研究。研究发现，提高产犊时BCS和缓解泌乳期BCS的下降幅度、减少产后失重、缩短产后失重的时间和改善产后失重状态以加快乳牛的参配能促进繁殖工作尽快获得成功。虽然公认能量储备和能量平衡对繁殖十分重要，但其实际关系还存在一些矛盾。这些矛盾可能与BCS或繁殖参数的设定有关，尚无试验或统计模型证明特定时点的BCS

与繁殖参数间的相关性。

虽然乳牛产后会有一段时间不会发情，但如果这一时间段过长，就会延长配种时间，且繁殖失败的风险升高，这种状况在季节性繁殖的牛场表现尤为明显。许多学者证明乳牛产后第一次发情的时间与BCS的变化相关，但其相关性并不一致。乳牛产后第一次发情的天数与产犊时的体况评分（BCS）、BCS最低值及产后乳牛体况下降的幅度呈负相关。

虽有研究表明，泌乳早期BCS与主动停配期内发情次数呈正相关，但并不呈线性相关，泌乳早期BCS介于3.0～3.5时产后发情最佳。

产犊时BCS和泌乳早期BCS变化与产后第一次发情天数呈负相关，主要因为卵巢静止、促黄体素不足、卵泡对促性腺激素反应差和卵泡功能弱。能量负平衡不会影响乳牛产后的卵泡密度和优势卵泡重新开始发育的时间，但能够影响第一个优势卵泡的排卵成功率，继而降低能量负平衡期间的优势卵泡形成的能力。产后BCS下降超过1分的乳牛一次配种受胎率极低（17%），而BCS下降低于0.5分的乳牛一次配种受胎率为65%。大多数相关分析和生理研究表明，无论饲养模式如何，参配时BCS越低、产后BCS下降幅度越大，乳牛的一次配种受胎率越低。

（三）进行体况评分的时间点

在整个泌乳期中，BCS可按需做多次记录。但一般情况下，每头乳牛一个泌乳期做4次体况评分即可反映饲养管理状况，分别为产犊时、产后第一次参配时、泌乳中期或预计干奶前90～100天及干奶时。这些BCS记录既能反映乳牛在不同阶段的饲养管理状况，还能反映乳牛可能存在的健康问题。但牧场要根据管理需要，确定其他时间是否需要做体况评分。

二、体况和干奶期饲养

在牧场管理的过程中，期望产犊时绝大多数乳牛的体况评分为3.0～3.5。干奶期是胎儿发育最快的阶段，干奶期的营养状况不仅关系胎儿的发育速度，还直接影响母体的体况变化。理想的状况是乳牛在干奶期间体况不发生变化或小幅度变化（变化幅度≤0.5分）。乳牛在干奶期内体况变化幅度过大时，无论增减，均可导致产后代谢性疾病的高发，且乳牛如果在干奶期增重幅度过大，还易造成难产等问题，所以干奶期的体况控制十分重要。

干奶期可分为干奶前期和干奶后期（又称为围产前期），干奶前期是指干奶日至产前22天，干奶后期指产前21天。此时是乳牛瘤胃的休息期、乳腺的修复期、初乳产生期和胎儿快速发育期等重要阶段，可以说干奶期是下一个泌乳期的起点。此阶段，乳牛由高精料转为高粗料日粮饲养，瘤胃乳头的表面积下降一半；通过干奶期治疗，可促使慢性感染的乳牛乳房恢复健康并合成初乳。为减少乳牛产后饲料变化造成的应激，牧场通常会将干乳牛在产前14～21天单独组群，配制干奶后期日粮以逐步完成过渡。为确保干奶期饲养管理成功，需做到：

- 确保乳牛干物质采食量最大化；
- 干奶期乳牛BCS不可出现大幅变化；
- 做好围产期日粮管理；
- 做好分群和牛群密度管理。

三、配种卫生操作和产房管理

配种是配种员完成人工授精的过程，包括输精前准备、冻精提取、解冻、装枪和输精等多个环节。任一环节出现问题，都会影响乳牛的受胎率及牛群的配种天数。经过专业培训和实操练习，配种员可快速掌握人工授精技术。但在操作过程中，各环节均会涉及卫生问题，也是配种员容易忽视，甚至是有些牧场一段时间内受胎率受影响的主要因素。需注意的有：

- 输精前要准备好一次性长臂手套；
- 冻精的提取和操作全过程使用镊子夹持细管；
- 剪细管时要用剪刀或专用的细管剪；
- 解冻杯或水浴锅内的水要定期更换；
- 输精枪等工具要每天消毒；
- 解冻及装枪过程中要在避风处操作，尽量避免冻精受到水、操作人员的手等污染；
- 装枪后至输精前保持输精枪的温度和清洁；
- 尽量保持牛体卫生，输精前彻底清理阴门周围；
- 输精时使用输精枪保护套等。

产房是乳牛产犊时都要进入并完成产犊过程的地方。产房管理不仅可以影响乳牛的健康，还会影响乳牛下一胎次的繁殖性能。产房管理主要包括母牛管理、犊牛管理、初乳管理和环境管理等几个方面。乳牛的分娩过程分为三个产程，分别是子宫颈口开张期、胎儿娩出期和胎衣排出期。根据乳牛的胎次，观察胎儿的胎位、胎向和胎势，正常的情况下，子宫颈口开张期持续时间为6～12小时，胎儿娩出期持续时间为0.5～4小时，胎衣排出期持续时间为4～12小时。产房管理过程中，需注意：

- 产房要保持安静、干净、卫生；
- 昼夜设专人值班，每小时查槽1～2次，发现进入第二产程的牛安静地赶至产房；
- 准备好消毒用品、干粉润滑剂、接助产器具等工具，以备使用；
- 青年牛露水泡后2小时、经产牛露水泡后1小时如果没有进展，需彻底消毒后，检查母牛的产道开张情况及胎儿的胎位、胎势和胎向；
- 胎儿娩出后，检查母牛的子宫内是否还有胎儿，尽快给犊牛清理口鼻、消毒脐带、擦干、称重、打耳号、灌服初乳；
- 新产母牛尽快挤出初乳，并按牧场管理要求做灌服及其他处理；
- 尽快将母牛与新生犊牛分离；
- 清理产房内的污物及用品，保持产房清洁，以备下一头临产母牛进入；
- 做好相关记录（如产犊难易评分，方法见表10-16）。

表10-16 产犊难易评分

分值	定义
1	胎儿正常娩出或未见分娩过程
2	胎儿已部分娩出，稍用力即可拉出胎儿
3	通过人力即可完成助产
4	需借助器械完成助产
5	需剖腹产手术

产房工作流程及助产工作流程分别见图10-19、图10-20。

四、母牛产后监控

产后监控是确保新产牛围产期健康的关键管理流程。不同的牧场会根据牛群的健康状况及管理要求确定产后监控方案。通常情况下，母牛的产后监控按如下内容实施。

（1）对产后12小时后胎衣不下、助产过度、

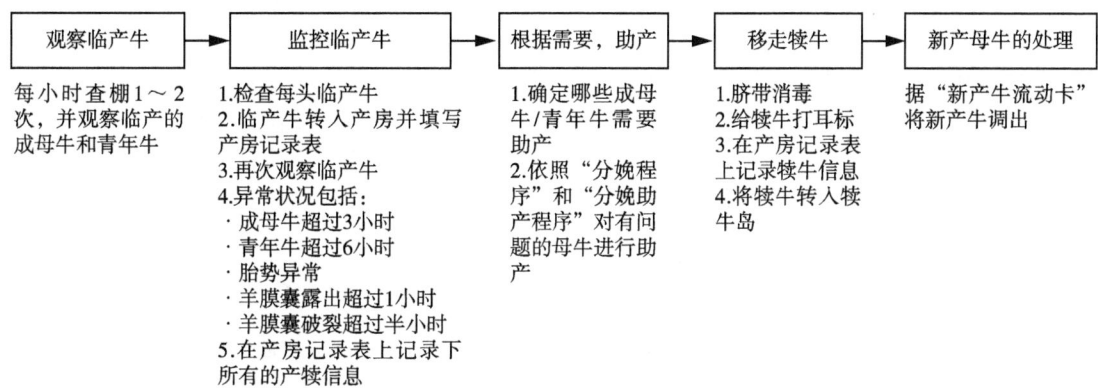

图10-19 产房工作流程

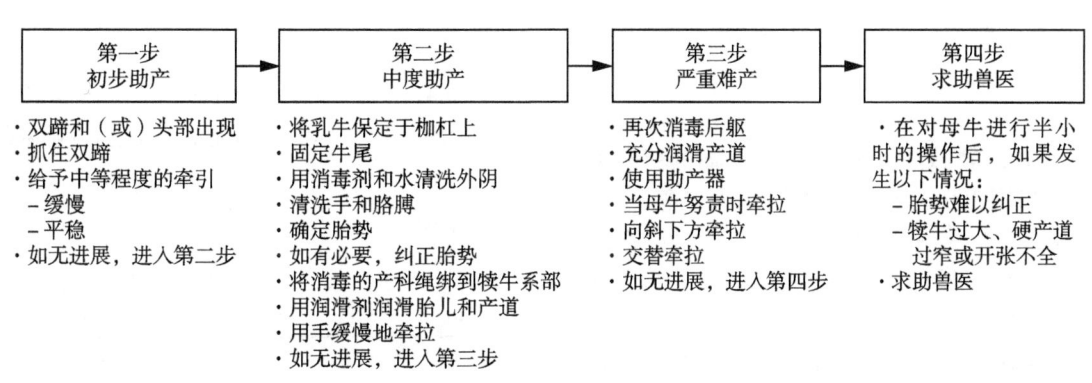

图10-20 助产流程

双胎、早产、死胎等非正常产犊及产后瘫的牛重点关注。

（2）牛场必须安排一名专职兽医每天早晨挤奶前对新产牛（21天内）群进行检查，具体步骤如下：

1）挤奶前乳房充盈度检查，观察乳牛后躯粪便、阴道分泌物、瘤胃充盈度、双侧肋弓比较等，并对异常牛只做好标记；

2）观察乳牛精神状态、采食情况、眼睛、耳朵、鼻唇镜等是否正常，对异常牛只做好标记。

（3）对异常牛只进行全身检查：体温、脉搏及呼吸，阴道直肠检查（检测尿酮、血酮、恶露性状及气味、粪便性状），真胃变位，乳房炎等。

1）检查体温，直检子宫、阴道、阴道分泌物、粪便性状、尿酮等；

2）观察乳牛的呼吸频率；

3）站在乳牛的左侧，听诊瘤胃蠕动音，检查左后肢是否正常，触诊左侧膝上淋巴结；

4）叩诊乳牛左侧第8～13肋间和肷窝处，听诊是否有钢管音，移动听诊器确定钢管音的位置，判断是否发生真胃变位；

5）在左侧肘关节内侧胸部听诊心音或通过尾动脉触诊检查脉搏，同时观察左前肢是否正常，触诊左侧肩前淋巴结；

6）听诊肺部及气管处呼吸音是否正常；

7）检查右侧的前后肢是否正常，触诊前后肢的淋巴结；

8）触诊乳房，观察水肿情况，检查乳汁性状。

（4）根据检查情况按如下原则进行治疗。

1）体温＞39.4℃，恶露恶臭（子宫炎）或乳房炎及其他炎症的疾病采取如下治疗：肌内注射抗生素，并配合非甾体抗炎药治疗，如果有脱水症状，进行静脉补液或口服补液；

2）当血酮≥1.20 mmol/L且无酮病临床症状时，每日口服300～500 mL饲料级丙二醇原液，连用3～5天；当血酮≥1.20 mmol/L且有酮病临床症状时，静脉注射500 mL 50%葡萄糖溶液后，每日口服300～500 mL饲料级丙二醇原液，连用5天。治疗3～5天后检测血酮，呈阴性者停止治疗。牛只发烧但没有明显病因，给予非甾体抗炎药物；

3）体温＜39.4℃，恶露恶臭（子宫炎）或乳房炎及其他炎症的疾病采取如下治疗：注射抗生素类药物；

4）真胃移位的牛只一经发现立即进行手术治疗；

5）如果体温正常，无其他疾病症状，食欲不正常的牛只，可以考虑丙酸钙475 g，溶入40 kg温水灌服。

（5）牛体各部位检查表及乳牛产后疾病的诊断与治疗如下。

1）牛头部检查见表10-17。

表10-17　牛头部检查

检查项目	正常情况	异常情况
眼睛	明亮、正常	呆滞、凹陷
鼻镜	湿润、干净	脓性分泌物、干燥
面部	正常	水肿、异常

2）牛后部检查见表10-18。

表10-18　牛后部检查

检查项目	正常情况	异常情况
阴道黏膜	粉色	白色、黄色
粪便的形态	正常	稀薄、干硬
子宫	质地柔软、大小正常	增大、炎症
瘤胃	充盈	空虚、臌气、积食
酮体	阴性	阳性

3）牛左侧检查见表10-19。

表10-19　牛左侧检查

检查项目	正常情况	异常情况
直肠温度	37.8～39.4 ℃	＞39.4 ℃
瘤胃蠕动	2～4次/min	缓慢/无
叩诊有无钢管音	无	有
呼吸频率	30～50次/min	无规律/异常
心跳	60～80次/min	缓慢/快速/不规律
气管	呼吸音正常	有液体、有刺耳声
肺部啰音	无	有
淋巴结	小	大
乳房	正常泌乳	乳房炎

4）牛右侧检查见表10-20。

表10-20 牛右侧检查

检查项目	正常情况	异常情况
肠蠕动音	正常	流水音
呼吸频率	30～50次/min	无规律/异常
淋巴结	小	大

5）乳牛产后疾病的诊断与治疗见表10-21。

五、建立繁殖记录体系及数据分析

繁殖记录体系是牧场繁殖管理和回顾性分析的基础，随着管理软件及计算机的普及与应用，牧场中繁殖记录以个体牛信息和配种员信息记录为主。完整的个体牛信息记录应包括：牛号、出生日期、上胎产犊时间、参配日期（各次）、公牛号、妊检日期及结果、干奶日期、产犊日期、配种员信息等。根据上述信息，可利用管理软件分析出第一次配种天数、发情鉴定率、情期受胎率、21天怀孕率、发情周期分布状况、已孕牛耗精量、配种员工作能力等结果。图10-21～图10-23是美国牧场管理软件PCDART的部分分析图，读者可参考。

繁殖管理需要基础数据的支持，基础数据的

表10-21 乳牛产后疾病的诊断与治疗

病因	体温	身体状况	治疗
肺炎	>39.4 ℃		使用抗生素与非甾体抗炎药
酮病		食欲差、真胃变位	第1天给予葡萄糖/电解质溶液、20 mL维生素B，静脉注射；第2～3天灌服丙二醇，300～500 mL/d，以及新产牛灌服配方；神经型酮病，50%葡萄糖溶液500 mL，静脉注射，6小时后重复一次
		采食正常	连续3～5天灌服丙二醇，300～500 mL/d
低血钙		趴卧或精神沉郁	750 mL 20%葡萄糖酸钙或500 mL 5%氯化钙溶液，静脉注射，隔6小时再给药一次
低钙血症		疑似病例	口投钙制剂，按需给药，每天一次
	<39.4 ℃	产后14天后	5 mL PG，肌内注射
子宫炎	<39.4 ℃	产后14天内	抗生素治疗，丙二醇灌服一天
	>39.4 ℃		抗生素治疗，丙二醇灌服三天
	>39.4 ℃	精神状态良好	抗生素治疗，按需使用非甾体抗炎药，灌服酵母培养物
其他		精神状态较差	全面诊断后治疗
	<39.4 ℃	临床健康	产后灌服剂
病态状			全面诊断后治疗

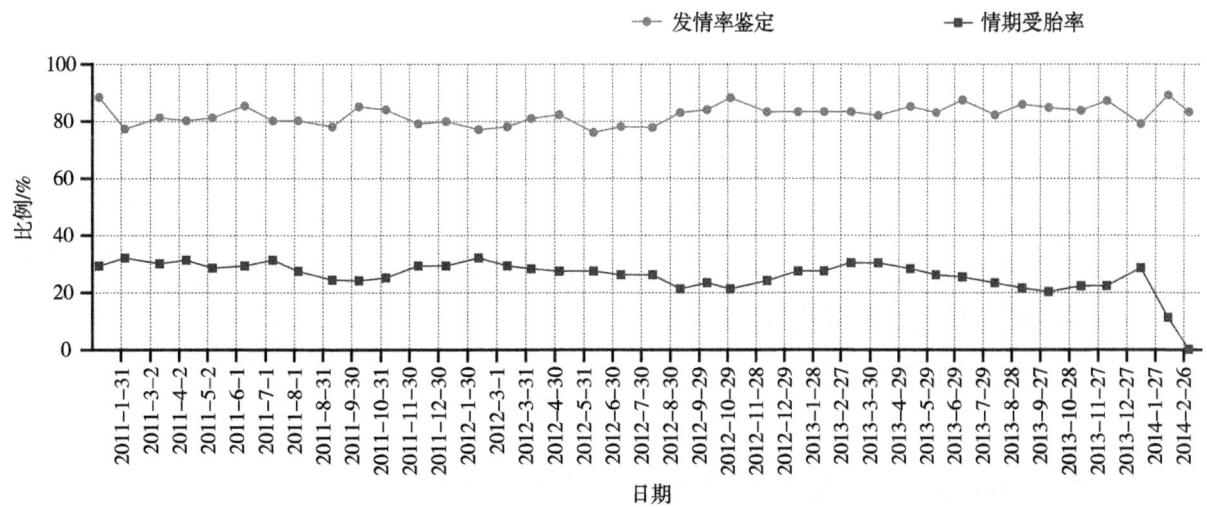

图10-21 牧场发情鉴定率和情期受胎率变化曲线

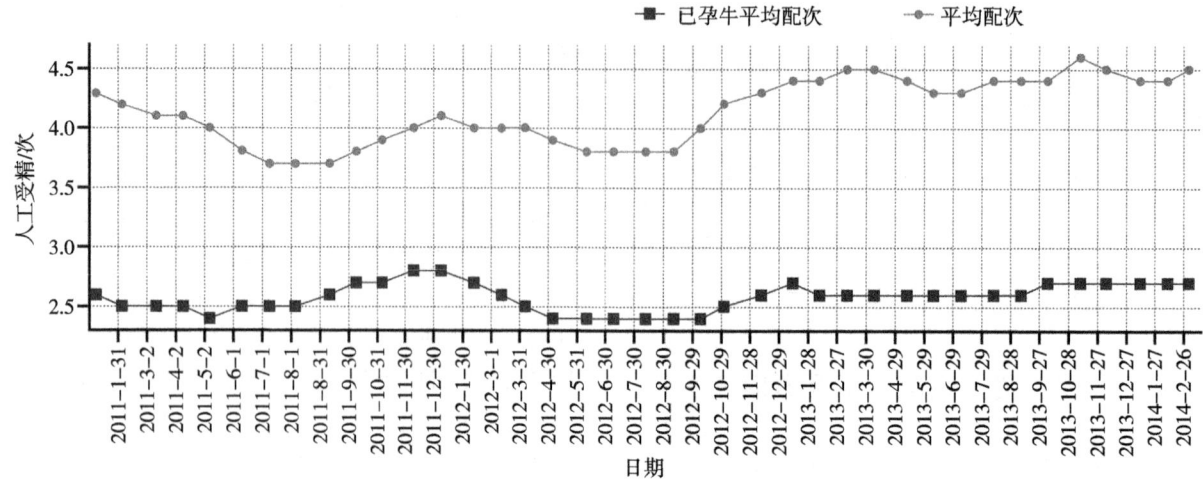

图10-22 牧场平均配次和已孕牛配次变化曲线

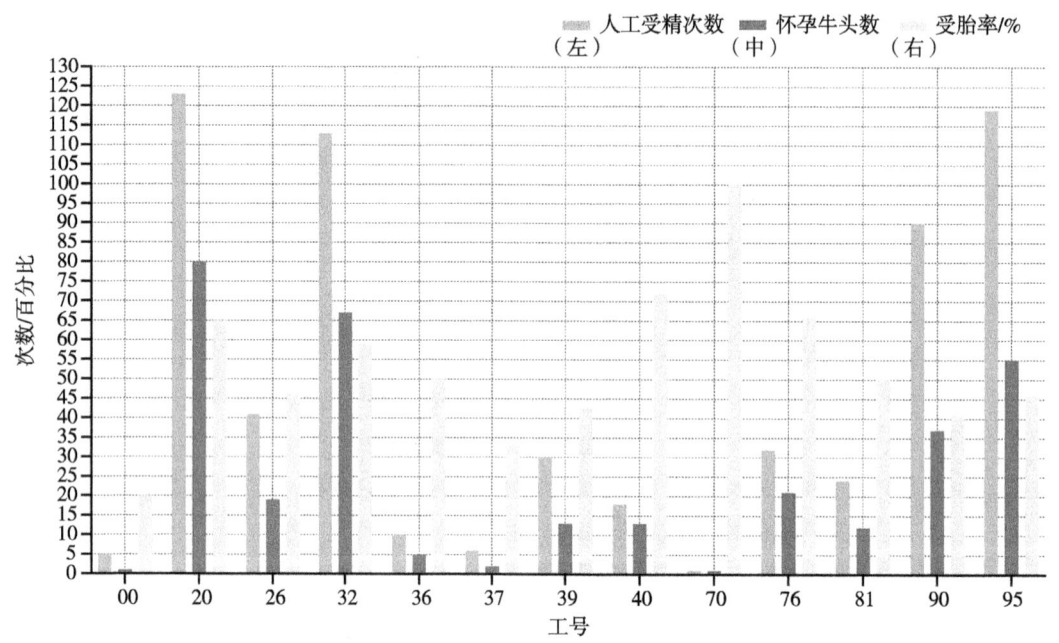

图10-23 牧场配种员工作能力对比图

准确性决定了牧场繁殖管理的结果。根据基础数据记录，可系统分析出牧场繁殖相关参数，读者可根据需要参考繁殖管理相关书籍做深入分析，以改善牧场的繁殖水平，提高牧场的盈利能力。

第五节 瘤胃健康及营养代谢病的监控

与单胃动物相比，瘤胃是复胃动物所特有的。对于乳牛，瘤胃是其生存的基础，其健康与否决定了机体的健康和生产性能。虽然影响瘤胃健康的因素和疾病较多，但随着规模化牛场的增多，群发性的瘤胃酸中毒问题已成为牛场管理过程中非常常见的问题，本节将对此进行简单阐述。营养代谢病是乳牛围产期最主要的健康问题，根据发病原因划分，可分为能量代谢性疾病和矿物质代谢性疾病两大类。其中能量代谢性疾病包括酮病、真胃变位、子宫炎等，矿物质代谢性疾病包括低血钙/低钙血症、低磷血症、低镁血症、低钾血症等。其中酮病和低血钙分别是两类代谢性疾病的代表，其他代谢性疾病可参考专业的兽医书籍。

一、酮病

（一）病因

酮病是常发于新产牛的代谢性疾病，本病发病时间在产后60天内，与乳牛的能量负平衡相关，患牛多是高产乳牛。由于来自食物转化及储存在肝脏内的葡萄糖不能满足动物体的需要，酮病患牛的血糖低于正常值，此时机体开始合成并释放酮体。此现象常与脂肪肝（脂肪肝牛产犊时往往过肥）和产后干物质采食量不足有关。

（二）临床症状

酮病患牛表现为产乳量突然下降、食欲下降、便秘、呼吸时有异味、粪便内有黏液、共济失调、部分机体麻痹、快速失重和精神沉郁等。有些病例站立或行走时由于腹痛表现为弓背。而有些病例则表现出神经症状，如吼叫、转圈和啃食木头、金属和饲槽，其呼吸同样有"烂苹果"气味。

（三）诊断

利用血酮检测、尿酮试纸条、乳酮检测试纸条等方式检测疑似患牛的血样、新鲜尿样或奶样，可以测定酮体浓度，以确定乳牛是否患有酮病。使用血样进行检测时，血液中β-羟丁酸浓度超过14.4 mg/dL（1.20 mmol/L）时即可判定乳牛发生血酮升高，继而根据是否有酮病的临床症状，分为亚临床型酮病和临床型酮病。尿样和奶样中高浓度的酮体可使尿酮、乳酮试纸条的检测区变色，与比色卡对比即可得出酮体浓度。

其他疾病可诱发酮病进而造成动物的食欲废绝，如乳房炎、消化不良、创伤性网胃炎、真胃移位、肺炎、子宫炎等。治疗酮病的同时，这些原发或伴发的疾病也应重视并积极治疗。

（四）治疗

提高患牛的血糖浓度是治疗酮病的基本原则。病初，可以静脉注射50%的葡萄糖溶液500 mL进行治疗，后续可通过每日口服300～500 mL饲料级丙二醇原液，连用3～5天。给患牛肌内注射类固醇类药物如醋酸异氟泼尼松或地塞米松也有助于提高动物的血糖水平，类固醇类药物用药后8～24小时即可使患牛血糖浓度达到正常水平，并维持48个小时以上。

（五）预防

营养调控是预防酮病的关键。干乳牛应该饲喂高质量、营养平衡的日粮。围产前期（产前3～4周）应该给予精料浓度稍高的过渡日粮。新产牛应该根据产乳量给予高能量日粮。无论泌乳期还是干奶期日粮，都应保证日粮中有充足的蛋白质及碳水化合物，详情需咨询营养师。

（六）监控

虽然乳牛酮病的监控及风险评估可在产前和产后分别检测不同指标确定，但目前的金标准为检测血液中BHBA的含量。乳牛在患酮病时，酮体包括丙酮、乙酰乙酸和BHBA，后者在血液中比前两种更稳定。当血酮≥1.20 mmol/L且无酮病临床症状时，判定为亚临床型酮病；当血酮≥1.20 mmol/L且有酮病临床症状时，判定为临床型酮病。

对于群体状况的评估，诊断方法有别于个体乳牛的诊断。对于新产牛群，可选择泌乳天数5～50天的牛进行评估，最低样本量为12头（样本数和牛群酮病发病率决定了评估结果的可信度，如牛群较大，可增加样本量以确保评估结果的准确性），通过检测，确定样本中血液BHBA浓度≥1.20 mmol/L的牛占比。虽然目前牛群酮病评估的警戒线没有明确定义，但通常以10%～15%为限（如果样本数为12头，则1头或2头阳性），高于警戒线表明干奶期或围产期饲养管理存在问题。继而再对牛群中个体牛的酮病类型进行深入分析，以明确原因并采取措施，确保乳牛生产性能的充分发挥。

二、低血钙

低血钙是牧场的一种常见代谢性疾病，饲喂营养均衡的日粮可以有效预防该病的发生。

（一）病因

乳牛产后血钙浓度会下降，当其低于8 mg/dL时即可发生低钙血症。

（二）临床症状

（1）围产期乳牛卧地不起。
（2）乳牛鼻镜干燥，污秽不洁。
（3）肢体末端发凉。

（4）体温正常或降低。

（5）尿潴留，粪便干燥。

但并不是每个病例都会出现以上所有症状。

（三）辅助诊断

1. 牛旁钙检测　目前可用仪器在牛旁检测血液中离子钙的浓度，在离子钙浓度低于8 mg/dL时，即可判定乳牛患有低钙血症。

2. 血液生化检测　需采血送至专业实验室检测，因过程较繁杂，不适用于生产，多用于科研。

（四）治疗

1. 静脉补充钙离子　静脉注射钙制剂，如氯化钙溶液、葡萄糖酸钙溶液或硼葡萄糖酸钙溶液等。这些药物需要缓慢注射，第一瓶药物要使用14号针头在10～20分钟输入患牛体内。第二瓶开始，输液速度要进一步减慢，同时监测心跳。钙制剂输入速度过快很容易导致动物死亡，一旦发现心率异常，应立即停止静脉输液。

静脉注射第二瓶时，可能出现：
- 嗳气；
- 肌肉震颤；
- 鼻镜变得湿润；
- 体温回升。

以上症状均为低血钙得到纠正后的正常反应。

2. 口服钙制剂　其也是补充钙离子的有效方法，可用市售的大丸剂。

（五）预防

合理制作干乳牛配方及日粮、添加阴离子盐可以降低低血钙的发生率，这方面可咨询营养专家。为预防该病，高危牛可在产犊前后口服补钙。

（六）鉴别诊断

（1）乳房炎（虚弱并且可能卧地不起）。

（2）生产瘫痪（虚弱并且可能卧地不起）。

（3）严重酸中毒。

三、瘤胃酸中毒

牧场管理人员或员工可以观察到或知道乳牛过度摄入了精饲料，因此酸中毒很容易诊断。一旦乳牛过量采食谷物类饲料，瘤胃发酵产生的丙酸量升高、乙酸量下降，挥发性脂肪酸总量上升导致瘤胃内pH下降，继而造成瘤胃内某些微生物（如原虫、细菌）死亡而其他一些微生物大量繁殖。

（一）临床症状

（1）病初，患牛表现为精神沉郁、食欲废绝和瘤胃臌气。

（2）可能出现腹泻症状。

（3）随着病程的发展，患牛由于中毒性休克，口腔黏膜将变得苍白。

（4）在某些严重病例中，患牛还可能出现躺卧不起的现象。

（5）乳脂率下降或跛行是群体亚临床瘤胃酸中毒（subacute ruminal acidosis, SARA）的表征。

（二）诊断

（1）通过瘤胃内容物进行诊断。

1）通过瘤胃穿刺术采集瘤胃内容物并测定其pH是最准确的诊断方法。

2）也可通过胃管采集瘤胃内容物，尽管该方法没有瘤胃穿刺法准确，但采集到的样品同样可以使用pH计进行检测。

3）还可用乳牛的新鲜粪便来检测pH，该方法的准确性逊于前两种方法。

（2）瘤胃酸中毒的诊断标准为pH低于5.5。

（三）治疗

（1）对于轻微病例，可以使用缓释剂进行治疗。

（2）对于严重病例，可插胃管灌服：

1）2～4 L矿物油。

2）110～220 g碳酸氢钠。

3）将以上两种物质与10～15 L水充分混合后灌服，如有必要每天可重复4～6次。

3. 使用非甾体抗炎药治疗。

4. 静脉注射$NaHCO_3$溶液。

5. 使用抗组胺药物。

6. 如果以上治疗措施都无效，通过瘤胃切开术进行救治。

所有病例的处理最好由专业兽医进行。

（四）监控

在生产中，代谢性酸中毒根据临床症状及病史即可做出诊断。但在规模化牛场的生产过程中，SARA的影响更大。有多种方式可评估牛群中SARA的状况，如DHI数据分析、商品奶乳脂率分析、瘤胃穿刺液pH检测、现场粪便和反刍观察等。本文简要介绍DHI数据分析及瘤胃穿刺液pH检测两种方法。

1. DHI数据分析　DHI数据报告中，乳脂率和脂蛋比的数据可用于评估乳牛和牛群的瘤胃健康状况（SARA）。对于个体牛，可用乳脂率来作为评估指标，如果牛群中乳脂率＜2.5%的牛超过10%，表明牛群可能存在SARA问题。对于全群，如果脂蛋比＜1的牛超过30%，也能预示着牛群存在SARA问题。虽然DHI数据分析方法不是最准确的方法，但可作为牛群是否需要进一步评估的依据。

2. 瘤胃穿刺液pH检测　瘤胃穿刺液pH检测方法可准确评估牛群的瘤胃健康状况。在做群体评估时，最低采样数量为12头牛。在乳牛左腹侧最后肋弓后6～8 cm的膝关节水平线上剃毛消毒后穿刺，最好由专业兽医来采样。穿刺液要用pH计检测（不可用pH试纸检测），当pH＜5.5的牛超过30%时，表明牛群存在SARA问题。

（五）预防

对于规模化牛场，SARA的预防较临床型瘤胃酸中毒更重要。预防原则如下。

1. 使瘤胃慢慢适应日粮的变化　尤其是乳牛从产犊前到产犊后的日粮变更，最好将干奶后期牛单独分群，日粮配方中的营养浓度介于干乳牛日粮和新产牛日粮之间，饲料原料与新产牛日粮相同。另外采用新日粮配方时，要有2周左右的过渡时间。

2. 降低日粮的发酵速度　平衡日粮，避免因日粮中快速发酵的碳水化合物总量过多而快速产生大量VFA导致酸中毒。做到能氮平衡，尽量保证碳水化合物的发酵速度与蛋白质的利用速度一致。

3. 确保日粮中的有效纤维数量　尽量将TMR宾州筛上层比例控制在7%～10%。

4. 饲喂瘤胃缓冲剂　可使用碳酸氢钠、氧化镁等。

5. 做好TMR制作及饲槽管理　保证TMR的一致性，避免空槽和采食竞争。

6. 做好分群管理及牛群密度管理　避免采食竞争。

因SARA与营养相关，建议牛群出现SARA问题时积极与营养师沟通，并关注饲槽管理等可能存在的问题。

四、真胃移位

真胃移位（abomasal displacement，AD）是乳牛的一种常见的消化系统疾病。正常状态下，皱胃位于牛的右侧前下腹部，第7～11肋间。移位常发于乳牛分娩后，由于胎儿娩出和瘤胃空虚，腹腔内的空间较大，为皱胃移动至瘤胃下方创造了条件。此外，由于产后低钙血症，皱胃壁的平滑肌张力下降，蠕动减弱，导致内部气体蓄积，继而发生左方（LDA，～90%）或右方（RDA或RVA，～10%）移位或扭转。发生皱胃右方移位时，可危及生命。

（一）发病率

泌乳牛LDA的发病率可为0.2%～15%。根据地理位置、饲养管理、气候和其他因素，不同牧场AD的发病率各异。

（二）临床症状

（1）患牛产乳量和采食量下降。

（2）精神沉郁，食欲减退。

（3）排粪量减少或有腹泻表现，粪便中含有较多黏液。

（4）腹围缩小，两侧肷窝下陷，但发生皱胃移位的体侧隆起，RDA或RVA时尤为明显。

（5）发生LDA的牛可能轻度脱水。

（6）发生RDA或RVA的乳牛快速脱水，可有腹痛表现。

（三）诊断

（1）患牛血液、尿液或乳汁中酮体含量升高至1.20 mmol/L以上。

（2）发生LDA的患牛，体温、脉搏和呼吸频率正常。

（3）在左侧第9～12肋间、肩关节水平线上下叩诊时，可听到"钢管音"（ping声）。

（4）发生RDA/RVA的患牛，可在右侧第8～13肋间、肩关节水平线上下叩诊听到"钢管音"。

（5）RDA/RVA患牛心率加快，呼吸频率加快。

（6）RDA/RVA患牛有代谢性碱中毒的表现，尿液pH下降。

（7）可在"钢管音"最明显的位置穿刺，检查穿刺液的pH，pH＜3.0时为胃液，pH＞6.0时为瘤胃液。

（8）在听到钢管音时，需与瘤胃迟缓、盲肠扭转、气腹症等进行鉴别诊断。

（四）治疗

（1）虽然不同专业书籍上对本病介绍了多种治疗方法，但最切实的方法为手术整复法。可用开腹手术或盲针固定术整复。

（2）RDA/RVA的患牛，术后应使用抗菌药物治疗，并进行对症支持治疗。

（五）预防

（1）应合理调配日粮，精粗比适宜。

（2）妊娠后期，应少喂精料，多喂优质干草，适量运动。

（3）尽可能控制牛群产后低血钙和酮病的发病率。

（4）改善围产期乳牛的舒适度，尽量缓解牛的应激。

（5）对围产期疾病应及时治疗，减少或避免并发症的发生。

第六节　免疫接种及其程序

疫苗免疫是预防乳牛发生常见病原感染的重要措施之一，但就不同年龄段的牛群而言，免疫程序也不尽相同。本节根据牛群的年龄段推荐与之相应的免疫程序，但在生产实践中应结合本地牛场环境和牛群的结构等综合考虑，然后制定适宜的免疫程序。目前国内牛用疫苗相对较少，部分可用于防控重要传染病的疫苗及推荐免疫程序见表10-22。

表10-22　国内乳牛疾病部分可用疫苗及推荐免疫程序

疫苗名称	用途	免疫程序	备注
口蹄疫O型、A型二价灭活疫苗	预防口蹄疫	3～4月龄首免，30天后加强免疫，以后每年2次加强免疫，肌内注射	强制免疫
无毒炭疽芽孢苗	预防炭疽	3～12月龄牛0.5 mL，12月龄以上的牛1.0 mL，颈部皮下注射。每年加强免疫一次	有风险的牛场选择性使用
Ⅱ号炭疽芽孢苗	预防炭疽	所有＞3月龄的牛1.0 mL，颈部皮下注射。每年加强免疫一次	有风险的牛场选择性使用
布鲁菌活疫苗（S_2株）	防控布鲁氏菌病	弱毒疫苗，口服免疫，5头份/次。每年加强免疫一次	需属地兽医管理部门批准后使用
布鲁菌活疫苗（A_{19}株）		仅用于未妊后备牛免疫。弱毒疫苗，3～8月龄牛首免，600亿/头份；按需在11～12月龄（首次参配前）减量（10亿～30亿/头份）加强免疫1次，颈部皮下注射	
布鲁氏菌病基因缺失苗（A_{19}-△$VirB_{12}$株）		弱毒疫苗，3～8月龄牛首免，600亿/头份，颈部皮下注射	
山羊痘活疫苗	预防结节性皮肤病	5～10头份/次，皮内注射。每年加强免疫一次	有风险的牛场选择性使用

◇思考题

1. 牛群健康管理有哪些主要内容？
2. 乳房健康管理有哪些评分方法？各有什么意义？
3. 影响乳牛肢蹄健康的主要管理性因素是什么？
4. 母牛监控包括哪些内容？
5. 新产牛代谢性疾病中最重要的是什么？如何防控？

参考文献

[1] 齐长明. 乳牛疾病学［M］. 北京：中国农业科技出版社，2006.

［2］王春璈. 乳牛疾病防治学［M］. 北京：机械工业出版社，2023.

［3］FAERBER C W. 奶牛生产兽医及疾病管理［M］. 齐长明，译. 北京：中国农业出版社，2018.

［4］BLOWEY R W. 牛跛行与护蹄［M］. 5版. 马翀，高健，曹杰，等译. 北京：中国农业出版社，2022.

［5］Scott Poock. Dairy Grazing：Herd Health［EB/OL］. https：//extension.missouri.edu/media/wysiwyg/Extensiondata/Pub/pdf/manuals/m00179.pdf

［6］RUEGG P L. A 100-year review：mastitis detection, management, and prevention［J］. J Dairy Sci，100（12）：10381-10397.

［7］Udder hygiene scoring chart available from UW Extension［EB/OL］. http：//www.uwex.edu/milkquality/PDF/UDDER%20HYGIENE%20CHART.pdf

［8］NMC. Guidelines for Evaluating Teat Skin Condition［EB/OL］.（2017）. https：//www.nmconline.org/wp-content/uploads/2016/09/Guidelines-for-Evaluating.pdf

［9］MEIN G A，NEIJENHUIS F，et al. Evaluation of Bovine Teat Condition in Commercial Dairy Herds：1. Non-infectious factors［C］. Proceedings of the 2nd International Symposium on Mastitis and Milk Quality. 2001.

［10］SPRECHER D，HOSTETLER D，KANEENE J. A lameness scoring system that uses posture and gait to predict dairy cattle reproductive performance［J］. Theriogenology，47（6）. 1997：1179-1187.

［11］COOK N B. Getting the score on cow hygiene［EB/OL］. http：//www.uwex.edu/milkquality/PDF/UDDER%20HYGIENE%20CHART.pdf

［12］Hoof Trimming Technique［EB/OL］. https：//maaz.ihmc.us/rid＝1PHTHCSTK-N1G3P2-1BKQ/Hoof%20Trimming%20Technique.pdf

［13］GARRETT R O. Herd-Level Ketosis-Diagnosis and Risk Factors. AMERICAN ASSOCIATION OF BOVINE PRACTITIONERS 40th Annual Conference［C］. Vancouver，BC，Canada. 2007. 67-91.

［14］CHRISTOPHER C L C，KAITLYN A L，ERICA C. McKenzie，and Ahmed Tibary. Five-minute veterinary consult. Ruminant［M］. Second edition. Hoboken，NJ，USA：Wiley，2017.

［15］中华人民共和国农业农村部. 中华人民共和国农业农村部公告第537号. 一、二、三类动物疫病病种名录［Z］. 2022.

本章编者：马　翀；审订：高　健

第十一章

种公牛站建设与冻精生产

良种是养牛业发展的基础，种公牛站是我国乳牛、肉牛产业良种繁育体系的重要组成部分，在保障乳牛、肉牛供种工作中一直发挥着不可或缺的作用。加强种公牛站生产经营管理是提升种公牛质量、加快牛品种改良推广进程的需要。各国养牛育种实践证明，通过种公牛站建设，推广应用优秀种公牛冷冻精液人工授精技术，是加快乳牛和肉牛品种遗传改良、提高养牛生产水平和经济效益的有效措施。

近40年来，我国种公牛站的建设取得了显著成绩，生产条件不断改善，服务能力和生产水平明显提高。近几年来，全国种公牛站有了长足的发展，种公牛数量不断增加，供种能力明显增强，改良作用显著。到2022年底，我国有42个种公牛站，存栏种公牛5871头。

"农业现代化，种子是基础。"2023年中央一号文件提出，要深入实施种业振兴行动，扎实推进国家育种联合攻关和畜禽遗传改良计划。为加快推进乳牛、肉牛种业科技自立自强，种源自主可控，种公牛站将肩负起更加突出、更加关键的职责和使命。为保障《全国畜禽遗传改良计划（2021—2035年）》的实施，2023年9月，经农业农村部种业管理司同意，全国畜禽遗传改良计划领导小组办公室组织制定了国家核心种公牛站遴选标准及配套文件，启动了国家核心种公牛站遴选工作，这将进一步促进我国乳牛、肉牛育种工作的发展。

随着乳牛基因组选择育种技术的发展，种公牛选育效率显著提高。2020年8月13日，北京奶牛中心与华智生物技术有限公司签订技术合作协议，联合中国农业大学启动乳牛育种芯片自主设计开发攻关工作。2023年9月，联合攻关团队发布了我国荷斯坦牛基因组选择育种芯片，意味着国产乳牛育种芯片自主攻关实现重要突破，对提高我国荷斯坦牛基因组选择的准确性和时效性、进一步完善乳牛种质自主评价体系具有重要意义。伴随基因组选择、遗传缺陷基因检测、亲子鉴定等技术的发展应用，我国种公牛遗传性能不断提高。为了确保畜禽核心种源自主可控，要加强种公牛站生产经营管理，强化自主创新，加快关键技术攻关，加大自主培育种公牛的力度，提升种公牛站的技术和生产水平及可持续发展能力，充分发挥其在遗传改良中的重要作用，实现我国乳牛产业的持续健康发展。

第一节　种公牛站建设

一、种公牛站的职能

种公牛站的主要职能和任务是不断选育，提高种公牛的育种价值，生产和推广优质的牛冷冻精液，实施和加快牛群（乳牛、肉牛、水牛、牦牛、黄牛）的遗传改良。我国各省（区、市）多数都建有种公牛站（或种牛中心等）。根据种公牛站规模及其设备技术力量等条件不同，相继开展了乳牛生产性能测定、肉牛生产性能测定、体型外貌鉴定、选种选配和人工授精技术服务和培训等。根据《中华人民共和国畜牧法》和《家畜遗传材料生产许可办法》，种公牛站必须取得省、自治区、直辖市人民政府农业农村主管部门颁发的种畜禽生产经营许可证和市场监督管理局颁发的营业执照。

二、种公牛站的建设

（一）站址选择

站址选择的目的是给种公牛创造舒适的环境条件和良好的防疫条件，以保障公牛的健康和生产的正常进行，因此重视和加强种公牛站的建设和环境管理非常重要。种公牛站址应考虑地势高燥、地形开阔整齐、避风向阳，地下水位低，土壤透水性、透气性好，地质均匀、土质导热性小、吸湿小、保温良好，最合适的是砂壤土。站址选择还要特别注意防疫要求，既要交通便利，又要远离工厂、居民区、街道，距离交通干线1000 m以上，饲养区与外界形成天然屏障，周围环境没有影响公牛健康和冻精产品质量的不良因素，要做好"三废"处理和减少环境污染。选址时还应考虑历史上是否发生过恶性传染病，饲料来源及水源是否充足，水质是否良好且符合卫生标准。

建站面积可根据饲养种公牛数量和生产规模合理确定。通常中等规模的种公牛站（饲养种公牛100余头）应占地70～100亩（不含饲料地）。另外，建站时还应有长远发展的眼光、周密的考虑、通盘的安排和长远的规划。

（二）公牛站布局

种公牛站要根据方便生产、利于生活、出行便利、卫生防疫等原则进行整体规划和合理布局。按种公牛站内经营管理功能，通常分为种公牛饲养区、冻精生产区、管理办公区、生活区等四个区，各区的建筑物及道路的布局要合理，设计美观紧凑整齐，使用方便。

1. **生活区** 职工生活区应在公牛站区的上风和地势较高的地段，这样公牛舍产生的不良气味、鸣叫声等不致影响职工的生活，公牛排出的粪尿等也不会污染生活区，保证生活区的良好环境卫生。与生产区之间应有隔离设施。

2. **管理办公区** 种公牛站管理办公区为公牛站的管理部门所在地，负责全站的生产指挥、生产资料的供应、产品的销售、对外联系等业务。外来人员只能在管理办公区内活动，不得进入生产区，以防疫病的传播。所以，管理办公区应设在站的大门口，并与生产区有隔离设施。

3. **生产区** 生产区是种公牛站的核心部分，包括种公牛饲养和冻精生产两部分。建筑布局主要由公牛舍、运动场、采精厅、冷冻精液生产实验室、饲料间、兽医室等构成。其布局要合理，充分考虑雨污分流和净道污道的划设，使公牛采精、鲜精处理、饲料运输、粪污处理等方便而省力。对生产区的圈舍、冻精生产用房、生产附属用房、饲料仓库、饲料加工调制用房、干草堆放场地、牛粪堆放场地都应周密考虑，合理布局。

饲料供应、贮存、加工调制及与之有关的建筑物，其位置的确定必须同时兼顾饲料由站外运入，再运到公牛舍分发这两个环节。草料的堆放位置，一般应设在生产区下风向，并与建筑物保持较远的距离，以利于防火安全。堆粪场应设在生产区最边缘下风向地区，并离牛舍有一定的距离，既要方便牛粪从牛舍运出，又要便于运到田间施用。

（三）基础设施

1. **基础条件** 种公牛站应有足够的固定工作场所，基础条件（水、电、牛舍、草料库、采精厅、冻精生产实验室、质量检测室、冻精库房、办公室、数据和档案室、接待室、兽医室、更衣室、消毒通道、辅助用房等）及实验室设施设备能够保证正常生产经营。生产、办公和生活区要布局合理，满足防疫要求，配套设施应有利于生产经营的正常进行。

2. **仪器设备** 种公牛站的仪器设备是生产冷冻精液的基本条件和保证产品质量的工具，配备的仪器设备性能、精密度、量程能满足冻精生产和产品质量检测的需要。必要仪器设备包括以下几类。

（1）采精及洗涤器具：采精器、恒温干燥箱、高压灭菌器、超声波清洗仪、热水器、紫外线消毒设施等。

（2）精液质量检测仪器设备：相差显微镜、生物显微镜、精子密度测定仪、血球计数器、血球计数板、显微镜恒温板、恒温操作台、水浴锅、超净工作台、高压灭菌器等。

（3）精液稀释、降温用设备：电子天平、低温操作柜、超净工作台、普通冰箱等。

（4）精液灌装、印字设备：细管封装喷墨一体机或单独细管印字机、细管灌装机等。

（5）精液冷冻和保存设备：程控式精液冷冻仪、低温平衡柜、低温温度计、大口径液氮贮存罐、液氮生物贮存容器、冻精计数包装机、液氮贮存塔等。

（6）精液解冻器具：电热恒温水浴箱。

（7）实验室环境控制设施：空调、温度计等。

为了保证仪器设备能够正常运转和测试结果的准确性，对在用的仪器设备要实行有效的管理，使用仪器的专业人员都必须进行岗前培训。要建有仪器设备使用、检定档案记录和台账，对在用仪器设备要做好日常维护、校准和维修保养，完好率应达到100%，确保仪器设备的正常运转。

（四）专业人员培训

种公牛站各部门要合理配备相应的人员。行政管理人员应热爱种公牛站事业，具有相应的管理能力；一般需要5名以上畜牧兽医技术人员，从种公牛培育的长远打算，应有1名以上动物遗传育种专业技术人员。其中，主要技术负责人应当具有畜牧兽医类高级技术职称或本科以上学历，并在本专业工作5年以上；产品质量检验人员应当在本专业领域工作2年以上，并经培训合格；初级以上技术职称或大专以上学历的技术人员数量应当占技术人员总数的80%以上；具有提供诊疗服务的执业兽医。

第二节 种公牛饲养管理

种公牛是指符合品种标准，具有繁殖育种价值的公牛。种公牛饲养管理是保证种公牛正常繁殖功能的基础，为保证种公牛的健康和有效利用，不断提高冻精生产数量和质量，对种公牛的饲养管理必须根据种公牛的年龄、品种和生理特性，制定科学合理的饲养管理制度和技术规程。种公牛的饲养分为犊公牛、后备公牛、成年公牛三个阶段，根据《种公牛饲养管理技术规程》（NY/T1446）制定饲养方案，进行科学饲养管理。

一、种公牛引进原则

坚持自繁自养的原则，可防止引进牛时从异地带进传染病。确需引进时，应保证种公牛的遗传质量和健康，必须符合以下条件。

1. 有完整的选育计划，三代系谱资料真实齐全，必要时可进行亲子鉴定。公牛生长发育和体型外貌符合本品种的种用标准要求，并经后裔测定或其他方法（如系谱选择、基因组选择等）证明为优良个体。

2. 种公牛健康，无一、二类传染病和国家规定的其他疫病，主要包括口蹄疫、牛传染性胸膜肺炎、牛结节性皮肤病、牛传染性鼻气管炎（传染性脓疱性外阴阴道炎）、牛结核病、布鲁氏菌病、蓝舌病、牛白血病、副结核病、病毒性腹泻-黏膜病等。

3. 国内引进的，要有种畜禽合格证明、原始系谱资料和性能测定数据、动物检疫证明等；国外引进的，应提供农业农村部审批文件复印件、原始系谱资料、入境货物检验检疫证明等。

4. 种公牛品种应为《国家畜禽遗传资源品种名录》收录或农业农村部公告的品种。选择时注意，品种特征明显，外形和毛色符合品种要求；结构匀称，体型高大，体质健壮，膘情中上等，腰角明显而不突出，肋骨微露而不显，垂肉显露而不丰；繁殖功能、睾丸及附睾大小和质地均正常，精液质量达到标准，体型外貌无明显缺陷。凡有隐睾或精液品质差等缺陷的公牛均应淘汰。

5. 种公牛站应具有一定规模的采精公牛和后备公牛，公牛血统来源不能过于集中，群体年龄结构要合理。

二、引进种公牛的隔离饲养管理

（一）引种、隔离、检疫

1. 引种　严禁从疫区引进种牛，必须有动物检疫证明方可调运。调运时应查验个体养殖档案，并索取免疫、检疫及驱虫记录。

2. 隔离　引进的种牛，在隔离场（区）观察不少于45天后，经实验室检测和兽医检查确定为健康合格后，方可转入生产群。

3. 检疫　隔离的种牛严格按照要求进行检疫。

（二）隔离场管理制度

1. 进入隔离场的工作人员，应在隔离前10天内不从事动物饲养管理或疾病诊治工作，同时前往医院进行体检，取得个人健康证明。

2. 工作人员应沐浴并更换工作服后方可进入隔离工作区。

3. 隔离场后勤人员也需严格消毒，不得进入隔离区。外来人员如需进场，需在生活区净化消毒48小时、严格遵守隔离场各项规章制度，沐浴并更换工作服后方可进入。

4. 隔离场由指定人员负责日用品的采购，严禁携带与生产无关的物品或牛、羊、猪等偶蹄动物及其制品进入隔离场。

（三）种公牛进入隔离场前的准备

提前检查隔离场供电和供水情况。提供种公牛充足的清洁饮水，提前准备好公牛所需的草料，应选择营养全价的混合精料和优质干草，并先期运抵隔离场，进行严格的消毒。定期对各种饲料和饲料原料进行采样和化验。

（四）卸车接牛

运输种公牛的车辆应选用专业的运输车辆，减少对动物的伤害。运输车辆、承运单位（个人）及车辆驾驶员必须经过备案。车辆抵达后，必须经过严格消毒后方可进入隔离场。

（五）隔离饲养管理

1. 公牛体检　工作人员逐个检查牛只的体况，并做详细记录。

2. 分群　种公牛进入隔离场后，按照体型大小、品种、性情等对其进行分群饲养管理。

（六）加强疫病防控，提高牛群健康水平

1. 疫苗免疫　根据免疫要求，加强抗体水平监测，按规定程序注射疫苗，增强种公牛的疫病免疫力。

2. 疫病检疫　隔离期间定期对口蹄疫、牛结节性皮肤病、牛传染性鼻气管炎、牛结核病、布鲁氏菌病、BVD等进行检测。

3. 卫生消毒　应选择对人、牛危害小，对环境污染小，对设备无腐蚀的消毒剂。

4. 加强观察　饲养人员应随时注意观察牛群健康状况，有异常情况及时上报。

三、种公牛的饲养

（一）种用公犊牛饲养

公犊牛通常指0～6月龄的犊牛。种用公犊牛出生后应及时佩戴耳标，耳标编号按统一编号规定执行。

犊公牛哺乳期第1～7日龄时喂初乳，并自由饮水；7日龄以后喂常乳并开始训练采食精、粗饲料，种用公犊牛哺乳期通常不少于4个月，哺乳量600 kg左右。各月龄喂乳量为1月龄时日喂奶量7～8 kg，2月龄日喂奶量4～6 kg，3月龄日喂奶量3～4 kg，4月龄时喂奶量逐渐减少至断奶。全天喂奶量可分3次喂，奶温以37～39 ℃为宜。30日龄后，精料喂量逐步增加到1 kg/d左右，粗饲料选用优质干草。到6月龄时，精料的供给量增至2.5～3.0 kg/d，在营养成分上应保证矿物质、脂溶性维生素，特别是维生素A的供应，尽力避免使用抗生素和激素类药物，以免影响公犊牛性功能的正常发育。日粮营养水平：日粮干物质占体重的2.2%～2.5%，每千克饲料干物质含2.0个NND，含粗蛋白18%、粗纤维13%、钙0.7%、磷0.35%。犊牛应自由饮水，冬季饮用水温25 ℃左右，单栏饲养，用具定期消毒。犊公牛1月龄内去角，注意随时观察犊牛的精神状态、食欲及粪便是否正常。3～6月龄平均日增重可达800～1000 g。

在5月龄左右公犊牛的精细管管腔开始有成熟精子出现，6月龄体重约占成年公牛体重的20%，各阶段生长发育体重和体尺见图11-1、表11-1、图11-2、表11-2。

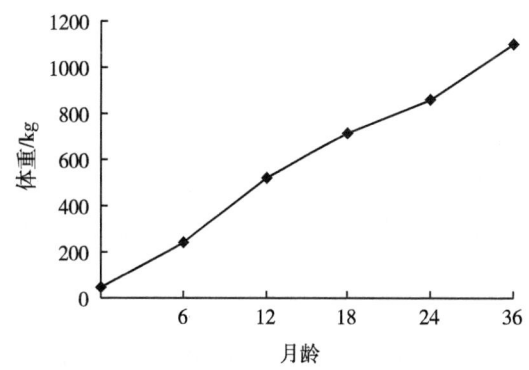

图11-1　荷斯坦牛种公牛生长曲线

表11-1 荷斯坦牛种公牛各生长发育阶段体重、体尺数据

月龄/月	体重/kg	体高/cm	十字部高/cm	体斜长/cm	胸围/cm	腹围/cm	管围/cm	睾丸围/cm
0	46.1	76.2	75.4	78.5	78.3	79.1	10.2	11.1
6	240.5	117.4	122.2	124.3	150.5	180.6	15.4	26.2
12	520.6	139.2	150.4	138.3	204.5	231.4	20.3	34.4
18	715.3	150.2	159.3	170.6	212.7	246.2	22.5	32.9
24	860.6	165.4	170.2	187.4	228.6	278.7	26.7	37.5
36	1100.8	179.3	184.4	197.2	252.4	291.3	28.3	46.8

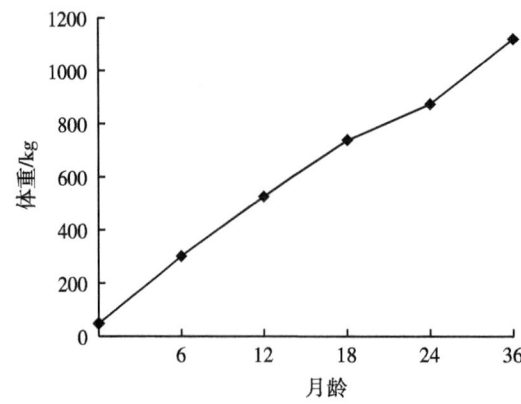

图11-2 西门塔尔牛种公牛生长曲线

表11-2 西门塔尔牛种公牛各生长发育阶段体重、体尺数据

月龄/月	体重/kg	体高/cm	十字部高/cm	体斜长/cm	胸围/cm	腹围/cm	管围/cm	睾丸围/cm
0	47.1	75.8	77.4	77	79.8	80.1	11.1	10.6
6	300.5	110.8	118.2	122.2	152.8	191.8	18.7	22.2
12	526.7	126.6	131.1	150.3	188.4	224.3	22.1	33.1
18	739.2	136.3	142.1	166.3	210.1	248.4	24.7	38.9
24	874.5	142.1	147.8	176.4	222.9	262.5	26.1	41.7
36	1120.7	148.8	153.2	187.8	245.1	284.6	32.1	42.8

（二）后备公牛饲养

后备公牛通常指7～24月龄的育成公牛。断奶后的育成公牛通常要单栏饲养，自由活动。6～8月龄时应给公牛安装鼻环。位置选在鼻中隔的下三分之一，此处无软骨，不易造成出血及组织损伤。

在正常饲养条件下，后备公牛9月龄时即可达到初情期，目前一般10月龄时开始采精调教。此后，生殖功能不断发育完善，开始具有正常的生殖能力，即进入公牛的性成熟期（通常乳用公牛为10～16月龄，水牛公牛为16～30月龄，牦牛公牛为24～36月龄）。后备公牛20月龄左右开始换牙，饲养管理人员要注意牛只采食情况，对于采食情况较差的公牛，要提供纤细柔软、营养价值高的饲草。平时要经常检查鼻环及缰绳、笼头是否正常、结实、完整，发现问题要及时处理。后备公牛日粮要求：7～17月龄时，优质干草5～7 kg/d，混合精料3.5～4.0 kg/d；18～24月龄时，优质干草8～10 kg/d，混合

精料主要由玉米、豆粕、棉粕、麸皮、食盐、石粉、矿物质和维生素预混料等组成，优质干草主要是燕麦草及优质苜蓿。日粮营养水平：日粮干物质占体重的1.5%~1.8%；每千克饲料干物质含1.6~1.7个NND，含粗蛋白16%、粗纤维15%、钙0.5%、磷0.3%。为促进公牛繁殖功能生长发育，初情期日粮中粗蛋白含量应高于成年公牛需要量的10%。

乳用后备公牛在12~24月龄时，应按要求参加公牛后裔测定。

在管理上，对公牛要经常刷拭牛体，保持体表卫生和阴囊皮肤的清洁卫生，培养公牛性情温顺，加强公牛运动，严禁粗暴对待公牛。同时，定期对种公牛的生殖器官进行全面检查，后备公牛首次采精前检查一次，成年公牛每年检查一次。另外，每月对后备公牛应称重一次，以便根据公牛体重变化进行合理饲养。通常，后备公牛24月龄时体重应达到成年公牛的70%以上。

（三）成年公牛饲养

成年公牛通常指24月龄以上的种公牛。其日粮要求根据种公牛年龄和体重变化有所不同，通常2~5岁公牛（体重800~1100 kg）日粮要求为优质干草8~12 kg/d，混合精料3.5~4.5 kg/d；5岁以上种公牛（体重1000~1300 kg）日粮要求为优质干草10~12 kg/d，混合精料3.0~4.5 kg/d。日粮营养水平：采食日粮干物质占体重的1.4%~1.7%；每千克饲料干物质含1.5~1.6个NND，含粗蛋白15%、粗纤维15%、钙0.45%、磷0.3%。

种公牛日粮营养全价性是种公牛正常生产及生殖器官正常发育的保证。饲养实践证明：日粮中蛋白质缺乏会造成精子质量低劣，能量不足会使睾丸或附睾器官发育不正常，致使公牛性欲降低；维生素A缺乏会引起生殖道上皮变性、性欲降低、精子生成异常；Mn、Zn、Fe缺乏或过量也会引起生殖道上皮退化，精子生成异常；Ca、P不足会使精子发育不全或活力降低。所以，种公牛的饲养必须按照饲养标准，供给全价日粮，补给必要的维生素、微量元素等。

日粮的配合应注意营养水平与容积的关系，既要注意营养需要，又要注意粗纤维供给量。日粮容积过大易使公牛形成草腹；粗纤维含量过少，则易引起消化道疾病。如果种公牛全年进行采精生产，日粮配合要注意冬季和夏季饲料种类和配比变化不要过大，如果需要变换饲料，应保证2周左右的过渡期，并保持日粮组成的相对稳定，应保证公牛充足的清洁饮水，冬季不宜饮用冰水，水温8~10℃为宜，公牛舍的粪、尿、污水、剩余饲料应做到无污染处理，处理设施与公牛群应有适当距离。

四、种公牛TMR饲喂技术

TMR是根据不同生长发育及泌乳阶段的营养需要，按日粮配方用特制搅拌机对日粮各组成分进行搅拌、切割、混合和饲喂的一种饲养工艺，可保证所采食的每一口饲料都具有均衡的营养。乳牛饲喂TMR已有40多年的历史，但国内种公牛站一直沿用传统的饲养方法，极少有种公牛饲喂TMR的报道。因此对种公牛饲喂TMR，特别是应用全株玉米青贮后的饲喂效果一直没有定论。

北京奶牛中心种公牛站于2014年进行了TMR饲喂试验，通过给种公牛饲喂加入全株玉米青贮的TMR与传统种公牛饲养模式进行对比试验，测试两种饲养模式对种公牛生长发育和精液质量的影响。研究结果表明，种公牛饲喂全株玉米青贮TMR不会影响生长发育和精液品质。在此研究基础上，2016年初开始在全站推广使用全株玉米青贮TMR技术。TMR饲喂技术不仅节约了劳动力、降低了饲养员的劳动强度，还提高了种公牛营养的均衡性，降低了饲养成本。

五、种公牛饲养管理制度

种公牛管理中应注重提高牛群福利，因为舒适性对公牛的健康和繁殖性能影响很大。通过人性化的管理，为种公牛提供舒适的环境，不断提高种公牛的福利，增强种公牛的抗病力。

（一）卫生防疫制度

1. **着装** 饲养人员进入生产区，必须更换工作服、工作鞋、工作帽并进行消毒。牛舍工作服每周至少清洗、消毒一次，保持干净卫生。

2. **防疫、检疫和免疫** 种公牛的防疫、检疫和免疫工作按照《中华人民共和国动物防疫法》的有关规定进行，疫苗免疫后定期按要求进行免疫抗体监测。种公牛站从业人员每年要定期进行体检，确保从业人员无结核病、布鲁氏菌病等人畜共患病。

3. 消毒　公牛站大门口和生产区入口应设人员、车辆进出消毒池或消毒设施，严格执行卫生消毒技术规程。消毒池内所放消毒剂应根据使用效果和天气情况及时更换，至少每周更换2～3次，以确保消毒效果。定期对牛舍、生产区域进行消毒。

4. 进出场区管理　严禁外来车辆、人员进入生产区，如因工作需要确需进入场区的，须经站长批准、登记，更换工作服，经消毒通道进行紫外线和药物消毒后方可进入。

5. 健康检查　兽医人员要每天巡视牛群，及时掌握公牛的健康状况。对疾病做到早发现、早诊断、早治疗，确保种公牛健康。

6. 灭蚊蝇、灭鼠、驱虫　每年夏、秋季节要做好灭蚊、灭蝇工作，清除蚊、蝇滋生地，减少对种公牛的危害。做好灭鼠工作，及时收集死鼠和残余鼠药，并做无害化处理。

（二）饲养管理制度

各公牛站可根据各自具体情况制定种公牛饲养管理制度，饲养人员必须严格按种公牛饲养管理规程操作，才能保证正常生产和安全。

1. 种公牛饲喂要做到四定　饲养员定人、公牛定位、饲喂定时、草料定量。提供舒适的饲养环境，牛舍铺垫塑胶"卧床"，运动场具备足够的运动空间并铺垫沙子。

2. 观察　每天仔细观察每头种公牛的精神状态和健康状况及采食、粪便情况等，发现异常及时向管理人员汇报，兽医及时进行诊治。

3. 饲喂　按日给种公牛饲喂精、粗饲料，每头公牛的饲喂量严格按营养配方执行。

4. 采精　牵引种公牛时，要事先检查公牛鼻环、牵引绳是否牢固，认真牵引公牛。保证采精环境安静，确保相关人员的人身安全和种公牛的安全及采精工作的顺利进行。

5. 清洁卫生　保持公牛舍（包括牛床、栏杆、运动场等）清洁卫生，要经常刷拭公牛，保持牛体卫生。

6. 公牛护蹄　每年春、秋两季进行公牛修蹄、护蹄工作。春、夏、秋三季要定期用4%硫酸铜溶液、戊二醛等对公牛进行浴蹄。

7. 公牛刷拭　每班刷拭公牛，促进血液循环和新陈代谢，提高机体免疫力，减少皮肤病和寄生虫病的发生。可在圈舍安装旋转式牛体刷，刷体能够在与公牛接触时以一个非常舒适的转速、角度进行转动，有效促进牛体血液循环，清除牛体污物和寄生虫。

8. 体况评定　体况评定是种公牛管理的重要措施，根据牛体腰部和臀部皮下脂肪的厚度，按5分制进行评定，反映牛的膘情。每年定期组织对新增牛和升级牛进行体型外貌评定。

9. 生产性能测定　每月进行称重，定期做好体尺测量和肉牛生产性能测定工作。做好公牛体重和体尺测量记录等工作。

肉牛生产性能测定指标：初生重、断奶、6月龄、12月龄、18月龄、24月龄、成年的体重和体尺记录、18月龄超声波记录（背膘、眼肌面积等）。

（三）安全生产管理

（1）进入公牛舍和牵引牛时必须时刻提高警惕，密切注意公牛的情绪变化。若公牛情绪激动暴躁，应充分利用护栏保护自己，确保人身安全。应及时检修公牛鼻环、缰绳、围栏和拴牛铁链等。

（2）值班人员要坚守岗位，不能擅自脱离岗位。

（3）严禁挑衅和逗弄公牛，与公牛接触和牵引公牛时必须保持4.0～5.0 m的安全距离，随时控制公牛行走速度，利用安全隔离栏做好自身防护。

（4）种公牛应定人管理，平时注意人与牛的亲和训练，让公牛熟悉和适应管理它的饲养员。

（5）工作人员要经常巡查公牛舍，发现种公牛异常情况应及时处理或上报站领导。

（6）使用液氮的人员上岗前必须接受相关知识培训，必须按照规定做好安全防护。

（7）加强草料库安全检查，保证草料库绝对安全。

（四）冬季防寒，夏季防暑

冬季虽然对种公牛的影响相对较小，但在北方地区的种公牛站，要注意牛舍的密封保温，同时加强圈舍通风换气，保持适宜的温湿度，必要时可安装采暖设备。公牛卧床要铺垫褥草，防止睾丸冻伤，同时可适当增加种公牛的运动量，并提供恒温饮水。

炎热的夏天通常采取以下措施减少热应激对种公牛的影响。

（1）在室外设置遮阴棚。

（2）中午期间用凉水喷淋牛体，喷淋系统可采用喷淋+风扇的湿透式喷淋模式，喷嘴将小水珠均匀喷淋在牛体上，水珠穿透牛毛，湿透牛体皮肤，然后停止喷淋。风扇的工作使水分蒸发，从而带走牛体热量，以此达到降温的效果。

（3）牛舍安装降温电扇或排风机。

（4）调整饲料日粮结构。南方地区的种公牛站在夏季受炎热天气影响大，通常要停产2~3个月。

（五）夹杠饲喂

国内种公牛饲养多采用传统的铁链拴系式饲喂模式，由于种公牛个体庞大且活动范围广，容易导致豁鼻等意外伤害，在检疫、免疫、治疗及刷拭等操作过程中增加了保定难度。近几年来，种公牛开始采用颈夹杠固定饲喂方法，极大地降低了种公牛保定的劳动强度，提高了工作人员的安全系数。

（六）鼻环的管理

正确安装鼻环可确保正常采精和人员安全。公牛犊一般在6~8月龄时安装鼻环，位置选在鼻中隔的下1/3，此处无软骨，不易造成出血及组织损伤。

（七）加强标准化管理

围绕种公牛福利和健康，加强标准化的饲养管理，包括种公牛站建设标准化、采精生产标准化、饲养管理标准化、健康监测标准化、牛群生活环境控制标准化等方面。

（八）种公牛管理档案资料

（1）每头种公牛都应有完整的档案资料，并且有专人负责收集和管理。

（2）系谱资料包括：公牛三代系谱、公牛生长发育与体型外貌记录。种公牛系谱是种公牛的父母及其祖先育种信息的系统记录文件。系谱上记载有种牛祖先的名字、生产性状、体型外貌性状记录、估计育种值、出生年月和体重等情况。通过系谱可以了解各种畜间的亲缘关系及种用价值。

（3）其他资料包括：采精计划表、采精及冻精生产记录表、产品质量检验报告、公牛病历记录、公牛检疫记录、公牛免疫及抗体检测记录、疫病检验报告、消毒记录等。

六、种公牛站保健体系的建立

健康保健体系是指采取预防为主、治疗为辅、防治结合的方针，综合运用消毒、免疫、检疫、隔离等疫病防治的各种措施，以及兽医卫生保健方法，使种公牛健康、优质、高产，并延长使用年限，提高其种用价值。种公牛健康保健体系包括生物安全体系（防疫体系）与健康保健工程。

（一）生物安全体系

生物安全体系主要是针对传染病的预防措施和制度，就是为动物提供舒适的饲养环境，提高机体的免疫力和抗病能力，并采取一系列预防疫病发生的综合措施，阻断病原微生物入侵动物机体，从而保证动物的健康安全。

1. 执行科学的消毒程序 消毒能最大限度降低环境中病原微生物的数量，降低牛场污染程度，从而阻断病原微生物从外部传入及在牛群内扩散。

2. 坚持自繁自养的原则 坚持自繁自养的原则，可防止引进牛时从异地带进传染病。确需引进种公牛时，应从非疫区且取得种畜禽生产经营许可证、动物防疫条件合格证的种畜场引进。并严格进行隔离观察45天。

3. 免疫和检疫 结合当地疫病流行情况，制定科学合理的免疫程序，切实做好免疫工作。定期监测牛群抗体效价，抗体效价不足时需补免。按要求每年春、秋两季对结核病、布鲁氏菌病、副结核病等进行检疫。

（二）健康保健工程

健康保健工程包括营养供应和保健等，即提供良好的饲养环境和营养均衡的饲料，采取人性化的管理措施，提高种公牛的免疫力和抗病能力，减少常见多发病的发生。

1. 营养供应工程 必须加强饲养管理，提供优质、营养全面、适口性好的饲草和饲料，保障充足清洁的饮水。

2. 健康保健工程 肢蹄保健：肢蹄保健是确保种公牛健康的重要措施之一，包括护蹄、修蹄和浴蹄等。

消化系统保健：通过加强饲养管理，提供优

质草料，禁喂发霉变质的饲料，可显著降低发病率。精、青、粗饲料搭配适当，饲料及饲喂方式应相对稳定。

生殖系统保健：应采取综合性的措施进行防治。每天对睾丸进行按摩。夏季减少热应激，在北方冬季寒冷，阴囊易发生冻伤，应加强保护。在饲养和采精过程中，应经常检查包皮、阴囊和睾丸。采精前应剪短公牛阴毛，保持2～3 cm，用温水冲洗阴筒和消毒。

第三节　采精及精液质量检查

一、采精

种公牛采精通常使用采精器法（假阴道法）。采精是冷冻精液生产的关键，所以在采精过程中对每个环节都必须精心操作。科学的采精技术可保证鲜精产量和质量，对种公牛的健康也非常重要。对发育好的个体和早熟品种，一般在10～12月龄开始调教采精。采精频率应结合公牛的体况、年龄及营养状况合理安排，成年公牛一般每周采精2天，每天采精2次。

采精过早或采精过度，会影响公牛健康和精液品质，缩短利用年限，影响终生产量；另外，还可造成公牛性欲下降，射精量少，精液密度低，未成熟精子和畸形精子数量增多。而采精次数过少或长期不采精则会降低性反射，甚至使公牛性情变坏；精子在附睾中贮存时间长，精液品质下降。

（一）采精前的准备

1. 采精器的准备　采精器主要由外壳、内胎、气阀、漏斗、集精管及附件组成。采精器在使用前要刷洗干净，清洗完毕后放在架子上晾干，并用75%的酒精消毒后备用。如发现内胎漏气、漏水，要及时更换。

采精前将采精器内胎及漏斗安装在外壳上，并用75%的酒精棉球擦洗消毒，接上集精管，套上保护套。采精器内可提前注入容积2/3左右的38 ℃温水，并用消毒纱布将采精器口包裹，放置于44 ℃左右的恒温箱内待用。

采精前在采精器内胎的前2/3段，用涂抹棒均匀涂擦适量的消毒过的假阴道润滑剂，并从活塞孔打气，使假阴道有适度的压力（假阴道口呈三角形放射状为宜），即可进行采精。

2. 台牛及种公牛的准备　通常选择四肢健壮、性情温顺、健康无疫病的公牛（较少用母牛）作为台牛，也可用假台牛架作为台牛。

采精种公牛阴筒、包皮、阴毛处粘有粪便、污垢和细菌，可用0.1%高锰酸钾溶液等冲洗采精公牛的阴筒、包皮、阴毛等处，然后用0.9%生理盐水冲洗，并用灭菌毛巾或纸巾擦干，以免影响精液品质。

（二）采精

假阴道采精法分两种。一种是将假阴道安放在具有调节假阴道角度的假台牛后躯内，任由公牛爬跨假台牛，在假阴道内射精；第二种是采精人员用手握假阴道站在台牛的右后侧采精，当种公牛空爬跨1～2次后，待公牛性欲旺盛时即可采精。在我国普遍使用第二种方法采精。采精过程的具体要求如下。

（1）采精场所应保持安静环境，减少噪声对采精公牛的影响；地面清洁并铺垫防滑垫（如橡胶板），以免种公牛爬跨射精时滑倒。

（2）准备采精的公牛置于台牛的右后方，等待采精的公牛要拴在远离台牛的安全区域。避免干扰采精公牛。

（3）采精时，采精员右手持假阴道，站在台牛的右后方，当公牛的前肢起跳爬上台牛时，迅速用左手托着公牛包皮，右手持假阴道与台牛成40°角，假阴道入口斜向下方，左右手配合，因势利导，将公牛阴茎自然地引入假阴道口内，如果假阴道条件适宜使种公牛产生感觉，公牛就会自动用力往前一冲插入并充分射精。

二、精液质量检查

冻精制作前，对所用原精液的一般检测项目是原精液外观、采精量、精子密度、精子活力。

（一）外观和采精量

1. 外观　原精液外观项目检查主要包括色泽和云雾状。

正常精液为乳白色或淡黄色。云雾状是指在密度测定时观察到的现象，即取1滴原精液于载玻片上，用低倍显微镜（10×10倍）观察，可看到正常原精液的精子密度大，精子运动翻滚如天空的云雾。云雾状越显著，表明精子活力、密度越高。

2. 采精量　公牛采精量多用有刻度的集精管（杯）测量，单位为mL。为使采精量的评定更准确，现在多数公牛站使用"称量法"来确定采精量，即用电子天平称量采集精液的重量，再换算出采精量（原精液比重为1.04）。

（二）精子密度测定

精子密度和采精量是确定总精子数和进行合理稀释的重要依据，测定精子密度的主要方法有以下几种。

1. 精子密度测定仪（光度计测定法）　根据精子密度越大透光性越差的特点，与标准管进行比较，能迅速准确地测出精液的精子密度。此法测定快速且结果准确，在生产中已普遍使用。

2. 血球计数法　用血球计数板计算精子数，结果准确，但不够迅速，在实际生产中很少使用。一般都用于结果的校准、产品的检测和科研等。

（三）精子活力测定

精子活力与受胎率密切相关，是评定精液质量的一个重要指标。精子活力是指在37℃环境下前向运动精子数占总精子数的百分率。

精液经上述各项检查合格后，即可进行冻精制作，不合格的应废弃。

（四）采精记录

采精记录包括采精日期、采精人员、采精次数、原精液质量等信息（表11-3）。

（五）冷冻精液质量要求

根据GB4143-2022的规定，牛冷冻精液产品质量应达到以下指标。

1. 剂量　微型≥0.19 mL；中型≥0.42 mL。
2. 每剂量冻精解冻后要求

（1）精子活力：普通牛、瘤牛≥40%，水牛、牦牛及大额牛≥35%。

（2）前向运动精子数：普通牛、瘤牛≥600万个，牦牛≥800万个，水牛及大额牛≥1000万个。

（3）精子畸形率：普通牛、瘤牛≤20%，水牛、牦牛及大额牛≤22%。

（4）细菌总数≤500个。

第四节　冷冻精液制作

一、冷冻精液制作原理

冷冻精液是利用液氮（-196 ℃）、干冰（-78 ℃）或其他超低温安全冷源，将精液经过特殊处理后，冷冻保存在超低温下，以达到长期保存的目的。目前，国内外多用液氮作为超低温冷源来保存冷冻精液。

冷冻精液的制作原理：精子在以液氮为冷源的情况下，应用冷冻保护剂（加甘油的稀释液），经过一定的降温程序，使精子水分在冷冻时直接越过冰晶化状态，形成玻璃化状态或微晶化态，防止精子水分冰晶化对精子细胞的破坏作用；同时完全抑制了精子的代谢活动，使精子在静止状态下得以长期保存。精子一旦经快速升温解冻，玻璃化态可越过结晶态直接变成液态，因而解冻后精子仍具有授精能力。

冷冻精液包装形式主要有颗粒、安瓿和细管三种。由于颗粒冻精易受污染，使用时操作

表11-3　公牛采精记录

采精日期	采精人员	采精次数	原精液质量				生产数/支	冻后活力/%	每剂量精子数/（万个/剂）
			采精量/mL	颜色	活力/%	密度/（亿/mL）			

不便，长期保存时标识易混淆，同时不能自动化大量生产，我国现已停止生产和使用。安瓿冻精20世纪80年代前已停止使用。目前各国普遍采用的是细管冻精，既能保证冻精质量和活力，又能防止污染、便于标识，且能机械化批量生产。

目前，我国牛冷冻精液制作使用的细管主要有容量为0.25 mL的微型细管（直径2 mm、长133 mm）。

二、冷冻精液制作过程

（一）精液的稀释

为了扩大优质种公牛的冻精产量，降低精子能量消耗、补充适当的营养和保护物质、抑制精液中有害微生物活动、延长精子存活时间，精液冷冻前进行稀释是必不可少的环节，精液稀释液是保证冻精质量的重要条件。

1. 稀释准备工作

（1）蒸馏水的制备：单蒸馏水可采购或用蒸馏器烧制，双蒸馏水用玻璃蒸馏器烧制。

（2）电子天平的使用：天平放置在平稳的工作台上，保持清洁干燥，并校零调平。

（3）试剂的取用：应选用分析纯或优级纯试剂，取用后立即将瓶口盖严，以免被污染、分解和受潮。特别是甘油具有很强的吸水性，如保管不善，将会影响其使用效果。

（4）蛋黄的取用：鸡蛋来源于无疫病鸡场的新鲜鸡蛋，取鸡蛋黄前必须先用水洗蛋壳表面，再用75%的酒精棉球对蛋壳表面消毒，待酒精挥发完后沿鸡蛋腰部轻轻敲开，倾斜倒去蛋清，再用卫生纸吸取多余的蛋清，取出完整蛋黄，再用消毒后的玻璃棒捅破蛋黄膜，让蛋黄慢慢流出。

（5）配制稀释液的一切器皿、用具，应严格消毒。

2. 稀释液的配制　适用于细管冷冻精液的稀释液，一般采用果糖、柠檬酸钠、卵黄、甘油等配制。NY/T 1234-推荐配方：

A液：蒸馏水100 mL，柠檬酸钠2.97 g，卵黄10 mL。

B液：取A液41.75 mL，加入果糖2.5 g，甘油7 mL。

以上稀释液中，每100 mL中加青霉素、链霉素各5万IU～10万IU。加入三角瓶中用磁力搅拌器充分搅拌均匀后放入3～5 ℃冰箱内待用，放置时间不宜超过24小时。

3. 精液稀释量的计算　原精液活力、密度等测定合格后，根据精子密度和精液量，计算出精液稀释总量。

适当的稀释倍数可延长精子存活时间。精液稀释的计算方法：如采精量为8 mL，密度为12亿/mL，即总精子数为96亿；如要求稀释后每支精液中含有至少1800万个精子，则可以生产533剂；需要添加稀释液125 mL。如果冻后活力为40%，那么解冻后前向运动精子数为720万个/剂。

4. 稀释方法　原精液稀释倍数确定后，应尽快进行稀释（采精后不宜超过15分钟）。

两步稀释法：为减少甘油对精子的化学毒性作用，可采用两步稀释法，即先用34 ℃的A稀释液（不含甘油）缓慢地加入原精液中稀释至最后倍数的一半，所加A液的量＝（所加稀释液总量＋精液量）/2-精液量，摇匀后放入盛有34 ℃适量水的小容器内，然后放入4 ℃平衡柜中平衡，同时将B稀释液也放入4 ℃冰箱。在第一次稀释1.5～2小时后，再加入B液稀释至最终稀释倍数。

一步稀释法：取已盛有30 mL稀释液（50%A液＋50%B液）并经34 ℃水浴预先加温的稀释管，加入精液进行稀释，在34 ℃水浴中暂存10分钟后再加稀释液到最终稀释量。再过10分钟即可在常温下的实验室操作台上进行精液的分装，然后再进行低温平衡。这种方法使细管分装方便了许多。这里所指的常温是指在20 ℃以下的环境温度。稀释时注意稀释液应沿精液杯（瓶）壁缓缓加入精液中，然后轻轻摇动使之混合均匀。稀释过程中应尽量减少原精液与空气和其他器皿的接触，以减少污染。精液稀释后静置片刻，即可做活力检查，精液稀释前后活力无大变化即可进行分装、平衡降温、冷冻。

（二）精液的分装和平衡

1. 分装　稀释后的精液经过10分钟静置后检查精子活力达标者，即可在常温下（指20 ℃以下）的实验室操作台上进行精液分装，目前普遍使用细管精液分装机进行分装（包括细管分装机，细管分装印字一体机等）。

不同品种公牛的冻精，可以用不同颜色的细

管分装或不同颜色的指形塑料管包装加以区分。细管上所印的标识信息应符合牛冷冻精液国家标准要求，字迹清晰易认。

2. 平衡　精液平衡可采用以下两种方法：

（1）分装后的细管精液可放入塑料盒内，每盒300支左右，如果一头牛的细管数量较大，可分放在多个塑料盒中，把盒子放入4℃低温柜中进行平衡3～4小时。

（2）精液稀释完成后，用一水杯盛200～250 mL的34℃的温水，把装有稀释精液的稀释瓶放入其中，然后一同放入4℃低温平衡柜中，平衡3～4小时，然后再在低温柜中进行细管分装、封口、印字等操作。

为避免精子受到光的危害，平衡过程中低温柜注意遮光。

（三）精液的冷冻

平衡后的细管精液，目前多用全自动程控冷冻仪进行冷冻。冷冻过程一般为由4℃以5℃/min的速度降温至-10℃，再由-10℃以40℃/min的速度降温至-100℃，从-100℃以20℃/min的速度降温至-140℃。冷冻完后打开盖子，冷冻精液按公牛号分别投入不同的提筒，细管的超声波封口端在上，棉塞端向下，切不可倒置，并迅速浸泡在液氮中，这样可避免细管棉塞端爆脱的发生，冻精入临时贮存库。取出冷冻精液快速浸入液氮中深度降温。

（四）精液冷冻后活力检查

精液冷冻完成并在液氮中存放48小时后，需进行质量检查。冻后精液检测主要用相差显微镜进行解冻后活力评定，合格者方能进行包装入库。

冷冻精液的解冻方法：预先把水浴锅加温至37℃，从液氮容器中取出一支细管精液，在空气中停滞1～2秒，然后迅速整体放入水浴锅中，轻轻晃动，经数秒钟待精液溶解后立即取出，即可进行显微镜镜检。

（五）冷冻精液的包装和贮存

经冻后活力检查合格的冷冻精液，用计数包装机在液氮槽的液氮中进行包装，每支塑料指形管装25剂细管冻精。操作时应注意：细管冻精装入指形管时，应封口端向上，棉塞端向下。包装好的细管冻精可直接放入液氮生物贮存容器中，转入冻精贮存库房贮存。

三、牛性控冷冻精液

（一）牛性控冷冻精液的发展历史

精子分离技术的研究是伴随着20世纪50—60年代人工授精技术的应用而开始的。20世纪60年代后期流式细胞仪出现，1976年Gledhill等率先利用流式细胞仪测定了X精子和Y精子的DNA，以确定各种环境因素导致的基因损害而引起的改变。1986年Johnson博士等改良了普通的流式细胞仪，使其专门适于分离活精子，为今后利用改良的流式细胞仪分离X精子和Y精子奠定了基础。1989年Johnson博士等分离出了兔子活的X精子和Y精子，并用分离的精子繁殖出了后代。随后，在牛、猪、绵羊和人的试验中均取得成功。2000年，牛精子分离性控技术首先在英国实现商业化。与20世纪90年代初每小时分离X精子和Y精子各36万个相比，在确保稳定的分离准确度（90%左右）的前提下，改良后的流式细胞仪可分离X精子和Y精子各1100万个/小时，最新升级改良后的精子分离机XDP-XS-MoFlo分离精子速度可达7000个/秒。牛性控冷冻精液能快速提高优秀母牛的繁殖效率，加快育种进程，从而使乳牛繁育改良的速度提高将近一倍。被业界形容为家畜品种改良方面继人工授精、胚胎移植后的第三次"革命"。

（二）牛性控冷冻精液的原理

牛性控冷冻精液分离的依据是X精子、Y精子间存在物理、化学和生物学方面在大小、密度、电荷、DNA含量等方面的差异。目前应用的各项技术都是通过充分利用这些差异达到分离的目的，如电泳法、免疫学分离法、流式细胞仪分离法等。

流式细胞分离法是目前应用最广泛的分离方法，分离准确率达到90%以上。根据哺乳动物X精子、Y精子DNA含量的微小差别，通过荧光色素把精子头部染色后，激光照射时的荧光发光量差别传送到计算机的识别系统，然后包含精子的缓冲液滴由控制系统赋予不同的电荷后，在通过电极区间时把X精子和Y精子偏离开，并流入各自的接收容器内。

(三)我国牛性控冷冻精液发展现状

2001年10月,大庆市田丰生物工程公司注册成立并率先进行精液分离研究,2003年11月,我国第一头精子分离性乳牛在该公司诞生。随后,内蒙古蒙牛繁育生物技术股份有限公司和天津XY种畜有限公司先后从美国引进精子专用分离设备和配套技术,进行乳牛和肉牛性控冻精的商业化生产和推广。我国精子分离技术的研究工作起步较晚,但近几年发展迅速,牛性控冻精在国内被广泛应用,性控准确率达到96%。乳牛性控制技术的推广应用为快速建立优良乳牛群、缩短世代间隔、快速扩繁提供了有效途径。目前,国内性控冻精重点推广的方向是大型高产乳牛场。

(四)牛性控冷冻精液质量要求

根据GB/T31582—2015的规定,牛性控冷冻精液产品质量应达到以下指标。

1. 新鲜精液质量要求 色泽乳白或淡黄,精子活力≥65%,精子密度≥4×10^8个/mL,精子畸形率≤15%。

2. 牛性控冷冻精液质量要求 外观细管无裂痕,两端封口严密;剂型、剂量细管冷冻精液:微型,剂量≥0.18 mL;精子活力≥35%(≥0.35);前进运动精子数≥80万个;分离准确率≥85%;精子畸形率≤15%;细菌总数≤800个。

(五)牛性控冷冻精液的运用

1. 数据表明,我国牛性控冻精授精青年牛受胎率达69%,成年母牛为49.2%。原因在于成年母牛繁殖功能下降,疾病增多导致受胎率下降。因此,对于性控冻精的使用对象,应根据年龄和胎次决定。首选初配母牛,二胎牛适量,三胎牛不建议使用;另外,应选择高产乳牛及其后代,膘情适中且健康无疾病的乳牛。

2. 使用性控冻精配种时,配种时间尽量控制在排卵前6小时之内或排卵后4小时之内;使用性控冻精时,尽量缩短解冻与输精之间的时间,最好是解冻一支输一支。

3. 解冻方法:从液氮罐中取冻精时,提斗中的冻精不可超过液氮罐口,如果10秒内还没有将冻精取出,应将冻精立刻沉入液氮中然后再提到罐口重复操作;单支冻精取出后在空气中先停留3秒左右,然后放入38～40℃水中10秒后取出,用干脱脂棉擦干后剪断封口,装入输精器准备输精。

4. 输精时要保证输精枪无菌,保证与输精枪接触部位及器具的干净卫生;输精部位一般在排卵侧子宫角或是采用子宫体后拉法输精。

四、冻精质量保证体系

(一)冻精产品质量与监督

冻精产品质量应由相对独立的技术人员负责监测与监督,每季度每头种公牛的冻精产品抽样检验不少于一次;当制作冻精产品的化学试剂、用品用具、仪器设备等发生重大改变而可能影响冻精产品质量时,也必须对冻精产品做抽样检验。抽样时随机抽取一个包装量的冻精,其中数量不得少于20份,抽取时样品在空气中暴露的时间不得超过3秒。

(二)冻精质量控制

种公牛站应对冻精产品质量实行全程监控制度。为确保冻精质量,从公牛来源、隔离45天观察种公牛的健康情况,到饲养管理和防疫制度、采精前公牛健康检查、采精程序、鲜精检测、冻精制作、精液冷冻、冻精质量检测、冻精包装、出库前检测等各个环节实现质量把关,确保冷冻精液质量安全可靠。冻精生产和销售的原始记录应真实完整并存档。种公牛饲养、管理、牛冷冻精液生产、产品质量检验等实行责任人负责制。

第五节 种公牛非传染性繁殖障碍与防治

种公牛经常发生繁殖障碍。据报道,世界上各国种公牛均受到繁殖障碍的困扰,美国和加拿大肉用牛发病率为26%、奶用牛为36%,欧洲为20%,澳大利亚为9.3%,非洲为21%。我国种公牛由于主动淘汰率相对低,使用寿命长,繁殖障碍疾病的诊断和治疗显得尤为重要。

繁殖障碍疾病的发病原因复杂,首先饲养管理不当,如营养不平衡、过肥过瘦均可能导致种公牛不育。许多微量元素和矿物质都和繁殖功能有关，缺乏时可使精子活力下降。管理粗暴，配种或采精时公牛遭鞭打或滑倒，采精技术不当，采精器内胎粗糙、过热，采精过度及许多疾病性因素，均可导致繁殖障碍。

防治措施的重点是消除病因，针对具体的病因实施不同的治疗措施。对症治疗，如由炎症引起的，可通过消除红、肿、热、痛等症状进行治疗。大多数获得性疾病在消除病因后，繁殖力可在一定程度上得到改善。

一、睾丸炎

（一）病因

除一些传染性疾病可引起睾丸炎外，公牛之间相互踢或打架伤及睾丸，或被尖锐物体刺伤或撕裂等，同样可引发急性睾丸炎。单侧睾丸炎多由创伤引起。

（二）症状

急性睾丸炎时，患牛精神沉郁，食欲减退，性欲消失；睾丸发热肿胀，弓腰，患牛体温稍升高，精索变粗；患侧后肢外展，运动时开张前进，显示步态强劲；睾丸周围组织发炎，并能引起睾丸与周围组织粘连；触诊睾丸增大、变硬、有疼痛。慢性睾丸炎时，睾丸发生纤维变性，睾丸变小、发硬，无热痛，需与阴囊疝、阴囊血肿相鉴别；采精时不愿爬跨，采集的精液呈水样或混有血液，无精或少精，精子活力下降，畸形率升高。

（三）防治措施

1. 预防　加强公牛管理，防止相互踢和打架，防止跌倒伤及睾丸。
2. 治疗　治疗原则为活血化瘀、消肿止痛、防止感染。早发现早治疗，防止转为慢性而致睾丸萎缩，丧失种用价值。在睾丸炎发生24小时内冷敷，可用无压力的自来水淋浴患处15分钟，每日3～5次。一天以后改为热敷，可用30%硫酸镁（37～50℃）热敷。阴囊可用30%的鱼石脂软膏（加10%樟脑）外敷。为避免睾丸悬挂疼痛，可用纱布兜住睾丸并拴系于腰部。用普鲁卡因青霉素进行封闭治疗。肌内注射青霉素、链霉素各800万IU，2次/日。灌服中华跌打丸20丸，每天1次，连用5天。消肿后可每天按摩睾丸2次，每次15分钟。对于食欲缺乏的牛可采用补液疗法。

二、阴茎炎

（一）病因

阴茎炎主要是龟头、阴茎体前段黏膜损伤引起的炎症。种公牛性欲旺盛，起跳爬跨速度快，在空爬或采精过程中如果操作不当，可造成阴茎黏膜损伤而引起发炎。另外，假阴道消毒不严、气压过高或其他导致阴茎黏膜损伤的因素均可引起发炎。

（二）症状

种公牛在初期性欲无明显变化，采精正常，阴茎潮红，龟头有点状出血，随着病情发展，包皮口有脓性分泌物，包皮肿胀，阴茎发紫，表面有黄色或灰色分泌物，疼痛，不敢爬跨，排尿细长，弓背。

（三）防治措施

1. 停止采精，加强护理，饲喂优质饲料，防止治疗期间与其他牛只接触。
2. 发病后，用0.1%高锰酸钾液冲洗阴茎，肌内注射800万IU青霉素，连用3日。公牛爬跨时，将磺胺脒药粉涂抹到患处。
3. 注意采精操作，防止误伤。控制好假阴道的温度和压力；定期修剪阴毛；严格无菌操作，及时清理圈舍及采精场地的粪污；做好灭蝇工作。

三、精囊腺炎

公牛的副性腺包括前列腺、尿道球腺及精囊腺。副性腺分泌液组成了精清，起着运输精子的作用。精囊腺炎在种公牛的发病率为0.8%～4.2%，育成青年公牛发病率约占2.4%。

（一）病因

主要由微生物感染引起，细菌可经尿道、射精管上行蔓延至精囊而致，或经淋巴途径感染，或经血液感染，即机体其他部位病灶的病原体通过血液循环至精囊处。由于精囊在解剖上有许多黏膜皱襞及曲折，因此分泌物易淤积，导致引流不畅。急性睾丸炎时可感染同侧的精囊腺。慢性精囊腺炎较为常见，多为急性精囊腺炎病变较重或未彻底治疗演变所致，或射精过频引起精囊前列腺反复充血继发感染所致。

（二）症状

无明显的临床症状，病情严重时发烧、弓背、不愿走动。排粪或射精时表现出疼痛症状，后躯肌肉痉挛。急性精囊腺炎可见发热、寒战、浑身不适，有时有泌尿系统感染症状，如射精痛、血精、精液带脓等。直肠检查时公牛有疼痛反应，精囊腺肿胀。患牛精液异常，有脓性分泌物，精子活力降低，因含有血液而呈褐色或血色。显微镜检查可见白细胞。慢性症状多表现为精液呈灰白色或黄色，有脓样絮状物，为桃红、红色或绿色。精子数减少，畸形率升高，精子尾部发育不成熟，精液pH高达7.0。

（三）防治措施

1. 能自行康复的患牛预后良好，不影响今后采精的品质。患牛应隔离饲养，停止采精。治疗则多选用对微生物敏感的磺胺类和抗生素，由于药物达到病变部位的浓度低，因此需加大剂量，急性精囊炎应治疗到症状完全消失后，再继续用药1~2周。对于严重的病例，应予以淘汰。

2. 小公牛患病时更要保持良好的营养水平，单圈饲养。

四、龟头包皮炎

龟头包皮炎指龟头和包皮的炎症，是由感染或非感染原因引起的包皮口狭窄，包皮周围组织相互粘连，阴茎不能伸缩，引起疼痛。

（一）病因

包皮是由皮肤凹陷而发育成的阴茎套，为成双的内翻皮层，容易藏污纳垢。发病原因主要是管理不当，下腹部和包皮常受到粪尿污染，包皮内潴留尿液、蓄积皮脂腺和汗腺分泌物。污染物长期留存或病原微生物感染，导致包皮发炎，另外包皮及龟头外伤也可引发包皮炎。

（二）症状

包皮肿胀、疼痛、局部温度升高，炎性肿胀逐渐发展到阴茎体、龟头、下腹壁前部和阴囊。排尿困难，有疼痛感。阴茎不能自由伸缩，不能爬跨采精。部分牛发生蜂窝织炎，患牛体温升高，严重时可引发败血症。病程长时可引起包皮和阴茎粘连。

（三）防治措施

1. 治疗 首先停止采精，加强饲养管理，注意牛体和环境卫生；清除包皮囊内蓄积的污物，局部用过氧化氢溶液清洗，溃疡处可涂布1%龙胆紫或碘仿软膏；包皮肿胀严重时，可针刺包皮，改善局部血液循环；全身注射抗生素；病情严重者，可给予补液疗法；适当活动阴茎，防止发生粘连。

2. 预防 注意公牛之间的相互爬跨，防止毛发卷入包皮形成环状狭窄卡住龟头基部。注意假阴道温度，防止烫伤。采精过程中要加强对阴茎的保护，防止其受到损伤。

> **思考题**

1. 种公牛站应具备哪些条件？
2. 国家标准对种公牛冷冻精液产品质量有哪些要求？
3. 牛冷冻精液生产应注意哪些关键环节？
4. 如何控制牛冷冻精液的质量？

参考文献

[1] GB 4143-2022, 牛冷冻精液 [S]. 2022.
[2] NY/T 1446-2007, 种公牛饲养管理技术规程 [S]. 2007.
[3] NY/T 1234-2018, 牛冷冻精液生产技术规程 [S]. 2018.
[4] 王福兆, 孙少华. 乳牛学 [M]. 4版. 北京：科学技术文献出版社, 2010.
[5] 全国畜牧总站. 牛冷冻精液生产质量管理手册 [M]. 北京：中国农业出版社, 2006：2-28.
[6] 何新天. 全国种公牛站资料汇编 [M]. 北京：中国农业出版社, 2008：113-201.
[7] 李喜和. 家畜性别控制技术 [M]. 北京：科学技术文献出版社, 2009：61-81.
[8] 张沅. 奶用公牛后测的现状、问题与对策 [C].

2004年中国奶牛发展大会论文集. 2004, 55.

[9] 张佳谊, 刘玉, 朱子岳, 等. 饲喂全株玉米青贮TMR对荷斯坦种公牛生产性能的影响[J]. 中国乳业, 2017（6）: 50-54.

[10] 刘德玉, 李芳芳, 何复明, 等. 鲜象草、苜蓿干草和玉米秸秆青贮料对奶水牛种公牛精液品质的影响研究[J]. 上海畜牧兽医通讯, 2015（3）: 6-8.

[11] 肖定汉. 奶牛保健体系的建立与实施[J]. 中国乳业, 2008（12）: 62-63.

[12] 钟代彬, 张晓霞, 胡志刚, 等. 种公牛健康保健体系的建立[J]. 中国奶牛, 2011（7）: 57-59.

[13] 李新, 鲁利萍, 李凌, 等. 引起公牛繁殖障碍的因素分析[J]. 河南畜牧兽医, 2006, 27（8）: 39-40.

本章编者：麻柱；审订：王雅春

第十二章

绿色生态乳牛场建设

很多乳牛场的实践证明，乳牛场的规划设计至关重要。在乳牛场建设中，合理的规划、适宜的工艺、一流的牛舍建造及设施配套，将为后期的标准化乳牛生产奠定基础。如果前期的乳牛场规划设计和牛舍建造工作没有做好，在后期的经营中将会面临不断改造的任务，乳牛生产工作中将非常被动。

自1998年以来，我国的乳牛业经历了二十多年的快速发展，饲料营养等方面的技术水平不断提升，牛群质量明显改善，乳牛单产水平大幅度提高，多数乳牛场都成了高产乳牛场。在这样的情况下，若要进一步提高乳牛生产水平，对于牛舍环境和乳牛福利水平的要求则非常高，而乳牛的福利水平正是由牛舍的科学建造和牛舍环境的福利化管理决定的。

一个乳牛场要实现可持续发展，必须解决好牛场系统与周边环境的关系问题，要依据环境容量和承载力来规划设计乳牛场，注重粪污处理、种养结合与绿色生态循环。

对于规模化乳牛场，乳牛场的智能化程度决定了其现代化水平，影响乳牛场的生产效率和精细化管理，因此，乳牛场建设中注重智能化代表着现代乳牛业的发展方向。

第一节 乳牛福利

一、乳牛福利的概述

乳牛福利就是乳牛适应其所处的环境后所达到的状态，包括乳牛的感觉、健康状况、生理功能及是否受到伤害等。乳牛福利通常被定义为一种"康乐"状态，是指乳牛与其生存环境相协调的精神和生理完全健康的一种生存状态。

乳牛福利的内涵是乳牛应享有"五大自由"：不受饥渴的自由、生活舒适的自由、不受痛苦伤害和疾病威胁的自由、生活无恐惧和应激的自由、表达天性的自由。满足前三项自由，对维持良好的福利状态和生产性能是必要的；乳牛的精神状态也是良好乳牛福利的重要组成部分；乳牛表达天性的自由，可以解释为满足乳牛的需要。在一定的环境条件和生理阶段，乳牛会有强烈的表达某些行为的欲望。如果这些行为受到限制，乳牛的福利则会受到影响，并可以通过生理和行为变化表现出来。衡量乳牛福利的指标包括：行为指标、生理指标、生产力指标、受伤和疾病等。

在过去的几十年中，乳牛的产乳量大幅度增加，高产乳牛往往存在着种质特有的生理不协调性，高产乳牛对外环境变化的适应性普遍较低，机体对逆境的抵抗力下降，容易受环境变化影响而出现应激，容易受细菌和病毒感染而发病，如高产乳牛对异常声音敏感度较高。

乳牛福利要有"以牛为本"的思想，饲养管理的中心就是给乳牛提供一个舒适合理的生活环境，注意影响乳牛机体舒适程度和行为福利的环境因素，用文明的生产手段去善待所有饲养的乳牛。

二、改善乳牛福利的措施

（一）实行自由散养

在集约化舍饲乳牛生产中，饲养管理方式主要分为拴系式饲养和舍内散养两种，拴系式饲养限制了乳牛活动，乳牛不能通过舔舐、抖动、搔抓来清理背毛和皮肤，不能保持体表清洁卫生，乳牛所必需的生理行为受到限制，久而久之乳牛的健康和福利将会受到影响。

乳牛在自然界的生活习性是自由采食，因此饲养乳牛应遵循其生活习性，采取散栏式饲养。在舍饲条件下，乳牛除了在饲槽上采食，还需要反刍、休息和自由运动。散栏式饲养则有利于乳牛在采食后的反刍、休息和活动。

尽管不同生态类型区气候条件差异巨大，牛舍类型有窗封闭式、半开放式、开放式和棚舍，但是在不同类型牛舍内都宜采用散栏饲养的工艺，实行自由饲养。

（二）充足清洁的饮水

乳牛是饮水量非常大的奶畜，并且饮水量与奶的产量具有一定的相关性。因此要保证有充足的饮水供应。在牛舍内和运动场均应设置足够的水槽，以保障每头牛随时都能喝到水。

夏天饮凉水，冬天饮温水，这不仅符合牛的生理需要，而且有利于牛的健康和提高乳牛生产性能。在夏季室外水槽的上方要有遮阳棚，避免乳牛遭受太阳直接辐射；在冬季饮水槽要有自动加热装置，使水槽的水温在15℃以上。

乳牛喜欢喝干净清洁的水，要避免水槽内长期不换水、不清理。

（三）营养均衡的饲养

乳牛喜欢自由采食，食饱后休息、反刍。要做到日粮精粗饲料比例合适，营养平衡，采用全混合日粮饲喂技术；做到一日当中日粮的多次均衡连续供应，使乳牛在食槽上随时可以吃到全混合日粮。这样不仅能提高乳牛的采食量，而且利于消化吸收和保持乳牛瘤胃pH稳定，以减少营养代谢性疾病的发生。

（四）宽敞舒适的牛床

乳牛躺卧对健康和福利至关重要。乳牛由放牧改为舍饲，在舍饲条件下乳牛的躺卧时间短、反刍和休息的时间短，影响乳牛天性的自由表达。根据观察，躺卧的乳牛中有50%左右在反刍。增加乳牛的躺卧机会和躺卧时间，就有利于增加乳牛的反刍活动，从而提高对饲料的利用率。总躺卧时间和休息时间是判断乳牛福利状况的重要指标。乳牛每天躺卧时间应在8～16小时。

如果乳牛休息不好，产乳量会明显下降（10%～30%），所以要给乳牛提供牛床。乳牛舍卧床床位要足够，因为乳牛群体中存在着等级位次，卧床床位不足，处于等级位次劣势地位的乳牛始终休息不好。乳牛的牛床数量不足，也会导致牛群的产乳量下降，因为牛群中总会有一些乳牛躺卧时间不足。

卧床垫料是乳牛躺卧时直接接触的表面。垫料类型、干物质含量和洁净度影响乳牛躺卧休息的效果。通常，卧床垫料水分含量应在40%以下，有足够的摩擦力，保持洁净。优质的卧床垫料能够增加乳牛躺卧时间、改善蹄部健康、降低乳房炎风险和提高乳牛生产性能。

关于卧床垫料有多种选择，可以在牛卧栏铺细沙，也可以在舍内卧栏上铺橡胶垫。对牛舍内的粪污进行固液分离，干粪渣可以回填牛床，作为垫料。此外，还可以选择多种农副产品作为牛床垫料，如稻壳、碎麦秸、花生壳等。总之，通过使用牛床垫料使乳牛的舒适度得以改善。

（五）开阔适宜的运动空间

在放牧条件下，乳牛在牧场上自由采食，有足够的活动空间；而在规模化的乳牛场里，运动场面积有限，无法满足乳牛的自由活动要求。若乳牛运动不足，易患很多疾病。为了给乳牛提供舒适的运动空间，一般运动场面积要求泌乳牛25～30 m²/头、育成牛15～20 m²/头、犊牛8～12 m²/头。如果是大跨度的牛舍且每头牛占舍面积较大，则运动场面积可以适当减少。

运动场垫料的选择与乳牛蹄病的发生有很大关系，运动场地面一般要求干燥、平坦、松软。细沙是较好的运动场垫料，乳牛在沙质运动场上活动可起到有效的保健作用，减少蹄病的发生。三合土地面比较松软，比立砖和水泥地面好，但三合土地面必须夯实压平，经常修补。水泥地面热传导系数大，冬凉夏热，而且坚硬，不符合乳牛福利要求；而立砖地面坚硬不平，易患蹄病，若在立砖地面上铺以干燥的细沙，则可以减少肢蹄病的发生。

（六）良好的温热和光照环境

乳牛采食与泌乳活动均需要光照环境。乳牛适合长时间光照，应该16小时光照，8小时黑暗，光照便于乳牛观察四周，在黑暗中乳牛采食减少，适宜的光照可以增加乳牛采食量。

在乳牛舍采光设计中，首先应考虑利用自然光。应设计有足够的采光面积，保证光照时间。其次是补充人工光照，人工光照的灯光颜色和光照强度对于乳牛的采食和产乳量也有影响。对于大跨度牛舍，更要注意光照方案设计，以保证舍内的光照强度。

通风不但与乳牛的舒适度相关，而且与牛舍中的有害气体和空气中病原菌的排除直接相关。保持良好的通风，可以降低牛舍内空气湿度，排除二氧化碳、氨气等有害气体。可以通过设计屋顶天窗或屋顶缝隙进行自然通风，实现其他季节的通风，排除牛舍内的污浊空气。

在夏季，热应激对乳牛生产会造成很大的负面影响，如产乳量下降、奶品质降低。减少热应激对乳牛的影响被认为是提高乳牛生产性能、维护动物福利的关键。乳牛场要制定一些防暑降温措施来改善乳牛的福利。例如，用隔热性能好的建筑材料修建牛舍；通过安装风机和喷淋装置、采用间歇式通风喷淋的方式降温，以减少乳牛的热应激。在牛舍周围种植树木用来遮阳，减少太阳辐射，也可以让牛在树荫下休息。

在干净、舒适的环境中，采用综合的管理措施，可以提高乳牛的整体福利水平。例如，通过计划繁殖，使乳牛产奶高峰期尽可能避开盛夏高温期，从而减轻双重因素（高温热应激与高产应激）对乳牛的压力，乳牛则能充分发挥其产奶潜力。

尽管乳牛的耐寒性很强，但是多数地区的乳牛养殖都是采用开放式或半开放式乳牛舍，在隆冬时节，牛舍内温度很低，尤其是在有寒风来袭的情况下，会直接影响乳牛的采食量、生理功能和饲料转化率。因此，对于冬季寒冷地区的开放式或半开放式乳牛舍，宜安装防风帘，改善牛舍的冬季温热环境，提高乳牛福利水平。

第二节 乳牛场的环境控制参数

营造适宜的生活环境是乳牛养殖的又一重要环节。这些环境因素主要包括温度、相对湿度、气流、空气质量等。

牛属于怕热耐寒型动物，一般来说，牛不能耐受高于体温5 ℃的环境温度，但能耐受低于其体温20～60 ℃的温度。牛对空气湿度的适应性要受温度的影响，高温环境对牛是不利的，而凉爽的环境适宜牛发挥其最大的生产力。此外，不同品种、年龄牛的生理特点不同，对环境的要求也有所差别。

一、温度

牛通过自身的体温调节保持最适宜的体温以适应外界的环境。在等热区内，牛最为舒适健康，生产性能最高，饲养成本最低。

当环境温度从17.7 ℃升高到30 ℃时，乳牛的精料采食量下降5%，干草的采食量则下降22%。热应激对奶量的影响主要是乳牛干物质采食量下降，在20 ℃以上时，每升高1 ℃，干物质采食量下降0.15 kg，据估计，干物质采食量每下降1 kg，会导致产乳量下降2 kg。

乳牛遭受热应激时，饮水量可增加50%以上，一方面是通过呼吸、喘息等损失部分水分；另一方面，产奶还要排出大量的水分，因为牛奶中含水量达87%左右。乳牛在30 ℃与17.7 ℃时相比较，饮水量增加29%，出汗损失增加59%，呼吸蒸发增加15%，尿液水分损失增加15%，粪便中的水分损失下降33%。

不同品种及生理阶段的乳牛对牛舍环境温度的要求不同，详见表12-1。冬季应做好牛舍防寒保暖工作，保持舍内温度在0 ℃以上。

表12-1 乳牛舍内适宜温度、最高温度和最低温度

牛舍	适宜温度/℃	最低温度/℃	最高温度/℃
成年母牛舍	9～17	2～6	25～27
犊牛舍	10～18	4	25～27
产房	15	10～12	25～27
哺乳犊牛舍	12～15	3～6	25～27

二、相对湿度

空气湿度对乳牛生理功能的影响主要通过水分蒸发影响牛体热散发，尤其对于高温或低温等极端天气，湿度升高将加剧高温或低温对乳牛生产性能的不良影响。

对于乳牛，畜舍环境的相对湿度应在56%～75%，不宜超过85%。

夏季当温湿度指数高于68时，需要采取必要的防暑降温措施。

三、气流

气流对乳牛的主要作用是使皮肤热量散发。在一定范围内，对流速度越大，牛体散热越多。此外，气流还可以改善畜舍内的空气质量。一般在低温时（小于10 ℃），气流速度宜保持在0.1～0.25 m/s；高温时，气流速度宜保持在0.5～1.0 m/s。

四、光照

牛舍采光设计包括自然采光设计和人工照明设计。自然采光系数（窗地比）在不同乳牛舍及其配套用房是不同的，拴系或无拴系成乳牛舍、青年牛舍、犊牛舍、产房为1:（10～15），挤奶厅、乳品间、化验室、洗涤间、精液检查室为1:（10～12），其他附属用房为1:（10～20）。各类乳牛舍的人工光照标准见表12-2。

表12-2 乳牛舍人工光照标准

牛舍类型	光照时间/h	照度/lx	
		荧光灯	白炽灯
成年牛舍：乳牛舍、公牛舍	16～18		
饲喂处		75	30
卧息处或单栏内		50	20
产房：卫生工作间		75	30
分娩间		150	
犊牛预防室			100
犊牛间		100	50
犊牛舍		100	50
带犊母牛或保姆牛的单栏		75	30
青年牛舍	14～18	50	20
育肥牛舍	6～8	50	20
饲喂场或运动场		5	5
挤奶厅、乳品间、洗涤间、化验室		150	100

来源：李震钟. 家畜环境卫生学及牧场设计[M]. 北京：中国农业出版社，1992.

五、空气环境质量

乳牛舍内空气环境质量与牛只健康水平密切相关。其主要有害气体为二氧化碳、氨、硫化氢、一氧化碳。乳牛舍中有害气体标准见表12-3。

表12-3 牛舍中有害气体标准

牛舍类别	二氧化碳/%	氨/(mg/m³)	硫化氢/(mg/m³)	一氧化碳/(mg/m³)
成年牛舍	0.25	20	10	20
犊牛舍	0.15～0.25	10～15	5～10	5～15

尘埃也是影响乳牛舍空气质量的重要方面，尘埃有降尘和飘尘两种。降尘的粒径在10 μm以上，空气中的降尘因重力作用很快降落地面。飘尘的粒径在1～10 μm，能长期飘浮在空气中，危害很大。空气中的微粒按飘尘计算，人类卫生学标准规定不得超过0.5 mg/m³。

根据国际噪声标准和一些国家现行的标准资料，一般有人在场的生产场所，要求噪声不超过75 dB，各类乳牛舍的噪声允许强度不超过70 dB。

第三节 场址选择与规划布局

乳牛场是乳牛规模化养殖的场所，有严格的布局和建筑设计要求。主要体现在有利于集约化经营，有利于生产快速周转，有利于引入先进技术；有利于卫生防疫；有利于环境保护。因此全牛场要求有合理的布局、顺畅的流水作业生产线和成本低而经久耐用的牛舍，以及美观的环境。

一、场址选择

乳牛场场址选择，应该综合考虑当地的地势、土壤、水质、气象因素和社会联系等方面，场址不应位于《中华人民共和国畜牧法》规定的禁止区域。

1. **地势地形** 地势要高燥，建场地的地下水位一般要在2 m以下，最高地下水位需在青贮窖底部0.5 m以下。平坦，背风向阳，排水良好，通风干燥，可有适当的缓坡，坡度一般以1%～3%为宜。使牛只处于较干燥、通风的凉爽环境中。不能在低洼涝地、水道、风口处和深谷里建场。因为地势低洼的场地容易积水且道路泥泞，污浊空气不易驱散，夏季通风不良，空气闷热，有利于蚊蝇和微生物滋生，而冬季寒冷，影响牛舍的保温隔热性能及使用寿命，同时牛易患病。

为了防水灾，选择的场地要远离河槽。养殖场不可建在洪泛区（25年一遇洪水或以上）；洪泛区的已有养殖场应采取必要的措施，防止洪水所致的粪便横流或溢流。场址所在地不应产生过度侵蚀，或采取措施减少地面侵蚀发生；应避免降雨后场内形成水坑，牛不可直接接触地表水。

乳牛场的地形要求开阔、整齐、有足够的面积。若地形不规则或边角太多，不利于合理规划、布局和组织生产。不可位于树木过多的地方，因为树木过多所形成的湿热环境会影响乳牛的正常生产，使乳牛病传播。

2. **土壤** 壤土是乳牛场理想的建筑用地。壤土的特性介于砂土和黏土之间，易于保持干燥，土温较稳定，膨胀性小，自净能力强，对乳牛健康、卫生防疫和饲养管理工作都比较有利。

黏土土质不宜作为乳牛场场址，因其透水性差、吸潮后导热性大。在黏土上修建乳牛场后，乳牛舍容易潮湿，冬天寒冷。

3. **水源** 饮用水的质量对于乳牛的健康极为重要，饮用水的水源应该是清洁、安全、无污染的，不经过任何处理或经过净化消毒处理，符合生活饮用水水质标准，能够提供水质检测报告。乳牛场的水源要求稳定，水量充足，能够满足场内各项用水需求；便于防护，取用方便。饮水以泉水和井水为好。不能在水源严重不足或水源严重污染的地区建场。井水水源周围30 m内不得建厕所、粪池、污水坑和垃圾堆等污染源，乳牛舍与井水源也应保持30 m以上的距离。

4. **饲草、饲料条件** 在建乳牛场时要充分考虑饲草、饲料条件。以舍饲为主的农区和垦区，必须要有足够的饲草、饲料基地或便利的饲草来源，饲料要尽可能就地解决，要特别注意准备足够的青贮饲料。

5. **社会条件** 乳牛场选址要符合相关法律法规及土地利用规划；符合当地城乡建设发展规划的用地要求，否则随着城镇建设发展，将被迫转产或向其他地区搬迁，会造成重大的经济损失。

新建乳牛场选址要参照当地乳牛业的发展规划布局要求，并与饲料供应、兽医防疫、产品营销、技术服务体系建设相互协调。

地址应选在交通比较便利的地方，距离公路、铁路交通要远近适宜，一般要求距离主干道不少于1000 m，以利防疫。同时考虑交通运输的便利和防疫两个方面的因素，要便于运送草料，有条件的乳牛场应建专用道路与主要交通要道相连，硬化路面直通场区。还应有充足的能源和方便的通信条件，电力供应稳定，这是现代乳牛生产对外交流、合作的必备条件。

乳牛场尽可能远离居民区。乳牛场应选建在水源的下游及村落或农舍的下风处，应低于水井，以免污染公用水源和气流。

乳牛场不应选在化工厂、屠宰场、制革厂、医院、兽医院等容易造成环境污染的单位的常年主风向的下风处或附近。

乳牛场应远离自然保护区与生态脆弱区，从而避免发展养乳牛对自然保护区与生态脆弱区造成破坏。

6. **场地及周围地区须为无疫病区** 要对当地及周围地区的疫情充分了解，切忌在发生传染病和寄生虫病的疫区建场。选址地点不得发生过炭疽病、口蹄疫和布鲁氏菌病，应易于组织防疫管理。

乳牛场周围的畜群宜少，不同乳牛场间的距离应在500 m以上。放牧地和草场均未被传染病病原污染。

最好与外界形成一个天然隔离区，若传染病流行，易与外界封锁、隔离，将疫病抵御于乳牛场以外。

二、规划布局

乳牛场一般包括生活管理区（办公用房、生活用房）、生产区（不同类型牛舍）、辅助生产区（饲料加工、仓库、附属生产用房）、粪污处理区和病畜隔离区等功能区。

场区布局应遵循以下原则。

（1）场区入口处设置人员消毒室和车辆消毒池等防疫设施，并能够有效运行。

（2）场区设置防疫隔离带，环境整洁。对场区内空闲地面进行适当的硬化或绿化。净道和污道严格分开，场内净道和污道应保持常年畅通无阻。

（3）生活管理区与生产区严格分开，生活管理区要位于生产区的上风向，保证50 m以上的距离。

（4）辅助生产区紧靠生产区布置，应设在生产区边沿下风地势较高处。干草区、精料区、青贮窖设置在相邻位置，以便于全混合日粮搅拌车工作。干草区、青贮窖和饲料加工调制车间要有防火设施。

（5）生产区应设在场区的下风位置，入口处设人员消毒室和更衣室。生产区犊牛舍、育成（青年）牛舍、泌乳牛舍、干乳牛舍、隔离牛舍布局合理，能够满足乳牛分阶段、分群饲养的要求。泌乳牛舍应靠近挤奶厅。各牛舍之间保持适当距离，布局整齐，便于防疫和防火。生产区要为乳牛创造干净、干燥、舒适的运动场和牛舍环境。

（6）粪污处理区和病牛隔离区，应设在场区内生产区外围地势低的下风向和下水头，与生产区保持50 m以上的卫生间距，单独通道，便于病牛隔离、消毒和污物处理。

（7）病牛隔离区主要包括兽医室、隔离牛舍、病死牛处理设施、粪污贮存与处理设施。

（8）粪污处理区应有固定的牛粪储存、堆放场所和设施，储存场所有防雨、防止粪液渗漏、溢流的措施。建造主化粪池、污水处理池。在农村地区可以选择与农田接壤处布局化粪池及有关设施。在丘陵地区建牛舍宜在高位，排污应在低位，利用落差排放污水。

第四节 牛舍设计与建筑

一、乳牛饲养工艺模式

乳牛一般按生理阶段分为犊牛、育成牛、青年牛、成乳牛和干乳牛。不同生理阶段的乳牛需要分别饲养于相应的牛舍。

产前15天的母牛需要进入产房，没有产房的乳牛场，则进入特需干乳牛舍，需要保证每头母牛有20 m²的面积。对于犊牛，断奶前采用单栏饲养，断奶后采用群饲。

按照乳牛的饲养方式的不同，可以分为散栏式饲养和拴系式饲养两种。①散栏式饲养：牛舍内的采食区、休息区和挤奶区是独立的，牛舍内设有卧栏；乳牛不拴系，可以自由采食、自由饮水，采食后可自由在卧栏躺卧或在舍内外自由活动。牛舍内有采食通道和清粪通道，通道上的粪污可用刮粪板或其他机械设备清除。采用散栏式饲养的牛舍建筑面积，成年母牛应在10 m²/头以上，每头牛一个栏位，但是无固定牛床。散栏饲养的密度应小于90%。②拴系式饲养：乳牛除在运动场活动外，饲喂、挤奶和休息等活动均在舍内进行。拴系式牛舍可以分为对头式牛舍和对尾式牛舍。拴系式牛舍每头牛运动面积不低于20 m²。

拴系式饲养适于人工挤奶或手推式挤奶机，散栏式饲养要求配备挤乳厅。挤乳厅投资虽高，但其对牛舍要求降低，节省人力，有利于乳牛健康，保证乳品卫生。

标准化乳牛场普遍采用自由颈夹、散栏饲养。一般都采用对头双列饲喂，因为这样可以与饲喂全混日粮相配套。多数乳牛场在舍内设置卧床，一般是在每侧设置一排，所采用的卧床垫料有多种选择，有的乳牛场采用细沙，也有采用分离干燥后的粪渣，多数乳牛场倾向于使用橡胶垫。

以某公司靠边屯乳牛场为例：存栏乳牛3000头，占地250亩，有6栋泌乳牛舍，泌乳牛舍长度186 m、跨度27 m，沿长轴方向设置饮水槽16个，牛舍内设有牛床，牛床上铺有橡胶垫。清粪工艺：用推车沿牛舍纵向将牛舍内站立区域的牛粪推至中央粪沟，液态粪尿沿粪尿沟流至舍外，然后用粪罐车抽吸后运走。

二、牛舍的基本要求

（1）牛舍要能够为牛创造舒适的生活环境，牛舍的温度、湿度、光照要适宜。

（2）基础应有足够强度和稳定性，防止地基下沉、塌陷和建筑物发生裂缝倾斜。地面要求致密坚实，有防滑措施，不打滑，有弹性，便于清洗消毒。

（3）支撑结构坚固结实、抗震、防水、防火，具有良好的保温和隔热性能，便于清洗和消毒。牛舍结构坚固、抗震、防水、防火，能抵抗雨雪、强风等外力因素的影响。

（4）屋顶要求质轻、坚固耐用、防腐蚀、防水、防火、隔热保温；屋顶能防雨雪，抵抗强风等外力因素的影响。屋檐设置天沟，使雨水能够通过落水管流下。

（5）牛舍隔热保温，有夏季降温系统和冬季防寒系统。严寒地区的乳牛舍采用有窗封闭式；寒冷区北部边缘地带，采用半封闭、半开放式乳牛舍；寒冷区的中部和南部，采用开放式乳牛舍；温和地区，采用开放式乳牛舍；夏热冬冷地区，采用全开放式牛舍，冬季加防风帘。

（6）牛舍通风良好，降低牛舍灰尘与臭味。牛舍和通道地面要防滑，避免牛只行走困难和摔伤。牛舍要有良好的清粪排污系统。

三、成年母牛牛舍

1. 乳牛舍类型　按照母牛舍的建筑类型，可以将其分为钟楼式、半钟楼式、双坡式牛舍。

按照母牛舍的封闭程度，可以将其分为封闭式、半开放或半封闭式、开放式牛舍三种类型。典型的开放式牛舍如图12-1、图12-2所示。

严寒地区的乳牛舍多采用有窗封闭式，其中位于黑河市嫩江市的某繁育中心采用全封闭式。而位于夏热冬冷地区、温和地区的乳牛舍型式，一般都采用开放式。寒冷区的乳牛舍类型较多，接近寒冷区北部边缘地带的乳牛场，多采用半封闭、半开放式乳牛舍；而寒冷区的中部和南部，一般采用开放式乳牛舍。

2. 乳牛舍建筑结构　从建筑结构来说，严寒地区乳牛舍的典型建筑结构是钢架彩钢板砖墙建筑结构；接近寒冷地区北部边缘地带的乳牛场的乳牛舍建筑结构，采用钢架彩钢板砖墙结构、钢架彩钢板结构的均有；而寒冷地区的中部和南部，一般采用钢架彩钢板建筑结构。在夏热冬冷地区、温和地区，全部采用轻钢架彩钢板屋顶建筑结构。

适合不同区域的牛舍类型及结构如表12-4所示。

3. 乳牛舍跨度　按照母牛舍舍内牛床的排列方式，可以将其分为单列式、双列式和四列式三种类型。

拴系式牛舍的跨度通常在10.5～12.0 m，檐高为2.4 m。散栏式牛舍内的卧床有两列式、三列式、四列式、五列式和六列式，牛舍的跨度为12～34 m。大跨度牛舍的侧面和内部结构如图12-3、图12-4所示。

在严寒地区、夏热冬冷区近沿海区域，牛舍的跨度较大，为27 m或24 m。因为严寒地区冬季过于寒冷，运动场内长期结冰，多数时间乳牛是在舍内活动，牛通道较宽；同时在牛舍内建造卧床，所以牛舍跨度要求很宽。夏热冬冷区近沿海区域为了不影响多雨天气下乳牛的躺卧和运动，牛舍内也设置卧床和牛通道；另外，由于机械刮粪板清粪的需要，也决定了牛通道/清粪道应该设计宽一些。在寒冷地区、夏热冬冷区的非沿海区域，多数牛舍的跨度相对较小，一般为12～18 m，因为这些地区的乳牛舍有的是在舍内和舍外同时建造卧栏，有的在运动场遮荫棚下建有卧栏，乳牛在多数时间是在运动场活动。

表12-4　不同地区的牛舍类型及结构

地区	型式	钢结构	侧墙结构	顶部结构
东北地区	全封闭	热镀锌钢架结构	砖墙+卷帘	钟楼式双坡式（带通风窗或侧开窗）
东北地区	半封闭	热镀锌钢架结构	全砖墙	钟楼式双坡式（带通风窗或侧开窗）
东北地区	半封闭	热镀锌钢架结构	彩钢保温板	钟楼式双坡式（带通风窗或侧开窗）
华北地区	半开放	热镀锌轻钢骨架	彩钢板	钟楼式大跨度（带通风屋脊和采光带）
华北地区	全开放	热镀锌轻钢骨架	砖墙+卷帘	钟楼式大跨度（带通风屋脊和采光带）
南方地区	全开放	热镀锌轻钢骨架	彩钢板砖墙	双向单坡钟楼式
南方地区	半开放	热镀锌轻钢骨架	彩钢板砖墙	双向单坡钟楼式

四、育成牛舍和分娩牛舍

1. **育成牛舍** 育成牛舍饲养16月龄以内的育成牛。育成牛在饲养管理方面没有什么特殊要求，育成牛一般为散养。育成牛舍结构简单，与散栏成年牛舍的结构基本相同，只是牛舍所占的面积较小，一般为3 m^2/头。

2. **分娩牛舍** 分娩牛舍也称产房，在规模较大的乳牛场一般都设有分娩牛舍。为方便出生犊牛哺喂初乳，一般产房和保育室在一起。产房要求冬暖夏凉，舍内便于清洁和消毒，有条件时尽量铺设垫草。产房通常有单列式和双列式两种。产房内设置牛床，牛床的长度为1.9～2.5 m，宽度为1.2～1.5 m，每个床位都要有保定栏。颈枷高为1.5 m左右。产房的粪沟不宜深，约8 cm即可。

五、犊牛舍

乳牛场的犊牛舍有三种类型：舍外犊牛岛、普通犊牛舍、舍内高架式单饲犊牛栏。

断奶前犊牛一般采用单栏饲养，断奶后犊牛采用群饲。断奶后犊牛入群饲栏，栏内开阔且不设隔离，在栏内牛床上铺垫草。

不同形式的犊牛舍见图12-5、图12-6。

1. **舍外犊牛岛** 舍外犊牛岛是饲养犊牛的一种良好方式，应用非常广泛。常见的犊牛岛长、宽、高分别为2.0 m、1.5 m和2.5 m。在犊牛岛内铺上稻草、锯末等垫料，以保持地面干燥和清洁。在犊牛岛的向阳侧设运动场，运动场的直径为1.0～2.0 cm。用钢管围成栅栏状，栅栏间距为8～10 cm，围栏前设哺乳桶和干草架。

在夏季炎热地区，舍外犊牛岛的屋顶隔热性能、空间大小及通风性能显得尤为重要。因此，犊牛岛并不是对于所有气候区域都是理想的，也不是同一个设计规格。对于严寒地区，特别是多风低温的情况下，犊牛岛外面长期积雪或结冰，常规设计的犊牛岛难以保证犊牛所要求的适宜温热环境。

犊牛岛有多种类型。以某集团的乳牛场为例，有三种类型的犊牛岛，第一种是以塑料复合材料压制而成；第二种是以竹片和纤维等材料制成复合板，用复合板作为墙壁，用双层石棉瓦作为屋顶；第三种是以夹层彩钢板为墙壁和屋顶材料，后墙壁开小窗户，夏季打开，冬季关闭。其

图12-1 对头双列开放式牛舍

图12-2 大钟楼式开放式牛舍

图12-3 大跨度牛舍侧面

图12-4 大跨度牛舍内部结构

图 12-5 舍外犊牛岛

图 12-6 舍内高架式单饲犊牛栏

中夹层彩钢板材料的犊牛岛使用效果最好。

2. 舍内高架式单饲犊牛栏 舍内高架式单饲犊牛栏是严寒和寒冷地区培育犊牛中值得提倡的模式。哺乳犊牛采用高架式单栏饲养，犊牛栏内铺垫草。河南中荷乳牛示范场，采用舍内高架式单饲犊牛栏，冬季时在舍内培育犊牛，取得了很好的效果。恒天然汉沽乳牛场采用舍内高架式单栏饲养犊牛。

第五节 牛场设施

一、舍内设施

1. 牛床 牛床是牛休息的场所，为了使乳牛能舒适地躺卧和起立，牛床应保证一定的长度和宽度。散栏饲养牛床、牛走道和卧栏如图 12-7、图 12-8 所示。

拴系式饲养乳牛，牛床的长度根据牛的体型、饲养方式的不同分为长牛床和短牛床两种。用长牛床，牛有较大的活动范围；用短牛床，牛的后肢接近牛床的边缘，使粪便能直接落在粪沟里。短牛床的长度一般为乳牛 180～190 cm，乳肉兼用牛 160～180 cm。牛床的宽度取决于牛的体型。乳肉兼用牛每个床位宽 110～120 cm。牛床应有适宜的坡度，一般为 1%～1.5%，以利于冲洗；牛床要平整、干燥；垫料要干净，及时更换。牛床分为水泥牛床、砖牛床和土质牛床等。

散栏式饲养乳牛的牛床面积：泌乳牛 (1.65～1.85) m×(1.10～1.20) m，围产期牛 (1.80～2.00) m×(1.20～1.25) m，青年牛 (1.50～1.60) m×1.10 m，育成牛 (1.60～1.70) m×1.00 m，犊牛 1.20 m×0.90 m。散栏式牛床一般较牛行通道高 15～25 cm，边缘呈弧形。

2. 饲喂空间 食槽应设在饲喂通道的两侧（或一侧），便于用车辆运送饲料，直接分发到槽内，以免二次移动。食槽做成通槽式，其长度和牛床的宽度相同。

保证乳牛有足够的饲养空间，对于牛的健康和生产具有重要的作用。应根据饲养数量和牛的年龄来确定乳牛群的饲槽长度。不同年龄的乳牛所需最低饲喂空间可参考表 12-5。

图 12-7　散栏饲养牛床和牛走道

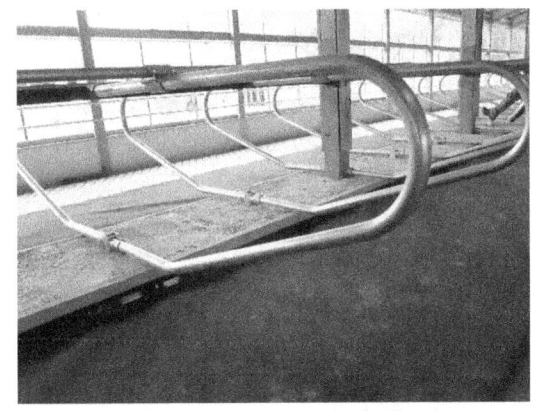
图 12-8　散栏饲养牛床和卧栏

表 12-5　不同年龄的乳牛所需最低饲喂空间

饲养方式	饲喂空间/cm					
	3～4月龄	5～8月龄	9～12月龄	13～15月龄	16～24月龄	成乳牛
自由采食						
干草或青贮	10	10	13	15	15	15
混合日粮或精料	30	30	38	46	46	46
同时采食						
干草、青贮或混合日粮	30	46	56	66	66	66～67

3. 饲喂通道　在食槽前面设饲喂通道，用来运送、分发饲料，应根据运料工具和操作时必需的宽度来决定其尺寸。

在对头两列式散栏乳牛舍，如果采用小推车喂料，饲喂通道宽度为 2.4 m；如果采用机械喂料，其宽度则需 4.8～5.4 m。饲喂全混合日粮是由全混合日粮车直接分发到乳牛的饲喂区（饲槽），供牛自由采食。

饲喂通道一般要高出采食站立区地面 10～20 cm。

4. 牛走道与清粪通道　牛舍内的清粪通道也是牛进出的通道，道路的宽度要满足运输工具的往返。

散栏式饲养牛舍的牛走道较宽，一般为 3 m，是乳牛游走的场所，并且能允许拖拉机带刮板扫除粪便。

在拴系式饲养牛舍，牛床与通道之间一般设有排粪明沟，明沟宽度为 32～35 cm，深度为 5～18 cm（用铁锹清理）。粪沟过深会使牛蹄子损伤，沟底应有 0.6% 的排水坡度。在沟的上面也可以采用铸铁缝隙盖板。

5. 供水系统　乳牛饮水，可用碗状饮水杯或水槽。牛舍内设饮水槽，可以按每头牛 3～9 cm 计算水槽的长度，保持供水充足。饮水器具设置合理，不得阻碍通道或饲喂区，不渗漏，不会对乳牛造成伤害。

牛场内要保证充足、新鲜、清洁的饮水供应，水源质量符合生活饮用水卫生标准。冬季防止结冰、夏季保证清凉。乳牛的需水量：体重 514 kg、日产奶 26 kg 的乳牛，每日需水量达 93 kg（其中拌料水 29.50 kg、饮水 35.15 kg、饲料中含水 28 kg），相当于产 1 kg 牛奶，需饮水 3 kg。运动场要另外设置饮水槽。

6. 风扇和喷淋系统　牛舍内安装风扇和喷淋系统，保证夏季乳牛能够及时淋浴降温。

二、舍外设施

1. 运动场　运动场对促进乳牛的生长，保证乳牛的健康都是很重要的。在乳牛场可以选择在牛舍外建造运动场，一般利用牛舍之间的空间建造运动场。运动场要求平坦、干燥、松软。为了便于排水，运动场地面宜中央高，向四周方向呈一定的缓坡状，保持 3%～7% 坡度，易排水，周围应设排水沟。

运动场的面积，应能保证牛自由活动、休息，不能太拥挤，又要节约用地，一般为牛舍面积的2～4倍。乳牛运动场面积应为成年乳牛每头25～30 m²，但是，在每头牛占牛舍面积较大的情况下可以适当减少运动场面积；青年牛的运动场面积应为每头20～25 m²；育成牛的运动场面积应为每头15～20 m²；犊牛的运动场面积应为每头8～10 m²。运动场按50～100头的规模用围栏划分成小区域。

运动场地面类型，可以选择三合土夯实地面、立砖铺成地面、水泥地面。运动场也可以采用一半水泥地面，一半泥土地面，中间设隔栏。土质地面在干燥时开放，阴雨天或潮湿时关闭；在运动场全面开放时，牛只可以自由选择活动和休息的地方。

运动场内应设置凉棚，为乳牛创造良好的环境，棚顶应隔热防雨。凉棚面积按每头成年母牛5 m²，青年牛、育成牛3～4 m²计算。

运动场周围宜进行适当绿化。

2. 补饲槽和饮水槽　在运动场补饲，能增加乳牛的粗饲料采食量。补饲槽一般设在运动场边缘。补饲槽的大小依据牛群大小而定，饲槽采食面长度按每头牛0.15～0.2 m计算。

牛随时都要饮水，在运动场设水槽是必要的，一般是在运动场内靠边缘设饮水槽。乳牛运动场上的饮水槽长度按每头牛0.2～0.3 m、宽0.8～0.9 m的标准设置。饮水槽要能够保证充足的饮水供应，保持饮水新鲜、清洁。饮水器具设置合理，不得阻碍通道或饲喂区，不渗漏，不会对乳牛造成伤害。

3. 围栏　运动场周围设置钢筋混凝土桩柱围栏。用钢筋水泥制成方形柱，高2 m，植入土中50 cm，用水泥把周围埋实。柱间距2～2.5 m，方形柱之间用直径为20 mm的钢筋相连，上下两根，一根离地0.7 m，另一根离地1.1 m。后备牛运动场的围栏要用3根直径20 mm的钢筋相连，以免牛从围栏内跑出。运动场周围也可以设置电围栏。

4. 青贮窖　青贮窖要位于水井或地表水的上坡处，距离大于30 m。地下青贮窖或地上青贮窖的地面和四壁要达到防渗的要求。要把地表水引离青贮窖，不能让地表水流进青贮窖。对青贮渗出液进行控制、收集和合理使用，青贮渗出液不得混入封闭的粪便贮存池。

5. 挤奶厅　挤奶厅设置有机房、牛奶制冷间、热水供应系统和办公室。

挤奶厅内配备贮奶罐和冷却设备。有与乳牛存栏量相配套的挤奶设备，全部乳牛实现挤奶机械化，管道输奶。

要求挤奶厅排水良好，对地面做硬化和防滑处理，对墙壁做防水处理，便于冲刷。

挤奶厅的待挤区要能够容纳一次挤奶头数2倍的乳牛。

第六节　乳牛场环境污染治理及绿色生态循环

我国乳牛业经历了快速发展，已经成为乳牛业大国。然而，在生产大量牛奶的同时产生了大量的粪尿，如果乳牛场没有采取先进的粪污处理工艺，将粪污随意堆放或直接排入河流，将会对环境造成严重危害，影响环境质量和人类健康。就乳牛生产过程来说，如果粪便收集贮存设施不完善、处理不及时，则乳牛生活环境恶劣，乳牛乳房炎、肢蹄病高发，牛奶质量下降，乳牛场的经济效益受到影响。因此，在集约化乳牛业中，应遵循减量化、无害化和资源化利用的原则，对粪污进行有效处理和合理利用。

一、乳牛的产排污情况

乳牛属于个体大的高产家畜，其采食量很大，约相当于体重的4%，因此粪尿排泄量也很大。饲料能量和蛋白质转化为牛奶能量和蛋白质的效率分别为20%和17%～42%，转化为牛肉能量和蛋白质的效率分别为5.2%～7.8%和8%，可见乳牛每日要排出大量的养分。

在典型的正常生产和管理条件下，一定时间内，单个乳牛所产生的原始污染物量称为乳牛产污系数。2009年，全国组织了农业源污染源普查，通过对典型乳牛场的现场测定，得出乳牛产污系数（表12-6）。

在典型的正常生产和管理条件下，单个乳牛产生的原始污染物经处理设施消减或利用后，或未经处理利用而直接排放到环境中的污染物量，称为乳牛排污系数。

规模化乳牛场的清粪方式主要有干清粪和水

表12-6 乳牛产污系数

项目	育成牛		产乳牛	
	华北区	中南区	华北区	中南区
测试牛体重/kg	375	328	686	624
粪便量kg/（头·d）	14.83	16.61	32.86	33.01
尿液量L/（头·d）	8.19	11.02	13.19	17.98
COD g/（头·d）	2975.22	3324.53	6535.35	6793.31
全氮g/（头·d）	121.68	139.76	274.23	353.41
全磷g/（头·d）	14.31	25.99	38.27	62.46
铜mg/（头·d）	115.97	158.39	256.74	307.44
锌mg/（头·d）	783.36	731.67	1800.99	1631.21

冲清粪。据对中部地区某典型乳牛场进行测算，千头乳牛场年粪便产生量达10 117.8吨，粪便综合利用率为75.11%，有24.89%的粪便未被利用。另有资料表明一个千头乳牛场日产粪尿可达50吨。

我国饲养乳牛的规模化养殖程度较高，2016年，100头以上乳牛场饲养乳牛占总饲养量的52.3%。因此，在局部地区乳牛的粪污产生量很大，面临的潜在污染压力很大。

二、牛粪处理

（一）粪污收集

乳牛场粪污要合理收集，保证场区整洁，牛舍无堆积的粪便和积水。

清粪方式是关系牛舍设计、机械设备、通风管理的大问题。目前从生产上来说主要分集中清粪与分散清粪，两者又有人工方式和机械方式。乳牛多采用自动刮粪板清粪，也有漏缝地板结构，不同的设备只能适用一定的清粪方式。

乳牛场的粪污收集一般有以下几种类型：①机械清粪。在乳牛场的牛舍清粪中，使用装载机、清粪铲车或清粪机清粪，一般是每天清理2次，清理的牛粪运至堆积场。②自动清粪系统。在牛舍的清粪通道/牛通道上安装机械刮粪板，以不锈钢铰链作为牵引绳索，电机驱动，刮粪板每日多次刮粪，粪便、污水经明沟或暗沟被输送至贮粪池。③漏缝地板-贮粪池粪污处理系统。乳牛舍的站立活动区采用漏缝地板，其下方为地下整体粪池，牛粪经漏缝地板漏入粪池，在粪池中经沉淀发酵，然后以液态肥的形式向农田施用。

在乳牛场，漏缝地板结构多与地下贮粪池相对应，在漏缝地板下可以贮存部分或全部粪水，液态粪水可以自动流入贮粪池中。在机械化程度较高的乳牛场，可以配备液态粪运输车以便及时清除贮粪池中的粪水，西欧国家的部分乳牛场常采用这种方式。

一般还是主张以固态方式处理牛粪，因为其成本较低。

（二）牛粪处理

粪污处理区应有固定的牛粪储存、堆放场所和设施，储存场所有防雨、防止粪液渗漏、溢流的措施。粪污处理要有配套的粪污清理车、粪污处理设备。

乳牛场牛粪的处理途径很多，归纳起来有依靠牧草地和农田消纳型、牛粪生产产品销售型、减量排放与达标排放型。依靠牛场自有农田消纳牛粪者，多集中于地域辽阔的地区；而缺乏自有农田者，则需要采用牛粪堆积发酵等多种途径。

牛粪堆积发酵：在乳牛场场内或场外建有牛粪发酵池，堆积发酵牛粪，经过发酵处理的牛粪还田利用。

牛粪制作生物有机肥：收集牛粪，进入贮存池，再输送至有机肥厂。采用连续堆置发酵牛粪，借助预处理机、翻抛机促进牛粪发酵，制成生物有机肥。也可以在发酵过程中加入有机肥活菌发酵剂，促进发酵。

制作生物质燃料块：对牛粪采用高温灭菌一次成型技术，制作生物质燃料块，面向市场销售。

牛粪多途径处理利用：采用沼气池发酵、堆积发酵、生产有机肥相结合的方式。多数乳牛场采用。例如，东营开元良种奶牛繁育集团有限责任公司建设了沼气池、有机肥肥料厂，实现了废物利用，增加了利润。

沼气池处理粪污，产生沼气供乳牛场烧锅炉和发电，电力用于乳牛场生产和生活。

乳牛粪便经沼气池发酵所得沼渣或牛粪经堆积发酵之后，都可以作为基质，种植双孢菇。

减量排放型：牛场循环利用粪渣和污水，采用机械刮粪板清粪，以奶厅水或循环水冲粪，经暗沟或地下管道，流至粪污处理中心。然后，采用固液分离系统，分离出粪渣和污水；粪渣经晾晒后回填牛床，液体回冲牛舍粪污；经循环后的污水进入沼气池生产沼气，沼液还田用于作物生产。

粪污经过处理，达到无害化处理，资源化利用的目的。处理牛粪的最佳模式是发展种养结合模式，以土地规模规划乳牛养殖数量，按照每头成年母牛3～5亩土地规划土地使用。

在乳牛场牛粪的多种处理途径中，应用较普遍的技术是牛粪固液分离循环利用技术。

牛粪固液分离循环利用技术。乳牛舍采用机械刮粪板将粪刮到牛舍一端，采用挤奶厅废水冲刷，牛粪随水进入排污管道。然后，把粪污输送到固液分离车间，采用固液分离机对牛粪进行挤压分离，固液分离机的型号和大小有多种，图12-9是小型的牛粪固液分离机。牛粪经过固液分离后，大颗粒部分作为成年乳牛的牛床垫料；剩余部分经过二次分离，得到的细小颗粒，再烘干至干物质含量50%左右，作为犊牛的垫料；液体用于循环冲刷牛舍的牛粪尿。经过多次循环后的液体部分进入沼气池进行发酵处理。

三、污水收集与处理

（一）污水收集

1. 场地排水 对牛场周围的地表径流进行导流，使其绕过养殖场或污水坑。对场内已经接触或可能接触粪便的地表径流进行导流，避免其进入地下或地表输水管道。对牛场周围的浅地表排水取样分析，至少每年一次。

2. 暴雨径流 场内粪便管理或贮存区，应不受降雨的影响。已经接触或可能接触过粪便的雨水径流应进行适当的处理。如果养殖场将雨水收集起来经过植物过滤带处理，则植物过滤带应有足够的植被，能对雨水进行适当的物理和生物处理。

3. 污水收集 采用雨污分流制，雨水通过道路明沟汇集排出场外；污水通过收集系统送到场区污水沉淀池，然后进行固液分离。冲水沟应采用混凝土或防渗地面。

（二）污水处理

污水处理要有污水处理设施，且运转正常，建有贮液池。

"沉降池＋化粪池"处理污水：乳牛场粪污水经排污管道收集流入污水贮存池，然后进入沉降池进行沉降和发酵，沉淀下来的污泥再进入化粪池进一步处理。经处理后的污水可以灌溉饲草地，固体粪渣堆积发酵后可以作为有机肥。乳牛场多采用此模式。

三级沉淀发酵池（图12-10）污水处理模式：建三级沉淀发酵池，污水经沉淀和厌氧发酵处理后，即可施于农田或者牧草地。例如，云南大理东亚乳业公司建有4个共350 m³的三格沉淀发酵池，用于处理乳牛场污水。对于沼液可以采用三

图12-9 牛粪固液分离机

图12-10 三级沉淀发酵池

级氧化塘，进行曝气好氧处理。

污水综合处理技术：粪污经固液分离，液体进入沼气池发酵，再将沼液输送至污水处理池，通过水生植物消耗其养分，或者用罐车将沼液外运灌溉农田。

四、病死牛无害化处理

病死牛、死胎、胎衣等必须进行无害化处理，应采取深埋法、发酵法或焚烧等方法。要有病死牛无害化处理记录。在此介绍深埋法和发酵法处理病死牛、死胎、胎衣的方法。

（一）深埋法

深埋法是处理病死牛的一种常用、简便易行的方法。

1. **选择地点** 应远离居民区、水源、泄洪区、草地及交通要道，避开岩石地区，位于主导风向的下方，不影响农业生产，避开公共视野。

2. **挖掩埋坑** 采用挖掘机、装卸机、推土机、平路机和反铲挖土机等适宜设备。

掩埋坑的大小取决于机械、场地和所须掩埋物品的多少。坑应尽可能深（2~7 m）、坑壁应垂直。坑的宽度应能让机械平稳地填埋处理物品。坑的长度则应由填埋物品的多少来决定。

估算坑的容积可参照以下参数：坑的底部必须高出地下水位至少1 m，每头大型成年动物（或5头成年羊）约需1.5 m³的填埋空间，坑内填埋的肉尸和物品不能太多，掩埋物的顶部距坑面不得少于1.5 m。

3. **掩埋**

（1）坑底处理：在坑底洒漂白粉或生石灰，量可根据掩埋尸体的量确定（0.5~2.0 kg/m²），掩埋尸体量大的应多加，反之少加或不加。

（2）尸体处理：动物尸体先用10%漂白粉上清液喷雾（200 mL/m²），作用2小时。

（3）入坑：将处理过的动物尸体投入坑内，使之侧卧，并将污染的土层和运尸体时的有关污染物，如垫草、绳索、饲料、少量的奶和其他物品等一并入坑。

（4）掩埋：先用40 cm厚的土层覆盖尸体，然后再放入未分层的熟石灰或干漂白粉20~40 g/m²（2~5 cm厚），然后覆土掩埋，平整地面，覆盖土层厚度不应少于1.5 m。

（5）设置标识：掩埋场应标清楚，并得到合理保护。

（6）场地检查：应对掩埋场地进行必要的检查，以便在发现渗漏或其他问题时及时采取相应措施，在场地可被重新开放载畜之前，应对无害化处理场地再次复查，以确保对牲畜的生物和生理安全。复查应在填埋坑封闭后3个月进行。

4. **注意事项**

（1）石灰或干漂白粉切忌直接覆盖在尸体上，因为在潮湿的条件下熟石灰会减缓或阻止尸体的分解。

（2）对牛、马等大型动物，可通过切开瘤胃（牛）或盲肠（马）对大型动物开膛，让腐败分解的气体逃逸，避免尸体腐败产生的气体导致未开膛动物的鼓胀，造成坑口表面的隆起甚至尸体被挤出。对动物尸体的开膛应在坑边进行，不允许人到坑内去处理动物尸体。

（3）掩埋工作应在现场督察人员的指挥、控制下，严格按程序进行，所有工作人员在工作开始前必须接受培训。

（二）发酵法

这种方法是将病死牛、死胎、胎衣等抛入专门的动物尸体发酵池内，利用生物热的方法将尸体等发酵分解，以达到无害化处理的目的。

1. **选择地点** 选择远离住宅、动物饲养场、草地、水源及交通要道的地方。

2. **建发酵池** 发酵池为圆井形，深9~10 m，直径3 m，池壁及池底用不透水材料制成（可用砖砌成后涂水泥）。池口高出地面约30 cm，池口上做一个盖子，盖子平时落锁，池内有通气管。如有条件，可在池上修一小屋。病死牛、死胎、胎衣等堆积于池内，当堆至距池口1.5 m处时，再用另一个池。此池封闭发酵，夏季不少于2个月，冬季不少于3个月，待病死牛、死胎、胎衣等完全腐败分解后，可以挖出作肥料，两池轮换使用。

五、种养结合与绿色生态循环

在乳牛场有饲草地的情况下，依靠本场饲草基地消纳利用粪肥。在乳牛场没有足够饲草地的情况下，可以与周边农村签订协议，依靠周边农田消纳利用粪肥。

牛粪经过沼气池发酵，或者堆积发酵生产有机肥，然后将有机肥施用于饲草地或作物地。污水经过沉降池和化粪池处理，可用于灌溉农田。同时，利用这些农田又能够生产出乳牛场所需要的饲草或饲料作物。

为了做到种养合理结合，需要从农田生态系统养分平衡的角度出发，确定单位农田面积所能支撑相应营养水平和饲养条件下养殖乳牛的数量。

基于乳牛粪尿养分消纳的农田环境容量，一般是以氮、磷养分为主进行计算。例如，欧盟国家制定的农田消纳粪肥的标准中，畜牧场每年向农田排放氮量不超过 170 kg/hm^2。再如，丹麦农业生产系统中，每公顷土地最大允许2.5头成年乳牛，每公顷土地每年施用粪尿量低于 53 m^3，且粪便施入农田后应立即混合到土内。在我国有学者认为，每公顷耕地能够负担的畜禽粪便为30吨左右，也就是每公顷耕地大约能承载3头乳牛（按每天每头乳牛产粪20 kg、尿10 kg计算）。

基于粗饲料供应的农田承载力来计算乳牛的饲养量。粗饲料供应：每日为乳牛提供5 kg苜蓿干草（或苜蓿青贮）、26 kg全株玉米青贮（25%干物质），即一头成年母牛年提供苜蓿干草1825 kg、全株玉米青贮9490 kg。需要在农田种植苜蓿和玉米，种植比例：苜蓿干草亩产1吨以上、全株玉米（25%DM）亩产3.5吨以上，则饲喂1头成年母牛需种植2亩苜蓿和3亩全株玉米作为优质粗饲料。在我国中原地区农牧结合型乳牛农业生产系统中，利用3亩地种植玉米和2亩地种植苜蓿，饲养1头成年母牛，年产8吨牛奶，乳蛋白3.2%以上，乳脂率为3.8%以上，体细胞50万/mL以下。在不影响小麦—玉米轮作的情况下，实现了农牧结合。

案例一：位于郑州市黄河滩区的中荷乳牛场，拥有 80 hm^2 土地种植饲草、玉米和苜蓿，还有 10 hm^2 饲草地，饲养90头产乳牛和80头后备牛。

乳牛舍站立活动区铺设漏缝地板，下面为粪窖，粪窖的体积与牛群规模相匹配。乳牛舍内的粪便、牛尿和冲洗污水，都进入粪窖。粪污水在粪窖中一般经过6个月的沉淀和充分发酵，杀灭了寄生虫卵、大肠杆菌等，避免了对被施用植物的生物污染。

待土地需要施肥时，先采样分析液态粪肥的成分，依据植物营养需求确定施肥量和施用率。具体施肥时，用搅拌机把粪尿搅拌均匀，经泵抽入粪罐车内，运往农田，注入施肥。

土地施用液态粪肥，补充了多种养分，满足了植物生长需要。单位土地产出的牧草、农作物的生物量比周边土地分别提高了10%～12%和8%～10%，还降低了牧草及饲料作物种植的成本。采用种养结合生态循环模式饲养的乳牛，泌乳牛群泌乳期平均产乳量达到9200 kg，乳脂率为4.31%，乳蛋白率为3.22%。

案例二：北京市密云区某生态农业公司探索了乳牛养殖—沼气工程—沼液自动灌溉农田的循环利用模式。乳牛场废水及尿液经过沉淀和调节酸碱度，再与粪便混合，进入沼气站发酵罐生产沼气，通过大棚温室保温，使混合池冬季正常工作；通过阵列式太阳能热水器供热，促进沼气发酵罐冬季正常发酵。依靠沼液自动灌溉施肥系统，直接为小麦和玉米种植提供养分，使小麦亩产提高了5%～10%。沼液供应蔬菜种植基地，还生产出了有机蔬菜。

我国的标准化乳牛场因各地的条件不同，形成了多种粪污处理模式，现将这些模式汇集于表12-7，供学习者参考。

表12-7 标准化乳牛场粪污处理模式与技术

类型	粪尿处理模式	粪尿处理技术	乳牛场
有饲草地	本场饲草基地消纳利用粪肥	粪污生产沼气和有机肥，有机肥用于饲草基地。天锦乳牛场30%牛粪生产沼气，70%牛粪堆积发酵直接还田	新疆建设兵团西部牧业乳牛繁殖场、新疆建设兵团农七师131团天锦乳牛场、甘肃荷斯坦乳牛繁育示范中心
		在牧场最低处建有化粪池，粪污完全发酵后转运至饲草基地利用	黑龙江克东县飞鹤国际示范牧场
	液态肥施农田	粪污处理采用地下粪窖经半年以上整体发酵，用液体施肥车运入草地，注入式施肥	河南中荷奶业科技发展有限公司

续表

类型	粪尿处理模式	粪尿处理技术	乳牛场
依靠周围农田消纳	牛粪堆积发酵，沉降处理污水	牛粪进行堆积发酵和生产有机肥；沉降池和化粪池处理污水，二次利用和灌溉农田。鹤澳乳牛繁育中心，污水处理采用筛分系统，将牛粪与污水分开，水循环利用	白城市兴盛乳牛公司、新疆呼图壁种牛场、鹤澳乳牛繁育中心、包头市开元乳牛场、浙江东兴伊康乳业
		沉降池沉降污水后灌溉农田，牛粪堆积发酵和农牧结合的方式处理	北京奶牛中心良种场、宏利达乳牛分公司、青岛奥特乳牛原种场
	多途径处理利用	牛粪沼气池发酵、堆积发酵和生产有机肥；沉降池和化粪池处理污水，二次利用和灌溉农田	北京三元金银岛牧场、沈阳金秋实牧业、东营开元乳牛公司、西安草滩乳牛场、平顶山汝源奶业公司、贵阳三联第二牛场
	沼气池发酵牛粪	建有沼气设施，牛粪集中发酵	天水嘉信畜牧有限公司良种乳牛繁育场、大同市良种乳牛有限公司、唐山汉沽兴业乳牛养殖有限公司
市场销售	加工颗粒有机肥或燃料	建有机肥加工厂，粪便经过发酵制粒后还田。建有大型沼气工厂，沼渣生产有机肥	完达山良种乳牛有限公司
		牛粪进入干粪贮存池后，运输至有机肥厂加工有机肥；沼气池处理污水灌溉饲料田	上海申星乳牛场
		牛粪采用高温灭菌一次成型制作燃料块；污水经沉降池处理灌溉周围农田	哈尔滨良种乳牛繁育中心
减排	循环利用粪渣和污水	粪污固液分离，粪渣晾晒后回填牛床，分离的液体回冲牛舍粪污；经循环后的污水进入沼气池生产沼气，沼液还田用于作物生产	天津嘉立荷十四乳牛养殖有限公司、天津海林乳牛养殖场、上海牛奶集团海丰乳牛场有限公司
达标排放	污水工厂化处理	粪污处理采用沉降发酵方式，建有三级沉淀发酵池，经厌氧发酵处理后，施于牧场地；粪便发酵处理后用于种植食用菌和玉米及苜蓿种植	大理东亚乳业有限公司欧亚风景牧场
		采用沼气池和"厌氧＋SBR＋水生植物处理工艺"的污水处理站处理污水，沼液用专车外运灌溉农田；粪便采用预处理机、翻抛机进行智能发酵后生产生物有机肥	湖北京都农业科技开发有限公司

第七节 乳牛场智能化

1960年美国有乳牛场试用计算机技术进行管理，能够完成数据采集及处理过程。计算机技术的使用，增加了乳牛场的收益。荷兰是欧洲最早利用自动化技术对乳牛场进行管理的国家，20世纪70年代中期，荷兰已经通过自动识别器给乳牛编号。20世纪80年代早期，美国、日本等发达国家采用计算机技术的自动化乳牛场管理系统已经逐渐成熟，并在一些乳牛场使用并改进，得益于此类系统的使用，乳牛产量迅猛增长。这些牧场信息管理系统将乳牛编号、出生信息、体重、活动量、牛舍等信息纳入乳牛档案，并通过计算乳牛产乳量、发情期和诊断乳腺状态来提高牧场管理效率。

现在考察一下我国的现代化乳牛场。在河南省驻马店市的优然牧业有限公司，上百头乳牛排队等待上挤奶转盘，挤奶全程高度自动化。每头乳牛产奶时，通过电子耳标，都被精准识别，乳牛的各种信息都被记录着。挤奶过程全自动识别，无须人工操作；鲜奶运输过程也是全程冷链；饲喂过程是全混合日粮自动精准投料。

一、乳牛发情智能化监测系统

发情监测系统是指通过特定传感装置，实时在线监测、记录和上传乳牛的活动量、反刍时间、躺卧时间等生理体征，对乳牛发情状态、配种时间等进行预测的一种牧场数字化管理工具。

监测牛只发情的数字化管理系统主要有：基于乳牛活动量和行为变化的计步器发情监测系统和加速度感应器发情监测系统，基于发情期耳温、阴道温度变化设计的发情监测系统，通过视频记录结合数字化算法分析的自动视频分析技术及产品等。

在以上三类牛只发情监测数字化管理系统中，计步器发情监测系统比较成熟且应用广泛，在此重点介绍计步器发情监测系统。

计步器发情监测系统早在1984年就有牧场管理系统问世，该系统与计步器相关联，在数据分析的基础上实现了乳牛发情监测。计步器发情监测系统是目前研究成熟、应用广泛的一种发情监测工具。

在运动场上的乳牛发情期间活动量明显增加，可以达到间情期活动量的4倍；在牛舍饲养的发情乳牛活动量可以达到间情期活动量的2.75倍。计步器发情监测系统的设计主要依据乳牛发情时表现出精神兴奋、爬跨、精神紧张，同时乳牛活动量明显增加、躺卧时间则会明显减少等特点。

计步器发情监测系统通过在牛腿部安装计步器记录单位时间内的行走步数，并通过在挤奶厅安装配套的信息接收装置，于每次挤奶时上传一次数据，根据个体乳牛活动量变化规律，电脑端软件算法计算出乳牛加权活动量，以此作为乳牛间情期和发情期判定的指标。当活动量达到预设的阈值时，系统自动发出警报，提示该牛已经发情。除此以外，计步器发情监测系统还可自动记录乳牛编号、运动量和反刍状况，以方便技术人员及时准确地了解每头乳牛的繁殖状态。

发情监测系统作为一种伴随信息技术发展而逐步研发的数字化发情监测技术，已经对我国规模化乳牛场的管理起到了重要的支撑作用。该系统根据发情期乳牛生理和行为的变化趋势，预测乳牛的发情时间和阶段，提供准确的配种时间。此外，通过对其行为变化的分析，发情监测系统还可以预测乳牛受胎状况。发情监测系统不仅减少了牧场员工的工作量，降低了工作难度，也提高了发情乳牛的检出率和受胎率，降低了牧场在乳牛空怀期间的损失。

二、乳牛场自动化精准环境控制系统

乳牛生产环境中的温度、湿度、风速、光照、有害气体浓度等因素，对乳牛的生产状况会产生直接影响，因此需要控制乳牛舍的环境。乳牛场主要采用自动控制系统，或采用乳牛舍环境控制系统和方法。例如，在乳牛场环境管理方面，最常采用的是自动控制风机和喷淋降温系统，可以解决乳牛怕热的问题。

在乳牛场自动化精准环境控制系统的系统设计与功能分析中，需要从环境控制等角度，对系统功能进行优化；通过传感器对乳牛场的温度、湿度、光照强度等进行实时监控，建立智能化乳牛场监控系统；利用控制算法对乳牛场智能化控制系统进行完善；提高系统的数据采集有效性，满足乳牛场智能化管理的发展需求，从而提高乳牛场的生产效率，提高产品质量。

在乳牛场自动化精准环境控制系统的搭建中，一般是将乳牛舍作为一个独立的控制区域。乳牛舍温度、湿度、风速及空气质量等环境因子的综合作用明显，原有的环境控制系统普遍是单一指标的负反馈控制，例如，夏天对温度或湿度进行控制，冬天对气体浓度进行控制，这往往难以满足乳牛舍复杂环境控制及其乳牛环境舒适性需求。

基于乳牛不同生理阶段的多元环境参数，建立乳牛养殖环境控制多参数数学模型，形成多元环境参数的自动控制技术和系统，才能满足乳牛舍精准环境控制需求。

基于这种思路，研究人员构建了基于温度、湿度、有害气体浓度的多元环境参数综合调控模型，以热舒适性及二氧化碳、氨气浓度调控为重点，优化通风模式与精准环境调控策略及技术，将优化后的通风模式与精准环境调控策略及技术嵌入多元环境参数综合调控模型，充分利用网络传输技术，研发出乳牛舍环境自动控制系统。

乳牛场环境控制系统的设计，包括硬件和软件两个部分。乳牛舍环境多参数控制系统包括氨气传感器、二氧化碳传感器、温度传感器、湿度传感器、光照强度传感器、风速传感器、排风机、送风机、补光灯、电动防风帘、控制器，控制器数据输入端分别与各传感器通信连接，数据输出端分别与排风机、送风机、补光灯、电动防风帘通信连接，通过建立各环境参数之间的关联函数关系，使每个单独的控制策略与其他控制策略之间形成闭环关联，从而实现所有环境参数的统一联合调整，避免了现有技术中因对各环境参数进行调整而出现的不同控制策略相互干扰的问题。

乳牛场智能化控制系统对于提高工作性能、节约成本及保持乳牛场的实时智能管理至关重要。通过控制的方式，提高乳牛场智能化控制系统的操作控制效果；乳牛场智能化控制系统中，系统可方便其他功能的扩展及技术更新，满足乳牛场的综合发展需求。

三、乳牛场数字化精准饲喂系统

（一）乳牛采食量测定系统

采食量与产乳量结合，可以用来评估每头乳牛在特定泌乳阶段的泌乳效率和经济价值，从而改进整个经营决策，提高生产效率。

监测乳牛个体采食量，主要采用射频识别技术与计重料槽相结合的方法，该系统利用耳标识别乳牛个体，依据采食前后计重料槽中饲料重量变化来确定个体采食量。该方法具有较高的精确度和准确度，广泛运用于乳牛的饲养试验或研究中。但是该技术存在成本高、所需空间大的缺点。

还有利用单片机控制系统，将乳牛在采食过程中颞窝部的振动特性转化为相应的脉冲信号，计算乳牛的吞咽次数，结合食团重量从而判定乳牛采食量。

（二）TMR精准饲喂系统

提升乳牛生产水平和加强成本管理是乳牛场日常经营活动的一部分。由于饲料的成本往往占到总成本的40%～50%，所以饲喂就成了乳牛场主要的生产环节之一。而日粮装载和输送环节有很大的改善空间。在一些乳牛场，饲喂量偏差高达20%。因此，乳牛场很需要精确、高效的饲喂系统。

TMR精准饲喂系统需要与市面上的TMR搅拌车兼容，配备具有蓝牙连接功能的称重显示器。为了提高监控能力，需要配备一套移动应用程序，能够控制称重显示器、处理料单和提供远程支持。将饲料管理软件直接连接到搅拌车，通过精准装载优化控制TMR制作的装料过程。借助移动应用程序，能够实现驾驶室内控制和监控，提高效率。

TMR精准饲喂系统的基本组成：蓝牙称重显示器、接线盒、称重传感器、传感器数据线、手机App等。

蓝牙称重显示器支持蓝牙连接，通过可读显示屏可以修改群组饲喂量。实时显示车内的重量，在TMR加工过程中保证添加物料的精确度。通过手机App可以看到称重显示器上的实时重量，可以在App上建立原料、配方、群组，并更改原料的饲喂比例，精确加载饲料配给量并生成装料报告（图12-11）。

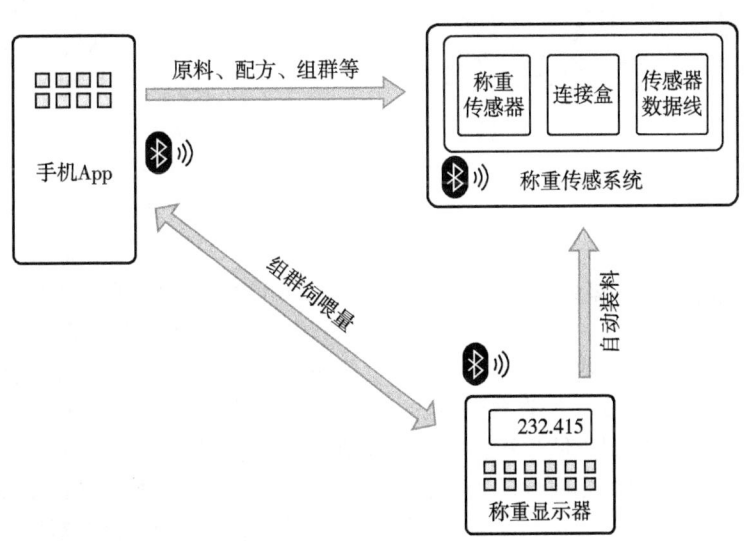

图12-11　TMR精准饲喂系统

实时监控配料、搅拌、撒料执行情况，降低人为误差；精确到牛舍的投料情况，使饲喂更精准，每头牛营养均衡；结合饲料管理、奶厅模块，核算饲料成本和奶料比；适用于多品牌TMR搅拌车。

（三）犊牛定量饲喂系统

犊牛定量饲喂系统是按照标准饲喂流程开发的物联网产品，定量饲喂设备安装在乳牛场现有的奶罐车上就可以使用。云端系统通过犊牛日龄计算每个班次的饲喂量，通过射频识别技术感应犊牛岛二维码，感应标签自动显示出对应犊牛的常乳待饲喂量，奶罐车的出奶管自动定量出奶，释放到喂奶槽中，饲喂结果自动上报云平台。牛场管理人员可以通过扫描犊牛岛信息牌二维码，查看牛只信息及饲喂管理等信息。

该系统将犊牛管理的标准流程容纳到整个系统中，从初乳饲喂到断奶程序，保证了标准流程管理的实施。牛奶的饲喂根据饲喂标准设置，实现了饲喂奶量全程自动控制，同时可以手动调整每班次喂奶；从饲喂开始到饲喂结束，全程进行奶温监控（图12-12）。

图12-12　犊牛定量饲喂系统

四、远程诊断监测预警系统

国内外关于疫病预警技术的成就有兽医巡检预警技术、奶样体细胞数测定技术、动物疫病防控大数据挖掘技术、智能化体温连续远程监测及预警技术、基于人工智能和群体热成像的乳牛行为分析技术等。

在多数乳牛场，每头乳牛都佩戴了耳标，这是它们的身份证明。耳标可以用来记录乳牛的健康状况，方便兽医进行识别和治疗。例如，在某智慧牧场，乳牛耳朵上都佩戴一个电子"身份证"，即射频识别技术标签，通过云监测系统采集乳牛的生理数据并进行监控，对数据进行储存、处理和分析，自动生成每头乳牛的健康报告。

目前，大型牧场利用智能化耳标、项圈和计步器等可穿戴设备，实时监测乳牛的行为。例如，发情检测已成为可穿戴精准乳牛监测技术最常见的用途。计步器可有效检测发情期增加的活动量，从而有助于乳牛生产能力管理。加速度器为确定乳牛的站立和趴卧行为提供了可能。乳牛患病后，活动行为、采食行为和社交行为通常会减少，这些指标的变化可辅助进行疾病预警和诊断。反刍时间可作为疾病早期检测的工具，反刍和活动可有效监测乳牛的乳房炎、消化和代谢状态。乳牛疾病的预测模型多以反刍量、活动量和产乳量作为预测变量。

乳牛生产性能测定是通过对个体乳牛的生产性能的测定和生产数据的分析，量化牧场的各项指标，以发现乳牛在饲养管理、遗传育种、疾病防治等方面存在的问题，进而有针对性地提出建议。乳房炎是对乳牛养殖业威胁最大的疾病之一，通过DHI报告中对个体乳牛的奶样体细胞数的测定，可以判断乳牛罹患乳房炎的风险。监测奶样体细胞数的常用手段是利用体细胞检测仪器。此外，通过乳脂率和乳脂肪/乳蛋白质（脂蛋比），也可以对乳牛的酮病和瘤胃酸中毒进行预警。

红外热成像多与射频识别技术配合，识别乳牛身份并监测记录个体乳牛的体温，对体温异常的乳牛进行预警。一种基于红外热像图的乳牛乳房炎在线监测系统，利用红外摄像头定点拍摄乳牛乳房的红外热像图，通过计算机对红外热像图进行相应的分析处理，提取乳牛乳房的表面关键区域温度与预设阈值温度做比对，依据比对结果对乳牛的乳房疾病进行初步的预测和诊断，并将诊断结果发送到监控中心，从而实现对乳牛乳房炎的实时在线监测。相对于传统检测方法而言，该方法具有自动化、非接触快速检测等优势，提高了乳牛乳房炎检测效率。

乳牛健康系统，是以集成电导率传感器和温度传感器的多模式传感器为硬件基础，通过实时监测乳牛瘤胃电导率和温度对其生理状态进行分析。

将大数据挖掘技术用于乳牛群各类行为数据分析,可以为疾病预警及发病期可能出现的变化提供预测。大数据挖掘技术已被用于挖掘牛疾病数据库,以识别牛群疾病风险;并根据先前授精数据和疾病史,对受孕可能性做出判断。利用统计过程控制图对个体乳牛和牛群的体况评分进行动态监测,预测酮病的风险和评估营养策略(图12-13)。

五、智慧牧场管理系统

智慧牧场管理系统其实就是物联网技术应用在乳牛场生产管理中,这套乳牛场管理网络的运行特点主要是采用数字形式来记录、传递和处理信息。智慧牧场管理系统由信息采集系统、信息分析系统和自动控制系统这三大部分组成,信息采集系统和自动控制系统主要由电子设备、自动控制设备组成,信息分析系统则由信息库和专项软件或综合软件组成,用来处理乳牛场的各类信息数据。

智慧牧场管理系统的设备及软件:

信息采集:智能球型云平台摄像机、身份识别计步器和感应器、电子式控制面板、牛奶电子计量器、乳成分在线分析仪、自动称重系统、体温感应测定器。

硬件:数据库服务器、VGA 分配器、监控台、交换机、计算机等。

软件:管理软件、智能牛场管理软件、数字牛号信号接收软件、电子分栏系统。

对以上仪器设备进行安装、调试、完善各仪器、设备之间的衔接,构建形成一个较为完整的管理系统,综合分析各项指标,为生产管理给出指导性意见,以降低乳牛生产成本、减少疫病的发生率,增加经济效益。

采用智慧牧场管理系统,通过管理软件设定挤奶量,即当单位时间的挤奶量达到设定值时,挤奶机将自动脱杯,避免了过度挤奶造成乳牛乳房损伤。通过数字化监测工具,如电导率、产乳量、体细胞数等能够及早发现隐性乳房炎,为及时治疗赢得时间。

利用乳牛精准监控技术可以监测乳牛日常生产信息、牛奶成分和电导率、瘤胃 pH 和温度、体温、采食行为、反刍行为、爬跨行为、趴卧行为、活动、位置、体重等。其中,乳牛的采食行为、反刍行为、趴卧行为、活动及位置等,都可以通过可穿戴设备获得。

为发挥牛群的整体生产潜力,运用计算机软件对规模化乳牛场进行科学的管理,及时准确地收集、存贮、处理、分析每一牛只每一天的变化,使饲养管理达到精准、周全的程度,以规范有序的管理措施来保证乳牛的健壮和高产。

随着互联网的发展,我国大部分牧场都配有云端版牧场管理系统,系统通常具有电脑端和手机端,特别是手机端,给一线技术人员、管理人员等带来了很大的便利。牧场管理系统在使用过程中,除录入全数据、方便随时查找牛只信息以外,最关键的是能通过各种报表和指标,发现牧场存在的问题和短板,有助于管理和决策。

案例:石家庄正定某乳牛场全群存栏850头,其中泌乳牛422头,使用乳牛场管理系统软件把乳牛场各个环节串联起来,从牛群结构的优

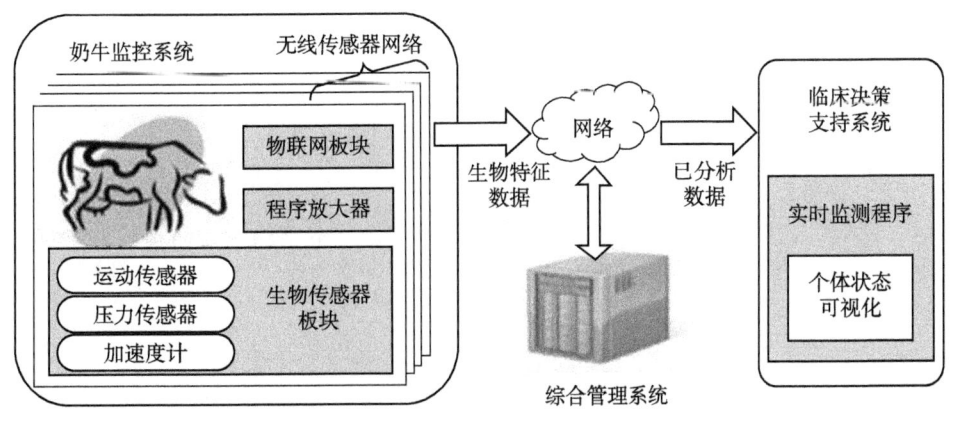

图12-13 乳牛疾病远程诊断监测预警系统

(来源:Park M C,Haok. 2015)

化到繁殖指标的提升、单产的提高，再到效益的增加，乳牛场各个环节的效率和效果都有了提升。

乳牛场的兽医和配种员使用阿牧云App，进行日常工作。软件系统除牛群档案功能之外，还具有很多牧场管理功能，如同期发情、检胎、干奶、围产期转群等任务的自动下发功能，90天未配、产乳量异常、建议淘汰牛等异常信息的预警功能，以及干奶产犊计划、21天妊娠率、同期分析报告等功能。

乳牛场关键岗位的人员使用阿牧云App，所有工作从软件数据入手，用数据驱动牧场各个部门的工作，包括一些技术指标的考核。

思考题

1. 为什么舍饲高产乳牛时需要牛床？
2. 乳牛场的场区布局应遵循哪些主要原则？
3. 设计大跨度成年母牛舍时，如何计算牛舍的跨度和长度？
4. 如何管理舍外犊牛岛和舍内犊牛栏？
5. 在乳牛场如何设计和管理牛床？
6. 牛粪固液分离技术在乳牛场管理中有何意义？
7. 如何处理乳牛场的污水？
8. 在乳牛业中如何实现种养结合与绿色生态循环？
9. 乳牛发情监测系统依据的生物学原理是什么？
10. 考察乳牛场智慧牧场管理系统，然后介绍其组成部分和功能。

参考文献

[1] 韩志国，江燕，高腾云. 从行为学角度思考奶牛福利 [J]. 家畜生态学报，2011，32（6）：6-11.

[2] 王福兆，孙少华. 乳牛学 [M]. 4版. 北京：科学技术文献出版社，2010.

[3] 高腾云，付彤，廉红霞，等. 奶牛福利化生态养殖技术 [J]. 中国畜牧杂志，2011，47（22）：52-58.

[4] 高腾云，张云涛. 生态养殖场管理手册 [M]. 北京：中国农业出版社，2012.

[5] 李震钟. 家畜环境卫生学及牧场设计 [M]. 北京：中国农业出版社，1992.

[6] 高腾云，曹志军，李胜利，等. 美国中东部地区的奶牛业 [J]. 中国畜牧杂志，2016，52（8）：45-49.

[7] 高腾云，廉红霞，曹志军，等. 农区集约化奶牛业粪污处理与循环利用技术途径 [J]. 中国畜牧杂志，2014，50（4）：36-42.

[8] 蒋士传，罗铁柱，贺丛. "牧—肥—草"产业技术模式初探 [J]. 农业工程学报，2006，22（增刊2）：272-274.

[9] 张婉玉. 智慧牧场管理系统的研究与实现 [D]. 哈尔滨：哈尔滨理工大学硕士学位论文，2020.

[10] 潘予琼，王慧，熊本海，等. 发情监测系统在奶牛养殖数字化管理中的应用 [J]. 动物营养学报，2020，32（6）：2500-2506.

[11] 廖新俤，陈玉林. 家畜生态学 [M]. 2版. 北京：中国农业出版社，2023.

[12] 张晓霞，姜毅龙. 基于PID控制的奶牛场智能化控制系统设计 [J]. 电子制作，2023（6）：42-45.

[13] 启动云. 犊牛智能定量饲喂管理系统. 宁夏启动科技有限公司：https://mp.weixin.qq.com/s/t3DbRwlLMTO0tCWZ6kKS9Q. 2023-12-17.

[14] 王洪清，潘志阳，高建祥，等. 基于红外热像图的奶牛乳房炎在线监测系统 [J]. 南方农机，2016（10）：46-47.

[15] PARK M C, HA O K. Development of effective cattle health monitorin g system based on biosensors [J]. Advances in Science and Technology-Research Journal, 2015, 117: 180-185.

[16] 陈继国. 智慧管理系统在牧场的应用 [J]. 中国乳业，2020（8）：57-59.

本章编者：高腾云；审订：曹志军

第十三章

乳牛场经营管理

乳牛场经营管理是通过合理地优化资源配置，以实现乳牛场生物资产不断优化增值或实现利润增加、设备设施升级等而做的规划和管理。乳牛场经营管理涉及技术科学、经济科学、管理科学、市场期货等诸多领域，管理者应当在认知、判断、决策、行动的系统工程中不断更新知识。为实现决策目标和计划，必须加强对科技管理人员的指挥作用，明确各级人员的责、权、利，协调好各个生产环节，让潜力发挥出最大效能。在生产经营过程中必须进行系统检查和核算，其中包括劳动定额、经济指标、生产指标等完成情况，同时要经常调节和处理好生产经营活动中的方方面面的关系，解决好它们之间出现的矛盾，达到协调一致，实现共同目标。

近10年来我国乳牛养殖业蓬勃发展，生产水平大幅提升，转型升级十分突出，整个行业呈现出的信息化、智能化、科技化趋势，引领全行业快速前进，而一个牧场经营者想要牧场持续稳定地发展，除具备专业的技术支持、掌握先进的理念外，还得熟知牧场运营、盈利、管理等诸多重要因素。

现代化乳牛场的经营管理原则包括以下几条：①明确经营目标，实现长期、安全盈利；善于进行生产成本分解、追溯，不断谋求成本最小化，坚持高产、优质奶、高利润的结果导向；②牛群优化关注牛群健康，及时筛除传染病牛只，努力净化牛群，保证牛群的健康可持续发展；③注重人才培养，将企业的发展与员工的发展和利益相统一，保障牧场生产人才梯队建设；④种养结合，粪污资源化处理，实现经济效益、社会效益和生态效益平衡。

第一节　生 产 管 理

乳牛场的主要任务是生产优质鲜牛奶等产品，根据奶业产业政策和牛场发展规划，结合牛场实际技术现状、设备条件、饲料供应、市场条件等，制订出一定时期内发展生产的方向、规模及要达到的经营目标等各项计划。为实现经营的目的，必须以人为本，有效地组织和管理生产，发挥人力、物力、财力的最高效率和获得最大的效益。

牛场根据实际情况，实行经济目标责任制及目标管理，明确规定各部门或个人的工作任务与职责范围。完成任务并承担责任和享受权利，取得成绩和失误，并给予相应的考核，这是一种以提高经济效益为目的，执行责、权、利接口的生产经营管理制度。制定管理制度才能建立良好的生产秩序，生产各环节充分协调配合才能按计划完成生产任务，因此必须制定出一套规章制度和岗位标准化管理制度，包括职工手册、考勤制度、防疫制度、生产管理制度、人事劳资制度、物资采购制度等。

一、健全组织机构与制度建设

（一）健全组织机构

根据不同的经营目的和规模，乳牛场应建立相应的组织管理机构。乳牛场的组织管理机构必须精干、择优上岗、责任明确、实行场长聘任制度。场长须德才兼备，有较强学习意识，既懂技术又善于沟通、管理、经营，并且具有分析问题的能力，能深入实际调查研究，准确地判断存在的问题和薄弱环节，能团结广大职工，仔细了解和全面估价影响成本和收益的各种因素，并能及时做出适当的决策。乳牛场除设场长外，还应设副场长、财务、办公室、挤奶、兽医、繁育、犊牛、维修等业务人员。场长负责全面工作，其他人员也要分工明确，责任到人，相互配合，大家拧成一股绳，齐心协力，把乳牛场管理经营好。组织机构岗位组成及职能详见表13-1

表13-1　组织机构岗位组成及职能

岗位	职能
牧场场长	1. 全面把控牧场生产计划、成本、效益的执行，定期开展经营分析会，结合绩效考评推进牧场工作重点； 2. 负责制定和完善牧场各项规章制度，协调各部门之间的工作； 3. 全面负责牧场对外工作的对接和处理，如环保、供电、畜牧等政府部门； 4. 负责牧场生产安全的整体管控，合理合法用工，对技术及管理类人才承担起培养义务
办公室	1. 负责牧场员工绩效管理及相应的奖励、福利和考核兑现； 2. 负责生产部门相关记录的审核、信息存档； 3. 负责牧场人员食宿、卫生、考勤管理及相关采购； 4. 负责部门内库存管理、会议管理、人员进出场管理等相关后勤工作； 5. 负责外来人员的接待和牧场相关手续的办理
财务部门	1. 工作种类分为会计、库管和出纳三种，也对应了成本利润资产负债表等核算、财务出入库管理、资金收支等工作； 2. 负责牧场的财务盘点和监管，并配合完成牧场财务审计工作； 3. 负责财务相关票据的整理和存档
饲养部门	1. 牧场牛群管理，每月根据牛只泌乳天数、体况、奶量、繁殖状态及疾病等进行分群，梳理无价值牛，按流程反馈淘汰出群； 2. 牧场饲喂管理，负责监控到场原料质量与库存情况，监控TMR配方的制作精准度、制作效果、营养配方执行情况和乳牛饲养现场反馈，及时调整配方存在的问题； 3. 负责牛只公斤奶饲料成本控制及牛群舒适度管理
兽医部门	1. 牧场防疫管理，严格按照标准制订并执行牧场防疫计划，并做好免疫、检疫记录； 2. 牛群日常保健管理，做好牧场日常新产牛护理、干奶、病区护理计划，日常巡舍揭发并治疗病牛； 3. 每月总结药品消耗及保健成本，反馈药品采购计划，合理管控保健治疗费用
繁育部门	1. 制订牧场年度、月度繁育计划和目标，根据标准化流程进行日常牛只发情观察和配种输精工作； 2. 负责定期对已配牛进行受胎观察、记录、检测和反馈； 3. 月度总结繁育相关数据，形成报告，包括成本及相关问题的分析总结
犊牛部门	1. 负责干乳牛－围产牛－接产管理及犊牛饲养标准和流程的制定与执行； 2. 犊牛饲养管理及生长过程的监控和饲养结果相关数据（犊牛断奶日增重、接产成活率、死淘、发病率）的收集和分析； 3. 犊牛相关生产物品盘点和采购计划的反馈
挤奶部门	1. 负责挤奶厅人员安排、操作流程规范化培训； 2. 负责挤奶设备、制冷设备、挤奶系统等工作状态管理和维护保养； 3. 挤奶数据（奶量、质量、效率）等信息的收集和分析，问题排查和解决
设备部门	1. 负责牧场相关设备、车辆、水电、排污环保等设备的维修保养及使用过程的监管； 2. 牧场采购设备、配件的验收和储存管理； 3. 维修、配件费用的总结分析及采购计划提报； 4. 负责各部门规范使用设备的培训与监管
安环部门	1. 负责公司安全生产、环境保护、职业健康综合监督管理； 2. 组织和拟订公司安全生产规章制度、操作规程和生产安全事故应急救援预案，并督促公司各部门严格执行，保障公司安全平稳运行； 3. 组织公司安全生产教育和培训、应急救援演练、消防演练等，如实记录安全生产教育和培训。组织开展安全生产风险分级管控体系和生产安全隐患排查治理体系建设，落实安全生产风险管控措施，检查公司的安全生产状况，及时排查生产安全事故隐患，提出改进安全生产管理的建议； 4. 编制牧场环境保护年度措施计划和污染源治理计划，督促实施，并负责日常生产中的环保管理，开展环境监测、分析工作，确保污染物达标排放。 5. 宣传环境保护政策和法规，组织开展教育培训工作，考评各部门的环境保护工作，提高职工的环境保护意识

（二）健全规章制度

为了不断提高经营管理水平，乳牛场必须建立一套完备的规章制度，使工作达到制度化、程序化。牧场的规章制度有牧场员工考勤制度、员工绩效考核制度、牧场安全生产管理制度、牧场机械设备管理制度、牧场卫生管理制度、牧场淘汰牛管理制度、牧场质量安全管理制度、牧场仓库管理制度等。各项制度的确立和执行，要以人为本，充分调动职工积极性，需注意以下几个方面。

1. 严格考勤 以班组为单位，实行智能考勤。每周登记员工出勤情况，如迟到、早退、旷工、休假、岗位工作时间统计等，并将其作为发放工资、奖金、评优评先的重要依据。

2. 明确岗位职责，划清工作边界 部门间工作交叉和阶段性人员不足是牧场生产中常面临的问题，根据牛群产犊的周期性，存在一年四季工作量分配不均匀的情况，所以在产犊高峰期间兽医、接产、犊牛等部门存在一岗多责情况，所以必须明确各岗位的职责分工，避免不同责任主体间相互推诿工作，影响工作效率。

3. 设定工作目标，强化细节管理 TMR制作、奶厅挤奶、兽医干奶、接产、初乳灌服等牧场生产的关键环节需设定明确的工作流程和专业的衡量评价标准，对流程内的细节操作进行动作分解，再结合牧场制定的激励管理制度，形成对技术细节的闭环调节，强化一线执行的精准度。

4. 培训专业化、职业化 专业化是牧场持续发展、高效运营的基础保障，精准饲喂、智能化分析、育种改良、硬件改善是牧场整体提升的内在动力。专业培训可以让员工不断接收新知识、新技术、新理念，提升员工专业知识和技能，实现牧场管理的不断突破和创新。通过有效识别和利用行业资源，如行业专家、设备厂家、动保厂家的服务人员及与优秀牧场对标学习，持续纠正操作中出现的偏差，优化操作流程，从而实现员工专业度的提升，实现牧场高效运营。为提高员工思想和技术水平，乳牛场应制定和坚持干部、职工学习制度，定期交流经验或派出学习。

另外，除专业技术岗外，饲养员、挤奶员、推料工等上岗前，需要指定专人进行培训，通过考核后，方可上岗。牧场内特种作业人员需有专业执业资格证，如叉车驾照、高压电工证等特种设备作业证。在岗人员应进行定期在岗培训、更新知识，以适应生产发展的需要。将员工的日常理论、操作考核与工资、奖金挂钩，以更好地激发员工学习专业知识的积极性。

5. 员工福利待遇，提升人文关怀 牧场是一个相对慢节奏和封闭的环境，一般地理位置距离城区较远，所以增加员工关怀包括物质生活条件和精神生活条件，是稳定员工的有力保障。未来的规模牧场要考虑如何留得住年轻人，留得住高学历的职业者。设定合理目标和激励及公平公正的评价，有效激发员工的工作动力，使得牧场和员工获得双赢，认可员工工作结果，让员工有成就感，可以有效稳定员工，提高效益。

6. 文化搭建，提升牧场凝聚力 牧场文化包含牧场经营的愿景，是牧场价值观的体现，鼓励全体员工创新，减少内耗，优胜劣汰，营造浓厚的学习氛围。

二、实行岗位责任制，制定关键绩效指标

定岗、定责、定员，从场长到每个职工都要有明确的年度岗位任务量和责任，建立岗位靠竞争、报酬靠贡献的机制。责任制是以提高经济效益为目的，实行责、权、利相结合的生产经营管理制度。近年来，许多乳牛场实行了各种形式的生产责任制。牧场主要岗位的管理和考核包括奶厅的考核和管理、产房的考核和管理、配种的考核和管理、饲料供应组的考核和管理等，牧场需要学习工厂化管理，现在多数规模牧场通过制定关键绩效指标（KPI）进行考核。

（一）奶厅主要KPI

奶厅主要KPI见表13-2。

表13-2　奶厅主要KPI

项目名称	目标
牛奶质量	
细菌总数	<10 000（CFU/mL）
体细胞数	<200 000（CFU/mL）
牛奶温度	<4 ℃
挤奶操作要求	
头两分钟产量占总产量比例	≥55%
单头牛平均挤奶持续时间	<4.3分钟
双峰比例	<30%
乳头评分	1~2分占比90%以上
乳房炎月发病率	<2%

（二）繁育部门主要KPI

繁育部门主要KPI见表13-3。

表13-3　繁育部门主要KPI

项目名称	目标
配种孕检数据	
青年牛普通精液的受胎率	≥65%
青年牛性控精液的受胎率	≥55%
泌乳牛普通精液的受胎率	≥47%
泌乳牛性控受胎率	≥37%
青年牛发情揭发率	≥80%
青年牛怀孕率	≥40%
泌乳牛发情揭发率	≥65%
泌乳牛怀孕率	≥28%
其他	
平均产犊间隔	≤390天
青年牛平均产犊月龄	<24月龄
繁殖障碍、淘汰率	<10%
产后50~85天参配率	>85%
产后100天内参配率	100%
平均产后首配天数	≤75天
产后180天未孕牛占比	<6%

（三）兽医部门主要KPI

兽医部门主要KPI见表13-4。

表13-4　兽医部门主要KPI

目标名称	目标值
成乳牛疾病发病率	
乳房炎月发病率	<2%
蹄病月发病率	<1%
产后瘫月发病率	<3%
胎衣不下月发病率	<5%
DA月发病率	<2%
酮病月发病率	<3%
子宫炎月发病率	<5%
其他疾病月发病率	<1%
死淘率	
成乳牛月淘汰率	<2%
青年牛月淘汰率	<0.8%
成乳牛月死亡率	<0.4%
青年牛月死亡率	<0.2%
产后60天的死淘率	<8%
防疫检疫	
口蹄疫抗体滴度检测（1:128）合格率	≥95%

（四）犊牛部门主要KPI

犊牛部门主要KPI见表13-5。

表13-5　犊牛部门主要KPI

目标名称	目标值
饲养目标	
（产后24小时内）经产牛产犊成活率	≥97%
（产后24小时内）头胎牛产犊成活率	≥92%
（产后24小时外）0~2月龄犊牛成活率	≥98%
2~6月龄犊牛成活率	≥98%
（产后24小时外）0~6月龄犊牛淘汰率	≤2%
哺乳犊牛平均日增重	>900 g/d
疾病发病目标	
犊牛腹泻月发病率	<20%
犊牛呼吸道疾病月发病率	≤10%
犊牛其他月发病率	≤3%

续表

目标名称	目标值
质量监控目标	
犊牛被动免疫（3～5天血清总蛋白）	90%以上的犊牛血清总蛋白≥5.5 g/dL
初乳质量巴杀前	TBC＜1×10^5 CFU/mL TCC＜1×10^4 CFU/mL
初乳质量巴杀后	TBC＜1×10^3 CFU/mL TCC＝0 CFU/mL
犊牛用奶质量	巴杀前牛奶 TBC＜1×10^5 CFU/mL 巴杀后牛奶 TBC＜1×10^3 CFU/mL 巴杀后牛奶 TCC＝0 CFU/mL

（五）饲养部门主要KPI

饲养部门主要KPI见表13-6。

表13-6 饲养部门主要KPI

目标名称	目标值
产乳量	
成年母牛单产	12 t以上
青年牛	
13月龄生长指标	体高≥132 cm； 体重≥380 kg
营养性疾病	
月发病率	真胃移位＜1.5%； 产后瘫＜2%； 酮病＜3%；胎衣不下＜5%
剩料率	
泌乳牛	≤5%
初产牛、围产牛	5%～10%
干乳牛	≤5%
青年牛	≤2%
装料误差	
粗料	±30 kg
精料	±20 kg
投料误差	±50 kg
饲料损耗	
青贮	10%～12%

续表

目标名称	目标值
粗饲料	≤5%
精饲料	≤2%
TMR干物质	
青年牛、干乳牛、围产牛	42%～44%
初产牛	44%～46%
泌乳牛	46%～48%

三、制定SOP

（一）SOP管理的作用

标准操作程序（SOP）管理就是以书面文件的形式准确描述员工在各种生产过程中的操作步骤和应遵循的事项，确保工作目标的实现。因此，SOP不同于规章制度，是实实在在的技术操作步骤。好的SOP程序能够让员工很快学会如何掌握具体工作细节和要领。牛场执行SOP管理的优点如下。

（1）可以提高培训效率，降低培训成本，使员工经过短期培训快速掌握正确的操作技术。

（2）为绩效考核提供重要的评价依据，是牛场最基本、最有效的管理工具。

（3）有利于细化分解工作任务，明确责任和职权范围。

（4）有利于建立牛场可追溯体系，分析问题原因，避免相似问题的反复出现。

（5）保证牛场好的管理经验、操作方法得以延续，并不断完善和发展，不受员工流动的影响。

（6）可大大提高管理效率，促进牛场生产管理规范化、标准化、简单化。

（二）牧场SOP的执行

编制SOP的过程就是发现问题、解决问题的过程。通过SOP程序的制定和不断完善，实际生产存在的各种问题得到暴露和修正，形成准确、成熟、稳定的工作流程。牧场SOP程序不是一成不变的，需要根据设备的更换、工艺的改进、技术的升级等不断修订完善。同时，SOP不可能适合实际操作过程中发生的所有状况。因此，SOP的编写既要体现规范性、严肃性，也要保留一定的弹性。除告诉员工要按程序操作以外，更重要的是要让员工理解为什么要这样做。只有这样，在出现意外状况时，员工才能具备良好的应变能力，正确应对突发状况。同时，要成立一个组织进行监督、检查和评估SOP执行效果。

（三）牧场各生产部门SOP

牧场各生产部门SOP见表13-7。

表13-7 牧场各生产部门SOP

部门	SOP项目
饲养部门	1. 牛只分群管理流程 2. 后备牛生长发育检测流程 3. TMR制作规范与管理 4. 饲料评价与库存管理 5. 饲养现场评估流程
兽医部门	1. 牛群免疫流程 2. 新产牛护理流程 3. 乳房炎治疗流程 4. 干奶操作流程 5. 兽医巡栏流程 6. 修蹄操作流程 7. 乳牛生物样品采集规范
繁育部门	1. 繁殖现场操作流程 2. 妊娠诊断与流产鉴定 3. 乳牛冻精管理制度 4. 禁配牛与解禁牛管理
犊牛部门	1. 接助产流程 2. 初乳制作与管理流程 3. 新生犊牛护理流程 4. 犊牛饲养管理流程
奶厅	1. 挤奶部门人员管理制度 2. 挤奶操作管理规范 3. 奶厅设备清洁管理规范 4. 奶厅设备维修保养管理规范 5. 牛奶制冷与装车管理规范

四、数字化智能管理

随着牧场规模越来越大，人工成本不断增加，且不可控因素增加，数字化、智能化养殖已成为牧场降本增效的必备工具。智能化环境控制系统的应用可大大提高养殖效率和质量。通过对牧场的各项数据进行实时监控和分析，我们可以更准确地掌握乳牛的生长状况，预测疾病的发生，优化饲养管理，提高牧场的抗风险能力。牧场数智化发展的前期都是从牧场一步步完善数智化设备开始的，但是牧场数智化发展到此阶段，我们不应该把牧场数智化升级简单地看作是数智化设备的增加或牧场管理软件的简单应用，我们应该系统地规划牧场的数智化升级之路，通过数智化的运用，提升牧场分析、判断、决策水平，从而获得数智化运营能力。

（一）精准饲喂监控系统

精准养殖，旨在通过精确的饲料配比、科学的养殖管理，使每头乳牛都能得到最适合其生长发育的饲养环境，从而提高生产效率，降低成本。通过精确计算乳牛所需营养成分的含量，制定出科学合理的饲料配比方案，使乳牛在最短时间内得到最大限度的生长发育和产奶效果。

（二）AI视觉喷淋+智能环控系统

AI智慧喷淋系统功能：精准识别牛群位置，分控联动喷淋区域；自动调节喷淋启/闭阀值，动态平衡牛舍环境；加强AI分析应用，强化牛舍场景算法；智能调控AI喷淋应用，定期和长期统计分析。

目前牧场热应激期间喷淋用水量大，对牧场环保造成较大压力，采用智能喷淋系统能节省40%以上的喷淋用水。

（三）发情及反刍疾病监测系统

通过低频/高频的射频识别技术射频标签，为自动饲喂、挤奶、防疫追踪提供电子身份，能够对乳牛进行24小时体温和行为监控，可以及时准确地为牲畜发情期监测提供智能感知节点，帮助确定最佳的受胎时间，减少重复配种和人工检测的次数，提高受孕率和产犊率，从而提高乳牛的繁殖效率，同时可以减少不必要的饲料和药物的使用，降低人工成本和配种成本；同时活动量传感器精准监测发情反刍、进食、休息及精准疾病预警，对乳牛的健康状况和生产性能进行监测和分析，能够实时发现患病和生产中存在的问题，便于及时采取相应措施，提高乳牛的生产性能和健康状况；除此之外，计步器和发情监测项圈也有更多的健康、发情等监测功能。

(四) 机器人系统

随着劳动力成本增高及劳动人口减少，自动化的机器人在牧场的应用越来越多，下面是几种常见的机器人。

1. 推料机器人　推料机器人基于牧场对繁重推料工作的需求，依托计算机视觉技术、自动控制技术和先进的互联网技术，提供无人化推料工作，操作简便。智能化设计的WEB界面能设置作业时间、路径，配合摄像头，可以在后台实时监控牛舍饲槽情况，还可以配合摇杆配件远程手动遥控推料机器人作业。自动推料机器人每天可以执行30次以上重复工作，相比较传统推料，机器人推料可以缩短乳牛的采食时间，减少乳牛采食耗能，增加卧床反刍时间。实验数据表明，在全天等量采食量情况下，高产泌乳牛采食时间可以缩短2小时，24小时内采食量增加1 kg以上，且机器人推料过程安静无干扰，最大限度避免推料噪声对牛群的打扰。

2. 机器人挤奶（自愿挤奶系统）　机器人挤奶与传统挤奶方式最根本的区别就是让乳牛自觉自愿，并且将牛群管理的重心从全群转移到特殊牛只上。在自愿挤奶系统中，乳牛回归自然本性，整个生活和生产节奏都交给乳牛掌握，让乳牛自愿采食、自主挤奶、自主休息和躺卧。由此会带来采食、躺卧、繁殖、产奶等方面表现得极大改善。大量生产实践表明，相比于传统人工挤奶，牧场平均产量可提升10%左右，乳牛生产寿命可增加1个胎次，牧场乳房炎发病率会大幅降低，还会降低淘汰率及弃奶、兽医治疗等损失，大大提高牧场收益。自愿挤奶系统匹配牛群导航仪、在线体细胞检测仪等高科技设备，通过物联网技术，采集牛只和牛奶信息，集合到牧场管理系统进行分析处理，并将信息以更加方便、有效的方式及时反馈给牧场，让牧场随时掌控精准且可以指导决策的有用信息，整体提高牧场管理效率，而且中国规模牧场目前挤奶员招工困难问题日益突出，未来机器人挤奶或是解决这一问题的关键途径。

3. 药浴机器人　药浴机器人能够提供精准可靠、标准化的药浴操作，替代人工进行药浴，减少牧场的人力成本。它能确保每次药浴达到标准化水平，保障药浴效果和效率；为牧场节省大量时间和成本，使奶厅运营更加高效和智能化。

除此之外，未来随着科技的发展，会有越来越多的机器人替代劳动者单一的重复性工作或危险工作，对于管理者，要善于获取相关信息并积极了解尝试。

（五）牧场管理系统

管理软件可以成为牧场管理者的最佳助手及牧场发展的新引擎，它在很大程度上能够支撑牧场长期稳定发展，在当前经济形势下，精细化管理是牧场管理的必然追求，要实现精细化管理，管理软件必不可少，牧场管理软件是牧场性价比最高的投资，随着牧场信息化水平的提高，牧场管理软件必将帮助牧场获得更多的经济效益；目前丰顿、奶业之星、一牧云、DC305等牧场管理软件在牧场日常生产中均有普遍应用。

管理者可以看到牛场各项生产任务的通知和对部分管理环节的预警，如断奶通知、干奶通知、产后配种通知等。这些功能是对到期应开展的具体工作任务，以单个牛号形式发起提醒，以督促相关人员及时准确地执行，避免延误造成损失。牧场生产管理过程中，出现问题时各部门之间及上下级之间往往存在沟通障碍，各执己见，很难对问题达成一致的意见和解决方法。但基于真实完整的数据记录，能最大程度澄清各方异议，提高工作效率。例如，兽医因牛只疾病需要申请淘汰，在没有数据记录的情况下，兽医经常不能及时确定是否上报，而上级因此容易怀疑其上报的情况是否属实。但是，当管理软件上具备完善的兽医与生产数据时，管理者只需查询该牛只卡片信息，用数据沟通就会变得简单顺畅，工作效率也就提高了。

数据分析是一个执果寻因的过程，管理者根据对牧场某个问题的基本判断，通过管理软件调取相关数据并进行分析，对关键管理环节加以评估和监控，从多角度进行数据挖掘并分析原因，并与企业标准和行业标准进行对比，根据数据的差异可以帮助管理者及时发现问题，防微杜渐，以保证牧场的生产经营持续、稳定、健康地发展。

第二节　生产计划管理

牧场的资源配置是指对有限的资源如饲料、兽药、人工、饲养空间等进行合理分配，实现资源配置效能最大化，达到降本增效的目的。

一、牛群结构计划

科学合理的牛群结构是乳牛场科学管理、降低生产成本、提高经济效益的基础。所谓牛群结构，是指群体中不同性别、年龄的牛只的构成情况。在正常情况下规模乳牛场的合理结构为成年母牛55%～60%，其中1～2胎母牛占母牛群总数的40%～60%，3胎以上母牛占牛群总数的40%～60%，老弱病残牛应淘汰，规模乳牛场成年母牛淘汰率可达20%～35%，以保持牛群高产稳产。青年牛指13～24月龄的牛，即初配到初产的牛，应占整个牛群的15%～20%。育成牛指7～13月龄的牛，即7月龄到初配的牛，应占整个牛群的13%～15%。犊牛指出生至6月龄的牛，出生的母牛要根据其父母代生产性能和本身的体型外貌进行选留，作为后备母牛进行培育。

牧场中牛奶收入、饲料和兽药等成本支出都是随牧场牛群结构特征的变化而周期性变化的。在牧场生产计划中，一般会按照不同饲喂方式（营养配方）来进行分群，然后财务根据配方目标及牛群数量来进行成本预测，从而计算牧场效益。各个牛群的淘汰率会直接影响期末的牛群结构，不同的牛群结构则会直接影响财务运算结果，如较高的后备牛数量及占比，会占用过多现金流，增加财务运转的负担，尤其在行业处于下行趋势时，这种资金周转压力会更加突出，但同时为了保障泌乳牛的正常更新，又需要一定数量的后备牛补充，因此，各个牛群的淘汰率尤为重要，会直接影响牧场的财务运转及盈利情况。

二、饲料计划

牧场是以现金为基础的运营模式，其中最大的支出是饲料成本的支出，占牧场经营支出的60%～70%，饲草料的采购在保质保量的前提下，通过饲草料采购规划（价格、质量、周期）、质量检测、储存及使用过程管理、剩料控制等方面实施精细化管理，减少每一个环节的浪费，既能保证乳牛健康，又能提升牧场经营效益，是牧场持续实现降本增效的有效途径之一。牧场可以通过了解饲料原料的市场价格波动规律，调整能够长期储存的饲料原料的采购计划，在当前饲料价格持续升高、品质不稳定的情况下，实施规划性采购，当遇到质量较好、价格相对便宜的饲草料时，在牧场现金流允许的范围内，抓住机会增加一次性采购量，实现牧场大宗原料的降本保效。

三、繁殖计划

繁殖计划是乳牛场的重要工作，直接关系乳牛场的经济效益和未来的发展。编制繁殖计划，首先要确定繁殖指标，最理想的年分娩率应达到100%，产犊间隔为12个月；育成年母牛和经产牛的繁殖率分别不低于95%和80%，产犊间隔不超过13个月。产犊间隔越长，饲料费及其他费用开支越大。所以屡配不孕的牛应及时淘汰。其次，产犊季节要安排适当，应既有利于管理，又有益于提高繁殖率。

牧场产犊数量直接影响牛群的结构变化。产犊数量受较多因素的影响，其中主要影响因素是牧场怀孕牛数量和流产率。牧场管理软件能够对未来一段时间内的产犊数量进行预测，但预测算法中一般不会考虑流产率，牧场可按照历年情况结合现阶段情况进行预测，制订出更加符合实际的年度计划目标。母犊的出生率预测主要受到性控冻精使用比例的影响，如有的牧场青年牛首配使用性控，有的牧场泌乳牛首配使用等，而不同性控使用范围会直接影响牧场的母犊率，从而影响牛群的结构和牛群淘汰率等指标的制定。

四、产乳计划

产乳计划是乳牛场生产的产品指标，是检查生产经营效果的重要依据，制订计划要逐头逐月进行，然后相加；制订个体牛产乳计划，首先要了解每头母牛的年龄、胎次、上胎的产乳量、最近一次配种、受孕日期、预计干乳日期、产犊日期及饲养条件等。一般可以从成年母牛单产、明年各月成年母牛数量、今年同期各月成年母牛单产等进行考虑，并且结合牧场未来生产改善点或面临的困难综合预判产量增减趋势。

五、人力资源计划

（一）人均饲养效率

人员配备是各个规模化牧场当下考虑的问题之一，不仅大中规模牧场的扩张、建立导致技术人员匮乏，同时愿意学习或从事牧业的人员逐渐减少，各个牧场人员配备数量差异较大，2022年高产牧场人均饲养成年母牛28头，近半数牧场人均饲养成年母牛20～29头，远低于欧美发达国家。美国人均饲养成年母牛80～120头，是高产牧场平均水平的几倍。中国牧场缺乏社会化服务体系，兽医、繁育、营养全部需要牧场雇佣固定员工完成，造成中国人均饲养头数远低于发达国家水平。所以牧场职工工资支出占比较高，从牧场盈利的角度来看，必须提高劳动者的产值。为此，乳牛场除各个部门进行编制外，还必须按不同的劳动作业、每个人的劳动能力和技术熟练程度，规定适宜的劳动定额，按劳取酬，多劳多得，这是克服人浮于事、提高劳动生产率的重要手段，也是衡量劳动成果和计酬的依据。劳动定额因机械化、自动化水平和其他设备条件的不同而不同，所以牧场各个部门人员配置需要根据牧场经验和实际情况因地制宜设定编制。

（二）部门交叉工作责权划分

厘清不同部门间的权责关系，特别是涉及多部门交叉的生产环节，打通生产堵点，从流程上规避了不同部门间发生推诿扯皮的可能性，确保不同部门间责权分明。按照生产环节从产房管理、后备牛管理、奶厅管理、保健管理和饲养管理几个方面，梳理常见的多部门交叉的生产流程的责权划分。

（1）产房管理包含新生犊牛转出保育栏及新产母牛转入待过抗牛舍两个环节。犊牛饲养组必须负责每日将完成2次初乳饲喂的新生犊牛及时转出干毛室。接产员在完成年母牛护理后要第一时间将母牛转入新产待过抗牛舍，不允许出现产后母牛滞留的情况。

（2）后备牛饲养主要是后备牛舍的定位、规划及非泌乳牛的清粪和投喂衔接两个环节。牧场饲养部负责后备牛舍的规划与定位工作，从牛只类型、配方使用、牛舍硬件条件、密度等方面兼顾各牛群的舒适度。对于非泌乳牛的清理作业必须以饲养部的投料计划为准。理想的情况是，在饲养部的投喂计划前完成清理作业，然后饲养部的投料能够最大程度上保证牛只的采食和舒适度。

（3）奶厅管理主要包括混群管理、挤奶顺序、识别率管理三个环节。奶厅负责识别率的管理，这样奶厅负责奶台或站位上识别器维护的工作，这往往是识别率异常的最主要原因。同时，奶厅能够监督繁育部项圈管理的好坏、是否有未识别的项圈等问题，对繁育部的工作也能够起到监督作用。牧场信息员对于混群管理的主责地位，要求信息员每日分析奶厅的混群数据，奶厅作为协同部门必须每日调回混群牛，避免混群的应激。对于信息员或奶厅识别到因其他部门问题造成的混群，要进行追责处理。

（4）保健系统管理主要包含乳房炎诊断机制、干奶操作、新产待过抗牛护理流程、过抗采样流程四个环节。保健部是乳房炎管控的主责部门，保健员要对当班次奶厅发现的乳房炎逐个验证，奶厅必须保证发现的牛只正常回牛舍吃料。保健员综合牛只的采食情况、精神情况、奶量情况及验奶情况，判定该牛只是否转入病牛舍治疗。甚至要综合当前的病牛舍存栏情况、牧场整体大罐奶体细胞情况来判定。这样做不但明确了保健部在乳房炎管理上的主责地位，也能够通过保健部的验证机制规避奶厅无效揭发所带来的问题。干奶时应当由挤奶员在大奶厅完成对待干乳牛的正常挤奶脱杯后，由保健部人员配合，对每一头牛执行挤净残乳、擦拭、推药等操作。

保健部是牛只过抗的主责部门，每日根据休药期提供给奶厅需要采样的牛只清单，挤奶部负责根据清单执行采样环节，每日的样品必须由保健部负责检查，如发现污染、血乳等不合格样品或未采集的牛只，要先进行追溯再送往实验室，这样能够保证样品的符合性和过抗率的稳定。

（5）饲养管理环节主要包含产后21天新产日粮使用、成年母牛牛舍的定位与分群管理、泌乳牛饲喂管理、饲料样品送检四个环节。需要饲养部主责新产牛转高产牛调牛工作，才能兼顾牛群舒适度和精准营养工作。饲养部主责统筹成年母牛分群管理工作，保健部和后备部进行协助配合，信息员进行监督牛群密度及转群督促工作。

饲料样品送检由化验室主责，每天化验室根据到货原料的车次监督饲养部的样品送检，甚至要走出化验室去现场、去监督、去执行采样过程,对于检测结果要及时反馈给牧场饲养部,同时要反馈给牧场负责人,发挥监督管理职能。

其他管理人员,包括场长、副场长、财务人员及办公室后勤人员都应分工明确、责任到人。

六、财务预算

编制财务预算表是为了对来年生产财务工作做好计划,以便使各项作业协调顺利进行,如果发生价格变动或灾害等,预算应予以修订。预算项目要简单明了,预算与来年活动情况很难相符,但应尽可能做出比较切合实际的估计。

(一)牧场经济核算制

财务管理能贯彻经济核算制,是牛场独立经营、以收抵支、自负盈亏并取得盈利的经营管理制度。经济核算制的内容:①清场核算,每年将固定资产及流动资金彻底清理一次,做到账实相符。②实行目标计划管理,根据牛场各项生产指标安排好人力物力财力。编制好生产财务预算,在编制此预算表前要制定好各种定额,如产乳量定额、饲草料消耗定额、牛只存栏定额、成本定额、人员工资定额等。③建立各种财务规章制度,如现金管理制度、成本核算制度、财务管理制度等。④做好本年度的经济核算工作,主要是生产经营过程中的经济核算工作,包括资金核算、流动资金核算、生产成本核算、盈利核算等。

牧场年度财务预算编制流程及关键性指标分解见表13-8。

表13-8 牧场年度财务预算编制流程及关键性指标分解

项目	关键指标
繁殖预算表	成乳牛年初头数、计划预产数、预产流产率、成乳牛繁殖率(计划预产数/成乳牛年初头数)
牛群结构预算	成乳牛淘汰率;设定成乳牛牛只淘汰在早、中、后期的比例;理论推算出成乳牛不同泌乳阶段牛只数目(泌乳早期、泌乳中期、泌乳后期、干奶期、围产前期)。后备牛、淘汰牛计划;公犊头数;理论推算出后备牛不同阶段牛只数目
产量预算	以泌乳月份划分出头数并测量产量、总头数、单日总产量、每月总产量、平均单产、年单产

续 表

项目	关键指标
生产预算	全场平均存栏数、总头天、成乳牛平均饲养头数、成乳牛头天、后备牛平均饲养头数、后备牛头天、成乳牛单产、总产、分娩、母犊留养、小公牛出售、淘汰、出售
收支预算	总产量、生奶单价、销售计划、销售收入牛只淘汰(出售)盈亏预算;饲料(新产牛、围产牛、高产牛、中产牛、低产牛、干乳牛、后备牛)预算;制造费用预算;职工薪酬预算;其他预算
综合预算	生产预算、财务收支预算、制造费用预算、管理费用预算、工资费用预算

(二)预算的执行、控制和考核

1. 执行阶段(内控起到关键的作用) 牧场可以通过经营分析、月度计划与滚动预算、合同审核、请款复核等内控手段,提高牧场资金的执行和预算的精准度。首先,进行经营分析、财务分析,及时将预算执行过程中的痛点、问题点、难点揭露出来,进行月度计划与滚动预算。滚动预算根据已经执行的具体情况,加到未来的预算中去,使执行实际情况与预算匹配得更紧密;其次,进行合同审核和请款复核,每花一笔钱,复核是否在预算的范围内,如在预算内允许花这笔钱,如果没有预算内,就限制花这笔钱。

2. 考核 只有过程控制和结果考核相结合,才能起到作用。没有相应的奖惩和考核,预算只是流于形式。奖励的形式可以是升职、加薪等。

七、牧场工作排期

乳牛场的工作千头万绪,为有计划地开展各项工作,需要对全年的技术工作进行全面安排,做到统筹兼顾。但我国土地辽阔,气候生态条件差异大,必须结合当地实际情况进行妥善安排。根据河北石家庄周边地区的自然气候条件,现举例如下。

1. 1月

1)填报上年度生产统计报表,总结上年度生产、育种、繁殖工作。研究部署本年度生产计划,制定各项实施细则。

2)做好春节期间草、料的贮备,防止节日供应脱节。

3）防止多汁料、副料和饮水结冰。

4）加强牛舍防寒保暖，预防犊牛呼吸道疾病。

2. 2月

1）安排好春节期间的生产，保障劳动力、饲料稳定供应，提防人为灾害。

2）检查配种工作及存在的问题。

3）犊牛发育进入滞缓期，要加强犊牛的饲喂和饮水工作。

3. 3月

1）进行春季牛舍、运动场的消毒、灭虫工作。

2）进行春季牛群修蹄工作。

3）进行结核病、布鲁氏菌病检疫。

4）做好防风工作。

5）开始灭蝇工作。

6）完成热应激相关的设备设计维修检查和调试，包括喷淋头、水压、风机、电路等。

4. 4月

1）做好牛群炭疽疫苗的注射。

2）全面检查牛群体质状况，对经济价值低的牛及时淘汰。

3）集中对牛群进行保健性修蹄。

5. 5月

1）对不孕牛进行复查，并采取相应技术措施。

2）加强牛乳的初步处理，防止鲜乳变质。

3）检查牧场的防汛工作和饲料的储存工作。

4）在雨季前翻晒倒垛，防止饲料饲草霉烂变质。

5）做好牧场消防检查工作。

6. 6月

1）强化防暑降温工作。

2）对后备牛进行一次鉴定筛选。

3）对牛舍水电设备进行检修。

4）再次检查牧场防汛工作。

7. 7月

1）检查上半年生产计划完成情况及存在的问题。

2）强化暑期热应激防控措施，专人负责喷淋、风机、冷水管道巡检。

8. 8月

1）做好青贮饲料准备工作，对全场进行卫生消毒。

2）进行不孕牛的普查及治疗工作。

3）对工人进行技术培训。

9. 9月

1）整理产房、做好产犊高峰期各项准备工作。

2）做好繁殖年度资料整理和记录工作。

3）做好青贮收贮工作和财务结算工作。

10. 10月

1）进行牛群普查鉴定工作。

2）进行秋季牛群修蹄工作。

3）安排下半年布鲁氏菌病和牛结核病的防疫检疫工作。

4）进行牛群驱虫工作，泌乳牛在干奶期进行。

11. 11月

1）总结年度配种工作。

2）做好冬季防寒保暖的准备工作。

12. 12月

1）制订来年生产计划。

2）进行年终总结的准备工作。

3）实施冬季防寒保暖措施。

第三节 提高乳牛场经济效益的措施

乳牛场经营是一项比较复杂、技术性比较强的工作，需要将乳牛科学的理论与一线生产实践相结合，合理地将人和资源结合起来，达到人尽其才，物尽其用。

乳牛生产能否获得更好的经济效益，受许多因素的影响。除有关经济政策外，如前所述，乳牛场的布局与设计、生产和自然资源条件、乳牛场的规模、乳牛场的组织机构、牛群质量与结构、饲料与牛乳价格、管理制度与计划、气候特点等，都是经营好乳牛场的先决条件。此外，乳牛场为提高经济效益，还应考虑以下几个方面。

一、乳牛群的遗传改良

（一）优秀公牛的选择及核心母牛群的建立

乳牛群遗传改良是牛群优质、高产、高效的基础，在整个乳牛生产环节中其贡献率最大，占到40%。种公牛（冻精）的选择直接关系三年后乳牛场中母牛产乳性能和生产效益。因此，种公牛（冻精）的选择对乳牛群遗传改良的贡献率占到75%以上（是重中之重）。母牛群的选种选配，尤其是核心母牛群的选育，对牛群的遗传改良至关重要。

（二）基因组测定

传统上，我们通过选择公牛来驱动牛群遗传进展，但实际上同一头公牛的女儿生产性能却有高有低，呈现高度差异化分布。这提示我们，仅依靠公牛做遗传改良是不完整的，它并不是促进遗传进展最快的方法。因此，我们在做公牛基因组选择的同时要考虑母牛侧检测，母牛侧基因组选择弥补了只做公牛侧检测的缺失，帮助牧场快速获得后代牛群更加完整的遗传信息，加快了遗传进展。

全基因组测序能够从一个DNA样本中收集大量的信息，而且加入与经济效益相关的健康性状，包括乳房炎、蹄病、子宫炎、真胃移位、胎衣不下和酮病，可以通过基因组选择出更健康的乳牛。另外，一些新兴的基因技术可以识别某些特定基因，这些基因可以在不影响产乳量的情况下，提高乳牛的繁育性能。目前国内不少规模化牧场从新生犊牛开始进行牛群的全基因组检测，尽早选留健康犊牛，在不影响产奶性能的情况下改善乳牛的繁育性能，从而加快培育健康群体的效率和牧场平均遗传潜力，增加群体的生产年限，提高群体的终生盈利能力。

（三）胚胎移植

目前国外体外胚胎移植技术及其商业化推广已经非常成熟，而国内绝大多数牧场还单一地采用人工授精技术进行乳牛遗传改良，遗传进展缓慢。胚胎移植则可以弥补人工授精技术这一缺点，一代即获得100%的优良基因，所获得的后代品质一般要高于人工授精技术。此外，通过超数排卵、胚胎移植技术，能够充分挖掘优秀母牛的遗传潜力。而且胚胎后代的质量和价值远高于受体牛，通过胚胎早期性别鉴定技术在胚胎附植前进行基因检测预知胚胎性别，可以使产母犊率达98%以上，显著增加乳牛场的经济效益。通过胚胎移植技术不仅可以提高乳牛品质，提高单产水平，还可促使牧场牛群结构优化调整，提高成年母牛占比，从而增加牧场经济效益，而且随着基因组学在牧场生产中的推广应用，胚胎移植的作用将更加突出。

（四）乳牛体型外貌线性鉴定

乳牛体型外貌线性鉴定是乳牛群体遗传改良的重要技术，通过国外研究和实践证明，乳牛的体型特征与乳牛的生产性能和使用年限具有密切的关系，具有良好功能体型的乳牛，其产奶能力和使用年限都具有较高的经济效益。在育种工作中，凡是与乳牛产奶能力和生产使用年限有关系的体型性状均可以影响该乳牛的经济效益。因此，我们必须掌握缺陷性状对该牛只造成的严重后果，分析造成该性状缺陷的原因，以及预防和消除该缺陷性状的方法。

二、加强牛群繁殖管理

近几年，随着同期发情技术、B超、孕牛血检等技术的广泛使用，乳牛场繁殖工作改善很快。乳牛的繁殖工作主要是更加重视乳牛的受胎率和发情揭发率。

产犊间隔的长短主要取决于产后空怀天数。实践证明，经营管理好的乳牛场，乳牛的平均空怀天数为60～90天，但很多乳牛场空怀天数在120天左右。所以繁殖管理不好的牛群经济损失是巨大的。例如，某牛场饲养成年母牛500头，以每头成年母牛平均空怀90天计，则较正常空怀天数多30天。因此，仅产后空怀天数一项一年将多花费30万元［500头×20元/(头·天)×30天］。

三、重视牛群健康管理

保持乳牛良好的健康状况是提高经济效益的重要一环。患乳房炎牛的单产不仅比正常牛大为减少，而且临床乳房炎牛乳无法出售。在抗生素治疗期间，牛乳的用途极大地受到限制，特别是因不及时治疗，将会导致乳牛全身感染被迫淘汰，造成较大的经济损失；又如蹄病不及时治疗，牛的体况和产乳量将会锐减；再如，生殖系统疾病，会造成不孕和难孕，导致低产甚至淘汰。由此可见，乳牛场必须重视牛群的健康管理。

尽可能做好乳牛的健康管理，这样乳牛场有更多机会淘汰低产或久配不孕牛，会加速乳牛场牛群的改良。

四、提质增效、综合利用

从引进良种（包括冻精）、加强后备牛培育、规范饲养管理、做好牛群繁殖和疫病防治工作等各方面努力，牛乳生产的收入约占总收入的90%，提高成年母牛单产是增加经济效益最主要的途径，而且提高单产可以有效稀释牧场的成本，如人工、水电费、地租、资产折旧等，进一步提高牧场的利润。

乳牛场饲料消耗费用，一般占总生产费用的55%～65%。饲料费用的高低，直接影响牛乳成本的升降及经济效益的好坏。因此，对饲料的采购、运输、保管必须高度重视；近年来，低产乳牛配肉用牛冻精，乳肉兼用双效益，成为今后乳牛场利用的新趋势。此外，出售种牛、淘汰低产乳牛、发育差的牛，以及犊公牛肉用也是一项重要的收益，既可以提高牛群质量、降低饲养成本、节约其他费用，又可提高经济效益。可见，开展各类牛的综合利用是一条切实可行的经营方法。

五、控制经营费用

经营乳牛场，除饲草料、工资费用外，设备费、燃动费、修理费及牧场折旧费也是一笔较大的支出。牧场要做好全年各期费用或各分项目的同比环比变化分析，对于异常费用支出及时分析并加以控制，同时积极探索提高效率、节省成本的思路。例如，加强各设备使用部门的设备保养流程，引导日常作业过程规范使用设备的意识，可以有效降低设备的故障率，以达到高效作业且节省维修费的目的。总之，生产中任何一项开支的加大，都会引起生产成本上升，压缩生产效益。所以，乳牛场必须精打细算，增收节支。

六、重视记录与记账工作

生产数据的记录，如牛只出生重、日增重、发病治疗记录、繁殖育种记录、产乳量记录、饲料使用量及库存记录等，对牧场规范管理和改善管理至关重要。除生产数据的记录外，财务的数据记录、分析也非常重要，一个好的牧场管理者不但需要精通生产数据分析，还需要精通财务的核算思路和影响利润的财务因素来指导日常生产。每隔一段固定时间（月终、季度或年终）应进行结账与决算。

思考题

1. 如何理解牧场"数智化"管理？硬件的快速提升，是否会带来相匹配的生产收益？
2. 乳牛场有哪些组织部门，具体的工作要点有哪些？
3. 繁育部门的主要工作任务和KPI有哪些？
4. 如何改良乳牛牛群质量？

参考文献

[1] CARDOSO C S, HOTZEL M J, WEARY D M, et al. Imagining the ideal dairy farm [J]. J Dairy Sci, 2016, 99（2）: 1663-1671.

[2] 任洁, 范鑫. DHI、TMR饲喂技术在乳牛养殖中存在的问题及对策 [J]. 畜牧兽医杂志, 2022, 41（1）: 36-37.

[3] 刘晶, 金红伟, 王明磊, 等. "机器换人"推动乳牛养殖产业转型升级——农业农村部畜禽养殖机械化典型案例之四 [J]. 中国乳牛, 2021（8）: 55-56.

[4] ALANIS V M, RECKER W, OSPINA P A, et al. Dairy farm worker milking equipment training with an E-learning system [J]. JDS Commun, 2022, 3（5）: 322-327.

[5] 郝海生, 杜卫华, 庞云渭, 等. 胚胎质量和发育阶段对乳牛胚胎移植妊娠率的影响 [J]. 中国牛业科学, 2023, 49（3）: 5-9.

[6] BIRHAN M, MEKURIAW Y, TASSEW A, et al. Monitoring of dairy farm management determinants and production performance using structural equation modelling in the Amhara region, Ethiopia [J]. Vet Med Sci, 2023, 9（4）: 1742-1756.

[7] 孙海燕. 规模化乳牛养殖成本核算研究 [D]. 呼和浩特: 内蒙古农业大学, 2022.

[8] 程堃. 规模化乳牛养殖企业成本核算问题探究 [D]. 银川: 北方民族大学, 2022.

[9] WATTS K. Pasture management to minimize the risk of equine laminitis [J]. Vet Clin North Am Equine Pract, 2010, 26（2）: 361-369.

本章编者：王富伟；审订：麻柱